U0169329

火力发电工人实用技术问答丛书

集控运行技术问答

《火力发电工人实用技术问答丛书》编委会　编著

中国电力出版社
CHINA ELECTRIC POWER PRESS

内 容 提 要

本书为《火力发电工人实用技术问答丛书》的一个分册。全书以问答形式，简明扼要地介绍了电力生产基础知识、安全管理常识以及火力发电厂集控运行基本知识，主要内容包括基础知识、汽轮机设备系统、锅炉设备系统、电气设备系统、单元机组集控运行、单元机组自动控制及安全保护、单元机组的事故处理和集控运行管理等。

本书从火力发电厂集控运行的实际出发，理论突出重点、实践注重技能。全书以实际运用为主，可供火力发电厂从事集控运行工作的技术人员、运行人员学习参考，以及为员工考试、现场考问等提供题目；也可供相关专业的大、中专学校的师生参考和阅读。

图书在版编目（CIP）数据

集控运行技术问答/《火力发电工人实用技术问答丛书》编委会编著．—北京：中国电力出版社，2022.3

（火力发电工人实用技术问答丛书）

ISBN 978-7-5198-6484-2

Ⅰ.①集… Ⅱ.①火… Ⅲ.①火力发电—发电机组—集中控制—运行—问题解答 Ⅳ.①TM621.3-44

中国版本图书馆 CIP 数据核字（2022）第 018237 号

出版发行：中国电力出版社
地　　址：北京市东城区北京站西街 19 号（邮政编码 100005）
网　　址：http：//www.cepp.sgcc.com.cn
责任编辑：孙　芳
责任校对：黄　蓓　常燕昆　王海南　王小鹏
装帧设计：赵姗姗
责任印制：吴　迪

印　　刷：三河市万龙印装有限公司
版　　次：2022 年 3 月第一版
印　　次：2022 年 3 月北京第一次印刷
开　　本：787 毫米×1092 毫米　16 开本
印　　张：39
字　　数：971 千字
印　　数：0001—1000 册
定　　价：136.00 元

前　言

为了提高电力生产运行、检修人员和技术管理人员的技术素质和管理水平，适应现场岗位培训的需要，特别是为适应火力发电技术快速发展、超临界和超超临界机组大规模应用的现状，使火力发电员工技术水平与生产形势相匹配特编写了《火力发电工人实用技术问答丛书》。

丛书结合近年来火力发电发展的新技术及地方电厂现状，根据《中华人民共和国职业技能鉴定规范（电力行业）》及《职业技能鉴定指导书》，本着紧密联系生产实际的原则编写而成。丛书采用问答形式，内容以操作技能为主，基本训练为重点，着重强调了基本操作技能的通用性和规范化。

《集控运行技术问答》反映新技术、新设备、新工艺、新材料、新经验和新方法，以660MW超超临界机组及其辅助设备为主，兼顾600MW超临界、300MW亚临界以及1000MW机组及其辅助设备的内容。全书内容丰富、覆盖面广，文字通俗易懂，是一套针对性较强的，有相当先进性和普遍适用性的工人技术培训参考书。

本书全部内容共八章。第一、第八章由古交西山发电有限公司王国清编写；第二章，第五章的第三、第四节由古交西山发电有限公司贾鹏飞编写；第三、第六、第七章的第一、第二节由古交西山发电有限公司李敬良编写；第四章，第五章的第一、第二节，以及第七章的第三节由古交西山发电有限公司白辉编写。全书由古交西山发电有限公司副总工程师王国清统稿、主审。在此书出版之际，谨向为本书提供咨询及所引用的技术资料的作者们致以衷心的感谢。

本书在编写过程中，由于时间仓促和编著者的水平与经历有限，书中难免有缺点和不妥之处，恳请读者批评指正。

编者

2021年12月

目录

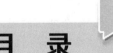

第一章

基 础 知 识

第一节　电力生产常识

1　国家为什么要制定《中华人民共和国电力法》（以下简称《电力法》）?

答：为了保障和促进电力事业的发展，维护电力投资者、经营者和使用者的合法权益，保障电力安全运行。

2　《电力法》中对电力设施和环境保护有什么规定?

答：电力设施受国家保护，禁止任何单位和个人危害电力设施安全或者非法侵占、使用电能。电力建设、生产、供应和使用应当依法保护环境，采取新技术，减少有害物质排放，防治污染和其他公害。国家鼓励和支持利用可再生能源和清洁能源发电。

3　电力生产应遵循什么原则?

答：电力生产应遵循安全、优质、经济的原则。电网运行应当连续、稳定，保证供电可靠性。

4　电网运行管理应遵循什么原则?

答：电网运行管理应遵循统一调度、分级管理的原则。任何单位和个人不得非法干预电网调度。

5　《电力法》中规定电力运行事故给用户或者第三人造成损害应如何处理?

答：因电力运行事故给用户或者第三人造成损害的，电力企业应当依法承担赔偿责任。

电力运行事故由下列原因之一造成的，电力企业不承担赔偿责任：

（1）不可抗力。

（2）用户自身的过错。

因用户或者第三人的过错给电力企业或者其他用户造成损害的，该用户或者第三人应当依法承担赔偿责任。

6　《电力法》中规定什么行为应当给予治安管理处罚；构成犯罪的，要依法追究刑事责任?

答：有下列行为之一，应当给予治安管理处罚的，由公安机关依照《治安管理处罚法》

的有关规定予以处罚；构成犯罪的，依法追究刑事责任：

(1) 阻碍电力建设或者电力设施抢修，致使电力建设或者电力设施抢修不能正常进行的。

(2) 扰乱电力生产企业、变电站、电力调度机构和供电企业的秩序，致使生产、工作和营业不能正常进行的。

(3) 殴打、公然侮辱履行职务的查电人员或者抄表收费人员的。

(4) 拒绝、阻碍电力监督检查人员依法执行职务的。

7 《电力法》中规定电力企业职工什么行为应当依法追究刑事责任？

答：(1) 电力企业职工违反规章制度、违章调度或者不服从调度指令，造成重大事故的，应当依照刑法有关规定追究刑事责任。

(2) 电力企业职工故意延误电力设施抢修或者抢险救灾供电，造成严重后果的，参照刑法有关规定追究刑事责任。

8 火力发电厂的燃料主要有哪几种？

答：火力发电厂的燃料主要有煤、油和气三种。

9 什么是燃料？燃料是由什么组成的？

答：燃料是指燃烧过程中能放出热量的物质。在工业上，常把加热到一定温度能与氧发生强烈反应并放出大量热量的碳化物和碳氢化合物总称为燃料。

所有燃料都是由可燃质、不可燃的无机物和水分组成的。燃料的可燃质包括碳、氢、硫三种元素。燃料中的不可燃质，包括黏土及氧化硅、氧化铁、钙和镁的硫酸盐、硅酸盐、碳酸盐等（统称灰分），以及燃料中的水分和氧元素都是燃料中的杂质。

10 什么是油的闪点、燃点、自燃点？

答：随着温度的升高，油的蒸发速度加快，油中的轻质馏分首先蒸发到空气中。当油气和空气的混合物与明火接触能够闪出火花时，称这种短暂的燃烧过程为闪燃，把发生闪燃的最低温度叫油的闪点。

当油被加热到超过闪点温度，油蒸发出的油气和空气的混合物与明火接触立即燃烧，并能连续燃烧5s以上时，称这种引起燃烧的最低温度为油的燃点。

当油的温度进一步升高，没遇到明火也会自动燃烧时，称此一定的温度叫油的自燃点。

11 火力发电厂主要生产系统有哪些？

答：火力发电厂主要生产系统有汽水系统、燃烧系统和电气系统。

12 火力发电厂的汽水系统主要由哪些设备组成？

答：火力发电厂的汽水系统主要由锅炉、汽轮机、凝汽设备、给水泵及凝结水泵等设备组成。

13 火力发电厂按其所采用蒸汽的参数可分为哪几种？

答：火力发电厂按其所采用蒸汽的参数可分为低温低压发电厂、中温中压发电厂、高温高压发电厂、超高压发电厂、亚临界压力发电厂、超临界压力发电厂和超超临界压力发电厂。

14 火力发电厂按生产产品的性质可分为哪几种？

答：火力发电厂按生产产品的性质可分为凝汽式发电厂、供热式发电厂和综合利用发电厂。

15 火力发电厂中的锅炉按水循环的方式可分为哪几种类型？

答：火力发电厂中的锅炉按水循环的方式可分为自然循环锅炉、强制循环锅炉和直流锅炉三种类型。

16 火力发电厂的生产过程包括哪些主要生产系统、辅助系统和设施？

答：火力发电厂主要生产过程中的主要生产系统为汽水系统、燃烧系统和电气系统。此外还有供水系统、化学水系统、输煤系统和热工自动化等各种辅助系统和设施。

17 简述火力发电厂的生产过程。

答：火力发电厂的生产过程概括起来就是通过高温燃烧把燃料的化学能转变为热能，从而将水加热成具有一定压力、温度的蒸汽，然后利用蒸汽推动汽轮机转动，将热能转变为机械能，最后汽轮机带动发电机转子转动，把机械能转变成电能。

18 简述火力发电厂的汽水流程。

答：水在锅炉中被加热成蒸汽。经过过热器，使蒸汽进一步加热，变成过热蒸汽。过热蒸汽通过主蒸汽管道进入汽轮机。过热蒸汽在汽轮机中不断膨胀，高速流动的蒸汽冲动汽轮机动叶片，使汽轮机转子转动。汽轮机转子带动发电机转子（同步）旋转，使发电机发电。蒸汽通过汽轮机后排入排汽装置（或凝汽器），并被凝结成水。凝结水由凝结水泵打至低压加热器和除氧器。凝结水在低压加热器和除氧器中经加热脱氧后，由给水泵打至高压加热器，经高压加热器加热后进入锅炉。

19 什么为电力系统的负荷？其可分为哪几种？

答：电力系统中所有用户用电设备消耗功率的总和称为电力系统的负荷。

电力系统负荷可分为有功负荷和无功负荷两种。

20 汽轮机是如何将热能变为机械能的？

答：在汽轮机中，能量转换的主要部件是喷嘴和动叶片。以冲动式汽轮机为例，蒸汽流过固定的喷嘴后，压力和温度降低，体积膨胀，流速增加，热能转变成动能。高速蒸汽冲击装在叶轮上的动叶片，叶片受力带动转子转动，蒸汽从叶片流出后流速降低，动能变成机械能。这就是蒸汽通过汽轮机做功，把热能转变成机械能。

21 请画一个火力发电厂简单的汽水流程图。

答：一个火力发电厂简单的汽水流程如图 1-1 所示。

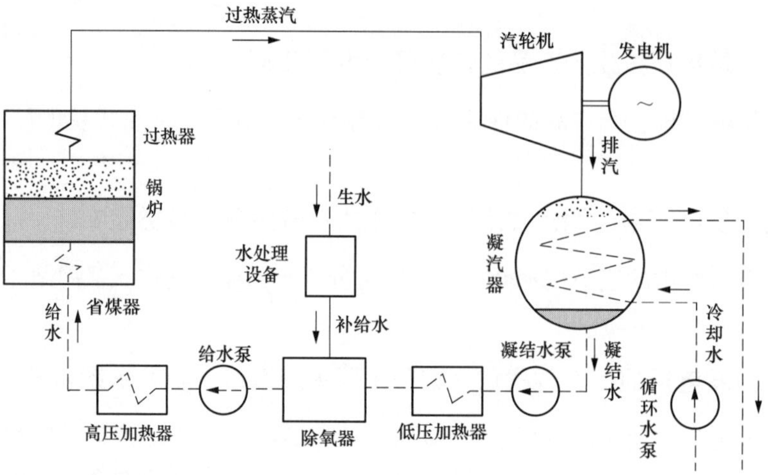

图 1-1 火力发电厂汽水流程图

22 转机轴承温度的极限值是多少？

答：转机轴承温度的极限值滚动轴承是 80℃，滑动轴承是 70℃。电动机滚动轴承是 100℃，滑动轴承是 80℃。

23 转动机械轴承温度高的原因是什么？

答：转动机械轴承温度高的原因是：

（1）油位低，缺油或无油。

（2）油位过高，油量过多。

（3）油质不合格或变坏（油内有杂质）。

（4）冷却水不足或中断。

（5）油环不带油或不转动。

（6）轴承有缺陷或损坏。

24 转动机械轴承温度高，应如何处理？

答：转动机械轴承温度高，应查明原因，相应的采取措施：

（1）油位低或油量不足时应适量加油，或补加适量润滑脂；油位过高或油量过多时，应将油放至正常油位，或取出适量润滑脂；如油环不动或不带油应及时处理好。

（2）油质不合格时应换合格油，最好停止运行后，放掉不合格的油质，并把油室清理干净后再添加新油；若转机不能停止时应采取边放油、边加油的方法，直至合格为止。

（3）轴承有缺陷或损坏时，应立即检修。

（4）如冷却水不足或中断，应立即进行处理，并联系尽快恢复冷却水或疏通冷却水管路，使冷却水畅通。

（5）经处理后，轴承温度仍升高且超过允许值时，应停止运行进行处理。

25 检查泵的电动机时应符合什么要求?

答：电动机接地线完好无损，连接牢固；地脚螺丝完好紧固；裸露的转动部分均应有防护罩，并且牢固可靠；振动符合标准。

26 检查轴承应达到什么条件?

答：轴承的润滑油量充足，油质良好，油位计连接牢固无泄漏现象，油面镜清洁，油位正常，轴承冷却水畅通无泄漏，水量正常，截门开关灵活并置于开启位置。

27 燃烧必备的三个条件是什么?

答：燃烧必备的三个条件是：要有可燃物质、要有助燃物质和要有足够的温度和热量（或明火）。

28 何谓可燃物的爆炸极限?

答：当可燃气体或粉尘等混入空气，混合物达到一定浓度时，遇到明火就会立即发生爆炸。遇火爆炸的最低浓度叫爆炸下限，最高浓度叫爆炸上限。浓度在爆炸上限与下限之间都能引起爆炸。这个浓度范围叫该物质的爆炸极限。

29 人体的安全电流（交流和直流）是多少?

答：根据电流作用对人体的表现特征，确定交流电 10mA 和直流电 50mA 为人体的安全电流。

30 安全电压的规范是多少？在现场使用电气设备应注意什么?

答：安全电压的规范是 12、24、36V。

在现场不准靠近或接触任何有电设备，湿手不准去触摸电灯开关以及其他电气设备。

31 漏电保护断路器的作用是什么?

答：漏电保护断路器又称漏电开关、触电保安器。它的作用就是防止电气设备和线路等漏电引起人身触电事故，它能够在设备漏电、外壳呈现危险的对地电压时自动切断电源。

32 汽机房的防火重点部位有哪些?

答：汽机房的防火重点部位有汽轮机油系统、发电机氢气系统、汽轮机本体下部各高温管道、靠近汽轮机的电缆及控制室下部电缆等。

33 防火的基本方法有哪些?

答：防火的基本方法有：控制可燃物，隔绝空气，消除着火源和阻止火势、爆炸波的蔓延。

34 灭火的基本方法有哪些?

答：灭火的基本方法有隔离法、窒息法、冷却法和抑制法。

35 消防工作的方针是什么？

答：消防工作的方针是：预防为主，防消结合。

36 电缆燃烧有何特点？应如何扑救？

答：电缆燃烧的特点是：烟大、火小、速度慢，火势自小到大发展很快。特别需要注意的是，塑料电缆、铝色纸电缆、充油电缆或沥青环氧树脂电缆等，燃烧时都会产生大量的浓烟和有毒气体。

电缆着火无论何种情况，均应立即切断电源。救火人员应戴防毒面具及绝缘手套，并穿绝缘靴。灭火时要防止空气流通，应用干粉灭火器、六氟丙烷灭火器、二氧化碳灭火器。也可用干沙和黄土进行覆盖灭火。如采用水灭火，使用喷雾水枪较有效。

37 电动机着火应如何扑救？

答：电动机着火应迅速切断电源，并尽可能把电动机出入通风口关闭。凡是旋转电动机在灭火时要防止轴与轴承变形。灭火时使用二氧化碳或六氟丙烷灭火器，也可用蒸汽灭火。不得使用干粉、沙子、泥土灭火。

38 为什么说火力发电厂潜在的火灾危险性很大？

答：主要是因为以下几点：

（1）火力发电厂生产中所消耗的燃料无论是煤、油或天然气，都是易燃物，燃料系统是容易发生着火事故的。

（2）火力发电厂主要设备中如汽轮机、变压器、油断路器等都有大量的油。油是易燃品，容易发生火灾事故。

（3）用于冷却发电机的氢气，运行中易外漏。当氢气和空气混合到一定比例时，遇明火即发生爆炸。氢爆炸事故性质是非常严重的。

（4）发电厂中使用的电缆数量很大，而电缆的绝缘材料又易燃烧。一旦电缆着火，往往扩大为火灾事故。

综上所述，所以说火力发电厂潜在的火灾危险性很大。

第二节　热能动力基础

1 何谓工质？工质应具备什么特性？火力发电厂中常采用什么做工质？

答：工质是能实现热能和机械能相互转换的媒介物质（如燃气、蒸汽等）。工质应具备良好的膨胀性和流动性。为了在工质膨胀中获得较多的功，工质应具有良好的膨胀性。在热机的不断工作中，为了方便工质流入与排出，还要求工质具有良好的流动性和热力性能稳定，其次还要求工质价廉、易取、无毒、无腐蚀性等。在物质的固、液、气三态中，气态物质是较为理想的工质，目前火力发电厂广泛采用水蒸气作为工质。

2 什么是工质的状态参数？常用的状态参数有哪些？基本状态参数是什么？

答：表示工质状态特性的物理量叫工质的状态参数。

常用的工质状态参数有温度、压力、比容、焓、熵、内能等。

基本状态参数有温度、压力、比容。

3 工质的状态参数是由什么确定的？

答：工质的状态参数是由工质所处的状态确定的，即对应于工质的每一状态的各项状态参数都具有确定的数值，而与达到这一状态变化的途径无关。

4 什么是压力？压力的单位有哪几种表示方法？

答：垂直作用于物体单位面积上的力称为压力，用符号“p”表示。

压力单位的表示方法有：

(1) 法定计量单位制中表示压力采用 N/m^2，名称为帕斯卡，符号是 Pa，$1Pa = 1N/m^2$。在电力工业中，机组参数多采用兆帕（MPa），$1MPa=10^6N/m^2$。

(2) 以液柱高度表示压力的单位有毫米水柱（mmH_2O）、毫米汞柱（mmHg），$1mmHg=133N/m^2$，$1mmH_2O=9.81N/m^2$。

(3) 工程大气压的单位为 kgf/cm^2，常用 at 作代表符号，$1at=98\ 066.5N/m^2$；物理大气压的数值为 $1.033\ 2kgf/cm^2$，符号是 atm，$1atm = 1.013\times10^5N/m^2$。

5 什么是绝对压力？什么是表压力？什么是真空度？

答：以绝对真空为零点算起时的压力值称为绝对压力，用 p_a表示。

以大气压力为零点算起的压力称为表压力，用符号 p_g表示。表压力就是我们用表计测量所得的压力，大气压力用符号 p_{atm}表示。

工质的绝对压力小于当地大气压力时，称该处具有真空。大气压力与绝对压力的差值称真空值，真空值也称负压，用符号 p_v表示。真空值与当地大气压力比值的百分数称为真空度，其表达式为

$$真空度=\frac{p_v}{p_{atm}}\times100\% \tag{1-1}$$

完全真空时真空度为 100%，若工质的绝对压力与大气压力相等时，真空度即为零。

6 绝对压力与表压力有什么关系？

答：绝对压力与表压力之间的关系式为

$$p_a=p_g+p_{atm} \quad 或\ p_g=p_a-p_{atm} \tag{1-2}$$

式中 p_a——表示绝对压力，Pa；

p_g——表示表压力，Pa；

p_{atm}——表示大气压力，Pa。

7 什么是温度？什么是温标？常用的温标有哪几种？它们用什么符号表示？单位是什么？它们之间如何换算？

答：温度就是衡量物体冷热程度的物理量，从分子运动论的观点来说，温度是表示分子

运动的平均动能的大小。

对温度高低量度的标尺称为温标。常用的温标有摄氏温标和热力学温标。

（1）摄氏温标。规定在标准大气压下纯水的冰点为0℃，沸点为100℃，在0℃与100℃之间分成100个格，每格为1℃，这种温标为摄氏温标，用℃表示单位符号，用t作为物理量符号。

（2）热力学温标（绝对温标）。规定水的三相点（水的固、液、气三相平衡的状态点）的温度为273.15K。绝对温标与摄氏温标每刻度的大小是相等的，但绝对温标的0K，则是摄氏温标的－273.15℃。绝对温标用K作为单位符号，用T作为物理量符号。

摄氏温标与绝对温标的关系式为

$$t = T - 273.15(℃) \text{ 或 } T = t + 273.15(\mathrm{K}) \tag{1-3}$$

8 什么是比容和密度？它们之间有什么关系？

答：单位质量的物质所具有的体积称为比容，用小写的字母c表示，其计算式为

$$c = \frac{c}{m}(\mathrm{m^3/kg}) \tag{1-4}$$

式中　m——物质的质量，kg；

　　c——物质所具有的体积，$\mathrm{m^3}$。

单位体积的物质所具有的质量，称为密度，用符号“ρ”表示，单位为$\mathrm{kg/m^3}$。

比容与密度的关系为$\rho\nu=1$，显然比容和密度互为倒数，即比容和密度不是相互独立的两个参数，而是同一个参数的两种不同的表示方法。

9 什么是比热容？影响比热容的主要因素有哪些？

答：单位数量（质量或容积）的物质温度升高（或降低）1℃所吸收（或放出）的热量，称为该物质的单位热容量，简称为物质的比热也称比热容。比热表示了单位数量的物质容纳或贮存热量的能力。物质的质量比热容用符号表示为c，单位为kJ/(kg·℃)。

影响比热容的主要因素有温度和加热条件。一般说来，随温度的升高，物质比热容的数值也增大；定压加热的比热容大于定容加热的比热容。此外，分子中原子数目、物质性质、物质的压力等因素也会对比热容产生影响。

10 什么是热容量？它与比热容有何不同？

答：质量为m的物质，温度升高（或降低）1℃所吸收（或放出）的热量称为该物质的热容量。

热容$C=mc$，热容的大小等于物体质量与比热的乘积，热容与质量有关，比热容与质量无关。对于相同质量的物体，比热容大的热容大；对于同一物质，质量大的热容大。

11 什么是焓？为什么说它是一个状态参数？

答：在某一状态下单位质量工质比容为c，所受压力为p，为反抗此压力，该工质必须具备$p\nu$的压力位能。单位质量工质的内能和压力位能之和称为比焓。

比焓h，单位kJ/kg。其定义式为

$$h = u + pc \tag{1-5}$$

对 m kg 工质，内能和压力位能之和称为焓，用 H 表示，单位 kJ，表达式为

$$H = mh = U + pV \tag{1-6}$$

由 $H = U + pV$ 可看出，工质的状态一定，则内能 U 及 pV 一定，焓也一定，即焓仅由状态所决定，所以焓也是状态参数。

12 什么是熵？

答：熵是工质的重要参数之一。在没有摩擦的平衡过程中，单位质量的工质吸收的热量 dq（kJ/kg）与工质吸热时的绝对温度 T 的比值叫熵的增加量。其表达式为

$$\Delta s = \frac{dq}{T} \tag{1-7}$$

式中 $\Delta s = s_2 - s_1$，是熵的变化量。

熵的单位是 J/(kg·K)，若某可逆过程中工质的熵增加，即 $\Delta s > 0$，则表示工质进行的是吸热过程。

若某可逆过程中工质的熵减少，即 $\Delta s < 0$，则表示工质进行的是放热过程。

若某可逆过程中工质的熵不变，即 $\Delta s = 0$，则表示工质是经历绝热过程。

13 什么是饱和状态？什么是饱和蒸汽和过热蒸汽？

答：液体与蒸汽的分子在相互运动过程中，当由液体中跑到蒸汽空间的分子数等于由蒸汽中返回液体的分子数而达到平衡时，这种状态称为饱和状态。

处于饱和状态下的蒸汽称为饱和蒸汽。

在同一压力下，温度高于饱和温度的蒸汽叫作过热蒸汽。

14 什么是标准状态？

答：绝对压力为 1.01325×10^5 Pa（1 个标准大气压），温度为 0℃（273.15K）时的状态称为标准状态。

15 什么是功？什么是功率？什么是能？

答：功是力所作用的物体在力的方向上的位移与作用力的乘积。

功率的定义是功与完成功所用的时间之比，也就是单位时间内所做的功。

物质做功的能力称为能。能的形式一般有动能、位能、光能、电能、热能等。热力学中应用的有动能、位能和热能等。

16 什么是动能？物体的动能与什么有关？

答：物体因为运动而具有做功的本领叫动能。

物体的动能与物体的质量和运动的速度有关，速度越大，动能就越大；质量越大，动能也越大，动能与物体的质量成正比，与其速度的平方成正比。

17 什么是位能？物体的位能与什么有关？

答：由于各物体间相互作用而具有的、由物体之间的相互位置决定的能称为位能，也叫势能。物体所处高度位置不同，受地球的吸引力不同而具有的能，称为重力位能。

重力位能由物质的重量（G）和它离地面的高度（h）而定。高度越大，重力位能越大；重力物体越重，位能越大。

18 什么是热能？它和什么因素有关？

答：物体内部大量分子不规则的运动称为热运动。这种热运动所具有的能量叫作热能，它是物体的内能。

热能与物体的温度有关，温度越高，分子运动的速度越快，具有的热能就越大。

19 什么是内能？什么是内位能？什么是内动能？它们由什么来决定？

答：工质内部分子运动所形成的内动能和克服分子相互之间的作用力所形成的内位能的总和称为内能。

工质内部分子克服相互间存在的作用力而具备的位能，称为内位能，它与工质的比容有关。

工质内部分子热运动所具有的动能叫内动能，它包括分子的移动动能、分子的转动动能和分子内部的振动动能等。从热运动的本质来看，工质温度越高，分子的热运动越激烈，所以内动能决定于工质的温度。

20 什么是机械能？

答：物质有规律的运动称为机械运动。机械运动一般表现为宏观运动。物质机械运动所具有的能量叫作机械能。

21 什么是汽化？汽化有哪两种方式？

答：物质从液态转变为气态的过程叫汽化。

汽化有蒸发和沸腾两种形式。液体表面在任何温度下进行的比较缓慢的汽化现象叫蒸发。液体表面和内部同时进行的剧烈的汽化现象叫沸腾。

22 什么是蒸发和沸腾？

答：液体表面在任意温度下进行比较缓慢的汽化的现象叫蒸发。

在液体表面和内部同时进行剧烈的汽化的现象叫沸腾。

23 什么是干度？什么是湿度？

答：1kg 湿蒸汽中含有干蒸汽的质量百分数叫作干度，用符号 x 表示，表达式为

$$x = \text{干蒸汽的质量} / \text{湿蒸汽的质量} \tag{1-8}$$

干度是湿蒸汽的一个状态参数，它表示湿蒸汽的干燥程度；x 值越大，则蒸汽越干燥。

1kg 湿蒸汽中含有饱和水的质量百分数称为湿度，以符号 $1-x$ 表示。

24 什么是过热度？

答：过热蒸汽的温度超出该压力下的饱和温度的数值叫作过热度。

25 什么是热力学第一定律，它的表达式是怎样的？

答：热可以变为功，功可以变为热，一定量的热消失时，产生一定量的功；消耗一定量的功时，必出现与之对应的一定量的热。

热力学第一定律可用式（1-9）表示，即

$$Q = AW \tag{1-9}$$

其中，A 在工程单位制中 $A=\frac{1}{427}\text{kcal}/(\text{kgf}\cdot\text{m})$；在国际单位制中，功与热量均用焦耳（J）为单位，则 $A=1$，即 $Q=W$。

26 热力学第一定律的实质是什么？它说明什么问题？

答：热力学第一定律的实质是能量守恒与转换定律在热力学上的一种特定应用形式。

它说明了热能与机械能互相转换的可能性及其数值关系。

27 什么是热力循环？什么是朗肯循环？朗肯循环是由哪四个过程组成的？

答：工质从某一状态点开始，经过一系列的状态变化，又回到原来状态点的全部变化过程的组合叫作热力循环，简称循环。

以水蒸气为工质的火力发电厂中，让饱和蒸汽在锅炉的过热器中进一步吸热，然后过热蒸汽在汽轮机内进行绝热膨胀做功，汽轮机排汽在凝汽器中全部凝结成水。并以水泵代替卡诺循环中的压缩机，使凝结水重又进入锅炉受热，这样组成的汽—水基本循环，称之为朗肯循环。

朗肯循环是以等压加热、绝热膨胀、等压放热、绝热压缩 4 个过程组成的。

28 朗肯循环是通过哪些热力设备实施的？各设备的作用是什么？画出其热力设备系统图。

答：朗肯循环的主要设备是蒸汽锅炉、汽轮机、凝汽器和给水泵四个部分。

（1）锅炉。包括省煤器、炉膛、水冷壁和过热器，其作用是将给水定压加热，产生过热蒸汽，通过蒸汽管道，送入汽轮机。

（2）汽轮机。蒸汽进入汽轮机绝热膨胀做功将热能转变为机械能。

（3）凝汽器。作用是将汽轮机排汽定压下冷却，凝结成饱和水，即凝结水。

（4）给水泵。作用是将凝结水在水泵中绝热压缩，提升压力后送回锅炉。

朗肯循环热力设备系统如图 1-2 所示。

29 什么是热量？什么是热机？

答：物质之间由于温差的存在而导致能量发生转移，其转移能量的多少用热量来度量。因此物体吸收或放出的热能称为热量。

把热能转变为机械能的设备称热机，如汽轮机、内燃机、蒸汽机、燃气轮机等。

30 什么是传热过程？影响传热的因素有哪些？

答：热量由高温物体传递给低温物体的过程，称为传热过程。

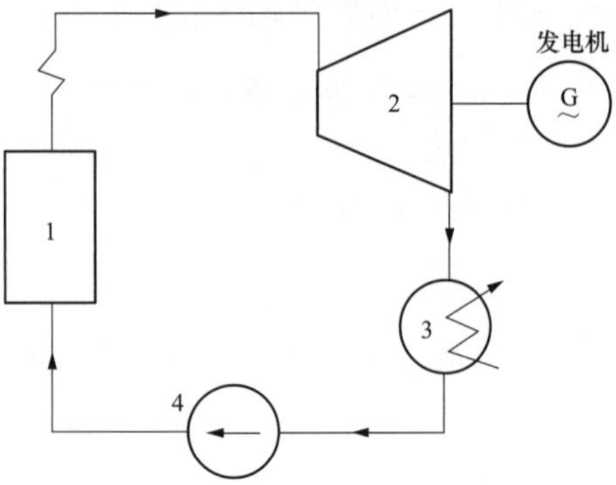

图 1-2 朗肯循环热力设备系统图

1—锅炉；2—汽轮机；3—凝汽器；4—给水泵

由传热方程式 $Q=K\times A\times \Delta t_m$ 可以看出，传热量是由三个方面的因素决定，即冷、热流体传热平均温差（Δt_m）、换热面积（A）和传热系数（K）。

31 什么是热量传递？热量传递的三种基本方式是什么？

答：物体间的热量交换称为热量传递。

热量传递有三种基本形式，即传导、对流和热辐射。直接接触的物体各部分之间的热量传递现象叫传导。在流体内，流体之间的热量传递主要由于流体的运动，使热流中的一部分热量传递给冷流体，这种热量传递方式叫作对流。高温物体的部分热能变为辐射能，以电磁波的形式向外发射到接收物体后，辐射能再转变为热能，而被吸收。这种电磁波传递热量的方式叫作热辐射。

32 什么是辐射力？

答：物体在单位时间内、单位面积上所发射出去的辐射能称为辐射力。

33 什么是热辐射？

答：热辐射是高温物质以电磁波形式通过空间把热量传递给低温物质的过程。这和热交换现象和热传导、热对流有本质不同。热辐射不仅不依靠物质的接触而进行热量的传递，而且还伴随着能量形式的转换，即由热能转变为辐射能，再由辐射能转变为热能。

34 辐射换热有什么特点？

答：辐射换热是不同于导热和对流的一种特殊的换热方式。导热和对流换热都必须通过物体或物质的接触才能进行，而辐射换热则不需要物体间的直接接触，它是依靠射线（电磁波）来传递热量的，它的另一个特点是，在热辐射过程中还伴随着能量形式的两交转换，即由热能转换为辐射能，再由辐射能转换为热能。

35 影响辐射换热的因素各有哪些？

答：影响辐射换热的因素有：

（1）黑度大小影响辐射能力及吸收率。

（2）温度高低影响辐射能力及传热量的大小。

（3）角系数由形状及位置而定，它影响有效辐射面积。

（4）物质不同，影响辐射传热。如气体与固体不同。

36 减少散热损失的方法有哪些？

答：减少散热损失的方法有：增加绝热层厚度以增大导热热阻；设法减小设备外表面与空气间总换热系数。

37 管道外部加保温层的目的是什么？

答：管道外部加保温层的目的是：增加管道的热阻，减少热量的传递。

38 物体的黑度与吸收系数有什么关系？

答：物体的黑度与吸收系数的关系是指某温度下的物体的黑度在数值上近似等于同温度下物体的吸收系数。

39 增强传热的方法有哪些？

答：增强传热的方法是：

（1）提高传热平均温差。在相同的冷热流体进、出口温度下，逆流布置的平均温差最大，顺流布置的平均温差最小，其他布置介于两者之间。因此，在保证各受热面安全的情况下，都应力求采用逆流或接近逆流的布置。

（2）在一定的金属耗量下增加传热面积。管径越细，在一定的金属耗量下总面积就越大，采用较细的管径还有利于提高对流换热系数，但过分缩小管径会带来流动阻力增加的后果。

（3）提高传热系数。减少水垢等热阻，定期排污和冲洗，以保证给水品质合格。

40 什么是对流换热？

答：流体流过固体壁面时，流体与壁面之间进行的热量传递过程叫对流换热。

在电厂中利用对流换热的设备较多，如蒸汽流过加热器管束时与管壁及管壁与管内凝结水之间的热交换；在凝汽器中，铜管内壁与冷却水及铜管外壁与汽轮机排汽之间发生的热交换。

对流换热是流动的流体与另一物体表面接触时，两者之间由于有温度差而进行的热交换现象。

41 影响对流放热系数 α 的主要因素有哪些？

答：影响对流放热系数 α 的主要因素有：

（1）流体的流速。流速越高，α 值越大（但流速不宜过高，因流体阻力随流速的加快而增大）。

（2）流体的运动特性。流体的流动有层流与紊流之分，层流运动时，各层流间互不掺混；而紊流流动时，由于流体流点间剧烈混合使换热大大加强。强迫运动具有较高的流速，所以，对流放热系数比自由运动大。

（3）流体相对于管子的流动方向。一般横向冲刷比纵向冲刷的放热系数大。

（4）管径、管子的排列方式及管距。管径小，对流放热系数值较高。叉排布置的对流放热系数比顺排布置的对流放热系数值大，这是因为流体在叉排中流动时对管束的冲刷和扰动更强烈些。此外，流体的物理性质如黏度、密度、导热系数、比热容等以及管壁表面的粗糙度，都对对流放热系数有影响。

42 什么是凝结？水蒸气凝结有哪些特点？

答：物质从气态变成液态的现象是凝结，也是液化。

水蒸气凝结有以下特点：

（1）一定压力下的水蒸气，必须降到该压力所对应的凝结温度才开始凝结成液体。这个凝结温度也就是液体沸点，压力降低，凝结温度随之降低，反之则凝结温度升高。

（2）在凝结温度下，水从水蒸气中不断吸收热量，则水蒸气可以不断凝结成水，并保持温度不变。

43 影响凝结放热的因素有哪些？

答：影响凝结放热的因素有：

（1）蒸汽中含不凝结气体。当蒸汽中含有空气时，空气附在冷却面上，影响蒸汽的通过，造成很大的热阻，使蒸汽凝结放热显著削弱。

（2）蒸汽流动速度和方向。如果蒸汽流动方向与水膜流动方向相同时，因摩擦作用的结果，会使水膜变薄而水膜热阻减小，凝结放热系数增大。反之，则凝结放热系数减小。但是如果蒸汽流速较高时，由于摩擦力超过水膜向下流动的重力时，将会把水膜吹离冷却壁面，使水蒸气与冷却表面直接接触，凝结放热系数反而会大大增加。

（3）冷却表面情况。冷却面表面粗糙不平或不清洁时，会使凝结水膜向下流动阻力增加，从而增加了水膜厚度，热阻增大，使凝结放热系数减小。

（4）管子排列方式。管子排列方式有顺排、叉排、辐排等。当管子排数相同时，下排管子受上排管子凝结水膜下落的影响为顺排最大，叉排最小，辐排居中。所以，叉排时放热系数最大。

44 什么是稳定导热？

答：物体各点的温度不随时间而变化的导热叫作稳定导热。火电厂中大多数热力设备在稳定运行时其壁面间的传热都属于稳定导热。

45 什么是导热系数？导热系数与什么有关？

答：导热系数是表明材料导热能力大小的一个物理量，又称热导率，它在数值上等于壁的两表面温差为1℃，壁厚等于1m时，在单位壁面积上每秒钟所传递的热量。

导热系数与材料的种类、物质的结构、湿度有关，对同一种材料，导热系数还和材料所处的温度有关。

46 什么是理想气体？什么是实际气体？

答：气体分子间不存在引力，分子本身不占有体积的气体叫理想气体。反之，气体分子间存在着引力，分子本身占有体积的气体叫实际气体。

47 火电厂中什么气体可看作理想气体？什么气体可看作实际气体？

答：在火力发电厂中，空气、燃气、烟气可以作为理想气体看待，因为它们远离液态，与理想气体的性质很接近。

在蒸汽动力设备中，作为工质的水蒸气，因其压力高，比容小，即气体分子间的距离比较小，分子间的吸引力也相当大，离液态接近，所以水蒸气应作为实际气体看待。

48 什么是汽水动态平衡？什么是饱和状态、饱和温度、饱和压力、饱和水、饱和蒸汽？

答：一定压力下汽水共存的密封容器内，液体和蒸汽的分子在不停地运动，有的跑出液面，有的返回液面，当从水中飞出分子数目等于因相互碰撞而返回水中的分子数时，这种状态称为汽水动态平衡。

处于动态平衡的气、液共存的状态叫饱和状态。

在饱和状态时，液体和蒸汽的温度相同，这个温度称为饱和温度；液体和蒸汽的压力也相同，该压力称为饱和压力。

饱和状态的水称为饱和水；饱和状态下的蒸汽称为饱和蒸汽。

49 为什么饱和压力随饱和温度升高而增高？

答：温度升高，分子的平均动能增大，从水中飞出的分子数目越多，因而使气侧分子密度增大。同时蒸汽分子的平均运动速度也随着增加，这样就使得蒸汽分子对器壁的碰撞增强，其结果使得压力增大，所以说，饱和压力随饱和温度升高而增高。

50 什么是湿饱和蒸汽、干饱和蒸汽、过热蒸汽？

答：在水达到饱和温度后，如定压加热，则饱和水开始汽化，在水没有完全汽化之前，含有饱和水的蒸汽叫湿饱和蒸汽，简称湿蒸汽。湿饱和蒸汽继续在定压条件下加热，水完全汽化成蒸汽时的状态叫干饱和蒸汽。干饱和蒸汽继续定压加热，蒸汽温度上升而超过饱和温度时，就变成过热蒸汽。

51 什么是临界点？水蒸气的临界参数为多少？

答：随着压力的增高，饱和水线与干饱和蒸汽线逐渐接近，当压力增加到某一数值时，二线相交，相交点即为临界点。

临界点的各状态参数称为临界参数，对水蒸气来说，其临界压力 p_c＝22.129MPa，临界温度 t_c＝374.15℃，临界比容 v_c＝0.003 147m^3/kg。

52 简述是否存在400℃的液态水。

答：不存在。因为当水的温度高于临界温度时（即 $t>t_c$＝374.15℃时）都是过热蒸汽，所以不存在400℃的液态水。

53 水蒸气状态参数如何确定？

答：由于水蒸气属于实际气体，其状态参数按实际气体的状态方程计算非常复杂，而且温差较大不适应工程上实际计算的要求，因此，人们在实际研究和理论分析计算的基础上，将不同压力下水蒸气的比体积、温度、焓、熵等列成表或绘成图。利用查图、查表的方法确定其状态参数这是工程上常用的方法。

54 什么是液体热、汽化热、过热热？

答：把水加热到饱和水时所加入的热量，称为液体热。

1kg 饱和水在定压条件下加热至完全汽化所加入的热叫汽化潜热，简称汽化热。

干饱和蒸汽定压加热变成过热蒸汽，过热过程吸收的热量叫过热热。

55 什么是轴功？

答：轴功即工质流经热机时，驱动热机主轴对外输出的功，以“W_s”表示。

56 什么是喷嘴？电厂中常用哪几种喷嘴？

答：凡用来使气流降压增速的管道叫喷嘴。

电厂中常用的喷嘴有渐缩喷嘴和缩放喷嘴两种。渐缩喷嘴的截面是逐渐缩小的，而缩放喷嘴的截面先收缩后扩大。

57 什么是再热循环？

答：再热循环就是把汽轮机高压缸内已经做了部分功的蒸汽再引入到锅炉的再热器，重新加热，使蒸汽温度又提高到初温度，然后再引回汽轮机中、低压缸内继续做功，最后的乏汽排入凝汽器的一种循环。

58 为什么要采用中间再热循环？

答：采用中间再热循环的目的有两个：

(1) 降低终湿度。由于大型机组初压 p_1 的提高，使排汽湿度增加，对汽轮机的末几级叶片侵蚀增大。虽然提高初温可以降低终湿度，但提高初温度受金属材料耐温性能的限制，因此对终湿度改善较少。采用中间再热循环有利于终湿度的改善，使得终湿度降到允许的范围内，减轻湿蒸汽对叶片的冲蚀，提高低压部分的内效率。

(2) 提高热效率。采用中间再热循环，正确的选择再热压力后，循环效率可以提高4%～5%。

59 什么是热电联供循环？其方式有几种？

答：在发电厂中利用汽轮机中做过功的蒸汽，(抽汽或排汽) 的热量供给热用户，可以避免或减少在凝汽器中的冷源损失，使发电厂的热效率提高，这种同时生产电能和热能的生产过程称为热电联供循环。

热电合供循环中供热汽源有两种：一种是由背压式汽轮机排汽；一种是由调整抽汽式汽轮机抽汽。

60 什么是沸腾？沸腾有哪些特点？

答：在液体表面和液体内部同时进行的剧烈气化现象叫沸腾。

沸腾的特点是：

(1) 在一定的外部压力下，液体升高到一定温度时，才开始沸腾。这个温度叫沸点。

(2) 沸腾时气体和液体同时存在且气体和液体温度相等，是该压力下所对应的饱和温度。

(3) 整个沸腾阶段虽然吸热，但温度始终保持沸点温度。

61 金属材料的使用性能是什么？

答：金属材料的使用性能是指金属材料在使用条件下所表现的性能，包括机械性能、物理性能和化学性能。

62 按外力作用性质的不同，金属强度可分为哪几种？

答：按外力作用的性质不同，金属强度可分为抗拉强度、抗压强度、抗弯强度和抗扭强度四种。

63 金属材料的工艺性能是指什么？

答：金属材料的工艺性能是指金属的铸造性、可锻性、焊接性和切削加工性。

64 钢材在高温时的性能变化主要有什么？

答：钢材在高温时的性能变化主要有蠕变、持久断裂、应力松弛、热脆性、热疲劳以及钢材在高温腐蚀介质中的氧化、腐蚀和失去组织稳定性。

65 对高温工作下的紧固件材料突出的要求是什么？

答：对高温工作下的紧固件材料突出的要求是有较好的抗松弛性能，其次是应力集中敏感性、热脆性小和有良好的抗氧化性能。

66 什么是金属材料的机械性能？其包括哪些方面？

答：金属材料的机械性能是指金属材料在外力作用下表现出来的特性。

其包括强度、硬度、弹性、塑性、冲击韧性、疲劳强度等方面。

67 什么是金属强度？其包括哪些内容？

答：金属强度是指金属材料在外力作用下抵抗变形和破坏的能力。

其内容包括抗拉强度、抗压强度、抗弯强度和抗扭强度等。

68 简述金属材料的铸造性、可锻性、可焊性、切削加工性的含义。

答：金属材料的铸造性是指液态时的流动性、凝固时的收缩性、凝固后的化学成分不均匀性。

金属材料的可锻性是指承受压力加工的能力。

金属材料的可焊性是指是否易焊接。

金属材料的切削加工性是指是否易于切削加工。

69 金属材料的物理性能包括什么？

答：金属材料的物理性能包括金属的密度（比重）、比热容、熔点、导电性、磁性、导热性、热膨胀性、抗氧化性、耐腐蚀性等。

70 简述金属超温与过热的关系。

答：金属的超温与过热在概念上是相同的。所不同的是，超温是指在运行中由于种种原因使金属的管壁温度超过它允许的温度；而过热是指因为超温致使金属发生不同程度的损坏。也就是说，超温是过热的原因，过热是超温的结果。

71 什么是流体?

答：通常将易流动的液体、气体统称为流体。

72 流体主要有哪些物理性质?

答：流体的主要物理性质有：

(1) 流体具有保持原有运动状态的物理性质，即流体的惯性。

(2) 物体之间具有相互吸引力的物理性质，即流体的万有引力特性。

(3) 流体的体积随着压力的增加而缩小的特性，即流体的压缩性。

(4) 流体的体积随着温度的升高而增大的特性，即流体的膨胀性。

(5) 流体运动时，流体内部产生摩擦力或黏滞阻力的特性，即流体的黏滞性。

73 什么是流体的密度?

答：单位体积的流体所具有的质量称为流体的密度。用符号 ρ 表示，计算式为

$$\rho=\frac{m}{V} \tag{1-10}$$

式中 ρ——流体的密度，kg/m^3；

m——流体的质量，kg；

V—流体的体积，m^3。

74 什么是理想流体?

答：不具有黏滞性的流体称为理想流体，这是自然界中并不存在的一种假想流体。

75 什么是液体静压力? 其特性是什么?

答：液体处在平衡状态时，其中任何一点所受到的压力称为液体静压力（简称为静压力），以 p 表示。

液体静压力具有两个重要特性：

(1) 静压力的方向总是与作用面相垂直，且指向作用面，即沿着作用面的内法线方向。

(2) 液体静压力的大小与其作用面的方位无关。

76 液体的运动要素是什么?

答：表征液体运动的物理量称为液体的运动要素，如运动速度、加速度、密度和动压力等。

77 什么是稳定流动和非稳定流动?

答：运动要素只随位置改变，而与时间无关的流态称为稳定流动或恒定流。

运动要素不仅随位置改变，也随时间改变的流态称为非稳定流动或非恒定流。

78 什么是过流断面？

答：与流动边界内所有流线垂直的横断面称为过流断面（或称有效断面，简称断面）。

79 什么是层流？什么是紊流？

答：流体有层流和紊流两种流动状态。

层流是各流体微团彼此平等地分层流动，互不干扰与混杂。

紊流是各流体微团间强烈地混合与掺杂，不仅有沿着主流方向的运动，而且还有垂直于主流方向的运动。

80 层流和紊流各有什么流动特点？在汽水系统上常遇到哪一种流动？

答：层流的流动特点：各层间液体互不混杂，液体质点的运动轨迹是直线或是有规则的平滑曲线。

紊流的流动特点：流体流动时，液体质点之间有强烈的互相混杂，各质点都呈现出杂乱无章的紊乱状态，运动轨迹不规则，除有沿流动方向的位移外，还有垂直于流动方向的位移。

在汽、水、风、烟等各种管道系统中的流动，绝大多数属于紊流运动。

81 什么是雷诺数？它的大小说明了什么问题？

答：雷诺数用符号 Re 表示，流体力学中常用它来判断流体流动的状态，用式（1-11）可求得

$$Re=\frac{cd}{\upsilon} \tag{1-11}$$

式中 c——流体的流速，m/s；

d——管道内径，m；

υ——流体的运动黏度，m^2/s。

雷诺数大于10 000时，表明流体状态是紊流；雷诺数小于2320时，表明流体流动状态是层流。在实际应用中只用下临界雷诺数，对于圆管中的流动，当 $Re<2300$ 时为层流；当 $Re>2300$ 时为紊流。

82 流体在管道内流动的压力损失有哪两种类型？

答：流体在管道内流动的压力损失有两种：

（1）沿程压力损失。液体在流动过程中用于克服沿程压力损失的能量称为沿程压力损失。

（2）局部压力损失。液体在流动过程中用于克服局部阻力损失的能量称为局部压力损失。

83 什么是流量？什么是平均流速？它与实际流速有什么区别？

答：液体流量是指单位时间内通过过流断面的液体数量。其数量用体积表示，称为体积流

量，常用 m^3/s 或 m^3/h 表示；其数量用质量表示，称为质量流量，常用 kg/s 或 kg/h 表示。

平均流速是指过流断面上各点流速的算术平均值。

实际流速与平均流速的区别：过流断面上各点的实际流速是不相同的，而平均流速在过流断面上是相等的（这是由于取算术平均值而得）。

84 什么是水锤现象？有什么危害？如何防止水锤现象的发生？

答：在压力管路中，由于液体流速的急剧变化，从而造成管中的液体压力显著、反复、迅速地变化，对管道有一种“锤击”的特征，这种现象称为水锤（或叫水击）。

水锤现象有正水锤和负水锤之分，它们的危害是：

正水锤时，管道中的压力升高，可以超过管中正常压力的几十倍至几百倍，以致管壁产生很大的应力。而压力的反复变化将引起管道和设备的振动，管道的应力交变变化，将造成管道、管件和设备的损坏。

负水锤时，管道中的压力降低，也会引起管道和设备振动。应力交替变化，对设备有不利的影响。同时，负水锤时，如压力降得过低可能使管中产生不利的真空，在外界压力的作用下，会将管道挤扁。

为了防止水锤现象的出现，可采取增加阀门起闭时间，尽量缩短管道的长度，在管道上装设安全阀门或空气室，以限制压力突然升高或压力降得太低。

85 水锤产生的原因是什么？

答：水锤产生的内因是液体的惯性和压缩性，外因是外部扰动（如水泵的启停、阀门的开关等）。

86 水锤波传播的四个阶段是什么？

答：水锤波传播的四个阶段是压缩过程、压缩恢复过程、膨胀过程、膨胀恢复过程。

87 什么是流体的压缩性？

答：当温度保持不变，流体所承受的压力增大时，其体积缩小的特性称为流体的压缩性。

88 什么是流体的膨胀性？

答：当流体压力不变时，流体体积随温度升高而增大的特性称为流体的膨胀性。

89 什么是流体的黏滞性？

答：当流体运动时，在流体层间发生内摩擦力的特性称为流体的黏滞性。

90 流体在管道内的流动阻力可分为哪两种？

答：流体在管道内的流动阻力可分为沿程阻力和局部阻力两种。

91 什么是流体的动力黏度？什么是流体的运动黏度？

答：流体的动力黏度是指流体单位接触面积上的内摩擦力与垂直于运动方向上的速度变

化率的比值。

流体的运动黏度是指动力黏度与同温、同压下流体密度的比值。

92　减少汽水流动损失的方法大致有哪些？

答：减少汽水流动损失的方法大致有：

（1）尽量保持汽水管道系统阀门全开状态，减少不必要的阀门和节流元件。

（2）合理选择管道直径和进行管道布置。

（3）采取适当的技术措施，减少局部阻力。

（4）减少涡流损失。

93　观测流体运动的两种重要参数是什么？

答：观测流体运动的两种重要参数是压力和流速。

94　作用在流体上的力有哪几种？

答：作用在流体上的力有表面力和质量力两种。

第三节　电工基础知识

1　什么是电场？

答：在带电体周围的空间，存在着一种特殊物质，它对放在其中的任何电荷均表现为力的作用，这一特殊物质叫作电场。

2　什么是电场强度？

答：电场强度是用来描述电场强弱的量。位于电场中的任何带电体都会受到电场力的作用，这个电场力与它本身所带的电量成正比，$\frac{F}{Q}$（F 是电场力，Q 为带电体的电荷量）对于确定的带电体是一个常数，是一个确定的比值，这个比值就是电荷在该点的电场强度，即 $E=\frac{F}{Q}$。

3　什么是静电感应？什么是静电屏蔽？

答：将一个不带电的物体靠近带电物体时，会使不带电物体出现带电现象。如果带电物体所带的是正电荷，则靠近带电物体的一面带负电，另一面带正电。一旦移走带电物体后，不带电物体仍恢复不带电，这种现象叫作静电感应。

所谓静电屏蔽是指为了防止静电感应而用金属罩将导体罩起来以隔开静电感应的作用。

4　电力线有什么性质？

答：在静电场中，电力线总是从正电荷出发，终止于负电荷，不闭合，不中断，不相交。

5 电流的方向是如何规定的?

答：电流是电荷做规则的定向运动形式的一种物理现象。通常以正电荷的运动方向作为电流的真实方向，规定正电荷运动的方向为电流方向，自由电子移动的方向与电流方向相反。

6 什么是电位?

答：在电场中，单位正电荷从 a 点移至参考点时，电场力所做的功，称为 a 点对参考点的电位。进行理论研究时，常取无限远处作为电位的参考点；在实际工程中，常取大地作为电位的参考点。

7 什么是电压？其大小、方向如何确定?

答：电压的大小定义：a、b 两点间的电压 U_{ab}，在数值上等于把单位正电荷从 a 点移动到 b 点，电场力所做的功，用公式表示为 $U_{ab}=\frac{dW}{dq}$，dq 为由 a 点移动到 b 点的电量，dW 为电场力移动 dq 电荷所做的功。U_{ab} 是随时间变化的量，如果不随时间变化，则电压表示式为 $U_{ab}=\frac{W}{Q}$。电压通常也用电位差表示，$U_{ab}=U_a-U_b$，电压的方向是从 a 指向 b。

8 电压与电动势有何区别?

答：电压与电动势主要区别在于，电压为电位差，是反映电场力做功的概念，其方向为电位降低的方向；电动势是反映电源力克服电场力做功的概念，它将正电荷从电源负极端移到正极做了功，使正电荷获得了电能，电位升高，其方向是从电源内部负极指向电源正极，即电位升高的方向，它在数值上等于电源力把单位正电荷从电源的低电位点经电源内部移到高电位点所做的功。两者的方向相反。电压和电动势的基本单位为伏特（V）。

9 什么是电路？它的基本组成部件有哪些?

答：电路就是电流流通的路径，它是由若干个电气设备或部件按照一定的方式组合起来的。

电路由电源、负载和中间环节三个基本部件组成。电源是电路中提供能量的设备，它将非电能转换成电能。负载是吸收电能的设备，它将电能转换成我们所需的其他形式的能量。中间环节包括将电源与负载连接成闭合回路的金属导线、开关、熔断器等，它们的作用是把电能安全可靠地传送给负载。

10 电路的三种状态是什么?

答：根据电源与负载之间连接方式的不同，电路有通路、开路和短路三种不同的状态。

11 什么是支路、节点、回路?

答：在电路中，没有分支的电路称为支路。

通常将 3 条及以上支路的连接点称为节点。

在电路中，任一闭合路径称为回路。

12 什么是欧姆定律？

答：欧姆定律是指通过电路某一段中的电阻 R 的电流 I 与加在电阻两端的电压 U 成正比，与电阻 R 成反比，即 $I=\frac{U}{R}$，也可表示为 $U=IR$。欧姆定律是电路的基本定律之一，它说明流过电阻的电流与该电阻两端电压之间的关系，可反映电阻元件的特性。

13 应用欧姆定律时应注意什么？

答：应用欧姆定律时要注意以下两点：

（1）公式 $I=\frac{U}{R}$ 只有在电流、电压的正方向是相同方向才适用，若电压、电流方向选得相反，则欧姆定律表示为：$I=-\frac{U}{R}$。

（2）欧姆定律仅适用于阻值不变的线性电阻，即其阻值不随所通过的电流或两端的电压而变化。

14 什么是全电路欧姆定律？

答：全电路欧姆定律是指在闭合回路中的电流与电源的电动势成正比，与电源内阻和外电阻之和成反比。

15 导体电阻与哪些因素有关？

答：导体电阻与导体长度成正比，与导体截面积成反比，还与导体的材料有关。它们之间的关系式为

$$R=\frac{\rho l}{S} \tag{1-12}$$

式中 R——导体电阻，Ω；
ρ——导体的电阻率，Ω·m；
l——导体长度，m；
S——导体的截面积，mm^2。

16 导体电阻与温度有什么关系？

答：导体电阻值的大小不但与导体的材料及它本身的几何尺寸有关，而且还与导体的温度有关。一般金属导体的电阻值，随温度的升高而增大。

17 什么是线性电阻、非线性电阻？

答：所谓线性电阻是指电阻值不随电压、电流的变化而变化的电阻。线性电阻的阻值是一个常数，其伏安特性是一条直线。线性电阻上的电压与电流的关系服从欧姆定律。严格地说，线性电阻和电路是不存在的，只不过是变化大小不同而已。

所谓非线性电阻是指电阻值随着电压、电流的变化而变化的电阻。非线性电阻的伏安特性是一条曲线，其电阻值不是常数，也就是不能用欧姆定律来直接计算，而要根据伏安特性

用作图法来求解。

18 直流串联电路有何特点？

答：直流串联电路有四个特点：

（1）流过各电阻的电流都相等。

（2）串联电阻上的总电压等于各电阻上电压降之和。

（3）总电阻等于各电阻之和。

（4）各电阻两端的电压与各电阻成正比。

19 直流并联电路有什么特点？

答：直流并联电路有四个特点：

（1）各并联电阻两端的电压都相等。

（2）并联电阻的总电流等于各并联电阻流过电流之和。

（3）并联电阻的等效电阻的倒数为各并联电阻的倒数之和。

（4）流过各支路的电流与支路中的电阻阻值大小成反比。

20 恒压源和恒流源各有哪些特性？

答：恒压源有以下几个特性：

（1）恒压源的端电压在电源允许的范围内不随负载电流的变化而变化，其外特性 $U=f(I)$是一条平行于横坐标（I）的直线。

（2）恒压源电流的大小是由外电路的负载电阻 R_L决定的，即 $I=U_s/R_L$。恒压源不允许短路，否则输出电流趋向无穷大而把电源烧坏。

（3）恒压源是理想的电源，实际上是不存在的。只有当电压源的内阻 R_0远小于负载电阻 R_L时，可看作是恒压源。

恒流源有如下几个特性：

（1）恒流源在电路中提供恒定的电流 I_S，其值与负载电阻 R_L大小无关。

（2）恒流源两端电压由外电路决定。

（3）恒流源是理想元件，实际并不存在。因实际的电流源总有内阻，当电流源内阻 R_s远大于负载电阻 R_L时，可近似看作是恒流源。

21 在电压源与电流源进行等效变换时，应注意哪些事项？

答：用一个电压源或一个电流源向同一负载电阻供电，若能产生相同的效果，则这两个电源是等效的，它们之间可以进行等效变换。但在等效变换中，要注意以下几点：

（1）变换前后电压源的极性与电流源的方向，应保持对外电路等效。当两电路外接相同的负载电阻时，则产生的电流方向相同。

（2）电源的等效变换只是对外电路而言的，对于电源内部是不等效的。例如外接电路开路时，电压源内部不产生功率，内阻上也不消耗功率，但对电流源来说，当外电路开路时，内部有电流通过，有功率损耗。

（3）恒压源与恒流源不能等效变换。因为恒压源在电流的任意值时，端电压等于电动势，是恒定值，恒流源不具有这个特性；而恒流源的输出为恒定值，其端电压由外负载电阻大小决定，恒压源也没有这个特性，因此，恒压源与恒流源不能等效变换。

22 什么是叠加原理?

答：叠加原理是线性电路中一条重要原理，它的内容是：在线性电路中，如果有几个电源同时作用时，任一条支路的电流（或端电压）是电路中各个电源单独作用时，在该支路中产生的电流（或端电压）的代数和。例如，两个电压源作用于一个复杂的电路中，我们所要得到的是在某一元件上的响应，这时我们可先认为是由其中的一个电压源单独作用，而把另一个电压源视为短路状态，这样就简化了电路，为计算带来了方便。当我们求得响应后，再用同样的方法求得由另一个电压源单独起作用时元件上的响应。这两个响应之和，就是元件上的总的响应。需要注意的是，在运用叠加原理时对电压源应视之为短路状态，而对于电流源，则应视之为开路状态。

23 运用叠加原理时，应注意哪些问题?

答：应用叠加原理时，应注意以下几点：

（1）某一电源单独作用，其他电源不作用，表示其他电源应为零值。对于恒压源，意味着外力推动正电荷所做的功为零，所以恒压源两端电压为零。为此应将恒压源两端短接，而支路中所有电阻应保留。对于恒流源的电流应为零，表示它不向外电路提供电流，所以恒流源应作为开路处理。

（2）原电路中总电流是各分量电流的代数和关系，因此要特别注意它们的方向，在计算时应当设置好它的方向。

（3）叠加原理只能适用于线性电路，不适用于非线性电路。因为在非线性电路中，电阻不是常数，随电压或电流而变化，因此叠加原理不能成立。而在线性电路中，也只能用来计算电流和电压，不能用来计算功率，因为功率与电流、电压不是线性关系，而是平方关系。

24 戴维南定理的内容是什么？如何等效变换?

答：任意一个线性有源两端网络，对外电路而言，总可以用一个电压源与一个入端电阻串联的电路来代替。

其等效变换方法步骤如下：

（1）开断欲求支路的两端与电源网络的连接点。

（2）求出开断后含源两端网络的开路电压。

（3）求出无源两端网络的等效电阻，注意此时应把电压源短接，电流源开路。

25 诺顿定理的内容是什么?

答：任何一个线性有源二端网络都可用一个恒流源 I_s和电阻 R_s并联的电路来等效代替。

26 运用等效电源定理的目的是什么?

答：在实际工作中，如果只需计算复杂电路中某一支路的电流，而不需求出所有支路中的电流，则应用等效电源定理求解最为简便，这个方法是将待求电流的支路从电路中抽出，把电路的其余含有电源的部分用一个等效电源来代替，这样就把复杂电路化为简单回路来分析求解。

27 电功率是如何定义的？在计算时应注意什么？

答：单位时间 t 内电流 I 所做的功 W 称为电功率 P，即 $P=\frac{W}{t}=UI$，它的基本单位是瓦特（W）。

在计算电功率时，要特别注意元件两端的电压和电流的方向。如果电压与电流的正方向相反，则电功率为负值。$P<0$ 时，说明电流从元件的高电位端流出，该元件是产生电功率的，在电路中作为电源；若 $P>0$，则说明电流由元件高电位端流入，说明该元件是吸收电功率的，在电路中起负载作用。

28 电容的串联和并联是怎样实现的？

答：电容的串联，根据电流的连续性原理，任何瞬时，通过各电容的电流相同，任何瞬时的总电压，等于该瞬时的各电容电压之和，经过推导可以得出如下结论：串联电容的总电容的倒数等于各串联电容的倒数之和。

在并联电路中，根据基尔霍夫电流定律可以得出并联电容的总电容等于各并联电容之和。由此可以看出，电容的串并联与电阻的串并联相似，但其串并联的结论相反。

29 什么是直流电阻？什么是交流电阻？

答：集肤效应随着频率的提高和导体截面的增加而越来越显著。因此，当频率提高和导体截面增大到一定程度时，就必须区分直流电阻（欧姆电阻）和交流电阻（有效电阻）了。所谓的直流电阻是指导体中通过直流电流时所具有的电阻值，可以用电阻率来计算，即 $R=\frac{\rho l}{S}$；而交流电阻是指导体中通过交流电流时所具有的等效电阻值，需要用实验的方法来测定。

30 什么是非线性元件？它与线性元件有何区别？

答：如果流过元件的电流与元件的外加电压不成比例，则这样的元件就叫作非线性元件。含有这种非线性元件的电路称为非线性电路。例如带铁芯的线圈，当外加电压较低时，电流与电压基本成正比关系，当电压增大到一定数值后，电流会比电压增大的速度快而不成正比关系了。线性电阻的电阻值不随电压、电流的变化而变化，是一个常量，其伏安特性为一条直线，线性电阻上的电压与电流的关系服从欧姆定律；非线性电阻的阻值随着电压、电流的变化而变化，其伏安特性是一曲线，不能用欧姆定律来直接运算，而要根据伏安特性用作图法来求解。

31 什么是过渡过程？产生过渡过程的原因是什么？

答：过渡过程是一个暂态过程，是从一个稳定状态转换到另一个稳定状态所要经过的一段时间内的这种过程。

产生过渡过程的原因是储能元件的存在。储能元件如电感和电容，它们在电路中的能量不能跃变，即电感的电流和电容的电压在变化过程中不能突变，所以，电路中的一个稳定状态过渡到另一种状态有一个过程。

32 什么是磁场？

答：磁场是一种特殊物质，它的存在通常是通过对磁性物质和运动电荷具有作用力而表现出来。

33 磁力线有哪些性质？

答：（1）磁力线有方向性，在磁铁外部磁力线的方向是由 N 极出发，回到 S 极。在磁铁内部磁力线的方向是由 S 极指向 N 极。

（2）磁力线总是闭合的而不会中断，但有缩短长度的倾向。

（3）磁力线互不相交，有互相排斥的特点。

（4）磁力线的疏密表示磁场的强弱，磁力线密表示磁场强，磁力线疏表示磁场弱。

34 什么叫电流的磁效应？

答：电流流过导体时，在导体周围产生磁场的现象，称为电流的磁效应。它的磁力线方向由右手定则来确定。

35 什么是电磁感应现象？

答：当闭合电路内的磁通发生变化（当磁场发生变化或导体切割磁力线运动）时，该闭合电路中就会产生电动势与电流，这个电动势叫感应电动势，这种现象就叫作电磁感应现象。

36 什么是楞次定律？如何应用？

答：线圈中感应电动势的方向总是企图使它所产生的感应电流反抗原有磁通的变化，即感应电流产生新的磁通反抗原有磁通的变化，这个规律就称为楞次定律。楞次定律可以简单地表述为：感应电动势或感生电流总是阻碍产生它本身的原因。

利用楞次定律可以判断任何感应电动势或感应电流的方向。例如，在磁铁插入线圈的过程中，穿过线圈的磁通是从无到有、从少到多的增加过程，即 $(\Delta\Phi/\Delta t)>0$，在这个过程中产生感生电流。这个感生电流所产生的磁通是阻碍外加磁通增加的，它的方向与外加磁通相反。既然感应电流的磁通方向已确定，那么按右手螺旋定则可以容易地确定出感应电流的方向。

37 感应电动势是怎样产生的？

答：感应电动势可以用下列方法产生：

（1）使导体在磁场中做切割磁力线运动。

（2）移动导体周围的磁场。

（3）使交变磁场穿过电感线圈。

38 什么是左手定则？

答：左手定则是表示载流导体在磁场中受力的作用时，磁场方向、电流方向和载流导体受力方向三者之间关系的一个定则。具体判别如下：伸开左手手掌，使拇指和其他四指相垂直，以手心对准磁极的N极，使四指指向电流的方向，那么拇指的指向便是导体的受力方向。可以用它来判别载流导体在磁场中的运动方向，它和电动机的作用原理相同，所以也称电动机定则。

39 什么是右手定则？

答：导体在磁场中做切割磁力线运动时，将产生感应电动势。右手定则是表示磁场方向、导体运动方向和感应电动势方向三者之间关系的一个定则。具体判别如下：伸开右手手掌，使拇指和其他四指相垂直，以手心对准磁场的北极，使拇指指向导体运动的方向，那么四指的指向就是导体内感应电动势的方向。可用它判断导体在磁场中运动时，其感应电动势（或感应电流）的方向。它和发电机的工作原理相同，所以也叫发电机定则。

40 如何确定载流导体产生的磁力线的方向？

答：载流导体产生磁场，它的磁力线的方向可以用右手定则给予确定，方法是：用右手握住导线并把拇指伸直，拇指所指的方向为电流所指方向，四指所环绕的方向就是磁力线的方向，由此来确定载流导体产生的磁力线方向。

41 如何判断通电螺线管的磁场方向？

答：判断导体的磁场方向均用右手定则，通电螺管可以认为是单根载流导体的组合体。具体判断如下：用右手握住螺线管，将拇指伸直，使四指的方向与电流方向一致，则拇指所指方向就是磁场的方向，也就是北极，即N极。

42 什么是自感现象和互感现象？

答：电路中由于自身电流的变化而产生感应电动势，这种现象称为自感现象。

由于一个电路中的电流变化而导致相邻的另一电路中产生感应电动势的现象叫互感现象。这是因为电路中电流的变化导致磁场发生变化，而相邻电路因为受到它的磁场变化而产生感应电动势。

43 什么是涡流？

答：处在变化磁场中的导电物质内部将产生感应电流，以阻碍磁通的变化，这种感生电流称为涡流。

44 什么是剩磁？

答：处在磁场中的铁磁物质当移去磁场后，仍会保持一定的磁性称为剩磁。

45 为什么要采用交流电？它有什么好处？

答：交流电具有容易产生、传送和使用的优点，因而现实中广泛地采用交流电。

好处：远距离输送可利用变压器把电压升高，减小输电线中的电流来降低损耗，获得经济的输电效益。在用电场合，可通过变压器降低电压，保证用电安全。此外，交流发电机、交流电动机和直流电机相比较，具有结构简单、成本低廉、工作安全可靠、使用维护方便等优点，所以交流电在国民经济各部门获得广泛采用。

46 什么是感抗？如何计算感抗？

答：交流电流流过电感元件时，电感元件对交流电流的限制能力叫感抗 X_L。

它的电流滞后电压 $\pi/2$。感抗与频率和电感成正比，计算式为

$$X_L = \omega L = 2\pi f L \tag{1-13}$$

式中　ω——角频率；

f——频率；

L——电感。

由式（1-13）可以看出，频率越大，阻抗越大；电感越大，阻抗也越大。

47 什么是容抗？如何计算容抗？

答：交流电流通过电容元件时，电容元件对交流电流的限制能力称为容抗 X_C。

它的电压滞后电流 $\pi/2$，它的值与频率和电容量成反比，计算式为

$$X_C = \frac{1}{\omega C} = \frac{1}{2\pi f C} \tag{1-14}$$

式中　ω——角频率；

f——频率；

C——电容量。

由式（1-14）可以看出，频率越高，容抗值越小；电容值越大，容抗值越小。

48 什么是相电流、相电压和线电流、线电压？

答：由三相绕组连接的电路中，每个绕组的始端与末端之间的电压叫相电压。

各绕组始端之间的电压叫线电压。线电压的大小为相电压的$\sqrt{3}$倍。

各相负荷中的电流叫相电流。

各端线中流过的电流叫线电流。

49 什么是过电压？过电压有哪些类型？

答：在电力系统中，各种电压等级的输配电线路、发电机、变压器以及开关设备等，在正常运行状态下，只承受额定电压的作用。但在异常情况下，由于某种原因造成上述电气设备主绝缘或匝间绝缘上的电压远远超过额定电压，虽然时间很短（从几微秒到几十微秒），但电感升高的数值可能很大，如没有防护措施或设备本身绝缘水平较低时，设备绝缘将被击穿，使系统的正常运行遭到破坏。一般将这种对设备绝缘有危害的电压升高称为过电压。

过电压分为外部过电压（又叫大气过电压）和内部过电压两种类型。其中，外部过电压又分为直接雷电过电压和雷电感应过电压两类；内部过电压又分为操作过电压和谐振过电压等。

50 什么是操作过电压？什么是谐振过电压？

答：操作过电压通常是指操作、故障时过渡过程中出现的持续时间较短的过电压。

谐振过电压通常是指在某些情况下，操作（正常或故障后的操作）后形成的回路的自振荡频率与电源的频率相等或接近时，发生谐振现象，而且持续的时间较长，波形有周期性重

复的过电压。

51 什么是铁磁谐振过电压？

答：铁磁谐振过电压是指由磁性元件的非线性特性引起共振时出现的过电压。例如，在铁芯线圈与线性电容器串联或并联的电路中，调节线性电容、电源频率或电源电压（在串联时）或电流（在并联时）的大小，都可达到共振而引起过电压。

52 什么是绝缘配合？

答：绝缘配合就是综合考虑电气设备在电力系统中可能承受的各种电压（工作电压及过电压）、保护装置的特性和设备绝缘对各种作用电压的耐受特性，合理地确定设备必要的绝缘水平，以使设备的造价、维修费用和设备绝缘故障引起的事故损失，达到在经济上和安全运行上总体效益最高的目的。

53 什么是正弦交流电？

答：在电路中，若其电流、电压及电动势均随时间按正弦函数规律变化，则统称其为正弦交流电。

54 正弦交流电的周期和频率是如何规定的？

答：交流电在变化过程中，它的瞬时值经过一次循环，又变化到原来的瞬时值时，所需要的时间，称为交流电的周期。通常用字母 T 表示，单位为秒（s）。

交流电每秒钟周期性变化的次数叫频率，通常用字母 f 表示，单位为赫兹（Hz）。

55 什么是正弦交流电的相位、初相位和相位差？

答：正弦交流电的相位是表示正弦交流电变化进程的量。它不仅决定该时刻瞬时值的大小和方向，还决定正弦交流电的变化趋势。

初相位：正弦交流电在计时开始时（$t=0$）所处的变化状态。

相位差：两个同频率的正弦交流电的相位之差，表示两交流电在时间上超前或滞后的关系。

56 用向量表示正弦量有哪几种形式？

答：用向量表示正弦量有四种形式：代数形式、指数形式、三角形式和极坐标形式。

57 正弦量的三要素指的是哪些？各有什么含义？

答：正弦量的三要素指的是一个正弦量的幅值、频率和初相位。

正弦量在任一时刻的大小称为瞬时值，交流电量在变化过程中会出现最大瞬时值，正弦量在一周期中出现的最大瞬时值称为幅值。

正弦量的频率是正弦量在单位时间内重复的次数，一般用单位时间所变化的弧度，也即角频率来表示。这样可使得表达式中与初相位直接对应。

相位是表示正弦交流电变化进程的量，它不仅决定该时刻瞬时值的大小和方向，还决定正弦交流电的变化趋势。初相位是正弦交流电在计时开始时所处的变化状态。

58 电流的有效值是如何定义的?

答：正弦交流电的有效值定义如下：在阻值相同的两个电阻元件中分别通入直流电流和交流电流，如果在同样的时间内，二者产生的热量相等，则称这个直流电流的数值是交流电流的有效值。结果表明，有效值是最大值的$\frac{1}{\sqrt{2}}$倍。工程中用有效值来衡量交流电做功的能力。

59 用相量法表示正弦量时，应注意哪些问题?

答：按照正弦量大小和相位关系画出几个向量的图形称为向量图。在向量图中可以看出正弦量之间的关系，在运用时，应注意以下几点：

(1) 只有正弦交流量才能用旋转向量来表示。旋转相量不能表示非正弦量。

(2) 正弦交流量本身不是向量，而是随时间交变的量。用旋转向量表示正弦交流量只是一种表示方法。

(3) 只有同频率的正弦量才能画在同一相量图中。因为同频率的交流电在任何瞬时的相位差不变。故在向量图中，它们之间的相对位置不变，所以就可将旋转的向量看成相对静止的向量，从而用平行四边形法进行加减运算。

60 什么是集肤效应? 集肤效应是如何产生的?

答：集肤效应也叫趋肤效应，是指在交流电通过导体时，导体截面上各处电流分布不均匀，导体中心处密度最小，越靠近导体的表面密度越大，这种电流集中在导体表面流通的现象称为集肤效应。集肤效应的实质是减小了导体的有效截面积。

导体中通过交流电流时，其周围的磁场是交变的，导体中会产生感应电势。由于导体中心的自感电动势大，相应的感抗也大，因此通过的电流就小；导体表面的情况正好相反，由于感抗小，通过得的电流就大。所以就产生了所谓的集肤效应。

61 什么是中性点位移现象?

答：在三相电路中，电源电压三相对称的情况之下，如三相负载也对称，根据基尔霍夫定律，不管有无中性线，中性点的电压都等于零。如果三相负载不对称，且没有中性线或中性线阻抗较大，则三相负载中性点就会出现电压，这种现象称为中性点位移现象。

62 在什么情况下会产生非正弦交流电?

答：不同频率的正弦量共同作用于同一电路或电路中有非线性元件（如铁芯、线圈等），则在电路中产生非正弦交流电。

63 什么是交流电的谐振?

答：由交流电源、电阻、电感及电容构成的组合电路，在一定的条件下，电路有可能发生电能与磁能相互交换的现象，此时，外施交流电源仅供电阻上的能量损耗，不再与电感线圈或电容器发生能量转换，这种现象就称为电路发生了谐振。

64 什么是串联谐振？

答：在电阻、电感和电容的串联电路中，当容抗与感抗相等时，电路中的电压和电流的相位相同，电路呈现纯电阻性，这种现象叫串联谐振。

65 什么时候会发生串联谐振？串联谐振时有何特点？

答：在电阻、电感和电容的串联电路中，当电感 L、电容 C 或电源的角频率 ω 发生变化，使得 $X_L=X_C$时，就会发生串联谐振。

串联谐振电路具有以下特点：

（1）因为 $X_L=X_C$，所以阻抗 $Z_0=\sqrt{R^2+(X_L-X_C)^2}=R$，达到最小值，具有纯电阻特性。

（2）在电压 U 不变的情况下，电路中的电流达到最大值，即 $I=\frac{U}{Z_0}=\frac{U}{R}=I_0$。式中 I_0 为谐振电流。

（3）由于谐振时 $X_L=X_C$，所以 $U_L=U_C$，而 U_L 与 U_C 相位相反，相加时互相抵消，所以电阻上的电压等于电源电压 U_0，电感和电容上的电压分别为 $U_L=I\times X_L=\frac{U}{R}X_L$ 和 $U_C=I\times X_C=\frac{U}{R}X_C$。如果感抗和容抗远大于电阻，则 U_L 和 U_C 可能远大于电源电压 U_0，所以串联谐振又称电压谐振。因此串联谐振具有破坏性。

66 什么是并联谐振？

答：在电阻、电感和电容的并联电路中，出现电路的端电压和总电流同相位的现象，叫作并联谐振。

67 什么时候会发生并联谐振？并联谐振时有何特点？

答：发生并联谐振的条件随着并联谐振电路的形式不同而不同，对于 R—L—C 并联电路来说，当 $\frac{1}{\omega L}=\omega C$ 时，电路发生并联谐振。

并联谐振电路具有以下特点：

（1）电路的总电流 I 与电压同相，总电流 I 达到最小值，而电路的总阻抗达到最大值，电路呈电阻性。

（2）电感支路中的电流 I_L 与电容支路中的电流 I_C 大小相等，支路电流与总电流的比值为 $Q=\frac{I_L}{I}=\frac{I_C}{I}=\frac{R}{\omega_O L}=\omega_O CR$，其中 Q 称为谐振电路的品质因数，ω_O 为谐振角频率。可见：并联谐振时支路电流 I_L 或 I_C 是总电流的 Q 倍，所以并联谐振又称为电流谐振。

并联谐振时，由于端电压和总电流同相位，并联谐振不会产生危害设备安全的谐振电压，且功率因数达到最大值。因此，为我们提供了提高功率因数的有效办法。

68 什么是正序分量、负序分量和零序分量？

答：任意一组不对称的三相正弦电压或电流相量都可以分解成三组对称的分量，一组是正序分量，用下标“1”表示，相序与原不对称正弦量的相序一致，即 A—B—C 的次序，各相位互差 120°。一组是负序分量，用下标“2”表示，相序与原正弦量相反，即 A—C—B，相位间也差 120°。另一组是零序分量，用下标“0”表示，三相的相位相同。提出这三种分量的目的是分析问题的方便。它们存在于不对称的正弦量中，可运用数学方法把它们区分开来。

69 在三相三线制中，任何瞬时三相电流关系如何？在三相四线制中又如何？

答：在三相三线制中，任何瞬时三相电流关系为：$i_A+i_B+i_C=0$。

在三相四线制中，因为有了中线，因而三相电流关系为：$i_A+i_B+i_C=i_0$。

当 $i_0=0$ 时，说明此时无零序电流，三相电流处于对称状态；当 $i_0\neq0$ 时，说明三相负载不对称，中线中有零序电流通过。

70 当三相负载接成三角形时，线电流和相电流的相位及数值关系怎样？

答：当负载为三角形接线时，线电流是相电流的$\sqrt{3}$倍，线电流滞后相电流 30°。

71 单相交流电路的有功功率、无功功率和视在功率的计算公式是怎样的？

答：单相交流电路的功率直接可以按照电压、电流形式进行计算，视在功率就是相电压与相电流的乘积。在计算有功功率、无功功率时，要考虑它们的功率因素。即

视在功率： $S=UI$

有功功率： $P=UI\cos\varphi$

无功功率： $Q=UI\sin\varphi$

72 什么是功率因数？为什么要提高功率因数？

答：所谓功率因数是指有功功率 P 与视在功率 S 的比值。常用 $\cos\varphi$ 表示。

提高电路的功率因数，可以充分发挥电源设备的潜在能力，同时可以减少线路上的功率损失和电压损失，提高用户电压质量。

73 什么是涡流损耗、磁滞损耗、铁芯损耗？

答：当穿过大块导体的磁通发生变化时，在其中产生感应电动势。由于大块导体可自成闭合回路，因而在感生电动势的作用下产生感生电流，这个电流就叫涡流。涡流所造成的发热损失就叫涡流损耗。为了减小涡流损耗，电气设备的铁芯常用互相绝缘的 0.35mm 或 0.5mm 厚的硅钢片叠成。

在交流电产生的磁场中，磁场强度的方向和大小都不断地变化，铁芯被反复地磁化和去磁。铁芯在被磁化和去磁的过程中，有磁滞现象，外磁场不断地驱使磁畴转向时，为克服磁畴间的阻碍作用就需要消耗能量。这种能量的损耗就叫磁滞损耗。为了减少磁滞损耗，应选用磁滞回线狭长的磁性材料（如硅钢片）制造铁芯。

铁芯损耗是指交流铁芯线圈中的涡流损耗和磁滞损耗之和。

74 什么是介质损耗？

答：在绝缘体两端加上交流电压时，绝缘体内就要产生能量损耗。绝缘介质在电场中，单位时间内消耗的总电能叫作介质损耗。

75 什么是泄漏电流?

答：电解质的电阻率，都有一定的极限。在电场的作用下，介质中会有微小的电流通过，这种电流就是泄漏电流。

76 什么是电力系统的稳定?

答：电力系统正常运行时，原动机供给发电机的功率总是等于发电机送给系统供负荷消耗的功率。当电力系统受到扰动，使上述功率平衡关系受到破坏时，电力系统应能自动地恢复到原来的运行状态，或者凭借控制设备的作用过渡到新的平衡状态运行，即所谓电力系统稳定。

77 什么是电力系统的静态稳定?

答：电力系统的静态稳定是指当正常运行的电力系统受到很小的扰动后，能自动恢复到原来运行状态的能力。所谓很小的扰动是指在这种扰动作用下系统状态的变化量很小，如负荷和电压较小的变化等。

78 什么是电力系统的暂态稳定?

答：暂态稳定是指系统受到较大扰动下的稳定性，即系统在某种运行方式下受到大的扰动，功率平衡受到相当大的波动时，能否过渡到一种新的运行状态或者回到原来的运行状态，继续保持同步的能力。这种较大的扰动一般变化剧烈，常常伴有系统网络结构和参数的变化，主要是指系统中电气元件的切除或投入，例如发电机、变压器、线路、负荷的切除或投入以及各种形式的短路或断线故障等。

79 什么是负荷调节效应?

答：当频率下降时，负荷吸取的有功功率随着下降；当频率升高时，负荷吸取的有功功率随着升高。这种负荷有功功率随频率变化的现象称为负荷调节效应。

80 提高电力系统暂态稳定性有哪些措施?

答：提高电力系统暂态稳定性的主要措施有：

（1）快速切除故障。

（2）采用自动重合闸装置。

（3）采用电气制动和机械制动。

（4）变压器中性点经小电阻接地。

（5）设置开关站和采用强行电容补偿。

（6）采用连锁切机。

（7）快速控制调速汽门。

81 什么是半导体三极管？它有哪些分类?

答：半导体三极管也叫晶体三极管，由两个PN结构成，由于两者间相互作用，因而表现出单个PN结不具备的功能，即电流放大作用。

三极管的种类很多，按功率大小可分为大功率管和小功率管，按电路的工作频率高低可分为高频管和低频管，按半导体材料不同可分为硅管和锗管等。但从外形来看，各种三极管都有三个电极，内部结构有PNP型和NPN型两种。

82 什么是晶闸管?

答：晶闸管是一种大功率整流元件，它的整流电压可以控制。当供给整流电路的交流电压一定时，输出电压能够均匀调节。它是一个四层三端的硅半导体器件。

83 整流电路有什么作用? 稳压电路有什么作用?

答：整流电路通常由L、C等储能元件组成，其作用是滤除单向脉动电压中的交流分量，使输出电压更接近直流电压。

稳压电路的作用是当交流电源和负载波动时，自动保持负载上的直流电压稳定，即由它向负载提供功率足够、电压稳定的直流电源。

84 单相半波整流电路是根据什么原理工作的? 有何特点?

答：半波整流电路的工作原理是：在变压器的二次绕组的两端串联一个整流二极管和一个负载电阻。当交流电压为正半周时，二极管导通，电流渡过负载电阻；当交流电压为负半周时，二极管截止，负载电阻中没有电流渡过。所以负载电阻上的电压只有交流电压的正半周，即达到整流的目的。

单相半波整流电路的特点是：接线简单，使用的整流元件少，但输出的电压低，效率低，脉动大。

85 全波整流电路的工作原理是怎样的? 其特点是什么?

答：全波整流电路的工作原理是：变压器的二次绕组中有中心抽头，组成两个匝数相等的绕组，每个半绕组出口各串接一个二极管，使交流电在正、负半周时各流过一个二极管，以同一方向渡过负载。这样就在负载上获得一个脉动的直流电流和电压。

全波整流电路的特点是：输出电压高、脉动小、电流大、整流效率也较高，但变压器的二次绕组要有中心抽头，使其体积增大，工艺复杂，而且两个半绕组只有半个周期内有电流渡过，使变压器的利用率降低，二极管承受的反向电压高。

86 什么是集成电路?

答：集成电路是相对于分立元件电路而言的，是指把整个电路的各个元件以及各元件之间的连接同时制造在一块半导体基片上，使之成为一个不可分割的整体。

87 什么是运算放大器? 它主要有哪些应用?

答：运算放大器是一种具有高放大倍数、深度负反馈的直流放大器。

随着集成运算放大器的问世，运算放大器在测量、控制、信号变换等方面都得到了广泛的应用。

88 为什么负反馈能使放大器工作稳定?

答：在放大器中，由于环境温度的变化、管子老化、电路元件参数的改变及电源电压波动等原因，都会引起放大器的工件不稳定，导致输出电压发生波动。如果放大器中具有负反馈电路，当输出信号发生变化时，通过负反馈电路可立即把这个变化反映到输入端，通过对输入信号变化的控制，使输出信号接近或恢复到原来的大小，使放大器稳定地工作。且负反馈越深，放大器的工作性能越稳定。

89 什么是电力系统中性点？它有几种运行方式？

答：电力系统中性点是指电力系统中发电机或变压器三相作星形连接的中性点。

电力系统中性点常见的运行方式有三种，即中性点直接接地方式、中性点经消弧线圈接地方式和中性点不接地方式。后两种又称为非直接接地方式。

90 什么是大接地电流系统？什么是小接地电流系统？

答：110kV及以上电网的中性点一般采用中性点直接接地方式，在这种系统中，发生单相接地故障时接地短路电流很大，故称其为大接地电流系统。

3～35kV电网的中性点一般采用中性点经消弧线圈接地方式或中性点不接地方式，在这种系统中，发生单相接地故障时，由于不能构成短路回路，接地故障电流很小，故称其为小接地电流系统。

91 小接地电流系统中发生单相接地时，为什么可以继续运行1～2h？

答：这是因为：小接地电流系统发生单相金属性接地时，一方面由于对地电容被短路，接地相对地电压变为零，非接地相对地电压由相电压变为线电压；另一方面，三个线电压保持不变，且仍然是对称的，加之故障点电流很小，因此对负荷的供电没有影响。单相接地时，在一般情况下都允许再继续运行1～2h而不必立即跳闸，这也是采用中性点非直接接地运行方式的主要优点。但在单相接地以后，其他两相对地电压升高到原来的$\sqrt{3}$倍，为了防止故障进一步扩大成两点、多点接地短路，应及时发出信号，以便运行人员采取措施予以消除。

92 保护接地与保护接零有何区别？

答：保护接地多用在三相电源中性点不接地的供电系统中。将三相用电设备的外壳用导线和接地电阻相连就是保护接地。当设备某相对外壳的绝缘损坏时，外壳即处在一定的电压下，此时人若接触到电机的外壳，接地电流将沿人体和接地装置两条通路入地。由于接地电阻远小于人体电阻，所以大部分电流通过接地电阻入地，流入人体电流微小，人身安全得以保证。

在动力和照明共用的低压三相四线制供电系统中，电源中性点接地，这时应采用保护接零，即把设备的外壳和中性线相连。当设备某相对外壳的绝缘损坏时，则该相导线即与中性线形成短路，此时该相上的熔断器或自动空气开关能以最短的时间自动断开电路，以消除触电危险。

必须指出，同一配电线路中，不允许一部分设备接地，另一部分设备接中性线。

93 电路由哪几部分组成？

答：电路是由电源、负载、导线和控制电器四部分组成。

94 电流是如何形成的？它的方向是如何规定的？

答：电流是大量电荷在电场力的作用下有规则地定向运动的物理现象。导体中的电流是自由电子在电场力的作用下沿导体作定向流动，即电荷定向流动形成的。

电流是具有一定方向的。规定正电荷运动的方向为电流的方向。导体中电流的正方向同自由电子的流动方向相反。

95 物体是怎样带电的？

答：物体带电是由于某种原因（如摩擦、电磁感应等）使物体失去或得到电子所形成的。得到电子的物体带负电，失去电子的物体带正电。

96 什么是开路和短路？短路有何危害？

答：当电路中电源开关被拉开或熔丝熔断、导线折断、负载断开时叫作电路处于开路状态。

短路状态是指电路里任何地方不同电位的两点由于绝缘损坏等原因直接接通。

最严重的短路状态是靠近电源处。由于短路后的电流不通过负载电阻，所以电流很大，将会烧坏电路元件而发生事故。

97 试比较交流电与直流电的特点，并指出交流电的优点。

答：交流电的大小和方向均随时间按一定的规律做周期性变化，而直流电的大小和方向均不随时间而变化，是一个固定值；在波形图上，正弦交流电是正弦函数曲线，而直流电是平行于时间轴的直线。

交流电的优点是：它的电压可以经变压器进行变换，输电时将电压升高，以减少输电线路上的功率损耗和电压损失；用电时将电压降低，可保证用电安全，并降低设备的绝缘要求。交流用电设备的造价较低。

98 什么是变压器？

答：变压器是利用电磁感应原理制成的一种变换电压的电气设备。它主要用来把相同频率的交流电压升高或降低。

99 为什么目前使用得最广泛的电动机是异步电动机？

答：因为异步电动机具有结构简单、价格低廉、工作可靠、维修方便的优点，所以在发电厂和工农业生产中得到最广泛的应用。

100 什么是同步？什么是异步？

答：当转子的旋转速度与磁场的旋转速度相同时，叫同步。

当转子的旋转速度与磁场的旋转速度不相同时，叫异步。

101 如何改变三相异步电动机的转子转向？

答：改变三相异步电动机转子转向的方法是：调换电源任意两相的接线即改变三相的相序，从而改变了旋转磁场的旋转方向，同时也就改变了电动机的旋转方向。

102 金属机壳上为什么要装接地线？

答：在金属机壳上安装保护地线，是一项安全用电的措施，它可以防止人体触电事故。当设备内的电线外层绝缘磨损，灯头开关等绝缘外壳破裂，以及电动机绕组漏电时，都会造成该设备的金属外壳带电。当外壳的电压超过安全电压时，人体触及后就会危及生命安全。如果在金属机壳上接入可靠的地线，就能使机壳与大地保持等电位，人体触及后就不会发生触电事故，从而保证人身安全。

103 简述三相感应电动机的转动原理。

答：当三相定子绕组通过三相对称的交流电时，产生一个旋转的磁场。这个旋转磁场在定子内膛转动，其磁力线切割转子上的导线，在转子导线中感应出电流。由于定子磁场与转子电流相互作用产生电磁力矩，于是，定子旋转磁场就拖着具有载流导线的转子转动起来。

104 什么是电能？电能与电功率的关系是什么？

答：电能表示电场力在一段时间内所做的功，单位为J。

电能等于电功率和通过时间的乘积，计算式为

$$W=Pt \tag{1-15}$$

105 红、绿指示灯有哪些作用？

答：红、绿指示灯的作用是：

（1）指示电气设备的运行与停止状态。

（2）监视控制电路的电源是否正常。

（3）利用红灯监视跳闸回路是否正常，用绿灯监视合闸回路是否正常。

106 为什么线路中要有熔丝？

答：熔丝是由电阻率较大而熔点较低的铅锑或铅锡合金制成的。熔丝有各种规格，每种规格都规定有额定电流，当发生过载或短路而使电路中的电流超过额定值后，串联在电路中的熔丝便熔断，切断电源与负载的通路，起到保险作用。所以熔丝必须按规格使用，不能以粗代细，更不能用铁丝和铜线代替，否则会造成重大事故。

107 变压器在电力系统中的作用是什么？

答：变压器在电力系统中起着重要的作用。它将发电机的电压升高，通过输电线向远距离输送电能，减少损耗；又可将高电压降低分配到用户，保证用电安全。一般从电厂到用户，根据不同的要求，需要将电压变换多次，这都要靠变压器来完成。

第四节　热工仪表基础

1 什么是热工检测和热工测量仪表？

答：发电厂中，热力生产过程的各种热工参数（如压力、温度、流量、液位、振动等）的测量方法叫热工检测。

用来测量热工参数的仪表叫热工测量仪表。

2 热工测量仪表由哪几部分组成？各部分起什么作用？

答：热工测量仪表由感受元件、中间元件和显示元件组成。

感受元件也叫敏感元件，或叫一次仪表传感器，它直接与被测对象联系，感知被测参数的变化，并将感受到的被测参数的变化及时地转化成相应的可测信号输出。

中间元件是把感受元件输出的信号，根据显示元件的要求，不“失真”地传给显示元件。

显示元件是最终通过它向观察者反映被测参数变化的元件。

3 热工仪表如何分类？

答：热工仪表一般可按以下几种方法分类：

(1) 按被测参数分类，有温度、压力、流量、液位等测量仪表，成分分析仪表。

(2) 按显示特点分类，有指示式、记录式、积算式、数字式及屏幕显示式仪表。

(3) 按用途分类，有标准仪表、实验室用仪表和工程用仪表。

(4) 按工作原理分类，有机械式、电气式、电子式、化学式、气动式和液动式仪表。

(5) 按装设地点分类，有就地安装和盘用仪表。

(6) 按使用方法分类，有固定式和携带式仪表。

4 什么是测量误差？什么是引用误差？

答：将测量结果和被测量对象客观实际的差异叫测量误差。测量误差有大小、正负和单位。

引用误差是仪表示值的绝对误差与仪表量程之比，并以百分数来表示。

5 什么是仪表的示值误差？什么是绝对误差？什么是相对误差？

答：示值误差表征仪表各个指示值的准确程度，常用示值的绝对误差和相对误差表示。

绝对误差是指测量结果与被测量真值之间的差，即绝对误差＝测量结果－被测量的真值。

相对误差是指测量的绝对误差与被测量真值的比值。

6 什么是允许误差？什么是精度等级？

答：根据仪表的工作要求，在国家标准中规定了各种仪表的最大误差，称允许误差。

允许误差去掉百分号以后的绝对值叫仪表的精度等级，也叫准确度等级。一般实用精度的等级有0.1、0.2、0.5、1.0、1.5、2.5、4.0等。

7 测量误差产生的原因有哪些？

答：测量误差产生的原因有：

(1) 测量方法引起的误差。由于人员知识不足或研究不充分引起操作不合理、或对测量程序进行错误的简化，或分析处理数据时引起的方法误差。

(2) 测量装置引起的误差。标准仪器、仪表在加工、装配和调试工程中，不可避免地存在的测量误差。

(3) 环境条件变化所引起的误差。除测量环境偏离了标准环境产生的误差，还有各环境因素的微小变化产生的测量误差。

(4) 测量人员水平与观察能力引起的误差。由于人员生理机能的限制，固有习惯性偏差以及疏忽等原因造成的测量误差。

(5) 被测对象本身变化所引起的误差。被测对象在整个测量过程中处在不断变化中，由于测量对象自身的变化而引起的测量误差。

8 什么是仪表的灵敏度？什么是仪表的稳定性？

答：灵敏度是反映仪表对被测量的反应能力，通常指仪表输出信号的变化量 Δl 和引起这个变化量的被测量变化量 Δx 的比值，计算式为

$$S=\frac{\Delta l}{\Delta x} \tag{1-16}$$

仪表稳定性是指仪表指示值在相同的工作条件下的稳定程度，也是仪表在规定的时间内，其性能保持不变的能力。

9 灵敏度过高对仪表有什么影响？

答：仪表的灵敏度过高会增大仪表的重复性误差。

10 什么是温度？什么是温标？

答：温度是描述热平衡系统状态的一个物理量。温度的宏观定义是从热平衡的观点出发，描述热平衡系统冷热程度的物理量。它的微观概念是表示该系统分子无规则热运动的剧烈程度。

温标是衡量温度高低的标尺，它是描述温度数值的统一表示方法。

11 温度测量按其原理可分为哪几类？

答：按其原理可分为压力表式、热电偶、热电阻、辐射式和膨胀式五类。

12 温度测量仪表分为哪几类？各有哪几种？

答：温度测量仪表按其测量方法可分为两大类：

(1) 接触式测温仪表。主要有膨胀式温度计、热电阻温度计和热电偶温度计等。

(2) 非接触式测温仪表。主要有光学高温计、全辐射式高温计和光电高温计等。

13 什么是热电现象？

答：在两种不同金属导体焊成的闭合回路中，若两焊接端的温度不同时，就会产生电动势，称热电势，这一现象称为热电现象。

14 什么是铠装热电偶？

答：热电偶是由热电极、绝缘材料和保护套管等构成；铠装热电偶是由金属套管、绝缘材料和热电极经拉伸加工而成的坚实组合体。

15 什么是冷端补偿？

答：为消除热电偶冷端温度变化对测量的影响，常采用补偿电桥法、计算法、冰点槽法等。现 DCS 系统中常采用机柜安装测量电阻，采用补偿电桥法进行阻值测量，通过计算在数据库中计算补偿。

16 什么是双金属温度计？它的测量原理怎样？

答：双金属温度计是用来测量气体、液体和蒸汽的较低温度的工业仪表。它具有良好的耐振性，安装方便，容易读数，没有汞害。

双金属温度计用绕成螺旋弹簧状的双金属片作为感温元件，将其放在保护管内，一端固定在保护管底部（固定端），另一端连接在一细轴上（自由端），自由端装有指针，当温度变化时，感温元件的自由端带动指针一起转动，指针在刻度盘上指示出相应的被测温度。

17 热电偶有哪四个基本定律？

答：热电偶有四个基本定律：均质导体定律、中间导体定律、参考电极定律和中间温度定律。

18 热电偶的热电特性由哪些因素决定？

答：热电偶的热电特性由电极材料的化学成分和物理性质决定。热电势的大小只与热电偶的材料和两端温度有关，与热电偶丝的粗细和长度无关。

19 什么是热电偶的补偿导线？使用热电偶测温时，为什么要连接补偿导线？

答：热电偶补偿导线是两根不同的金属丝，在一定温度范围内（一般为 0～100℃），它具有和所连接的热电偶相同的热电性能，其材料相对于热电偶是廉价金属制成的。

在使用热电偶测温时，要求热电偶的参考端温必须恒定，由于热电偶一般做的比较短，尤其是贵重金属制作的热电偶更短。这样，热电偶的参考端离被测对象很近使参考端温度较高且波动很大。所以，应该用较长的热电偶，把参考端延伸到温度比较稳定的地方。这种办法对于价格便宜的热电偶还比较可行；对于贵重金属则很不经济，同时不便于敷设热电偶线。考虑到热电偶参考端所处温度通常在 100℃以下，补偿导线在此温度范围内，具有与热电偶相同的温度—热电势的关系，可以起到延长热电偶的作用，且价格便宜，易于敷设。所以，在使用热电偶时要连接补偿导线。

20 工业上常用的热电阻有哪几种？其测温有哪些特点？

答：工业上常用的热电阻有铂热电阻和铜热电阻。

工业热电阻测温的特点为：

（1）测量精确度高。

（2）输出信号大，灵敏度高，容易测量、显示和实现远距离传送。

（3）电阻温度关系具有较好的线性度，测温稳定性好。

（4）不需要冷端温度补偿。

（5）测温元件结构复杂，体积较大，热响应时间长，不利于动态测温，不能测点温。

21 温度变送器有哪些作用？简述其工作原理。

答：温度变送器可以同各类热电偶、热电阻配合使用，将温度或温差信号转换成统一的毫安信号，温度变送器在与调节器及执行器配合，可组成温度或温差的自动调节系统。

温度变送器的工作原理是：热电偶（或热电阻）的信号输入仪表后，经输入桥路转换成直流毫伏信号，该信号与负反馈信号比较后，经放大器调制放大到足够大，放大后的信号由输出变压器输出到检波放大器，滤去交流后输出一个随输入温度信号变化的（0～10mA 或4～20mA）统一信号。

22 什么是压力？什么是差压？

答：压力是指垂直且作用在单位面积上的分布力。

差压是指两个相关压力之差。

23 压力测量仪表分为哪几类？

答：压力测量仪表可分为液柱式压力计、弹性式压力计、活塞式压力计和电气式压力计等。

液柱式压力计有 U 型管式压力计、单管式压力计和斜管式微压计。

弹性式压力计有单圈弹簧管、多圈弹簧管、波纹膜片、膜盒、挠性膜片和波纹筒式压力计。

24 压力表的量程是如何选择的？

答：为防止仪表损坏，压力表所测压力的最大值一般不超过仪表测量上限的 2/3；为保证测量的准确度，被测压力不得低于标尺上限的 1/3。当被测压力波动较大时，应使压力变化范围处在标尺上限的 1/3～1/2 处。

25 使用百分表时应注意哪些要点？

答：使用百分表时应注意：

（1）使用前把表杆推动或拉动几次，看指针是否能回到原位置，不能复位的表，不许使用。

（2）在测量时，先将表架持在表架上，表架要稳。若表架不稳，则将表架用压板固定在机体上。在测量过程中，必须保持表架始终不产生位移。

（3）测量杆的中心应垂直于测点平面，若测量轴类，则测量杆中心应通过轴心。

（4）测量杆接触测点时，应使测量杆压入表内一小段行程，以保证测量杆的测头始终与测点接触。

（5）在测量中应注意大针的旋转方向和小针走动的格数。当测量杆向表内进入时，指针是顺时针旋转，表示被测点高出原位；反之，则表示被测点低于原位。

26 最常用的压力变送器有哪些？具有哪些特性？

答：（1）扩散硅压力变送器。具有精度高，重复性小，抗腐蚀的特性。

（2）电容薄膜式压力变送器。具有响应快，稳定可靠并可以连续使用的特性。

（3）陶瓷厚膜压力变送器。价格低廉，长期工作无蠕变和塑性变形，线性度、滞后性能明显优于其他类型压力变送器。

（4）陶瓷电容压力变送器。具有性能稳定，测试数据准确的特性。

27 智能变送器具有什么特点？

答：智能变送器是一种带微处理器的变送器。与传统的变送器比较，它主要有以下特点：

（1）自补偿功能。如非线性、温度误差、响应时间、噪声和交叉感应等。

（2）自诊断功能。如在接通电源时进行自检，在工作中实现运行检查。

（3）微处理器和基本传感器之间具有双向通信的功能构成闭环工作系统。

（4）信息储存和记忆功能。

（5）数字量输出。

基于上述功能，智能压力变送器的精度、稳定性、重复性和可靠性都得到了提高和改善。其双向通信能力实现了计算机软件控制及远程设定量程等状态。

28 什么是流量？它可分为哪两种？

答：流量是指流体流过一定截面的量。

流量分为瞬时流量和累计流量。

29 流量测量仪表有哪几种？目前电厂中主要采用哪种来测量流量？

答：根据测量原理，常用的流量测量仪表（即流量计）有差压式、速度式、容积（体积）式、恒压式、动压式以及电磁流量计和靶式流量计七种。

火力发电厂中主要采用差压式流量计来测量蒸汽、水和空气的流量。

30 差压式流量计包括哪几部分？

答：差压式流量计包括节流装置、连接管路和差压计三部分。

31 水位测量仪表有哪几种？

答：水位测量仪表主要有玻璃管水位计、差压型水位计和电极式水位计。

32 火力发电厂的热工测量参数有哪些？

答：一般有温度、压力、流量、料位和成分，另外还有转速、机械位移和振动等。

33 什么是继电器？它分为哪几类？

答：继电器是当输入量（激励量）的变化达到规定要求时，在电气输出电路中使被控量发生预定的阶跃变化的一种电器，它实际上是用小电流去控制大电流运作的一种“自动开关”。它具有控制系统（又称输入回路）和被控制系统（又称输出回路）之间的互动关系，是自动化控制回路中用得较多的一种元件。

根据输入信号不同，继电器可分为两大类：一类是非电量继电器，如压力继电器，温度继电器等，其输入信号是压力、温度等，输出的都是电量信号；另一类是电量继电器，它输入、输出的都是电量信号。

34 自动调节系统由哪几部分组成？自动调节的品质指标有哪些？

答：自动调节系统是由调节对象、测量元件、变送器、调节器和执行器组成。自动调节的品质指标有稳定性、准确性和快速性等。

35 热工自动装置中“扰动”一词指的是什么？

答：热工自动装置中“扰动”一词指的是引起被调量变化的各种因素。

第二章

汽轮机设备系统

第一节　汽轮机本体及油系统

1 汽轮机设备及系统的组成是怎样的？

答：汽轮机设备及系统包括汽轮机本体、调节保安油系统、辅助设备及热力系统等。汽轮机本体由汽轮机的转动部分和静止部分组成；调节保安油系统主要包括调节汽阀、调速器、调速传动机构、主油泵、油箱、安全保护装置等；辅助设备主要包括凝汽器、抽气器（或水环真空泵）、高低压加热器、除氧器、给水泵、凝结水泵、循环水泵等；热力系统是指主蒸汽系统、再热蒸汽系统、凝汽系统、给水回热系统、给水除氧系统等。汽轮发电机组的供油系统是保证机组安全稳定运行的重要系统。

2 汽轮机本体由哪几部分组成？

答：汽轮机本体由两部分组成：

静止部分。冲动式汽轮机是由汽缸、喷嘴、隔板、隔板套及汽封等部件组成。反动式汽轮机是由汽缸、静叶持环、平衡鼓及汽封等部件组成。

转动部分。由主轴、叶轮、安装在叶轮上的动叶片、联轴器及轴封套等部件组成。

3 汽缸的作用是什么？

答：汽缸是汽轮机的外壳，其作用是将汽轮机的通流部分与大气隔开，形成封闭的汽室，保证蒸汽在其中完成能量转换过程。

4 汽缸的支承方式有哪几种？

答：汽缸是支撑在台板上的，台板通过垫铁用地脚螺丝固定在基础上。汽缸的支承方式有两种：一种是汽缸通过轴承座支承；另一种是汽缸通过其外伸的撑脚直接放置在台板上。

5 汽缸的支承定位包括什么？

答：汽缸的支承定位包括外缸在轴承座和基础台板上的支持定位；内缸在外缸中的支持定位以及滑销系统的布置等。

6 台板的作用是什么？

答：台板的作用是用来支撑机组的各部件，使它们的质量均匀地分布在基础上。台板通过地脚螺栓牢固地安装在基础上，同时允许汽缸因热膨胀而推动轴承座在台板上滑动，使汽缸不至于变形，以免造成事故。

7 什么是下猫爪？下猫爪支承可分为哪两种形式？

答：下汽缸水平法兰前后延伸的猫爪称下猫爪，又称工作猫爪。

下猫爪支承分为非中分面和中分面支承两种。

8 什么是非中分面猫爪支承？

答：猫爪支承的承力面与汽缸水平中分面不在一个平面内。其结构简单，安装检修方便。但当汽缸受热使猫爪因温度升高而产生膨胀时，将导致汽缸中分面抬高，偏离转子的中心线，使动、静部分的径向间隙改变，严重时会因动、静部分摩擦太大而损坏汽轮机。所以这种结构只用于温度不高的低中参数机组。

9 什么是中分面猫爪支承？

答：汽缸法兰中分面与支承面一致。下汽缸中分面猫爪支承方式是将下猫爪位置抬高，使猫爪承力面正好与汽缸中分面在同一水平面上。这样当汽缸温度变化时，猫爪热膨胀不会影响汽缸中心线，但这种结构因猫爪抬高使下汽缸的加工复杂化。

10 什么是上猫爪支承？

答：上汽缸法兰延伸的猫爪作为承力面支承在轴承箱上，其承力面与汽缸水平中分面在同一平面内。

11 汽缸与轴承座的连接方式有几种？

答：汽缸与轴承座的连接方式有三种：

（1）汽缸与轴承座做成一体，这种方式只适用于温度较低的排汽缸轴承座的连接。

（2）汽缸与轴承座采用半法兰连接。这种连接方式只适用于温度不高的情况。一般用于中、低参数小型机组的高压缸与前轴承座的连接。

（3）汽缸与轴承座采用猫爪连接。这种连接方式能保证汽缸的自由膨胀，不会使轴承座温度升高过多，因此得到广泛应用。

12 上汽缸用猫爪支承的方法有什么优点？

答：采用上汽缸猫爪支承法时，上汽缸猫爪也叫工作猫爪。下汽缸猫爪也叫安装猫爪，只在安装时起作用，下面的安装垫铁在检修和安装时起作用，当安装完毕，安装猫爪不再承力。上汽缸猫爪支承在工作垫铁上，承受汽缸的重量。

上汽缸猫爪支承法的优点是由于以上汽缸猫爪为承力面，其承力面与汽缸中分面在同一水平面上，受热膨胀后，汽缸中心与转子中心仍保持一致。

13 汽轮机低压缸是如何支承的？

答：汽轮机低压缸在运行中的温度较低，金属膨胀不显著。所以，低压外缸的支承不采用高、中压缸的中分面支承方式，而是把低压缸直接支承在台板上。内缸两侧搁在外缸内侧的支承面上，用螺栓固定在低压外缸上，内、外缸以键定位。外缸与轴承座仅在下汽缸设立垂直导向键。

14 为什么空冷机组的低压缸及轴承箱要采用落地支撑？

答：空冷机组背压高、变化幅度大，故低压缸及轴承箱温度变化范围也比较大。低压缸及轴承箱间用波纹节弹性连接，与轴承箱刚性连接落地支撑，可使端汽封始终与低压转子保持同心，保证良好的密封，同时膨胀节还可以吸收汽封体与低压外缸间的胀差。

15 汽缸在工作时所承受的作用力主要有哪些？

答：汽缸在工作时所承受的作用力有：

(1) 汽缸内外的压力差，使汽缸壁承受一定的作用力。该作用力随机组负荷变化而改变。

(2) 隔板和喷嘴作用在汽缸的力。这是由于隔板前后的压力差及汽流流过喷嘴时的反作用所引起的，这些作用力随负荷变化而改变。

(3) 汽缸本身和安装在汽缸上的零部件的重量。

(4) 轴承座与汽缸铸造在一体或轴承座用螺栓连接下汽缸的机组，汽缸还承受着转子的重量和转子转动时产生的不平衡力。

16 什么是排汽缸？从运行角度说出对排汽缸有何要求？

答：将汽轮机末级动叶排出的蒸汽导入凝汽器的部分叫排汽缸。

排汽缸尺寸大，是在高度真空下工作的，故要求排汽缸首先应有足够的刚性，良好的流动性，以回收排汽的动能；其次是严密性要好。

17 夹层是如何对汽缸加热起作用的？

答：通常在内外缸夹层里引入一股中等压力的蒸汽流。当机组正常运行时，由于内缸温度很高，其热量源源不断地辐射到外缸，有使外缸超温的趋势，这时夹层气流对外缸起冷却作用。当机组冷态启动时，能使内、外缸尽可能迅速同步加热，以减小动、静部分的胀差和热应力，缩短启动时间，此时夹层气流即对汽缸起加热作用。

18 高、中压缸的布置一般有哪几种方式？

答：高、中压缸布置一般有两种方式：一种是高、中压合缸；另一种是高、中压分缸。

19 高、中压缸采用合缸布置有何优点？

答：高、中压缸采用合缸布置的优点是：

(1) 结构紧凑，省去了高、中压转子间的轴承和轴承座，可缩短机组的总长度。

(2) 高温部分集中在高、中压汽轮机的中段，轴承和调节系统各部套受高温影响较小，两端轴端漏汽也较分缸少。

(3) 高、中压级组反向布置，有利于轴向推力的平衡。

20 高、中压缸采用合缸布置有何缺点？

答：高、中压缸采用合缸布置的缺点是：

(1) 高、中压合缸后结构复杂，动、静部分胀差随之复杂化。

(2) 轴子跨度增大，从而要求更高的转子刚度，相应地增大了部件尺寸。

(3) 高、中压进汽管集中布置在中部，使合缸铸件更为复杂笨重，布置和检修不便。

21 汽缸采用双层缸后，进汽管是如何连接的？

答：汽缸采用双层缸以后，进入汽轮机的蒸汽管道要先穿过外缸，再穿过内缸。由于内外缸的蒸汽参数和材质不同，在运行中，内、外缸有相对膨胀，因此导汽管就不能同时固定在内缸和外缸上，而必须一端做成刚性连接，而另一端做成活动连接，并且不允许有大量的蒸汽外漏。这样就要求进汽导管既要保证穿过内、外缸时良好的密封，又要保证内、外缸之间能自由膨胀，为此，目前大机组都采用滑动密封式进汽导管。

22 高参数大容量机组的高、中压缸为什么要采用双层缸结构？

答：随着蒸汽初参数的提高，汽缸壁的厚度、法兰与螺栓尺寸都要增加，汽缸内外壁压差、温差相应增加。为了简化汽缸结构，节省优质合金钢材，减少汽缸热应力和热变形，加快机组启、停速度，所以高参数大容量机组的高、中压缸都采用双层结构。

23 大功率机组的高、中压缸采用双层缸结构有哪些优点？

答：高、中压缸采用双层缸结构的优点：

(1) 可以减轻单个汽缸的重量，加工制造方便。

(2) 可以按不同温度合理选用钢材，节省优质合金钢材。

(3) 每层缸壁相应减薄，内缸和外缸的内外壁之间的温度减小，有利改善机组的启、停机性能和变工况性能。

(4) 运行时可以把某级抽汽引入内、外缸的夹层，使内、外缸所承受的压差、温度大为减少，进一步缩短了启、停机时间。

24 什么是中低压联通管？其为何必须设置膨胀节？

答：中低压联通管是指大型汽轮机中把中压缸排汽与低压缸进汽口连接起来的管道，其一般布置在上半缸。

中低压连通管内的蒸汽温度一般为250～350℃，短的为4～5m，长的近20m。如果联通管膨胀与中低压汽缸接口间膨胀差值不做处理，则会产生巨大应力，汽缸也将受到巨大弯矩作用。因此，必须设置膨胀节吸收联通管的胀差。联通管膨胀节一般有辐板—挠性链板膨胀节和波纹管膨胀节两种。

25 汽轮机导汽管、喷嘴室设计时有何要求？

答：导汽管和喷嘴室是把从调节阀来的蒸汽送进汽轮机的部件，它们的工作压力、温度与调节阀基本相同。要求它们在高温条件下能够安全地承受工作压力，非汽流通道处有良好的密封性；导汽管与喷嘴室连接处能够自由地相对膨胀；喷嘴室与汽缸的配合既要良好对中，又能自由地相对膨胀；结构设计时应注意避免应力集中，特别应避免热应力集中。喷嘴室是把蒸汽送进汽轮机通流部分的最直接部套，其通道应具备良好的通流性能。

26 为什么汽轮机第一级喷嘴要安装在喷嘴室，而不是固定在隔板上？

答：汽轮机第一级喷嘴安装在喷嘴室是因为：

（1）将与最高参数的蒸汽相接触的部分尽可能限制在很小的范围内，使汽轮机转子、汽缸等部件仅与第一级喷嘴后降温减压后的蒸汽接触。这样可使转子、汽缸等部件采用低一级的耐高温材料。

（2）由于高压缸进汽端承受的蒸汽压力较新蒸汽压力低，所以，可在同一结构尺寸下，使该部分应力下降，或者保持同一应力水平，使汽缸壁厚度减薄。

（3）使汽缸结构简单匀称，提高汽缸对变工况的适应性。

（4）降低了高压进汽端轴封漏汽压差，为减小轴端漏汽损失和简化轴端汽封结构带来一定好处。

27 大功率汽轮机低压缸有哪些特点？

答：大功率汽轮机低压缸的特点是：

（1）大功率汽轮机末级的容积流量大，低压缸采用中间进汽两端排汽的双流结构。

（2）大功率汽轮机低压缸进出口蒸汽温差大，汽缸一般均为多层焊接结构。

（3）为了便于加工与运输，大功率汽轮机低压缸常分成四片或六片拼装。

（4）为减少排汽损失，排汽缸设计成径向扩压结构。

（5）为防止长时间空负荷及低负荷运行，排汽温度过高而引起排汽缸变形，在排汽缸内还装有喷水降温装置。

28 大型机组的低压缸为什么也采用内、外缸结构？

答：低压缸的排汽容积流量较大，要求排汽缸尺寸大，所以，一般采用钢板焊接结构代替铸造结构。但是，再热机组低压缸的蒸汽温度一般都超过 230℃，与排汽的温差近 200℃，为了改善低压缸的膨胀，因此低压缸也采用双层结构。低压内缸用高强度的铸铁铸造，而兼作排汽缸的整个低压缸仍为焊接结构，采用双层缸结构，更有利于设计成径向排汽，减少排汽损失，缩短轴向尺寸。

29 什么是排汽缸径向扩压结构？

答：排汽缸径向扩压结构是指整个低压外缸两侧排汽部分用钢板连通，离开汽轮机的末级排汽由导流板引导径向、轴向扩压，以充分利用排汽余速，然后排入凝汽器。采用径向扩压主要是充分利用排汽余速，降低排汽阻力，提高机组效率。

30 低压缸为什么要装设喷水降温装置？

答：在汽轮机组启动、空负荷及低负荷时，蒸汽通流量很小，不足以带走蒸汽与叶轮摩擦产生的热量，从而引起排汽温度升高，排汽缸温度也升高。排汽温度过高会引起汽缸变形，破坏汽轮机动、静部分中心线的一致性，严重时会引起机组振动或其他事故，所以，大功率机组都装有排汽缸喷水装置。

31 排汽缸喷水装置是如何设置的？

答：排汽缸喷水减温装置在低压外缸内，喷水管沿末级叶片的叶根呈圆周形布置，喷水管上钻有两排喷水孔，将水喷向排汽缸内部空间，起降温作用。喷水管在排汽缸外面与凝结水管相连接，打开凝结水管的阀门即进行喷水，关闭阀门则停止喷水。

32 低压缸上部排汽门的作用是什么？

答：低压缸上部排汽门的作用是：在事故情况下，如果低压缸内压力超过大气压力时，自动打开向空排汽，以防止低压缸、凝汽器、低压段主轴等因超压而损坏。向空排汽门用石棉橡胶板封闭，平时不漏汽，超压时爆破石棉板而向空排汽。石棉橡胶板厚度一般为0.5～1mm。

33 汽轮机本体阀门是指什么？其作用是什么？

答：汽轮机本体阀门是指主蒸汽阀（MSV）、主蒸汽调节阀（GV）、再热蒸汽阀（RSV）、再热蒸汽调节阀（ICV）、高压排汽止回阀和抽汽止回阀等。

汽轮机本体阀门的作用为：

（1）在汽轮机跳闸时能自动迅速关闭，切断进入汽轮机的蒸汽或防止蒸汽倒流进入汽轮机，使机组停运以避免事故扩大。

（2）主蒸汽调节阀（GV）和再热蒸汽调节阀（ICV）具有在汽轮机转速飞升或汽轮机轴功率与发电机输出功率失衡时会快速关闭，以控制汽轮发电机组转速的功能（OPC功能）。

（3）有些机组的主蒸汽阀（MSV）在机组启动时用来控制机组转速。

（4）主蒸汽调节阀（GV）在机组正常运行时调节汽轮机的进汽量，以维持正常的发电功率及主蒸汽压力。

（5）再热蒸汽调节阀（ICV）在机组启动时也参与转速调节，低负荷时也参与负荷调节。

34 为减小主蒸汽阀和再热蒸汽阀的开启力矩，在结构设计上采取了什么措施？

答：主蒸汽阀和再热蒸汽阀一般均设置直径较小的预启阀或平衡阀来减小其开启时所需的力矩。主蒸汽阀的预启阀大小一般按启动参数可维持额定转速空转或带15%负荷两种原则来确定。再热蒸汽阀采用碟阀形式时，则设置气动控制的平衡阀来减小开启力矩，平衡阀的启闭与再热蒸汽阀开启指令及状态联锁。

35 隔板有何作用？

答：隔板是用来固定静叶片，并将整个汽缸分隔成若干个汽室。隔板根据制造工艺可分为铸造隔板和焊接隔板。

36 汽轮机隔板的结构有什么要求？采用隔板套有什么优、缺点？

答：为了使隔板在工作时有良好的经济性和可靠性，对其结构有以下要求：

（1）应有足够的强度和刚度。

(2) 有良好的严密性，采用密封措施。

(3) 隔板与转子中心应一致。要尽量使在运行状态下的隔板中心与转子中心保持一致，采用合理的定位措施。

(4) 隔板上的喷嘴具有良好的流动性。

(5) 结构应简单。

采用隔板套的优点：是高压汽轮机各级的隔板，通常不直接固定在汽缸上而是固定在隔板套上，由隔板套再固定在汽缸上，采用隔板套可使级间不受或少受抽汽口的影响，从而可以减小汽轮机的轴向尺寸，简化汽缸形状，有利于启动及负荷变化，可在检修时不反转大盖。

缺点：是将引起汽缸径向尺寸增加及法兰厚度增加。

37 简述汽轮机隔板组成及在汽缸内的固定方法。

答：汽轮机隔板是用来固定喷嘴并形成各级之间的间隔；它主要由隔板体、喷嘴叶片和外缘三部分组成。

隔板在汽缸中的支承与定位主要由销钉支承定位和悬挂销和键支承定位及Z型悬挂销中分面支承定位。

38 超高参数汽轮机的隔板结构有哪几种形式？其有什么特点？

答：超高参数汽轮机的隔板结构根据隔板所处的温度、压力不同，选用了窄喷组隔板、焊接隔板和铸入喷嘴隔板三种形式。

窄喷嘴隔板适用于压力差较大的级，此种隔板因所受压差大，所以板体做的特别厚，以保证有足够的强度和刚度。在喷嘴通道中，为了保证强度还将静叶片做成狭窄形，在喷嘴进汽一边联有许多加强筋，更加增强了隔板的强度和刚度。

焊接喷嘴隔板由于隔板的弯曲应力完全通过静叶片传递到隔板外缘上，并无加强筋加固，因此，静叶片要有足够的强度和刚度，而且使用场合的压力差不允许过大。

铸入喷嘴隔板，是将成型的静叶片在浇铸隔板时同时铸入。此种隔板适用于温度和压力差较低的场合。

39 什么是静叶环？什么是静叶持环？

答：反动式汽轮机没有叶轮和隔板，动叶装在转子外缘上，静叶环装在汽缸内壁或静叶持环上。

高、中压缸静叶片各叶根和围带在沿静叶片组的外圆和内圆焊接在一起，构成相似隔板的静叶环。

静叶环支承在静叶持环中，静叶持环固定在汽缸上。

40 汽封按安装位置不同可分为哪几种？

答：汽封按安装位置不同可分为：通流部分汽封、隔板（或静叶环）汽封和轴端汽封。反动式汽轮机还装有高、中压平衡活塞汽封和低压平衡活塞汽封。

41 汽封的结构形式有哪些？

答：汽封的结构形式有曲径式、碳精式和水封式等。现代汽轮机均采用曲径汽封，或称迷宫汽封，它有以下 3 种结构形式：梳齿形、J 形（伞柄形）和枞树形。

42 简述曲径式汽封的工作原理。

答：曲径式汽封的工作原理：一定压力的蒸汽流经曲径式汽封时，必须依次经过汽封齿尖与轴凸肩形成的狭小间隙，当经过第一间隙时，通流面积减小，蒸汽流速增大，压力降低。随后高速汽流进入小室，通流面积突然变大，压力降低，汽流转向，发生撞击和产生涡流等现象，速度降到近似为零，蒸汽原具有的动能转变成热能。当蒸汽经过第二个汽封间隙时，又重复上述过程，压力再次降低。蒸汽流经最后一个汽封齿后，蒸汽压力降至与大气压力相差甚小，所以在一定的压差下，汽封齿越多，每个齿前后的压差就越小，漏气量也越小。当汽封齿数足够多时，漏气量为零。

43 为什么装设通流部分汽封?

答：在汽轮机的通流部分，由于动叶顶部与汽缸壁面之间存在着间隙，动叶栅根部和隔板也存在着间隙，而动叶两侧又有一定的压差，因此在动叶顶部和根部必然会有蒸汽的泄漏。为减少蒸汽的漏汽损失，装设通流部分汽封。

44 通流部分汽封包括哪些汽封?

答：通流部分汽封包括动叶围带处的径向、轴向汽封和动叶根部处的径向、轴向汽封。

45 为什么要装设隔板汽封?

答：冲动式汽轮机隔板前后压差大，而隔板与主轴之间又存在着间隙，因此必定有一部分蒸汽从隔板前通过间隙漏至隔板后与叶轮之间的汽室里。由于这部分蒸汽不通过喷嘴，同时还会恶化蒸汽主流动状态，因此形成了隔板漏汽损失。为减小该损失，必须将间隙设计得小一点，故装有隔板汽封。

反动式汽轮机无隔板结构，只有单只静叶环结构，静叶环内圆处的汽封称为静叶环汽封，隔板汽封与静叶环汽封统称为静叶汽封。

46 为什么装设轴端汽封?

答：由于汽轮机主轴必须从汽缸内穿过，因此主轴与汽缸之间必然存有一定的径向间隙，且汽缸内蒸汽压力与外界大气压力不等，就必然会使高压蒸汽通过间隙向外漏出，造成工质损失恶化环境，并且加热主轴或冲进轴承使润滑油油质恶化。或使外界空气漏入低压缸，增大抽气器负荷，降低机组效率。为提高汽轮机的效率，尽量防止或减少这种现象，为此，在转子穿过汽缸两端处都装有汽封，称为轴端汽封（简称轴封）。高压轴封是用来防止蒸汽漏出汽缸，低压轴封是用来防止空气漏入汽缸。

47 什么是轴封系统?

答：在汽轮机的高压端和低压端虽然都装有轴端汽封，能减少蒸汽漏出或空气漏入，但漏汽现象仍不能完全消除。为防止和减小这种漏汽现象，以保证机组的正常启停和运行，以及回收漏汽的热量，减少系统的工质损失和热量损失，汽轮机均设有由轴端汽封加上与之相连接的管道、阀门及附属设备组成的轴封系统。

不同的型式汽轮机的轴封系统各不相同，它由汽轮机进汽参数和回热系统的连接方式等决定。大、中型汽轮机都采用轴端自密封汽封系统。

48 什么是汽轮机轴端自密封汽封系统?

答：在机组启动或低负荷运行阶段，汽封供汽由辅汽联箱或冷段再热蒸汽提供。随着负荷增加，高、中压缸轴端汽封漏汽足以作为低压轴端汽封的供汽，此时汽轮机轴端汽封供汽不需要外来蒸汽提供，多余部分溢流入排汽装置。该汽轮机轴端汽封系统称为轴端自密封汽封系统。

49 汽轮机为什么要设置滑销系统?

答：汽轮机在启动、停止和运行时，由于温度的变化，会产生热膨胀，为了使机组的动、静部分能够沿着预先规定的方向膨胀，保证机组安全运行，设计了合理的滑销系统。

50 汽轮机的滑销系统有哪些作用?

答：汽轮机的滑销系统的作用是：

(1) 保持动、静部分中心一致，避免因机体膨胀造成中心变化，引起动、静部件之间的摩擦，甚至产生振动。

(2) 保证汽缸能自由膨胀，以免发生过大热应力和热变形。

(3) 使动、静部件之间的轴向间隙和径向间隙符合要求。

51 滑销系统由哪些部件组成?

答：根据滑销系统的结构形式、安装位置、不同作用，滑销系统通常由横销、纵销、立销、猫爪横销、斜销以及角销等组成。

52 滑销系统各滑销的作用是什么?

答：汽轮机各滑销的作用是：

横销：是允许汽缸在横向能自由膨胀。

纵销：是允许汽缸沿纵向中心线自由膨胀，限制汽缸纵向中心线的横向移动。

立销：是保证汽缸在垂直方向自由膨胀，并与纵销共同保持机组的纵向中心线不变。

猫爪横销：是保证汽缸能横向膨胀，同时随着汽缸在纵向的膨胀和收缩，推动轴承向前或向后移动，以保持转子与汽缸的轴向位置。

角销：也称压板，装在各轴承座底部的左、右两侧，以代替连接轴承座与台板的螺栓，但允许轴承座纵向移动。

推拉螺栓：一般安装在1号轴承座与高压外缸之间，汽缸热胀冷缩时，依靠这种推拉机构来完成高压缸与前轴承箱之间的推拉。

53 高温高压汽轮机为什么要设置法兰螺栓加热装置?

答：由于法兰比汽缸壁厚，螺栓与法兰又是局部接触，因此在启动时汽缸壁温度比法兰高，法兰温度又比螺栓高，三者之间存在一定的温差，造成膨胀不一致，在这些部件中产生热应力，严重时将会引起塑性变形，或拉断螺栓以及造成水平结合面翘起和汽缸裂纹等现象。为了减少汽缸、法兰和螺栓之间的温差，缩短启动时间，所以高温高压汽轮机都要设置法兰、螺栓加热装置。

54 汽轮机转子有何作用？转轮型转子和转鼓型转子各用在什么场合？

答：汽轮机转动部件的组合称为汽轮机的转子。其作用是承受蒸汽对所有动叶的回转力，并带动发电机转子、主油泵等转动。

转轮型转子常用于冲动式汽轮机。

转鼓型转子常用于反动式汽轮机转子或大功率冲动式汽轮机的低压转子。

55 什么是套装转子、整锻转子、组合和焊接转子？

答：转轮转子按制造工艺分为套装、整锻、组合和焊接转子。

套装转子：将主轴和叶轮分别加工制造，然后将叶轮热套在主轴上。

整锻转子：主轴和叶轮及共创主要部件是用整体毛坯加工制成。

组合转子：在同一转子上，高压部分采用整锻结构，中、低压部分采用套装结构。

焊接转子：它是由若干个实心转盘和端轴拼全焊接而成。

56 简述焊接转子的优、缺点。

答：焊接转子的优点是：焊接转子重量轻，锻件小，结构紧凑，承载能力高。与尺寸相同带有中心孔的整锻转子相比，焊接转子强度高，刚性好，重量减轻20%～25%。

焊接转子的缺点是：由于焊接转子工作可靠性取决于焊接质量，故要求焊接工艺高，材料焊接性能好，否则难以保证。

57 简述组合转子的优点。

答：组合转子各段所处的工作条件不同，故可在高温段采用整锻结构，而在中、低温段采用套装结构，形成组合转子。

组合转子兼有整锻转子和套装叶轮转子的优点，广泛用于高参数中等容量的汽轮机上。

58 整锻转子有何优、缺点？

答：整锻转子的优点是：

(1) 结构紧凑，装配零件少，节省工时。

(2) 没有热套部件，消除了叶轮与主轴发生松动的可能性，对启动和变负荷的适应性较强。

(3) 与套装转子相比，可以在较小的内孔应力下获得较好的刚性。

整锻转子的缺点是：

(1) 锻件尺寸大，工艺要求高。

(2) 转子各部分只能用同一种材料制造，材料的潜力得不到全部利用。

(3) 转子只能集中在少数机床上加工，制造周期长，任何部位的缺陷都会影响到整个转子的质量。

59 简述套装转子的优、缺点。

答：套装转子的优点是：

（1）套装转子加工方便，生产周期短。

（2）可以合理利用材料，不同部件采用不同材料。

（3）叶轮、主轴等锻件尺寸小，易于保证质量，且供应方便。

它的缺点是：在高温条件下，叶轮内孔直径将因材料的蠕变而逐渐增大，最后导致装配过盈量消失，使叶轮与主轴之间产生松动，从而使叶轮中心偏离轴的中心，造成转子质量不平衡，产生剧烈振动，且快速启动适应性差。

60 早期整锻转子中心孔的作用是什么？

答：早期整锻转子通常打有直径约为100mm的中心孔，其目的主要是为了便于检查锻件的质量，同时也可以将锻件中心材料差的部分去掉，保证转子的质量。随着锻造技术的提高，现代汽轮机整锻转子多数不开中心孔。

61 什么是转子的临界转速？

答：汽轮发电机组在启动、停机以及升速过程中，当激振力的频率，即转子的角速度等于转子的自振频率时，便发生共振，振幅急剧增大，此时的转速就是转子的临界转速。当汽轮机转速达到某一数值时，机组发生强烈的振动，越过这一转速，振动便迅速减弱；在另一更高的转速下机组又发生强烈的振动。通常数值最小的临界转速称为一阶临界转速，往上依次分别称为二阶临界转速、三阶临界转速等。

62 汽轮机的叶轮和动叶片分别由哪几部分组成？

答：汽轮机的叶轮主要由轮缘、轮体、轮毂组成。

汽轮机动叶片固定在叶轮轮缘上，它主要由叶型、叶根、叶顶组成。

63 对汽轮机叶片有什么要求？

答：叶片是汽轮机最重要的零部件之一，有以下特点：

（1）叶片的结构形线对汽轮机效率有直接影响。

（2）叶片的工作条件恶劣，受力复杂，故其事故率较高。

（3）数量多，加工量大。

因此，要求叶片具有良好的流动特性，足够的强度和满意的转动特性，合理的结构和良好的工艺性能。

64 装在叶片上的拉筋和围带有什么作用？

答：为了使叶片之间连接成组，增强叶片的刚度，调整叶片的自振频率，改善振动情况，在动叶片顶部装围带，在动叶片中部串拉筋，围带还有防止漏汽的作用。

65 动叶片的结构是怎样的？

答：叶片由叶型、叶根和叶顶三部分组成。

叶型部分就是叶片的工作部分。相邻叶片的叶型构成汽流通道。叶型分为等截面叶片和变截面叶片。等截面叶片一般用于高压各级。变截面叶片适用于中、低压各级，有的机组调节级也采用变截面叶片。叶根部分就是与叶轮轮缘相连接的部分，主要有T型叶根、外包凸肩T型叶根、菌型叶根、双T型叶根、叉型叶根和枞树型叶根。叶型以上的部分称为叶顶。叶顶部分通常装有围带，它将若干个叶片联成叶片组。自由叶片的顶端通常削薄，以减轻叶片重量并防止运行中与汽缸碰摩而损坏叶片。

66 叶根的作用是什么?

答：叶片通过叶根安装在叶轮或转鼓上。叶根的作用是紧固动叶，使其在经受汽流的推力和旋转离心力作用下，不至于从轮缘沟槽里拔出来。

67 叶根的结构型式有哪几种?

答：叶根的结构型式有：T型、叉型和枞树型等。

（1）T型叶根。这种叶根结构简单，加工装配方便，工作可靠。但由于叶根承载面积小，叶轮轮缘弯曲应力较大，使轮缘有张开的趋势，故常用于受力不大的短叶片，如调节级和高压级叶片。

（2）带凸肩的单T型叶根。其凸肩能阻止轮缘张开，减小轮缘两侧截面上的应力。叶轮间距小的整锻转子常采用此种叶根。

（3）菌型叶根。这种叶根和轮缘的载荷分布比T型合理，因而其强度较高，但加工复杂，故不如T型叶根应用广泛。

（4）带凸肩的双T型叶根。由于增大了叶根的承力面，故可用于离心力较长的叶片。这种叶根的加工精度要求较高，特别是两层承力面之间的尺寸误差大时，受力不均，叶根强度大幅度下降。

（5）叉型叶根。这种叶根的叉尾直接插入轮缘槽内，并用两排铆钉固定。它的强度高，适应性好，轮缘不承受偏心弯矩，叉根数目可根据离心力的大小进行选择，被大功率汽轮机末级叶片广泛采用。叉型叶根虽加工方便，便于拆换，但装配时比较费工，且轮缘较厚，钻铆钉孔不便，所以整锻转子和焊接转子不采用。

（6）枞树型叶根。这种叶根和轮缘的轴向断口设计成尖劈形，以适应根部的载荷分布，使叶根和对应的轮缘承载面都接近于等强度。因此在同样的尺寸下，枞树型叶根承载能力高，叶根两侧齿数可根据离心力的大小选择，强度高，适应性好，拆装方便。但这种叶根外形复杂，装配面多，要求有很高的加工精度和良好的材料性能，而且齿端易出现较大的应力集中，所以一般只是大功率汽轮机的调节级和末级叶片使用。

68 什么是扭曲叶片?

答：叶片的叶型沿叶高按一定规律变化，即叶片绕各横截面的形心连线发生扭转，称为扭曲叶片。

69 防止叶片振动断裂的措施主要有哪些?

答：防止叶片振动断裂的措施主要有：

（1）提高叶片、围带、拉金的材料、加工与装配质量。

（2）采用叶片调频措施，避开危险共振范围。

（3）避免长期低频率运行。

70 叶轮的作用是什么？它由哪几部分组成？

答：叶轮的作用是用来装置叶片，并将汽流力在叶栅上产生的扭矩传递给主轴。

叶轮一般由轮缘、轮面及轮毂等几部分组成。

71 运行中叶轮将受到什么作用力？

答：叶轮工作时受力情况较复杂，除叶轮自身、叶片零件质量引起的巨大的离心力外，还有温差引起的热应力，动叶片引起的切向力和轴向力，叶轮两边的蒸汽压差和叶片、叶轮振动时的交变应力。

72 汽轮机叶轮上开平衡孔的作用是什么？

答：汽轮机叶轮上开平衡孔是为了减小叶轮两侧蒸汽的压差，减小转子产生过大的轴向力。但在调节级和反动度较大、负载很重的低压部分末级、次末级，一般不开平衡孔，以使叶轮强度不致减弱，也可减少漏汽损失。

73 为什么叶轮上的平衡孔为单数？

答：每个叶轮上开设单数个平衡孔，可避免在同一径向截面上设两个平衡孔，从而使叶轮截面强度不过分削弱。通常开 5 个或 7 个孔。

74 按轮面的断面型线不同，可把叶轮分成哪几种类型？

答：按轮面的断面型线不同，可把叶轮分成以下类型：

（1）等厚度叶轮。这种叶轮轮面的断面厚度相等，用在圆周速度较低的级上。

（2）锥形叶轮。这种叶轮轮面的断面厚度沿径向呈锥形，广泛用于套装式叶轮上。

（3）双曲线叶轮。这种叶轮轮面的断面沿径向呈双曲线形，加工复杂，仅用在某些汽轮机的调节级上。

（4）等强度叶轮。叶轮没有中心孔，强度最高，多用于盘式焊接转子或高速单级汽轮机上。

75 汽轮机的联轴器有何作用？

答：联轴器又叫靠背轮。其作用是用来连接汽轮发电机组的各个转子，并把汽轮机的功率传递给发电机。

76 汽轮机常用联轴器可分为哪几类？

答：汽轮机常用联轴器一般可分为刚性、半挠性和挠性联轴器三类。

若两半联轴器直接刚性相连，称为刚性联轴器。

若中间通过波形筒等来连接，则称为半挠性联轴器。

若通过啮合件或蛇形弹簧等来连接，则称挠性联轴器。

77 刚性联轴器有何优、缺点？

答：刚性联轴器的优点是：结构简单，连接刚性强，轴向尺寸短，工作可靠，不需要润滑，没有噪声，除可传递较大的扭矩外，又可传递轴向力和径向力，将转子质量传递到轴承上。故在多缸汽轮机中以刚性联轴器连接的转子轴系，其轴向力可以只用一个推力轴承来承受。其缺点是不允许被连接的两个转子在轴向和径向有相对位移，所以对两轴的同心度要求严格。又因其对振动的传递比较敏感，故增加了现场查找振动原因的困难。

78 半挠性联轴器有何特点？

答：半挠性联轴器的特点是：在联轴器间装有波形套筒，套筒两端有法兰盘分别与两只联轴器相连接。汽轮机运行时，由于两转子轴承热膨胀量的差异等原因，可能会引起联轴器连接处大轴中心的少许变化，波形套筒则可略微补偿两转子不同心的影响，同时还能在一定程度上吸收从一个转子传到另一个转子的振动，且能传递较大的扭矩，并将发电机转子的轴向推力传递到汽轮机的推力轴承上。

79 挠性联轴器有何特点？

答：挠性联轴器有较强的挠性，它允许两转子有相对的轴向位移和较大的偏心，对振动的传递也不敏感，但传递功率较小，并且结构较复杂，需要有专门的润滑装置，因此一般只在中、小型机组上采用。

80 联轴器的形式对轴系临界转速有何影响？

答：由于轴系中各转子的振动互相影响，所以严格地讲，轴系的临界转速才是实际的临界转速。联轴器对实际临界转速的影响，通常是刚性联轴器使轴系临界转速有较大的升高；半挠性联轴器也使轴系临界转速升高，但不如刚性联轴器的大；挠性联轴器可使轴系临界转速降低。

81 什么是刚性转子？什么是挠性转子？

答：当转子的工作转速低于一阶临界转速，这种转子称为刚性转子。

当转子的工作转速高于一阶临界转速，甚至高于二阶临界转速等，这种转子称为挠性转子。一般要求工作转速避开临界转速±15％以上。

82 汽轮机轴承一般采用哪几种？它们的作用各是什么？

答：汽轮机的轴承一般采用支持轴承和推力轴承两种。

支持轴承也称径向轴承或主轴承，它的作用是支撑转子质量及由于转子质量不平衡引起的离心力，并确定转子的径向位置，使其中心与汽缸中心保持一致。

推力轴承的作用是承担蒸汽作用在转子上的轴向力，并确定转子的轴向位置，使转子与静止部分保持一定的轴向间隙。

83 支持轴承的型式有哪些？

答：支持轴的型式按其支承方式和轴承外部形状可分为圆筒形固定式轴承和球形自位式轴承。

按轴瓦的几何形状可分为圆筒形轴承、椭圆形轴承、多油楔轴承以及可倾瓦轴承。

圆筒形轴承主要适用于低速重载转子；三油楔形轴承、椭圆形轴承分别适用于较高转速的轻、中和中、重载转子；可倾瓦轴承则适用于高速轻载和重载转子。

84　什么是可倾瓦支持轴承？

答：可倾瓦支持轴承通常由3～5个或更多个能在支点上自由倾斜的弧形瓦块组成，所以又叫活支多瓦形支持轴承，也叫摆动轴瓦式轴承。由于其瓦块能随着转速、载荷及轴承温度的不同而自由摆动，在轴颈周围形成多油楔，且各个油膜压力总是指向中心，具有较高的稳定性。

另外，可倾瓦支持轴承还具有支承柔性大、吸收振动能量好、承载能力大、耗功小和适应正反方向转动等特点。但可倾瓦结构复杂、安装、检修较为困难，成本高。

85　什么是汽轮机的级？

答：由一列喷嘴（静叶）和它后面的一列动叶栅组成汽轮机最基本的做功单元叫汽轮机的级。

86　什么是多级汽轮机的调节级和压力级？

答：采用喷嘴调节的汽轮机的第一级叫调节级。因为该级在机组负荷变化时，通流面积随之改变。

其他各级统称为压力级或非调节级。

节流调节的汽轮机第一级可以看成是压力级。因为其通流面积不随负荷的改变而改变。

87　什么是级的反动度？按不同的反动度，汽轮机的级可分为哪几类？

答：蒸汽在喷嘴中的理想焓降与在动叶中的理想焓降之和称为级的理想焓降。蒸汽在动叶中的理想焓降与级的理想焓降之比称为级的反动度。

按不同的反动度，级可分为：纯冲动级（级的反动度为零）；带有反动度的冲动级（级的反动度在0.15左右），简称为冲动级；反动级（级的反动度在0.5左右）三类。

88　什么是配汽机构？

答：汽轮机主要是通过改变进汽量来调节功率的，因此，汽轮机均设置有一个控制进汽量的机构，此机构称为配汽机构，它由调节汽阀及其提升机构组成。

89　什么是全周进汽及部分进汽？什么是部分进汽度？

答：若喷嘴连续布满整个圆周，这种进汽方式称为全周进汽。

若喷嘴只布置在某个弧段内，这种进汽方式称为部分进汽。

装有喷嘴的弧长与整个圆周长之比称为部分进汽度。

90　汽轮机的配汽方式有哪几种？

答：汽轮机的配汽方式有节流配汽、喷嘴配汽、滑压配汽、全电液调节阀门管理式配汽等。

91　什么是汽轮机正胀差？什么是负胀差？

答：在机组启动加热时，转子的膨胀大于汽缸，其相对膨胀差值称为正胀差。而当汽轮机停机冷却时，转子冷却较快，其收缩亦比汽缸收缩快，产生负胀差。

92 什么是转子的相对膨胀死点？

答：一般指推力瓦的位置就是转子相对于汽缸的膨胀死点。

93 什么是推力间隙？

答：推力盘在工作瓦片和非工作瓦片之间的移动距离叫推力间隙，一般不大于0.4mm。瓦片上的钨金厚度一般为1.5mm，其小于汽轮机通流部分动、静之间的最小间隙，以保证即使在钨金熔化的事故情况下，汽轮机动静部分也不会相互摩擦。

94 汽轮机抽汽管道上装设逆止门的作用是什么？

答：在抽汽管道上装设逆止门的作用是：当自动主汽门因故关闭或甩负荷时，控制抽汽门联动装置的电磁阀动作，使逆止门关闭。这时抽汽就不会顺抽汽管道倒流入汽轮机，引起汽轮机超速及大轴弯曲事故。另外某一加热器满水使保护动作，也可使逆止门关闭，以免加热器满水倒入汽缸内造成水冲击，所以说抽汽逆止门也是一种保护装置。

95 汽轮机本体疏水系统由哪些部分组成？

答：汽轮机本体疏水系统由自动主汽门前的疏水，再热汽管道的疏水，各调节汽门前蒸汽管道的疏水，中压联合汽门前的疏水，导汽管道的疏水，高压汽缸的疏水，抽汽管道及逆止门前后的疏水，轴封管道的疏水等称为汽轮机本体疏水。

96 超高参数大型机组为什么都采用两个以上的排汽口？

答：随着蒸汽在多级汽轮机中逐级膨胀做功，压力逐级降低，比容逐渐增大，汽轮机最后的排汽的比容比新蒸汽的比容大出千倍之多，虽然有1/3左右的蒸汽抽出用于回热，但汽轮机末级排汽的容积流量仍然很大，因此需要足够大的通流面积，由于末级通流面积受到动叶高度的限制，故超高参数大型机组都采用多排汽口。

97 危急保安器滑阀的作用是什么？

答：危急保安器滑阀是各种停机保护信号的传动放大机构，它感受两个信号：一是飞锤或飞环引起的杠杆位移信号；二是滑阀下部附加保安油压信号。

危急保安器滑阀的作用是：其动作后将泄掉调节汽门二次脉动油压和主汽门保安油压，使主汽门、调节汽门迅速关闭。

98 危急保安器按型式可分为哪几种？

答：危急保安器按结构型式可分为飞锤式和飞环式两种。

它们的工作原理均为：当汽轮机转速升高至危急保安器动作值时，飞锤或飞环通过离心力飞出，打击脱扣杠杆，使危急遮断滑阀落下，泄油口打开，关闭汽门，切断汽轮机进汽。

99 汽轮机油系统的作用是什么？

答：汽轮机油系统作用如下：

（1）向汽轮发电机组各轴承供油，以便润滑和冷却轴承。

（2）供给调节系统和保护装置稳定充足的压力油，使它们正常工作。

（3）供应各传动机构润滑用油。

根据汽轮机油系统的作用，一般将油系统分为润滑油系统和调节（保护）油系统两个部分。

100 汽轮机供油系统主要由哪些设备组成？它们分别起什么作用？

答：汽轮机供油系统主要由主油泵、注（射）油器、油泵、油涡轮、冷油器、滤油器、减压阀、油箱等组成。

它们的作用如下：主油泵多数与汽轮机转子同轴安装，它应具有流量大、出口压头低、油压稳定的特点。即扬程—流量特性平缓，以保证在不同工况下向汽轮机调节系统和轴瓦稳定供油。主油泵不能自吸，因此在主油泵正常运行中，需要有射油器提供 0.05～0.1MPa 的压力油，供给主油泵入口。

辅助润滑油泵是交流电机驱动的离心泵。机组正常运行时，机组润滑油通过射油器供给。在机组启动或射油器故障时，辅助润滑油泵投入运行，确保汽轮机润滑油的正常供给。

低压电动油泵、直流电动油泵一般在汽轮机盘车状态下或事故情况下，供汽轮机润滑油。

油涡轮在正常运行中，主油泵的高压排油（1.372MPa）流至主油箱去驱动油箱内的油涡轮增压泵，增压泵从油箱中吸取润滑油升压后供给主油泵，主油泵高压排油在油涡轮做功后压力降低，作为润滑油进入冷油器，换热冷却后以一定的油温供给汽轮机各轴承、盘车装置、顶轴油系统、密封油系统等用户。在启动时，当汽轮机的转速达到约 90%额定转速前，主油泵的排油压力较低，无法驱动升压泵，主油泵入口油量不足，为安全起见，应启动交流启动油泵向主油泵供油，启动交流辅助油泵向各润滑油用户供油。

注油器也称射油器是一种喷射泵，它利用少量高压油作动力，把大量油吸出来变成压力较低的油流，分别供给离心式主油泵进油和轴承润滑油。

油箱用采储油，同时起分离气泡、水分、杂质和沉淀物的作用。

冷油器的作用是冷却进入汽轮机各轴承的润滑油。

高压过压阀（减压阀）是在机组润滑油由主油泵出油经过减压阀供油时，通过减压阀油来调节进入润滑油系统的油压。

低压过压阀（安全门）是在当润滑油压力过高时，过压阀动作将一部分油排到油箱，保证润滑油压力一定。

101 对汽轮机的油系统有哪些基本要求？

答：汽轮机的油系统供油必须安全可靠，为此油系统应满足如下基本要求。

（1）设计、安装合理，容量和强度足够，支吊牢靠，表计齐全以及运行中管路不振动。

（2）系统中不许采用暗杆阀门，且阀门应采用细牙门杆，逆止门动作灵活，关闭要严密。阀门水平安装或倒装，防止阀芯掉下断油。

（3）管路应尽量少用法兰连接，必须采用法兰时，其法兰垫应选用耐油耐高温垫料，且法兰应装铁皮盒罩；油管应尽量远离热体，热体上应有坚固完整的保温，且外包铁皮。

（4）油系统必须设置事故油箱，事故油箱应在主厂房外，事故排油门应装在远离主油箱便于操作的地方。

(5) 整个系统的管路、设备、部件、仪表等应保证清洁无杂物，并有防止进汽、进水及进灰尘的装置。

(6) 各轴承的油量分配应合理，保证轴承的润滑。

102 汽轮机油箱的主要构造是怎样的?

答：汽轮机油箱一般由钢板焊成，油箱内装有两层滤网和净段滤网，过滤油中杂质并降低油的流速。底部倾斜以便能很快地将已分离开来的水、沉淀物或其他杂质由最底部的放水管放掉。在油箱上设有油位计，用以指示油位的高低。在油位计上还装有最高、最低油位的电气接点，当油位超过最高或最低油位时，这些接点接通，发出音响和灯光信号。稍大的机组上，装有两个油位计，一个装在滤网前，一个装在滤网后，以便对照监视，如果两个油位计的指示相差太大，则表示滤网堵塞严重，需要及时清理。

为了不使油箱内压力高于大气压力，在油箱盖上装有排烟孔，大机组油箱上专设有排油烟机。

103 简述汽轮机润滑油过压阀的结构和工作原理。

答：润滑油系统的过压阀也称低压过压阀，它通常装于冷油器的出口管道上。其主要结构由滑阀、弹簧、调节螺钉等组成。

润滑油由滑阀的下部进入，给滑阀一个向上的作用力，此力与压缩弹簧作用在沿阀上部的向下作用力相平衡，当润滑油压升高时，滑阀向上移动，开大油口、经此油口至油箱的回油量增加，从而润滑油压下降，直至恢复正常，反之亦然。

转动调节螺钉可以改变弹簧的预紧力，从而改变泄油口的开度以达到整定润滑油压的目的，整定完毕将螺母锁紧，防止调节螺钉在运行中松动。

104 主油箱的容量是根据什么决定的? 什么是汽轮机油的循环倍率?

答：汽轮机主油箱的贮油量决定于油系统的大小，应满足润滑及调节系统的用油量。机组越大，调节、润滑系统用油量越多。油箱的容量也越大。

汽轮机油的循环倍率等于每小时主油泵的出油量与油箱总油量之比，一般应小于 8～12。如循环倍率过大，汽轮机油在油箱内停留时间少，空气及水分来不及分离，致使油质迅速恶化，缩短油的使用寿命。

105 汽轮机的调速油压和润滑油压是根据什么来确定的?

答：汽轮机的调节系统通常用油来传递信号并作为动力使油动机动作，开、闭调节汽门和主汽门。为了保证调整迅速、灵敏，因此要保持一定的调速油压。汽轮机常用的调速油压有 0.4～0.5MPa、1.2～1.4MPa、1.8～2.0MPa 等几种。一般地说，油压高能使调节系统动作灵敏度高，油动机和错油门结构尺寸缩小。调速油压有的已高达 4.0MPa。但油压过高时易漏油着火。

汽轮机润滑油压根据转子的质量、转速、轴瓦的构造及润滑油的黏度等，在设计时计算出来，以保证轴颈与轴瓦之间能形成良好的油膜，并有足够的油量来冷却，因此汽轮机润滑油压一般取 0.12～0.15MPa。润滑油压过高可能造成油挡漏油，轴承振动。油压过低使油膜建立不良，甚至发生断油损坏轴瓦。

106 汽轮机的主油泵有哪几种形式?

答：汽轮机主油泵主要分容积式油泵和离心式油泵两种，容积式泵包括齿轮油泵和螺旋油泵。现在大功率机组都采用主轴直接传动的离心式油泵。

107 容积式油泵有哪些优、缺点?

答：容积式油泵最大优点是吸油可靠。缺点是工作转速低，不能由主轴直接带动，在油动机动作，大量用油时，泵的出口油压下降较多，影响调节系统的快速动作。

108 离心式油泵有哪些特点?

答：离心式油泵的优点有：

(1) 转速高，可由汽轮机主轴直接带动而不需任何减速装置。

(2) 特性曲线比较平坦，调节系统动作大量用油时，油泵出油量增加，而出口油压下降不多，能满足调节系统快速动作的要求。

离心式油泵的缺点：油泵入口为负压，一旦漏入空气就会使油泵工作失常。因此必须用专门的注油器向主油泵供油，以保证油泵工作的可靠与稳定。

109 注油器的工作原理是怎样的?

答：注油器由喷嘴、滤网、扩压管、混合室等组成。注油器是一种喷射泵，其工作原理是：高压油经油喷嘴高速喷出，造成混合室真空，油箱中的油被吸入混合室。高速油流带动周围低速油流，并在混合室中混合后进入扩压管。油流在扩压管中速度降低，油压升高，最后以一定压力流出，供给系统使用。装在注油器进口的滤网是为了防止杂物堵塞喷嘴。

110 注油器在系统中的布置有哪两种方式?

答：注油器在油系统中有并联和串联两种连接方式。

串联注油器，第一级注油器出口的油，一路供主油泵入口，另一路供第二级注油器，第二级注油器出口的油供润滑系统用油。

并联注油器，一级注油器专供主油泵入口用油；另一级注油器专供润滑用油。这种连接方式避免了节流损失，经济效果好，应用普遍。

111 汽轮机油箱为什么要装排油烟机?

答：油箱装设排油烟机的作用是排除油箱中的气体和水蒸气。这样一方面使水蒸气不在油箱中凝结；另一方面使油箱中压力不高于大气压力，使轴承回油顺利地流入油箱。反之，如果油箱密闭，那么大量气体和水蒸气积在油箱中产生正压，会影响轴承的回油，同时易使油箱油中积水。排油烟机还有排除有害气体使油质不易劣化的作用。

112 汽轮机油油质劣化有什么危害?

答：汽轮机油质量的好坏与汽轮机能否正常运行关系密切。油质变坏使润滑油的性能和油膜力发生变化，造成各润滑部分不能很好润滑，结果使轴瓦钨金熔化损坏；还会使调节系统部件被腐蚀、生锈而卡涩，导致调节系统和保护装置动作失灵的严重后果。所以必须重视对汽轮机油质量的监督。

113 汽轮机油有哪些质量指标?

答：汽轮机油的质量有许多指标，主要有黏度、酸价、酸碱性反应、抗乳化度和闪点等五个指标。此外，透明程度、凝固点温度和机械杂质等也是判别油质的标准。

114 什么是汽轮机油的黏度？黏度指标是多少?

答：黏度是判断汽轮机油稠和稀的标准。黏度大，油就稠，不容易流动；黏度小，油就稀薄，容易流动。黏度以恩氏度作为测定单位，常用的汽轮机油黏度为恩氏度 2.9～4.3。黏度对于轴承润滑性能影响很大，黏度过大轴承容易发热，过小会使油膜破坏。油质恶化时，油的黏度会增大。

115 什么是汽轮机油的酸价？什么是酸碱性反应?

答：酸价表示油中含酸分的多少。它以每克油中用多少毫克的氢氧化钾才能中和来计算。新汽轮机油的酸价应不大于 0.04KOHmg/g 油。油质劣化时，酸价迅速上升。

酸碱性反应是指油呈酸性还是碱性。良好的汽轮机油应呈中性。

116 什么是抗乳化度?

答：抗乳化度是油能迅速地和水分离的能力，它用分离所需的时间来表示。良好的汽轮机油抗乳化度不大于 8min，油中含有机酸时，抗乳化度就恶化增大。

117 为什么汽轮机轴承盖上必须装设通气孔、通气管?

答：一般轴承内呈负压状态，通常这是因为从轴承流出的油有抽吸作用所造成的。由于轴承内形成负压，促使轴承内吸入蒸汽并凝结水珠。为避免轴承内产生负压，在轴承盖上设有通气孔或通气管与大气连通。另一方面，在轴承盖上设有通气管也可起着排除轴承中汽轮机油由于受热产生的烟气的作用，不使轴承箱内压力高于大气压。

运行中应注意通气孔保持通畅防止堵塞。某厂汽轮机前轴承盖通气孔堵塞，轴承箱积聚可燃气体，被轴承箱内电火花引爆，造成前轴承箱爆炸事故。

118 汽轮机供油系统的作用有哪些?

答：汽轮机供油系统的作用为：

(1) 供汽轮发电机组各轴承用油，使轴颈与轴瓦之间形成油膜，以减少摩擦损失，同时带走由摩擦产生的热量。

(2) 供调节系统和保护装置用油。

(3) 供大机组顶轴装置用油。

(4) 供氢冷发电机的氢密封装置用油。

119 润滑油供油系统有哪几种类型?

答：润滑油供油系统按设备与管道布置方式不同，分为集装供油系统和分散供油系统两类。

120 什么是集装供油系统？有何优、缺点？

答：集装供油系统将高、低压交流油泵和直流油泵集中布置在油箱顶部，且油管路采用集装管路即系统回油作为外管，其他供油管安装在该管内部。

集装供油系统的优、缺点是：

(1) 油泵集中布置，便于检查维护及现场设备管理。

(2) 套装油管可以防止压力油管跑油，发生火灾事故和造成损失。

(3) 套装油管检修困难。大型机组多采用该供油系统。

121 什么是分散供油系统？为什么现代大机组中很少使用这种供油系统？

答：分散供油系统即各设备分别安装在各自的基础上，管路分散安装。

由于该系统分散布置，占地面积大，且压力油管外露，容易发生漏油着火事故，故在现代大机组中很少使用这种供油系统。

122 主油箱的作用是什么？

答：主油箱的作用是：在油系统中除了用来储油外，还起着分离油中水分、沉淀物及汽泡的作用。油箱用钢板焊成，底部倾斜以便能很快地将已分离出来的水、沉淀物或其他杂质由最底部放出。

123 油箱为什么要装放水管？放水管为什么安装在油箱底部？

答：汽轮机在正常运行中，如轴封压力调整不当，轴封间隙过大等，都可能使油中进水，因此要装放水管。

水刚进到油中并不能和油混合为一体，同时由于油和水的比重不同会慢慢分离开来。水的密度比油大，沉积在油箱底部，所以放水管必须装在油箱底部，运行中定期放水。

124 汽轮机润滑油油中带水的主要原因是什么？

答：油中带水的主要原因是：

(1) 汽轮机轴端汽封间隙大或汽封蒸汽冷却器汽侧负压过低等原因造成轴端汽封蒸汽外冒，外冒蒸汽通过轴承箱油挡进入轴承箱内，污染润滑油。

(2) 润滑油供油系统运行中冷油器冷却水压力高于油压或油系统停运后未将冷油器水侧停运，并且冷油器泄漏造成润滑油中带水。

(3) 主油箱排烟风机故障、油净化装置工作失常等原因，未能及时将油箱中水汽排出及油中水分除去。

125 油乳化后有什么危害？

答：油乳化的危害有：

(1) 影响油膜的形成，甚至破坏油膜的润滑，导致轴承过热磨损，甚至烧坏轴瓦，引起机组振动。

(2) 乳化油的防腐蚀性能很差，使整个油系统遭到严重腐蚀。

(3) 乳化油可以加速油质的劣化，使油中的沉淀物增多，严重时造成调速机构卡涩，甚至失灵。

126 冷油器注油门有何作用？

答：注油门可以在冷油器投运之前将备用冷油器充满油（防止投运后润滑油带气使轴承断油），同时防止因备用冷油器充油而引起油压大幅度波动。平衡冷油器切换阀前后压差，便于操作。

127 油箱为什么做成斜面V形底，而不做成平底？

答：油箱用钢板焊成，底部倾斜以便能很快地将已分离开来的水、沉淀物或其他杂质由最底部放出，所以做成斜面V形底，而不做成平底。

128 冷油器的作用是什么？

答：由于转子的导热和轴瓦摩擦发热，油温会逐渐升高。为保证轴瓦的正常工作，必须保持一定的供油温度，因此设置了冷油器。

冷油器多为管式或板式换热器，一般用循环水作为冷却水，运行中要求冷却水压力低于油侧压力，防止管路破裂后，水进入油中使油质变差。

129 冷油器的工作原理是什么？

答：冷油器的工作原理是：一般冷油器属于表面式热交换器，两种不同温度的介质分别在铜管内和外流过，通过热传导，温度高的流体，使自身得到冷却，温度降低。冷油器是用来冷却汽轮机润滑油的，高温的润滑油进入冷油器，经各隔板在铜管外面做变曲流动；铜管内通入温度较低的冷却水，经热传导，润滑油的热量被冷却水带走，从而降低了润滑油温度。

130 润滑油箱排烟风机的作用是什么？为什么润滑油箱内负压应维持在一定的范围内？

答：润滑油箱排烟风机的作用是：保持主油箱及回油管有一定的负压，可避免轴承箱油挡等非密封处冒油烟，并有利于轴承回油的流畅。排烟风机可将主油箱及回油管内的油烟及时排出去，防止可燃气体在主油箱或回油管内集积。

润滑油箱内负压过低时，将起不到有效地将油烟排除的目的；负压过高时，空气中的灰尘等杂质可能会通过轴承箱油挡等非密封处进入油系统，所以润滑油箱内负压应维持在一定的合理范围内。

131 调速系统大修后为什么要进行油循环？

答：在大修当中所有调速部件、轴瓦、油管均解体检修，各油室、前箱盖均打开，在检修过程中难免落入杂物。在组装和扣盖时虽然经过清理，但不可避免的留有微小的杂物，这对调速系统、轴承的正常运行都是十分有害的。油循环就是在开机前用油将系统彻底清洗，去掉一切杂物，同时用临时滤网将油中杂质滤掉，确保油质良好，系统清洁。

132 采用抗燃油作为油系统的工质有何优、缺点？

答：抗燃油的最大优点是它的抗燃性；但也有它的缺点，如有一定的毒性，价格昂贵，黏温特性差（即温度对黏性的影响大）。所以一般将调节系统与润滑系统分为两个独立的系统。调节系统用高压抗燃油。

133 抗燃油供油装置有哪些部件？各有何作用？

答：抗燃油供油装置由抗燃油泵、抗燃油箱、蓄能器、抗燃油冷却系统及抗燃油再生装置组成。

抗燃油箱主要用作储油，油箱内装有磁性过滤器，用以吸附油箱内抗燃油中的微小铁末，提高抗燃油品质。

抗燃油泵的型式有多种，常用是螺杆泵，具有安装方便，维护简单，运行特性稳定等优点。

蓄能器的作用主要是当调节系统动作大量用油时，释放所蓄油压力能以保持系统压力稳定，保证主汽门关闭速度。

由于高压力的抗燃油系统不宜装设冷油器，因而设计了并列循环冷却系统用以调节抗燃油温在合格范围。

油净化装置是用来消除系统长期运行而产生的化学黏结物和进入系统的机械杂质，保证抗燃油质符合运行要求。

134 抗燃油系统的运行要求是什么？

答：抗燃油系统投入运行前必须按有关标准对新油的各项质量标准进行化验，其中酸值必须小于 0.15mgKOH/g。抗燃油系统应防止水分进入，水分会使磷酸酯抗燃油水解，并给油质的再生处理带来困难。同时其水解产物对磷酸酯的水解过程又是极强的催化剂，因此，必须在运行中用油再生系统来控制抗燃油的酸值，防止系统中酸性分解物的增加。抗燃油箱应封闭严密，防止灰尘落入。抗燃油系统启动前，可进行油循环来逐步提高油温，不能采用加热元件温度超过 120℃的加热设备，防止油质因局部加热加速老化。系统各部套的工作环境温度不得过高，应有良好的通风条件。

135 密封油系统的工作要求是什么？有哪两种供油型式？

答：为了防止发电机氢气向外泄漏或漏入空气，发电机氢冷系统应保持密封，特别是发电机两端大轴穿出机壳处必须采用可靠的轴密封装置。目前，氢冷发电机多采用油密封装置，即密封瓦，瓦内通有一定压力的密封油，密封油除起密封作用外，还对密封装置起润滑和冷却作用。因此，密封油系统的运行，必须使密封、润滑和冷却三个作用同时实现。

由于密封瓦的结构不同，因此密封油系统的供油方式也有多种形式，但归纳起来可分为两种形式：单回路供油系统和双回路供油系统。

136 什么是单回路供油系统？

答：单回路供油系统即向密封瓦单路供油，系统一般设置交流密封油泵、直流密封油泵、射油器，有些系统还有高位阻尼油箱共四个油源。为了保证油质和油温，密封油系统中还有滤网和冷油器等设备。另外，为保证密封油系统供油的可靠性，有些机组还从润滑油冷油器前后向密封油系统提供备用油源。当密封油系统供油发生故障，密封油压降到仅比氢压高 0.025MPa 左右时，备用油源管路上的止回阀在备用油与密封油压力差的作用下自动打开，备用油源向密封油系统供油。

137 什么是双回路供油系统?

答：双回路供油系统即向密封瓦双路供油，在密封瓦内形成双环流供油型式，即有空侧和氢侧分别独立的两路油。其油路系统是在单回路供油的基础上，增加一路氢侧供油。即增加一台氢侧油泵、氢侧密封油箱、滤网、冷油器等设备。

138 采用双回路供油系统较单回路供油系统有何优、缺点?

答：单回路供油系统由于只有一路油源，使得密封油被发电机内氢气污染的油量较大，因而需要与汽轮机油系统分开，并配置专门的油除气净化设备。同时油也将气体带入发电机使氢气污染而增加发电机的氢气排污，因而增加发电机的氢气损耗。为了减轻净化设备的负荷并减少氢气的损耗，可以采用双环流供油系统。

双回路供油系统具有二路油源：一路供向密封瓦空气侧的空侧油，一路供向密封瓦氢气侧的氢侧油。其中空侧油中混有空气，氢侧油中混有氢气。两个油流在密封瓦中各自成为一个独立的油循环系统，空、氢侧油压通过油系统中的平衡阀作用而保持一致，从而使得在密封瓦中区（两个循环油路的接触处）没有油的交换。因此，可以认为双回路供油系统被油吸收而损耗的氢气几乎为零（氢侧油吸收氢气至饱和后将不再吸收氢气）。空侧油因不与氢气接触则不会对氢气造成污染。

缺点是：双回路供油系统较为复杂，对平衡阀、差压阀等关键部件的动作精度及可靠性要求较高。

139 双回路供油系统中平衡阀、差压阀是如何动作的?

答：运行中油压对氢压的跟踪主要依靠平衡阀、差压阀来实现，下面以氢压下降为例叙述其跟踪过程。当氢压下降时，作用在油氢差压阀上部的氢压随之下降，油氢差压阀在下部油压作用下带动阀体上移，关小去空侧油回路的供油门，使空侧供油量减小，空侧油压下降，起到油压跟踪氢压的作用。由于差压阀活塞上加有配重块，故油氢压力在维持到规定的差压时，就不再变化，趋于稳定。空侧油压下降，使得作用于平衡阀上部的空侧油压下降，平衡阀在下部氢侧油压的作用下，带动阀体上移，使氢侧密封油压力在平衡阀的作用下下降，由于平衡阀活塞上未装配重块，故氢侧油压能基本保持和空侧油压一致。氢压升高时动作过程与上述步骤相反。

140 为什么发电机在充氢后不允许中断密封油?

答：为保证氢冷发电机内氢气不致大量泄漏，在机内开始充氢前就必须向密封瓦不间断地供油，且密封油压要高于发电机内部氢压 0.05MPa 左右，短时间最低亦应维持 0.02MPa 的压差。否则压差过小会使密封瓦间隙的油流出现断续现象，造成油膜破坏，氢气将由油流的中断处漏出，不仅漏氢处易着火，而且氢气漏入空侧回油管路容易发生爆炸。此外，若氢压降至零后，室内空气将可能漏入发电机，威胁发电机安全。

141 为什么密封油温不能过高?

答：油温升高后应向密封油冷油器通冷却水，并保持冷油器出口油温在 33～37℃之间。

随着密封油温度的升高，油吸收气体的能力逐渐增加，50℃以上的回油约可吸收8%容积的氢气和10%容积的空气。发电机的高速转动也使密封油由于搅拌而增强了吸收气体的能力。所以为了保持发电机内部的氢气压力和纯度，冷油器出口油温不宜过高。

142 运行中直流备用密封油泵联动说明什么？

答：运行中直流备用密封油泵联动，说明密封油系统可能出现故障，应迅速检查密封油压力、交流密封油泵运行情况、密封瓦温度，并尽量使油压维持正常。待查明联动原因确信可以停止被联动油泵后，方可将其停止。

143 为什么要防止密封油进入发电机内部？

答：运行中要防止密封油进入发电机内部，当漏进油量较大时，会被发电机风扇吹到线包上，不及时清理，会损坏绝缘，造成发电机短路。此外，大量的向发电机内进油会导致汽轮机主油箱油位下降，因此，运行中应定期从发电机底部排放管或油水信号发送器处检查是否有油。

144 密封油箱的作用是什么？它上部为什么装有2根与发电机内相通的管子？

答：密封油系统为双流环式密封瓦结构的，空气侧与氢气侧密封油相互不干扰，空气侧密封油循环是由主油箱的油完成的，而氢气侧密封油循环是由氢气侧密封油箱内的油来完成的。因此密封油箱的作用是用来提供完成氢气侧密封油循环的一个中间储油箱。

氢气侧密封油是直接与氢气接触的，其中溶解有很多氢气，油回到氢气侧密封油箱后，氢气将分离出来。分离出的氢气如不及时排掉，将引起回油不畅，所以在氢气侧密封油箱上部装有两根 $\phi 16$ 的管子与发电机内系统接通，使分离出的氢气及时排出，运行中应将这两个阀门开启。

第二节　凝汽设备及系统

1 凝汽设备主要由哪些组成？

答：凝汽器分为水冷凝汽器和直接空冷凝汽器两种。水冷凝汽设备主要由凝汽器、循环水泵、抽气器、凝结水泵等组成；直接空冷凝汽设备主要由蒸汽分配管、屋顶型空冷管束、变频式空冷风机、疏水和抽真空管、水环真空泵、凝结水泵等组成。

2 凝汽设备的任务是什么？

答：凝汽设备的任务是：

（1）在汽轮机的排汽口建立并保持高度真空。

（2）把汽轮机的排汽凝结成水，再由凝结水泵送至除氧器，成为供给锅炉的给水。

此外，凝汽设备还有一定的真空除氧作用。

3 凝汽设备应满足哪些要求？

答：凝汽设备应满足下列要求：

（1）凝汽器应具有较高的传热系数。从结构上讲，应有合理的管束布置，以保证良好的传热效果，使汽轮机在给定的工作条件下具有尽可能低的运行背压。

（2）凝结水的过冷度要小。

（3）凝汽器的汽阻、水阻要小。

（4）凝汽器的真空系统及凝汽器本体要具有高度的严密性，以防止空气漏入，影响传热效果及凝汽器真空。

（5）与空气一起被抽出来的未凝结蒸汽量尽可能小，以降低抽汽器耗功，通常要求被抽出的蒸汽、空气混合物中，蒸汽含量的质量比不大于2/3。

（6）凝结水的含氧量要小。凝结水含氧量过大将会引起管道腐蚀并恶化传热，一般高压机组要求凝结水含氧量小于0.03mg/L。

（7）凝汽器的总体结构及布置方式应便于制造、运输、安装及维修。

4 什么是凝汽器的汽阻？汽阻过大有什么影响？大型汽轮机一般要求汽阻多大？

答：蒸汽空气混合物在凝汽器内由排汽口流向抽汽口时，因流动阻力其绝对压力要降低，通常把这一压力称为汽阻。

汽阻的存在会使凝汽器喉部（即排汽口）压力升高，凝结水过冷度及含氧量增加，引起热经济性降低和管子腐蚀。

大型机组汽阻一般为$4.0\times10^{-4}\sim2.7\times10^{-4}$MPa。

5 什么是凝汽器的热负荷？

答：凝汽器热负荷是指凝汽器内蒸汽和凝结水传给冷却水或空气的总热量（包括排汽、汽封漏汽、加热器疏水及蒸汽管道疏水等热量）。

凝汽器的单位负荷是指单位面积所冷凝的蒸汽量，即进入凝汽器的蒸汽量与冷却面积的比值。

6 什么是循环水的温升？温升的大小说明什么问题？影响循环水温升的原因有哪些？

答：循环水温升是凝汽器冷却水出口温度与进口水温的差值。

循环水温升是凝汽器经济运行的一个重要指标。在一定的蒸汽流量下有一定的温升值，监视温升可供分析凝汽器冷却水量是否满足汽轮机排汽冷却的要求。另外，温升还可供分析凝汽器铜管是否堵塞、清洁等。

温升大的原因有：

（1）蒸汽流量增加。

（2）冷却水量减少。

（3）铜管清洗后较干净。

温升小的原因有：

（1）蒸汽流量减少。

（2）冷却水量增加。

（3）凝汽器铜管结垢污脏。

（4）真空系统漏空气严重。

7 什么是凝结水的过冷度？过冷度大的原因有哪些？

答：在凝汽器压力下的饱和温度减去凝结水温度称为“过冷却度”。即凝结水温度 t_{co} 比排汽压力 p_{co} 对应的饱和温度 t_{cos} 低的数值称为凝结水的过冷度，用 δ 表示，即 $\delta = t_{cos} - t_{co}$。

从理论上讲，凝结水温度应和凝汽器的排汽压力下的饱和温度相等，但实际上各种因素的影响使凝结水温度低于排汽压力下的饱和温度。

出现凝结水过冷的原因有：

（1）凝汽器构造上存在缺陷，管束之间蒸汽没有足够的通往凝汽器下部的通道，使凝结水自上部管子流下，落到下部管子的上面再度冷却，而得不到汽流加热，所以当凝结水流至热水井中时造成过冷却度大。

（2）凝汽器水位高，以致部分铜管被凝结水淹没而产生过冷却。

（3）凝汽器汽侧漏空气或抽气设备运行不良，造成凝汽器内蒸汽分压力下降而引起过冷却。

（4）凝汽器冷却水量过多或水温过低。

（5）凝汽器铜管破裂，凝结水内漏入循环水。（此时，凝结水水质严重恶化，如硬度超标等）

（6）对于直接空冷凝汽器而言，凝结水过冷度大的主要原因是抽真空系统抽吸能力下降或严重漏空导致空冷系统内存在过多不凝结气体聚集而使凝结水过冷。

8 凝结水过冷却有什么危害？

答：凝结水过冷却的危害是：

（1）凝结水过冷却，一方面使凝结水易吸收空气，结果使凝结水的含氧量增加；另一方面如果凝结水补水除碳不充分导致碳酸盐或重碳酸盐进入锅炉，分解产生的碳酸钠和 CO_2 将混入蒸汽，若凝结水过冷将使 CO_2 迅速溶解，形成碳酸，从而加快设备管道系统的锈蚀，降低了设备使用的安全性和可靠性。

（2）影响发电厂的热经济性，因为凝结水温度低，在除氧器加热就要多耗抽汽量，在没有给水回热的热力系统中，凝结水每冷却7℃，相当于发电厂的热经济性降低1%。

现代大型汽轮机一般要求凝结水过冷度不超过6℃。

9 引起凝结水温度变化的原因有哪些？

答：引起凝结水温度变化的原因有：

（1）负荷变化，真空变化。

（2）循环水进水温度或大气温度（对直接空冷而言）变化。

（3）循环水量或空冷风机转速变化。

（4）加热器疏水回到热井或凝汽器补水的影响。

（5）凝汽器水位升高或铜管漏水。

10 凝汽器铜管的清洗方法有哪几种？

答：凝汽器铜管的清洗方法通常有以下几种：

(1) 机械清洗。机械清洗即用钢丝刷、毛刷等机械，用人工清洗水垢。缺点是：时间长，劳动强度大，此法已很少采用。

(2) 酸洗。当凝汽器铜管结有硬垢，真空无法维持时应停机进行酸洗。用酸液溶解去除硬质水垢。去除水垢的同时还要采取适当措施防止铜管被腐蚀。

(3) 通风干燥法。凝汽器有软垢污泥时，可采用通风干燥法处理，其原理是使管内微生物和软泥龟裂，再通水冲走。

(4) 反冲洗法。凝汽器中的软垢还可以采用冷却水定期在铜管中反向流动的反冲洗法来清除。这种方法的缺点是要增加管道阀门的投资，系统较复杂。

(5) 胶球连续清洗法。该方法是将比重接近水的胶球投入循环水中，利用胶球通过冷却水管，清洗铜管内松软的沉积物。这是一种较好的清洗方法，目前我国各电厂普遍采用此法。

(6) 高压水泵法（15～20MPa）。高速水流击振冲洗法。

11 简述凝汽器胶球清洗系统的组成和清洗过程。

答：胶球连续清洗装置所用胶球有硬胶球和软胶球两种，清洗原理亦有区别。硬胶球的直径比铜管内径小1～2mm，胶球随冷却水进入铜管后不规则地跳动，并与铜管内壁碰撞，加之水流的冲刷作用，将附着在管壁上的沉积物清除掉，达到清洗的目的。软胶球的直径比铜管大1～2mm，质地柔软的海绵胶球随水进入铜管后，即被压缩变形与铜管壁全周接触，从而将管壁的污垢清除掉。

胶球自动清洗系统由胶球泵、装球室、收球网等组成。清洗时把海绵球加入装球室，启动胶球泵，胶球便在比循环水压力略高的压力水流带动下，经凝汽器的进水室进入铜管进行清洗。由于胶球输送管的出口朝下，所以胶球在循环水中分散均匀，使各铜管的进球率相差不大。胶球把铜管内壁清擦一遍，流出铜管的管口时，自身的弹力作用使它恢复原状，并随水流到达收球网，被胶球泵入口负压吸入泵内，重复上述过程，反复清洗。

12 凝汽器胶球清洗收球率低的原因有哪些?

答：凝汽器胶球清洗收球率低的原因是：

(1) 活动式收球网与管壁不严密，引起“跑球”。

(2) 固定式收球网下端弯头堵球，收球网污脏堵球。

(3) 循环水压力低、水量小，胶球穿越铜管能量不足，堵在管口。

(4) 凝汽器进口水室存在涡流、死角，胶球聚集在水室中。

(5) 管板检修后涂保护层，使管口缩小，引起堵球。

(6) 新球较硬或过大，不易通过铜管。

(7) 胶球比重太小，停留在凝汽器水室及管道顶部，影响回收。胶球吸水后的比重应接近于冷却水的比重。

13 怎样保证凝汽器胶球清洗的效果?

答：为保证胶球清洗的效果，应做好下列工作：

(1) 凝汽器水室无死角，连接凝汽器水侧的空气管，放水管等要加装滤网，收球网内壁光滑不卡球，且装在循环水出水管的垂直管段上。

(2) 凝汽器进口应装二次滤网，并保持清洁，防止杂物堵塞铜管和收球网。

(3) 胶球的直径一般要比铜管内径大1～2mm或相等，这要通过试验确定。发现胶球磨损直径减小或失去弹性，应更换新球。

(4) 投入系统循环的胶球数量应达到凝汽器冷却水一个流程铜管根数的20%。

(5) 每天定期清洗，并保证1h清洗时间。

(6) 保证凝汽器冷却水进、出口一定的压差，可采用开大清洗侧凝汽器出水阀以提高出口虹吸作用和提高凝汽器进口压力的办法。

14 凝汽器进口二次滤网的作用是什么？二次滤网有哪几种形式？

答：虽然在循环水泵进口装设有拦污栅、回转式滤网等设备，但仍有许多杂物进入凝汽器，这些杂物容易堵塞管板、铜管，也会堵塞收球网。这样不仅降低了凝汽器的传热效果，而且有可能会使胶球清洗装置不能正常工作。为了使进入凝汽器的冷却水进一步得到过滤，在凝汽器循环水进口管上装设二次滤网。对二次滤网的要求，既要过滤效果好，又要水流的阻力损失小。

二次滤网分内旋式和外旋式滤网两种。

外旋式滤网带蝶阀的旋涡式，改变水流方向，产生扰动，使杂物随水排出。

内旋式滤网的网芯由液压设备转动，上面的杂物被固定安置的刮板刮下，并随水流排入凝汽器循环水出水管。

两种形式比较，内旋式二次滤网清洗、排污效果较好。

15 改变凝汽器冷却水量的方法有哪几种？

答：改变凝汽器冷却水量的方法有：

(1) 采用母管制供水的机组，根据负荷增减循环水泵运行的台数，或根据水泵容量大小进行切换使用。

(2) 对于可调叶片的循环水泵，调整叶片角度。

(3) 调节凝汽器循环水进口水门或出口水门，改变循环水量。

16 引起凝汽器循环水出水压力变化的原因有哪些？

答：引起凝汽器循环水出水压力变化的原因有：

(1) 循环水量变化或中断。

(2) 出水管焊口或伸缩节漏空气。

(3) 抽气器排气排入循环水，排气量过大或排汽逆止门漏空气。

(4) 排水渠或虹吸井水位变化。

(5) 循环水进、出水门开度变化。

(6) 循环水出水管空气门误开。

(7) 凝汽器循环水管内聚集大量空气，虹吸作用破坏。

(8) 热负荷大，出水温度过高，虹吸作用降低。

(9) 凝汽器胶球清洗收球网投入或退出。

(10) 凝汽器铜管堵塞严重。

17 造成凝汽器循环水出水温度升高的原因有哪些？

答：造成凝汽器循环水出水温度升高的原因有：
（1）进水温度升高，出水温度相应升高。
（2）汽轮机负荷增加。
（3）凝汽器管板及铜管污脏堵塞。
（4）循环水量减少。
（5）循环水二次滤网堵塞。
（6）排汽量增加。
（7）真空下降。

18 为什么循环水长时间中断时，要等到凝汽器温度低于50℃后，才能重新向凝汽器供水？

答：因为当循环水中断后，排汽缸温度将很快升高，凝汽器的拉筋、低压缸、铜管均作横向膨胀。此时若通入循环水，铜管首先受到冷却，而低压缸、凝汽器的拉筋却得不到冷却，这样铜管收缩，而拉筋不收缩，铜管会有很大的拉应力。这个拉应力能够将铜管的端部胀口拉松，造成凝汽器铜管泄漏。所以，循环水长时间中断要等到凝汽器温度低于50℃时，才能重新向凝汽器供水。

19 什么是接触散热？

答：两种温度不同的物体相互接触时存在着热量的传递，在冷却塔中，当水温与不同温度的空气接触时，在它们之间就有热量传递，水的这种传热方式称为接触散热。

20 为防止冷却塔结冰损坏，冷却水温的调整方法有哪些？

答：为防止冷却塔结冰损坏，冷却水温的调整方法有：
（1）采用热水旁路的方法。
（2）采用防冰环的方法。
（3）采用淋水填料分区运行的方式。
（4）在冷却塔的进风口悬挂挡风板等。

21 什么是冷却水塔的热水旁路调节法？

答：在通常运行期间，冷却塔内的全部循环水都分布在淋水填料上，然而在某些运行工况下，需将部分（或全部）热水经旁路直接送进冷却塔的集水池内，以提高集水池内池水的平均温度。这种方法称为热水旁路调节法。

22 什么是冷却水塔的防冰环防冻法？

答：所谓防冰环就是在冷却塔配水系统的外围加了一个环形钢管，钢管下部开了圆孔喷洒热水，它安装在冷却塔的进风口位置，作为防止结冰的措施。

23 冷却水塔防冰环的防冰原理是什么？

答：冷却水塔防冰环的防冰原理是：防冰环喷洒的热水预热了进入冷却塔的空气，相当于改变了淋水填料运行的大气环境；其二是在冷却塔进风口处形成水帘，增加了空气的流动阻力，实际上限制了冷却塔的进风量。

24 冷却塔冬季停运的保护措施有哪些？

答：冷却塔冬季停运的保护措施有：

(1) 冷却塔在冬季运行期间，不宜以频繁启、停的方式进行“调峰”。

(2) 冷却塔在冬季停运时，宜选在气温相对较高的时间进行操作，如中午等。

(3) 因机组停运而需停塔时，停塔与停机宜同时操作，或先停塔后停机。

(4) 冷却塔在冬季停运后，应将室外供水管道内水放尽或投入循环热水装置。

(5) 冷却塔的集水池和循环水沟在冰冻季节应采取温水循环的保护措施。

25 什么是空冷机组及空冷系统？

答：由于非常显著的节水效果和技术上的逐渐成熟，现在新建的大容量凝汽式汽轮机组，尤其是在我国富煤缺水的北方地区，绝大多数都采用直接空冷技术，即用空气作冷却介质直接冷却汽轮机排汽，使之冷却成凝结水而进行回收。所谓空冷电站，是指用空气作为冷源直接或间接来冷凝汽轮机组排汽的电站。

采用空气冷却的机组，称为空冷机组。能完成这一任务的系统，称为空气冷却凝结系统，简称空冷系统。

26 常用的空气冷却系统可分为哪几种？

答：常用的空气冷却系统根据蒸汽冷凝方式的不同，可分为：

(1) 直接空气冷却系统。汽轮机的排汽直接进入翅片管换热器内，管外用空气冷却，这种系统称直接空气冷却系统。

(2) 间接空气冷却系统。又分为混合式空冷系统和表面式空冷系统。

混合式空冷系统是将汽轮机排汽进入“喷射式混合凝汽器”内，与雾化后的冷却水相混合，利用冷却水的过冷度来吸收排汽的汽化潜热，使之冷却成水，这些提高温度后的冷却水有一小部分送入锅炉，绝大部分送入空冷器翅片管内，用空气对提高温度后的冷却水进行冷却。被冷却后的冷却水再次进入“喷射式混合凝汽器”内，形成一个闭路循环。这个过程是借助循环水中间介质来传递热量，故称间接空气冷却系统。

带表面式凝汽器的空冷系统是将汽轮机排汽排入表面式凝汽器冷却凝结，冷却水进入空冷塔的翅片管用空气冷却。

27 简述混合式间接空气冷却（海勒 Heller）系统的组成及工作过程。其优、缺点各是什么？

答：海勒系统由喷射式凝汽器、循环水泵、装有散热器的空气冷却水塔组成。

工作过程：海勒系统中的冷却水进入凝汽器直接与汽轮机乏汽混合并使其冷凝，受热后的冷却水 80%左右由循环水泵送至空气冷却水塔散热器，经与空气换热冷却后再送入喷射式凝汽器冷却汽轮机乏汽。

海勒系统的优点是混合式凝汽器，体积小，汽轮机排汽管道短，保持了水冷的长处。

缺点是设备多，系统复杂，冷却水量大，增加了水处理费用。

28 简述表面凝汽式间接空气冷却（哈蒙 Hamon）系统的组成及工作过程。其优、缺点各是什么?

答：表面凝汽式间接空气冷却系统由表面式凝汽器、循环水泵和干式冷却水塔组成。

工作过程：哈蒙系统中的冷却水为密闭式循环，汽轮机乏汽在表面式凝汽器中与循环冷却水换热，循环冷却水吸收乏汽热量后在干式冷却塔中与空气换热，冷却后的循环冷却水又回到凝汽器吸收乏汽的热量。

哈蒙系统的优点是设备较少，系统简单，循环冷却水和凝结水分开可按不同的水质要求处理。

缺点是经过两次表面式换热，传热效果差，在同样的设计气温下汽轮机背压较高，经济性差。

29 简述直接空冷系统的组成及工作原理。

答：直接空冷系统由空气冷却凝汽器、空气供应系统、凝汽器抽真空系统及空气冷却散热器清洗系统等组成。

工作原理：汽轮机低压缸排汽通过大直径的排汽管进入空气冷却凝汽器，轴流风机将冷却空气吸入，通过空气冷却散热器进行表面换热，将排汽冷却为凝结水。凝结水流回到排汽装置水箱，经凝结水泵升压送至回热系统循环使用。

30 直接空冷系统空气冷却岛系统散热片顺、逆流布置有什么作用?

答：空气冷却岛系统顺流散热器管束是冷凝蒸汽的主要部分，逆流散热管束主要是为了将系统内空气和不凝结气体排出，防止运行中在管束内部的某些部位形成死区。另外，还可以避免凝结水过冷度太大或者冬季形成冻结的情况。

31 简述空冷机组排汽装置的结构组成。

答：空冷机组排汽装置的组成为不锈钢膨胀节、抽汽管道、喉部、排汽流道、热井、死点座、支撑座、疏水扩容器、内置式除氧设备等。

32 简述空冷机组排汽装置的主要功能。

答：将汽轮机低压缸排汽导入空冷凝汽器。将某一低压加热器布置在排汽装置上部，简化电站布置。对凝结水、补水进行除氧。接收空冷凝汽器的凝结水，凝结水在排汽装置内回热，可消除凝结水部分过冷度。接受汽轮机本体疏水、加热器疏水及其他疏水。布置并引出汽轮机中间抽汽管道，布置其他必需的管道。布置汽轮机旁路三级减温减压器，接纳汽轮机旁路蒸汽。

33 空冷机组排汽装置是如何除氧的?

答：凝结水除氧装置布置在导流板下方，通过喷嘴雾化预除氧、填料层成膜中间除氧、分淋水幕精除氧三段除氧；补水除氧装置布置在导流板上方，通过喷嘴雾化除氧。除氧热源均为汽轮机排汽。

34 什么是空冷尖峰冷却器?

答：近年来，空冷机组发展较快，但部分机组设计不完善，特别是空冷系统散热面积偏小，与汽轮机设计不匹配。导致空冷机组在夏季高温酷暑天气，背压较高，出力仅能达到额定值的80%～90%，严重制约空冷机组的经济运行及安全满发。尖峰冷却技术是通过实施空冷岛增容改造，将表面式汽水交换器放置在空冷排汽管道，通入冷却水冷却部分汽轮机排汽，实现空冷机组降低机组运行背压，夏季满负荷运行，降低机组供电煤耗。根据有关资料，600MW机组在使用该技术后，额定运行工况下，背压每降低1kPa，供电煤耗即可降低0.8%。

35 直接空冷系统的优、缺点各是什么？

答：直接空冷系统的优点是：设备少，系统简单，基建投资较少，占地少，空气量调节灵活，防冻性能好，节水效果显著。

这种系统的缺点是：真空系统庞大，在系统出现泄漏时不易查找，风机噪音大，启动时形成真空需要的时间较长，受环境温度、风向和风速影响较大。

36 间接空冷系统的启动分为哪两大步骤？

答：间接空冷系统的启动分为两大步骤：

（1）启动循环泵、水轮机，将系统压力调整在正常范围内，建立冷却水系统的正常循环。

（2）根据气候及循环水温度情况逐步投运扇形散热器接带负荷，直至扇形段全部投入。

37 如何做好间接空冷系统运行中的防冻工作？

答：正常运行中防冻工作的要点是采取措施防止循环水的断流，合理调配进入冷却塔内的空气量。可从以下几方面来达到：

（1）从电气、机械、控制系统着手，加强对水轮机及节流阀的维护工作，保证水轮机、节流阀能可靠地运行，以及节流阀在需要时可靠地自动投入。

（2）空冷系统的自动调节系统应保证能在各种状态下正确反映系统的运行状况，并做出相应的反应。在事故状态下，应能快速地把散热器内的水放掉。

（3）扇形段散热器系统中各截门应灵活、动作可靠，对其设备及控制系统应定期进行检查及试验。

（4）每个扇形段顶部的压力，应能方便地进行监视，以便能及早发现个别段工作的异常情况，便于故障的消除。

（5）百叶窗及其控制系统应保证机构完好，无卡涩，操作灵活，在任何状态下均能保证其达到全关状态。

（6）运行中应对凝汽器水位、空冷系统总压力、各扇形段的出口水温进行认真地监视和调整，保证其在正常范围内；对电源系统应进行认真的检查和维护，保证其供电的可靠。

（7）空冷系统及其机组的保护装置须可靠地投入。

38 简述间接空冷系统的停运步骤。

答：间接空冷系统停运的一般步骤为：随主机负荷下降，塔出水温度降至25℃以下时，逐渐关闭各扇形段的百叶窗，控制塔出口水温不低于25℃。环境温度低于5℃时，控制塔出口水温不低于35℃。在维持上述温度下，直至全关百叶窗，然后将停运扇形段的水排尽。

39 冬季间接空冷系统停运后，如何保证汽水不再进入散热器内，以防止冻坏设备?

答：冬季间接空冷系统停运后，为保证汽水不再进入散热器内，防止冻坏设备的措施是：

(1) 各扇形段百叶窗应全部关闭严密。

(2) 在各扇形段停运时间内必须使散热器内的水全部放尽，排空门应不见水。

(3) 贮水箱水位控制在最高水位以内。

(4) 凝汽器补水阀应关闭严密。

(5) 塔内应设置采暖设备，保证阀门室内不出现结冰现象。

40 简述直接空冷凝汽器（ACC）的启动步骤。

答：直接空冷凝汽器的启动步骤为：

(1) 汽轮机轴封投入后启动所有真空泵对整个系统抽真空。

(2) 当系统真空达到 12kPa 时，空冷凝汽器就可以进汽了。

(3) 根据环境温度决定投入运行的列数，缓慢开启汽轮机旁路，逐渐向凝汽器进汽。在开始进汽后背压通常会迅速升高。这是因为系统中还有很多空气（不凝结气体）造成的。这时应该启动（或保持）所有的真空泵运行，直至系统中的空气被抽出。

(4) 随着蒸汽的推动和抽真空的进行，空气慢慢被抽出系统，直到所有进汽列的管束下联箱凝结水温度大于 35℃且凝结水的平均温度比环境温度大 5℃时，可以认为凝汽器内充满了蒸汽，不凝结气体已经排除。此时应保留一台真空泵运行，逐步停止其余泵列备用。

(5) 在凝结水温度达到要求时，根据负荷情况启动空冷风机，进入正常运行阶段。

41 简述直接空冷凝汽器的停运步骤。

答：直接空冷凝汽器的停运步骤为：

(1) 直接空冷凝汽器的汽源已经切断，也就是关闭进入凝汽器的所有阀门，包括低压旁路；高、中压主汽门；进入排汽装置的疏水门等。

(2) 停止所有空冷风机。

(3) 解除联锁，停止所有真空泵。

(4) 开启/保持开启所有配汽管道上的蝶阀。

(5) 通过真空破坏阀破坏真空。

42 什么是直接空冷凝汽器的顺流管束和逆流管束?

答：顺流管束是指蒸汽与凝结水相对流动方向一致的管束。顺流管束是冷凝蒸汽的主要部分，可冷凝 75%～80%的蒸汽。

逆流管束是指蒸汽与凝结水相对流动方向相反的管束。在顺流管束中未被冷凝的蒸汽携带不凝气体进入逆流管束，蒸汽继续被冷凝，不凝结气体则在逆流管束上部被水环真空泵抽吸并排除。

43 直接空冷凝汽器为什么要设置逆流管束?

答：设置逆流管束主要是为了能够比较顺畅地将系统内的空气和不凝结气体排出，避免运行中在空冷凝汽器内的某些部位形成死区、冬季形成冻结的情况。

44 直接空冷凝汽器冬季运行防冻的措施有哪些?

答：从工艺设计的角度来说，主要考虑防冻的措施有：

(1) 设置逆流空冷凝汽器，防止凝结水在空冷凝汽器下部出现过冷进而冻结的可能性，另外可使空气和不凝结气体比较顺畅地排出，不致形成“死区”变成冷点，使凝结水冻结而冻裂翅片管。

(2) 采用变频调速控制。

(3) 设置挡风墙。

(4) 设置真空隔离阀。

(5) 系统设有冬季运行保护模式程序，即根据凝结水温度、抽真空温度、环境温度来自动进入保护模式，避免空冷系统发生冻结。

45 直接空冷凝汽器（ACC）有哪些防冻保护？各保护动作结果是什么?

答：直接空冷凝汽器的防冻保护有三个：

(1) 凝结水过冷防冻保护。动作结果：背压设定点提高 3kPa(a) 且多启一台真空泵。

(2) 抽真空过冷保护。动作结果：多启一台真空泵。

(3) 逆流风机回暖保护。动作结果：当环境温度低于 2℃时，所投各列的逆流风机逐列逐个反转（15Hz）一定的时间。

46 直接空冷系统的风机采用变频调速的优点是什么?

答：空冷风机采用变频调速的优点是：

(1) 能够比较方便快捷地适应气温的变化，使汽轮机运行处于相对稳定的状态。

(2) 由于变频调速是无级调速，运行曲线光滑，调速快，所以在冬季运行时，可以将运行背压调整在较低水平下运行而不至于使散热器冻结，从而提高机组在冬季运行的经济性。

(3) 采用变频调速后，在夏季高温段，风机可以 110%转速运行，增大了空冷散热器的通风量，可以降低汽轮机的运行背压，提高发电量。

47 空冷凝汽器表面为什么要进行水冲洗?

答：空冷凝汽器表面进行水冲洗是为了将沉积在空冷凝汽器翅片间的灰尘、泥垢等杂物清洗干净，保持空冷凝汽器良好的散热性能。清洗手段有压缩空气和高压水冲洗两种。从资料来看，高压水冲洗比压缩空气清洗效果好，故空冷凝汽器一般采用高压水冲洗。清洗用水为除盐水，水压为 6～8MPa，每年应冲洗空冷凝汽器外表面 3～4 次。

48 凝汽设备运行情况的好坏，主要表现在哪几个方面?

答：凝汽设备运行情况的好坏，主要表现在以下三个方面：

(1) 能否保持或接近最有利真空。

（2）能否使凝结水的过冷度最小。

（3）能否保证凝结水的品质合格。

49 凝汽器冷却水的作用是什么？

答：凝汽器冷却水的作用是：将排汽冷凝成水，吸收排汽凝结所释放的热量。

50 空气漏入凝汽器，对其工作有何影响？

答：（1）空气漏入凝汽器后，使凝汽器压力升高。一方面引起汽轮机排汽压力升高，降低了汽轮机组的热经济性。另一方面使汽轮机的排汽温度升高，威胁汽轮机和凝汽器的安全。

（2）空气是不良导体，空气漏入凝汽器后，将使传热系数降低，传热恶化，使凝汽器的真空下降。

（3）空气漏入凝汽器后，使凝汽器内空气的分压力升高，一方面使凝结水的含氧量增加，对设备产生腐蚀。另一方面会导致凝结水的过冷度增加，降低了机组的经济性。

51 加热器疏水装置有何作用？

答：疏水装置的作用是可靠地将加热器内的疏水排放出去，同时防止蒸汽随之漏出。

52 轴封加热器的作用是什么？

答：轴封加热器（亦称轴封冷却器）的作用是：回收轴封漏汽，用以加热凝结水，从而减少轴封漏汽及热量损失，并改善车间的环境条件。随轴封漏汽进入的空气，常用连通管引到射水抽气器扩压管处，靠后者的负压来抽除；或设置专门的排汽风机，从而确保轴封加热器的微真空状态。这样，各轴封的第一腔室也保持微真空，轴封汽不会外泄。

53 湿冷凝汽器机组循环水泵启动前需做哪些准备工作？

答：湿冷凝汽器机组循环水泵启动前需做以下准备工作：

（1）检查并清理吸入水池，不得有杂物。

（2）确认吸入水池的水面在允许的水位以上。水位低于此值时，会卷起旋涡吸入空气，引起泵的振动等问题。

（3）空转电机，确认电动机的旋转方向。

（4）向橡胶轴承注水。不注入润滑水就启动水泵，橡胶轴承瞬间就会被烧坏。

（5）将填料调到不断地漏出少量水的程度。填料过紧时，有损伤轴、烧坏填料的危险。

（6）泵的第一次启动（检修过轴承后）或停泵时间较长再启动时，应先盘动转子。

（7）排气阀处于工作状态（手动阀应打开）。

（8）检查电动机上、下轴承的润滑油油质正常并送上冷却水。

（9）检查各有关表计齐全、完好。

54 为防止凝结水泵汽化，在设计中是如何考虑的？

答：为防止凝结水泵入口发生汽化，通常把凝结水泵布置在凝汽器热水井以下 0.5～1.0m 的坑内，使泵入口处形成一定的倒灌高度，利用倒灌水柱的静压提高水泵的进口处压力，使水泵进口处水压高于其饱和温度所对应的压力。同时为了提高水泵的抗汽蚀性能，常在第一级叶轮入口加装诱导轮。

55 凝结水泵有什么特点?

答：凝结水泵所输送的是相对应于凝汽器压力下的饱和水，所以在凝结水泵入口易发生汽化，故水泵性能中规定了进口侧灌注高度，借助水柱产生的压力，使凝结水离开饱和状态，避免汽化。因而凝结水泵安装在热井最低水位以下，使水泵入口与最低水位维持在0.9～2.2m的高度差。

因为凝结水泵进口是处在高度真空状态下，容易从不严密的地方漏入空气，积聚在叶轮进口，使凝结水泵打不出水，故一方面要求进口处严密不漏气，另一方面在泵入口外接一抽空气管道至凝汽器汽侧，以保证凝结水泵的正常运行。

56 凝结水泵空气管有什么作用?

答：凝结水泵空气管的作用是将泵内聚集的空气排出。因为凝结水泵开始抽水时，泵内空气难以从排气阀排出，故在其上部设有与凝汽器连通的抽气平衡管，即空气管。以便将空气排至凝汽器被抽出，并维持泵入口腔室与凝汽器处于相同的真空度。这样，即使在运行中凝结水泵吸入新的空气，也不会影响泵入口的真空度。

57 凝结水泵的盘根为什么要用凝结水密封?

答：凝结水泵在备用时处于高度真空下，因此凝结水泵必须有可靠的密封。凝结水泵除本身有密封填料外，还必须使用凝结水作为密封冷却水。若凝结水泵盘根漏气，将影响运行泵的正常工作和凝结水溶氧量的增加。

凝结水泵盘根使用其他水源来冷却密封会污染凝结水，所以必须使用凝结水来冷却密封盘根。

58 凝结水泵平衡鼓装置是如何平衡轴向推力的?

答：末级叶轮的水除大部分由双蜗壳汇集送入导叶接管外，还有少部分水从平衡鼓与平衡圈之间的间隙中渗漏。为了增加阻力，减少泄漏，在平衡鼓上车了一方形螺纹槽，这样可以使渗漏量减少25%。经过节流后的水到达平衡鼓后面，压力已经下降了，因而平衡鼓前后两面形成了压力差，压力差的方向由下向上，平衡了部分轴向推力。

平衡鼓后面的水在轴与导叶接管的环形通道间通过，并经过吸水管壁上的内圆孔流入吸水管进口。

59 凝结水再循环管为什么要从轴封加热器后接至凝汽器上部?

答：凝结水再循环管接在凝汽器上部的目的就是凝结水再循环经过轴封冷却器后，温度比原来提高了，若直接回到热水井，将造成汽化，影响凝结水泵正常工作。因此把再循环管接至凝汽器上部，使水由上部进入还可起到降低排汽温度的作用。

再循环管从轴封加热器后接出，主要考虑当汽轮机启动、停运或低负荷时，让轴封加热器有足够的冷却水量。否则，由于冷却水量不定，将使轴封回汽不能全部凝结而引起轴封汽回汽不畅、轴端冒汽。所以再循环管从轴封加热器后接出，打至凝汽器冷却后，再由凝结水泵打出。这样不断循环，保证了轴封加热器的正常工作。

60 凝结水泵故障处理原则是什么？

答：凝结水泵故障处理的一般原则是：当水泵发生强烈振动、能够清楚地听到泵内有金属摩擦声、电动机冒烟或着火、轴承冒烟或着火等严重威胁人身和设备安全的故障时，应紧急停泵。

当水泵发生盘根发热、冒烟或大量呲水，滑动轴承温度达 65～70℃或滚动轴承温度达 80℃并有升高的趋势、电动机电流超过额定值或电动机温度超过规定值、轴承振动超过规定值等故障时，则应先启动备用泵，再停故障泵。

61 凝结水泵紧急停泵有哪些步骤？

答：紧急停泵的步骤有：

（1）按事故泵的事故按钮或断开停泵操作开关。

（2）检查备用泵应立即自动投入运行，备用泵联动无效时，应立即启动。

（3）检查故障泵电流到零，出口碟阀（或阀门）应联动关闭，泵不倒转。否则应手动关闭出口门。

（4）及时向有关领导汇报，并采取必要的措施，避免事故扩大至其他系统和设备。

（5）故障处理完毕后，应做好详细记录，以便事后事故分析。

62 凝结水泵联动备用泵的条件是什么？

答：凝结水泵联动备用的条件是：油位正常、油质合格、表计投入、出入口及空气门全开，密封水门、冷却水门适当开启，联动开关在“备用”位置。

63 在火力发电厂中，疏水泵主要应用在哪两种场合？

答：在火力发电厂中，疏水泵主要应用在以下两种场合：一是在大容量机组上，低压加热器组的末级或次级加热器的疏水利用疏水泵将其送入该加热器出口的主凝结水中。二是应用在热网加热器的疏水系统上，利用疏水泵将热网加热器的疏水送入除氧器或主凝结水管。

64 疏水泵装有出口调节阀及再循环调节阀的作用是什么？

答：疏水泵装有出口调节阀及再循环调节阀的作用是：在设备运行中，利用这两调节阀的联合调整来维持疏水箱水位正常，以保持疏水泵入口的倒灌高度和疏水泵的流量不低于最小流量。

65 疏水泵空气门的作用是什么？

答：疏水泵空气门的作用是：可以将泵内存留的气体或运行中泵入口部分发生汽化时产生的气体及时地排到加热器的汽室内，有利于疏水泵的稳定运行。

66 低压加热器凝结水旁路门的作用是什么？

答：低压加热器应设置主凝结水旁路门，其作用是：当加热器发生故障或某一台加热器停运时，不致中断主凝结水。

67 低压加热器投运前应检查哪些项目?

答：低压加热器投运前应检查的项目有：

（1）检查各表计齐全投运，各电动门送电并试验良好，有关保护试验正常投入。

（2）检查开启低压加热器进、出水门，关闭旁路门。

（3）开启低压加热器抽汽管道止回阀前、后疏水门。

（4）缓慢开启各低压加热器空气门。

（5）开启各低压加热器事故疏水及逐级疏水调整门前、后手动门。

68 如何投入低压加热器?

答：投入低压加热器的步骤是：

（1）开启抽汽止回阀，逐渐开启进汽电动门，控制加热器出口水温温升速度。

（2）加热器水位至 1/3 以上时，开启疏水门，疏水逐级自流，经最低一级低压加热器至凝汽器或由疏水泵排入凝结水系统，关闭疏水至凝汽器门。

（3）关闭抽汽逆止门前、后疏水门。

（4）加热器运行正常后，逐渐关小或全部关闭加热器启动空气门。

（5）投入抽汽止回阀保护联锁。

（6）全面检查并注意各加热器温升情况。

69 如何停运低压加热器?

答：停运低压加热器的步骤是：

（1）关闭加热器运行空气门。

（2）逐渐关闭进汽电动门，关闭抽汽止回阀，停运低压加热器疏水泵。

（3）关闭加热器水位调整门、疏水门。

（4）开启低压加热器旁路门，关闭进、出口水门。

（5）开启抽汽止回阀前、后疏水门。

70 凝汽器的分类方式有哪些?

答：按换热形式，凝汽器可分为混合式、表面式以及空气冷却式三大类。

表面式凝汽器又可分为：按冷却水的流程，分为单道制、双道制、三道制。

按水侧有无垂直隔板，分为单一制和对分制。

按进入凝汽器的汽流方向，分为汽流向下式、汽流向上式、汽流向心式和汽流向侧式。

71 什么是混合式凝汽器？什么是表面式凝汽器?

答：汽轮机的排汽与冷却水直接混合换热的凝汽器叫混合式凝汽器。这种凝汽器的缺点是凝结水不能回收，一般应用于地热电站。（间接空冷系统也用混合式凝汽器，能回收凝结水。）

汽轮机排汽与冷却水通过铜管表面进行间接换热的凝汽器叫表面式凝汽器。现在一般电厂都是用表面式凝汽器。

72 表面式凝汽器的构造由哪些部件组成？

答：凝汽器主要由外壳、水室、管板、铜管、与汽轮机连接处的补偿装置和支架等部件组成。凝汽器有一个圆形（或方形）的外壳，两端为冷却水水室，冷却水管固定在管板上，冷却水从进口流入凝汽器，流经管束后，从出水口流出。汽轮机的排汽从进汽口进入凝汽器与温度较低的冷却水管外壁接触而放热凝结。排汽所凝结的水最后聚集在热水井中，由凝结水泵抽出。不凝结的气体流经空气冷却区后，从空气抽出口抽出。以上就是凝汽器的工作过程。

73 大型机组的凝汽器外壳由圆形改为方形有什么优、缺点？

答：凝汽器外壳由圆形改方形（矩形），使制造工艺简化，并能充分利用汽轮机下部空间。在同样的冷却面积下，凝汽器的高度可降低，宽度可缩小，安装也比较方便。但方形外壳受压性能差，需用较多的槽钢和撑杆进行加固。

74 汽流向侧式凝汽器有什么特点？

答：汽轮机的排汽进入凝汽器后，因抽气口处压力最低，所以汽流向抽气口处流动。汽流向侧式凝汽器有上下直通的蒸汽通道，保证了凝结水与蒸汽的直接接触。一部分蒸汽由此通道进入下部，其余部分从上面进入管束的两半，空气从两侧抽出。在这类凝汽器中，当通道面积足够大时，凝结水过冷度很小，汽阻也不大。国产机组多数采用这种形式。

75 汽流向心式凝汽器有什么特点？

答：汽流向心式凝汽器，蒸汽被引向管束的全部外表面，并沿半径方向流向中心的抽气口。在管束的下部有足够的蒸汽通道，使向下流动的凝结水及热水井中的凝结水与蒸汽相接触，从而凝结水得到很好的回热。这种凝汽器还由于管束在蒸汽进口侧具有较大的通道，同时蒸汽在管束中的行程较短，所以汽阻比较小。此外，由于凝结水与被抽出的蒸汽空气混合物不接触，保证了凝结水的良好除氧作用。

其缺点是：体积较大。

76 什么是多背压凝汽器？

答：凝汽器汽侧分隔为几个互不相通的汽室，排汽分别引入相应的汽室，冷却水串行通过各汽室的管束，由于进入各汽室中相应管束的冷却水进口温度不同，使各汽室中的压力也就不同，因此相应的汽轮机排汽口就工作在不同的背压下，这样的凝汽器就是多背压凝汽器。

77 什么是单流程凝汽器？什么是双流程凝汽器？

答：同一股冷却水不在凝汽器内转向，流经凝汽器冷却管的凝汽器称之为单流程凝汽器。

同一股冷却水在凝汽器内转向，前后两次流经冷却水管的凝汽器称之为双流程凝汽器。

78 多背压凝汽器为何能提高机组运行的经济性？

答：主要有以下几点：

（1）多压和单压凝汽器相比，当传热面积和冷却水量相同时，多压凝汽器的折合排汽压力较低，因此采用多压凝汽器可以提高机组的循环热效率。特别是在冷却水温较高，水量不太充足的情况下，这个特点尤为突出。

（2）在汽轮机机组功率一定时，采用多压凝汽器可以减少传热面积和增加冷却效果，从而节省投资和厂用电。

（3）在相同条件下，单压凝汽器的压力介于多压凝汽器折合压力和高压凝汽器压力之间，在多压凝汽器中一般将低压水箱中的凝结水送入高压凝汽器的汽室，利用高压汽室中温度较高的蒸汽对其进行回热，减小了凝结水的过冷度，使得循环热效率进一步得以提高。

79 凝汽器铜管在管板上如何固定？

答：凝汽器铜管在管板上的固定方法主要有垫装法、胀管法、焊接法（钛管）。

垫装法是将管子两端置于管板上，再用填料加以密封。优点是当温度变化时，铜管能自由胀缩，但运行时间长了，填料会腐烂而造成漏水。

胀管法是将铜管置于管板上后，用专用的胀管器将铜管扩张，扩管后的铜管管端外径比原来大1～1.5mm，与管板间保持严密接触，不易漏水。这种方法工艺简单、严密性好，现在广泛在凝汽器上采用。

焊接法是将钛管焊接于管板上。优点是严密性好。缺点是钛管泄漏后更换不方便。

80 凝汽器与汽轮机排汽口是怎样连接的？排汽缸受热膨胀时如何补偿？

答：凝汽器与排汽口的连接方式有焊接、法兰连接、伸缩节连接三种。

大机组为保证连接处的严密性，一般用焊接连接。当用焊接方法或法兰盘连接时，凝汽器下部用弹簧支撑。排汽缸受热膨胀时，靠支撑弹簧的压缩变形来补偿。

小机组用伸缩节连接时，凝汽器放置在固定基础上，排汽缸的温度变化时，膨胀靠伸缩节补偿。

也有的凝汽器上部用波形伸缩节与排汽缸连接，下部仍用弹簧支承。

81 什么是凝汽器的端差？凝汽器端差增大的原因有哪些？

答：凝汽器压力下的饱和温度与凝汽器冷却水出口温度之差称为端差。

对一定的凝汽器，端差的大小与凝汽器冷却水入口温度、凝汽器单位面积蒸汽负荷、凝汽器铜管的表面清洁度、凝汽器内的空气漏入量以及冷却水在管内的流速有关。一个清洁的凝汽器，在一定的循环水温度和循环水量及单位蒸汽负荷下就有一定的端差值指标，一般端差值指标是当循环水量增加，冷却水出口温度愈低，端差愈大，反之亦然；单位蒸汽负荷愈大，端差愈大，反之亦然。实际运行中，若端差值比端差指标值高得太多，则表明凝汽器冷却表面铜管污脏，致使导热条件恶化。

凝汽器端差增大的原因有：

（1）凝器铜管水侧或汽侧结垢。

（2）凝汽器汽侧漏入空气。

（3）冷却水管堵塞。

（4）冷却水量减少等。

82 什么是凝汽器的热力特性？什么是凝汽器的热力特性曲线？

答：凝汽器内压力的高低是受许多因素影响的，其中主要因素是汽轮机排入凝汽器的蒸汽量、冷却水的进口温度、冷却水量。这些因素在运行中都会发生很大的变化。

凝汽器的压力与凝汽量、冷却水进口温度、冷却水量之间的变化关系称为凝汽器的热力特性。

在冷却面积一定，冷却水量也一定时，对应于每一个冷却水进水温度，可求出凝汽器压力与凝汽量之间的关系，将此关系绘成曲线，即为凝汽器的热力特性曲线。

83 凝汽器热交换平衡方程式如何表示？

答：凝汽器热交换平衡方程式的物理意义是：排汽凝结时放出的热量等于冷却水带走的热量。其方程式为

$$q_c(h_c - h'_c) = q_w(t_2 - t_1)c_w \tag{2-1}$$

式中 q_c——进入凝汽器的蒸汽量，kg/h；

h_c——汽轮机排汽的焓值，kJ/kg；

h'_c——凝结水的焓值，kJ/kg；

t_1、t_2——冷却水的进、出水温度，℃；

c_w——冷却水的比热容，kJ/(kg・℃)；

q_w——进入凝汽器的冷却水量，kg/h。

式（2-1）中（$h_c - h'_c$）的数值在（510～520）×4.186kJ/kg 之间，近似取 520×4.186kJ/kg。

84 什么是凝汽器的冷却倍率？

答：凝结 1kg 排汽所需要的冷却水量，称为冷却倍率。其数值为进入凝汽器的冷却水量与进入凝汽器的汽轮机排汽量之比。一般情况取值在 50～80 之间。

85 凝汽器铜管腐蚀损坏造成泄漏的原因有哪些？

答：运行中的凝汽器铜管腐蚀损伤大致可分为三种类型：

（1）电化学腐蚀。由于铜管本身材料质量关系引起电化学腐蚀，造成铜管穿孔，脱锌腐蚀。

（2）冲击腐蚀。由于水中含有机械杂物在管口造成涡流，使管子进口端产生溃疡点和剥蚀性损坏。

（3）机械损伤。造成机械损伤的原因主要是铜材的热处理不好，管子在胀接时产生的应力以及运行中发生共振等原因造成铜管裂纹。

凝汽器铜管的腐蚀，其主要形式是脱锌。腐蚀部分的表面因脱锌而变成海绵状，使铜管变得脆弱。

86 防止铜管腐蚀的方法有哪些？

答：防止铜管腐蚀有如下方法：

（1）采用耐腐蚀金属制作凝汽器管子，如用钛管制成冷却水管。

(2) 硫酸亚铁或铜试剂处理。经硫酸亚铁处理的铜管不但能有效地防止新铜管的脱锌腐蚀，而且对运行中已经发生脱锌腐蚀的旧铜管，也可在锌层表面形成一层紧密的保护膜，能有效地抑制脱锌腐蚀的继续发展。

(3) 阴极保护法。阴极保护法也是一种防止溃疡腐蚀的措施，采用这种方法可以保护水室、管板和管端免遭腐蚀。

(4) 冷却水进口装设过滤网和冷却水进行加氯处理。

(5) 采取防止脱锌腐蚀的措施，添加脱锌抑制剂。防止管壁温度上升，消除管子内表面停滞的沉积物，适当增加管内流速。

(6) 加强新铜管的质量检查试验和提高安装工艺水平。

87 什么是阴极保护法？它的原理是什么？

答：阴极保护法是防止铜管电腐蚀的一种方法，常用外部电源法和牺牲阳极法两种。

阴极保护法的原理如下：不同的金属在溶液中具有不同的电位，同一种金属浸在溶液中，由于表面材质的不均匀性，表面各部位的电位也不同。所以不同的金属（较靠近的）或同一种金属浸泡在溶液中，便会在金属之间（或各部位之间）产生电位差，这种电位差就是产生电化学腐蚀的动力。腐蚀发生时只有金属的阳极遭受腐蚀，而阴极不受腐蚀，要防止这种腐蚀的产生，就得消除它们的电位差。

88 什么是牺牲阳极保护法？

答：牺牲阳极法就是在凝汽器水室内安装一块金属作为阳极，它的电位低于被保护物（管板、管端、水室），而使整个水室、管板和管端成为阴极。在溶液（冷却水）的浸泡下，电腐蚀就只腐蚀装上的金属板，就是牺牲阳极保护了管板等金属免受腐蚀。受腐蚀的金属板阳极可以定期更换，材料为高纯度锌板、锌合金或纯铁。

89 什么是外部电源法？

答：外部电源法是在水室内装上外加电极接直流电源。水室接电源的负极做阴极，外加电极接电源的正极作为阳极。当电源接入通以电流时，水室、管板、管端各部分成为阴极免受腐蚀，从而得到保护。

阳极材料一般选择磁性氧化铁及铝合金。

90 制造凝汽器的铜管材料有哪几种？

答：用淡水冷却时，原来都采用 H68A 黄铜管，因其抗腐蚀能力较差，目前国内已不采用，代之以含锡 1%的锡黄铜 HSn 70-1A（又名海军黄铜），其抗腐蚀性能比 H68A 强。黄铜管中加砷（As）为 0.08%～0.5%，能防止脱锌和减少腐蚀，故近年来已开始使用含砷的黄铜管。

用海水冷却时，由于海水腐蚀性能强，必须用抗腐蚀性能强的材料，采用较多的有铝黄铜 HAl 77-2A 和镍白铜 BFe10-1-1、BFe30-1-1。

钛管对海水、淡水都有较高的耐腐蚀性能，高温下强度大，但传热系数比铝黄铜低，且成本高。

91 凝汽器为什么要设置热井？

答：热井的作用是集聚凝结水，有利于凝结水泵的正常运行。

热井贮存一定数量的水，保证甩负荷时不使凝结水泵马上断水。热井的容积一般要求相当于满负荷时约 0.5～1min 内所聚集的凝结水流量。

92 凝汽器汽侧中间隔板的作用是什么？

答：为了减少铜管的弯曲和防止铜管在运行过程中振动，在凝汽器壳体中设有若干块中间隔板。中间隔板中心一般比管板中心高 2～5mm，大型机组隔板中心抬高 5～10mm。管子中心抬高后，能确保管子与隔板紧密接触，改善管子的振动特性；管子的预先弯曲能减少其热应力；还能使凝结水沿弯曲的管子中央向两端流下，减少下一排管子上积聚的水膜，提高传热效果，放水时便于把水放净。

93 清洗半侧凝汽器时，为什么要关闭汽侧空气门？

答：由于凝汽器半侧的冷却水停止，此时凝汽器内的蒸汽未能被及时冷却，故使抽气器抽出的不是空气和不凝结汽的混合物，而是未凝结的蒸汽，从而影响了抽气器的效率，使凝汽器真空下降，所以清洗半侧凝汽器时，应先将该侧空气门关闭。

94 凝汽器底部弹簧支架的作用是什么？为什么灌水时需要用千斤装置顶住凝汽器？

答：凝汽器底部弹簧支架除了承受凝汽器的重量外，当排汽缸和凝汽器受热膨胀时，还可补偿其热膨胀量。如果凝汽器的支持点没有弹簧，而是硬性支持，凝汽器受热膨胀时向上，就会使低压缸的中心破坏，引起机组振动。

停机时，为了查漏，需要对凝汽器汽侧灌水。由于灌水后增加了凝汽器支持弹簧的负荷，会使凝汽器弹簧严重过载，使弹簧产生不允许的残余变形，故应预先用千斤装置将凝汽器顶住，防止弹簧负荷过大，造成永久变形。在灌水试验完毕放水后，应拿掉千斤装置，否则凝汽器受热向下膨胀时，由于受阻只能向上膨胀，会引起低压缸中心线改变而出现机组振动。

95 如何投入凝汽器？

答：投入凝汽器的步骤为：

（1）全面检查凝汽器系统，循环水进、出口电动门送电，开关试验正常，各放水门关闭，顶部排空气门开启（开式循环投入虹吸装置）。

（2）全开出口水门。

（3）缓慢开启进口门或开启进水旁路门充水排空气，待空气门有水流出后关闭，全开进水门（带虹吸装置应全开进口水门，关小出口水门排空气，排空后调整出口水门至所需位置）。

注：对开式循环系统，无凝汽器出口门时，应视循环水母管压力，开凝汽器进水门，投凝汽器出口虹吸装置，保持真空正常，检查温升正常。

96 运行中如何停运半侧凝汽器？应注意什么？

答：运行中停运半侧凝汽器的步骤是：

（1）降低机组负荷至 60%。

（2）关闭停运一侧汽侧空气门。

（3）开大运行一侧循环水门（对于单元制的机组）。

（4）关闭停运一侧凝汽器的进、出口水门并手动关严。

（5）打开停运侧进水门后或出水门前放水门，开启该侧水室排空门。

（6）凝汽器水侧水放尽后，真空稳定正常后，可打开人孔门进行查漏或清洗（若因铜管大面积泄漏时，打开人孔门应特别注意真空变化）。

应当注意凝汽器真空值的变化，根据凝汽器真空值带相应的负荷。

97 凝汽器水位升高有什么危害?

答：凝汽器水位过高，会使凝结水过冷却。影响凝汽器的经济运行。如果水位过高，将铜管（底部）淹没，将使整个凝汽器冷却面积减少，严重时淹没空气管，抽气器带水，使凝汽器真空严重下降。

98 凝结水硬度大的原因有哪些?

答：凝结水硬度大的原因是：

（1）凝汽器铜管胀口处泄漏或者铜管破裂使循环水漏入汽侧。

（2）备用射水抽气器的空气门和进水门、空气止回阀关闭不严或卡涩，使射水箱的水吸入凝汽器内。

99 凝汽器凝结水导电度增大的原因有哪些?

答：凝汽器凝结水导电度增大的原因是：

（1）凝汽器铜管泄漏。

（2）软化水水质不合格。

（3）阀门误操作，使生水吸入凝汽器汽侧。

（4）汽水品质恶化。

（5）低负荷运行。

100 凝汽器水位升高的原因有哪些?

答：凝汽器水位升高的原因有：

（1）凝结水泵故障停止。

（2）凝结水泵轴封或进水部分漏空气，造成水泵打不出水。

（3）凝结水泵进口滤网脏污阻塞。

（4）由于负荷增加、补水量增加等原因，凝结水泵不能及时将凝结水排出。

（5）凝结水出水不畅，如出水门关小，除氧器喷嘴堵塞。

（6）凝结水再循环门误开。

（7）凝结水泵出入口门未开。

（8）凝汽器泄漏（铜管）。

101 凝汽器的真空是如何形成的?

答：当比容很大的排汽在密闭的凝汽器中冷却成水时，其体积会急剧缩小（如在

0.004MPa 下蒸汽被凝结成水时，体积约缩小 3 万多倍），原来被排汽充满的密闭空间便形成了高度真空。

102 凝汽器的真空形成和维持必须具备的条件是什么？

答：凝汽器的真空形成和维持必须具备的三个条件是：

（1）凝汽器铜管必须通过一定的冷却水量。

（2）凝结水泵必须不断地把凝结水抽走，避免水位升高，影响蒸汽的凝结。

（3）抽气器必须把漏入的空气和排汽中其他不凝结的气体抽走。

103 什么是汽轮机的极限真空？

答：凝汽设备在运行中应该从各方面采取措施以获得良好真空。但真空的提高也不是越高越好，而有一个极限。这个真空的极限由汽轮机最后一级叶片出口截面的膨胀极限所决定。当通过最后一级叶片的蒸汽已达到膨胀极限时，如果继续提高真空，汽轮机功率不再增大。

简单地说，当蒸汽在末级叶片中的膨胀达到极限时，所对应的真空称为极限真空（又称阻塞背压），也有的称为临界真空。

104 什么是凝汽器的最佳真空？

答：对于结构已确定的凝汽器，在极限真空内，当蒸汽参数和流量不变时，提高真空使蒸汽在汽轮机中的可用焓降增大，就会相应增加发电机的输出功率。但是在提高真空的同时，需要向凝汽器多供冷却水，从而增加循环水泵的耗功。由于凝汽器真空提高，使汽轮机功率增加与循环水泵多耗功率的差数为最大时的真空值称为凝汽器的最佳真空。超过此真空时不但不能增加经济效益，反而会降低经济效益。

影响凝汽器最佳真空的主要因素是：进入凝汽器的蒸汽量、汽轮机排汽压力、冷却水的进口温度、循环水量（或是循环水泵的运行台数）、汽轮机的出力变化及循环水泵的耗电量变化等。实际运行中则是根据凝汽量及冷却水出口温度来选用最有利真空下的冷却水量，也即是合理调度使用循环水泵的容量和台数。

105 什么是凝汽器的额定真空？

答：一般汽轮机铭牌排汽绝对压力对应的真空是额定真空。这是指机组在设计工况、额定功率、设计冷却水温时的真空。这个数值并不是机组的极限真空值。

106 真空系统灌水试验应注意什么？

答：真空系统灌水前，应确证凝汽器内部检修工作结束，并将处于灌水水面以下的真空表计全部切除。凝汽器底部支持弹簧为了防止受力变形需加装临时支撑，然后方可开始灌水。试验完毕放水后，应拆除临时支撑。

107 如何对真空系统进行灌水试验？

答：汽轮机大、小修后，必须对凝汽器的汽侧、低压缸的排汽部分以及空负荷运行处于真空状态的辅助设备及管道作灌水试验，检查严密性。灌水高度一般应在汽封洼窝处，水质为化学车间来的除盐水，灌水后运行人员配合检修人员共同检查所有处于真空状态下的管道、阀门、法兰结合面、焊缝、堵头、凝汽器冷却水管胀口等处是否有漏泄。凡有不严之处，应采取措施解决。

108 **凝汽器冷却水管在管板上的排列方法有哪几种？**

答：凝汽器冷却水管在管板上的排列方法有：顺列、错列和辐向排列三种。

109 **汽轮机运行中，影响凝汽器汽侧压力高低的因素主要有哪些？**

答：汽轮机运行中，凝汽器内汽侧压力的高低受很多因素影响。其中主要因素是：凝结的蒸汽量、冷却水量和冷却水进口温度。

110 **回热式凝汽器有何优点？**

答：回热式凝汽器的铜管在排列时中间留有通路，这样部分蒸汽可以直接流向底部加热凝结水，使凝结水的温度接近或等于凝汽器内排汽压力下的饱和温度，从而提高了运行的经济性及安全性。

111 **什么是凝汽器的空气冷却区？**

答：为降低抽出空气的温度、减少随空气一起被抽出的蒸汽量，降低抽气器的负荷，在凝汽器内的抽气口附近，专门布置有一簇管束，并用带孔的挡板将它和其他管束分开，称为凝汽器的空气冷却区。

112 **真空系统的检漏方法有哪几种？**

答：真空系统的检漏方法有：

（1）蜡烛火焰法。它是传统的查找漏气点的方法。检查时，将点燃的蜡烛置于真空系统的法兰及阀门的连接处及其他可疑的漏气点，如有泄漏，火焰将被吸向漏气点。应当注意：此法不适用于氢冷发电机的系统。

（2）汽侧灌水试验法。它是一种最有效的检漏方法，但是必须在汽轮机停运并已达到冷态后进行。方法是：把所有与真空系统相连的管道用阀门切断，对凝汽器下部的弹簧支座进行支垫，然后向凝汽器汽侧空间注水。灌水高度应在汽封洼窝以下 100mm 处。灌水后检查，不严密的地方便会有水渗漏出来。

（3）氦气检漏仪法。近年来常用于运行中的真空系统进行检漏。使用时，将氦气释放于真空系统可能泄漏的地方，然后由检漏仪测出氦气的浓度，从而分析确定泄漏的位置和泄漏的严重程度。

第三节　除氧给水设备及系统

1 **什么是给水的回热加热？**

答：发电厂锅炉给水的回热加热是指从汽轮机某中间级抽一部分蒸汽，送到给水加热器中对锅炉给水进行加热，与之相应的热力循环和热力系统称为回热循环和回热系统。加热器是回热循环过程中加热锅炉给水的设备。

2 加热器有哪些种类？

答：加热器的类型有：

按换热方式分表面式加热器与混合式加热器两种型式。

按装置方式分立式加热器和卧式加热器两种。

按水压分低压加热器和高压加热器。位于凝汽器和除氧器之间主凝结水管道上的回热加热器，由于水侧主凝结水压力较低，因此称为低压加热器；加热给水泵出口后给水的称为高压加热器。

3 什么是表面式加热器？表面式加热器有什么优、缺点？

答：加热蒸汽和被加热的给水不直接接触，其换热是通过管壁进行的加热器叫表面式加热器。

在这种加热器中，由于金属的传热阻力，被加热的给水不可能达到蒸汽压力下的饱和温度，使其热经济性比混合式加热器低。

优点是：由它组成的回热系统简单，运行方便，监视工作量小，因而被电厂普遍采用。

4 什么是混合式加热器？混合式加热器有什么优、缺点？

答：加热蒸汽和被加热的水直接混合的加热器称混合式加热器。

其优点是：传热效果好，水的温度可达到加热蒸汽压力下的饱和温度（即端差为零），且结构简单、造价低廉。

缺点是：每台加热器后均需设置给水泵，使厂用电消耗大，系统复杂，故混合式加热器主要做除氧器使用。

5 简述管板-U型管式加热器的结构。

答：表面式加热器常见的是管板-U型管式，其结构如下：

由黄铜管或钢管组成的U型管束放在圆筒形的加热器外壳内，并以专门的骨架固定。管子胀（或焊）接在管板上，管板上部为水室端盖。端盖、管板与加热器外壳用法兰连接。被加热的水经连接短管进入水室一侧，经U型管束之后，从水室另一侧的管口流出。加热蒸汽从外壳上部管口进入加热器的汽侧。借导流板的作用，汽流曲折流动，与管子的外壁接触凝结放热加热管内的给水。为防止蒸汽进入加热器时冲刷损坏管束，在其进口处设置有护板。加热蒸汽的凝结水（疏水）汇集于加热器的底部，采用疏水器及时排出这些凝结水。外壳上还装有水位计来监视疏水水位。管板与管束连为一体，便于检修和清洗。

此外，在外壳和水室盖上安装必要的法兰短管用来安装压力表、温度计、排气门、疏水自动装置等。

6 简述联箱-螺旋管式表面加热器的结构原理。

答：联箱-螺旋管（也叫盘香管）型表面式加热器，受热面由四组对称布置的螺旋管组成，每组螺旋管又被联箱（集水管）内隔板隔为三层。给水流程为：进水总管→进水下联箱→下层螺旋管→出水下联箱→中层螺旋管→进水上联箱→上层螺旋管→出水上联箱→出水总管。

加热蒸汽由加热器中部的连接管送入，先在外壳内上升，而后顺着一系列水平的导流板曲折向下流动，冲刷螺旋管的外表面，加热管内的给水。

7 管板-U型管式高压加热器与联箱-螺旋管式高压加热器各有什么优、缺点？

答：管板-U型管式高压加热器的优点是：结构简单，焊口少，金属消耗量少。

缺点是：加工技术要求高，制造难度大，运行中容易损坏。

联箱-螺旋管式高压加热器的优点是：螺旋管容易更换，不存在管板与薄壁管子连接严密性差的问题，运行可靠。

缺点是：体积大，金属消耗量多，管壁厚，水流阻力大，因而传热效率较低，且管子损坏后堵管困难，检修劳动强度大。因而后者现在采用较少。

8 什么是加热器的疏水？加热器疏水装置有哪几种形式？

答：加热器的加热蒸汽放出热量后凝结成的水称为加热器的疏水。

加热器疏水装置的型式通常有疏水器和多级水封两种。

常用的疏水器有浮子式疏水器和疏水调节阀两种。

9 简述浮子式疏水器的结构，并说明它的工作原理。

答：浮子式疏水器多用于低压加热器，其结构由浮子、浮子滑阀及它们之间的连杆组成。

它的工作原理是：当加热器内的水位升高时，浮子随之升高，经杠杆、连杆和滑阀杆的传动使滑阀上移，开启疏水门排出疏水。当水位降低时，浮子也随着降低，滑阀重又下移关闭疏水门，疏水不再继续流出。

10 外置浮子式疏水器的系统是如何连接的？

答：低压加热器外置浮子式疏水器通常的连接方式为：浮子室接有与加热器相连的汽、水平衡管，使浮子根据加热器的水位变化而动作；滑阀控制部位与疏水进、出口相连。

此外，为防止疏水器浮子及滑阀卡涩失灵，还接有旁路管，打开旁路门后可不经过疏水器，直接进行疏水。

11 疏水调节阀的调节原理是什么？

答：疏水调节阀常用于高压加热器的疏水。疏水调节阀内部机械部分为一滑阀，外部为电动执行机构。疏水调节阀的调节原理是：当高压加热器内水位变化时，装在加热器上的控制水位计发出水位变化信号，经过电子控制系统的动作，最后由电动执行机构操纵疏水调节阀的摇杆。摇杆动作时，心轴、杠杆转动，带动阀杆、滑阀移动，改变疏水流量，使高压加热器保持一定水位。

12 多级水封疏水的原理是什么？

答：多级水封的疏水原理是：疏水采用逐级溢流，而加热器内的蒸汽被多级水封内的水柱封住不能外泄，水封的水柱高度取决于加热器内的压力与外界压力之差（p_1-p_2）。如果水封管数目为 n，则水封的压力为 $nh\rho g$，因此当每级水封管高度 h 确定后，则多级水封的

级数 n，计算式为

$$n=\frac{p_1-p_2}{h\rho g} \tag{2-2}$$

式中 p_1——加热器内的压力，kPa；

p_2——外界压力，kPa；

h——每级水封管高度，m；

ρ——水的密度，kg/m^3。

13 使用多级水封管作为加热器疏水装置有什么优、缺点？

答：使用多级水封管作为加热器疏水装置的优点是：没有机械传动，因而无磨损、无卡涩；没有电气元件，因而不需调试，不耗电；结构简单、维护方便。

缺点是：停机后水封管内有残留积水，易造成金属锈蚀，因而影响再次启动时凝结水质量；占地面积大，需挖深坑放置水封以及仅能在加热器间压力差不大情况下使用。

14 什么是表面式加热器的蒸汽冷却段？

答：加热器的蒸汽冷却器可单独设置（即外置式）或直接装在加热器内部（即内置式），内置式的蒸汽冷却器称为蒸汽冷却段。

究竟是外置还是内置，这要根据抽汽参数、蒸汽过热度的大小及给水加热温度等情况，经技术经济比较后决定。

15 什么是疏水冷却器？采用疏水冷却器有什么好处？

答：疏水自流入下一级加热器之前，先经过换热器，用主凝结水将疏水适当冷却后再进入下一级加热器，这个换热器就是疏水冷却器。

一般来说，疏水是对应抽汽压力下的饱和水，疏水自流入邻近较低压力的加热器中，会造成对低压抽汽的排挤，降低热经济性。而采用疏水冷却器后，减少了排挤低压抽汽所产生的损失，能提高热经济性。

疏水冷却器也分外部单独设置和加热器内部设置两种，设在加热器内部的疏水冷却器称疏水冷却段。

16 大机组加热器设置蒸汽冷却器的目的是什么？

答：大机组加热器设置蒸汽冷却器的目的是：为了在结构上弥补表面式加热器由于端差的存在而影响热经济性。将加热器出水的全部或一部分引入蒸汽冷却器，让该加热器的抽汽先经过这一设备，再进入加热器本身，这样就可以充分利用抽汽的过热度，使出水温度接近、等于甚至超过该级抽汽压力下的饱和温度，提高热经济性。在这个换热器中蒸汽并不凝结，只是以降低其过热度来放出一定的热量，用以加热给水。

由于抽汽的过热度不会很大，并且过热蒸汽的传热效果较差，因此一般只应用于过热度较大、对经济性要求较高、经技术经济比较认为是合理的地方。

17 高、低压加热器随机启动有什么好处？

答：高、低压加热器随机启动的好处是：能使加热器均匀加热，可以防止管束胀口漏水，有利于防止法兰因热应力过大而造成变形。对于汽轮机来说，因连接加热器的抽汽管道是从汽缸下部接出的，加热器随机启动，相当于增加了汽缸的疏水点，能有效减小上、下汽缸之间的温差。另外，还能简化机组并列后的操作。

18 影响加热器正常运行的因素有哪些？

答：影响加热器正常运行的因素有：

（1）受热面结垢，严重时会造成加热器管子堵塞，使传热恶化。

（2）汽侧漏入空气。

（3）疏水器或疏水调整门工作失常。

（4）内部结构不合理。

（5）铜管或钢管泄漏。

（6）加热器汽水分配不平衡。

（7）抽汽止回阀开度不足或卡涩。

19 高、低压加热器汽侧为什么安装排空气门？

答：因为加热器蒸汽侧在停运期间或运行过程中都容易积聚大量的空气，这些空气在铜管或钢管的表面形成空气膜，使热阻增大，严重地影响加热器的传热效果，从而降低了换热效率，因此必须装空气管连续或定时排走这部分空气。高压加热器空气管引到除氧器，可以回收部分热量；低压加热器空气管接到凝汽器，利用真空将低压加热器内积存的空气吸入凝汽器，最后经抽气器抽出。

20 高、低压加热器运行时为什么要保持一定水位？

答：高、低压加热器在运行时都应保持一定水位，但不应太高，因为水位太高会淹没钢管，减少蒸汽和钢管的接触面积，影响热效率。严重时会造成汽轮机进水。如水位太低，则将有部分蒸汽经过疏水管进入下一级加热器，降低了下一级加热器的热效率。同时，汽水冲刷疏水管，会降低疏水管的使用寿命，因此对加热器水位应严格监视。

21 加热器运行时要注意监视什么？

答：加热器运行时要注意监视：

（1）进、出加热器的水温。

（2）加热蒸汽的压力、温度及被加热水的流量。

（3）加热器汽侧疏水水位的高度。

（4）加热器的端差。

22 高压加热器水室人孔门自密封装置的结构是什么？有什么优点？

答：现在大容量机组的高压加热器水室人孔门均采用自密封装置代替法兰连接装置。自密封装置由密封座、密封环、均压四合圈等组成。

水室顶部有压板，通过双头螺栓与密封座相接。当装在双头螺栓压板一端的转动球面螺母时，就使密封座移动，密封座又通过密封环、垫圈压住嵌在水室槽内的均压四合圈上，这就起了初步的密封作用。当加热器投入运行，水室中充高压水后，密封座就自内向外紧紧压在均压四合圈上，完全达到了自密封的效果。压力越高，密封性能越好。

均压四合圈是由四块组成的一圆环装置。安装时先将均压四合圈分四块放入水室槽内，然后中间再装止脱箍，以防止四合圈的脱落。

自密封装置的优点是：不仅可靠地解决了法兰连接容易引起的泄漏问题，而且使水室拆装简化，免去了紧松法兰螺栓的繁重劳动。

23 高压加热器为什么要设置水侧保护装置？

答：当高压加热器发生故障时，为了不中断锅炉给水或防止高压水由抽汽管倒流入汽轮机，造成严重的水冲击事故，在高压加热器上设置自动旁路保护装置。当高压加热器发生内部故障或管子破裂时，能迅速切断进入加热器管束的给水，同时又能保证向锅炉供水。

24 高压加热器一般有哪些保护装置？

答：高压加热器的保护装置一般为：水位高报警信号，危急疏水门，给水自动旁路，进汽门、抽汽止回阀联动关闭，汽侧安全门等。

25 什么是高压加热器给水自动旁路？

答：高压加热器给水自动旁路是：当高压加热器内部钢管破裂，水位迅速升高到某一数值时，高压加热器进、出水门迅速关闭，切断高压加热器进水，同时让给水经旁路直接送往锅炉。这就是高压加热器给水自动旁路。对于大机组来说，这是一个十分重要的保护。

26 高压加热器为什么要装注水门？

答：高压加热器装设注水门的原因是：

（1）便于检查水侧是否泄漏。

（2）便于打开进水联成阀（或进、出水三通阀）。

（3）为了预热钢管减少热冲击。

27 高压加热器水侧投入步骤是什么？

答：高压加热器水侧投入的步骤是：

（1）关闭高压加热器水侧放水门，开启水侧空气门，全开高压加热器头道注水门，稍开二道注水门，向高压加热器内部注水。

（2）高压加热器水侧空气排尽后关闭水侧空气门。

（3）高压加热器水侧达全压后关闭高压加热器注水门，检查高压加热器内部压力不应下降。

（4）检查加热器汽侧无水位。

（5）开启高压加热器进、出水门。

（6）关闭给水大旁路门，注意给水压力的变化。

（7）投入高压加热器保护开关。

28 加热器水侧设置安全阀的作用是什么？

答：加热器水侧设置安全阀的作用是防止在水侧进、出口阀门关闭的情况下，加热器内的凝结水被蒸汽加热膨胀而超压损坏设备。

29 高压加热器如何停运?

答：高压加热器的停运为：

(1) 汇报、联系值长降10%～20%的负荷，切除高压加热器保护。

(2) 关闭高压加热器空气门。

(3) 由高到低逐台关闭高压加热器进汽门。调整水位，控制温降速度小于2℃/min，待高压加热器出水温度稳定后再停下一台高压加热器，关闭高压加热器至除氧器疏水门。

(4) 关闭各高压加热器抽汽止回阀，稍开抽汽止回阀前、后疏水门，高压加热器汽侧隔离后，开启高压加热器汽侧排地沟门。

(5) 如需停运高压加热器水侧，应先开电动旁路门，再关高压加热器进、出口水门。

(6) 开启水侧放水门。

30 高压加热器给水流量变化的原因有哪些?

答：引起高压加热器给水流量变化的原因是：

(1) 汽轮机、锅炉负荷变化。

(2) 给水并联运行，高压加热器运行台数变化。

(3) 给水流量分配变化，临机高压加热器进水门开度变化。

(4) 给水管道破裂，大量跑水。

31 高压加热器水位升高的原因有哪些?

答：高压加热器水位升高的原因有：

(1) 钢管胀口松弛泄漏或加热器钢管泄漏。

(2) 疏水自动调整门失灵，门芯卡涩或脱落。

(3) 水位计失灵误显示。

32 高压加热器水位升高应如何处理?

答：高压加热器水位升高应做如下处理：

(1) 核对电接点水位计与就地水位计。

(2) 手动开大疏水调整门，查明水位升高原因。

(3) 高压加热器水位高至高Ⅰ值报警时，自动开启高压加热器事故疏水电动门，值班人员应严密监视高压加热器运行情况。

(4) 高压加热器水位高至高Ⅱ值时，关闭高压加热器进汽电动门，高压加热器保护应动作，给水走自动旁路，联关抽汽止回阀，自动切除高压加热器。如保护失灵，应按高压加热器紧急停运处理。

(5) 开启有关抽汽止回阀前、后疏水门。

(6) 完成停运高压加热器的其他操作。

33 什么情况下应紧急停运高压加热器?

答：在下列情况下应紧急停运高压加热器：

（1）汽水管道及阀门爆破，危及人身及设备安全时。

（2）任一加热器水位升高，经处理无效时，或任一电接点水位计，就地水位计满水，保护不动作时。

（3）任一高压加热器电接点水位计和就地水位计同时失灵，无法监视水位时。

（4）明显听到高压加热器内部有爆炸声，高压加热器水位急剧上升。

34 如何紧急停运高压加热器?

答：紧急停运高压加热器的方法为：

（1）关闭有关高压加热器进汽门及止回阀，并就地检查在关闭位置。

（2）将高压加热器保护打至“手动”位置，开启高压加热器旁路电动门，关闭高压加热器进出口电动门，必要时手摇电动门直至关严。

（3）开启高压加热器事故疏水门。

（4）关闭高压加热器至除氧器疏水门。

（5）其他操作同正常停高压加热器操作。

35 进入锅炉的给水为什么必须经过除氧?

答：进入锅炉的给水必须经过除氧，这是因为，如果锅炉给水中含有氧气，将会使给水管道、锅炉设备及汽轮机通流部分遭受腐蚀，缩短设备的使用寿命。

防止腐蚀最有效的办法就是除去水中的溶解氧和其他气体，这一过程称为给水的除氧。

36 给水除氧的方式有哪两种?

答：给水除氧的方式分物理除氧和化学除氧两种。

物理除氧是设除氧器，利用抽汽加热凝结水达到除氧目的；化学除氧是在凝结水中加化学药品进行除氧。

37 除氧器的作用是什么?

答：除氧器的主要作用就是用它来除去锅炉给水中的氧气及其他气体，保证给水的品质。同时，除氧器本身又是给水回热加热系统中的一个混合式加热器，起了加热给水，提高给水温度的作用。

38 除氧器按压力等级和结构可分为哪几种?

答：根据除氧器工作压力的不同，可分为真空除氧器、大气式除氧器和高压除氧器三种。

根据水在除氧器中散布的形式不同，又分淋水盘式、喷雾式和喷雾填料式三种结构型式。

39 除氧器的工作原理是什么?

答：水中溶解气体量的多少与气体的种类、水的温度及各种气体在水面上的分压力有关。

除氧器的工作原理是：把压力稳定的蒸汽通入除氧器加热给水，在加热过程中，水面上水蒸气的分压力逐渐增加，而其他气体的分压力逐渐降低，水中的气体就不断地分离析出。当水被加热到除氧器压力下饱和温度时，水面上的空间全部被水蒸气充满，各种气体的分压力趋于零，此时水中的氧气及其他气体即被除去。

40 除氧器加热除氧有哪些必要的条件?

答：除氧器加热除氧的必要条件是：

（1）必须把给水加热到除氧器压力对应下的饱和温度。

（2）必须及时排走水中分离逸出的气体。

第一个条件不具备时，气体不能全部从水中分离出来；第二个条件不具备时，已分离出来的气体又会重新回到水中。

还需指出的是：气体从水中分离逸出的过程，并不是瞬间能够完成的，需要一定的持续时间，气体才能分离出来。

41 大机组采用高压除氧器有什么优、缺点?

答：国产 300MW 及以上大机组都是采用高压除氧器，与大气式除氧器相比具有以下优点：

（1）当高压加热器故障停运时，进入锅炉的给水温度仍可保持 150～160℃，有利于锅炉的正常运行。

（2）可以减少一级价格昂贵而运行不十分可靠的高压加热器。

（3）有利于回收利用加热器疏水的热量。同时在凝结水量很少时，仍能保持有加热蒸汽进入除氧器，使除氧器工作稳定。

缺点是：配套的给水泵处在高温高压条件下运行，设备投资费用高，运行时给水泵耗用厂用电较多。同时，这种除氧器必须设置在水泵上方较高的标高层（17～18m），以避免运行中给水泵发生汽蚀和给水管道发生水冲击。

42 简述淋水盘式除氧器的结构和工作过程。

答：淋水盘式除氧器主要由除氧塔和下部的贮水箱组成。

在除氧塔中装有筛状多孔的淋水盘，从凝结水泵来的凝结水，其他疏水或化学补充水，分别由上部管道进入除氧塔，经筛状多孔圆形淋水盘分散成细小的水滴落下。加热蒸汽经过压力调整器进入除氧塔下部，并由下向上流动，与下落的细小水滴接触换热，把水加热到饱和温度，水中的气体不断分离逸出，并由塔顶的排气管排走，凝结水则流至下部的贮水箱中，除氧器排出的气、汽混合物经过余汽冷却器，回收余汽中工质和一部分热量后排入大气。

淋水盘式除氧器外形尺寸大，检修困难，制造加工工作量大，而且除氧效果差，出力往往达不到铭牌规定，老机组采用淋水盘式除氧器多，现在已很少采用。

43 大气式除氧器为什么设置水封筒?

答：大气式除氧器设水封筒的目的是：

（1）除氧器水箱满水时，可经水封筒溢流掉多余的水，保证除氧器不发生满水倒流入其他设备的事故。

（2）当除氧器超过正常工作压力时，水封筒动作，先将存水压走，然后把蒸汽排出，这样就起了防止除氧器超压的作用。

44 喷雾式除氧器有哪些特点？

答：喷雾式除氧器依靠凝结水泵的压力，用喷嘴将凝结水雾化，使凝结水同加热蒸汽接触面大大增加。这种除氧器对进水温度无特殊要求，温度很低的水在其中可以立即加热至除氧器压力下的饱和温度，故当低负荷或低压加热器事故停运时，除氧效果几乎不受影响。

在除氧过程中，大部分溶解于水中的氧气以小气泡形式逸出，残留氧要靠扩散来消除。在喷雾过程中，水滴被击成雾状，对除去大量的小气泡是极为有利的。但雾化时水滴直径变小，表面张力增大，这对残留氧气的扩散是不利的。因此单用喷雾式结构，往往还不能获得满意的除氧效果，这种除氧器出水的含氧量为0.05～0.10mg/L。

45 简述喷雾填料式除氧器的工作原理和特点。

答：目前大机组采用的喷雾填料式除氧器既保持了喷雾式除氧器的优点，又增设了填料层弥补其不足，因而是一种除氧效果比较理想的除氧器。

喷雾填料式除氧器的凝结水经喷嘴雾状喷出，加热蒸汽对雾状水珠进行第一次加热，使80%～90%的溶解氧逸出。经第一次加热的凝结水流入填料层，在填料层形成水膜，减小了水的表面张力，第二次加热的蒸汽进入除氧器下部向上流动，对填料层上的水膜再次加热，除去残留水中的气体，分离出的气体和少量蒸汽由塔顶的排气管排出。

实质上喷雾填料式除氧器是对水进行了两次加热除氧，因而除氧效果好，出水含氧量可小于0.007mg/L。此外还有低负荷适应性较好、出力大的优点。

46 简述无头除氧器两级除氧的工作原理。

答：在初级除氧阶段，凝结水经过高压喷嘴形成发散的锥形水膜向下进入初级除氧区，水膜在这个区域内与上行的过热蒸汽充分接触，迅速将水加热到除氧器压力下的饱和温度，大部分氧气从水中析出，聚集在喷嘴附近。为防止氧气积聚过多，在每个喷嘴的周围设有四个排气口，以及时排出析出的氧气；经初级除氧的水在水箱内汇集接受深度除氧，深度除氧是在水面以下进行的，利用水面以下的蒸汽将水加热，使其沸腾，实现深度除氧。析出的气体经排气管排出，深度除氧的水则在水箱内与回收的疏水及补水混合。

47 什么是给水的化学除氧？

答：在高参数发电厂中，为了使给水中含氧量更低，给水除了应用除氧器加热除氧以外，同时还采用化学除氧作为其补充处理，这样可以保证给水中的溶氧接近完全除掉，以确保给水的纯净。

给水的化学除氧是在水中加入定量的化学药剂，使溶解在水中的氧气成为化合物而析出。

中、低压锅炉可使用亚硫酸钠（Na_2SO_3）。亚硫酸钠与氧发生反应生成硫酸钠（Na_2SO_4）沉淀下来。这种除氧方法的缺点是：由于水中增加硫酸盐，使锅炉的排污量增加。

另一种化学除氧法是联氨除氧法，使用联氨不会提高水中的含盐量，联氨和氧的反应产物是水和氮气。

联氨除氧法虽有上述优点，但它的价格高于加热除氧法，所以仅作为加热除氧的补充。

48 除氧器的标高对给水泵运行有何影响？

答：因除氧器水箱的水温相当于除氧器压力下的饱和温度，如果除氧器安装高度和给水泵相同的话，给水泵进口处压力稍有降低，水就会汽化，在给水泵进口处产生汽蚀，造成给水泵损坏的严重事故。为了防止汽蚀产生，必须不使给水泵进口压力降低至除氧器压力，因此就将除氧器安装在一定高度处，利用水柱的高度来克服进口管的阻力和给水泵进口可产生的负压，使给水泵进口压力大于除氧器的工作压力，防止给水的汽化。一般还要考虑除氧器压力突然下降时，给水泵运行的可靠性，所以除氧器安装标高还要留有安全余量。

49 什么是双塔式除氧器？

答：一般除氧器只有一个除氧塔装在水箱上，而某国产300MW汽轮机有两台535t/h的喷雾填料式除氧器装在容积为200m^3的水箱上，因有两个除氧塔，故称双塔式除氧器。

50 除氧器水箱的作用是什么？

答：除氧器水箱的作用是：贮存给水，平衡给水泵向锅炉的供水量与凝结水泵送进除氧器水量的差额。也就是说，当凝结水量与给水量不一致时，可以通过除氧器水箱的水位高低变化调节，满足锅炉给水量的需要。

51 对除氧器水箱的容积有什么要求？

答：除氧器水箱的容积一般考虑满足锅炉额定负荷下20min用水量的要求。当汽轮机甩全负荷，除氧器停止进水，锅炉打开向空排汽门，除氧器水箱尚可维持一段时间，给水泵可继续向锅炉供水。通常除氧器水箱有效容积：200MW机组为180m^3，300MW机组为200m^3，600MW机组为228m^3。

为充分发挥水箱有效容积的作用，运行中，在正常范围内除氧器水位应尽量维持在较高位。

52 除氧器上各汽水管道应如何合理排列？

答：一般除氧器汽水管道排列的原则是：进水应在除氧器上部，因其温度较低。蒸汽管放在除氧器的下部，这样排列使汽水形成良好的对流加热条件。

喷雾填料式除氧器为了防止二次蒸汽对雾状水滴加热不足，另设一路蒸汽通过旁路蒸汽管进入除氧塔头部喷水热交换区，使水滴能够获得更大的热量，以加速水中气体的逸出。

53 除氧器再沸腾管的作用是什么？

答：除氧器加热蒸汽有一路引入水箱的底部或下部（正常水面以下），作为给水再沸腾用。装设再沸腾管有两点作用：

（1）有利于机组启动前对水箱中给水的加温及备用水箱维持水温。因为这时水并未循环流动，如加热蒸汽只在水面上加热，压力升高较快，但水不易得到加热。

（2）正常运行中使用再沸腾管对提高除氧效果有益处。开启再沸腾阀，使水箱内的水经常处于沸腾状态，同时水箱液面上的汽化蒸汽还可以把除氧水与水中分离出来的气体隔绝，从而保证了除氧效果。

使用再沸腾管的缺点是：汽水加热沸腾时噪声较大，且该路蒸汽一般不经过自动调节阀，操作调整不方便。

54 什么是除氧器的自沸腾现象？

答：所谓除氧器"自沸腾"是指进入除氧器的疏水汽化和排气产生的蒸汽量已经满足或超过除氧器的用汽需要，从而使除氧器内的给水不需要回热抽汽加热自己就沸腾，这些汽化蒸汽和排汽在除氧塔下部与分离出来的气体形成旋涡，影响除氧效果，使除氧器压力升高，这种现象称除氧器的"自沸腾"现象。

55 除氧器发生"自沸腾"有什么不良后果？

答：除氧器发生"自沸腾"现象有以下后果：

(1) 除氧器发生"自沸腾"现象，使除氧器内压力超过正常工作压力，严重时发生除氧器超压事故。

(2) 原设计的除氧器内部汽水逆向流动受到破坏，除氧塔底部形成蒸汽层，使分离出来的气体难以逸出，因而使除氧效果恶化。

56 除氧器为什么要装溢流装置？

答：除氧器安装溢流装置的目的是：防止在运行中大量水突然进入除氧器或监视调整不及时造成除氧器满水事故。安装溢流装置后，如果满水，水从溢流装置排走，避免了除氧器运行失常危及设备安全。

大气式除氧器的溢流装置一般为水封筒，高压除氧器装设高水位自动放水门。

57 并列运行除氧器设置汽、水平衡管的目的是什么？

答：并列运行的除氧器必须设汽、水平衡管。目的是使并列运行除氧器的压力、水位一致，除氧器能稳定地运行。

58 造成除氧器水箱水位变化的原因有哪些？

答：造成除氧器水箱水位变化的原因有：

(1) 除氧器进水量变化。

(2) 单元机组给水泵出口流量变化。

(3) 补给水流量变化。

(4) 对外供汽抽汽量变化，如燃油加热、汽动给水泵用汽等。

(5) 并列运行除氧器压力变化及给水泵运行方式的变化。

(6) 放水门误开。

59 除氧器含氧量升高的原因是什么？

答：除氧器含氧量升高的原因是：

(1) 进水温度过低或进水量过大。

(2) 进水含氧量大。

(3) 除氧器进汽量不足。

（4）除氧器排氧阀开度过小。

（5）喷雾式除氧器喷头堵塞或雾化不好。

（6）除氧器汽水管道排列不合理。

（7）取样器内部泄漏，化验不准。

（8）滑参数运行除氧器机组负荷突然升高。

60 引起除氧器振动的原因有哪些？

答：引起除氧器振动的原因有：

（1）投除氧器过程中，加热不当造成膨胀不均，或汽水负荷分配不均。

（2）进入除氧器的各种管道水量过大，管道振动而引起除氧器振动。

（3）运行中由于内部喷嘴等部件脱落。

（4）运行中突然进入冷水，使水箱温度不均产生冲击而振动。

（5）除氧器漏水。

（6）除氧器压力降低过快，发生汽水共腾。

61 除氧器压力、温度变化对给水溶解氧量有什么影响？

答：当除氧器内压力突然升高时，水温变化跟不上压力的变化，水温暂时低于升高后压力下的饱和温度，因而水中含氧量随之升高，待水温上升至升高后压力下的饱和温度时，水中的溶解氧才又降至合格范围内；当除氧器压力突降时，由于同样的原因，水温暂时高于该压力对应下的饱和温度，有助于水中溶解气体的析出，溶解氧随之降低，待水温下降至该压力对应的饱和温度后，溶解氧又缓慢回升。综上所述，将水加热至除氧器对应压力下的饱和温度是除氧器正常工作的基本条件，因此在运行中应尽可能保持除氧器内压力和温度的稳定，防止突变，除氧器的压力调节应投自动，且动作灵活可靠。

62 除氧器运行中为什么要保持一定的水位？

答：除氧器的水位稳定是保证给水泵安全运行的重要条件。在正常运行中，除氧器水位应保持在水位计指示高度的3/4～2/3范围之内，水位过高将引起溢流水管大量跑水，若溢流水管排水不及时，则会造成除氧头振动，抽汽管发生水冲击及振动，严重时造成沿汽轮机抽汽管返水事故。因此，除氧器必须装有可靠的溢流水装置和水位报警装置。水位过低，一旦补充水不能及时补充，将造成水箱水位急剧下降，引起给水泵入口压力降低而汽化，严重影响锅炉上水，甚至造成被迫停炉停机事故。

63 滑压运行除氧器运行中应注意哪些问题？

答：除氧器滑压运行特别应注意：①除氧效果；②给水泵入口汽化。

根据除氧器的工作原理，滑压运行升负荷时，除氧塔的凝结水和水箱中的存水水温滞后于压力的升高，致使含氧量增大。这种情况要一直持续到除氧器在新的压力下接近平衡时为止，对升负荷过程中除氧效果的恶化可以通过投入加装在给水箱内的再沸腾管来解决。

减负荷时，滑压运行的除氧效果要比定压运行好。除氧器滑压运行，机组负荷突降，进入给水泵的水温不能及时降低，此时给水泵入口的压力由于除氧器内压力下降已降低，于是就出现了给水泵入口压力低于泵入口温度所对应的饱和压力，这样易导致给水泵入口汽化。

应采取的措施为：将除氧器布置位置加高，预备充分的静压头；另外在突然甩负荷时，为避免压力降低较快，应紧急开启备用汽源。

64 如何防止除氧器运行中超压爆破？

答：防止除氧器运行中超压爆破的方法为：

（1）除氧器及其水箱的设计、制作、安装和检修必须合乎要求，必须定期检测除氧器的壁厚情况和是否有裂纹。

（2）除氧器的安全保护装置，如安全阀、压力报警等动作必须正确可靠，定期检验安全阀动作时必须能通过最大的加热蒸汽量。

（3）除氧器进汽调节门必须动作正常。

（4）低负荷切换上一级抽汽时，必须特别注意除氧器压力。

（5）正常运行时，应经常监视除氧器压力。

65 除氧器排气带水的原因有哪些？

答：造成除氧器排气带水的原因是：

（1）除氧器大量进冷水，使压力降低。

（2）高压加热器疏水量大或再沸腾门误开，造成除氧器自沸腾。

（3）除氧器泄压消除缺陷时，低压加热器停运太快。

（4）除氧器满水。

66 什么是除氧器的单冲量和三冲量调节？

答：除氧器的单冲量控制是指只根据除氧器水位进行调节的逻辑控制。

除氧器的三冲量控制是指在单冲量调节的基础上加入凝结水流量和给水流量作为前馈和反馈信号进行调节的逻辑控制。

67 给水泵的作用是什么？

答：给水泵的作用是向锅炉连续供给具有足够压力、流量和相当温度的给水。其能否安全可靠地运行，直接关系到锅炉设备的安全运行。

68 现代大型锅炉给水泵有哪些特点？

答：现代大型锅炉给水泵的特点有容量大、转速高，且对泵的驱动方式、结构和材料等也有新的要求。

69 现代电厂常用的给水管路系统有哪几种？

答：现代电厂常用的给水管路系统有以下四种：单母管制系统、切换母管制系统、单元制系统及扩大单元制系统。目前300MW、600MW及1000MW机组的发电厂中，大多采用单元制系统。

70 给水泵为什么设有滑销系统？其作用有哪些？

答：由于给水泵的工作温度较高，就需考虑热胀冷缩的问题，故设有滑销系统。

滑销系统的作用是：使泵组在膨胀和收缩过程中保持中心不变。

71 给水泵为什么应尽量避免频繁启停？

答：给水泵应尽量避免频繁启停，特别是采用平衡盘平衡轴向推力时，泵每启停一次，平衡盘就可能有一些碰磨。泵从开始转动到定速过程中，即出口压力从零到定压这一短暂过程中，轴向推力不能被平衡，转子会向进水端窜动，所以应避免频繁启停。

72 大型给水泵为什么要设有自动再循环门及再循环管？

答：高压给水泵不允许在低于要求的最小流量下运行，允许的最小流量约为额定流量的25％～30％。如果在小于这个允许的最小流量下运行，一会因泵内给水摩擦生成的热量不能全部带走，导致给水汽化；二会因离心泵性能曲线在小流量范围内较为平坦，有的还有“驼峰”型曲线，会出现压力脉动引起所谓的“喘振”现象。所以为了避免这种现象的发生，给水泵都设置了自动再循环门及再循环管。

73 给水泵中间抽头的作用是什么？

答：现代大功率机组，为了提高经济性，减少辅助水泵，往往从给水泵的中间级抽取一部分水量作为锅炉的再热器减温水。这就是给水泵中间抽头的作用。

74 给水泵的驱动方式有哪几种？

答：给水泵的驱动方式常见的有电动机驱动和专用给水泵汽轮机驱动（也叫小型汽轮机）。此外，还有燃气轮机驱动及汽轮机主轴直接驱动等。

75 小型汽轮机驱动给水泵有何优点？

答：小型汽轮机驱动给水泵有以下优点：

（1）小型汽轮机可根据给水泵的需要采用高转速（转速可从2600r/min提高到5000～7000r/min）变速调节。高转速可使给水泵的级数减少，质量减轻，转动部分刚度增大，效率提高，可靠性增加。改变给水泵转速来调节给水流量比节流调节经济性高，消除了阀门因长期节流而造成的磨损。同时，简化了给水调节系统，调节方便。

（2）大型机组电动给水泵耗电量约占全部厂用电量的50％，采用汽动给水泵后，可以减少厂用电，使整个机组向外多供3％～4％的电量。

（3）大型机组采用汽动给水泵后，可使机组的热效率提高0.2％～0.6％。

（4）从投资和运行角度看，大型电动机加上升速齿轮液力耦合器及电气控制设备比小型汽轮机还贵，且大型电动机启动电流大，对厂用电系统运行不利。

76 给水泵汽化的原因有哪些？

答：给水泵汽化的原因有：

（1）除氧器内部压力迅速降低，使给水泵入口温度超过运行压力下的饱和温度而汽化。

（2）除氧器水箱水位过低或干锅。

（3）给水泵入口滤网堵塞。

（4）给水流量小于规定的最小流量，自动再循环门失灵，未及时开启。

77 给水泵严重汽化的象征有哪些？

答：给水泵严重汽化的象征有：

（1）入口管和泵内发生不正常的噪声。

（2）给水泵出口压力摆动和降低。

（3）给水泵电动机的电流摆动和减小。

（4）给水流量显著下降。

78 为防止给水泵汽化，应采取哪些措施？

答：为防止给水泵汽化，采取以下措施：

（1）要在给水除氧系统的设计上采取措施，如对给水箱容量、水箱布置高度、降水管管径的选择和布置以及除氧器水位等方面进行合理的计算，从而采取一些必要的预防措施。

（2）最根本的还是取决于泵的吸入系统和泵本身的抗汽蚀特性。

（3）除氧器滑压运行下有效汽蚀余量还必须附加水温和入口压力不适应的动态余量。

79 给水泵发生倒转有哪些危害？

答：给水泵发生倒转的危害有：会使轴套松动，引起动、静部分摩擦；主油泵打不出油，以致轴瓦烧毁。

80 给水泵的润滑油系统主要由哪些部件组成？

答：给水泵的润滑油系统主要由主油泵、辅助油泵、油箱、冷油器、滤油器、减压阀、油管道等部件组成。

81 给水泵发生倒转时应如何处理？

答：给水泵发生倒转时的处理为：

（1）启动倒转给水泵的辅助润滑油泵，检查润滑油压正常。

（2）关严倒转给水泵的出口电动门、中间抽头门、再循环门。

（3）给水泵倒转时，禁止关闭给水泵入口门，严禁启动倒转的给水泵。

（4）用沙杆或橡胶摩擦轴颈的办法，强迫制止给水泵倒转。

82 什么是给水泵的暖泵？什么是给水泵的热备用？

答：暖泵就是在较短的时间内使泵体各处以允许的温升，均匀地膨胀到工作状态所采取的措施。暖泵分为正暖和倒暖两种形式。

热备用就是指运行给水泵跳闸，备用泵能立即联动（或启动）并投入运行的给水泵所处的状态。

83 判断给水泵暖泵是否充分的依据是什么？

答：判断给水泵暖泵是否充分的依据是：上、下壳体温差是否小于20℃，并应保证壳体上部与给水的温度差值在50℃以内。

84 什么是给水泵的正暖与倒暖?

答：给水泵暖泵分为正暖与倒暖两种形式。在主机运行中，当给水泵检修后启动（冷态启动）时，一般采用正暖。即水泵在启动前，暖泵水由除氧器来，经吸水管进入泵体，从泵出口端流出，然后经暖泵水管放到集水箱或地沟。

当给水泵处于热备用状态时，则采用倒暖。即给泵水从出口逆止门后取水，从泵出口端进入泵内，暖泵后经水泵入口流回除氧器。

85 给水泵采用迷宫式密封时，其密封水压力高、低对泵运行有何影响?

答：密封水进入动环和静环之间形成液膜，有润滑和冷却的作用。密封水压力高，大量压力高卸荷水量和排入凝汽器的水量都将增大，浪费凝结水；密封水压力低，无法密封从泵体内泄漏出的给水，达不到密封效果，将使密封腔内汽化；动、静环之间也得不到润滑和冷却，造成部件老化、变形，影响使用寿命和密封效果。

86 给水泵为什么要设置前置泵?

答：为提高除氧器在滑压运行时的经济性，同时又确保给水泵的运行安全，通常在给水泵前加设一台低速前置泵，与给水泵串联运行。由于前置泵的工作转速较低，所需的泵进口倒灌高度（即汽蚀裕量）较小，从而降低了除氧器的安装高度，节省了主厂房的建设费用；并且给水经前置泵升压后，其出水压头高于给水泵的必需汽蚀余量和在小流量下的附加汽化压头，有效地防止给水泵的汽蚀。

87 什么是给水回热循环?

答：在热力系统中，为减小循环的“冷源损失”，设法从汽轮机的某些中间级引出部分做过功的蒸汽，用来加热锅炉的给水，此过程叫作给水回热过程，与这相应的热力循环叫作给水回热循环。

88 为什么采用给水回热循环可以提高汽轮机组热力循环的经济性?

答：采用给水回热加热以后，一方面从汽轮机中间部分抽出一部分蒸汽，加热给水提高了锅炉给水温度，减少了凝汽器中的冷源损失 q_2，使蒸汽的热量得到了充分的利用，这部分抽汽的循环热效率可以认为是 100%，故可以提高整个循环的热效率。另一方面，提高了给水温度，减少给水在锅炉中的吸热量 q_1，从给水加热过程来看，利用汽轮机抽汽对给水加热时，换热温差要比利用锅炉烟气加热时小得多，因而减少了给水加热过程的不可逆性。因此，在蒸汽初、终参数相同的情况下，采用给水回热循环的热效率比朗肯循环热效率高。

一般回热级数不止一级，中参数的机组，回热级数 3～4 级；高参数机组 6～7 级；超高参数机组不超过 8～9 级。

89 为什么采用回热加热器后，汽轮机的总汽耗增大了，而热耗率和煤耗率却是下降的?

答：汽耗增大是因为进入汽轮机的 1kg 蒸汽所做的功减少了，而热耗率和煤耗率的下降是由于冷源损失减少，给水温度提高使给水在锅炉的吸热量减少。

90 影响给水回热循环热经济性的因素主要是什么?

答：影响给水回热循环热经济性的因素很多，归纳起来主要有以下三点：给水最佳加热温度、各级回热加热器的热量分配和回热加热的级数。

91 什么是最佳给水温度?

答：以单级循环为例，若给水温度等于凝汽器压力下的饱和水温度，此时没有回热，循环热效率就是朗肯循环的热效率，即热效率的增值为零。当利用回热抽汽来加热给水时，给水温度随着抽汽压力的升高而提高，循环的热经济性也随之提高；在抽汽压力达到某一数值时，回热的热经济性达到最大值，此时的给水温度称为理论上的最佳给水温度。

92 什么是最经济的给水温度?

答：由于给水温度的提高，固然提高了系统的热经济性，使得燃料消耗量相对节省，但却使得排烟温度升高，锅炉效率下降，故需要增大尾部受热面，以减少排烟损失，又使锅炉投资增大；另一方面，由于回热使得锅炉的蒸汽产量和汽轮机高压端的通流量增大而凝汽流量相应减少，因而不同程度地影响锅炉、汽轮机、新蒸汽管路和主给水管路、回热加热装置和给水泵、凝汽设备和冷却水系统、燃料运输、制粉系统、引送风机以及除尘、除灰系统的投资、折旧费和厂用电。它同时又与机组容量及蒸汽参数、设备利用小时和燃料价格等密切相关。

经技术经济比较确定的最佳给水温度，称为最经济给水温度，它一般低于理论上的最佳给水温度。

93 给水回热系统各加热器的抽汽管道为什么要装逆止门?

答：汽轮机的各级抽汽送入高、低压力加热器和除氧器，加热凝结水、给水，由于系统中空间很大，当汽轮发电机或电力系统发生故障，迫使汽轮机跳闸，主汽门关闭，抽汽加热系统中的蒸汽有可能会倒流入汽轮机中，造成汽轮机超速，所以在各加热器的抽汽管道上要装逆止门，以防止蒸汽倒流。

94 多级回热系统中加热器最有利的加热分配有哪几种方法?

答：多级回热系统中加热器最有利的加热分配有等温升分配法、几何级数分配法和等焓降分配法。

95 什么是等温升分配法?

答：等温升分配法是指在回热系统中各加热器间最有利的热量分配是按等加热或等温升的原则进行的。也就是说最有利的各段抽汽点的分配是把给水的总加热温度平均分配于各加热器之间，即主凝结水在各级加热器中温度的增加数值相等，计算式为

$$\Delta t=\frac{t_s^b-t_c}{Z+1} \tag{2-3}$$

式中 Δt——各回热加热器中的温升,℃;

t_s^b——锅炉工作压力下的饱和水温度,℃;

t_c——凝结水温度，℃；

Z——回热加热器数目。

将给水在锅炉省煤器中的吸热量 $t_s^b - t_{fw}$ 除外，式（2-3）变为 $\Delta t = \frac{t_{fw} - t_c}{Z}$，即

$$t_{fw} = t_c + Z\Delta t \tag{2-4}$$

96 什么是几何级数分配法？

答：回热加热器各级间的加热份额，按几何级数法分配时，各加热器中给水温度升高值按式（2-5）进行分配。

$$T^i = r^i T_c \tag{2-5}$$

式中　T^i——第 i 级加热器出口水的绝对温度，K；

i——计算级数；

T_c——第一级加热器入口处主凝结水的绝对温度，K；

r^i——几何级数系数值，$r^i = Z\sqrt{\frac{T_{fw}}{T_c}}$（$T_{fw}$ 为锅炉给水的绝对温度）。

97 什么是等焓降分配法？

答：等焓降分配法是将主凝结水在某一级加热器中的吸热量设计成等于相邻高一级抽汽与该级抽汽之间在汽轮机中的有效焓降。

98 回热加热器级数的选择原则是什么？

答：在选择回热加热级数时，应考虑到每增加一台加热器就需要增加一些设备费用，所增加的费用应当能从节约燃料的收益中得到补偿。同时还应尽量避免发电厂的热力系统过于复杂，以保证系统运行的安全可靠性。

99 什么是加热器的端差？运行中有什么要求？

答：进入加热器的蒸汽饱和温度与加热器出水温度之间的差称为“端差”。

在运行中应尽量使端差达到最小值。对于表面式加热器，此数值不得超过 5～6℃。

100 加热器端差增大的原因有哪些？

答：加热器端差增大的原因有：

（1）加热器受热面结垢，增大了传热热阻，使管子内外温差增大。

（2）加热器汽空间聚集了空气，空气是不凝结气体，会附着在管子表面形成空气层，空气的放热系数比蒸汽小得多，增大了传热热阻，使传热恶化。因此，加热器抽空气管路上的阀门开度与节流孔应调整合理。开度小，空气的抽出会受到限制；开度大，高一级加热器内的蒸汽会被抽吸到低一级加热器中去排挤一部分低压抽汽，降低回热的经济性。

（3）加热器疏水水位过高，淹没了一部分受热面的管子，减少了放热空间，被加热水达到设计温度，使端差增大。其原因多为疏水器或疏水阀工作不正常，若检查疏水装置正常，就应停止加热器运行，检查管子的严密情况。

（4）加热器旁路门漏水，使传热端差增大。运行中应注意检查加热器出口水温与相邻高一级加热器入口水温是否相同，若相邻高一级加热器入口水温降低，则说明旁路门漏水。

101 什么是排挤现象？排挤现象对经济性有何影响？如何减少排挤现象的发生？

答：由于高一级压力加热器的疏水流入低一级压力加热器的蒸汽空间时放出热量，而减少了一部分较低压力的回热抽汽量，这种现象叫作排挤。

在保持汽轮机输出功率一定的条件下势必造成抽汽的做功减少。凝汽循环的发电量增加，这样就增加了附加的冷源损失，降低了机组的热经济性。

减少排挤现象的措施有：

（1）采用疏水泵。

（2）采用疏水冷却段。

102 除氧器的汽耗量如何计算？

答：除氧器汽耗量的计算式为

$$q=\frac{Q_1+Q_2+Q_3}{(h-h_d)\eta}+q_{ex} \tag{2-6}$$

$$\left.\begin{aligned}Q_1&=q_c(h_d-h'_c)\\Q_2&=q_m(h_d-h'_m)\\Q_3&=q_n(h_n-h_d)\end{aligned}\right\} \tag{2-7}$$

式中 Q_1——加热凝结水所需热量，kJ/h；

Q_2——加热补给水所需热量，kJ/h；

Q_3——疏水放热量，kJ/h；

q——除氧器汽耗量，kg/h；

q_c——凝结水流量，kg/h；

q_m——补给水流量，kg/h；

q_n——高压加热器疏水量，kg/h；

h'_c——凝结水比焓，kJ/kg；

h'_m——补给水比焓，kJ/kg；

h_n——高压加热器疏水比焓，kJ/kg；

h——加热蒸汽比焓，kJ/kg；

h_d——除氧器饱和水比焓，kJ/kg；

η——除氧器热效率；

q_{ex}——排汽量，kg/h。

103 什么是除氧器的定压运行？

答：所谓定压运行，即运行中不管机组负荷多少，始终保持除氧器在额定的工作压力下运行。定压运行时抽汽压力始终高于除氧器压力，用进汽调节阀节流调节进汽量，保持除氧器额定工作压力。

104 什么是除氧器的滑压运行？

答：所谓除氧器滑压运行是指除氧器的运行压力不是恒定的，而是随着机组负荷与抽汽压力而改变。机组从额定负荷至某一低负荷范围内，除氧器进汽调节阀全开，进汽压力不进行任何调节，机组负荷降低时，除氧器压力随之下降；负荷增加时，除氧器压力随之上升。

105 除氧器滑压运行有哪些优点？

答：除氧器滑压运行有如下优点：

（1）除氧器滑压运行可以提高机组运行的热经济性，这是因为低负荷时不必切换至压力高一级的抽汽，避免了抽汽的节流损失。

（2）热力系统简化，设备投资降低。

（3）使汽轮机抽汽点分配更加合理，使除氧器真正作为一级加热器用，起到加热和除氧两个作用，提高了机组的热经济性，其焓升的提高对防止除氧器自生沸腾也是有利的。

（4）可避免出现除氧器超压。

106 滑压运行除氧器防止给水泵汽蚀的措施有哪些？

答：滑压运行除氧器防止给水泵汽蚀的措施有：

（1）提高除氧器的安装高度。

（2）减缓除氧器在暂态过程中的压降速度。

（3）在给水泵入口处加速水的温降。

107 什么是无除氧器的回热系统？

答：在中性水工况下，给水已无除氧的必要。与此相应的给水回热系统在设计时就取消了除氧器，而在原除氧器的位置上设置了一级混合式加热器，作为汇集高压加热器疏水、各种溢汽及高压与低压加热器的分界线而使用。国内一些试验性的中性水工况系统中，关闭除氧器的排氧门运行，则相当于一个无除氧器的回热系统。

108 无除氧器的回热系统有什么优点？

答：无除氧器的回热系统有下述优点：

（1）系统简单，可降低投资费用。

（2）回热系统设计可不考虑除氧器的影响，使设计更趋合理，可提高系统的经济性。

（3）运行调节简化，回热系统的变工况适应性增强。

（4）使用中性水工况减缓了系统的腐蚀，延长了凝结水精处理装置的使用周期并节约了大量的化学用药量。

109 无头除氧器设置汽水平衡管的作用是什么？

答：无头除氧器每个加热蒸汽管路上均设一路蒸汽平衡管，并在蒸汽平衡管上装有逆止阀，起到平衡供汽管和除氧器压力的作用。在正常运行时蒸汽平衡管不起作用，当供汽压力突降时逆止阀打开，使除氧器的压力跟随汽源压力一同变化，减小除氧器和供汽管的压差，进而防止供汽管内进水。

110 除氧器加热除氧有哪两个必要条件？

答：必须把给水加热到除氧器压力所对应的饱和温度；必须及时排走水中分离逸出的气体。

111 简述东方汽轮机厂汽动给水泵小汽轮机（以下简称小机）主汽阀、调节阀的结构。

答：主汽阀采用直通式结构，壳体为铸件。阀门直接与作为调节阀进汽室的蒸汽室盖连接。主汽阀与其操纵机构、油动机相连，并弹性地支撑在基架上。主汽阀配合直径为 $\phi 305$，阀杆行程 108mm。为减小阀门的提升力，主汽阀设有配合直径为 $\phi 86$ 的预启阀。阀门依靠低压主汽阀油动机提供的开启力打开，并靠操纵座内的压缩弹簧的弹力关闭。

调节阀共 5 只，分别控制喷嘴室 5 个腔室的进汽。5 只调节阀共用一个提升板，由一个调节阀油动机通过一杠杆机构来控制阀门的开、关及开度。油动机的不同行程对应着调节阀的开启数目和开度的大小。小机主汽阀、调节阀结构示意如图 2-1 所示。

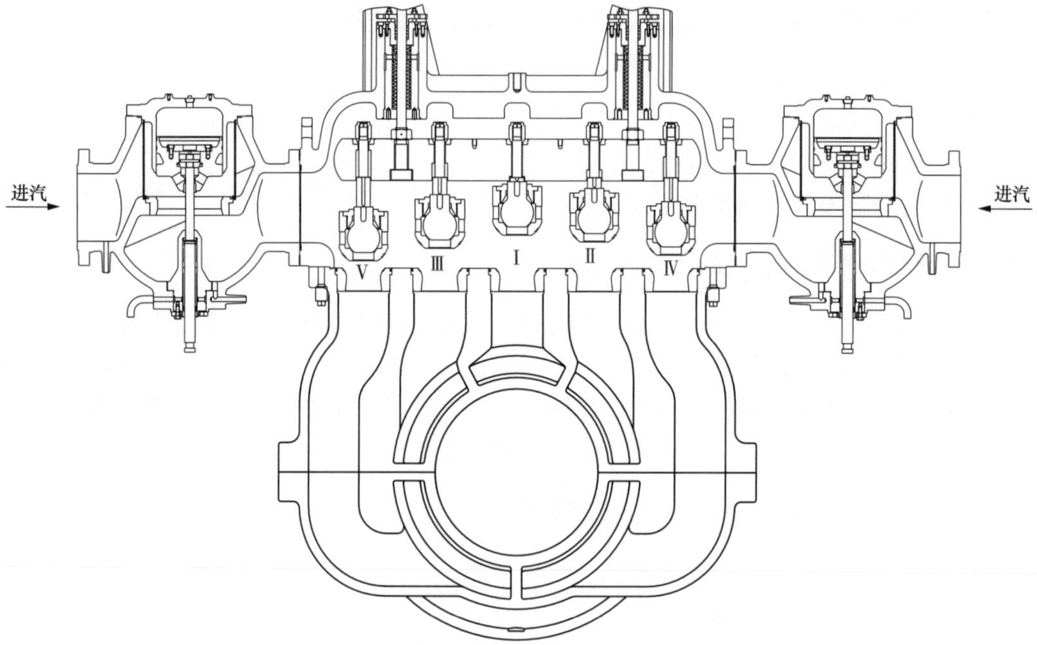

图 2-1 小机主汽阀、调节阀结构示意图

112 汽动给水泵小汽轮机启停注意事项是什么？

答：小机启停注意事项是：

（1）辅汽与四抽汽源切换前确认四抽或辅汽供小机汽源管疏水畅通，并充分暖管，防止四抽至小机供汽电动门和逆止门或辅汽供小机手动门和逆止门之间管道存在积水进入小机。

（2）小机冲转前确认其阀门、汽缸及进汽管道上疏水已全部打开，直到机组负荷达到 40%时联锁关闭；停机过程中当机组负荷降到 30%后，开启与小机相连所有疏水。给水泵汽轮机的疏水包括低压主汽阀阀座前疏水、低压主汽阀阀座后疏水、低压调节阀阀座前疏水、调节级后汽缸疏水、后汽缸疏水。

（3）后汽缸疏水为连续疏水，所设阀门仅在停机检修且需要隔离系统时关闭，其他时间（特别是运行过程中）必须全开。

113 给水泵小汽轮机冲转的注意事项有哪些？

答：小汽轮机冲转的注意事项有：

（1）盘车投入前不得投入轴封系统，以防转子弯曲变形。

（2）小机冲转前各汽源供汽管道必须充分疏水，并确认小机主汽门前所有疏水温度均大于200℃。

（3）升速过程中，注意倾听给水泵组内部声音，发现有金属摩擦声或振动异常突增立即停机。

（4）中速暖机结束时，应确认小机各轴承振动不大于0.08mm、各轴承温度不大于80℃，方可继续升速并通过临界转速，否则延长暖机时间。

（5）热态启动时，不进行低速和中速暖机，在500r/min检查合格后直接升速至2600r/min。

（6）当排汽温度大于100℃时，检查排汽缸喷水投入，否则手动投入。排汽温度不大于65℃自动切除，喷水压力整定为0.8～1.0MPa。

（7）小机阀门、汽缸及进汽管道上疏水门直到机组负荷达到40%，方可关闭。

114 汽动给水泵组紧急停运的条件是什么？

答：紧急停运的条件是：

（1）机组发生强烈振动，振幅达停机值以上，或机组振动值急剧增加。

（2）汽轮机内有清晰的金属摩擦声和撞击声。

（3）汽轮机发生水击。

（4）轴承金属温度急剧上升至110℃或任一轴承回油温度升至75℃。

（5）轴封或挡油环严重摩擦、冒火花。

（6）启动备用油泵无效，润滑油母管压力低至停机值。

（7）油系统着火。

（8）轴向位移超限，而轴向位移保护装置未动作。

（9）汽轮机转速升至跳闸转速值，而机组未遮断。

（10）威胁人身安全。

115 简述汽动给水泵小汽轮机出力下降的现象、原因及处理方法。

答：小机出力下降的现象：

（1）给水流量下降。

（2）小机转速上升或下降。

（3）若流量下降至保护值以下，锅炉灭火。

原因：

（1）小机供汽量减少。

（2）小机与汽动给水泵联轴器断裂。

（3）小机调门突关或卡涩。

（4）切换阀故障。

（5）小机掉叶片。

(6) 小机调节系统故障。

(7) 汽动给水泵入口滤网堵，汽泵汽蚀。

(8) 小机真空下降。

处理方法：

(1) 检查小机供汽管路各阀门开度情况，及时调整开度不足或开启未开启的阀门；小机汽源为辅汽时，辅汽压力低时应及时提高辅汽压力。

(2) 升负荷过程中发现小机转速指令与实际有偏差，立即检查小机调门开度，若调门卡涩或切换阀故障，应调整负荷与给水量匹配，并联系检修处理。

(3) 若小机自动调节异常，应及时将小机控制解为手动调节，并通知热工人员处理。

(4) 若小机真空下降，应检查真空破坏门是否误开，真空系统是否有泄漏，真空泵工作是否正常，主机真空系统是否正常，及时查找原因并处理，必要时降低机组负荷。

(5) 若汽泵入口滤网有堵塞现象，应降低给水泵转速以降低给水量，防止汽泵汽蚀，同时降低负荷、降低主蒸汽压力准备倒电泵运行；若汽泵入口滤网堵塞严重，汽泵汽蚀，且已经不打水，应立即停运汽泵。

(6) 小机内部故障时应及时安排停运处理。

第四节 汽轮机辅助系统

1 火力发电厂常用的泵有哪些?

答：火力发电厂常用的泵有离心泵、轴流泵、旋涡泵、螺杆泵、自吸泵、自吸泵、齿轮泵、活塞泵、活塞泵以及喷射泵等。

2 离心泵的工作原理是什么?

答：在泵内充满液体的情况下，叶轮旋转产生离心力，叶轮槽道中的液体在离心力的作用下甩向外围，流进泵壳，使叶轮形成真空，液体就在大气压力的作用下，由吸入池流入叶轮。这样液体就不断地被吸入和流出，在叶轮里获得能量的液体流出叶轮时具有较大的动能，这些液体在螺旋形壳中被收集起来，并在后面的扩散管内把动能变成压力能。

3 轴流泵的工作原理是什么?

答；轴流泵的工作原理就是在泵内充满液体的情况下，叶轮旋转时对液体产生提升力，把能量传递给液体，使液体沿着轴向前进，同时跟着叶轮旋转。轴流泵常用作循环水泵。

4 旋涡泵的工作原理是什么?

答：由显形叶轮在带有不连贯槽道的盖板之间旋转来输送液体的泵称旋涡泵。

旋涡泵的工作原理就是旋涡泵的显形叶轮在旋转时产生离心力，使液体由泵壳侧面孔流入叶轮根部并抛向外围，进入两侧盖板的槽道中，液体随显形叶轮旋转时，在槽道中作旋涡运动，将速度能转变为压力能，到了出口处槽道突然被堵塞，液体就从出口孔流出。

5 螺杆泵的工作原理是什么？

答：由两个或三个螺杆啮合在一起组成的泵称螺杆泵。

螺杆泵的工作原理是螺杆旋转时，被吸入螺丝空隙中液体，由于螺杆间螺纹的相互啮合受挤压，沿着螺纹方向出口侧流动。螺纹相互啮合后，封闭空间逐渐增加形成真空，将吸入室的液体吸入，然后被挤出完成的过程。

6 自吸泵的工作原理是什么？

答：不需在吸入管道中充满水就能自动地把水抽上来的离心泵称自吸泵。

自吸泵的工作原理是，在泵内存满水的情况下，叶轮旋转产生离心力，液体沿槽道流向蜗壳。在泵的入口形成真空，使进水逆止门打开，吸入进水管内的空气进入泵内，在叶轮槽道中，空气与径向回水孔（或回水管）里的水混合，一起沿槽道沿蜗壳流动，进入分离室，在分离室中，空气从液体中分离出来，液体重新回到叶轮，这样反复循环，直至将吸水管道中的空气排尽，使液体进入泵内，完成自吸过程。

7 齿轮泵的工作原理是什么？

答：由两个齿轮相互啮合在一起组成的泵称齿轮泵。

齿轮泵的工作原理是：齿轮转动时，齿轮间相互啮合，啮合后封闭空间逐渐增大，产生真空区，将外界的液体吸入齿轮泵的入口处，同时齿轮啮合时，使充满于齿轮中的液体被挤压，排向压力管。

8 活塞泵的工作原理是什么？

答：利用活塞的往复运动来输送液体的设备称活塞泵。

活塞泵的工作原理：在活塞往复运动的过程中，当活塞向外运动时，出口逆止门在自重和压差作用下关闭，进口逆止门在压差的作用下打开，将液体吸入泵腔。当活塞向内挤压时，泵腔内压力升高，使进口逆止门关闭，出口逆止门开启将液体压入出口管道。

9 离心泵有哪些种类？

答：离心泵的种类有：

（1）按工作叶轮数目可分为：单级泵、多级泵。

（2）按工作压力可分为：低压泵、中压泵、高压泵。

（3）按叶轮进水方式可分为：单吸泵、双吸泵。

（4）按泵壳结合面形式可分为：水平中开式泵、垂直结合面泵。

（5）按泵轴位置可分为：卧式泵、立式泵。

（6）按叶轮出来的水引向压出室的方式可分为：蜗壳泵、导叶泵。

（7）按泵的转速可否改变可分为：定速泵、调速泵。

10 离心泵由哪些构件组成？

答：离心泵的主要组成部分有转子和静子两部分。

转子包括叶轮、轴、轴套、键和联轴器等。

静子包括泵壳、密封设备（填料筒、水封环、密封圈）、轴承、机座、轴向推力平衡设备等。

11 简述离心泵的平衡盘装置的构造和工作原理。

答：平衡盘装置的构造由平衡盘、平衡座和调整套组成。

平衡盘装置的工作原理是从末级叶轮出来的带有压力的液体，经平衡座与调整套间的径向间隙流入平衡盘与平衡座间的水室中，使水室处于高压状态。平衡盘后有平衡管与泵的入口相连，其压力近似为泵的入口压力。这样在平衡盘两侧压力不相等，就产生了向后的轴向平衡力。轴向平衡力的大小随轴向位移的变化、调整平衡盘与平衡座间的轴向间隙（即改变平衡盘与平衡座间水室压力）而变化，从而达到平衡的目的。但这种平衡经常是动态平衡。

12 什么是泵的特性曲线？

答：泵的特性曲线就是在转速为某一定值下，流量与扬程、所需功率及效率间的关系曲线，即 Q-H 曲线、Q-N 曲线、Q-η 曲线。

13 什么是诱导轮？为什么有的泵设有前置诱导轮？

答：诱导轮是一种轴流叶片式叶轮，与轴流泵叶轮相比，叶轮外径与轮壳的比值较小，叶片数目少，叶片安装角小，叶栅稠密度大。

诱导轮的抗汽蚀性能比离心叶轮高得多，这是因为液体在进入诱导轮时不经过转弯，动压降较小，因而不易发生汽蚀。发生汽蚀后（主要发生在相对速度最大的入口外缘），气泡受到两方面夹攻，一方面是因外缘气泡沿轴向流到高压区域时，受压立即凝结；另一方面在离心力作用下，轮壳处的液体冲向诱导轮外缘，同样使气泡受压凝结。而离心泵没有这些特点，所以，一些汽蚀性能要求较高的泵设有前置诱导轮。

14 离心泵有哪些损失？

答：离心泵的损失有容积损失、水力损失和机械损失三种。

（1）容积损失包括密封环漏泄损失、平衡机构漏泄损失和级间漏泄损失。

（2）水力损失包括冲击损失、旋涡损失和沿程摩擦损失。

（3）机械损失包括轴承、轴封摩擦损失，叶轮圆盘摩擦损失以及液力耦合器的液力传动损失或者减速齿轮传动损失。

15 泵的主要性能参数有哪些？

答：泵的主要性能参数有：

（1）扬程。单位质量液体通过泵后所获得的能量。用 H 表示，单位为 m。

（2）流量。单位时间内泵提供的液体数量。有体积流量 Q，单位为 m/s。有质量流量 G，单位为 kg/s。

（3）转速。泵每分钟的转数。用 n 表示，单位为 r/min。

（4）轴功率。原动机传给泵轴上的功率。用 P 表示，单位为 kW。

（5）效率。泵的有用功率与轴功率的比值。用 η 表示，它是衡量泵在水力方面完善程度的一个指标。

16 离心泵的 Q-H 特性曲线的形状有几种？各有何特点？

答：离心泵的 Q-H 特性曲线的形状有平坦型、陡降型和驼峰型三种。

（1）平坦型特性曲线通常有 8%～12%的倾斜度，其特点是在流量变化较大时，扬程变化较小。

（2）陡降型特性曲线具有 20%～30%的倾斜度，它的特点是扬程变化较大而流量变化较小。

（3）驼峰型特性曲线具有一个最高点。特点是开始部分有个不稳定阶段，泵只能在较大流量下工作。

17 离心泵的并联运行有何要求？特性曲线差别较大的泵并联为何不好？

答：并联运行的离心泵应具有相似而且稳定的特性曲线，并且在泵的出口阀门关闭的情况下，具有接近的出口压力。

特性曲线差别较大的泵并联，若两台并联泵的关死扬程相同，而特性曲线陡峭程度差别较大时，两台泵的负荷分配差别较大，易使一台泵过负荷。若两台并联泵的特性曲线相似，而关死扬程差别较大，可能出现一台泵带负荷运行，另一台泵空负荷运行，白白消耗电能，并且易使空负荷运行泵汽蚀损坏。

18 什么是泵的工作点？

答：泵的 Q-H 特性曲线与管道阻力特性曲线的相交点，就是泵的工作点。

泵的工作点决定于泵的特性和与之相连的管道特性。管道特性决定于管道的阻力损失、管道的直径、泵的出口阀门开度和所供液体的输送高度等。

19 什么是泵的相似定律？

答：泵的相似定律就是在两台泵成几何相似、运动相似的前提下得出的两台泵的流量、扬程、功率的关系，计算式为

$$\frac{Q}{Q'}=\left(\frac{D_2}{D_2'}\right)^3\frac{n}{n'} \tag{2-8}$$

$$\frac{H}{H'}=\left(\frac{D_2}{D_2'}\right)^5\left(\frac{n}{n'}\right)^2 \tag{2-9}$$

$$\frac{N}{N'}=\left(\frac{D_2}{D_2'}\right)^5\left(\frac{n}{n'}\right)^3 \tag{2-10}$$

式中 Q、H、N——实际泵的流量、扬程、功率，m^3/s、m、W；

Q'、H'、N'——模型泵的流量、扬程、功率，m^3/s、m、W；

D_2、n——实际泵的出口直径和转速，mm、r/min；

D_2'、n'——模型泵的出口直径和转速，mm、r/min。

对于同一台泵 $D_2=D_2'$，当它的转速变化时，流量、扬程、功率的关系式为

$$\frac{Q}{Q'}=\frac{n}{n'}$$

$$\frac{H}{H'}=\left(\frac{n}{n'}\right)^2$$

$$\frac{N}{N'}=\left(\frac{n}{n'}\right)^3$$

上述三式表示，当转速变化时，流量与转速成正比，扬程与转速的平方成正比，功率与转速的立方成正比。这个关系式称为离心泵的比例定律。

20 什么是泵的允许吸上真空高度？

答：泵的允许吸上真空高度就是指泵入口处的真空允许数值。规定泵的允许吸上真空高度是由于泵入口真空过高时，泵入口的液体就会汽化，产生汽蚀。

泵的入口真空度是由下面三个因素决定的，其表达式为

$$H_s=H_g+h_w+\frac{v_s^2}{2g} \tag{2-11}$$

式中 H_g——泵产生的吸上高度，m；

h_w——克服吸水管水力损失，m；

v_s——泵入口造成的适当流速，m/s；

g——重力加速度（9.81m/s^2）。

以上三个因素中，吸上高度 H_g 是主要的，吸上真空高度 H_s 主要由 H_g 的大小来决定。吸上高度愈大，则真空度愈高。当吸上高度增加到泵因汽蚀不能工作时，吸上高度就不能再增加了，这个工况的真空高度就是最大吸上真空高度。为了保证运行时不产生汽蚀，泵的允许吸上真空高度应为最大吸上真空高度减去 0.5m。

21 什么是离心泵的串联运行？串联运行有什么特点？

答：液体依次通过两台及以上离心泵向管道输送的运行方式称为串联运行。

串联运行的特点是：每台水泵所输送的流量相等，总的扬程为每台水泵扬程之和。串联运行时，泵的总性能曲线是各泵的性能曲线在同一流量下各扬程相加所得点相连组成的光滑曲线，其工作点是泵的总性能曲线与管道特性曲线的交点。

22 什么是离心泵的并联运行？并联运行有什么特点？

答：两台或两台以上离心泵同时向同一条管道输送液体的运行方式称为并联运行。

并联运行的特点：每台水泵所产生的扬程相等，总的流量为每台泵流量之和。并联运行时，泵的总性能曲线是每台泵的性能曲线在同一扬程下各流量相加所得的点相连而成的光滑曲线。泵的工作点是泵的总性能曲线与管道特性曲线的交点。

23 水泵串联运行的条件是什么？何时需采用水泵串联？

答：水泵串联的条件是：

（1）两台水泵的设计出水量应该相同，否则容量较小的一台会发生严重的过负荷或限制了水泵的出力。

（2）串联在后面的水泵（即出口压力较高的水泵）结构必须坚固，否则会遭到损坏。

在泵组装置中，当一台泵的扬程不能满足要求或为了改善泵的汽蚀性能时，可考虑采用泵串联运行方式。

24 并联工作的泵压力为什么会升高？串联工作的泵流量为什么会增加？

答：水泵并联时，由于总流量增加，则管道阻力增加，这就需要每台泵都提高它的扬程来克服这个新增加的损失压头，故并联运行时，压力较一台运行时高一些；而流量同样由于管道阻力的增加而受到制约，所以总是小于各台水泵单独运行下各输出水量的总和，且随着并联台数的增多，管路特性曲线愈陡直以及参与并联的水泵容量愈小，输出水量减少得更多。

水泵串联运行时，其扬程成倍增加，但管道的损失并没有成倍地增加，故富余的扬程可使流量有所增加。但产生的总扬程小于它们单独工作时的扬程之和。

25 抽气器的作用是什么？

答：抽气器的作用是：不断地将凝汽器内的空气及其他不凝结的气体抽走，以维持凝汽器的真空。

26 抽气器有哪些种类和型式？

答：电站用的抽气器大体可分为两大类：

(1) 容积式真空泵。主要有滑阀式真空泵、机械增压泵和液环泵等。

(2) 射流式真空泵。主要是射汽抽气器和射水抽气器等，射汽抽气器按其用途又分为主抽气器和辅助抽气器。国产中、小型机组用射汽抽气器较多，大型机组一般采用射水抽气器。

27 射水式抽气器的工作原理是什么？

答：射水式抽气器的工作原理是：从射水泵来的具有一定压力的工作水经水室进入喷嘴。喷嘴将压力水的压力能转变为速度能，水流高速从喷嘴射出，使空气吸入室内产生高度真空，抽出凝汽器内的汽、气混合物，一起进入扩散管，水流速度减慢，压力逐渐升高，最后以略高于大气压力排出扩散管。在空气吸入室进口装有逆止门，可防止抽气器发生故障时，工作水被吸入凝汽器中。

28 射水式抽气器主要有哪些优、缺点？

答：射水式抽气器具有结构紧凑、工作可靠、制造成本低等优点，因而广泛用于汽轮机凝汽设备中。

缺点是：要消耗一部分电力和水，占地面积大。

29 射汽式抽气器的工作原理是什么？

答：射汽式抽气器由工作喷嘴、混合室和扩压管三部分组成。

其工作原理是：工作蒸汽经过喷嘴时热降很大，流速增高，喷嘴出口的高速蒸汽流，使混合室的压力低于凝汽器的压力，因此凝汽器里的空气就被吸进混合室里。吸入的空气和蒸汽混合在一起进入扩压管，在扩压管中流速逐渐降低，而压力逐渐升高。对于一个二级的主抽气器，蒸汽经过一级冷却室冷凝成水，空气再由第二级射汽抽气器抽出。其工作过程与第一级完全一样，只是在第二级射汽抽气器的扩压管里，蒸汽和空气的混合气体压力升高到比大气压力略高一点，经过冷却器把蒸汽凝结成水，空气排到大气里。

30 射汽式抽气器有什么优、缺点?

答：射汽式抽气器的优点是：效率比较高，可以回收蒸汽的热量。

缺点是：制造较复杂、造价大，喷嘴容易堵塞。抽气器用的蒸汽，使用主蒸汽节流减压时损失比较大。

随着汽轮机蒸汽参数的提高，使得依靠新蒸汽节流来获得汽源的射汽式抽气器的系统显得复杂且不合理；大功率单元机组多采用滑参数启动，在机组启动之前亦不可能有足够汽源供给射汽式抽气器，所以抽汽式抽气器在大机组上应用较少。

31 启动抽气器主要有什么特点?

答：启动抽气器一般为单级射汽式抽气器。它的作用是在汽轮机启动之前建立启动真空，以缩短汽轮机启动时间。有时还用来抽出循环水泵内的空气以利于充水启动。

启动抽气器具有结构简单（无冷却器）、启动快、容量大等特点。但启动抽气器耗汽量大，形成真空较低，并且是排大气运行，蒸汽的热量全部损失，也无法回收洁净的凝结水。因此，启动抽气器只是在汽轮机启动时，用来抽出凝汽器中的空气。

32 离心真空泵有哪些优、缺点?

答：近年来的大型机组，其抽气器一般都采用离心真空泵。与射水抽气器比较，离心真空泵具有耗功低、耗水量少的优点，并且噪声也小。国产射水抽气器比耗功（即抽 1kg 空气在 1h 内所耗的功）高达 3.2(kW・h)/kg，而较先进的离心真空泵比耗功一般为 1.5～1.7(kW・h)/kg。

离心真空泵的缺点是：过载能力很差，当抽吸空气量太大时，真空泵的工作恶化，真空破坏。这对真空严密性较差的大机组来说是一个威胁。故可考虑采用离心真空泵与射水抽气器共用的办法，当机组启动时用射水抽气器，正常运行时用真空泵来维持凝汽器的真空。

33 多喷嘴长喉部射水抽气器的结构有什么特点?

答：多喷嘴长喉部射水抽气器与传统的射水抽气器相比，结构上有以下区别：

(1) 将单喷嘴改成七只（也有六只）喷嘴。

(2) 扩散管改为七根 ϕ108 的长喉部管子。

(3) 抽气器除空气入口逆止门外，均系焊接制作，制作比较方便。

34 多喷嘴射水抽气器有哪些优点?

答：多喷嘴射水抽气器的优点是：

(1) 采用多个喷嘴和长喉部结构，抽气器的效率比较高。

(2) 同样的抽空气能力需用的工作水量少，可配用较小的射水泵，消耗功率减少。

(3) 根据试验，比耗功减小到 1.65(kW・h)/kg，接近进口机组的水平。

(4) 消除了壳体的振动，减小了射水抽气器运行中的噪声。

35 射水抽气器的工作水供水有哪几种方式?

答：射水抽气器的工作供水有如下两种方式：

(1) 开式供水方式。工作水是用专用的射水泵从循环水入口管引出，经抽气器后排出的气、水混合物引入凝汽器循环水出口管中。

(2) 闭式循环供水方式。设有专门的工作水箱（射水箱），射水泵从进水箱吸入工作水，至抽气器工作后排到回水箱，回水箱与进水箱有连通管连接，因而水又回到进水箱。为防止水温升高过多，运行中连续加入冷水，并通过溢水口，排掉一部分温度高的水。

36 射水抽气器容易损坏的部位有哪些？

答：射水抽气器在运行中，进水管口处由于受工作水的冲刷，容易发生冲蚀损伤，工作水如含有泥沙，这种损伤将会加剧。在抽气器内部，因水已混入大量空气，常常引起腐蚀，尤其是在扩散管部分，腐蚀比较严重，检修时要注意检查。

37 射水抽气器的抽吸能力与工作水温之间有什么样的关系？

答：一般地说，工作水的温度愈低，射水抽气器能建立的真空愈高，即抽吸能力大；反之工作水温高，抽气器的抽吸能力就小。水的饱和温度同压力是一一对应的，根据水的温度可以查到抽气器能达到的最低抽吸压力。

考虑抽气管沿程的阻力，一般正常工作的抽气器，喷嘴后的压力必须低于汽轮机背压0.001MPa左右（如汽轮机背压为0.005MPa，抽气器空气吸入室的压力应低于0.0035MPa）。

汽轮机排汽背压随凝汽器冷却水进水温度变化而变化，抽气器必须达到的压力也跟着变化，所以实际上射水抽气器工作水温度没有一个确定的数值。

根据推算，射水抽气器工作水的温度低于当时汽轮机排汽饱和温度5～6℃，就不会因抽气器抽吸能力下降影响凝汽器真空。

38 水环式真空泵的工作原理是怎样的？

答：叶轮偏心地装在壳体上，随着叶轮的旋转，工作液体在壳体内形成运动着的水环，水环内表面也与叶轮偏心，由于在壳体的适当位置开设有吸气口和排气口，水环泵就完成了吸气、压缩和排气这三个相互连续的过程，从而实现抽送气体的目的。

在水环泵的工作过程中，工作介质在叶轮推动下增加运动速度（获得动能），并从叶轮中流出，同时从吸气口吸入气体；在压缩区内，工作介质速度下降，压力上升，同时向叶轮中心挤压，气体被压缩。在水环泵的整个工作过程中，工作介质接受来自叶轮的机械能，并将其转换为自身的动能，然后液体动能再转换为液体的压力能，并对气体进行压缩做功，从而将液体能量转换为气体的能量。

39 水环式真空泵泵组系统组成是怎样的？泵组工作流程是怎样的？

答：水环式真空泵泵组是由水环式真空泵、低速电动机、汽水分离器、工作水冷却器、气动控制系统、高低水位调节器、泵组内部有关连接管道、阀门及电气控制设备等组成。

泵组工作流程由凝汽器抽吸来的气体经气体吸入口、气动蝶阀、管道、进入真空泵，该泵由低速电动机通过联轴器驱动，由真空泵排出的气体经管道进入汽水分离器，分离后的气体经气体的排出口排向大气。分离出来的水与通过水位调节器的补充水一起进入冷却器。冷却后的工作水一路经孔板喷入真空泵进口，使即将抽入真空泵气体中的可凝部分凝结，提高了真空历史背景的抽吸能力；另一路直接进入泵体，维持真空泵的水环和降低水环的温度。

冷却器冷却水一般可直接取自凝汽器冷却进水，冷却器冷却水出水接入凝汽器冷却水出水。

40 循环水泵的作用是什么？

答：对于湿冷凝汽器机组来说，循环水泵的作用主要是用来向汽轮机的凝汽器提供冷却水，冷凝进入凝汽器内的汽轮机排汽。此外，它还向部分冷油器、发电机冷却器等提供冷却水。对于直接空冷凝汽器机组来说，循环水泵的作用主要是用来提供辅机冷却水。

41 循环水泵备用应具备哪些条件？

答：循环水泵备用应具备的条件是：出口门应在关闭位置，出口连锁应在投入位置，泵的操作连锁应在投入位置。

42 循环水泵的工作特点是什么？

答：循环水泵的工作特点是：具有大流量、低扬程的性能。

43 轴流泵的启动方式有哪几种？

答：轴流泵的启动可采用闭阀启动和开阀启动两种方式。

44 什么是轴流泵的闭阀启动？什么是它的开阀启动？

答：所谓闭阀启动是指主泵与出口阀门同时启动，即主泵启动的同时打开出口阀门。一般泵的出口阀门后存有压力水时的启动，采用闭阀启动。

所谓开阀启动是指主泵启动前，提前将出口阀门开启到一定位置，然后启动主泵并继续开启出口阀到全开，在泵出口管路系统没有水倒灌的情况下，可采用开阀启动。

45 什么是冷却塔？冷却塔的类型有哪些？

答：冷却塔是通过空气与水接触，进行热质传递，把水冷却的设备。

冷却塔可以按下列各种方式分类：

（1）按空气与水接触的方式可分为湿式、干式和干湿式。

（2）按通风方式可分为自然通风和机械通风。

（3）按淋水填料方式可分为点滴式、薄膜式、点滴薄膜式和喷水式。

（4）按水和空气的流动方向可分为逆流式和横流式。

46 自然通风冷却塔可分为哪两种形式？开放式冷却塔有哪些缺点？

答：自然通风冷却塔可分为开放式和风筒式两种。

开放式冷却塔的缺点是冷却效果差、淋水密度小、占地面积大。

47 简述风筒式冷却塔的优点。

答：风筒式冷却塔是依靠自然通风来达到冷却目的的，其优点是运行费用低、故障少、易于维护，且因风筒较高，在运行中飘滴和雾气团对周围环境的影响小。

48 什么是机械通风冷却塔？

答：机械通风冷却塔没有高大的风筒，塔内空气流动不是靠塔内外空气密度差产生的抽力，而是靠通风机形成的。机械通风冷却塔具有冷却效果好，运行稳定的特点。

49　冷却塔由哪些设备组成？

答：冷却塔是由淋水填料、配水系统、通风设备、通风筒、空气分配装置、除水器、塔体、集水池等设备组成。以上各部件的不同组合就可组成不同类型的冷却塔。

50　冷却塔配水系统有哪几种形式？

答：冷却塔配水系统的形式有旋转式配水系统、槽式配水系统、管式配水系统和池式配水系统。

51　简述带蒸发冷却器的闭式循环冷却水系统的工作原理。

答：带蒸发冷却器的闭式循环冷却系统是将水冷与空冷，传热与传质过程融为一体且兼有两者之长的高效冷却设备，其工作原理是冷却介质通过蒸发冷却器把热量传给塔内管束外壁的水膜，水膜迅速蒸发带走热量，蒸发后的湿空气由蒸发冷却器上方的风机抽走，并从蒸发冷却器下部的百叶窗再进来新的冷空气，如此循环冷却。

该冷却方式与换热器＋循环泵＋冷却塔的闭式循环供水系统比较，具有占地面积小，一次投资省，安装维护方便，运行成本低，运行灵活，冬季运行可关闭喷淋系统或少开风机等且操作稳定等优点。

52　闭式循环冷却水膨胀水箱的作用是什么？

答：闭式循环冷却水膨胀水箱的作用是为闭式循环水泵提供压头；此外，在闭式水量变化时起调节和缓冲的作用，以满足闭式水量的波动。

53　什么是发电厂供水系统？

答：由水源、取水设备、供水设备和管道组成的系统叫作发电厂的供水系统。

54　发电厂供水系统分哪几种形式？

答：发电厂供水系统分两种形式：直流供水系统和循环（开式或闭式）供水系统。

55　什么是循环供水系统？

答：冷却水经凝汽器吸热后进入冷却设备冷却，被冷却的水由循环水泵再送入凝汽器，如此反复循环使用，此系统称为循环供水系统，也叫闭式供水系统。

56　直流供水系统可分为哪几种供水系统？

答：直流供水系统可分为岸边水泵房直流供水系统、中继泵直流供水系统、水泵置于机房内的直流供水系统。

57　循环供水系统根据冷却设备的不同可分为哪几种供水系统？

答：循环供水系统根据冷却设备的不同可分为冷却水池循环供水系统、喷水池循环供水系统和冷却塔循环供水系统。

58 电厂辅汽联箱的作用是什么？它的用户有哪些？

答：辅汽系统的作用是保证机组各运行工况下，为各用户提供合格的蒸汽。现一般机组有高、低压两级辅汽联箱，高、低压辅汽联箱通过减温减压器相连，实现机组各参数用汽的分配。

机组高压辅汽用户有：除氧器、本机低压辅汽联箱、锅炉空预器吹灰、磨煤机灭火用汽、锅炉燃油蒸汽吹扫、汽轮机预暖用汽、轴封蒸汽管道供汽、相邻机组高压辅汽联箱供汽，汽动给水泵用汽以及其他用汽等。

低压辅汽用户有：一次风和二次风暖风器用汽、厂内采暖用汽、生水加热器、生活热水加热器、相邻机组低压辅汽联箱供汽等。

59 简述火力发电厂闭式冷却水的作用及其组成。它的用户一般有哪些？

答：闭式水即封闭式冷却水，用做工质和冷却辅机的，该冷却水在一个封闭系统内循环，一般由开式水通过水一水交换器对其进行冷却。

该系统采用除盐水作为补充水源，除盐水硬度为0，含盐量小于10ppm，悬浮物含量小于30mg/L。每台机组配置一个闭式水膨胀水箱，其底部管道与闭式水回水管道相连，其作用是稳定闭式循环冷却水的压力及吸收闭式水系统的热膨胀，同时接受系统的补水和上水。每台机组分别配有2台100%容量的闭式循环冷却水泵和2台闭式水换热器；正常运行时，两台闭式水泵一运一备。一旦闭式水中断，通过高位膨胀水箱对主机冷油器、取样冷却器、仪用空压机的冷却器等提供短时的事故冷却水，以保证机组安全停运。

机炉房内闭式水系统的主要用户：发电机氢气干燥器、发电机定子冷却器、发电机氢气冷却器、化学取样冷却器、水环真空泵冷却器、电动给水泵润滑油冷油器、汽动给水泵润滑油及轴封冷却室、机械密封冷却水、主油箱润滑油冷油器、凝结水泵轴承和电动机以及轴承冷却水等；锅炉侧：磨煤机润滑油站冷油器、一次风机电动机油站和液压润滑油站冷油器、送风机液压油站冷油器、引风机润滑油站冷油器等。

60 简述火力发电厂开式冷却水的作用及其组成。

答：开式冷却水系统，指用于主厂房内闭式冷却水系统的外部冷却水系统。开式冷却水系统必须根据闭式冷却水的流量和运行温度，提供容量匹配的水—水热交换器及温度、压力、流量合适的外部循环冷却水。一般来说，开式水系统配备开式循环水泵、逆流式机械通风湿式冷却塔、循环水管道、主循环水回水沟等。

开式循环水泵的功能是将机力塔冷却后的水升压后，送至闭式换热器冷却闭式循环水。开式循环水冷却设备采用逆流式机械通风冷却塔，冷却塔采用组合型，共设若干个单元。

冷却塔风机采用轴流风机，配套电动机为变频电机。风机具有低速反转功能，以利用塔内热空气，消除进风口处的冰幕。

61 为什么设生水加热系统？

答：经过原水预处理系统，主要去除水中的大部分的暂时硬度和悬浮物，部分永久硬度，对于其他离子没有去除。为了提高原水处理效率，需要提高原水温度至25℃左右，因此设置生水加热器系统。

生水加热器的加热热源来自低压辅助蒸汽和热网蒸汽，疏水回收至相应机组疏水扩容器。

62 电动滤水器的工作原理是什么？

答：电动滤水器均采用全自动操作方式，在滤水器运行中，当滤网结污垢，滤网压差升高至设定值时，能自动开启反冲洗机构及各排污阀，对滤网进行反冲洗，直至滤网压差降低到设定值以下，自动关闭反冲洗机构及各排污阀。所有滤网均设有前后压差测量装置。差压值一般控制在250～500mmH_2O范围内；最大差压达到500mmH_2O时，能自动开启反冲洗机构及各排污阀，滤网自动进行反冲洗；当压差回到250mmH_2O时，自动关闭反冲洗机构及各排污阀，自动停止反冲洗。同时还有力矩保护、自动反转等功能。

电动滤水器设有若干个单元，每次反冲洗时间3～5min，且一次清洗带走的水量小于相应时间内额定流量的4%。电动滤网除差压控制外，还可以时间控制，在规定时间内，无论差压是否达到某一定值，均自动清洗一次。反冲洗时间间隔可在1～99h内根据需要设定。

63 简述电厂压缩空气的作用及其工艺流程。

答：火力发电厂一般有两个压缩空气系统，一个提供压缩空气给除灰输送、布袋除尘反吹、脱硫石灰石粉气力输送、化学专业等厂用空气等用，对于压缩空气质量和露点温度要求比较低。还有一个为气动自动化控制设备提供气源，如气动执行机构、气动门和仪表等，对于压缩空气质量和露点温度要求比较高。也有电厂采用一套空气压缩系统，但是对仪表控制等用压缩空气进行除油处理后再送出。

压缩空气的一般工艺流程为：空气→螺杆空压机→油水过滤器→油雾过滤器→组合式干燥机→微油雾过滤器→压缩空气储罐→供各用户使用。

64 发电厂水汽监督的目的是什么？

答：水汽监督的目的是通过化学分析的方法，分析机组水汽中各种组分的含量，并利用加药等手段调节各成分在一定的范围内，以防止热力系统发生结垢、腐蚀和积盐，从而保证设备的安全、经济、稳定运行。

65 发电厂水汽监督的主要任务和监督范围是什么？

答：(1) 监测、分析下列的各种指标：闭式冷却水、暖风器疏水、低压加热器疏水、高压加热器疏水、辅助蒸汽、再热蒸汽出口、再热蒸汽入口、主蒸汽、省煤器入口、除氧器入口、凝结水泵出口、发电机内冷水等。

(2) 进行给水的加药调整工作，使加药量和汽水品质维持在合格的范围内。

(3) 进行在线化学仪表的调整、检查、投运和停止。

(4) 要确保化验监督的准确性，发现异常，应及时进行分析，查明原因，并和有关专业密切协调，使水汽品质调整控制在合格范围内。

66 火力发电厂的加药方式有哪些？

答：一般火力发电厂机组，给水、凝结水采用加氨和加氧处理方式；闭式冷却水采用加氨处理方式；机组启动时的给水加联氨方式。加药系统根据流量和水汽取样系统的分析信号自动加药，加药系统监视和控制在 DCS 中完成。该系统具有机组启动和停机保护情况下的临时加药功能。

（1）给水和凝结水加氨采用自动加药方式，给水加氨根据给水流量和水汽取样系统、省煤器入口的氢电导率或 pH 信号，自动控制加药量；凝结水加氨根据凝结水流量信号和凝结水精处理系统出口母管氢电导率信号或凝结水精处理系统出口母管 pH 信号自动控制加药量。闭式冷却水加氨量及加药间隔视水质情况而定。

（2）给水和凝结水加氧采用自动和手动切换加药方式，给水加氧根据省煤器进口的氧含量及给水流量信号进行自动控制；凝结水加氧根据除氧器出口的氧含量及凝结水流量信号进行自动控制，当给水水质不满足要求或凝结水投运不正常时，加氧装置能接受相关信号，自动切断加氧阀门，强制停止加氧操作并发出报警信号。

（3）给水系统加联氨加药量及加药间隔视水质情况而定。

67 水汽质量劣化时的三级处理是指什么？

答：一级处理：有发生腐蚀、结垢、积盐的可能性，应在 72h 内恢复至相应的标准值。

二级处理：正在发生腐蚀、结垢、积盐，应在 24h 内恢复至相应的标准值。

三级处理：正在发生快速腐蚀、结垢、积盐，4h 内水质不好转，应停炉。

在异常处理的每一级中，在规定的时间内不能恢复正常时，应采取更高一级的处理方法。

68 简述油净化装置的结构及作用。

答：聚结脱水专用滤油机包括：脱水系统、三级杂质过滤系统、全自动水位控制及排水系统、压力保护系统、油循环系统、故障报警系统、无渗漏密封系统。

脱水系统由聚结脱水系统和分离脱水系统组成：聚结脱水系统通过聚结滤芯将油中的细小水滴和乳化油中的水，聚结成为大水滴，一部分水滴将挣脱油流作用力沉降下来，另一部分再进入分离脱水系统；分离脱水系统通过分离滤芯的特殊涂层的作用，油中的水不能通过涂层而油能够顺利通过，从而将聚结后的油中水分离出来，达到脱水目的。杂质过滤系统分三级过滤：一级粗过滤、二级保护过滤、三级精密过滤。

69 经油净化装置净化处理后的润滑油应达到的品质指标是什么？

答：应达到的品质指标是：

（1）油颗粒度：≤NAS6 级。

（2）油质水分：含水量低于 0.01%或≤100ppm。

（3）油质外观：透明。

（4）运动黏度：≤46cst（40℃）。

（5）闪点：≥180℃。

（6）机械杂质：符合 NAS 1638 4 级。

（7）酸值：≤0.1mgKOH/g（加防锈剂油）。

（8）滤网出口要求：无自由水分，颗粒度≤2μm。

（9）分离机出口：无自由水分，颗粒度≤5μm（油温≤65℃）。

70 什么是旁路系统？

答：所谓旁路系统是指锅炉产生的蒸汽部分或全部绕过汽轮机或再热器，通过减温减压设备（旁路阀）直接排入凝汽器的系统。

71 旁路系统起哪些作用？

答：旁路系统的作用是：

（1）保证锅炉最小负荷的蒸发量。机组启停和甩负荷时，由于汽轮机耗汽量只是额定耗汽量的5%～8%，而锅炉满足水动力循环可靠性及燃烧稳定性要求的最低负荷是保护再热器。在汽轮机启动和甩负荷时，经旁路系统把新蒸汽减温减压后送入再热器，一般为额定蒸发量的40%左右，旁路系统可使锅炉和汽轮机独立运行。

（2）防止再热器干烧，保护再热器。

（3）加快启动速度，改善启动条件。通过旁路系统可在汽轮机冲转前使主蒸汽和再热蒸汽参数达到一个预定的水平，以满足各种启动方式的需要。在汽轮机不同状态的启动过程中，旁路系统可调节汽轮机进汽参数，以适应汽轮机的需要。

（4）锅炉安全阀的作用。机组甩负荷或锅炉超压时，旁路迅速打开，排出锅炉内蒸汽，防止再热器超压。

（5）回收工质和部分热量，减小排汽噪声。

（6）保证蒸汽品质。在汽轮机冲转前建立一个汽水循环清洗系统，待蒸汽品质合格后，方可进入汽轮机，以免汽轮机受到损害。

72 再热机组的旁路系统有哪几种形式？

答：再热机组的旁路系统，归纳起来有以下几种：

（1）两级串联旁路系统。由锅炉来的新蒸汽经Ⅰ级旁路（高压旁路）经减温减压后进入锅炉再热器，被加热的再热蒸汽经Ⅱ级旁路（低压旁路）减温减压后排入凝汽器。

（2）一级大旁路系统。由锅炉来的新蒸汽经过大旁路减温减压后直接排入凝汽器。

（3）三级旁路系统。由两级串联旁路和一级大旁路系统或者两级并联旁路和Ⅱ级旁路系统合并组成。

（4）两级并联旁路系统。Ⅰ级旁路将新蒸汽减温减压后排入再热器冷段。大旁路将锅炉的新蒸汽经减温减压后直接排入凝汽器。

73 高压旁路的布置有哪些原则？

答：高压旁路的布置原则是：

（1）高压旁路的接口应尽量接近汽轮机主汽阀，并且布置在主蒸汽管道的低点。在汽机房位置不允许时，接口也可以布置在炉侧，但汽轮机主汽阀前需要另设疏水、暖管系统。

（2）高压旁路系统管道应尽可能短，同时应考虑到热膨胀，并且没有垂直的U形管等积水区。

（3）旁路减压阀离主蒸汽管引出点大于2.5m时，应设置专用管道来进行加热，以达到旁路系统热备用状态的目的。

（4）旁路减压阀保证严密的条件下，其前面可不设置隔离阀。旁路减压阀应立式布置，以便检修。旁路减压阀不得作为受力支点。

74 低压旁路的布置有哪些原则？

答：低压旁路的布置原则是：

（1）低压旁路的接口应尽量接近汽轮机中压主汽阀，以便机组启动时再热蒸汽管道的暖管与疏水。

（2）低压旁路减压阀应尽量靠近凝汽器，以便缩短减压后蒸汽管道。因为该管道蒸汽流速很高，过长易发生振动。

（3）低压旁路系统管道应尽可能短，同时应考虑到热膨胀，并且没有垂直的U形管等积水区。

（4）旁路减压阀应立式布置，位置不允许时也可水平布置。

75 什么是旁路系统的容量？

答：旁路系统的容量是指额定参数时旁路系统的通流量与锅炉额定蒸发量的比值。

76 高压旁路系统由哪些控制系统组成？

答：高压旁路系统由以下控制系统组成：

（1）安全系统。此安全控制装置接受三条线路来的信号，三条信号通道“释放-脱扣”是安全控制装置的基本原理，阀门的开启不需要辅助能源，即阀门中蒸汽压力的作用使阀门开启，三条信号通道互不干扰，每条通道的信号作用，都可使高旁阀开启。

（2）调节系统。其调整溢流作用靠伺服操作阀实现，可接受手动操作信号、自动调节信号和压力变送器模拟量信号，控制高压旁路阀的开启和关闭，使高压旁路阀保持在一适当位置，以满足机组启动和正常运行要求。

77 低压旁路系统由哪些控制系统组成？

答：低压旁路阀控制系统由安全控制系统和调节控制系统组成。

（1）安全控制用作在凝汽器故障不允许排汽进入时，快速关闭低压旁路阀。

（2）调节控制用作调整低压旁路开度，它通过感受手动和自动调节信号进行阀位调节。自动调节是为匹配主蒸汽和再热蒸汽压力设置的。再热压力设定值 $p=kp_c$。k 为系数，p_c 为调节级压力。再热压力高于设定值时低压旁路自动打开，根据其压差大小而定开度，再热压力恢复后，低压旁路自动关闭。若再热压力升压率大于规定值，低压旁路也自动打开，升压率恢复后其自动关闭。

78 减温装置的作用是什么？

答：高压旁路系统减温装置与高压旁路阀置于同一壳体中，水源来自主给水，运行中它感受高压旁路出口汽温来调节喷水量，保证旁路排汽温度在正常范围。

低压旁路系统减温装置设置在低压旁路阀后，减温水来自主凝结水，它使排入凝汽器的蒸汽温度不超过105℃。

79 高压旁路阀在投入自动状态时具有什么主要功能？

答：高压旁路阀在投入自动状态时，具有如下调节保护功能：

（1）主蒸汽压力超过极限值时，高压旁路阀快速开启，防止锅炉超压。

（2）主蒸汽压力增长速率开启。当压力增长速率超过第一值时，高压旁路阀调节开启，超过第二值时快速开启，保证主蒸汽压力变化平稳。

（3）在锅炉启动过程中能实现“阀位控制”“定压控制”“压力控制”“滑压控制”四种控制方式，以满足机组各种启动工况的要求。

（4）高压旁路阀出口蒸汽温度大于某一温度值时，高压旁路喷水阀自动打开，投入自动调节。

（5）接到汽轮机甩负荷信号后，高压旁路迅速开启。

80 低压旁路自动投入有哪些功能？

答：低压旁路最终是将蒸汽排入凝汽器，但当凝汽器发生故障时，必须立即切断向凝汽器的排汽，因而低压旁路须有以下功能：

（1）根据汽轮机调节级压力，来维持再热蒸汽压力与机组负荷匹配。

（2）再热压力升压率超过规定值时，调节开启低压旁路阀，维持再热压力平稳上升。

（3）凝汽器故障（真空低、水位高）时，快速关闭低压旁路，保护凝汽器。

（4）低压旁路阀出口压力和温度超过规定值，快速关闭低压旁路阀。

81 高压旁路在何种情况下实现快关功能？

答：为对再热器进行保护，高压旁路设置了快关功能，当出现下列情况之一时，高压旁路快速关闭：

（1）高旁后出口温度高。

（2）再热冷段压力高。

（3）锅炉 MFT 动作。

（4）高旁喷水压力低。

（5）低旁快关。

（6）手动快关。

82 低压旁路在何种情况下实现快关功能？

答：为对凝汽器进行保护，低压旁路设置了快关功能，当出现下列情况之一时，低压旁路快速关闭，如果低压旁路没有投入时，也不能打开：

（1）凝汽器真空过低（低Ⅱ值）。

（2）凝汽器水位高Ⅲ值。

（3）低压旁路出口压力高。

（4）低压旁路喷水压力低。

（5）低压旁路出口温度高。

（6）按下“低压旁路快关按钮”。

83 高压旁路阀误开如何处理？

答：高压旁路阀误开的处理为：

（1）注意低压旁路联动开启，注意凝汽器真空、轴向位移正常。

(2) 将高压旁路自动切为手动状态关闭。注意低压旁路联关，加强对轴向位移、推力瓦温的监视、调整。

(3) 严密监视主蒸汽温度和防止汽水分离器（汽包）水位剧降。

(4) 如果高压旁路阀关不回时，应检查喷水阀开启，否则手动开启，防止再热冷段超温。及时汇报，联系处理。

84 旁路系统投入前的检查项目有哪些?

答：旁路系统投入前检查项目有：

(1) 检查高、低压旁路均在关闭位置。

(2) 检查主机真空系统、凝结水系统、给水系统运行正常。

(3) 检查排汽装置疏水扩容器及三级减温减压器减温水开启。

85 旁路系统投入的步骤有哪些?

答：旁路系统投入步骤：

(1) 高旁在锅炉点火后开至10%，维持阀门开度升压，当主蒸汽压力达到1.0MPa时开至30%。

(2) 调整高旁开度维持主蒸汽压力至汽轮机冲转压力，冲转前高旁开度至60%左右。

(3) 高压旁路后的温度可人为设定。

(4) 低压旁路一般是在再热蒸汽压力达0.2MPa时开启，冬季为满足空冷防冻，低旁可在再热蒸汽压力达1MPa时开启。

(5) 调整低旁开度维持再热蒸汽压力0.8～1.2MPa（中压缸启动），冲转前低旁开度不低于50%。

86 什么是盘车装置?

答：在汽轮机启动冲转前和停机后，使转子以一定的转速连续地转动，以保证转子均匀受热和冷却的装置称为盘车装置。

87 汽轮机的盘车装置有何作用?

答：盘车装置的作用为：

(1) 在汽轮机启动冲转前，由于轴封供汽大部分漏入汽缸，造成上、下缸温差，若转子静止不动，就会产生弯曲变形，因此需要盘车，使转子受热均匀。

(2) 汽轮机停机后，汽缸和转子的下部冷却较上部快，使上、下缸产生温差，为避免转子发生变形，所以在停机后也需要盘车。

(3) 热态启动时可以提前向轴封送汽，抽真空。

(4) 连续盘车可以使轴承建立油膜，防止轴颈与轴瓦干摩擦。

(5) 盘车时可以减少冲转时的力矩。

88 盘车装置设置的要求是什么?

答：对盘车装置的要求是：它既能盘动转子，又能在汽轮机转子转速高于盘车转速时自动脱开，并使盘车装置停止转动。大、中型机组一般都采用电动盘车装置，它基本上可以自动投入和切除。常见的电动盘车装置有螺旋轴式和摆动齿轮式两种。

89 采用高速盘车有什么优、缺点?

答：采用高速盘车的优缺点是：高速盘车虽消耗功率较大，但盘车时较容易形成轴承油膜，并且在消除热变形及冷却轴承等方面均比低速盘车好。

90 为什么发电机要装设冷却设备?

答：由于发电机运行时，存在着导线和铁芯的发热损耗、转子转动时的鼓风损耗、励磁损耗和轴承摩擦损耗等能量损耗。这些损耗最终都转化为热能，使发电机的静子和转子等部件发热，如不及时把这些热量排走，将会使发电机绝缘材料因超温而老化和损坏。为保证发电机在允许温度内正常运行，必须设置发电机的冷却设备。

91 目前大型汽轮发电机组多采用什么冷却方式?

答：目前大型汽轮发电机组多采用水、水、空冷却系统（双水内冷）和水、氢、氢冷却系统。其中水、氢、氢冷却发电机的冷却设备包括三个支系统：即氢气控制系统、密封供油系统和氢冷发电机冷却水系统。而水、水、空冷却水系统仅需闭式循环冷却水系统。

(1) 按冷却方式分：外冷式（表面冷却式）发电机和内冷式（直接冷却式）发电机。

(2) 按冷却介质分：空气冷却发电机、氢气冷却发电机、水冷却发电机。

(3) 按冷却介质和冷却方式不同组合分：

1) 水氢氢发电机。

2) 水水空发电机（定子、转子绕组水内冷，铁芯空冷）。

3) 水水氢发电机（定子、转子绕组水内冷，铁芯氢冷）。

92 氢气控制系统一般由哪些设备组成?

答：氢气控制系统主要由气体控制站、氢气干燥器、液位信号器、仪表盘、抽真空管路及定子水系统连接管路组成。

93 氢气干燥器的作用是什么?

答：氢气干燥器的作用是用来干燥发电机内的氢气，它利用发电机风扇的压头，使部分氢气通过干燥器进行干燥。

94 氢气置换有哪几种方法?

答：氢气的置换通常采用两种方法，即中间介质置换法和抽真空置换法。

95 中间介质置换法的过程及注意事项是什么?

答：中间介质置换法是先将中间气体 CO_2（或 N_2）从发电机壳下部管路引入，以排除机壳及气体管道内的空气，当机壳内 CO_2 含量达到规定要求时，即可充入氢气排出中间气体，最后置换成氢气。排氢过程与上述充氢过程相似。

注意事项是：

(1) 密封油系统必须保证供油的可靠性，且油—气差压维持在 0.056MPa 左右。

（2）置换过程中气体的充入和排放顺序及使用管路要正确。

（3）气体置换之前，应对气体置换盘中的分析仪表进行校验，仪表指示的二氧化碳和氢气纯度值应与化验结果相对照，误差不超过1%。

（4）气体置换期间，系统装设的氢气湿度仪必须切除，因为该仪器的传感器不能接触CO_2气体，否则传感器将“中毒”，导致不能正常工作。

96 抽真空置换法的过程及注意事项是什么？

答：抽真空置换法应在发电机静止停运的条件下进行。首先将机内空气抽出，当机内真空度达到90%～95%时，可以开始充入氢气。然后取样分析，当氢气纯度不合格时，可以再抽真空，再充氢气，直到纯度合格为止。

采用抽真空法时，应特别注意密封油压的调整，防止发电机进油。

97 在气体置换中，采用二氧化碳作为中间介质有什么好处？

答：因为二氧化碳气体制取方便，成本低，它与空气或氢气混合时，不会产生爆炸。二氧化碳气体的传热系数是空气的1.321倍，在置换过程中，冷却效果并不比空气差。另外，用二氧化碳气体作为中间介质还利于防火。

98 发电机运行中对氢气的质量有什么要求？

答：发电机运行中对氢气质量的要求是：氢气纯度，＞96%；含氧量，＜2%；湿度，＜$5g/m^3$。

99 什么是定子冷却水系统？

答：氢冷发电机的冷却水系统主要是用来向发电机的定子线圈和引出线不间断地供水。此系统常简称为定子冷却水系统。

100 定子冷却水系统的工作要求及组成是什么？

答：定子冷却水系统必须具有很高的工作可靠性，能确保长期稳定运行。冷却水不仅不能含有机械杂质，而且对其电导率及硬度等都有严格要求，一般要求电导率不大于$2\mu S/cm$；pH值7～8，硬度不大于$2\mu g/L$，水中含氧量尽可能少。否则将会影响发电机的安全运行。

发电机定子冷却水系统由定子水箱、定子水冷却泵、冷却器、滤网、离子交换器、电导率计等组成。

101 为什么在定子水箱上部要充有一定压力的氢气（或氮气）？

答：为有效的防止空气漏入水中，在水箱上部空间充以一定压力的氢气。水箱上部充氢压力值通过一台减压器得以保证。排除水箱中水位、温度（包括环境温度）对水箱内气压的影响后，如果这一压力出现持续上升的趋势，则说明有漏氢现象。首先要检查补氢阀门（旁路）有无泄漏或减压器失调等情况。其次检查定子线圈或引线是否有破损，氢气是否从破损处漏入了水中。切断补氢管路的气源，观察压力变化情况，便可判断氢气泄漏至水箱的原因。

102 定子冷却水系统启动前进行哪些工作？

答：系统在启动前，必须进行冲洗。对于检修后的机组，首先应打开水箱人孔门进行检查，确定水箱内没有机械杂物及其他脏污时，方可按下述步骤进行冲洗：

（1）水箱冲洗。开启水箱补水旁路门向水箱加水，然后开启水箱放水门，冲洗水箱。合格后向水箱加水，同时投入水箱自动补水门，并经试验确定其补水功能正常。

（2）水系统冲洗。水系统冲洗前，必须先将发电机的定子冷却水进水门关闭严密，然后开启定子泵进水门，启动水泵，向系统充水，检查管道有无泄漏，并注意水箱水位。此后开启定子进水门前放水门，进行放水冲洗。如发电机引出母线为水冷导线，此时也可进行冲洗。冲洗半小时后即可化验水箱及定子和转子进水门前放水门处的水质，必要时可拆开水冷却器出口滤网，清除滤网上的脏物。当水质合格后关闭各放水门，即可向发电机定子通水循环。

103 什么是“双水内冷”发电机？

答：水-水-空冷却的汽轮发电机是指发电机的定子线圈和转子线圈都是用水冷却，定子铁芯用空气冷却，这种类型的汽轮发电机在我国也常简称为“双水内冷”发电机。实际上“双水内冷”汽轮发电机除了水-水-空冷却方式外，还应有水-水-氢冷却方式。

104 双水内冷发电机的工作过程是什么？

答：水、水、空冷却的汽轮发电机的工作过程是：冷却水经安装在轴末端的同轴水泵升压后，供给定子线圈、引出线和转子线圈进行冷却。其中定子线圈、引线冷却后的水回到储水器中，转子冷却后的水经进、出水结构回到储水器，然后循环使用。安装在该系统中的离子交换器用来对循环水进行再生净化。静止时水泵是用来在启动过程中对系统进行通水以润滑或冷却转子进出水部件的。

105 双水内冷发电机在盘车状态下为什么要保持供水？

答：如果汽轮发电机组在连续盘车时，不能保持供水，就将使进水密封支座的垫料磨损，导致机组下次启动时漏水，甚至会有磨碎的垫料进入发电机转子线圈中去，堵塞发电机转子线圈的水管，发生断水事故。

106 双水内冷发电机在启动过程，定、转子冷却水应注意哪几点？

答：双水内冷发电机在启动过程中应注意以下几点：

（1）在冲转和升速过程中，转子进水压力会随流量增大而逐渐降低，因此升速时需随时予以调整。保持转子水压及通水流量在设计值。

（2）机组升速时，应特别注意转子进水密封支座的工作情况（无过热或大量漏水现象），并随时调整进水密封垫料压盖松紧程度。对于转子低转速时转轴进出水处可能出现的渗漏现象，若不严重可不做处理，因转速升高后，其渗漏会随离心力加大而减小，但升速时应加强对该部位的监视。

107 电液调节（DEH）系统的特点是什么？

答：电液调节系统的特点是：

(1) 大范围测速。

(2) 灵敏度高，过渡品质好。

(3) 静态、动态特性良好。

(4) 综合信号能力强。

(5) 便于集中控制。

(6) 能够实现不同的运行方式。

108 DEH系统有哪些功能？

答：DEH 系统具有的功能为：

(1) 汽轮机自动调节功能。

(2) 汽轮机启、停和运行监控系统的功能。

(3) 汽轮机超速保护功能。

(4) 汽轮机自动（ATC）功能。

(5) 自同期并网功能。

109 DEH调节系统有哪些自动调节功能？

答：DEH 系统主要有以下自动调节功能：

(1) 可根据电网要求，选择调频运行方式和基本负荷运行方式。

(2) 可由运行人员调整或设置负荷的上下限、升降率。

(3) 系统采用串级的 PI 调节运行方式，在负荷大于 10%以后，也可由运行人员选择是否采用第一冲动级汽室压力和发电机功率反馈回路。

(4) 可供选择定压运行方式和滑压运行方式，当定压运行时，系统有阀门控制功能，以保证汽轮机能获得最大功率。

(5) 根据需要选择炉跟机、机跟炉或协调控制方式，当机组参与协调控制时，可由电厂调度或运行人员发出操作指令，自动地控制汽轮发电机组的出力。

110 DEH系统在汽轮机启、停和运行监控中有哪些功能？

答：DEH 监控系统在启、停和运行中对机组和 DEH 装置两部分进行监控，其内容包括操作状态按钮指示、状态指示和 CRT 画面，其中 DEH 监控的内容包括重要通道、电源、内部程序运行的工作情况等。CRT 画面包括机组和系统的重要参数、运行曲线、潮流趋势和故障显示等。

111 DEH系统在汽轮机超速保护方面有哪些功能？

答：DEH 系统在汽轮机超速保护方面具有的功能为：

(1) 甩全负荷超速保护。机组运行时，如发生油开关跳闸，系统检测到这种情况后，将迅速关闭调节汽门，以免大量蒸汽进入汽轮机而引起超速事故。延迟一段时间后，如不出现升速，再开调节汽门使机组维持额定转速空负荷运行，这样做的目的是减少机组再次启动的损失，使机组能迅速重新并网。

(2) 甩负荷保护。当电网发生瞬间短路故障，引起发电机功率突降时，为维持电网的稳定性，保护系统迅速将中压调节汽门关闭，然后再行开启，以维持机组的正常运行。

（3）超速保护。该保护有103%和110%两种。103%超速保护是指汽轮机转速超过3090r/min时，迅速将高压缸和中压缸调节汽门同时关闭；110%超速保护是指汽轮机转速超过3300r/min时，将所有的主汽门、调节汽门同时关闭，进行紧急停机避免事故的发生。与此同时，旁路门也协同动作，以保证再热器的冷却和减少机组的工质损失。

除此之外，DEH的保护系统还能在运行中定期进行103%超速试验、110%超速试验、紧急停机电磁阀试验，以保证系统能始终保持良好的备用状态。

112 DEH系统有哪些自动（ATC）功能？

答：DEH系统的自动（ATC）包括自启动ATC和带负荷ATC。它由若干个子程序组成，能完成汽轮机各种启动状态的全程自动启动过程，包括冲转前检查、冲转、暖机、定速、并网接带负荷以及启动过程中辅助设备的投入，直至额定负荷工况的全过程。

113 汽轮机调速系统由哪几个机构组成？各机构有何作用？

答：汽轮机调速系统一般由转速感受机构、传动放大机构、反馈机构及执行机构等组成。

转速感受机构的作用是感受汽轮机转速的变化，并将其转变成位移、油压或电压信号，然后传递给传动放大机构。

传动放大机构的作用是接收转速感受机构输出信号，并将其进行能量放大后再传递给执行机构。

反馈机构的作用是保持调节的稳定，所谓反馈就是某一个机构的输出信号对输入信号进行反向调节，使其调节过程稳定。

执行机构的作用是接收传动放大机构的输出信号，改变汽轮机的进汽量。

114 调节汽门有哪几种形式？

答：调节汽门的形式有以下几种：

（1）普通单座阀。根据阀芯的形状分为球形阀和锥形阀。球形阀在开启后，通过阀门的蒸汽流量与流通截面积成正比增加，当升程增加到流通面积正好等于阀座的喉部面积时，再继续升高升程，流量也不再增加了。根据计算，球形阀的升程达到喉部直径的1/4左右时，继续提高升程，流量几乎不再增加。锥形阀在开启的初期，通流面积增加缓慢，蒸汽流量也增加缓慢，当节流锥体脱离门座后，通流面积才有较快增长，其流量特性在起始阶段有一平缓段。由于有此特性，故被广泛用作喷嘴调节中的第一个调节汽门，以提高机组空负荷运行时的稳定性。

（2）带预启阀的调节汽门。阀门开启时，首先提升预启阀，蒸汽自预启阀进入汽轮机。当预启阀开启到一定程度后，主阀开始开启，由于主阀前后压差减少，故所需的提升力较小。

115 自动主汽门的作用及其要求是什么？

答：自动主汽门的作用是在汽轮机的保护装置动作后，迅速切断汽轮机的进汽而停机。

自动主汽门的要求是：应动作迅速，关闭严密，在正常运行的进汽参数下，从汽轮机保护装置动作到主汽门全关的时间，通常要求不大于0.5s，关闭后汽轮机转速应该能降至1000r/min以下。

第三章

锅炉设备系统

第一节 锅炉本体及制粉系统

1 锅炉本体由哪些主要设备组成?

答：锅炉本体包括“炉”和“锅”两部分。炉是锅炉的燃烧系统，它的主要任务是使燃料在炉内进行良好的燃烧。它由炉膛、燃烧器、空气预热器、烟道等组成。锅是锅炉的汽水系统，它的任务是吸收烟气的热量，将水加热成规定压力和温度的过热蒸汽。对自然循环锅炉，锅主要包括汽包、下降管、水冷壁、过热器、再热器、省煤器、联箱等。

2 锅炉的辅助设备由哪些设备组成?

答：锅炉的辅助设备有制粉设备、通风设备、给水设备、除尘设备、除灰设备、脱硫设备、燃运设备、水处理设备及一些锅炉附件。

3 锅炉的作用是什么?

答：锅炉的作用是使燃料燃烧放热，并将水加热成具有一定温度和压力的过热蒸汽。

4 电厂锅炉的组成是怎样的?

答：现代电厂锅炉是一个结构复杂、具有较高技术水平的承压设备。它生产具有一定温度、压力的蒸汽，在工作中需要不断地供水、送风、输入燃料，组织好燃烧，并不断地将燃烧产生的烟气、灰渣引出、排走，工作情况十分复杂，需要许多的辅助设备协同工作。所以，锅炉是锅炉机组的简称，由锅炉本体和辅助设备组成。

5 锅炉是怎样进行分类的?

答：按燃烧方式分：室燃炉、旋风炉、流化床炉、层燃炉。

按燃用燃料分：燃煤炉、燃油炉、燃气炉。

按工质流动特性分：自然循环锅炉、强迫流动锅炉（直流锅炉、控制循环锅炉、复合循环锅炉）。

按锅炉蒸汽压力分：低压锅炉、中压锅炉、高压锅炉、超高压锅炉、亚临界压力锅炉、超临界锅炉。

按燃煤锅炉排渣方式分：固态排渣炉、液态排渣炉。

按锅炉容量 MCR（最大连续蒸发量）分：小型锅炉（MCR＜220t/h），中型锅炉（MCR 在 220～410t/h 之间），大型锅炉（MCR≥670t/h）。

6 锅炉的特性参数有哪些？

答：锅炉容量、锅炉蒸汽参数、锅炉效率。

7 什么是锅炉的容量？

答：锅炉的容量是指锅炉单位时间内产生的蒸汽量，表征锅炉生产能力的指标，又称出力。锅炉在设计运行条件下的最大连续蒸发量（MCR），叫作锅炉容量，用 D（引进型机组用 B—MCR）表示，单位是 t/h。锅炉容量 D（B—MCR）一般为汽轮机在设计条件下铭牌功率所需进汽量的 108%～110%。锅炉容量是反映锅炉生产能力大小的基本特性数据。

8 影响锅炉整体布置的因素有哪些？

答：影响锅炉整体布置的因素很多，主要有蒸汽参数、锅炉容量和燃料性质等。

9 何谓锅炉的额定蒸发量？

答：蒸汽锅炉在额定蒸汽参数和额定给水温度下，使用设计燃料并保证热效率时的蒸发量，称为额定蒸发量。

10 何谓锅炉的最大连续蒸发量（MCR）？

答：蒸汽锅炉在额定蒸汽参数和额定给水温度下，使用设计燃料并长期连续运行时所能达到的最大蒸发量，称为最大连续蒸发量（MCR）。

11 锅炉蒸汽参数指什么？

答：锅炉蒸汽参数指锅炉产生的蒸汽的压力和温度。

12 何谓锅炉的额定蒸汽参数？

答：锅炉的额定蒸汽参数包括额定蒸汽压力和额定蒸汽温度。

额定蒸汽压力是指锅炉在规定的给水压力和负荷范围内，长期连续运行时应予保证的出口蒸汽压力。

额定蒸汽温度是指锅炉在规定的负荷范围内，在额定蒸汽压力和额定给水温度下，长期连续运行所必须保证的出口蒸汽温度。

13 蒸汽参数对锅炉受热面布置有何影响？

答：锅炉工质的加热过程可分为水的预热（省煤器）、水的蒸发（水冷壁）和蒸汽的过热（过热器）三个阶段。这三个阶段的吸热量的比例是随着蒸汽压力变化而变化的，蒸汽压力低，蒸发热占的比例大，压力越高，蒸发热的比例越小，预热热和过热热的比例越大。例如，低参数锅炉蒸发热所占比例在 70%～75%，受热面以蒸发受热面为主；中压锅炉蒸发热约占 66%，过热热约占 20%，一般布置对流过热器即可；超高压及亚临界压力锅炉一般为再热锅炉，过热热和再热热占 45%以上，就需要布置墙式、屏式、对流式过热器组合系统。因此，锅炉蒸汽参数对锅炉受热面的布置有很大影响，不同参数的锅炉对受热面布置的要求各不相同。

14 锅炉容量对锅炉受热面布置有何影响?

答：锅炉容量不同，对锅炉受热面的布置也不相同。锅炉容量增大时，炉膛壁面积的增大比容量的增大慢，因而大容量锅炉炉膛壁面积比小容量锅炉炉膛壁面积相对较小。在中小型锅炉中，炉膛壁面积相对较大，布置水冷壁后已使炉膛出口温度不致过高；但在大容量锅炉中，仅布置水冷壁后，炉膛出口温度仍很高，必须再布置辐射式过热器、半辐射式过热器，才能降低炉膛出口温度以达到允许值。因此，锅炉容量也是影响锅炉受热面布置的一个主要因素。

15 燃料性质对锅炉受热面布置有何影响?

答：燃料的性质和种类对锅炉的布置方式有很大影响。以固体燃料为例，挥发分、水分、灰分及硫分对锅炉布置就有很大影响。挥发分低的煤，一般不宜着火和燃尽，这就要求炉膛容积大一些，以保证燃料在炉内有足够的燃烧时间；另外还需要有较高的热风温度，即增加空气预热器受热面。燃料的水分大时，将引起炉膛温度降低，使辐射吸热量减少，因而空气预热器应布置得多些。燃料的灰分较大时，将加剧对流受热面的磨损，为减轻磨损，可采用塔式布置方式；灰分熔点太低时，为保证在炉膛出口及后部受热面不结渣，可采用液态排渣方式。燃料的硫分较大时，在锅炉布置上，还要采取各种防止低温腐蚀和堵灰的措施。

16 何谓锅炉整体布置?

答：锅炉整体布置是指炉膛、对流烟道之间的相互关系和相互位置的确定。随着燃料品种、燃烧方式、锅炉容量、蒸汽参数、循环方式和厂房布置等因素的不同，可选用不同的锅炉布置方式。

17 锅炉Π型布置的有哪些优、缺点?

答：这种布置方式在大中型锅炉中广泛采用，由炉膛、水平烟道和尾部烟道组成。

其主要优点有：锅炉和厂房的高度较低，转动机械和大型设备（如引送风机、除尘器等）布置在建筑地面上，可减轻锅炉构架的负载；在水平烟道中可布置支吊方式简单的悬吊受热面，在尾部烟道中易于布置成逆流传热方式，使尾部受热面的检修比较方便。

其主要缺点有：占地面积较大，烟气从炉膛进入对流烟道时要改变流动方向，从而造成烟气速度场和飞灰浓度场的不均匀性，影响了传热性能，并造成受热面的局部磨损。

18 锅炉T型布置的有哪些优、缺点?

答：优点：这种布置方式有两个对流烟道，可以减小炉膛出口烟囱高度和竖井深度，可以改善水平烟道中的烟气沿高度的热力不均匀和降低竖井中的烟气流速，以减小磨损，还有利于布置尾部受热面。

缺点：占地面积更大。

19 锅炉塔型布置的有哪些优、缺点?

答：这种布置方式的对流烟道布置在炉膛上方，锅炉烟气一直向上流过各受热面，烟气不转弯，能均匀地冲刷受热面；占地面积小，无转弯和下行烟道，有自然通风作用，烟气流动阻力最小，燃烧器布置方便。

其缺点是：过热器、再热器布置位置高，空气预热器、引风机、送风机及除尘器采用高位布置，增加了锅炉构架和厂房结构的负载。

塔式布置适合于燃用多灰分褐煤的大容量锅炉，因为无转弯，不会造成烟气中灰粒分布不均，所以可减轻对流受热面磨损。

20 锅炉半塔式布置的特点是什么?

答：半塔式布置除了具有塔式布置的优点外，还可以使空气预热器、引风机、送风机及除尘器等设备布置在地面上，用空烟道将烟气自炉顶引下，并和空气预热器的烟气进口连接，克服了塔式布置的缺点。

21 锅炉箱式布置的特点是什么?

答：这种布置方式主要用于燃油和燃气锅炉，其特点为锅炉各部件均布置在一箱型炉体中，占地面积小，结构紧凑，构架简单，燃烧器多为前、后墙对冲布置，水冷壁受热均匀。

22 自然循环锅炉与强制循环锅炉水循环的原理主要区别是什么?

答：主要区别是水循环动力不同。自然循环锅炉水循环动力是靠锅炉点火后所产生的汽水密度差提供的，而强制循环锅炉循环动力主要是由水泵的压头提供的，而且在锅炉点火时就已建立了水循环。

23 控制循环锅炉的特点有哪些?

答：控制循环锅炉的特点有：

（1）水冷壁布置较自由，可根据锅炉结构采用较好的布置方案。

（2）水冷壁可采用较小的管径，因管径小、厚度薄，所以可减少锅炉的金属消耗量。

（3）水冷壁管内工质流速较大，对管子的冷却条件好，因而循环倍率较小，但由于工质流速大，流动阻力较大。

（4）水冷壁下联箱的直径较大（俗称水包），在水包里装置有滤网和在水冷壁的进口装置有不同孔径的节流圈。装置滤网的作用是防止杂物进入水冷壁管内。装置节流圈的目的是合理分配各并联管的工质流量，以减小水冷壁的热偏差。

（5）汽包尺寸小。因循环倍率低，循环水量少，可采用分离效果较好而尺寸较小的汽水分离器（涡轮分离器）。

（6）控制循环锅炉汽包低水位时造成的影响较小。因为汽包水位即使降到最低水位附近，也能通过循环泵向水冷壁提供足够的水冷却。

（7）采用了循环泵，增加了设备的制造费用和锅炉的运行费用。

24 炉水循环泵的结构有什么特点?

答：炉水循环泵的结构特点为：

（1）泵与电动机全封闭结构，省去电动机和泵体之间的高压密封。

（2）电动机、轴承等转动部件都浸在水中，用水做润滑剂。

（3）电动机转子和泵同轴连接，无联轴器。

（4）整个泵装置悬吊在下降管上，无基础。

25 什么是直流锅炉？直流锅炉的循环倍率是多少？

答：在给水泵的压头作用下，给水一次顺序通过加热、蒸发、过热各个受热面生成具有一定压力及温度的过热蒸汽的锅炉，称为直流锅炉。

直流锅炉的循环倍率 K：$G/D=1$，也就是在稳定流动时给水量（G）等于蒸发量（D）。

26 直流锅炉的工作原理如何？

答：由于直流锅炉没有汽包，所以汽水通道中的加热区、蒸发区、过热区各部分之间无固定分界线，只有根据沿管道长度的工质状态变化情况，设定有假想的“分界线”。

其工作过程如下：给水经给水泵送入锅炉，先经过加热区，将水加热至饱和温度，再经过蒸发区，将已达到饱和温度的水蒸发成饱和蒸汽，最后经过过热区，把饱和蒸汽加热成过热蒸汽后，送入汽轮机做功。

27 直流锅炉具有哪些特点？

答：直流锅炉的特点是：

（1）由于没有汽包等部件构成自然循环回路，故蒸发部分及过热器阻力也必须由给水泵产生的压头克服。

（2）水的加热、蒸发、蒸汽过热等受热面之间没有固定的分界线，随着运行工况的变动而变动。

（3）在蒸发受热面内，水要从沸腾开始一直到完全蒸发（即蒸汽干度为 0～1），这种状况对管内水的沸腾传热过程有很大影响，在热负荷较高的蒸发区，易发生膜态沸腾。

（4）由于没有汽包，蓄热能力大为降低，故对内外扰动的适应性较差，一旦操作不当，就会造成出口蒸汽参数的大幅度波动。

（5）一般不能排污，给水带入锅炉的盐类杂质，会沉积在锅炉受热面上或汽轮机中，因此，直流锅炉对给水品质的要求较高。

（6）在蒸发受热面中，由于双相工质受强制流动，特别是在压力较低时，会出现流动不稳定和脉动等问题。

（7）由于没有厚壁汽包，启动、停炉速度只受到联箱以及管子和联箱连接处热应力的限制，故启动、停炉速度可大大地加快。

（8）由于不需要汽包，其水冷壁可采用小管径管子，故直流锅炉一般可比汽包锅炉节省钢材 20%～30%。

（9）不受压力限制，受热面布置灵活。

28 什么是直流锅炉的“中间点温度”？“中间点温度”有什么意义？

答：在汽包锅炉中，汽包是加热、蒸发和过热三过程的枢纽和分界点。对于直流锅炉，它的加热、蒸发和过热是一次完成的，没有明确的分界。人们人为地将其工质具有微过热度的某受热面上一点的温度（一般取至分离器出口）作为衡量煤水比例是否恰当的参照点，即为所谓的“中间点温度”。

意义是：作为蒸汽温度调节的前馈。

29 分别说明超临界直流锅炉在启动阶段（湿态）和直流运行阶段（干态）给水如何控制。

答：启动阶段（湿态）：控制储水箱水位，省煤器入口给水流量维持在35% BMCR（604.5t/h）。

直流运行阶段（干态）：根据负荷（锅炉主控指令）调节给水流量，同时为了实现对汽温的粗调，用中间点温度（通常为启动分离器出口温度）来修正给水量。

30 水煤比指令在不同负荷阶段的调整任务有何不同?

答：(1) 在湿态运行时，主蒸汽压力由燃料量控制（与汽包炉相同），因此通过调整水煤比来控制主蒸汽压力。

(2) 在干态运行时，调整水煤比控制汽水分离器入口蒸汽过热度和主蒸汽温度。

(3) 在低负荷时，水冷壁管内流量小，水煤比主要用于调整分离器入口过热度。

(4) 在高负荷时，水冷壁管内流量大，水煤比主要用于调整主蒸汽温度。

31 通过哪些参数可以判断煤—水比失调?

答：通过中间点（启动分离器）相应压力下的过热度、一级和二级减温水流量、再热事故减温水量可以判断煤—水比是否失调。

32 锅炉有哪几种热量损失？哪种最大?

答：锅炉热量损失包括：排烟热损失、化学不完全燃烧损失、机械不完全燃烧损失、散热损失、灰渣物理损失等。

排烟热损失所占比例最大。

33 直流锅炉的汽压、汽温调节与汽包锅炉有什么区别?

答：汽包炉的汽压调节是依靠改变锅炉的燃料量来达到的，而直流锅炉在调节汽压时，必须使给水流量和燃料量同时按一定比例进行调节，控制适当的煤水比，才能保证汽温、汽压的稳定。

汽包炉过热汽温的调节一般以减温水为主，而直流炉的汽温调节首先要通过给水流量和燃料量的比例来进行粗调，再辅以喷水减温进行细调。

34 控制直流锅炉启动初期汽温偏高的主要措施有哪些?

答：控制直流锅炉启动初期汽温偏高的主要措施有：

(1) 降低锅炉启动流量。

(2) 提高给水温度。

(3) 控制锅炉总风量。

(4) 适当降低炉膛负压。

(5) 加强燃料控制。

(6) 加强减温水控制。
(7) 注意对机组的旁路控制。
(8) 合理投入制粉系统。

35 直流锅炉如何实现汽水分离器湿态至干态的转换?

答:(1) 在转干态过程中尽量不加给水量,只需保证最小给水流量即可。

(2) 在点火后可以加较多的煤量,转干态前要减小煤量的增加速度,但不要停止加煤,以控制转干态不能太快也不能太慢。

(3) 注意中间点的过热度,中间点出现过热度时要控制好过热度,虽然说此时中间点的过热度高一点没什么问题,但不要使中间点保持过高,一般以10℃左右为宜。

(4) 监视好贮水箱的水位。

36 在启动过程中,如何判断锅炉已成功转成干态(转干态所具有的特征)?

答:(1) 贮水箱水位逐渐下降,炉水循环泵出力逐渐下降,直至停止。
(2) 水冷壁出口工质出现过热度,并逐渐增加。
(3) 过热度具有增加趋势,且过热度稳定超过5℃。
在出现以上三个现象时,表明锅炉已经转为纯直流运行。

37 直流锅炉启动过程中,具有什么特征后,即可认为锅炉转干态成功?

答:具备以下特征,即可认为锅炉转干态成功:
(1) 贮水箱水位逐渐下降,直至无水位。
(2) 分离器出口工质出现过热度,并逐渐增加。
(3) 当过热度稳定超过5~10℃。贮水箱不再有水位出现。

38 锅炉点火后应注意哪些问题?

答:锅炉点火后应注意以下问题:
(1) 锅炉点火后投入空气预热器连续吹灰。
(2) 严格控制炉膛出口烟温。
(3) 注意监视检查炉本体各处膨胀情况,防止受阻。
(4) 严格控制汽水品质合格。
(5) 经常监视炉火及油枪着火情况。
(6) 按时关闭蒸汽系统的空气门及疏水阀。

(7) 发现设备有异常情况,直接影响正常投运时,应汇报值长,停止升压,待缺陷消除后继续升压。

39 燃煤锅炉燃烧系统主要设备有哪些?

答:燃煤锅炉燃烧系统主要设备有:送风机、空气预热器、制粉设备、燃烧器、炉膛、烟道、电除尘器、引风机及烟囱等。

40 煤的主要特性是指什么?

答:煤的主要特性是指:煤的发热量、挥发分、焦结性、灰的熔融性及可磨性等。

41 什么是燃料的发热量？什么是高位发热量和低位发热量？

答：单位质量的燃料在完全燃烧时所发出的热量称谓燃料的发热量。

高位发热量是指 1kg 燃料完全燃烧时放出的全部热量，包括烟气中水蒸气已凝结成水所放出的汽化潜热。

从燃料的高位发热量中扣除烟气中水蒸气的汽化潜热时，称燃料的低位发热量。

42 什么是标准煤？

答：收到基低位发热量为 29 271kJ/kg 的煤。

43 动力煤依据什么分类？一般分为哪几种？

答：动力煤主要依据煤的干燥无灰基挥发分 V_{daf}来分类。

一般分为五种：无烟煤、贫煤、烟煤、褐煤和低质煤。

44 煤粉品质的主要指标是什么？

答：煤粉品质的主要指标是指煤粉的细度、均匀程度和煤粉的水分。

45 煤粉细度指的是什么？

答：煤粉细度是指煤粉经过专用筛子筛分后，残留在筛子上面的煤粉质量占筛分前煤粉总量的百分值。用 R 表示，其值越大，表示煤粉越粗。

46 煤粉的经济细度是怎样确定的？

答：煤粉的细度是衡量煤粉品质的重要指标。从燃烧角度希望磨得细些，以利于燃料的着火与完全燃烧，减少机械不完全燃烧热损失，又可适当减少送风量，降低排烟热损失。从制粉角度希望煤粉磨得粗些，可降低制粉电耗和钢耗。所以选取煤粉细度时，应使上述两方面损失之和为最小时的煤粉细度作为经济细度。应依据燃料性质和制粉设备型式，通过燃烧调整试验来确定。

47 制粉系统的作用是什么？

答：制粉系统是燃煤锅炉机组的重要辅助系统。它的作用是磨制合格的煤粉，以保证锅炉燃烧的需要。它的运行好坏，将直接影响到锅炉的安全性和经济性。

48 火电厂磨煤机如何分类？

答：按磨煤机的工作转速，磨煤机大致可分为如下三种：

（1）低速磨煤机。转速为 15～25r/min，如筒式钢球磨煤机。

（2）中速磨煤机。转速为 50～300r/min，如中速平盘磨煤机、中速钢球磨煤机、中速碗式磨煤机。

（3）高速磨煤机。转速为 500～1500r/min，如锤击磨煤机、风扇磨煤机。

49 制粉系统可以分为哪几类？

答：制粉系统主要有直吹式和中间储仓式两种类型。

（1）直吹式制粉系统。是指磨煤机磨出的煤粉，不经中间停留，而直接吹入炉膛进行燃烧的系统。

（2）中间储仓式制粉系统。是将磨煤机磨好的煤粉先储存在煤粉仓中，然后再根据锅炉负荷的需要，从煤粉仓经由给粉机、一次风管送入炉膛进行燃烧。

50 为何直吹式制粉系统一般配备中速或高速磨煤机？

答：磨煤机是制粉系统中的重要设备。制粉系统及其磨煤机的型式，应根据燃料的特性予以选定，不同的制粉系统宜配置不同类型的磨煤机。直吹式制粉系统大多配用中速或高速磨煤机。不采用低速钢球球磨机的主要原因是在低负荷或变负荷工况下，低速球磨机的运行是不经济的。只有对于带基本负荷的锅炉，才考虑采用低速钢球磨煤机直吹式系统。

51 什么是热一次风系统？

答：在正压直吹式制粉系统中，排粉机装在空气预热器后，抽取热空气送入磨煤机的系统，称为热一次风系统。

52 什么是冷一次风系统？

答：在正压直吹式制粉系统中，一次风机装在空气预热器前，抽取冷空气经预热器后送入磨煤机的系统，称为冷一次风系统。

53 热一次风系统与冷一次风系统各有什么特点？

答：采用热一次风机时，空气体积流量大，使得风机叶轮直径及出口宽度增大，风机钢耗量增加；工质温度高，风机效率下降；耗电量增大；风机轴承及密封部位工作条件也变差。冷一次风机可兼作制粉系统的密封风机，而热一次风系统则需装设专用密封风机。另外，热一次风机的热风温度要受到限制，从而限制了制粉系统的干燥出力，故不适应高水分的煤种，而冷一次风机则无这种限制。

54 简述正压直吹式制粉系统与负压直吹式制粉系统的优、缺点。

答：在负压直吹式系统中，排粉机叶片很容易磨损，增加了运行维护费用，也导致排粉机电耗增大、效率降低，从而使得系统可靠性降低。另外，负压运行使得漏风量增大，势必使经过空气预热器的空气量减少，结果是增加了排烟热损失，降低了锅炉效率。这种系统的最大优点是工作环境比较干净。

在正压直吹式系统中，不存在排粉机的磨损问题，不会降低锅炉运行的经济性，但磨煤机和煤粉管道密封必须严密。

55 在与高速磨煤机配套的直吹式制粉系统中，采用热风和炉烟的混合物作为干燥剂有何优点？

答：采用热风和炉烟的混合物作为干燥剂的优点为：

（1）干燥剂内炉烟占有一定比例，降低了干燥剂中氧的浓度，有利于防止高挥发分的褐煤煤粉的爆炸。

（2）炉烟较多，可以降低燃烧器区域的温度，避免燃用低灰熔点褐煤时炉内结渣。

(3) 燃煤水分变化幅度较大时，只要改变干燥剂中炉烟所占的比例，便可满足制粉系统干燥的需要。

56 中间储仓式制粉系统可以分为哪几种类型?

答：中间储仓式制粉系统可分为乏气送粉系统和热风送粉系统两种类型。

由细粉分离器分离出来的干燥剂内含有10%～15%的极细煤粉，这部分干燥剂也称作磨煤乏气。乏气经排粉机提高工作压头后，作为一次风输送煤粉至炉膛的制粉系统，称为乏气送粉系统，也称干燥剂送粉系统。

利用热空气作为一次风输送煤粉至炉膛，乏气作为三次风由专用喷口送入炉膛参加燃烧的系统，称为热风送粉系统。

57 乏气送粉系统与热风送粉系统各有何特点?

答：乏气作为一次风，其温度较低，又含有水蒸气，对煤粉气流的着火、燃烧不利。因此，乏气送粉系统不适宜挥发分低、水分高的煤种，而适用于烟煤等易着火的煤种。

热风作为一次风，温度较高，有利于煤粉气流的着火与稳定燃烧，适用于无烟煤、贫煤及劣质烟煤等煤种。

在乏气送粉系统中，排粉机除抽吸磨煤乏气外，还可抽吸空气预热器来的热风作为一次风，以保证制粉系统停运时锅炉的正常运行。

58 在中间储仓式制粉系统中，吸潮管的作用是什么?

答：在中间储仓式制粉系统中，在煤粉仓和螺旋输粉机上装设有吸潮管，由煤粉仓、螺旋输粉机引至细粉分离器入口。吸潮管的作用是借细粉分离器入口的负压，抽吸螺旋输粉机、煤粉仓中的水蒸气和漏入的空气，防止煤粉受潮结块、发生堵塞或“蓬住”现象。另外，还可使输粉机及煤粉仓中保持一定负压，防止从不严密处向外喷粉。

59 在中间储仓式制粉系统中，再循环风的作用是什么?

答：在中间储仓式制粉系统中，排粉机出口的乏气除作为一次风或三次风外，还有一部分直接进入磨煤机的入口作为再循环风。乏气温度较低，可用来调节制粉系统干燥剂温度，由于乏气的通入，使干燥剂的风量增大，故可以提高磨煤机的出力。因此，再循环风是控制干燥剂温度、协调磨煤风量与干燥风量的手段之一，它的主要作用是增大系统通风量，调节磨煤机出口温度，提高磨煤出力。

60 回转式粗粉分离与离心式粗粉分离相比较，各有何特点?

答：回转式粗粉分离器和离心式粗粉分离器相比较，回转式多了一套传动机构，结构比较复杂，检修工作量大；但阻力小，调节方便，适应负荷和煤种变化的性能较好。此外，回转式的尺寸小，布置紧凑，增加了在特定条件下的实用性。而离心式粗粉分离器除阻力和电耗较大外，其他性能尚可，结构较简单且运行可靠。

61 采用滑差电动机调速系统来调节给粉机转速的优点是什么?

答：采用滑差电动机调速系统，是因为它具有简单可靠、经济实用等优点。

62 简述热风送粉的中间储仓式制粉系统的启动程序。

答：热风送粉的中间储仓式制粉系统的启动程序是：

（1）启动磨煤机润滑油泵，调整润滑油压在规定范围内，润滑油温和回油量符合要求。

（2）启动排粉机。

（3）开启排粉机入口风门，开启磨煤机入口的热风门、总风门，逐渐关闭其冷风门，调整系统负压符合要求，对制粉系统进行暖管。

（4）待磨煤机出口风粉混合物温度达到要求值后，启动磨煤机和给煤机。

（5）调整系统各参数达到要求值。

（6）对所属系统进行全面检查。

63 简述乏气送粉的中间储仓式制粉系统的启动程序。

答：乏气送粉的中间储仓式制粉系统的启动程序是：

（1）启动油泵，调整磨煤机润滑油压正常。

（2）在确保排粉机出口风压稳定的前提下，逐渐开启排粉机入口温风门及磨煤机入口风门，同时逐步关小排粉机入口热风门直至全关。

（3）磨煤机出口风粉混合物温度达到要求值后，启动磨煤机和给煤机。

64 中储式制粉系统有哪几种停运方式？

答：中储式制粉系统的停运主要有紧急停运和正常停运两种。紧急停运主要是在异常事故情况下，利用制粉系统的连锁，即首先拉掉排粉机，给煤机和磨煤机相继跳闸，然后再将各风门挡板置于制粉系统停运后的正确位置。

65 直吹式制粉系统启动前应进行哪些检查准备工作？

答：直吹式制粉系统启动前应进行的检查准备工作为：

（1）中速磨直吹式系统。

1）磨煤机周边无杂物，转动部件的动静间隙合适；加载装置正常，保持预定的加载值。

2）齿轮油箱内油位正常，油质合格；油泵启动后油压正常，油温合适。

3）粗粉分离器调整挡板和回粉口处密封装置无杂物堵塞或卡涩。

4）对于负压运行的磨煤机，应确认其石子煤箱进口挡板已开启，出口挡板关闭严密，挡板开关动作灵活。对于正压运行的磨煤机，应确认其石子煤箱排放管上锁气器严密性良好，动作灵活，锁气器内煤柱压力的平衡锤位置适当。密封风管道及附件完好。

（2）高速磨直吹式系统。

1）磨煤机室内无积粉、杂物，铁件收集箱完好，机壳与大轴结合处密封装置完好并投入。

2）对于可变速调节的磨煤机，其转速调节装置应完好，磨煤机出口所属一次风门应开启。

3）轴承箱内油位正常，油质合格，油泵传动部件牢固、可靠。

4）粗粉分离器调整挡板处无杂物且开度合适，回粉口处密封装置完好并无杂物堵塞或卡涩。

66 如何启动负压直吹式制粉系统？

答：负压直吹式制粉系统的启动步骤是：

（1）启动润滑油系统。

（2）启动排粉机，缓慢开启出、入口风门，但不要过大。

（3）如果分离器是回转式的，应启动分离器；注意系统负压。

（4）开启磨煤机入口的热风门、温风门，关闭其冷风门，对制粉系统进行暖管。

（5）当磨煤机出口风温升高至规定值时，启动磨煤机并检查各部件的工作情况，启动给煤机并调整给煤量。

（6）进行调整，使系统各参数达到要求值。

67 如何启动正压直吹式制粉系统？

答：正压直吹式制粉系统的启动步骤是：

（1）启动润滑油系统。

（2）启动密封风机，保持密封风压为规定值。

（3）开启磨煤机密封风门，保持风压为规定值。

（4）开启磨煤机出口风门，进口冷、热风门进行暖磨。

（5）检查系统正常且磨煤机出口风温达到要求值后，启动磨煤机和给煤机。

68 直吹式制粉系统有哪几种停运方式？

答：直吹式制粉系统的停运，除因锅炉保护、连锁动作跳闸或制粉系统故障跳闸外，一般按是否具备通风吹扫条件可分为快速停运和正常停运两种方式。

在磨煤机进口一次风量过小或密封风与磨煤机进口一次风压差过低情况下，停用制粉系统应采用快速停运方式，禁止对系统进行降温和通风吹扫；除上述情况外，制粉系统均应按正常方式先进行降温，并经通风吹扫后方可停运该系统。这是因为一次风量过小时，易造成煤粉管积粉或阻塞。而当密封风压差过低时，如对磨煤机进行通风吹扫，不但会造成磨煤机内风粉混合物从磨煤机的密封处向外喷出及吹入给煤机内造成积粉，而且还将使煤粉进入磨辊轴承内造成设备损坏。

69 如何进行直吹式制粉系统的快速停运？

答：直吹式制粉系统的快速停运步骤为：

（1）当磨煤机进口一次风量小或密封风压差过低时，磨煤机跳闸保护将动作，使磨煤机跳闸，并联动给煤机跳闸；若保护不动作，则应立即手动将其停运。

（2）检查煤量、风量和出口温度均处于退出自动状态，并关闭该层制粉系统的燃料风门。

（3）立即关闭该磨煤机的进、出口门和热风调节门及热风隔绝门。

（4）开启磨煤机的消防蒸汽灭火门，向该磨煤机内充入蒸汽，以防内部积粉自燃或发生爆炸等异常情况。

（5）消防蒸汽灭火门开启10min后，当磨煤机出口温无异常变化时，即可关闭该消防蒸汽灭火门。

70 如何进行直吹式制粉系统的正常停运？

答：对负压系统：

（1）停运给煤机。

（2）待磨煤机空载后，停止其运行。

（3）关闭磨煤机入口热风门，开启冷风门，吹扫磨煤机送粉管道。

（4）停运回转式粗粉分离器及排粉机。

对正压系统：

（1）停运给煤机，吹扫磨煤机及送粉管道内余粉。

（2）待磨煤机空载，停运磨煤机及润滑油泵。

（3）停运排粉风机，并关闭风门。

（4）关闭密封风门。

71 在制粉系统的启停过程中，有哪些事项需要注意？

答：注意事项为：

（1）在磨煤机的启动过程中，必须进行充分的暖管。冷态的制粉系统启动时，管道温度很低，如果不提前用热风进行暖管，制粉系统启动后，煤粉空气混合物中的水分遇到温度较低的冷管道会产生结露，煤粉黏附于管道内壁，增加了流动阻力，严重时还可能引起旋风分离器的堵塞。在气候较冷和管道保温不完整的情况下，这种现象更为明显。另外，对于中储式制粉系统，由于其设备较多、管道较长，故启动过程中的暖管就显得更为必要了。因此，在启动过程中要注意磨煤机出口和排粉机出口温度的差异，对制粉系统进行充分暖管，暖管时间一般规定为10～15min。

（2）在中速磨启动过程中，必须检查加载装置的工况。中速磨煤机加载装置的工况会直接影响到磨煤机的出力。碗式磨煤机启动初期常发生的辊筒不转现象，大多是由于磨煤面间隙较大而引起的，此时可稍动加载弹簧或液压加载装置，缩小磨煤面下部间隙，或适当提高煤位便可解决。

（3）磨煤机停运时，必须抽尽余粉。停运磨煤机时，如不将余粉抽尽，积粉氧化发生自燃。当重新启动时，自燃的煤粉悬浮起来，会造成制粉系统爆炸。停运磨煤机时抽尽余粉，不仅是防止自燃和爆炸的一项重要措施，而且也为磨煤机的重新启动创造了条件，这对于碗式磨和风扇磨尤为重要。另外，停运时将磨煤机内的余粉抽尽，重新启动时可以减小对炉膛燃烧的扰动，保持燃烧的相对稳定。

（4）在制粉系统启停过程中，严格控制磨煤机出口风粉混合物的温度不超过规定值。磨煤机的启停过程属于变工况运行，此时若出口温度控制不当，很容易使温度超过极限而导致煤粉爆炸。制粉系统停运时，残存的煤粉如果没有抽净而发生缓慢氧化，则在启动通风时会使引燃的煤粉疏松和扬起，若温度适当，便会引起爆炸。若运行中的磨煤机出、入口已发生积煤、积粉自燃，且停止运行前又没有及时采取相应的措施，则在停止给煤的整个抽粉过程中，回粉管继续回粉，煤粉被磨得更细，加上温度控制不当也可能引起爆炸。

因此，在磨煤机的启动过程中，当出口温度达到规定值时，就要向磨煤机内给煤；在停运过程中，随着给煤量的减小，应逐渐减少热风，并严格控制磨煤机出口温度不超过规定值。

72 在直吹式制粉系统的运行过程中，应主要监视哪些参数?

答：运行中的直吹式制粉系统的制粉量，在任何时刻均等于锅炉的燃料消耗量。因此，它运行工况的好坏直接影响锅炉的稳定。在直吹式制粉系统运行过程中，必须严密监视以下几个参数：磨煤机的通风量（一次风量）、磨煤机电流、磨煤机出入口差压、给煤机电流及磨煤机出口风粉混合温度等。

73 在中间储仓式制粉系统的运行过程中，应主要监视哪些参数?

答：中间储仓式制粉系统的运行特点是可以独立地进行调节，与锅炉负荷没有直接的关系。在其正常运行中，应主要监视磨煤机入口负压、出口与入口压差、出口温度和排粉机电流。运行中通常根据磨煤机出、入口压差的大小来控制给煤量，以保证磨煤机的最佳载煤量。磨煤机出口温度反应了磨煤机的干燥出力和煤粉含水量的大小，对不同型式的磨煤机，在磨制不同的煤种时，有不同的规定值。排粉机电流的变化随磨煤机系统的通风量和气粉浓度的变化而变化，它能直观地反应出系统出力的大小及风煤的配比。当磨煤机煤量增大时，由于磨煤机内通风阻力增加而使通风量减小，因而进入排粉机的风量也相应减小，此时排粉机电流因负荷减小而降低。当磨煤机满煤时，由于通风量大大减小而使排粉机电流明显下降；当给煤量减小时，排粉机电流则上升。

74 影响煤粉经济细度的因素有哪些?

答：影响煤粉经济细度的因素很多，主要有以下几方面：

（1）燃料的燃烧特性。一般来说，挥发分高、发热量高的燃料容易燃烧，煤粉可以粗一些。

（2）磨煤机和分离器的性能。当磨制煤粉的颗粒度均匀时，即使煤粉粗一些，也能燃烧的比较完全。

（3）燃烧方式。对燃烧热负荷很高的锅炉及旋风炉，由于燃烧强烈，故可以烧粗一些的煤粉。

75 如何调节直吹式制粉系统煤粉细度?

答：直吹式制粉系统煤粉细度的调节，通常是通过改变分离器内煤粉的离心力或制粉系统的通风量来实现的。通过改变安装在固定式分离器上部的可调切向叶片角度来改变风粉气流的流动速度和旋转半径，从而达到改变煤粉的离心力和粗粉分离效果的目的。在一定的调节范围内，煤粉细度将随折向挡板开度的增大而变粗。

旋风式分离器的调节，主要是通过改变分离器的转速来实现的。当通风量一定时，转速越高，煤粉的离心力就越大，则相应的煤粉就越细。

改变制粉系统的通风量，对煤粉细度的影响也是非常明显的。通风量增加时，煤粉变粗；通风量减小时，煤粉变细。

此外，在考虑通风量的同时，还应注意一次风量变化所带来的影响。

76 如何调节中间储仓式制粉系统煤粉细度?

答：中间储仓式制粉系统煤粉细度与分离器的运行特性、运行状态及磨煤机的通风量等因素有密切关系。不同煤种的煤粉最佳经济细度要经过试验得出，并在运行中根据试验数据、煤质情况和锅炉燃烧工况进行调整。煤粉细度的调节和控制，主要靠粗粉分离器来完成。其次，改变系统通风量，对煤粉细度的影响也非常明显。通风量增大时，煤粉变粗；通风量减小时，煤粉变细。

77 制粉系统的出力指的是什么？

答：制粉系统的出力是指每小时制出的合格煤粉的数量。它包括磨煤出力、干燥出力和通风出力。

78 何谓磨煤出力？

答：磨煤出力指的是磨煤机本身的研磨装置对煤的研磨能力，即单位时间内在保证一定煤粉细度条件下，磨煤机所能磨制的原煤量。

79 为什么不用改变给煤量的方法来调节煤粉细度？

答：磨煤机运行中，增大给煤量可使煤粉变粗，减小给煤量可使煤粉变细。但这种方法不经济。

对钢球磨来说，磨煤功率消耗与磨煤出力的变化几乎无关，而单位电耗却随出力下降而增大，故不提倡用改变给煤量的方法来调节煤粉细度。另外，当减小给煤量时，磨煤机出口气粉混合物温度会升高，若调整不及时，还会引起煤粉爆炸。

80 运行中如何判断磨煤机内煤量的大小？

答：在其他条件不变的情况下，若磨煤机内的煤量发生变化，会使气流通流面积变化，流动阻力改变，从而使出、入口压差发生变化；另外，煤量变化还会使消耗与干燥水分的热量改变，从而引起出口温度的变化。对于钢球磨煤机，钢球埋在煤层中或裸露在煤层外，筒体内会发出不同的声响。对于中速磨煤机，当给煤量发生变化时，电动机电流也会有明显的变化。因此在运行中，如果磨煤机出、入口压差增大，说明存煤量大，反之是煤量小；磨煤机出口混合物温度上升，说明煤量减小，反之是煤量增加；电动机电流升高，说明煤量大（但满煤时除外），反之是煤量小。另外，有经验的运行人员还可根据磨煤机发出的音响来判断煤量的大小：声音小而沉闷，说明磨煤机内的煤多；声音大且伴有金属的撞击声，说明煤量小。

81 什么是磨煤机的干燥出力？

答：干燥出力是指干燥剂对煤的干燥能力，即单位时间内煤由最初水分干燥到煤粉水分时，磨煤机所能干燥的原煤量。

82 什么是磨煤机的通风出力？

答：进入磨煤机的热风，除用来干燥煤粉外，还将起到输送煤粉的作用。通风出力是指气流对煤粉的携带能力，即单位时间内由通风带走的煤粉的量（按原煤计算）。

83 在乏气送粉的制粉系统中，什么情况下需进行“倒风”操作？

答：在乏气送粉的制粉系统中，不论磨煤机运行与否，排粉机的运行都不能间断。磨煤机启动或停运时，需要进行“倒风”操作。当煤粉仓粉位高需要停运磨煤机或磨煤机因故跳闸停运时，可通过“倒风”切断磨煤机风源，而排粉机入口则直接吸取温风来向一次风管内输粉。排粉机运行中，当需要启动相连的磨煤机时，应将热风“倒”入磨煤机内作为干燥介质，同时切断排粉机入口风温，将制粉乏气作为一次风输粉。

84 什么是磨煤机的最佳通风量？

答：磨煤电耗和通风电耗的总和为最小时的通风量为最佳通风量。

85 燃料特性对制粉出力有何影响？

答：燃料特性对制粉出力的影响为：

（1）水分。燃煤中的水分对磨煤机出力、煤粉流动性及燃烧的经济性都有很大的影响。水分过大时，制粉系统运行时将产生一系列困难，煤粉仓内煤粉易被压实结块，容易阻塞落粉管，还会造成磨煤机出力下降。运行中原煤水分增加，将使干燥出力下降，磨煤机出口温度降低。为了恢复干燥出力和磨煤机出口温度，可增加热风数量。如果热风门大开仍满足不了干燥所需要的热风数量时，只能减小给煤量，降低磨煤出力。

（2）可磨性系数。煤的可磨性系数是指在风干状态下，将同一质量的标准煤和试验煤由相同粒度磨碎到相同细度时的能耗之比。标准煤是一种极难磨的无烟煤，其可磨性系数定为1。燃煤越容易磨，则磨粉耗电越小，可磨性系数越大。通常认为可磨性系数小于1.2的煤为难磨的煤。

（3）灰分。灰是煤中的杂质。煤中灰分越大，则煤的发热量越低，所需燃煤量加大，制粉电耗也随之增加。

86 直吹式制粉系统有哪两种形式？各有什么优、缺点？

答：直吹式制粉系统由于排粉机设置位置不同，可分为正压和负压系统。排粉机装在磨煤机之后，整个系统处于负压下工作，称为负压直吹系统。排粉机装在磨煤机之前，整个系统处于正压下工作，称为正压直吹式制粉系统。

在负压系统中，由于燃烧所需要的全部煤粉，均经过排粉机，因而风机叶片容易磨损，降低了风机效率，增加了通风电耗，使系统可靠性降低，维修工作量增加；它的优点是磨煤机处于负压状态，不易向外冒粉，工作环境比较干净。

正压系统中通过排粉风机的是洁净空气，不存在风机叶片的磨损问题，冷空气也不会漏入系统，因此运行可靠性与经济性都比负压系统高。但是，磨煤机需采取密封措施，否则向外漏粉污染环境，并有引起煤粉自燃爆炸的危险。另外，若风机装在空气预热器后的热风管道上，因它输送的是高温介质，因此对风机结构有特殊要求，运行可靠性较差，风机效率降低。

87 煤粉迅速完全燃烧的条件有哪些？

答：煤粉迅速完全燃烧的条件：

（1）要供给适量的空气，如空气供给不足，会造成不完全燃烧损失。但空气过多也会使炉膛温度降低引起燃烧不完全。

（2）炉内维持足够高的温度。燃烧完全程度与温度有关。温度低，不利于燃烧反应进行，使燃烧不完全；温度过高（炉内温度超过1600℃）对燃烧反应虽有利，但也会加快反应，使CO_2又分解成CO，CO_2的还原使燃烧程度降低。

（3）燃料与空气的良好混合。燃料与空气混合好坏，对能否达到迅速完全燃烧起着很大的作用。它与燃烧方法、炉膛结构、喷燃器工作情况有很大的关系。

（4）足够的燃烧时间。煤粉由着火至燃烧完毕，需要一定的时间，为了保证燃尽，除了保持炉内火焰充满度和炉膛有足够的空间高度外，还应设法缩短着火与燃烧阶段所需要的时间。

88 影响煤粉气流着火与燃烧的主要因素是什么？

答：影响煤粉气流着火与燃烧的主要因素是：

（1）煤的挥发分与灰分。挥发分高、着火温度低，着火容易；挥发分低，着火温度高、煤粉进入炉膛加热到着火温度所需要的时间加长，这时应提高着火温度，使高温烟气尽可能回流。灰分多的煤，着火速度慢，而且燃烧时灰分对焦炭核的燃尽起阻碍作用，所以不易着火和不易燃尽。更应注意二次风分段送入，加强燃烧后期补氧。

（2）煤粉细度。煤粉越细，总表面积就越大、挥发分析出容易，着火可提前。相反，煤粉均匀指数n越小，粗煤粉越多，燃烧的完全程度就降低。因此，燃用挥发分低的煤时，更应该采用较均匀的煤粉。

（3）炉膛温度。炉膛温度越高，对着火越有利。对挥发分高、熔点低的煤，则应适当降低炉膛温度。

（4）空气量。空气量过多，排烟损失大；空气量过少，则燃烧不完全。所以应保持最佳过剩空气系数。

（5）一次风率。一次风率过高，煤粉气流需要的着火热越多，越不易着火；一次风率过低，影响煤粉气流刚性，容易贴边刷墙。

（6）燃烧时间。燃烧时间对煤粉完全燃烧影响较大，在炉膛尺寸一定的情况下，燃烧时间与炉膛火焰充满程度有关。充满度好，燃烧时间相应地增加。运行中负压大，煤粉在炉膛内燃烧时间相应减少。

（7）热风温度。热风温度越高，有利于着火，但是，也应注意热风温度过高，容易引起着火点近，进而烧坏喷嘴与粉管。

第二节 风烟及汽水系统

1 燃烧的定义是什么？

答：燃料与氧化剂两种物质进行化合反应，在其反应过程中，随着强烈的放热反应，生成物的浓度与温度同时迅速提高，而燃料与氧化剂的浓度却相应地降低，这种现象称为燃烧。

2 大型燃煤锅炉的燃烧有什么特点？

答：大型燃煤锅炉燃烧的特点是将煤粉用热风或干燥剂输送至燃烧器，并被吹入炉膛与二次风混合，进行悬浮燃烧。

3 如何来衡量燃烧工况的好坏？

答：主要以安全、经济两项指标来衡量燃烧工况的好坏。

(1) 安全。良好燃烧工况应该是喷嘴不烧坏、炉内气流不刷墙、不结渣、受热面不超温、燃烧正常。

(2) 经济。保持较高的锅炉效率，使其接近或达到设计值，并能提供额定参数的合格蒸汽。

4 燃烧可分哪几个阶段？

答：燃料燃烧过程可分四个阶段，即：

(1) 预热阶段。燃料被预热、析出挥发分。

(2) 着火阶段。燃料达到一定温度，发生氧化反应并放出热量与光。

(3) 燃烧阶段。挥发物着火后焦炭燃烧使燃料迅速氧化反应。

(4) 燃尽阶段。少量的可燃物继续燃尽。

5 燃料燃烧迅速且完全的条件是什么？

答：燃烧迅速且完全的条件是：

(1) 炉内维持足够高的温度。

(2) 供给适当的空气。

(3) 燃料与空气混合良好。

(4) 有足够的燃烧时间。

6 简述直流喷燃器的工作原理。

答：直流喷燃器是一种采用高初速、大尺寸的矩形喷口，一次风气流成股喷出进入炉膛，首先着火是气流周界上的煤粉，然后逐渐点燃气流中心的煤粉。所以这种喷燃器的煤粉能否迅速着火，一方面要看是否能很快混入高温烟气；另一方面要看迎火周界的大小，也就是气流截面周界的长度。采用四角布置的直流喷燃器，火焰集中在炉膛中心，形成高温火球，喷燃器射出煤粉进入炉膛中心，就会有一部分直接补充到相邻喷燃器的根部着火，造成相邻喷燃器的相互引燃。此外，由于切向进入炉膛气流在炉膛中心强烈旋转，煤粉与空气混合较充分，燃烧后期混合也较好。

7 简述旋流喷燃器的工作原理及特点。

答：旋流喷燃器的出口气流是旋转射流。它是通过各种形式不同的旋流器产生的。气流在出燃烧器之前，在回管中做螺旋运动，所以当它一离开燃烧器时由于离心力的作用，不仅具有轴向速度，而且还具有一个使气流扩散的切向速度，使得煤粉气流形成空心锥形状。

旋流喷燃器的特点：由于气流扩展角大，中心回流区可以卷吸来自炉膛深处的高温烟气，以加热煤粉气流的根部，使着火稳定性增加，但另一方面由于燃烧器出口一、二次风混合较早，使着火所需热量增大而对着火不利，早期混合强烈，后期混合较弱，射程短，具有粗而短的火焰。所以旋流式喷燃器适用于挥发份较高的煤种。

8 四角布置燃烧器的缺点是什么？

答：四角布置喷燃器在炉膛内易产生气流偏斜，如偏斜严重则会形成气流贴壁，造成炉墙结渣，炉管磨损。两侧烟温偏差。

9 轻油燃烧器的作用有哪些？

答：轻油燃烧器的作用为：

（1）机组启停时点火及稳燃用。

（2）在低负荷或燃用低挥发份煤种时起稳燃作用。

10 何谓最佳空气系数？

答：为了降低排烟损失，可以适当减少炉膛过剩空气系数，但空气量太小，不仅会引起化学不完全燃烧热损失 q_3 和 q_4 增大，还会使炉内存在还原性气体，使炉渣熔点温度降低，引起炉内结焦，危及锅炉的安全运行，这是应当避免的。所以最合理的过剩空气系数应使 $q_2+q_3+q_4$ 为最小。

11 影响排烟温度的因素有哪些？

答：影响排烟温度的因素有：

（1）尾部受热面的多少。尾部受热面多，排烟温度降低，但排烟温度太低又会引起尾部受热面金属的腐蚀与增加金属的消耗量。一般排烟温度在 110～116℃。

（2）受热面积灰或结垢，使热交换变差，导致排烟温度上升。

（3）炉膛内结焦，使离开炉膛的烟气温度升高，导致排烟温度升高。

（4）炉底漏风大，使火焰中心抬高。以及烟道漏风都会使排烟温度升高。

12 如何降低排烟热损失？

答：降低排烟热损失的方法：

（1）保持合理的过剩空气系数。

（2）组织好燃烧，保持较高的锅炉效率。

（3）减少炉底漏风，制粉系统漏风与烟道漏风。

（4）定期吹扫空气预热器及各部分受热面。

（5）炉膛定期吹灰，保持炉内受热面的清洁。

13 锅炉结焦与哪些因素有关？

答：锅炉结焦的因素：

（1）与煤灰的熔点有关。若灰熔点低便容易结焦。

（2）炉内空气量。燃烧过程中空气量不足，炉内存有还原性气体，降低了灰的熔点，使结焦加剧。

（3）燃料与空气的混合情况。燃料与空气的混合不良，未燃尽碳粒存在，若未燃尽的碳粒粘在受热面上而继续燃烧，此区域温度升高，黏结性也强，焦易形成。

（4）燃烧气流特性。燃烧不良造成火焰偏斜，使火焰偏向一侧，灼热的灰粒与水冷壁受热面接触时，立即就粘上去形成焦。

（5）炉膛热负荷情况。炉膛容积热负荷过高也容易形成炉内结焦。

（6）炉底出渣受阻，堆积成焦渣。

（7）长时间未吹灰。

14 影响煤粉气流着火温度的因素有哪些？

答：影响煤粉气流着火温度的因素有：

（1）煤的挥发分愈低，则着火温度愈高。

（2）煤粉细度愈大，即煤粉愈粗，着火温度也愈高。

（3）煤粉气流的流动结构对着火温度也有影响，煤粉气流在紊流或层流条件下的着火也是有差别的。

15 煤粉气流着火早晚对锅炉有何影响？

答：煤粉气流着火过早，可能会烧坏燃烧器，或造成燃烧器周围结焦。

煤粉气流着火过迟，会使火焰中心上移，造成炉膛上部结渣，过热汽温、再热气温偏高，不完全燃烧损失增大。

16 煤粉气流的着火热源主要有哪些？

答：煤粉气流的着火热源主要有卷吸炉膛高温烟气而产生的对流换热，以及炉内高温火焰的辐射热，两者中以前者为主。通过这两种换热，使进入炉膛的煤粉气流的温度迅速提高，当温度上升到煤粉着火温度时，煤粉便开始燃烧。

17 何谓煤粉的着火温度？

答：进入炉膛的煤粉气流的温度上升到一定数值时，煤粉开始燃烧，这时的温度就是煤粉的着火温度。

18 影响火焰传播速度的因素有哪些？

答：煤的挥发分越低，火焰的传播速度也越低；煤的灰分越高，火焰的传播速度也越低；不同煤种都有一个最佳的气粉比，对于挥发分越低、灰分越高的煤，最佳气粉比越低，火焰的传播速度也越低；煤粉的细度值越高，火焰的传播速度也越低。

19 强化燃烧的措施有哪些？

答：强化燃烧的措施有：

（1）提高热风温度。有助于提高炉内温度，加速煤粉的燃烧和燃尽。在烧无烟煤时，空气预热到400℃左右，并采用热风作输送煤粉的一次风，而乏气送入炉膛作为三次风。

（2）保持适当的空气，并限制一次风量。空气量过大和炉膛温度下降，对着火和燃烧都不利。因此，保持适当的空气量是很重要的。一次风量必须能够保证化学反应过程的发展，以及着火区种煤粉局部燃烧的需要。在燃烧煤粉时，首先着火的是挥发分和空气所组成的可燃混合物，为了使可燃混合物的着火条件最有利，必须保持适当的氧气浓度。因此，对挥发分多的煤粉，一次风率可以大一些；而对于挥发分少的无烟煤和贫煤，一次风率应小些。

（3）选择适当的气流速度。降低一次风速，可以使煤粉气流在离开燃烧器不远处就开始着火，但此速度必须保证煤粉气流和热烟气强烈混合。当气流速度太低时，燃烧中心过分接近燃烧器喷口，可能将燃烧器烧坏，并引起喷燃器周围结焦。二次风速一般均应大于一次风速，这样才能使空气与煤粉充分混合。

（4）合理地送入二次风。二次风混入一次风的时间要适当。如果在着火前混入，使着火延迟；如果二次风混入过迟，又会使着火后的燃烧缺氧。二次风同时全部混入一次风，对燃烧也不利，因为二次风温大大低于火焰温度，使大量低温的二次风混入，会降低火焰温度，减慢燃烧速度。二次风最好能按燃烧区域的需要，及时、分批送入，做到使燃烧不缺氧，同时也不会降低火焰温度，达到燃烧完全。

（5）在着火区保持高温。加强气流中高温烟气的卷吸，使火炬形成较大的高温气流涡流区，这是强烈而稳定的着火源。火炬从这个涡流区吸入大量热烟气，能保证稳定着火。

（6）选择适当的煤粉细度。煤粉越细，总表面积越大，挥发分析出越快，这对着火的提前和稳定是有利的，且燃烧越完全。此外，煤粉均匀性对燃烧也有影响，均匀性差，完全燃烧程度就会降低。

（7）在强化着火阶段的同时，必须强化燃烧阶段本身。碳粒燃烧速度决定于两个基本因素，即温度和氧气向碳粒表面的扩散。在燃烧中心，燃烧可能在扩散区进行；而在燃尽区，由于温度低，所以燃烧可能也在扩散区进行，因此，对于燃烧中心地带，应设法加强混合；对于火炬尾部，应维持足够高的温度。

20 煤的挥发分对锅炉燃烧有何影响？

答：挥发分高的煤易于着火，燃烧比较稳定，而且燃烧完全，磨制的煤粉可以粗些。但是易于爆燃。挥发分低、含碳量高的煤，不易着火和燃烧，磨制的煤粉细度要求细些。

21 煤的水分对燃烧有何影响？

答：煤的水分是评价煤炭经济价值的基本指标，既是数量指标又是质量指标。水分不能燃烧，水分含量高，可燃物质量相对减少，发热量低。煤的水分增加，则在燃烧时由于水分蒸发还要吸收一部分热量，会使燃烧温度下降，煤的有效热能降低。煤粉锅炉燃用的煤粉在制粉过程中，其表面水分可能被蒸发，但内在水分不可能完全除掉。当煤粉中水分增加时，烟气量也增加，排烟损失也随之增加。水分多，还直接影响炉内煤粉着火和燃烧的稳定性。

22 煤粉细度对锅炉运行有何意义？

答：煤粉细度是衡量煤粉品质的一项指标，应根据保证燃烧效率和节约制粉系统单位电耗的要求来确定。对不同的煤种，在不同锅炉形式和制粉设备下，具有一定的最经济的细度。煤粉过粗，造成燃烧不稳定，并在炉膛内燃烧不尽，增加了不完全燃烧损失；煤粉过细，则会增加制粉系统的制粉单位电耗。

23 燃烧器的作用是什么？

答：燃烧器的作用是把燃料与空气连续送入炉膛，合理地组织煤粉气流，并良好地混合，促使燃料迅速而稳定地着火和燃烧。

24 燃烧器的类型有哪几种？布置方式有哪几种？

答：燃烧器按外形可分为圆型和缝隙型两种。

按气流工况可分为直流式和旋流式两种。

直流燃烧器一般采用四角布置，而旋流燃烧器常采用前墙布置、前后墙布置及两侧墙布置。

25 直流燃烧器为什么采用四角布置？

答：由于直流燃烧器单个喷口喷出的气流扩散角较小，速度衰减慢，射程较远，而高温烟气只能在气流周围混入，使气流周界的煤粉首先着火，然后逐渐向气流中心扩展，所以着火推迟，火焰行程较长，着火条件不理想。采用四角布置时，四股气流在炉膛中心形成一直径600～1500mm的假想切圆，这种切圆燃烧方式能使相邻燃烧器喷出的气流相互引燃，起到帮助气流点火的作用。同时气流喷入炉膛，产生强烈旋转，在离心力的作用下使气流向四周扩展，炉膛中心形成负压，使高温烟气由上向下回流到气流根部，进一步改善气流着火的条件。气流在炉膛中心强烈旋转，煤粉与空气混合强烈，加速了燃烧，形成了炉膛中心的高温火球。另外，气流的旋转上升延长了煤粉在炉内的燃尽时间，改善了炉内气流的充满程度。

26 何谓假想切圆？切圆直径的大小对锅炉工作有何影响？

答：角置式燃烧器以同一高度喷口的几何轴线作切线，这些切线在炉膛横截面中部形成的几何圆形称为假想切圆。燃烧器的四股气流沿假想圆的切线方向喷射，在炉内形成绕假想切圆强烈旋转的气流。

对于不同燃料、不同型式的锅炉，假想切圆的直径完全不一样；同一锅炉的一、二次风也可能采用不同直径的假想切圆。一般切圆直径为600～1500mm。

较大直径的假想切圆，可使邻角火炬的高温火焰更易达到下游邻角的燃烧器根部，有利于煤粉气流的着火，同时使炉内气流旋转强烈，燃烧后期混合得以改善，有利于燃尽过程。但假想切圆大，一次风气流偏斜程度增大，易引起水冷壁的结渣、磨损。切圆直径过大时，气流到达炉膛出口还有较强的残余旋转，会引起烟温和过热蒸汽温度的偏差。由于切圆内存在负压无风区，故使炉膛的火焰充满程度也受到不利影响。

27 直流燃烧器在结构上有何特点？

答：根据煤的种类及送粉方式的不同，直流燃烧器的结构也是不同的。部分喷口可上下摆动，均采用切圆燃烧方式。根据燃烧器中一、二次风口布置的情况来分类，有均等配风和分级配风两种。

28 均等配风燃烧器在结构上有何特点？

答：均等配风燃烧器采用一、二次风口相间布置，即在两个一次风口之间均等布置一个或两个二次风口，或者在每个一次风口的背火面均等布置二次风口。在均等配风方式中，一、二次风口间距较近，喷出的一、二次风会很快混合。

29 分级配风燃烧器在结构上有何特点？

答：分级配风燃烧器是把燃烧所需的二次风，分阶段的送入燃烧的煤粉气流中。因此，通常将一次风口比较集中的布置在一起，而二次风口则分层布置，且一次、二次风口保持较大的距离。

30 何谓射流的刚性？

答：燃烧器喷出的射流所具有的抵抗偏转的能力，称为该射流的刚性。

31 为什么三次风喷口一般布置在喷燃器的上部？

答：三次风的特点是风温低、水分大、风速大、风量大，对炉膛燃烧影响大。一般将三次风喷口布置在燃烧器上部，可以使三次风气流尽量在主燃料煤粉气流的燃尽阶段混入，以免影响主燃料煤粉气流的着火和燃烧。

32 简述四角布置的直流燃烧器气流偏斜的原因及对燃烧的影响。

答：四角布置的直流燃烧器气流偏斜的原因：

（1）射流在其两侧压力差的作用下，被压向一侧而产生偏斜，由于直流燃烧器的四角射流相切于炉膛中心的假想切圆，致使射流两侧与炉膛夹角不同。夹角大的一侧，空间大、高温烟气补充充分，另一侧补气不充分，致使夹角大的一侧静压大于夹角小的一侧，在压差的作用下，射流向夹角小的一侧偏斜。

（2）炉膛宽、深尺寸差别越大，切圆直径越大，两侧夹角差别越大，射流偏斜越大。

（3）射流受上游邻角燃烧器射流的横向推力作用，也迫使气流发生偏斜。

（4）射流刚性的大小，也影响气流的偏斜。

气流偏斜对燃烧的影响：

射流偏斜不大时，可改善炉内气流工况，使部分高温烟气正好补充到邻组燃烧器的根部，不但保证了煤粉气流的迅速着火和稳定燃烧，又不至于结焦，这正是四角直吹式直流燃烧器的特点。但气流偏斜过大时，会形成气流刷墙致使水冷壁炉墙结焦、磨损等不良后果，且炉膛火焰充满度降低。

33 多功能直流燃烧器由哪些部件组成？

答：多功能燃烧器主要由稳燃器（俗称船体或钝体）、火嘴、油枪室及小油枪组成。

34 直流燃烧器的二次风一般分为哪几部分？

答：直流燃烧器的二次风一般分为上、中、下三部分，此外尚有周界二次风、夹心二次风、侧二次风及中心十字风等。

35 上、中、下二次风分别有何作用？

答：上二次风的作用是压住火焰，使之不过分上飘；在分级配风中，它占的比例最大，是煤粉燃烧需氧的主要来源，也是造成紊动的主要动力；其风口一般下倾 5°～15°。

中二次风在均等配风中是燃料燃烧需氧和紊动的主要来源，占风量比例较大；而在分级配风中，它的风量很小；其风口一般下倾 5°～15°。

下二次风的作用是防止煤粉离析，托住火炬使之不过分下冲，以防冷灰斗结渣；其风量最小，为二次风总量的 15%～20%；一般水平布置。

36 周界风的作用是什么?

答：周界风是包围一次风口的二次风，其速度较高（约为一次风的 2 倍），可增加一次风的刚性，防止气流过分偏斜；也可以保护一次风喷口，防止燃烧器烧坏。但周界风量过大时，会阻碍一次风着火，引起燃烧不稳。周界风量一般占二次风量的 10%～12%。

37 夹心风的作用是什么?

答：夹心风是夹在一次风气流中间的二次风。夹心风能增强一次风的刚性，并有及时补给氧气的作用。夹心风对一次风着火的影响较小，其风量占二次风总量的 10%～16%。

38 侧二次风的作用是什么?

答：侧二次风均布置在一次风两侧或外侧。布置在一次风两侧的二次风的作用和周界风差不多。布置在一次风外侧的二次风可在炉墙附近形成一层气幕，既增加了气流的刚性，又有利于防止结渣。此外，由于内侧未布置二次风，所以高温烟气可以直接卷吸入一次风，对煤粉的着火也有利。

39 中心十字风的作用是什么?

答：中心十字风是夹在一次风口中成十字形缝隙的二次风。它对一次风喷口有保护作用，可把一次风分隔成四小股，有助于风、粉的混合。同周界风、夹心风一样，它对一次风也起导向的作用，能增加其刚性。中心十字风多用于褐煤燃烧。

40 煤粉在炉内的燃烧过程大致经历哪几个阶段?

答：煤粉在炉内的燃烧过程大致经历三个阶段：着火前准备阶段、燃烧阶段和燃尽阶段。

41 按化学条件和物理条件对燃烧速度的不同影响，可将燃烧分为哪几类?

答：按化学条件和物理条件对燃烧速度的影响可分为三类，即动力燃烧、扩散燃烧和过渡燃烧。

42 旋流射流与直流射流在流动特性上的主要差别是什么?

答：旋转射流不但有轴向、径向速度，而且有切向速度，其变化情况显著的特点是产生了回流区；旋流射流切向速度衰减很快，轴向速度衰减较慢，但比直流射流快的多，因此在同样的初始动量下，旋转射流射程短；旋转射流的扩展角比直流射流大，旋转强度加大，扩展角随之加大。

43 油燃烧器的组成是什么?

答：油燃烧器由油雾化器和配风器组成。

44 油雾化器的作用是什么?

答：油雾化器又叫油枪或油喷嘴，其作用是将油雾化成细小的油滴。

45 轻油枪的形式主要有哪些？

答：轻油枪有压力雾化器和蒸汽机械雾化器两种。压力雾化器又可分为简单机械雾化器和回油式机械雾化器；而蒸汽机械雾化器的种类则较多。

46 简述简单机械雾化器的结构及工作原理。

答：简单机械雾化器主要由雾化片、旋流片和分流片三部分组成。

工作原理：油在一定的压力下，经分流片的小孔汇合到一个环形槽中，然后经过旋流片的切向槽进入旋流中心的旋流室，产生高速的旋流运动，并经中心孔喷出。油在离心力的作用下，克服了本身的黏性力和表面张力，被粉碎成细小的油滴，并形成具有一定角度的圆锥形雾化矩。雾化矩的雾化角一般在60°～100°。

47 常见的旋流式燃烧器有哪些种类？

答：常见的旋流式燃烧器有扰动式和轴向叶轮式两种。

48 简述双蜗壳式燃烧器的结构和工作原理。

答：双蜗壳式燃烧器由两个蜗壳组成，大蜗壳中是二次风，小蜗壳中是一次风，中间有一根中心管，中心管内可插入油枪。

工作原理：一、二次风切向进入蜗壳，然后经环形通道同方向旋转进入炉膛。二次风进口处装有舌形挡板，用来调整二次风的旋流强度。由于一、二次风都是旋流气流，所以进入炉膛后就扩展成空心锥的形状，即形成扩散的环形气流。在气流的卷吸作用下，空心锥的内、外面都受到高温回流烟气的加热。这种燃烧器能将煤粉气流扩展开来，吸热面积大，着火条件好。

49 轴向可动叶轮旋流煤粉燃烧器是如何工作的？

答：轴向可动叶轮旋流煤粉燃烧器的一次风气流为直流或靠挡板产生弱旋转射流。一次风通道的出口装有扩流锥，携带煤粉的一次风气流经过它喷入炉膛后就展开。二次风气流通过装有轴向叶片的叶轮产生旋转运动。叶轮可沿着燃烧器轴线方向前后移动，当把叶轮向外拉出时，会有一部分二次风在叶轮外侧直流通过，其余部分通过叶轮内的轴向叶片产生旋转运动。这样，通过改变叶轮的位置，就可以改变直流风和旋转风的比例，并以此来调节二次风出口射流的旋转强度。由于二次风的风量和风速都比一次风大，所以二次风射流的旋转强度除了影响它本身的扩展之外，还影响一次风射流的扩展角和内回流区的大小。

50 旋流燃烧器有何特性？

答：二次风是旋转气流，一出喷口就扩展开；一次风可以是旋转气流，也可以因装扩锥而扩展。因此，整个气流形成空心锥形状的旋转射流。旋转射流有强烈的卷吸作用，可将中心及外缘的气体带走，造成负压区，在中心部位就会因高温烟气回流而形成回流区。回流区大，对煤粉着火有利。旋转射流空心锥之外的边界所形成的夹角叫扩散角。随着旋转强度的增加，扩散角也增大，同时回流区也增大。当旋转强度增加到一定程度，扩散角也增加到某一程度时，射流会突然附至炉墙上，形成炉墙结渣。

51 油燃烧器的配风应满足哪些条件？

答：油燃烧器的配风应满足的条件为：

(1) 一次风和二次风的配比要适当。油燃烧器与煤粉燃烧器一样，也将供应的空气分为一次风和二次风。为了解决及时着火和稳定燃烧，避免或减少炭黑的形成，应将一部分空气和油雾预先混合，这部分空气是送到油雾的根部，叫一次风，通常又称为根部风或中心风。剩余的空气是送到油雾周围的，称为二次风，通常也称为周围风或主风，其作用是解决油雾的完全燃烧。

(2) 要有合适的回流区。着火热主要依靠高温烟气的回流，因此在燃烧器出口需要有一个适当的回流区，它是保证及时着火、稳定燃烧的热源。

(3) 油雾和空气混合要强烈。油的燃烧为扩散燃烧，强烈混合是提高效率的关键。配风器应能组织一、二次风气流具有一定的出口速度、扩展角和射程，以达到强烈的初始和后期扰动，确保整个燃烧过程良好进行。

(4) 各燃烧器间油与空气分布应均匀。

52 配风器分为哪两类？

答：配风器有旋流式和直流式两大类。

53 旋流配风器的作用是什么？有哪几类？

答：油燃烧器的旋流配风器和旋流煤粉燃烧器一样，采用旋流装置使一、二次风产生旋转，并形成扩散的环形气流。通常将一次风的旋流装置叫稳焰器，其作用是使一次风产生一定的旋转扩散，以便在接近火焰根部处形成一个高温回流区，使油雾稳定地着火与燃烧。

常用的旋流配风器可分为切向叶片式和轴向叶轮式两类。

54 切向叶轮式配风器有什么特点？

答：将空气分为两股，一股通过切向可动叶片产生旋转，为二次风；另一股通过多孔套筒由中心进入，为一次风。出口处装有轴向叶片式稳燃器，使一次风旋转，雾化器插在中心孔内。二次风的旋转强度，可用改变叶片角度的方法来调节。

55 直流配风器是如何工作的？又是如何分类的？

答：直流配风器又叫平流配风器，其二次风不经过叶片直接送入炉膛。直流配风器用稳焰器来提供根部风，而且使一次风旋转切入油雾，形成合适的回流区。它的二次风是直流的，以较大的交角切入油雾，而且风速高，衰减慢，能穿入火焰核心，加强了后期混合，强化了燃烧过程。

直流配风器有两种结构：一种是直管式，另一种是文丘里管式。

56 文丘里管式配风器是如何为油枪配风的？

答：在文丘里管式配风器中，空气由大风箱经筒形风门送入，中间约20%的空气经过稳焰器作为一次风旋转喷出，其余的空气在外围作为二次风直接喷出。由于文丘里管缩颈处的风压可以正确地反应通过的风量，便于采用自动调节，因而可以扩大调风器的负荷调节范围，有利于燃烧器实现低氧燃烧。

57 简述电弧点火装置的原理。

答：电弧点火是借助于大电流，通电后再使两极离开，在两极间产生电弧，把可燃气体或液体燃料点燃。它的起弧原理与电焊相似，电极是由碳棒和碳块组成，通电后碳棒与碳块接触后拉开，在其间隙处形成高温的电弧，足可以把可燃气体和液体燃料点着。

58 简述高能点火装置的特点及工作原理。

答：高能点火装置与电火花点火相比，不需要过渡燃料，可直接点燃重油。高能点火装置的发火部分也是两个电极，在玷污与结碳的条件下仍能工作。

工作原理是使半导体电阻处在一个能量很大、峰值很高的脉冲电压作用下，这样在半导体表面就可以产生很强的电火花，以此作为点火能源。

59 何谓空气预热器?

答：锅炉空气预热器是利用尾部烟气的热量来加热燃烧所需的空气的热交换设备。

60 空气预热器的作用有哪些?

答：空气预热器的作用为：

(1) 降低排烟温度，提高锅炉效率。它装在烟气温度最低区域，可以进一步回收烟气的热量，降低排烟温度，减少排烟损失，提高效率。

(2) 提高空气温度，强化燃烧。空气被加热，强化了燃料的着火和燃烧过程，减少了燃料不完全燃烧热损失，进一步提高了锅炉效率。

(3) 提高炉膛内烟气温度，强化炉内辐射换热。

61 空气预热器分为哪些类型?

答：(1) 按结构分为管式空气预热器和回转式空气预热器两种。管式空气预热器又可分为立管式和横管式两种；回转式空气预热器又可分为受热面回转式和风罩回转式两种。

(2) 按换热方式可分为传热式和蓄热式（或称为再生式）两种。

管式空气预热器属于传热式，回转式空气预热器属于蓄热式。

62 何谓回转式空气预热器? 它分为哪几种?

答：回转式空气预热器是一种蓄热式预热器，利用烟气和空气交替地通过金属受热面来加热空气。

它可分为受热面回转和风罩回转式两种。

63 回转式空气预热器的结构是怎样的?

答：回转式空气预热器由转子、外壳、传动装置和密封装置等组成。受热面装于可转动的圆筒形转子中，转子被分割成若干个扇形仓格，每个扇形仓格内装满波浪形金属薄板，并组成传热元件（蓄热板）。圆形外壳的顶部和底部及转子上下对应地被分割成烟气流通区、空气流通区，烟气流通区与烟道相连，空气流通区与风道相连。由于烟气容积流量比空气大，所以烟气通道占总流通截面的50%左右，空气区占30%～45%，其余为密封区。传动部分由电机通过减速箱来带动转子旋转。

64 回转式空气预热器的工作原理是什么？

答：电机通过减速装置带动受热面转子以1～4r/min的转速转动，转子中的传热元件便交替的被烟气加热和空气冷却，烟气的热量由传热元件蓄热后传递给空气，使空气温度提高，转子每转一圈，传热元件吸热、放热交替变换一次。

65 回转式空气预热器的高、低温段受热面是如何布置的？

答：受热面分为高温段和低温段。高温段受热面由齿状波形板和波形板组成，它们相隔排列，前者兼起定位作用以保持各板间隙，故又叫定位板；低温段受热面由平板和齿形波形板组成，其通道较大以减少积灰，板材较厚以延长因腐蚀而损害的期限。

66 何谓三分仓回转式空气预热器？

答：受热面回转式空气预热器中，其烟气通道约占1/3，一次风通道约占1/3，二次风通道约占1/3，故简称三分仓回转式预热器。

67 回转式空气预热器故障停运后应如何处理？

答：回转式空气预热器故障停运后的处理为：

(1) 若跳闸前无异常信号，电流正常，可对跳闸电动机强行合闸一次。

(2) 若强行合闸不成功时，应确认相对应侧的引风机、送风机已经停止运行，关闭跳闸空气预热器的进、出口风、烟气挡板，提起漏风控制系统的密封板。锅炉减负荷，降低烟气温度，对空气预热器进行手动盘车。

(3) 联系检修人员处理，迅速消除缺陷，恢复空气预热器运行。若不能恢复时，应申请停炉处理。

68 简述回转式预热器电源故障时的现象及处理方法。

答：回转式预热器电源故障时的现象：故障侧预热器电流回零，预热器停转，报警声光信号发出，备用电动机或气动驱动装置自动投入运行，如备用电动机不能投入，则排烟温度升高，热风温度降低。

处理方法：若跳闸前预热器电动机无过流现象，则应将电源开关复位并重合一次，启动成功后可继续运行；若电流过大，则应立即拉开电源开关，防止电动机过载。若一台预热器故障不能运行，则应按预热器故障处理方法来进行处理；若两台预热器同时故障，则应立即停炉处理。

69 防止空气预热器低温腐蚀的方法有哪些？

答：空气预热器的入口空气温度一般规定不低于30℃，低于此温度时，容易对空气预热器产生低温腐蚀和积灰。防止措施一般有以下几种：

(1) 提高预热器入口空气温度，可以提高预热器冷端受热面壁温，防止结露腐蚀。最常见的方法是将预热器的空气从再循环管道送至送风机的入口与冷空气混合，提高进风温度，或采用暖风器加热进入预热器的空气。

（2）采用燃烧时高温低氧方式，可以减少SO_3的生成，减少形成腐蚀的条件。

（3）采用结构化部件，这样即便发生腐蚀，也不必在检修后更换全部，而只需要更换某一部分即可。

70 何谓暖风器？

答：暖风器是一种蒸汽—空气管式热交换器，管内流过由汽轮机引来的蒸汽，空气在管外通过时被加热。

71 空气预热器受热面的低温腐蚀是如何产生的？

答：低温腐蚀常出现在空气预热器的冷端。当受热面的温度低于烟气的露点时，烟气中的水蒸气与硫燃烧后生成的SO_3结合成硫酸，凝结在受热面上，对受热面产生严重腐蚀。

72 遇有何种情况时应紧急停止风机运行？

答：遇有以下情况时应紧急停止风机运行：

（1）人身受到伤亡威胁。

（2）风机有异常噪声。

（3）风机轴承温度急剧上升，超过规定值。

（4）风机发生剧烈振动。

（5）电动机发生严重故障。

73 如何处理送风机冷油器泄漏？

答：送风机冷油器泄漏的处理为：

（1）立即将油系统切为旁路运行，关闭冷油器出、入口门，隔绝故障点。

（2）检查风机油压是否正常，并立即汇报主值班员。

（3）检查油箱油位，组织人员补油，同时通知检修人员处理。

74 锅炉蒸发设备的作用是什么？它由哪些部件组成？

答：锅炉蒸发设备的作用是吸收燃料燃烧放出的热量，将水加热成饱和蒸汽。

蒸发设备是由汽包、下降管、水冷壁及联箱等组成。

75 简述蒸发设备的工作过程。

答：由省煤器来的给水进入汽包之后，经下降管、下联箱分配到各水冷壁管，在炉膛内吸收了辐射热，使水冷壁管的水加热到饱和温度，随后部分汽水形成汽水混合物进入汽包，经汽包内部的汽水分离装置将汽水分离，饱和蒸汽由汽包引出到过热器，而分离器出来的水与给水一起经下降管继续流入水冷壁管内，使水冷壁不断地产生蒸汽。

76 汽包壁温差过大有何危害？

答：当汽包上、下壁或内、外壁有温差时，将在汽包金属内产生附加热应力。这种热应力能够达到巨大的数值，可使汽包发生弯曲、变形、裂纹，缩短使用寿命。因此锅炉在启停过程中，必须严格控制汽包壁温差不超过 40℃。

77 为什么称汽包是加热、蒸发、过热三个过程的连接枢纽？

答：水在锅炉中变成合格的蒸汽，要经过加热、汽化、过热三个过程。由给水加热成饱和水是加热过程；饱和水汽化成饱和蒸汽是汽化过程；饱和蒸汽加热成过热蒸汽是过热过程。上述三个过程分别由省煤器、蒸发受热面、过热器来完成。汽包与上述三个过程都有联系，它要接受省煤器来的水；与蒸发受热面构成循环回路；饱和蒸汽要由汽包分送到过热器。汽包是加热、汽化、过热三个过程的交汇点，也是它们的分界点。故称汽包是锅炉加热、蒸发、过热三个过程的连接枢纽。

78 汽包的作用主要有哪些？

答：汽包的主要作用是：

(1) 工质加热、蒸发、过热三个过程的连接枢纽，同时作为一个平衡器，保持水冷壁中汽水混合物流动所需压头。

(2) 汽包内有一定数量的水和汽，加之汽包本身的质量很大，因此有相当的蓄热量，在锅炉工况变化时，能起缓冲稳定汽压的作用。

(3) 装设汽水分离和蒸汽净化装置，保证饱和蒸汽的品质。

(4) 装设测量表计及安全附件，如压力表、水位表、安全阀等。

79 汽包内典型布置方式有几种？

答：汽包内典型布置方式有采用旋风分离器、卧式旋风分离器和涡轮分离器等几种方案。亚临界压力锅炉一般不用蒸汽清洗，以采用先进的化学水处理方法提高给水品质，从而满足蒸汽品质的要求。

80 水冷壁形式有哪几种？

答：水冷壁有光管式、膜式、销钉式和内螺纹管式几种形式。

大型锅炉多采用不等壁厚结构汽包、大直径集中下降管及膜式水冷壁。

81 采用折焰角的目的是什么？

答：折焰角是由后墙水冷壁上部部分管子分叉弯制而成。采用折焰角可提高炉内火焰充满程度，改善屏式过热器的传热情况和有利于对流过热器的布置。新炉型折焰角还可简化水平烟道底部的炉墙结构。后墙水冷壁出口联箱上的汽水引出管为其悬吊管。

82 自然循环锅炉结构上如何防止水循环停滞、下降管含汽和水冷壁的沸腾？

答：自然水循环是依靠下降管和水冷壁内工质的密度差而产生的推动力进行的水循环。自然水循环锅炉可能发生影响水循环安全性的主要问题是：水循环停滞、下降管含汽和水冷壁的沸腾传热恶化。在锅炉结构上采取的防止措施有：

水循环停滞：按水冷壁受热情况划分适当的循环回路；炉角不布置管子或切角。形成“八角”炉膛，以减少并列管子的受热不均匀。

下降管含汽：在下降管入口处加装十字架或栅格板；将部分给水直接引至下降管入口附

近等。

沸腾传热恶化：在高热负荷区水冷壁采用内螺纹管等。

83 采用膜式水冷壁的优点有哪些？

答：膜式水冷壁有两种型式，一种是用轧制成的鳍片焊成；另一种是在光管之间焊扁钢而形成。其主要优点如下：

（1）膜式水冷壁将炉膛严密地包围起来，充分地保护着炉墙，因而炉墙只需敷上保温材料及密封涂料，而不用耐火材料，所以，简化了炉墙结构，减轻了锅炉总重量。

（2）炉膛气密性好，漏风少，减少了排烟热损失，提高了锅炉热效率。

（3）易于制成水冷壁的大组合件，故安装快速方便。

84 水冷壁为什么要分若干个循环回路？

答：因为沿炉膛宽度和深度方向的热负荷分布不均，造成每面墙的水冷壁管受热不均，使中间部分水冷壁管受热最强，边上的管子受热较弱。若整面墙的水冷壁只组成一个循环回路，则并联水冷壁中，受热强的管子循环水速大，受热弱的管内循环水速小，对管壁的冷却差。为了减小各并列水冷壁管受热不均，提高各并列管子水循环的安全性，通常把锅炉每面墙的水冷壁，划分成若干个循环回路。

85 锅炉膨胀指示器的作用是什么？

答：膨胀指示器是用来监视汽包、联箱等厚壁压力容器，在点火升压升温过程中的膨胀情况，通过它可以及时发现因点火升压升温不当或安装、检修不良引起的蒸发设备变形，防止膨胀不均发生裂纹泄漏等。

86 再热器为什么要进行保护？

答：因为在机组启停过程或运行中汽轮机突然故障而使再热器汽流中断时，再热器将无蒸汽通过来冷却而造成管壁超温烧坏。所以，必须装设旁路系统通以部分蒸汽，以保护再热器的安全。

87 锅炉过热汽温调节的方法有哪些？

答：锅炉过热汽温调节的方法有三种调节方式：

（1）在设计中考虑用辐射过热器和对流过热器配合。

（2）蒸汽侧减温调节。

（3）烟气侧的调节。

88 如何从蒸汽侧着手调节汽温？

答：从蒸汽侧进行调节时，采用喷水减温器来调节过热蒸汽温度。喷水减温器的工作原理是将冷却水雾化后直接喷入过热蒸汽中。冷却水吸收蒸汽的热量，进行加热、蒸发和过热，从而使汽温下降。调节喷水量即可达到调节汽温的目的。

喷水减温器装在蒸汽联箱内或某段蒸汽管道内。喷水式减温器的结构形式很多，按喷水方式有喷头式（单喷头、双喷头）减温器、文丘里管式减温器、旋涡式喷嘴和多孔喷管式减温器。

89 混合式喷水减温器的工作原理是什么？

答：混合式喷水减温器的工作原理是：高温蒸汽从减温器进口端被引入文丘里管。而水经文丘里管喉部喷嘴喷入，形成雾状水珠与高速蒸汽充分混合，并经一定长度的套管，由另一端引出减温器。这样喷入的水吸收了高温蒸汽的热量而变为蒸汽，使汽温降低。

90 如何从烟气侧着手调节汽温？

答：从烟气侧调节汽温就是变更过热器（再热器）区的烟气放热量，通常是通过改变流经该区的烟气量和烟气温度来实现。采用烟气再循环和烟气旁路来改变烟气量，采用改变火焰中心位置来改变流经过热器的烟气温度，使过热汽温和再热汽温得到调节。

91 旁路烟道挡板有哪些作用？其工作原理是怎样的？

答：旁路烟道挡板以改变烟气流量来作为再热汽温粗调之用。

其工作原理为：当再热蒸汽温度过高，开大安装在旁路烟道中的挡板时，流经低温再热器的烟气量减少。从而减弱了低温再热器区域的对流换热量，而流经旁路烟道的烟气增加了旁路省煤器的对流换热量。从而提高了进入汽包的水温，降低了炉水的欠焓，所以同样工况下进入炉膛的燃料量也将相对减少，使得再热器的换热量再次减少。在上述两方面作用下，达到了降低再热汽温的目的。当再热汽温过低，则关闭旁路烟道挡板，原理反之。

92 如何通过改变火焰的中心位置调节汽温？

答：改变火焰中心沿炉膛高度的位置，从而改变炉膛出口烟气温度，调节锅炉辐射和对流受热面吸热量的比例，可用来调节过热及再热汽温。

改变火焰中心高度的方法是改变燃烧器倾角或投入不同高度的燃烧器。国产大型锅炉常采用摆动式燃烧器作为调节再热汽温的主要手段，其摆动角度一般为±30℃。当锅炉在高负荷时，燃烧器向下倾斜某一角度，火焰中心下移，炉内吸热量增多，炉膛出口烟温下降。再热器吸热量减少，再热汽温降低。

93 再热蒸汽温度的调节为什么不宜用喷水减温的方法？

答：再热器喷入的水在中压下工作，会使汽轮机中、低压缸的蒸汽流量增加，即增加了中、低压缸的输出功率。如果机组负荷一定，则势必要减少高压缸的功率，这样中压蒸汽做的功代替高压蒸汽做功，电厂循环热效率降低。

再热蒸汽温度调节常采用烟气侧调节方法作为汽温调节的主要手段，而用微量喷水减温器（辅助喷水减温器）作为辅助调节方法，即作再热汽温的辅助细调节，以补充其他调温手段之不足；同时还可以在两级再热蒸汽回路中用来调整热偏差。

94 什么是热偏差？

答：并列管子蒸汽焓增量不同的现象叫作热偏差，这些管子称为偏差管。

95 产生热偏差的原因是什么？

答：产生热偏差的原因有两个方面：

（1）烟气侧热力不均（吸热不均）。

过热器管组的各并列管是沿着炉膛宽度均匀布置的，而炉膛火焰中心向四周辐射热量传递给水冷壁。因此靠近炉膛的烟气温度远比火焰中心温度低，流速亦较低。烟气在离开炉膛转入对流烟道后仍保持上述温度不均的特点。因而，烟道中间管子受热较强，而烟道两侧的管子受热较弱，形成受热不均。

当炉内燃烧组织不良、火焰中心偏斜、燃烧器负荷不一致、炉膛部分水冷壁结渣以及炉膛水平烟道局部地区发生煤粉再燃烧时，均会造成炉内烟气温度不均，并将不同程度地在对流烟道中延续下去，从而引起过热器受热不均。

（2）蒸汽侧水力不均（流量不均）。

当并联管子中的蒸汽流量不均匀时，在流量大的管子每1kg蒸汽的吸热量小，即焓增量小，则管内蒸汽温度和管壁温度较低；在流量小的管子中，每1kg蒸汽吸热量大，即焓增量大，则管内蒸汽温度和管壁温度都较高。所以，蒸汽流量不均也将产生热偏差。

96 锅炉排空气门起什么作用？

答：在锅炉进水时，受热面水容积空气占据的空间逐渐被水所代替，在给水的驱赶作用下，空气向上运动聚集，所占的空间越来越小，空气的体积被压缩，压力高于大气压，最后经排空气门排入大气。防止了由于空气滞留在受热面对工质的品质及管壁的不良影响。

当锅炉停炉后，泄压到零前开启空气门可以防止锅炉承压部件内因工质的冷却，体积缩小所造成的真空；可以利用大气的压力，放出炉水。

97 锅炉省煤器的主要作用是什么？

答：省煤器的主要作用是利用锅炉尾部低温烟气的热量来加热给水，以降低排烟温度，提高锅炉效率，节省燃料消耗量，并减少给水与汽包的温度差。

98 省煤器再循环门在正常运行中泄漏有何影响？

答：省煤器再循环门在正常运行中泄漏，就会使部分给水经由循环管短路直接进入汽包而不经过省煤器。这部分水没有在省煤器内受热，水温较低，易造成汽包上下壁温差增大，产生热应力而影响汽包寿命。另外，在正常运行中，循环门应关闭严密。

99 什么是受热面积灰？

答：当携带飞灰的烟气流经受热面时，部分灰粒沉积在受热面上的现象，称为积灰。

积灰的过程是：当烟气横向冲刷管束时，在管子背风面产生旋流区。小于30μm的灰粒会被卷入旋涡区，在分子间引力和静电力的作用下，一些细灰被吸附在管壁上造成积灰。积灰是微小灰粒积聚与粗灰粒冲击同时作用的过程。开始积灰速度较快，随后逐渐降低。当积聚的灰与被粗灰冲掉的灰相等时，则处于动态平衡状态。

100 影响受热面积灰的因素有哪些？

答：影响受热面积灰的因素有：

（1）烟气流速。烟气流速越高，灰粒的冲击作用就越大，积灰程度越轻，反之积灰越多。

（2）飞灰颗粒度。烟气中粗灰多细灰少，冲刷作用大，则积灰越少；反之细灰多粗灰少，则积灰越多。

（3）管束结构特性。错列布置管束比顺列布置管束积灰少，因为错列布置的管束不仅迎风面受到冲刷，而且背风面也较容易受到冲刷，故积灰较轻。

101　减轻受热面积灰的措施有哪些?

答：减轻受热面积灰的措施有：

（1）选择合理的烟气速度。在额定负荷时，烟气速度不应低于6m/s，一般可保持在8～10m/s，过大会加剧磨损。

（2）布置高效吹灰装置，制定合理的吹灰制度，运行人员应按要求定期吹灰，以减轻受热面的积灰。

（3）采用小管径、小节距。错列布置，可以增强冲刷和扰动，积灰减轻。

102　锅炉吹灰器的作用是什么?

答：投用吹灰器可清扫炉膛和受热面，提高受热面的吸热能力及锅炉效率，对易结焦的炉子，及时投用吹灰器可降低排烟温度，以防止和减少结焦。

103　尾部烟道受热面磨损的机理是什么?

答：煤粉炉的烟气带有大量飞灰粒子，这些飞灰粒子都有一定的动能，当烟气冲刷受热面时，飞灰粒子就不断地冲刷管壁，每次冲刷都从管子上削去极其微小的金属屑，这就是磨损。

104　影响低温受热面磨损的因素有哪些?

答：低温受热面磨损的因素有：

（1）飞灰速度。磨损量与飞灰速度的3次方成正比，烟气流速增加1倍，磨损量要增加7倍。

（2）飞灰浓度。飞灰浓度增大，飞灰冲击次数最多，磨损加剧。

（3）灰粒特性。灰粒越粗，越硬，磨损越严重。飞灰中含碳量增加，也会使磨损加剧，因为碳中焦炭的硬度比灰粒要高。

（4）飞灰撞击率。飞灰颗粒大、飞灰比重大、烟气流速快、烟气黏度小，则飞灰的撞击机会就多，磨损就严重。

105　运行中减少尾部受热面磨损的措施有哪些?

答：运行中减少尾部受热面磨损的措施为：

（1）选取最佳空气量，减少炉底漏风，使尾部烟道内气流速度适中。

（2）选取合理的配风，使煤粉完全燃烧，减少飞灰含碳量。

（3）选取合理的煤粉细度，使其完全燃烧。

106　尾部受热面低温腐蚀的机理是什么?

答：燃料中硫分燃烧后生成二氧化硫，二氧化硫又会氧化成三氧化硫，三氧化硫与烟气蒸汽形成硫酸蒸汽，当受热面的壁温低于硫酸蒸汽的露点温度时，硫酸蒸汽就会凝结在管壁上腐蚀受热面。

107 影响低温腐蚀的因素是什么？

答：低温腐蚀主要取决于烟气中三氧化硫的含量与管壁温度。烟气中的三氧化硫增多，既提高了烟气露点又增多了硫酸凝结量，因而提高了腐蚀程度。只要受热面的壁温低至烟气的露点，硫酸便开始凝结在受热面上而发生腐蚀。

108 运行中防止低温腐蚀的措施有哪些？

答：烟气中的三氧化硫的形成与燃料硫分、火焰温度、燃烧热强度、燃烧空气量、飞灰性质和数量以及催化剂等有关。运行中可采取的措施有：

(1) 投入暖风机或热风再循环，提高进入空预器的冷风温度，以此来提高空预器的管壁温度。

(2) 加强对空预器的吹灰。

109 何谓省煤器？

答：布置在锅炉对流烟道内，利用烟气余热来加热给水的受热面叫省煤器。

110 省煤器在锅炉中的作用是什么？

答：省煤器的作用：

(1) 吸收低温烟气的热量以降低排烟温度，提高锅炉效率，节省燃料。

(2) 由于给水在进入蒸发受热面之前先在省煤器内加热，这样就减少了水在蒸发受热面内的吸热量，因此可以用省煤器代替部分造价较高的蒸发受热面。

(3) 提高了进入汽包的给水温度，减少了给水与汽包壁之间的温差，从而使汽包热应力降低，改善汽包的工作条件，延长汽包寿命。

111 省煤器分为哪几类？

答：按出口工质状态的不同，省煤器可分为沸腾式和非沸腾式两类。

按所用材质的不同，又可分为铸铁式和钢管式两类。其中，铸铁式省煤器耐磨损和耐腐蚀，但不能承受高压，只用于非沸腾式；钢管式省煤器应用于大型锅炉，它由许多并列的管径为 28～42mm 的蛇形管组成，蛇形管可以顺列也可以错列布置。

112 何谓沸腾式省煤器和非沸腾式省煤器？

答：省煤器出口水温被加热达到其出口压力下的饱和温度并产生部分蒸汽，这样的省煤器称为沸腾式省煤器；而出口水温低于其出口压力下的饱和温度的省煤器，则称为非沸腾式省煤器。

113 省煤器为什么通常采用水平布置？

答：省煤器蛇形管通常采用水平布置，主要是考虑以下因素：

(1) 利于停炉后排尽存水。

（2）尽可能地保持管内的水自下而上流动，以利于强制流动的水动力特性。

（3）便于排除水加热后产生的空气，避免管内产生空气停滞和内壁局部氧腐蚀。

（4）有利于吹灰。

（5）由于烟气与水流做逆向流动，故可以保持较大的传热温差。

114 为什么省煤器管内的水速应维持在一定范围内？

答：省煤器管内的水速应维持在一定的范围内。当水速过高时，会增加给水泵的电耗；而水速过低，金属冷却则难以保证，且会引起蛇形管中的空气停滞。特别在沸腾式省煤器中，管内会产生汽水分层，导致管子上部过热。因而在额定负荷下，对于非沸腾式省煤器，要求水速不低于 0.3m/s；对于沸腾式省煤器，要求水速不低于 1.0m/s。

115 省煤器启动时为什么要进行保护？有何方法？

答：省煤器在启动时，常是间断给水，如果省煤器中的水不流动，就可能使管壁超温损坏，因此启动时要进行保护。

一般保护方法是在省煤器进口与汽包下部之间连接一个再循环管，管上装有再循环门。当省煤器停止进水时，再循环门开启；进水时，再循环门关闭。

116 省煤器哪些部位易磨损？与哪些因素有关？

答：省煤器易磨损的部位是：迎风面前几排管子，尤以错列管束的第二排最严重；靠近炉墙的弯头部分，由于此处间隙较大，烟气流速较高，故而形成严重的局部磨损；烟气由水平烟道转向下行烟道时，由于离心力使靠后墙的飞灰浓度增高，故使靠后墙的管子磨损较严重。

省煤器磨损的主要因素有：

（1）烟气流速。烟气流速越高，磨损越严重，磨损量约与流速的三次方成正比。

（2）飞灰浓度。烟气中飞灰浓度越高，磨损越严重。

（3）飞灰性质。飞灰硬度高、颗粒大、有菱角，磨损就比较严重。

（4）受热面结构特性。错列管束要比顺列管束磨损严重。

117 防止省煤器磨损的措施有哪些？

答：防止省煤器磨损的措施主要有以下几个方面：

（1）适当控制烟气流速，特别要防止局部流速过高。

（2）降低飞灰浓度。

（3）在易于磨损的部位加装防磨装置。

（4）在尾部烟道四周及角隅处设置导流板，防止蛇行管与炉墙间形成烟气走廊而产生局部磨损。

（5）锅炉不宜长期超负荷运行，防止烟道漏风。

（6）运行中要防止结渣、堵灰。

118 省煤器管子除了光管外，还有哪些形式？各有何优、缺点？

答：省煤器管子一般为光管。为了强化烟气侧热交换和使省煤器结构更紧凑，可采用鳍片管、肋片管和膜式受热面。

(1) 焊接鳍片管省煤器所占据的空间比光管式减少 20%～25%，扎制鳍片管省煤器可使外形尺寸减少 40%～50%。

(2) 鳍片管和膜式省煤器还能减轻磨损，主要是因为它比光管省煤器占有空间少，因此在烟道截面不变的情况下，可采用较大的横向节距，从而使烟气流通截面增大，烟气流速下降，磨损减轻。

(3) 肋片式省煤器的主要特点是热交换面积明显增大，这对缩小省煤器体积和减少材料消耗都很有意义，但缺点是积灰比较严重。

119 省煤器再循环管的作用是什么？

答：在汽包与省煤器进口联箱之间所装的连接管称为再循环管，其上安装的截门称为再循环门。锅炉在启、停过程中不需要（连续）上水，省煤器中的水处于不流动状态，对省煤器的冷却效果差。尽管这时烟气温度不是很高，但省煤器的管壁温度可能较高，管子中的水还可能汽化，使管子损坏。为防止这种情况的发生，此时可将再循环门打开，利用汽包与省煤器工质的密度差，在汽包→再循环管→省煤器→省煤器引出管→汽包之间形成自然循环，使省煤器中的水有所流动，提高对省煤器的冷却效果，达到保护省煤器的作用。

120 现代大型锅炉为什么多采用非沸腾式省煤器？

答：从锅炉工质所需热量的分配来看，随着锅炉参数的提高，由饱和水变为饱和蒸汽所需的汽化潜热减小，液体热增加，因而所需炉膛蒸发受热面积减小，加热工质的液体热所需的受热面（省煤器）增加。锅炉参数越高、容量越大，炉膛尺寸和炉膛放热系数越大。为防止炉膛结渣，保证锅炉安全运行，必须在炉膛内敷设足够的受热面，将炉膛出口烟温降到允许范围。为此，将工质的部分加热转移到由炉膛蒸发受热面完成，这相当于由辐射蒸发受热面承担了省煤器的部分吸热任务。

另外，省煤器受热面主要依靠对流传热，炉膛内主要为辐射传热，而辐射传热比对流传热大很多倍。因此，把加热液体热的任务移入炉膛，可大大减少锅炉受热面积数，减少钢材；提高给水的欠焓，有利于水循环。

121 省煤器与汽包的连接管为什么要装特殊套管？

答：这是因为省煤器出口水温可能低于汽包中的水温。如果省煤器的出口水管直接与汽包相连，就会在汽包壁管口附近因温差而产生热应力。尤其当锅炉工况变动时，省煤器出口水温可能剧烈变化，产生交变应力而疲劳损坏。装设套管后，汽包壁与给水管之间充满饱和蒸汽或饱和水，避免了温差较大的给水管与汽包壁直接接触，防止了汽包壁的损坏。

122 水冷壁的类型有哪些？

答：水冷壁按其结构分为：

(1) 光管水冷壁。由无缝钢管组成，管间保持一定距离，紧贴炉墙布置。

(2) 膜式水冷壁。由鳍片管拼焊成的气密管屏组成。

(3) 销钉式水冷壁。又称为刺管式水冷壁，其光管表面焊有一定长度的销钉。

(4) 内螺纹膜式水冷壁。由在内壁开出单头或多头螺旋形槽道的管子组成。

123 水冷壁的作用是什么？

答：水冷壁是锅炉最主要的蒸发受热面，布置在炉膛四周，吸收炉膛高温火焰的辐射热，使水变为饱和蒸汽；此外，炉膛内装设水冷壁后，减少了高温对炉墙的破坏作用，大大降低了炉墙内壁温度，使炉墙厚度减薄，质量减轻；同时也防止了结渣及熔渣对炉墙的腐蚀。尤其近几年广泛采用膜式水冷壁，更减轻了炉墙质量，因而也降低了造价，而且便于采用悬吊结构，提高炉膛严密性，降低热损失。

124 带销钉的水冷壁有何特点？

答：此种水冷壁又称刺管式水冷壁，主要用于液态排渣炉和炉膛卫燃带。销钉上敷设有耐火材料，可减少水冷壁的吸热，使该部位炉温升高，以便燃料着火和稳定燃烧。销钉沿管长呈叉列布置，其长度为20～25mm，直径为6～12mm。

125 内螺纹膜式水冷壁有何特点？

答：此种水冷壁用于高热负荷区域，可以增加流体的扰动作用，防止发生传热恶化，使水冷壁得到充分冷却。

126 联箱的作用是什么？

答：在受热面的布置中，联箱起到汇集、混合和分配工质的作用，即通过一些管子将工质引进联箱，起到汇集工质的作用；工质在联箱内相互混合，起到均匀温度的作用，消除或减小前段受热面所形成的热偏差；由联箱通过管子把工质引出去，起到再分配工质的作用。同时，联箱还是受热面布置的连接枢纽。另外，有的联箱也用于悬吊受热面，装设疏水或排污装置。

127 折焰角的作用是什么？

答：折焰角是后墙水冷壁在炉膛出口之前一定标高处，按一定外形向炉内延伸所形成的凸出部分。

折焰角的作用是：

（1）相当于增加了水平烟道的长度，有利于高压、超高压大容量锅炉受热面的布置。

（2）增加了烟气流程，加强了烟气混合，使烟气沿烟道高度分布趋于均匀。

（3）改善了烟气对炉膛出口过热器的冲刷特性，提高了传热效果。

128 何谓凝渣管（防渣管）？其作用是什么？

答：布置在炉膛出口且具有较大节距的对流蒸发受热面，称为凝渣管或防渣管。

其作用是形成宽敞的烟气通道以使烟气流过，并进一步冷却烟气，使烟气中携带的飞灰处于凝固状态，防止炉膛出口和密排的过热器进口处产生结渣现象。

129 冷灰斗是如何形成的？它有何作用？

答：对于固态排渣锅炉的燃烧室，前、后墙水冷壁下部向内弯曲便形成了冷灰斗。

其作用主要是聚集、冷却并自动排出灰渣，而且便于下联箱同灰渣井（或捞渣机渣箱）

的连接和密封。

130 过热器的作用是什么?

答：过热器的作用是可将饱和蒸汽加热成具有一定温度的过热蒸汽，以提高热效率。

131 过热器是如何分类的?

答：按传热方式的不同，过热器分为对流式过热器、辐射式过热器和半辐射式过热器。

按介质（烟气和蒸汽）流向不同，过热器分为顺流式过热器、逆流式过热器、双逆流式过热器和混合流式过热器。

按布置方式不同，过热器分为立式过热器和卧式过热器。

按布置位置不同，过热器分为顶棚过热器、包墙管过热器、低温对流过热器、分隔屏过热器、后屏过热器和高温对流过热器。

132 何谓辐射式过热器?

答：将过热器管制成像水冷壁那样，布置在炉顶或炉膛墙壁上，并主要用来吸收炉膛火焰的辐射热量的过热器称为辐射式过热器。

133 辐射式过热器是如何布置的?

答：辐射式过热器的布置方式很多，可以布置成屏式过热器，还可以布置在炉墙四周（即墙式过热器）。墙式过热器可布置在炉墙上部，也可以自上而下布置在一面墙上。布置在炉墙上部，可以不受火焰中心的强烈辐射，对工作条件有利，但会使炉下半部水冷壁管的高度缩短，不利于水循环；自上而下布置在一面墙上，对水循环无影响，但靠近火焰中心的管子受热很强，炉膛热负荷高，管内蒸汽冷却差，壁温较高，工作条件差，因此对金属材质要求高，同时还需要解决锅炉启动和低负荷时的安全性以及过热器管与水冷壁管膨胀不一致的问题。

134 何谓半辐射式过热器?

答：将过热器管子紧密排列像“屏”一样，吊在炉膛出口或炉膛上部，既能吸收炉内高温火焰的辐射热，又能吸收屏间烟气的辐射热和烟气流过时的对流热，这样的过热器就称为半辐射式过热器。

135 何谓对流式过热器?

答：将过热器管布置在锅炉烟气出口以后的水平烟道内，由于烟气温度比炉膛火焰温度低得多，烟气流速较高，因此烟气同管子外表面间的换热方式主要是对流换热方式，这种过热器称为对流式过热器。

136 根据管子的布置方式不同，对流式过热器可分为哪两种?

答：根据管子的布置方式不同，对流式过热器可分为立式和卧式两种。水平烟道中的对流过热器都是立式（垂直）布置的；尾部烟道中的对流过热器则采用卧式（水平）布置。

137 过热器采用顺流、逆流、双逆流或混合流布置时，各有何优、缺点？

答：(1) 顺流布置时，蒸汽的高温段在烟气的低温区域，因而壁温较低，比较安全；但温差小，传热性能差，需要较多的受热面，不经济。

(2) 逆流布置时，温差大，传热效果好，减少了受热面，节省钢材；但蒸汽高温段正好在烟气高温区域，管壁温度高，容易引起金属过热，安全性较差。

(3) 双逆流或混合流布置时，集中了逆流和顺流的优点，其温差较逆流低而比顺流高，管壁的安全条件也好，既安全又经济，被广泛采用。

138 何谓联合式过热器？其热力特性如何？

答：现代高参数、大容量锅炉需要蒸汽过热热量多，过热器受热面积大，同时采用了辐射、半辐射和对流式过热器，形成了联合式过热器。

它的热力特性是由各种形式过热器传热份额的大小决定的，一般略呈对流式过热器的热力特性，即随锅炉负荷增加或降低，出口汽温也随之略有升高或降低。

139 立式布置的过热器有何特点？

答：立式布置的过热器支吊简单、安全，运行中积灰、结渣可能性小，一般布置在折焰角上方和水平烟道内。缺点是停炉时蛇形管内的积水不易排出，启动时因通气不畅易使管子过热。

140 卧式布置的过热器有何特点？

答：布置在垂直烟道内的卧式过热器，其蛇形管内不易积水，疏水、排汽方便；但支吊较困难，支吊件全放在烟道内易烧坏，需要用较好的钢材，且易积灰而影响传热。

141 何谓屏式过热器？它有何作用？

答：蛇形管做成屏风的形式，并沿炉膛宽度平行悬吊在燃烧室上部或出口处的过热器称为屏式过热器。一般把在燃烧室正上部布置的叫前屏，在出口处布置的叫后屏。

屏式过热器相邻两屏间保持较大距离，可起到降低炉膛出口烟气温度及凝渣的作用，防止后面的受热面结渣。同时，它也是现代大型锅炉过热器受热面的主要组成部分。

142 何谓顶棚过热器？

答：顶棚过热器布置在炉膛和水平烟道顶部，主要吸收炉膛火焰辐射热、烟气流中的一小部分辐射热及少量对流热，属于辐射式过热器。

143 何谓包墙管过热器？它有何优、缺点？

答：在大型锅炉中，为了采用悬吊结构和敷管式炉墙，在水平烟道、竖井烟道的内壁像水冷壁那样布置了包墙管，即为包墙管过热器。

其优点是可以将水平烟道和竖井烟道的炉墙直接敷设在包墙管上，以形成敷管炉墙，从而可以减轻炉墙质量，简化炉墙结构；其缺点是包墙管紧靠炉墙而受烟气单面冲刷，传热效果较差。

144 何谓低温对流过热器？

答：低温对流过热器布置在竖井烟道后半部（尾部烟道），采用逆流布置、对流传热，有垂直布置和水平布置两种形式。

145 何谓分隔屏过热器？其作用是什么？

答：分隔屏过热器布置于炉膛出口处，主要吸收辐射热。

其作用如下：

（1）对炉膛出口烟气起阻尼和分割导流作用。四角燃烧锅炉炉膛内烟气流按逆时针方向旋转时，通常炉膛出口右侧烟温偏高，为了消除出口烟气的残余旋转及烟温偏斜的影响，在炉膛上部设置了分隔屏，以扰动烟气的残余旋转，使炉膛出口的烟气沿烟道宽度方向能分布得比较均匀。

（2）能降低炉膛出口烟温，避免结渣。

（3）在锅炉较大负荷调节范围内，其过热器出口蒸汽温度可维持在额定数值。

（4）可有效吸收部分炉膛辐射热量，改善高温过热器管壁温度工况。

146 何谓后屏过热器？

答：后屏过热器布置在靠近炉膛出口折焰角处，同时吸收辐射热和对流热，属于半辐射式过热器。

147 何谓高温对流过热器？它有何优、缺点？

答：高温对流过热器布置在折焰角上方，吸收对流热，采用顺流布置。

它的优点是悬吊方便，结构简单，管子外壁不易磨损、不易积灰；其缺点是管子内存水不易排出，启动初期如处理不当，可能形成汽塞，导致局部受热面过热。

148 在过热蒸汽流程中，为什么要进行左右交叉？

答：在过热蒸汽流程中进行左右交叉，有助于减轻沿炉膛宽度方向由于烟温不均而造成热负荷不均的影响，也是有效减小过热器左、右两侧热偏差的重要措施。

149 过热器在布置上为什么要分级或分段？

答：分级布置的主要原因是减小热偏差，分级后每一级的受热面积不太大，蒸汽流过后的焓增就不太大，这时即使有热偏差存在，热偏差的绝对值也不会太大；加上级与级之间有中间混合联箱，蒸汽在中间联箱内相互混合，即可消除前一级受热面中所形成的热偏差。

150 何谓再热器？

答：将汽轮机高压缸排汽引回到锅炉中并加热到一定温度，然后再送回到中压缸继续膨胀做功的设备叫再热器。

151 再热器的作用是什么？

答：使用再热器可提高蒸汽的热焓，不但使做功能力增加，而且使循环热效率提高，还降低了排汽湿度，避免了对末级叶片的腐蚀。

152 再热蒸汽有什么特点？

答：再热蒸汽压力低，比体积大，密度小，比热容小，放热系数较低，传热性能差，对受热面管壁的冷却能力差。另外，在同样的热偏差条件下，再热蒸汽的热偏差比过热蒸汽大。

153 再热器的工作特性如何？

答：与过热器相比较，再热器的工作特性主要有：

（1）工作环境的烟温较高，而管内蒸汽的温度高、比体积大、对流换热系数小、传热性能差，故管壁工作温度高；另外，蒸汽的压力低、比热容小，对热偏差敏感。因此，再热器比过热器工作条件恶劣。

（2）再热蒸汽压力低、比体积大、流动阻力大。蒸汽在加热过程中压降增大，将大大降低在汽轮机中的做功能力，增加损失。

因此，再热器系统力求简单，不设或少设中间联箱，设计管径粗些，且采用多管圈结构，以减小流动阻力。

154 为什么在锅炉启动、停运及汽轮机甩负荷时要保护再热器？常用的保护方法有哪些？

答：再热器在锅炉启动、停运及汽轮机甩负荷时必须得到保护，因为此时蒸汽不流经再热器，再热器的管子得不到冷却，就会因过热而损坏。

目前采用的保护方法有：

（1）在过热器与再热器之间装快速动作的减温减压器。在锅炉启动、停运和汽轮机甩负荷时，将高压过热蒸汽经减温、减压后送入再热器进行冷却，再热器出口蒸汽则再经减温、减压后排入凝汽器或大气。

（2）将再热器布置在进口烟温低于 850℃的区域内，并选用合适的钢材。在锅炉启动、停运和汽轮机甩负荷时，可允许再热器短时间干烧，因而可省掉蒸汽旁路，以简化系统、节省投资。

（3）采用调节烟气挡板。在锅炉启动、停运或事故情况下，用尾部竖井烟道中的烟气挡板来调节烟气量，以保护再热器。

155 为什么再热蒸汽通流截面积要比过热蒸汽通流截面积大？

答：这是由于再热蒸汽的压力低、比体积大、体积流量大，为了降低蒸汽流速，选用较大直径管道，把蒸汽在流动中因阻力造成的压降损失控制在较小范围（流速的高低是直接影响压降的因素），以提高机组的循环效率。

156 锅炉运行中为什么要维持汽温稳定？

答：汽温较高，会使金属许用应力下降，影响过热器、再热器和汽轮机的安全运行；汽温较低，不仅使蒸汽在汽轮机中的作功能力下降，汽耗、煤耗增加，降低汽轮发电机组的经济性，而且还会使汽轮机末级蒸汽湿度增大，危及汽轮机的安全运行。因此，锅炉在运行中要维持汽温稳定。

157 汽温调节可归结为哪几种?

答：汽温调节可归结为蒸汽侧调节和烟气侧调节两种。

蒸汽侧调节是通过改变蒸汽的热焓来实现的，一般通过减温器利用低温工质吸收蒸汽的热量使其降温，改变吸热工质的热量，就可达到调节汽温的目的。

烟气侧调节是通过改变流过受热面的烟气温度或烟气流量，使传热温差、传热系数发生变化来改变受热面的吸热量，并最终达到调节汽温的目的。

158 减温器的作用是什么？它一般分为哪几种形式?

答：减温器是用来调节过热蒸汽或再热蒸汽温度的设备。

减温器一般分为表面式减温器和混合式减温器（即喷水式减温器）两种形式。

159 喷水式减温器的工作原理是什么？它有何特点?

答：喷水式减温器的工作原理是将水直接喷入过热蒸汽或再热蒸汽，以达到降低过热汽温和再热汽温的目的。

喷水式减温器结构简单，调节灵敏，调节幅度大，易于实现自动化，目前被高压及以上锅炉广泛采用；但对水质的要求较高，不允许含有悬浮物和溶解盐。

160 表面式减温器的工作原理是什么？它有何特点?

答：表面式减温器是一种管式换热器，它以锅炉给水或锅水作为冷却水，冷却水由管内流过，而蒸汽由管外空间流过。

它的特点是：对减温水品质要求不高；但是调节惰性大，汽温调节幅度小，而且结构复杂、笨重，易损坏，易渗漏，在大容量锅炉中很少采用。

161 为何在喷水减温器的喷水处要装设保护套管?

答：喷水减温器布置在蒸汽管内，减温水从喷孔中喷出，直接与顺流而来的蒸汽混合，为了避免喷入的水滴与蒸汽管道直接接触引起过大的热应力，可在喷水处装设保护套管。

162 喷水减温器布置位置的选择应遵循什么原则?

答：喷水减温器布置位置的选择应遵循的原则是：

（1）凡是运行中管壁可能超温的过热器段，应在其前面装设减温器，以保证安全。

（2）减温器的位置应靠近过热器出口，以减少调节的时滞性。

163 再热器为什么不宜采用喷水减温器来调节汽温?

答：如果再热器采用喷水调节，相当于增加了再热蒸汽的流量，使汽轮机中、低压部分做功比例增大，而高压部分的做功比例下降。由于中、低压部分的循环效率低于高压部分，结果使整个机组的效率下降，故再热器不宜采用喷水减温器来调节汽温。

164 从烟气侧调节汽温的方法有哪些?

答：从烟气侧调节汽温的方法有：

（1）改变火焰中心位置。利用摆动式燃烧器改变喷口倾角，或者改变上排或下排的二次风，来改变炉膛火焰中心位置，从而改变炉膛出口烟气温度，即改变流过过热器的烟气温度来调节汽温。

（2）采用烟气再循环。这是一种通过同时改变烟气温度与烟气流量来调节汽温的方法。用再循环风机由省煤器后部抽取一部分烟气送入炉膛，使烟气温度下降、流量增加，以此来改变对流受热面与辐射受热面的吸热比例，改变汽温。

（3）采用烟道挡板。将对流烟道分割成两个并联烟道，其中一个烟道装再热器，另一个烟道装低温过热器或省煤器。分割烟道下部装有烟气挡板，改变两烟道挡板的开度，就可改变流过两烟道的烟气比例，从而起到调节再热汽温的目的。

165　对流过热器的热力特性是什么？

答：对流过热器的出口汽温随着负荷的增加而升高。这是因为：在对流过热器中，烟气与管外壁的换热方式主要是对流换热，对流换热不仅决定于烟气的温度，还与烟气的流速有关。当锅炉负荷增加时，燃料量增加，烟气量增多，通过过热器的烟气流速相应增大，因而提高了烟气侧对流放热系数；同时，炉膛出口烟温也升高，从而提高了过热器平均温差。虽然流经过热器的蒸汽量随锅炉负荷的增加而增大，其吸热量也增大，但由于传热系数和平均温差同时增大，使过热器传热量的增加大于因蒸汽流量增大而需要增加的吸热量，因此，每1kg 蒸汽所获得的热量相对增多，出口汽温也就相应升高。反之，锅炉负荷降低，其出口汽温下降。

166　辐射式过热器的热力特性是什么？

答：辐射式过热器的出口汽温随着锅炉负荷的增加而降低。这是因为：辐射式过热器布置在炉膛里，主要吸收辐射热，其传热量决定于炉膛燃烧的平均温度。在锅炉负荷增加时，炉膛温度升高，但提高幅度不大，而负荷增加后流经过热器的蒸汽量增加幅度较大，即辐射传热量的增加赶不上蒸汽量的增加。因此，每 1kg 蒸汽所获得的热量相应减少，出口汽温降低。

167　半辐射式过热器的热力特性是什么？

答：半辐射式过热器既吸收火焰和烟气的辐射热，又吸收烟气的对流热，其出口温度的变化受锅炉负荷（蒸汽流量）变化的影响较小，介于辐射式和对流式之间。但通过试验发现，该形式的过热器的热力特性接近于对流式过热器的热力特性，只是影响幅度较小，汽温变化比较平稳。

168　何谓过热器的热偏差？

答：在过热器的运行中，各根管子蒸汽焓增各不相同，这种吸热不均的现象称为过热器的热偏差。

169　过热器的热偏差由哪两方面原因引起？

答：过热器的热偏差由两方面原因引起：

（1）吸热不均（即温度场偏斜）。

1）沿炉宽方向的烟气温度、流速不一致，导致不同位置的吸热情况不同。

2）火焰在炉内的充满程度差，或火焰中心偏斜。

3）对流过热器或再热器管子间的节距差别过大，形成烟气走廊，使邻近管子的吸热量增多。

4）屏式过热器或再热器外管圈的吸热量较其他管子的吸热量大。

5）受热面局部结渣或积灰，使管子间的吸热量不均。

（2）流量不均。

1）由于内径、长度及形状不一致，所以造成并列各管子的流动阻力大小不一致，流量不均。

2）联箱与引进管、引出管的连接方式不同，引起并列管子两端压差不一致，造成流量不均。

170 如何防止或减小热偏差？

答：防止或减小热偏差的方法为：

（1）燃烧器应尽可能地均匀投入，每个燃烧器的负荷也力求均匀，以维持炉内良好的温度场和速度场，防止火焰中心发生偏斜。

（2）应及时进行吹灰或打焦，防止受热面积灰、结焦，引起热偏差。

（3）应尽可能采用双风机运行，如采用单风机运行时，则应采取相应措施，使烟道两侧烟气流速均匀。

171 过热器热偏差有何危害？

答：在锅炉中，过热器是工作条件最差的受热面，一方面它内部的工质温度高，另一方面它布置在烟气温度较高的区域，使其管壁温度比较高。尽管高温过热器都采用了合金钢材，但其实际工作温度与该种钢材允许的最高温度相差不大。如果运行中出现热偏差，偏差管子的壁温有可能超过金属的允许工作温度而引起过热，这样会使管子蠕胀速度加快，甚至引起某些管子爆管。

172 减温器在过热器系统中如何布置比较合理？

答：减温器在过热器系统中比较合理的布置为：

（1）减温器除了将汽温调节到额定范围内，还要保护受热面不过热。既要保证调节汽温的准确性和灵敏性，又要保证受热面安全。

（2）如果减温器布置在过热器入口端，能保证受热面安全及蒸汽温度合格。但由于距离出口较远，调节的灵敏性较差，饱和蒸汽减温后会出现水滴，水滴在各管中分布不均，会使热偏差加剧。

（3）如果减温器布置在过热器的出口端，能保证出口汽温合格，调节灵敏性较高。但在减温器前超温时，过热器就难以得到保护。

（4）如果减温器布置在过热器的中间位置，既能保护高温过热器的安全，又使汽温调节有较高灵敏性。减温器越靠近出口，调节灵敏性就越高。

173 过热器和再热器向空排汽门的作用是什么？

答：向空排汽门的主要作用是在锅炉启动时，用于排出积存的空气和部分过热蒸汽及再热蒸汽，保证过热器和再热器有一定的流通量，使其得到冷却。另外，在锅炉压力升高或事故状态下，可向空排汽泄压，防止锅炉超压。在锅炉启动过程中，还可起到增大排汽量、减缓升压速度的作用。对于再热器向空排汽门，当二级旁路不能投入时，仍可用一级旁路向再热器通汽，并通过向空排汽门排出，以保护再热器。

174 超温对管子的使用寿命有何影响？

答：各种汽水管道和锅炉受热面管子，都是按一定的工作温度和应力来设计使用寿命的。如果运行中的工作温度超过设计温度，虽未过热，但也会使金属组织稳定性变差，蠕变速度加快，最后使其寿命缩短。

175 过热器疏水阀的作用是什么？

答：过热器疏水阀的作用：

（1）排出过热器疏水联箱的疏水。

（2）在锅炉启动、停运时，开启过热器疏水阀，保护过热器，防止超温损坏。

176 何谓过热器的质量流速？

答：每秒钟通过过热器每平方米截面积的蒸汽质量，称为过热器的质量流速。

177 水冷壁下部为何装有水封槽？

答：水封槽的作用是保护炉膛下部动静结合处的严密性，防止冷空气漏入。水冷壁是悬吊于炉顶的，它的长度将随温度的变化而热胀冷缩，位于其下部的灰渣斗是固定的，灰渣斗与水冷壁下联箱的相对位置将是变化的，运行时要求他们之间有保证水冷壁向下膨胀的间隙，又要保证冷风不得从间隙漏入。水封槽装在灰渣斗顶部，水冷壁下联箱下部延长处装有钢板，并插入水封槽中。钢板随下联箱上下移动，但始终不会离开水面，这就既保证了水冷壁的自由伸缩，又保证了良好密封。

178 锅炉的安全阀分为哪两种？

答：锅炉的安全阀分为工作安全阀与控制安全阀两种。它们的区别在于其动作压力不同，控制安全阀的动作压力低于工作安全阀的动作压力。运行中压力超过规定值时，控制安全阀首先开启放汽，如果汽压恢复正常，工作安全阀就不需要动作。如果控制安全阀开启后，压力还继续上升，工作安全阀将开启并放汽，以控制压力。

179 锅炉安全阀的数量与排汽量是如何规定的？

答：全部安全阀排汽量的总和必须大于锅炉最大连续蒸发量。当所有安全阀都开启后，锅炉蒸汽压力上升幅度不得超过工作安全阀起座压力的3%，而且不得使锅炉各部压力超过计算压力的8%。再热器进、出口安全阀的蒸汽排放量，应为再热器最大设计流量的100%。直流锅炉启动分离器安全阀的蒸汽排放量，应大于锅炉启动时的产汽量。

180 简述弹簧式安全阀的结构和工作原理。

答：弹簧式安全阀由阀体、阀座、阀瓣、阀杆、阀盖、弹簧、调整螺丝及锁紧螺母等组成。

工作原理：弹簧式安全阀的阀瓣是靠弹簧的力量压紧在阀座上的。当蒸汽作用在阀瓣上的力超过弹簧的压紧力时，弹簧被压缩，同时阀杆上升，阀瓣开启，蒸汽排出。安全阀的开启压力是通过调整螺丝，即调整弹簧的松紧度来实现的。当容器内介质压力低于弹簧压紧力时，阀瓣被弹簧压紧在阀座上，并使阀门关闭。

181 简述脉冲式安全阀的结构和工作原理。

答：脉冲式安全阀由主安全阀、脉冲阀和连接管道组成。

工作原理：主安全阀由小脉冲阀控制，在正常情况下，主阀被高压蒸汽压紧，严密关闭。当汽压超过规定值时，小脉冲阀先打开，蒸汽经导汽管引入主阀活塞上面，蒸汽在活塞上的压力可以克服弹簧压紧的作用力，故将主阀打开，排汽泄压；当压力下降到一定数值后，小脉冲阀关闭，活塞上的汽流切断，主安全阀关闭。活塞上的余汽可以起到缓冲作用，使主阀缓慢关闭，以免阀瓣与阀座因撞击而损坏。脉冲式安全阀多用于高参数、大容量锅炉。

182 何谓省煤器的沸腾率？

答：锅炉额定工况下，省煤器中产生的蒸汽量占额定蒸发量的百分数，称为省煤器的沸腾率。

183 何谓锅炉的水循环？

答：水和汽水混合物在锅炉蒸发受热面的回路中不断地流动，这一过程称为锅炉的水循环。

184 何谓锅炉的循环回路？

答：由锅炉的汽包、下降管、联箱、水冷壁及汽水导管组成的闭合回路，称为锅炉的循环回路。

185 何谓循环流速？其有何意义？

答：在锅炉的循环回路中，饱和温度下按上升管入口截面计算的水速度，称为循环流速。

循环流速的大小，直接反映了管内流动的水将管外传入的热量及所产生蒸汽泡带走的能力。流速大，工质放热系数大，带走的热量多，因此管壁的散热条件好，金属就不会超温。可见，循环流速的大小是判断水循环好坏的重要指标之一。

186 何谓循环倍率？其有何意义？

答：进入上升管的循环水量与上升管的蒸发量之比，称为循环倍率。

循环倍率的意义是在上升管中每产生1kg蒸汽而由下面进入管子的水量，或1kg水在循环回路中需要经过多少次循环才能全部变成蒸汽。

187 简述锅炉自然水循环的形成。

答：利用工质的密度差所形成的水循环，称为自然循环。锅炉在冷态时，下降管和上升管都处于相同的常温状态，故管中的工质（都是水）是不流动的。在锅炉运行时，上升管接受炉膛的辐射热，其中要产生蒸汽，故管中的工质是汽水混合物；而下降管布置在炉外，不受热，管中全是水。汽水混合物的密度小于水的密度，这个密度差促使上升管中的汽水混合物向上流动，进入汽包；下降管中的水向下流动，进入下联箱，补充上升管内向上流出的水量。只要上升管不断受热，这个流动过程就会不断地进行下去。这样，就形成了水和汽水混合物在蒸发设备的循环回路中的连续流动。

188 何谓锅炉自然循环的自补偿能力?

答：一个循环回路中的循环流速常常随着负荷变化而不同。当上升管受热增强时，其中产生的蒸汽量增多，截面含汽率增加，运动压头增加，使循环量增大，故循环流速增大；否则，当上升管受热减弱时，循环水量减少，循环流速也减小。这种在一定范围内，自然循环回路上升管吸热增加时，循环水量随产汽量相应增加而进行补偿的特性，称为自然循环的自补偿能力。

189 锅炉按水循环特性可分为哪几种类型?

答：按水循环特性分为自然循环汽包锅炉、强制循环汽包锅炉、直流锅炉及复合循环锅炉四种类型。

190 何谓自然循环锅炉?

答：所谓自然循环锅炉，是指蒸发系统内仅依靠蒸汽和水的密度差的作用，自然形成工质循环流动的锅炉。

191 自然循环的故障有哪些?

答：自然循环的故障主要有循环停滞、倒流、汽水分层、下降管带汽及沸腾传热恶化等。

192 何谓循环停滞和倒流?

答：循环流速趋近于零，进入上升管的水量等于其出口蒸汽量的现象，称为循环停滞。循环流速成为负值，即上升管中工质自上而下流动的现象，称为循环倒流。

193 水循环停滞在什么情况下发生?

答：水循环停滞易发生在部分受热面较弱的水冷壁管中，当其重位压头等于或接近于回路的共同压差时，水在管中几乎不流动，只有少量的气泡在水中缓慢向上浮动并进入汽包，而上升管的进水量仅与出汽量相等，这就算是发生了循环停滞。

194 水循环停滞有何危害?

答：水循环停滞时，由于水冷壁管中循环水速接近或等于零，因此热量传递主要靠导热。虽然热负荷较低，但是热量不能及时被带走，管壁仍可能超温而烧坏。另外，水不断地被“蒸干”，水中含盐浓度增加，会引起管壁的结垢和腐蚀。当在引入汽包蒸汽空间的上升管中发生循环停滞时，上升管内将产生“自由水位”，水面以上管内为蒸汽，冷却条件恶化，易超温爆管；而汽水分界处水位的波动，导致管壁在交变热应力作用下易产生疲劳而损坏。

195 在什么情况下会发生水循环倒流？

答：当受热弱的管子循环流速成为负值，即上升管中水自上而下流动时，这一现象称为水循环倒流。水循环倒流现象通常发生在上升管直接引入汽包水空间，而且该管受热很弱，以至其重位压差大于回路的共同压差。

196 水循环倒流有何危害？

答：当发生水循环倒流时，倒流管中的蒸汽泡向上的流速与倒流水速接近，汽泡将不能被带走。处于停滞或缓动状态的汽泡逐渐聚集增大，形成汽塞，造成所在段管壁温度的升高或交变，导致超温或疲劳损坏，甚至爆管，严重影响水循环的安全进行。

197 何谓汽水分层？

答：汽水混合物在水平或倾角较小的管内流动，当流速较低时，水在下部，汽在上部，这种分层流动的现象称为汽水分层。

198 汽水分层发生在什么情况下？为什么？

答：汽水分层易发生在水平或倾斜度小，而且管中汽水混合物流速过低的管子中。

汽的密度小，因而汽倾向于在管子上部流动；而水的密度大，则在下部流动。当汽水混合物的流速过低，扰动混合作用小于分离作用时，汽、水将会分开，形成一个清晰的分界线，这就形成了汽水分层。因此，自然循环锅炉的水冷壁应避免水平或倾斜度小于15°的布置方式。

199 电站锅炉的下降管有哪两种形式？

答：电站锅炉的下降管分为分散下降管和集中大直径下降管两种。

200 下降管带汽的原因是什么？

答：下降管带汽的主要原因为：

（1）下降管入口自汽化。若下降管入口处的压力低于当时水的饱和压力时，有部分水将自行汽化，生成的汽被带入下降管内。

（2）下降管进口截面上部形成漩涡斗。水在汽包内沿水平方向有一定的流速，当水进入下降管时，水是垂直向下流动的，由于水流方向发生突变，流速增大，造成管口四周流速分布不均及阻力损失不等，因而造成管口四周压力不平衡，迫使水在进口处产生旋转，形成涡流。因为涡流中心是一个低压区，所以水面形成漏斗。当斗底很深甚至进入下降管时，蒸汽就会由涡流斗中心被吸入下降管。

（3）汽包内锅水带汽。通常汽包水容积中总含有一定的蒸汽，当蒸汽泡的上浮速度小于汽包中水的下降速度时，进入下降管的水就可能携带蒸汽。对于采用集中供水的大直径下降管，尤其在亚临界压力下，水流带汽是难以避免的。

201 下降管带汽有何危害？

答：下降管带汽时，将使下降管中工质的平均密度减小，循环运动压头降低，工质的平均容积流量增加，流速增加，造成流动阻力增大。结果是使克服上升管阻力的能力减小，循环水速降低，增加了循环停滞、倒流等故障发生的可能性。

202 防止下降管带汽的措施有哪些？

答：为防止下降管带汽，应采取以下措施：

（1）在大直径下降管入口加装十字挡板或格栅。

（2）提高给水欠焓，并将欠焓的给水引至下降管入口内或附近。

（3）防止下降管受热，规定汽水混合物与下降管入口的距离。

（4）下降管从汽包最底部引出。

（5）运行中维持汽包正常水位，防止水位过低。

203 采用大直径下降管有何优点？

答：采用大直径下降管，可以减小流动阻力，有利于水循环，且简化布置、节约钢材，同时也减少了汽包的开孔数。

204 采用分散下降管有何缺点？

答：分散下降管直接由汽包引出，汽包上开孔较多，使筒体强度减弱。另外，这些下降管还要被分别引到前、后、左、右侧的水冷壁下联箱，这就增加了下降管的长度和弯头数量，使得布置困难，金属耗量、工质流动阻力及制造和安装工作量都有所增大。

205 为什么会在下降管入口处出现自行汽化现象？如何防止？

答：汽包中的水是接近静止的。水以一定流速进入下降管时，要消耗一部分能量，即一部分静压要变成动压，同时还需克服下降管入口的局部阻力，这些都要靠汽包水位的静压来完成。当汽包水位较低，其静压小于上述两项阻力时，入口静压小于水面静压，在下降管入口处将出现自行汽化现象。

为了防止下降管入口处的自行汽化，运行中要防止水位过低，还要控制下降管入口水速不要太高。

206 下降管入口旋涡斗带汽是如何形成的？如何防止？

答：汽包中的水是从不同方向并以不完全一致的流速进入下降管，在入口处形成旋涡。旋涡中心压力低，呈漏斗状。当旋转强烈且水位较低时，旋涡斗的底部将伸入到下降管入口处，以致部分蒸汽被带入下降管。

为防止在下降管入口处形成旋涡斗，要求汽包水位应不低于4倍下降管内径的高度，下降管入口流速应小于3m/s，还要设法（如装格栅、十字隔板等）破坏入口旋涡的形成。

207 何谓多次强制循环锅炉？

答：多次强制循环锅炉是在自然循环锅炉的基础上发展起来的，除依靠水与汽水混合物之间的密度差之外，还主要依靠锅水循环泵，以使工质在蒸发受热面中做强制流动，这样既能增大流动压头，又便于控制各回路中工质的流量。

208 多次强制循环锅炉有何特点？

答：多次强制循环锅炉属于汽包锅炉，其特点如下：

（1）蒸发受热面中工质的流动，主要依靠锅水循环泵压头，水循环安全可靠。

（2）蒸发受热面的布置，可多从有利于传热及减少钢材消耗考虑，因其运动压头较大。

（3）循环倍率小，循环水量少，并可采用效率高、尺寸小、阻力大的汽水分离装置，以减小汽包尺寸。

（4）启动速度比自然循环锅炉快。

（5）运行时对汽包水位要求不严，即使水位较低，也可以保证水循环安全。

（6）锅水循环泵消耗能量较大，且在高温、高压下工作，增加了不安全因素。

209 采用锅水循环泵有什么好处？

答：采用锅水循环泵，不仅能够保证锅炉蒸发受热面内水循环的安全可靠，还缩短了机组的启动时间，减少了启动热损失，同时也提高了锅炉对低负荷工况的适应性，可以更好地满足调峰要求。

210 简述锅水循环泵的结构及特征。

答：锅水循环泵的主要结构特点是将泵的叶轮和电动机转子装在同一轴上，并置于相互连通的密封压力壳体内，泵与电动机结合成一体，没有通常泵的联轴器，没有轴封，这就从根本上解决了泵泄漏的可能。锅水循环泵的基本结构都是电动机轴端悬伸一只单级泵轮的单轴结构，电动机与泵体由主螺栓和法兰连接，整个泵和电动机及附属阀门等配件均由锅炉下降管支承。

锅水循环泵具有耐高温和高压、防水及隔热等特点。

211 在多次强制循环锅炉中，锅水循环泵是如何工作的？

答：锅水循环泵将汽包中的锅水打入下联箱，下联箱的水再分配到各水冷壁管，吸热后汽水混合物进入汽包，经汽包分离后，蒸汽被引入过热器，锅水则经锅水循环泵继续参加循环。

212 与自然循环锅炉比较，直流锅炉有何优点？

答：直流锅炉与自然循环锅炉相比，其优点是：

（1）节省钢材。直流锅炉不需要汽包，受热面管径又小，承压部件总质量轻，可节省钢材 20%～30%。

（2）制造、安装简单。

（3）启炉、停炉速度快。因不存在汽包上、下壁温差制约，一般从点火到达到额定参数时间，直流锅炉为 45min 左右，而自然循环锅炉则需要 4～5h。此外，直流锅炉停炉只需 10～30min。

（4）受热面布置灵活。直流锅炉可采用小直径的受热面管子；而自然循环锅炉为了保证水循环安全，管径不能太小。

213 与自然循环锅炉相比，直流锅炉有何缺点？

答：直流锅炉与自然循环锅炉相比，其缺点是：

(1) 给水品质要求高。在直流锅炉中，水全部变为蒸汽，无法排污，给水带入的盐分会沉积在受热面上或汽轮机叶片上，对安全不利。

(2) 自动调节要求高。直流锅炉的加热、蒸发和过热无固定分界线，当工况变动时，汽温、汽压变化快，因此必须有灵敏、可靠的自动调节设备。

(3) 汽水阻力大。为克服工质流动阻力，对给水泵压力要求高，给水泵自耗能量大。

(4) 水冷壁的冷却条件差。自然循环锅炉有自补偿能力，而直流锅炉没有该特性，在水冷壁出口处工质一般已微过热。

214 按蒸发受热面的结构和布置方式不同，直流锅炉可分为哪几类？

答：直流锅炉可分为以下几类：

(1) 垂直上升管屏式（本生式）。其水冷壁管由许多垂直管屏组成，在具体结构上又可分为多次串联上升管屏和一次垂直上升管屏两种。

(2) 回带管屏式（苏尔寿式）。其受热面由多行程回带管屏组成。其中，一种是由若干根平行管子沿炉墙上下迂回而构成的水冷壁管屏，另一种是由若干根平行管子水平向上迂回而构成的水冷壁管屏。

(3) 水平围绕管圈式（拉姆辛式）。其水冷壁由多根平行并联的管子组成，且有管圈自下而上盘绕。

215 直流锅炉一次垂直上升管屏有何优缺点？

答：直流锅炉一次垂直上升管屏优点为：

(1) 结构简单，便于组合安装及采用全悬吊结构。

(2) 具有稳定的水动力特性。

(3) 各管间的膨胀差别小，适宜采用膜式水冷壁。

(4) 总流程短，汽水阻力小。

(5) 水通过所有管屏一次上升到顶部，并全部变为蒸汽。

其缺点是：只适用于大容量锅炉。因为容量小，则工质的质量流速小，以致管壁超温；或管径小，以致水冷壁刚度差。

216 回带管屏式直流锅炉有何优缺点？

答：回带管屏式直流锅炉的优点为：

(1) 布置方便。

(2) 节省金属。

其缺点是：

(1) 两联箱间管子过长，故热偏差大。

(2) 膨胀问题较复杂。

(3) 垂直升降回带管屏还存在不易疏水和排汽及水动力稳定性差等问题。

217 水平围绕管圈式直流锅炉有何优缺点?

答：水平围绕管圈式直流锅炉的优点：

(1) 没有炉外大直径下降管，因而金属消耗小。

(2) 便于疏水、排汽。

(3) 适宜滑参数运行。

(4) 相邻管圈的边管间的温差较小，可采用膜式结构。

其缺点是：

(1) 安装组合率低。

(2) 工质的流动阻力较大。

218 直流锅炉设带有分离器的启动旁路系统的作用是什么?

答：直流锅炉设带有分离器的启动旁路系统的作用是：

(1) 回收、利用工质和热量。

(2) 解决机组启动时锅炉和汽轮机两者要求不一的矛盾，即启动时锅炉要求有一定的压力和流量，以冷却受热面，保持水动力稳定，防止脉动、停滞和汽水分层现象出现。

(3) 使进入汽轮机的蒸汽具有相应压力下50℃以上的过热度。

219 简述直流锅炉启动分离器的结构和工作原理。

答：启动分离器由筒体、旋风分离器及引入、引出管组成。

工作原理：进入分离器的汽水混合物在旋风分离器中产生高速旋转，由于离心力的作用而发生汽水分离，汽和水被分别引出分离器。启动分离器分离出的蒸汽，一是送入高压加热器进行热回收；二是将蒸汽送至除氧器进行热回收；三是将多余的蒸汽排至凝汽器；四是当分离器压力达到一定值后去冷却过热器，并通过汽轮机高、低压旁路冷却再热器，同时对主蒸汽和再热蒸汽管道加热。启动分离器分离出来的水若为不合格的水，则排至地沟；若为合格的水，则送入除氧器回收；若不符合进入除氧器条件，则排至凝汽器。

220 直流锅炉为什么要设置启动旁路系统?

答：在采用直流锅炉的单元机组的启动过程中，由于启动初期从水冷壁甚至过热器出来的是热水或汽水混合物，不允许进入汽轮机，为此必须设启动旁路系统，以排出不合格的工质，并通过旁路系统回收工质和热量。同时利用启动旁路系统，在满足进入汽轮机的蒸汽具有一定过热度的前提下，建立一定的启动流量和启动压力，改善启动初期的水动力特性，防止脉动和停滞现象的发生，保证启动过程的顺利进行。

221 何谓复合循环锅炉?

答：复合循环锅炉就是带有再循环泵的直流锅炉，它是在直流锅炉的基础上发展起来的。它主要是为了解决普通直流锅炉在额定负荷时质量流速和流动阻力较大，以致给水泵的压头和电能消耗较大的问题而产生的。

222 复合循环锅炉有什么特点?

答：复合循环锅炉的特点：在省煤器出口与蒸发区入口之间装有再循环泵，并在蒸发区出口至再循环泵入口之间装有再循环管。由于蒸发区的流量是给水流量与再循环流量之和，故使蒸发受热面的冷却得到改善。

223 复合循环锅炉的工作原理是什么?

答：低负荷时，再循环管有流量；高负荷时，再循环管无流量，而以直流锅炉的方式运行。低负荷时，再循环泵产生的压头大于蒸发区流动阻力，因而再循环管内有一定流量；负荷增加时，蒸发区流动阻力随之增加，再循环流量随之减少；当负荷增加至再循环终止负荷时，蒸发区流动阻力等于再循环泵压头，再循环管路无流量；负荷再增加，由于再循环管路上装有止回阀以防止倒流，故再循环管路仍无流量。

224 何谓低循环倍率锅炉?

答：低循环倍率锅炉是在直流锅炉和强制循环锅炉的基础上发展起来的，应用于亚临界和超临界压力工况下。它在额定负荷时的循环倍率较低（一般在 1.3～1.8），因而称为低循环倍率锅炉。

225 低循环倍率锅炉的特点是什么?

答：低循环倍率锅炉没有汽包，炉膛蒸发受热面中的工质采用强制循环。从炉膛受热面出来的汽水混合物进入汽水分离器，分离后的蒸汽被引向过热器，水则和省煤器出来的水在混合器混合后经再循环泵送入炉膛蒸发受热面，因而蒸发受热面中的流量大于蒸发量。其循环倍率较低（一般小于 2），可用于亚临界和超临界压力工况下。

226 低循环倍率锅炉与其他锅炉的主要不同点有哪些?

答：由于采用再循环泵，当负荷变化时，蒸发受热面中的循环流量变化不大，因而与直流锅炉相比，额定负荷时可采用较低的工质流速，使蒸发受热面流动阻力显著减小；与自然循环锅炉相比，用汽水分离器代替了汽包，可使金属耗量降低，制造工艺简化；与多次强制循环锅炉相比，循环倍率小，因而再循环泵功率小且无汽包。但是这种锅炉要求再循环泵的工作必须可靠，其调节系统也比较复杂。

227 简述低循环倍率锅炉的工作原理。

答：给水经省煤器进入混合器，与分离器分离出来的锅水混合，然后用再循环泵经分配器输送至水冷壁的各个回路中。水冷壁的各个回路中装有节流圈，以合理分配各回路的水量，水冷壁产生的汽水混合物在分离器中进行分离，分离出来的蒸汽送至过热器，分离出来的水则送回混合器，进行再循环。

228 低循环倍率锅炉有何优点?

答：低循环倍率锅炉的优点为：

（1）在低循环倍率锅炉中，当锅炉负荷变化时，水冷壁管工质流量变化不大，因此蒸发受热面可采用较粗管径的一次上升垂直管屏水冷壁。

（2）在汽水系统中装设了锅水循环泵，使循环回路的运动压头比自然循环锅炉有所增加，运行更安全。由于工质强制循环，其水冷壁布置方式较自由，故可使下降管系统简化，管壁减薄，使整个水冷壁系统质量减轻。

（3）因锅水循环泵产生的压头高，循环倍率低，循环水量少，故可采用直径小的汽水分离器代替汽包，节省了钢材，简化了制造工艺。

（4）由于循环倍率大于1，水冷壁平均出口干度在0.6左右，故对沸腾换热恶化的影响大为减轻。

（5）采用垂直上升管屏，水冷壁阻力小，受热强的管子中工质流量也相应增加，即有自补偿能力，因此可以不在每根管子中加装节流圈，而只需按回路安装。

（6）因有再循环系统，故可采用小的启动流量，启动系统简化，启动损失小，还可采用滑压运行方式。

229 在低循环倍率锅炉中，水冷壁循环倍率与锅炉循环倍率有何区别？

答：水冷壁循环倍率是指进入水冷壁的循环水量与其产汽量的比值；锅炉循环倍率是指进入水冷壁的循环水量与分离器出口的湿蒸汽流量的比值。由于分离器出口湿度的存在，故锅炉循环倍率与水冷壁循环倍率是不同的，且前者小于后者；只有当分离器出口湿度等于零时，它们的数值才会相同。

230 如何防止低循环倍率锅炉锅水循环泵入口汽化？

答：在低循环倍率锅炉中，为保证锅水循环泵工作可靠，防止蒸汽进入再循环管路及锅水循环泵入口汽化，可采取以下一些措施：

（1）要求分离器水位不能太低，即从分离器水位面到泵的入口需要有足够的高度，以免由于发生漏斗形旋涡水面而使蒸汽进入再循环管。

（2）要求再循环管中流动阻力和局部阻力不能太大，以免引起过大的压降而造成汽化。

（3）要求运行中降压速度不能太快。

231 全负荷再循环系统与部分负荷再循环系统有何不同？

答：全负荷再循环系统是指在所有负荷下均有流体通过的再循环系统，用于低循环倍率锅炉；部分负荷再循环系统是指只在低负荷情况下才有流体通过的再循环系统，用于复合循环锅炉。这两种系统的主要差别在于再循环泵的设计特性。全负荷再循环系统再循环泵的设计特性是：在各种负荷下，再循环泵的压头都大于蒸发区流动阻力，因而总有一定量的再循环流体通过再循环管路。

232 按出口蒸汽压力的不同，锅炉可分为哪几类？

答：按出口蒸汽压力的不同，锅炉可分为：

（1）低压锅炉。其出口蒸汽压力小于或等于2.45MPa。

（2）中压锅炉。其出口蒸汽压力为2.94～4.9MPa。

（3）高压锅炉。其出口蒸汽压力为7.84～10.8MPa。

（4）超高压锅炉。其出口蒸汽压力为11.8～14.7MPa。

（5）亚临界压力锅炉。其出口蒸汽压力为 15.7～19.6MPa。
（6）超临界压力锅炉。其出口蒸汽压力超过 22.1MPa。

233 汽包汽水分离装置的工作原理是什么？

答：汽水分离装置的工作原理是：
（1）利用汽水密度差进行重力分离。
（2）利用气流改变方向时的惯性力进行惯性分离。
（3）利用气流旋转运动时的离心力进行汽水离心分离。
（4）利用水黏附在金属壁面上形成水膜并往下流而形成吸附分离。

234 汽包汽水分离装置有哪几种？

答：常用的汽水分离装置有旋风分离器、涡流分离器和波形板分离器（百叶窗）等。

235 简述波形板分离器（百叶窗）的结构及工作原理。

答：波形板分离器是由许多平行的波浪形板组成，波形板厚度为 0.8～1.2mm，相邻两块波形板之间的距离为 10mm，并用 2～3mm 厚的钢板边框固定。

波形板分离器的工作原理：经过粗分离的蒸汽进入波形板分离器后，在波形板之间曲折流动。蒸汽中的小水滴在离心力、惯性力和重力的作用下被抛到板壁上，使水滴黏附在波形板上并形成水膜。水膜在重力作用下流入汽包水容积，使汽、水得到进一步分离。由于利用附着力分离蒸汽中细小水滴的效果好，所以波形板分离器被广泛地用作细分离设备。

236 简述涡流分离器的结构及工作过程。

答：涡流分离器由筒体、顶帽及旋转叶片等组成。

其工作过程是：汽水混合物自筒体底部轴向进入，通过旋转叶片时发生强烈旋转而使汽、水分离。水沿筒壁转到顶盖被阻挡后，从内筒和外筒之间的环缝中流入水空间；蒸汽则由筒体中心部分上升，并经波形顶帽进入汽包蒸汽空间。这种分离器的分离效果较好，分离出来的水滴不会被蒸汽带走，但阻力较大，多用于多次强制循环汽包锅炉。

237 左旋旋风分离器与右旋旋风分离器在汽包内是如何布置的？

答：旋风分离器虽然能使分离出来的水经过筒底倾斜导叶平稳地流入汽包水容积，但并不能消除其旋转动能，水的旋转运动可能造成汽包水位的偏斜。因此采用左旋旋风分离器与右旋旋风分离器交错排列的布置方法，可将水的旋转运动相互抵消，使汽包水位保持稳定。

238 简述蒸汽清洗装置的作用和工作原理。

答：采用蒸汽清洗装置，可以减少蒸汽中的溶盐。

蒸汽清洗装置的原理就是让蒸汽和给水接触，通过质量交换，可使溶于蒸汽中的盐分转移到给水中，从而降低蒸汽含盐量。

239 蒸汽清洗装置有哪几种？

答：按蒸汽与给水接触方式的不同，可将清洗装置分为穿层式、雨淋式和水膜式等。目前锅炉多采用平孔板式穿层清洗装置。

240 平孔板式穿层清洗装置的结构是怎样的?

答：它由一块块的平孔板组成，每块平孔板钻有很多5～6mm的小孔，相邻的两块孔板之间装有U形卡，清洗装置两端封板与平孔板之间装有角铁以组成可靠的水封，可防止蒸汽短路。

241 简述平孔板式穿层清洗装置的工作原理。

答：约50%的给水经配水装置均匀地分配到孔板上，蒸汽自下而上通过孔板小孔，经由40～50mm厚的清洗水层穿出，使蒸汽的部分溶盐扩散、转溶于水中，水则溢过堵板溢流到水容积中。孔板上的水层靠蒸汽穿孔阻力所造成的孔板前、后压差来托住。蒸汽穿孔的推荐速度为1.3～1.6m/s，以防止低负荷时出现干孔板区或高负荷时大量携带清洗水。

242 汽包水位计有何重要意义?

答：汽包水位是锅炉运行中必须严格监视和控制的重要参数之一。水位过高，会造成蒸汽带水，损坏过热器和汽轮机设备；水位过低，会造成锅炉缺水，破坏水循环，烧坏受热面，甚至引起锅炉爆炸。所以，水位计损坏的汽包锅炉是不允许投入运行的。

243 汽包内加药处理的意义是什么?

答：若单纯用锅炉外水处理除去给水所含杂质，需要较多的设备，会大大增加投资；而加大锅水排污，不但增加工质热量损失，也不能消除锅水残余硬度。因此，除采用锅炉外水处理外，还在锅炉内对锅炉进行加药处理，清除锅水残余硬度，防止锅炉结垢。

其方法是在锅水中加入磷酸盐，使磷酸根离子与锅水中钙、镁离子结合，生成难溶于水的沉淀泥渣并沉积到下部，再通过定期排污排出锅炉。使锅水保持一定的磷酸根，既不产生结垢和腐蚀，又保证蒸汽品质。

244 水位计的虚假水位是如何产生的?

答：当水位计连通管或汽水旋塞门泄漏或堵塞时，会造成水位计指示不准，形成假水位。若汽侧泄漏，将会使水位指示偏高；若水侧泄漏，将会使水位偏低。管路堵塞时，水位将停滞不动，或模糊不清。当水位计玻璃管上积垢时，也会把污痕误认为水位线。以上这些都算是虚假水位。

245 锅炉排污的目的是什么?

答：排污的目的是排出杂质和磷酸盐处理后形成的软质沉淀物及含盐浓度大的锅水，以降低锅水中的含盐量和硬度，从而防止锅水含盐浓度过高而影响蒸汽品质。

246 定期排污和连续排污的作用有何不同?

答：定期排污的作用是排走沉积在水冷壁下联箱中或集中下降管下部的水渣、铁锈等；连续排污的作用是连续不断地从锅水表面附近将含盐浓度最大的锅水及表面游浮物排出。

247 连续排污管口一般装在何处？为什么？排污率为多少？

答：连续排污管口一般装在汽包正常水位下200～300mm处。

锅水连续不断地蒸发、浓缩，使水面附近含盐浓度最高。而连续排污管口就应安装在锅水浓度最大的区域，以连续排出高浓度锅水，补充清洁的给水，从而改善锅水品质。

排污率一般为蒸发量的1%左右。

248 定期排污的目的是什么？定期排污管口装在何处？

答：锅水中含有铁锈和加药处理后形成的沉淀水渣，这些杂物沉积在水循环回路的底部。定期排污的目的就是定期将这些沉淀杂质排出，以提高锅水品质。

定期排污口一般装在水冷壁的下联箱或集中下降管的下部。

249 控制锅炉给水品质的指标有哪些？

答：锅炉给水品质的指标有：硬度，碱度，pH值，含氧量，含油量，以及磷酸根、铁、铜、钠、二氧化硅及联氨的含量。

250 何谓硬水、软化水和除盐水？

答：未经化学处理而含有钙、镁等盐类的水称为硬水。

经过化学处理除去钙、镁离子后的水称为软水。

各种离子全部被除掉的水称为除盐水。

251 何谓电导率？为什么要监测它？

答：电导率也称导电度，是电阻率的倒数，单位是μS/cm。

通过测水的电导率，可间接知道水中溶盐的多少，从而可根据电导率监视给水、锅水、饱和蒸汽和过热蒸汽中的溶盐情况，起到监视和控制汽水品质的作用。

252 何谓结垢？

答：盐分沉积在受热面上称为结垢。严格地说，垢又分为水垢和盐垢两种。水垢是指从溶液中直接析出并附着在金属表面的沉积物；盐垢是指锅炉蒸汽中含有的盐类，在热力设备中析出并形成的固体附着物。

253 蒸汽品质不良有何危害？

答：蒸汽品质不良的主要危害为：

（1）蒸汽中含有盐分，盐分沉积在过热器受热面管壁上形成盐垢，会使管子的传热能力下降，轻则使蒸汽的吸热量减少，排烟温度升高，锅炉效率降低；重则使管壁超温，导致管子烧坏。

（2）盐垢沉积在汽轮机的通流部分，将使通流截面减小，叶片粗糙度增加，甚至改变叶片型线，使汽轮机阻力增大，出力和效率降低，还可能引起叶片应力和轴向推力增大，造成汽轮机事故。

（3）盐垢沉积在管道的阀门处，可能引起阀门动作失灵和漏汽。

254 结垢有哪些危害?

答：结垢的危害为：

(1) 垢的热阻很大，使受热面传热效果下降，导致锅炉排烟温度升高，热效率下降。

(2) 使受热面金属壁温升高，严重时会引起承压部件鼓包、变形和超温爆管。

(3) 管内结垢，使有效通流截面减小，工质流动阻力增大，有碍水循环的正常进行。某些脱落的水垢沉积下来，还会造成局部堵塞或流通不畅。

(4) 结垢最终会导致锅炉出力下降、寿命缩短及经济性变差。

255 防止结垢的方法有哪些?

答：防止结垢的方法有：

(1) 加强给水处理，尽可能降低给水含盐量，这是最根本的措施。

(2) 加强锅内加药处理，使易结垢的钙、镁等盐类生成非黏结性的松散的水渣，并通过定期排污除去。

(3) 加强锅炉排污。

(4) 加强汽水分离及蒸汽清洗。

(5) 定期对锅炉内部清洗，除去已沉积下的盐分，防止结垢的发展。

256 何谓蒸汽的机械携带?何谓蒸汽的选择性携带?

答：饱和蒸汽带水的现象称为蒸汽的机械携带。

蒸汽直接溶解了某些特定盐分的现象称为蒸汽的选择性携带。

257 饱和蒸汽带水的原因有哪些?

答：饱和蒸汽带水的原因：

(1) 锅炉负荷。锅炉负荷增加，蒸汽带水增强。

(2) 蒸汽压力。蒸汽压力高时，带水能力增强。压力高，分子热运动加强，动能增强，水滴被破碎成微细颗粒易被带走，同时汽水密度差减小，分离困难，这些均使蒸汽带水能力增强。

(3) 汽包蒸汽空间高度。蒸汽空间高度指由汽包水面至饱和蒸汽出口的高度。高度小，水滴易被带走，当高度达到 0.6m 时，蒸汽湿度会随高度的减小而明显升高；当高度在 1.0～1.2m 以上时，蒸汽湿度几乎不再随高度增加而减小。

(4) 锅水含盐量。含盐量高时，锅水黏度升高，锅水表面还形成泡沫层，这些都将使蒸汽带水的可能性增大。

258 锅炉负荷如何影响蒸汽带水?

答：锅炉负荷增加时，汽水混合物进入汽包的动能增加，将引起锅水大量飞溅，使生成的水滴数量增多，同时蒸汽在汽包汽空间的流速增大，带水能力增强，带走水滴的直径增大，因此蒸汽带水增强，湿度增大。当锅炉负荷大于临界负荷后，蒸汽湿度会急剧增大。为了保证蒸汽品质，锅炉实际运行的最大负荷应低于临界负荷，而临界负荷是由化学试验确定的。

259 何谓锅炉的临界负荷?

答：当锅炉负荷大于某一负荷值时，锅炉蒸汽带水能力剧增，蒸汽湿度明显增大，称这一负荷为临界负荷。

260 蒸汽压力对蒸汽带水有何影响?

答：汽包压力增加，汽、水间的密度差减小，汽、水分离困难。当蒸汽速度一定时，飞逸直径增大，即较大的水滴也将被带走，所以蒸汽湿度增大，而且压力增大，水的表面张力减小，所形成水滴直径也减小，更易被蒸汽带走。另外，汽包压力的急剧波动也会影响蒸汽带水。汽压降低，相应的饱和温度也降低，会产生部分附加蒸汽，使汽包水容积中的含汽量增加，从而使蒸汽带水。

261 锅水含盐量对蒸汽带水有何影响?

答：锅水含盐量越大，锅水的表面张力越大，汽泡破裂时所形成的水滴越小，被蒸汽带走的水滴越多，湿度增大。当锅水含盐量特别是碱性物质增大时，汽泡不易破裂，并在水面停留时间较长，所以易在水面堆积汽泡，严重时将形成一层厚泡沫，使蒸汽空间下降，造成蒸汽带水。

262 蒸汽空间高度对蒸汽带水有何影响?

答：当蒸汽空间高度较小时，大量较粗的水滴可以到达蒸汽空间顶部并被蒸汽引出管抽出，所以即使蒸汽速度不大，其蒸汽湿度也会很大。当高度达到 0.6m 时，蒸汽湿度会随高度的减小而明显升高；当高度在 1.0～1.2m 以上时，蒸汽湿度几乎不再随高度的增加而减小。

263 蒸汽溶盐有何特点?

答：蒸汽溶盐的特点为：

(1) 饱和蒸汽和过热蒸汽均可以溶解盐，凡能溶于饱和蒸汽的盐也能溶于过热蒸汽。

(2) 蒸汽的溶盐能力随压力的升高而增大。

(3) 蒸汽对不同盐类的溶解是有选择性的。在相同条件下，不同盐类在蒸汽中的溶解度相差很大。

264 根据饱和蒸汽的溶盐能力，可把锅水中常遇到的盐分为哪三类?

答：锅水中常遇到的盐分为三类：

(1) 第一类盐是硅酸类（如 SiO_2、H_3SiO_3），其分配系数最大。高压蒸汽品质主要取决于硅酸溶解的多少。

(2) 第二类盐是 NaOH、NaCl、$CaCl_2$ 等，其分配系数比硅酸类低得多。但在超高压时，这些盐分的分配系数相当高。

(3) 第三类盐是一些很难溶解于蒸汽的盐分，如 Na_2SO_4、Na_2SiO_3、Na_3PO_4 等。这些盐的影响在自然循环锅炉中一般不予考虑。

265 提高蒸汽品质的途径有哪两种？具体方法有哪些？

答：提高蒸汽品质的途径有两种：一种是降低锅水含盐量；另一种是降低饱和蒸汽带水及减少蒸汽中的溶盐。

具体方法如下：

(1) 降低锅水含盐量的方法。

1) 提高给水品质。

2) 增加排污量。

3) 采用分段蒸发。

(2) 降低饱和蒸汽带水及减少蒸汽中的溶盐的方法。

1) 建立良好的汽水分离条件。

2) 采用完善的汽水分离装置。

3) 采用蒸汽清洗装置。

4) 采用合适的锅水控制指标。

266 何谓汽水的自然分离和机械分离？

答：汽水分离一般是通过汽水分离装置，利用自然分离和机械分离的原理进行工作的。

自然分离是指利用汽和水的密度差并在重力作用下使汽水分离。

机械分离是指依靠惯性力、离心力和附着力而使水从蒸汽中分离出来。

267 汽水分离装置分为哪两类？各有何作用？

答：一类为一次汽水分离装置（或称粗分离装置）。其作用是消除汽水混合物进入汽包时具有的动能，并将蒸汽和水初步分离。进入汽包的汽水混合物的湿度一般大于20%，而一次汽水分离装置出口的蒸汽湿度则降到0.5%～1%。

另一类为二次汽水分离装置（或称细分离装置）。其作用是将一次汽水分离装置输出的汽水进一步分离，使蒸汽湿度降到小于0.01%～0.03%，最大不超过0.05%的标准。

268 何谓蒸汽清洗？

答：所谓蒸汽清洗，就是用含盐量低的清洁水与蒸汽接触，使已溶于蒸汽的盐分转移到清洗水中，从而减少蒸汽中溶解的盐分。

269 蒸汽清洗的目的是什么？

答：蒸汽清洗的目的就是要降低蒸汽中溶解的盐分，特别是硅酸。溶于饱和蒸汽的硅酸量取决于同蒸汽接触的水的硅酸含量及其分配系数。当压力一定时，分配系数是常数，因此要减少蒸汽中溶解的硅酸，就要设法降低同蒸汽接触的水的硅酸浓度。

270 给水对锅炉运行的安全性有何影响？

答：锅炉运行中的腐蚀特点是锅水和蒸汽的温度、压力都很高，加之工况变动，给水中的杂质就在锅内发生浓缩和析出，使锅内集结沉积物而促进腐蚀。对锅炉受热面的腐蚀大多是氧腐蚀、沉积物的垢下腐蚀和蒸汽腐蚀。当给水带入结垢物质时，这些物质很容易沉积在管壁的向火侧而形成垢下腐蚀，引起爆管；当炉管发生循环倒流、膜态沸腾时，管壁被蒸干的部位就有某些盐类析出而受到腐蚀。因此，给水品质的好坏将直接影响锅炉的安全性。

271 如何提高锅炉的给水品质?

答：提高锅炉给水品质的方法：

(1) 提供合格的补给水。一般用除盐水作为补给水。

(2) 减少冷却水渗漏。因为蒸汽凝结水中的杂质含量，主要取决于由汽轮机凝汽器漏入的冷却水量及冷却水中杂质含量。

(3) 除去供热返回水含有的杂质。

(4) 减少被水携带来的金属腐蚀产物。

272 何谓蒸汽溶盐分配系数?

答：蒸汽溶盐分配系数是指某物质溶解于蒸汽中的量与该物质溶解于锅水中的量之比，并以百分数表示。

273 锅内、外水处理的目的是什么?

答：锅炉外水处理的目的是除去水中的悬浮物、钙和镁的化合物及溶于水中的其他杂质。

锅炉内水处理的目的是通过向锅内的水中加药，使锅水残余的钙、镁等杂质不生成水垢，而形成水渣排出。

274 如何清除直流锅炉汽水中的杂质?

答：直流锅炉中所有的水全部蒸发，不可能进行排污。根据杂质在汽水中的溶解度，有些沉积在受热面上，有些随着蒸汽带走。积存在管内的易溶盐可以在启动或停炉过程中被水洗去；对于难溶的沉积物，则需在停炉时进行化学清洗。

275 锅炉给水为什么要除氧?

答：水与空气混合接触时，就会有一部分气体溶解到水中，锅炉给水内也溶解有一定的气体。溶解气体中危害最大的是氧气，它会对热力设备造成氧化腐蚀，严重影响电厂安全运行；存在于热交换设备中的气体还会妨碍传热，降低传热效果。所以，锅炉给水必须除氧。

276 锅炉排污扩容器的作用是什么?

答：锅炉排污水排进扩容器后，容积扩大，压力降低，同时饱和温度也相应降低。这样，原来压力下的排污水在降低压力后，就会释放出一定量的热量，这部分热量被水吸收而使部分排污水发生汽化。将汽化的这部分蒸汽引入除氧器，从而回收这部分热量和蒸汽。

277 汽包的正常水位是如何确定的?

答：汽包的正常水位是经全面考虑并保证良好的蒸汽品质及可靠的水循环而确定的。汽包的空间是有限的，其下部为容水空间，上部为容汽空间。当正常水位在汽包中的位置上升时，汽包蒸汽空间及高度减小，会使饱和蒸汽湿度增大，影响蒸汽品质；当正常水位在汽包中的位置下降时，水面至下降管入口的高度减小，可能引起下降管入口自行汽化或旋涡斗带汽，影响水循环。同时，由于汽包中容水量减小，故使由正常水位降至事故水位的时间缩短，对安全不利。所以，汽包正常水位是根据上述因素来确定的。大容量锅炉汽包正常水位一般在汽包几何中心线下 200mm 左右。

278 事故放水管能把汽包中的水放干净吗？

答：事故放水管是不能将汽包中的水放干净的。事故放水管的作用是：当出现满水事故或汽水共腾时，用它紧急排放锅水，迅速恢复水位。事故放水管上端在汽包内，上口与汽包正常水位平齐，一旦出现事故，迅速打开事故放水门，排出多余的水，维持正常水位，而正常水位以下的水则不能被放掉。但是，在打开事故放水门后，一定要严密监视水位，当水位正常后，立即关闭放水门，否则会通过事故放水门放出大量饱和蒸汽，造成不必要的工质和热量损失，还使进入过热器的蒸汽量减小，威胁过热器的安全运行。

279 给水泵的作用是什么？

答：给水泵的作用是将除氧器水箱中的水不断地打出并送往锅炉省煤器，以保证锅炉正常上水。

280 给水泵为什么要装再循环管？

答：由给水泵出口接至除氧器水箱的管道称为再循环管。再循环管的主要作用是防止水泵在刚启动时或低负荷运行时出现水温升高而汽化的现象。

给水泵的给水量是随锅炉负荷而变化的。在启动或低负荷时，给水泵可能在给水量很小或为零的情况下运行。水在泵体内长期受叶轮摩擦而发热，使水温升高。当水温升高到一定程度时，便会发生汽化，形成汽蚀。为防止上述现象的发生，在给水泵刚启动时或给水量小到一定程度时，可打开再循环管，将一部分水返回到除氧器水箱，以保证有一定水量流过给水泵，不致发生汽化。

281 离心式水泵在启动时为什么要充满水？

答：从离心泵的工作原理可看出，叶轮在旋转时，水在离心力的作用下将被甩到叶轮外缘，在叶轮中心形成真空，水被吸入，水泵才能正常工作。如果泵壳内不充满水，泵内存有空气，当叶轮旋转时，水的离心力远大于空气的离心力，空气就会积聚在叶轮中心，使叶轮中心不能形成真空，妨碍水的吸入，使水泵不能正常运行。所以，离心式泵在启动时要首先充满水，以排出泵壳内的空气。

282 如何处理调速给水泵汽蚀？

答：如给水泵轻微汽蚀，应立即查找原因，迅速消除；如汽蚀严重，应立即启动备用泵，停止发生汽蚀的给水泵，并开启给水泵再循环门。

283 若发现给水泵停运时倒转，应如何处理？

答：若发现给水泵停运时倒转，应检查、判断其出口止回阀是否未关严，同时立即关闭出口门，保持油泵连续运行，采取措施来阻止给水泵倒转。

284 给水泵汽蚀的原因有哪些?

答：给水泵汽蚀的原因有：

(1) 除氧器内部压力降低。

(2) 除氧水箱水位过低。

(3) 给水泵长时间在较小流量下或空负荷下运行。

(4) 给水泵再循环门误关或开度过小。

285 为什么不允许离心式水泵倒转?

答：因为离心式水泵的叶轮是套装的轴套，上有丝扣拧在轴上，拧的方向与轴转动方向相反，所以泵顺转时就愈拧愈紧。如果反转，就可能使轴套退出、叶轮松动并产生摩擦。此外，倒转时扬程很低，甚至不出水。

286 在什么情况下应紧急停止给水泵运行?

答：发生下列情况之一，应紧急停止给水泵运行：

(1) 清晰地听见给水泵内有金属摩擦声或撞击声。

(2) 给水泵或电动机轴承冒烟，或钨金熔化。

(3) 给水泵或电动机发生强烈振动，超过规定值。

(4) 电动机冒烟或着火。

(5) 发生人身伤亡事故。

287 运行中的给水泵发生汽化时有何象征?

答：给水泵入口发生汽化时，泵的电流、出口压力、入口压力及流量都剧烈变化，且泵内伴有噪声和振动声。

288 离心式水泵不上水的原因有哪些?

答：离心式水泵不上水的原因有：

(1) 启动前泵内空气未排尽。

(2) 运行中泵内进入空气。

(3) 入口滤网发生堵塞。

(4) 入口门门芯脱落。

(5) 水泵叶轮结垢、堵塞或断裂。

(6) 底阀卡死，打不开。

第三节　除尘设备及系统

1 燃煤电厂锅炉燃烧后的主要烟气污染物有哪些?

答：燃煤电厂锅炉燃烧后产生的烟气污染物主要有烟尘、二氧化硫、三氧化硫、氮氧化物、重金属等。

2 燃煤电厂产生的烟尘有什么危害？

答：烟尘的危害有以下几点：

（1）造成设备腐蚀磨损，影响机组安全运行。

（2）排入大气后，影响人体健康。

（3）影响农作物生长，可造成减产。

（4）土壤和水体酸化。

3 什么是除尘器？

答：除尘器是指从含尘气体中分离、捕集粉尘的装置或设备。

4 什么是电除尘？

答：电除尘是指利用高压电场对带电荷的粉尘的吸附作用，把粉尘从含尘气体中分离出来的除尘器。

5 什么是袋式除尘器？

答：袋式除尘器是利用滤袋的拦截阻留及烟尘的惯性碰撞、扩散作用，捕集烟气中粉尘的除尘器。

6 什么是电袋复合除尘器？

答：电袋复合除尘器是指电除尘和袋式除尘器有机结合的一种复合除尘器。

7 简述电除尘器的工作原理。

答：在两个曲率半径相差较大的金属阳极和阴极上，通以高压直流电，维持一个足以使气体电离的静电场。气体电离后所生成的电子、阴离子和阳离子，吸附在通过电场的粉尘上，而使粉尘获得荷电。荷电粉尘在电场的作用下，便向电极性相反的电极运动而沉积在电极上，以达到粉尘和气体分离的目的。沉积的粉尘卸掉电荷，当粉尘达到一定厚度时，借助于振打机构使粉尘落入下部灰斗，净化后的气体便从上部排出。

8 简述袋式除尘器的工作过程。

答：袋式除尘器的工作过程是烟尘进入袋式除尘器后，滤袋表面拦截、沉积粉尘，当沉积的粉尘达到一定厚度后，滤袋的透气性下降，阻力升高，此时通过清灰装置使粉尘剥落沉降，从而使滤袋的阻力恢复，这样周期性的收集和清理的过程就是袋式除尘器的工作过程。

9 常用的电除尘器有哪些分类？

答：常用的电除尘器有以下几种分类：

（1）按收尘极形式分类，可分为板式和管式两种。

（2）按气流方向分类，可分为卧式和立式两种。

（3）按粉尘荷电区、分离区的布置分类，可分为单区和双区两种。

（4）按清灰方式分类，可分为湿式和干式两种。

10 电除尘器的基本组成部分有哪些？

答：电除尘器主要由两大部分组成：一部分是电除尘器本体系统，包括收尘极系统、电晕极系统、烟箱系统、气流均布装置、储排灰系统、管路系统、槽形板装置、壳体及辅助设施；另一部分是电气系统，包括高压供电装置和低压自动控制装置。

11 电除尘是采用什么放电形式进行工作的？

答：电除尘是采用阴阳两电极间的电晕放电进行工作的。

12 阳极系统由哪几部分组成？其功能是什么？

答：阳极系统由阳极板排、极板的悬吊和极板振打装置三部分组成。

其功能是捕获荷电粉尘，并在振打力作用下使阳极板表面的粉尘成片状脱离板面，落入灰斗中，达到除尘的目的。

13 阴极系统由哪几部分组成？其功能是什么？

答：阴极系统由电晕线、电晕框架、框架吊杆与支撑套管及阴极振打装置组成。

其功能是在电场中产生电晕放电使气体电离。

14 电除尘器常用术语中的“电场”是指什么？

答：沿气流方向将各室分成若干区，每一区有完整的收尘极和电晕极，并配以相应的一组高压电源装置，称每个独立区为收尘“电场”。卧式除尘器一般设计有两个、三个或四个电场，特别需要时也可以设置四个以上的电场。有时为了获得更高的收尘效率，或受高压整流装置规格的限制，也可以将每个电场再分成两个或三个独立区，每个区配一组高压装置分别供电。

15 何谓除尘效率？

答：除尘效率是指含尘气流在通过除尘器时所捕集下来的粉尘量占原始粉尘量的百分数。

16 何谓火花率、导通角、占空比及振打程序？

答：火花率是指单位时间内出现火花放电的次数。

导通角是指在一个半波内晶闸管的导通范围。

占空比：在间歇供电方式下，供电半波个数与间歇半波个数之比。

振打程序：阴、阳极振打周期与阴、阳极之间及前、后电场之间实现的振打时间相互制约的程序。

17 电除尘器常用术语中的“室”是指什么？

答：在电除尘器内部，由壳体所围成的一个气流的通道称为室。一般电除尘器设计成单室，有时也把两个单室并联在一起，称为双室电除尘器。

18 电抗器在电气系统中的作用是什么？

答：电抗器可用于改善一次电流的波形，使一次电流的波形连续且平滑，有利于电场有比较高的运行电流。它是根据电感中电流不能突然变化的原理制作的。电抗器还能限制电流的上升率，使一、二次电流不致产生瞬间的突变，抑制电网高次谐波，使晶闸管的工作得以改善。

19 一般将除尘器分为哪几类？它们各有何特点？

答：一般将除尘器分为四大类：

(1) 机械除尘器。包括重力沉降室、惯性除尘器和旋风除尘器。这类除尘器的特点是结构简单、造价低、维护方便，但除尘效率不很高，往往用作多级除尘系统中的前级预除尘。

(2) 滤式除尘器。包括袋式除尘器和颗粒层除尘器等。其特点是以过滤机理作为除尘的主要机理。根据选用的滤料和设计参数不同，袋式除尘器的效率可达很高（99.9%以上）。

(3) 湿式除尘器。包括低能湿式除尘器和高能文氏管除尘器。这类除尘器的特点是主要用水作为除尘的介质。一般来说，湿式除尘器的除尘效率高。当采用文氏管除尘器时，对微细粉尘效率仍可达95%以上，但所消耗的能量较高。湿式除尘器的主要缺点是会产生污水，需要进行处理，以消除二次污染。

(4) 电除尘器。以静电的机理除尘，有干式电除尘器（干灰清灰）和湿式电除尘器（湿式清灰）两种。这类除尘器的特点是除尘效率高（特别是湿式电除尘器），消耗动力少；主要缺点是钢材消耗多，投资高。

20 电除尘器高压控制装置的作用是什么？

答：根据被处理烟气和粉尘的性质，随时调整供给电除尘器工作的最高电压，使之能够保持平均电压，在稍低于发生火花放电的电压下运行。

21 低压供电装置电机控制保护功能有哪些？

答：低压供电装置电机控制保护主要的功能有自动、停机、手动切换控制；过流保护报警显示；缺相保护报警显示以及开路报警显示等。

22 高压供电装置提供的保护和报警功能有哪些？

答：高压供电装置提供的保护和报警主要功能有输出开路保护、输出短路保护、偏励磁保护、输出欠压保护、输入过流保护、晶闸管开路保护、临界油温报警、危险油温保护、轻瓦斯保护（报警）、重瓦斯保护（跳闸）及低油位保护。

23 电晕极系统在电除尘器中的作用是什么？

答：电晕极系统是产生电晕，建立电场的主要构件。它决定了放电的强弱，影响烟气中粉尘荷电的性能，直接关系着收尘效率。另外，它的强度和可靠性也直接关系着整个电除尘器的安全运行。

24 简述电除尘器的优缺点。

答：电除尘器的优点：

(1) 除尘效率高。

(2) 阻力小。

(3) 能耗低。

（4）处理烟气量大。

（5）耐高温。

电除尘器的缺点：

（1）钢材消耗量大，初期投资大。

（2）占地面积大。

（3）对制造、安装和运行的要求比较严格。

（4）对烟气特性反应敏感。

25 阴极小框架的作用是什么？

答：阴极小框架的作用是：

（1）固定电晕线。

（2）产生电晕放电。

（3）对电晕极振打清灰。

26 简述管路系统在电除尘器中所起的作用。

答：管路系统在电除尘器中的作用为：

（1）蒸汽加热管路。通过紧贴在电除尘器灰斗外壁的蒸汽加热管，使落在灰斗内的干灰不致受潮结块，造成堵灰而引起电场短路。

（2）热风保养管路。作为停机时保养及水冲洗后烘干的热源。

（3）水冲洗管路。停机时，将水引入电除尘器内部，对电极进行冲洗。

27 高压硅整流变压器的特点是什么？

答：高压硅整流变压器是一种专用的变压器，其的特点是：

（1）输出负直流高压电。

（2）输出电压高、输出电流小，且输出电压需跟踪不断变化的电场击穿电压而改变。

（3）回路阻抗电压比较高。

（4）温升比较低。

28 与立式电除尘器相比，卧式电除尘器有哪些特点？

答：与立式电除尘器相比，卧式电除尘器有以下特点：

（1）沿气流方向可分为若干个电场，各个电场可分别施加不同的电压，以便充分提高除尘效率。

（2）根据所要求达到的除尘效率，可任意增加电场长度。

（3）在处理较大烟气量时，卧式电除尘器比较容易地保证气流沿电场断面均匀分布。

（4）设备安装高度较立式电除尘器低，设备的操作维修比较方便。

（5）适用于负压操作，可延长排风机的使用寿命。

（6）各个电场可以分别捕集不同粒度的粉尘，这有利于燃煤飞灰的分选及综合利用，还有利于有色金属的捕集回收。

（7）占地面积比立式电除尘器大，所以旧厂扩建或收尘系统改造时，采用卧式电除尘器往往要受到场地的限制。

29 电除尘器投运时的注意事项有哪些？

答：电除尘器投运时的注意事项有：

(1) 电除尘器投运操作高压隔离开关时，如发现异常，应查明原因，禁止强行合闸。

(2) 高压整流变压器附近，高压引入部位和绝缘子室投运时，所有人员必须在安全距离（至少 1.5m）以外。

(3) 电除尘器出口温度应达到 100℃以上，且预热 2h，方可投入高压整流变压器。

(4) 锅炉投油燃烧时，禁止投入电除尘器运行。

(5) 锅炉停止燃油后，延时 15min，方可投入电除尘器运行。

30 造成电除尘器除尘效率低的原因有哪些？

答：造成电除尘器除尘效率低的原因有：

(1) 煤质改变，锅炉燃烧工况恶化。

(2) 漏风严重。

(3) 气流分布板堵灰或烟道中积灰严重，造成气流分布不均匀。

(4) 振打程序失灵或振打装置故障。

(5) 极距调整不当，偏差过大。

(6) 振打周期不适当。

(7) 高压供电装置调节失灵或调整不当。

(8) 部分电场停运。

31 电除尘器电场“完全短路”故障的现象有哪些？原因是什么？

答：电场“完全短路”故障的现象为：

(1) 投运时电流上升很大，而电压指示为零。

(2) 运行时二次电流剧增，二次电压为零。

(3) 主回路跳闸并报警。

原因：

(1) 高压部件临时接地线未拆除。

(2) 阴极线断线脱落，造成阴阳极短路或与外壳接触。

(3) 高压隔离开关高压侧刀闸或电场侧刀闸处于接地位置。

(4) 瓷轴破损，对地短路。

(5) 高压电缆或电缆终端对地短路。

(6) 金属异物在阴、阳极间搭桥短路。

(7) 硅堆击穿短路，或变压器二次侧绕组短路。

(8) 阴极线肥大或阳极板严重粘灰，造成极间短路。

(9) 灰斗满灰，与阴极下部接触而造成短路。

(10) 整流变压器高压输出侧短路。

32 简述运行中对整流变压器检查的内容及项目。

答：运行中，整流变压器检查的内容及项目如下：

(1) 整流变压器无渗油、漏油，油位正常，油质良好。

(2) 各部件齐全、良好，二次侧绝缘子无脱落、无裂痕，表面无灰尘和污垢。

(3) 变压器硅胶正常且无变色。

33 简述运行中对低压控制柜检查的内容及项目。

答：运行中，低压控制柜检查的内容及项目为：

(1) 各表计、指示灯完好。

(2) 振打控制无偏差、运行正常。

(3) 卸灰、电加热自动控制符合要求。

(4) 柜内端子排线无松动，熔断器完好，热偶继电器、空气开关无异常，各装置清洁。

34 简述运行中对电除尘器本体检查的内容及项目。

答：运行中，电除尘器本体检查的内容及项目如下：

(1) 各人孔门严密。

(2) 壳体应无较大漏风（负压时有声响）。

(3) 过道、护栏和楼梯应完整、清洁，且无锈蚀。

35 简述运行中对高压控制柜检查的内容及项目。

答：运行中，高压控制柜检查的内容及项目如下：

(1) 表计显示值与上位机显示值一致，各指示灯完好。

(2) 晶闸管温度正常，冷却风扇工作情况良好。

(3) 主回路（主要是电缆头）无过热情况。

(4) 火花率应控制在规定范围内。

36 电除尘器投运前的检查项目有哪些？

答：电除尘器投运前的检查项目有：

(1) 所有工作票全部终结，所列安全措施全部拆除，挂设的遮栏、标示牌等均恢复正常，现场清洁，无妨碍启动的杂物。

(2) 所有设备、部件齐全，标志清楚、正确，各法兰结合面严密，保温完整，各人孔门全部封闭，照明充足。

(3) 电动机均已接线，接地线牢固，安全罩齐全、完好，且与转动部分无摩擦。

(4) 各振打装置、卸灰等转动设备转动灵活无卡涩；减速机油位正常，油质合格。

(5) 灰斗插板门全部开启，料位指示正确，压缩空气正常投运，各气动阀门、手动阀门开关位置正确，输灰系统正常投运，冲灰水系统正常投入使用，卸灰等设备正常投运，喷嘴及灰沟畅通无堵塞，水量充足，沟盖板齐全完整。

(6) 高压硅整流变压器油位正常、油质合格，硅胶良好，高压隔离开关接触良好，操作机构灵活且处于接地位置，所有控制柜仪表、开关、保护装置、调节装置、温度巡测装置、报警装置、熔断器及指示灯等完好、齐全且指示正确，所有间隔、室、箱门的闭锁装置完好并上锁。

37 哪些情况下，电除尘器应紧急停运电场？

答：当以下情况出现时，电除尘器应紧急停运电场：

(1) 高压输出端开路。

(2) 高压绝缘部件闪络。

(3) 高压硅整流变压器油温超过跳闸温度（85℃）而未跳闸，或出现喷油、漏油、声音异常等现象。

(4) 高压供电装置发生严重的偏励磁。

(5) 高压供电装置自动跳闸，原因不明，允许试投一次；若再跳闸，需查明原因并消除故障后方可再投。

(6) 高压阻尼电阻闪络，甚至起火。

(7) 高压晶闸管冷却风扇停转，晶闸管元件严重过热。

(8) 电除尘器电场发生短路。

(9) 电除尘器运行工况发生变化，锅炉投油燃烧或烟气温度低于露点温度。

(10) 电除尘器的阴、阳极振打装置等设备发生剧烈振动，扭曲、烧损轴承，电动机过热冒烟甚至起火。

38 电除尘器电场“不完全短路”故障的现象有哪些？原因是什么？

答：电除尘器电场“不完全短路”故障的现象：

(1) 二次电压、电流急剧摆动。

(2) 二次电流偏大，二次电压升不高。

原因：

(1) 阴、阳极局部黏附粉尘过多，使两极间距缩小而引起频繁闪络。

(2) 绝缘部件污损或结露，造成漏电或绝缘不良。

(3) 阴极线损坏但尚未完全脱落，随气流摆动，或阴极框架发生较大振动。

(4) 金属异物与电极尚未搭桥，但两极间距大大缩小。

(5) 高压侧对地有不完全短路。

(6) 电缆绝缘不良，有漏电现象。

(7) 灰斗中灰位过高，造成阴、阳极不完全短路。

39 简述电除尘器运行中监视和维护的内容。

答：电除尘器运行中监视和维护的内容如下：

(1) 监视和保持电除尘器电压、电流和各加热点温度在正常范围内。

(2) 及时调整火花频率，使之符合要求。

(3) 检查高压硅整流变压器油箱内的油温、油压及油位等，均应不超过规定值。

(4) 高压输出网络无异常放电现象。

(5) 定期检查振打系统及驱动装置、各加热系统及卸灰与排灰系统运行是否正常，保证落灰畅通，排灰顺利。

(6) 电除尘器各门孔密封良好，漏风率不大于5%。

(7) 监视除尘器进、出口烟温是否正常，异常时应分析原因并进行处理。

40 振打系统常见的故障有哪些?

答：振打系统常见的故障为：

（1）掉锤。

（2）轴及轴承磨损。

（3）保险片（销）断裂。

（4）振打力减小。

（5）振打电机故障。

41 二次电压正常而二次电流偏低的原因有哪些?

答：二次电压正常而二次电流偏低的原因：

（1）收尘极板积灰过多。

（2）收尘极或电晕极的振打装置未开或失灵。

（3）电晕线肥大，造成放电不良。

（4）烟气中粉尘浓度过大，出现电晕封闭。

42 低压自动控制系统一般包括哪些装置?

答：一般包括：阴、阳极程序振打控制装置；灰斗料位监测及卸灰自动控制装置；绝缘子加热恒温自动控制装置；安全联锁控制装置；高压安全接地开关控制装置；绝缘子室低温监视与显示报警装置；变压器油温保护装置；进、出口烟箱温度巡测装置；综合报警装置；粉尘浓度检测装置以及微机闭环控制装置等。

43 低压控制柜内的主要器件有哪些?

答：压控制柜内的主要器件有：低压操作器件、调压晶闸管、一次取样元件、电压自动调整器及阻容保护元件等。

44 何谓电晕放电?

答：电晕放电是指当极间电压升高到某一临界值时，电晕极处的高电场强度将其附近气体局部击穿，而在电晕极周围出现淡蓝色的辉光并伴有“咝咝”的响声的现象。

45 何谓火花放电?

答：在产生电晕放电后，继续升高极间电压，当达到某一数值时，两极间将产生一个接一个的、瞬时的、通过整个间隙的火花闪络和噼啪声，这种现象就叫火花放电。

46 何谓电弧放电?

答：在产生火花放电后，继续升高极间电压，就会使气体间隙强烈击穿，出现持续放电，爆发出强光和强烈的爆裂声，并伴有高温。强光将贯穿阴极和阳极之间的整个间隙，其电流密度很大，但电压降很小，这种现象就叫电弧放电。

47 荷电粉尘在电场中是如何运动的?

答：处于收尘极和电晕极之间的荷电粉尘，受四种力的作用，其运动服从牛顿定律。这四种力是尘粒的重力、电场作用在荷电尘粒上的静电力、惯性力及尘粒运动时的介质阻力。其中，重力可忽略不计。荷电尘粒在电场力的作用下向收尘极运动时，电场力和介质阻力将很快达到平衡，并向收尘极做等向运动，此时惯性力也可忽略。

48 何谓扩散荷电?

答：离子无规则的热运动使得离子通过气体而扩散，扩散时能与气体中所含的尘粒相碰撞而荷电，这就是扩散荷电。

49 荷电尘粒的捕集与哪些因素有关?

答：荷电尘粒的捕集与尘粒的比电阻、介电常数和密度；气流速度、湿度和温度；电场的伏安特性及收尘极的表面状态等有关。

50 何谓电场荷电?

答：电场荷电是指离子在外电场作用下沿电力线有秩序地运动，与尘粒碰撞并使其荷电。

51 何谓电晕封闭和反电晕?

答：电晕封闭是指当电晕线附近负粒子的浓度高到一定值时，将抑制电晕的发生，使电晕电流大大降低，甚至会趋于零的放电现象。

反电晕是指沉积在收尘极表面的高比电阻粉尘层内部的局部放电现象。

52 何谓比电阻和阻尼电阻?

答：比电阻是指加在粉尘层两端的电场强度与感应电流密度的比率。

阻尼电阻是指为消除整流变压器次级端产生的高频振荡，保护整流变压器或高压电缆不被击穿而设置的电阻。

53 分离烟气中的含尘颗粒在电除尘器中经历了哪四个物理过程?

答：分离烟气中的含尘颗粒在电除尘器中的四个物理过程是：

（1）气体的电离。

（2）悬浮尘粒的荷电。

（3）荷电尘粒向电极运动。

（4）荷电尘粒在电场中被捕集。

54 何谓偏励磁?

答：偏励磁指在一段时间内连续出现一次电流的一个半波大于某一设定值，而一次电压和一次电流值为零，使整流变压器单向励磁，从而引起发热。

55 何谓晶闸管开路?

答：晶闸管开路指当晶闸管的导通角增大到一定值时，晶闸管不导通，使一次电压和一次电流始终为零。

56 何谓气体报警？

答：气体报警指当高压整流变压器内部发生匝间、相间或单相接地短路故障时，短路电弧使变压器油分解出部分瓦斯气体，瓦斯气体驱动瓦斯继电器动作，发出轻瓦斯或重瓦斯报警信号。

57 何谓输出开路？

答：输出开路指在一定时间内，由于某种原因使得高压供电设备的二次电压超过额定值，二次电流等于零。

58 何谓输出短路？

答：输出短路指在一定时间内，由于某种原因使得高压供电设备的二次电压接近于零，二次电流大于或等于额定值。

59 何谓输出欠压？

答：输出欠压指在一定时间内，由于某种原因使得高压供电设备的二次电压低于某一设定值（一般为25kV）。

60 电除尘器中的电场是由哪两部分组成的？

答：电除尘器中的电场是由外加电压作用而形成的电场和由离子及荷电尘粒的空间电荷形成的电场两部分组成的。

61 电除尘器供电控制系统由哪几部分组成？中央控制器的作用是什么？

答：电除尘器供电控制系统由中央控制器、高压供电设备、低压控制设备及各种检测设备组成。

中央控制器的主要作用是集中监控管理、智能闭环控制和远程通信。

62 高压供电设备由哪几部分组成？其作用是什么？

答：高压供电设备由高压控制柜（包括电压自动调整器）、高压整流变压器、电抗器、高压隔离开关及阻尼电阻等组成。

其作用是适应和自动跟踪电除尘器电场烟尘条件的变化，向电场施加所需的高电压，提供所需的电晕电流，达到利于粉尘荷电和捕集的目的。

63 何谓电晕线肥大？它产生的原因有哪些？它对电除尘器的运行有哪些影响？

答：电晕线肥大是指电晕线上沉积较多的粉尘，使电晕线变粗，从而导致电晕放电效果降低的现象。

它产生原因：

（1）粉尘因静电作用而产生附着力。

（2）电除尘器的温度低于露点，产生了具有黏附力的液体（水或硫酸）。

（3）黏附性较强的粉尘。

对电除尘器运行的影响：使电晕放电的效果降低，粉尘荷电受到一定的影响，使电除尘器效率降低。

64 粉尘荷电量与哪些因素有关？

答：在电除尘器的电场中，粉尘的荷电量与粉尘的粒径、电场强度及停留时间等因素有关。

65 反电晕是如何产生的？

答：当高比电阻粉尘到达阳极而形成粉尘层时，所带电荷不易释放，在阳极粉尘层面上形成一个残余的负离子层。它屏蔽了部分通向电晕极的电力线，削弱了电晕极附近的场强，而提高了阳极板附近的场强，从而造成电晕区电离减弱，电晕电流下降。随着阳极表面积灰厚度的增加，由于残余电荷分布不均匀，所以使阳极局部的粉尘层的电流密度与比电阻的乘积超过粉尘层的绝缘强度而击穿，这样就产生了反电晕。

66 电晕是如何形成的？

答：电子受电场力作用迅速向阳极移动，而正离子则向阴极运动并撞击阴极，使阴极释放出二次电子，因此在电晕区内就产生放电条件，这样就形成了电晕。

67 电晕封闭是如何产生的？

答：当烟气中粉尘浓度高到一定程度时，电场中空间电荷主要由荷电后的粉尘粒子组成。这些粒子的移动速度慢，在电场空间中的滞留时间长，可产生较大的削弱作用，并使电晕电流大大降低甚至到零。

68 荷电尘粒是如何被捕集的？

答：荷电的尘粒在电场中受到静电力、紊流扩散力和惯性漂移力的共同作用。在这些力的综合作用下，尘粒以一定的速度向收尘极板驱进。当尘粒到达收尘极板表面后，就释放电荷并被捕集。

69 何谓气流旁路？简述气流旁路的发生原因及预防措施。

答：气流旁路是指电除尘器内的气流不通过收尘区，而是从收尘极板的顶部、底部及极板左、右最外边与壳体内壁形成的通道中通过。

发生气流旁路的原因主要是由于气流通过电除尘器时产生压力降，气流旁路在某些情况下则是由于抽吸作用所致。

防止气流旁路的一般措施是：

（1）采用常见的阻流板，迫使旁路气流通过收尘区。

（2）将收尘区分成几个串联的电场。

（3）使进入电除尘器和从电除尘器出来的气流保持良好的状态。

70 “电晕线放电性能好”包含了哪三层意思？

答：“电晕线放电性能好”包含三层意思：

（1）起晕电压低。在相同条件下，起晕电压越低，就意味着单位时间内的有效电晕功率越大，除尘效率越高。电晕线越大，其起晕电压就越低。

（2）伏安特性好。在相同的外加电压下，电流越大，粉尘荷电的强度和概率越大，除尘效率越高。

（3）对烟气条件变化的适应性强。即对烟气流速、含尘浓度及比电阻等适应性强。

71 为什么阳极振打时间比阴极的短？

答：原因有两方面：一是阳极收尘速度快，积灰比阴极多；二是阴极清灰效果差，振打时易产生二次飞扬。

72 为什么极板振打周期不能太长也不能太短？

答：若振打周期短、频率高，则易产生粉尘二次飞扬；若振打周期太长，粉尘将大量沉积在阳极板和阴极线上，容易产生反电晕。

73 在锅炉启动初期的投油或煤油混烧阶段，电除尘器为什么不能投电场？

答：在锅炉启动初期的烧油或煤油混烧阶段，烟气中含有大量的黏性粒子，如果此时投入电场运行，它们将大量黏附在阳极板和阴极线上，很难通过振打清除，而且这些黏性粒子还具有腐蚀性，所以电除尘器不能投入电场。

74 对电除尘器性能有影响的运行因素有哪些？

答：对电除尘器性能有影响的运行因素有：

（1）气流分布。

（2）本体漏风。

（3）粉尘的二次飞扬。

（4）气流旁路。

（5）电晕线肥大。

（6）阴、阳极膨胀不均匀。

75 如何调整运行参数以保证除尘效率？

答：如果锅炉负荷较高、煤质较差、灰分较大，一电场闪络频繁，应适当调低供电参数，将二、三、四电场尽量保持高参数运行。当锅炉负荷不高、煤质较好、灰分较低时，电场有相应的裕度，可采用低供电参数来节电；或在确保首、末电场投运的情况下，停止二、三电场运行。采取周期振打、卸灰，同时加强冲灰、输灰系统的检查，这样就不会因堵灰而使电场停运。

76 何谓间隙供电控制方式？

答：间隙供电控制方式是指通过控制系统的工作使输出的高压直流电出现间歇性变化，即电场内两电极间的电压是间歇性的，相当于脉冲式。

77 何谓脉冲供电控制方式？

答：脉冲供电控制方式是指通过对电压给定环节的有效控制，使输出的高压波形发生间歇性变化，以克服反电晕。

78 何谓火花积分值控制方式？

答：火花积分值控制方式是指通过控制发生一定火花放电时的电压，使输出电压达到最佳状态。

79 何谓火花频率自动跟踪控制方式？

答：火花频率自动跟踪控制方式是指整定一个最大火花放电频率，即通过测得的火花放电频率来调节输出电压，以达到最佳状态。

80 何谓输出功率自动调节控制运行方式？

答：以最后一个电场的运行参数为反馈指令，更替不同的运行方式，随时保证排出浓度和相应的输出功率，以达到高效节能的目的，这种运行方式即为输出功率自动调节控制运行方式。

81 气流分布不均匀对电除尘器的性能有哪些不良影响？

答：气流分布不均匀对电除尘器的性能有下列不良影响：

（1）在气流速度不同的区域内所捕集的粉尘量不一样。

（2）局部气流速度高的地方会出现冲刷现象，将收尘极板上和灰斗内的粉尘再次大量扬起。

（3）电除尘器进口的含尘浓度就不均匀，导致电除尘器内某些部位堆积过多的粉尘。

（4）如果通道内气流显著紊乱，则在振打清灰时粉尘容易被带走。

82 除尘器绝缘瓷件部位为什么要装加热器？

答：为保持绝缘强度，在电除尘器的本体上装有许多绝缘瓷件。这些瓷件不论装在大梁内，还是装在振打系统中，如果其周围的温度过低，就会在表面形成冷凝水汽，使绝缘瓷件的绝缘下降。当电除尘器送电时，便容易在绝缘套管瓷件的表面产生沿面放电，使工作电压升不上去，以致形成故障，使电除尘器无法工作。另外在启动和停止状态下，烟箱内的温差较大，瓷件热胀冷缩不能及时适应，易造成开裂、损坏，这样就需对瓷件部位进行加热和保温。因此，在绝缘瓷件部位要装加热器。

83 阴、阳极膨胀不均对电除尘器的运行有哪些影响？

答：阴、阳极膨胀不均时，阴极线和阳极板弯曲变形，使局部异极间距变小，两极放电距离变小，二次电压升不高或升高后跳闸，影响除尘效率。

84 高压供电装置提供的供电运行方式有哪些？

答：高压供电装置提供的供电运行方式有：

（1）最佳工作点探测运行方式。

（2）间歇供电运行方式。

（3）简易脉冲供电运行方式。

（4）火花率整定控制运行方式。
（5）普通火花跟踪运行方式。
（6）闪络频率自动控制运行方式。

85 防止粉尘二次飞扬的措施有哪些？

答：为防止和克服粉尘二次飞扬损失，可采取以下措施：
（1）电除尘器内保持良好状态，并使气流均匀分布。
（2）使设计出的收尘电极具有充分的空气动力学屏蔽性能。
（3）采用足够数量的高压分组电场，并将几个分组电场串联。
（4）对高压分组电场进行轮流、均衡的振打。
（5）严格防止灰斗中的气有环流现象和漏风。

86 哪些因素对除尘效率有影响？

答：对除尘效率有影响的因素有：
（1）烟气性质。主要包括烟气温度、压力、成分、湿度、流速及含尘浓度。
（2）粉尘特性。比电阻过高或过低，都不适合电除尘器对粉尘的捕集。
（3）运行因素。主要包括气流分布、漏风、二次飞扬、气流旁路、电晕线肥大及阴、阳极膨胀不均匀。
（4）除灰系统。主要包括灰斗堵灰或排灰不畅及引风机调节。

87 反电晕对除尘器的运行有何影响？

答：发生反电晕后，粉尘粒子的荷电将大受影响。电晕电流下降，负空间电荷也少，使粒子荷不上电。而正、负离子由于反电晕会再次复合为中性，使尘粒难以荷电，除尘效率大大降低。

88 造成二次飞扬的原因有哪些？

答：造成二次飞扬的原因有：
（1）高比电阻粉尘的反电晕会产生二次飞扬。
（2）气流速度过快。
（3）气流分布不均。
（4）振打频率过快，使粉尘从收尘极板上落下时，呈粉末状而被烟气重新带走。
（5）除尘器本体漏风或灰斗出现旁路气流，带走粉尘而产生二次飞扬。

89 造成气流分布不均的原因有哪些？

答：造成气流分布不均的原因有：
（1）由锅炉引起的分布不均。
（2）烟道中由摩擦引起的紊流。
（3）烟道弯头曲率半径小，气流转弯时因内侧速度大大减小而形成扰动。
（4）粉尘在烟道中沉积过多，使气流严重紊乱。
（5）进口烟箱扩散太快，使中心流速高，从而引起气流分布不均。

（6）本体漏风。

90 高压整流变压器偏励磁的现象有哪些？

答：高压整流变压器偏励磁的现象有：
（1）一次电压降低，一次电流偏大，二次电流、电压降低。
（2）一、二次电流上升不成比例。
（3）高压整流变压器出现异常声音，发热严重。
（4）晶闸管导通角指示很大。

91 电晕线断裂的原因有哪些？

答：电晕线断裂的原因有：
（1）局部应力集中。
（2）安装质量不好。
（3）放电拉弧。
（4）烟气腐蚀。
（5）疲劳断损。

92 合理的收尘极板应具备哪些条件？

答：合理的收尘极板应具备：
（1）具有较好的电气性能，极板面上电场强度和电流密度分布均匀，火花电压高。
（2）集尘效果好，能有效地防止二次飞扬。
（3）振打性能好，清灰效果显著。
（4）具有较高的机械强度，刚度好，不易变形。
（5）加工、制作容易，金属耗量少，每块极板均不允许有焊缝。

93 电除尘器投入时应具备哪些条件？

答：电除尘器投入时应具备的条件是：
（1）烟气温度低于160℃，最高不超过200℃。
（2）烟气负压小于或等于－3920Pa。
（3）烟气中易燃气体的含量必须低于危险浓度，一氧化碳含量小于1.8%。
（4）烟气含尘量不大于$52g/m^3$。
（5）烟气尘粒比电阻在160℃时应小于$3.27\times10^{12}\Omega\cdot cm^2$。
（6）接地电阻小于1Ω。
（7）高压供电装置应在锅炉停止燃油后投入。

94 为什么电除尘器本体接地电阻不得大于1Ω？

答：电除尘器本体外壳、阳极板及整流变压器输出正极都是接地的。闪络时，高频电流使电除尘器壳体电位提高，接地电阻越大，此电位越高，这将危及控制回路和人身安全。当接地电阻小于1Ω时，壳体电位值将会处于安全范围内。

95 为什么要在电除尘器进气烟箱处装设气流均布装置？

答：把气体引入电除尘器，通常都是从具有小断面的通风管过渡到大断面的工作室，所以，如果不采取必要的措施，将会造成气体沿电场断面分布不均匀，影响除尘效率；而且速度分布越不均匀，电除尘器的净化率就越低。为促进气流分布均匀，在进气烟箱的入口处最好装设气流导向板，同时在箱内应设置气流均布板。

96 空气压缩机油气桶的作用是什么？

答：空气压缩机油气桶的作用是：

（1）储存空气压缩机所需的润滑油。

（2）使压缩空气流速减小，油滴分离，达到第一阶段除油的作用。

97 空气压缩机压力维持阀的作用是什么？

答：空气压缩机压力维持阀的作用是：

（1）在启动时优先建立起润滑油所需的循环压力，确保机体的润滑。

（2）降低流过油细分离器的空气流速，既可确保油细分离的效果，又可避免油细分离器因承压太大而受损。

98 空气压缩机无法全载运行的原因有哪些？

答：空气压缩机无法全载运行的原因有：

（1）压力开关故障。

（2）三相电磁阀故障。

（3）延时继电器故障。

（4）进气阀动作不良。

（5）压力维持阀动作不良。

（6）控制管路泄漏。

99 空气压缩机电流偏高，跳闸的原因有哪些？

答：空气压缩机电流偏高，跳闸的原因有：

（1）电压太低。

（2）排气压力太高。

（3）润滑油规格不符合要求。

（4）油细分离器堵塞（油压高）。

（5）机体故障。

100 水冷双螺旋空气压缩机在压缩原理上分为哪几个过程？

答：水冷双螺旋空气压缩机在压缩原理上可分为以下四个过程：

（1）吸气过程。

（2）封闭与输送过程。

（3）压缩及喷油过程。

（4）排气过程。

101 简述水冷双螺旋空气压缩机的空气流程。

答：空气由空气滤清器滤去尘埃后，经进气阀进入主压缩空气室，再经排气止回阀进入油气桶，最后经油细分离器、压力维持阀、后部冷却器和水分离器进入到使用系统中。

102 油细分离器堵塞或损坏的现象有哪些？

答：油细分离器堵塞或损坏的现象有：

（1）系统空气中所含油分子增加。

（2）油细分离器压差开关超过设定值，指示灯亮。

（3）油压偏高。

（4）电流增大。

103 水冷双螺旋空气压缩机热控制阀的作用是什么？一般设定的打开温度是多少？

答：热控制阀的作用是使排气温度维持在压力露点温度以上。

一般设定油温升高至67℃时开始打开，升高至72℃时全开。

104 简述低正压气力输灰过程。

答：由静电除尘器捕捉的飞灰或省煤器的飞灰集中在灰斗中，当灰斗中飞灰达到一定高度而发出信号时，启动输灰程序，入口阀打开，飞灰靠重力落入输灰罐中，达到一定灰量时，入口阀关闭，出口阀打开，由输送空气通过管道将灰送到灰库内。

105 空气压缩机无法启动的原因有哪些？

答：空气压缩机无法启动的原因有：

（1）保险熔断。

（2）保护继电器动作。

（3）启动继电器故障。

（4）启动按钮接触不良。

（5）电压太低。

（6）电动机故障。

（7）机体故障。

（8）欠相保护继电器动作。

106 简述水冷双螺旋空气压缩机的润滑油流程。

答：借助于油气桶内的压力，将润滑油压入油冷却器，再经油过滤器除去杂质后分成两路。其中，一路退到机体下端喷入压缩室，冷却压缩空气；另一路通到机体两端用来润滑轴承组及传动齿轮。然后各部分润滑油再聚集于压缩室底部由排气口排出，与油混合后的压缩空气经排气止回阀重新回到油气桶进行分离。

107 空气压缩机无法空车的原因有哪些？

答：空气压缩机无法空车的原因如下：

（1）压力开关失灵。
（2）进气阀动作不良。
（3）泄放电磁阀故障（线圈烧损）。
（4）气量调节膜片破损。
（5）泄放限流孔太小。

108 空气压缩机排出气体中含有油分子，润滑油添加周期缩短，无负荷或停机时空气滤清器冒烟的原因有哪些？

答：空气滤清器冒烟的原因有：
（1）润滑油加得太多，油面太高。
（2）回油管阻流孔堵塞。
（3）排气压力低。
（4）油细分离器破损。
（5）压力维持阀弹簧疲劳。
（6）油停止阀故障。
（7）排气止回阀不严。
（8）重车停机。
（9）电气线路错误，泄放阀未泄放。

109 电除尘器有哪些作用？

答：电除尘器有哪些作用是：
（1）减少烟气含尘量和环境污染。
（2）减少引风机叶轮的磨损。

110 为什么投油枪时不能投用电除尘器？

答：防止油枪油雾化不良，未燃尽的油滴沾污电除尘的阳极板，从而降低除尘器的除尘效率。

111 简述电除尘器冷态调试的顺序。

答：先投入加热、振打、卸灰、输灰及温度检测等低压控制设备，待各设备调试运行正常后，再投入高压硅整流设备，逐个电场进行升压调试。

112 粉尘的比电阻对电除尘器的性能有哪些影响？

答：在板式电除尘器中，高比电阻粉尘使电晕电流受到限制，因而影响粉尘粒子的荷电量、荷电率和电场强度，导致除尘效率下降。另外，高比电阻粉尘的黏附力增大，要清除极板上的粉尘，需加大振打力，这将使二次飞扬增大，也会导致除尘效率降低。低比电阻粉尘容易因静电感应而获得正电荷，使沉积在极板上的粉尘重新排斥回电场空间；而高比电阻粉尘易产生反电晕，都不利于除尘效率的提高。因此，中比电阻粉尘较适合电除尘器。

113 电晕线的线距大小对电除尘器工作有何影响？

答：电晕线之间的距离对电流的大小会有一定的影响。当线距太短时，电晕线会由于电屏蔽作用使导线的单位电流值降低，甚至可以降到零；但线距也不宜过大，否则将使电除尘器内电晕线根数过少，使空间的电流密度降低，从而影响除尘效率。因此，电晕线距应适当，最佳线距一般取 0.6～0.65 倍通道宽度。

114 在安装电除尘器时，除了遵照一般机械设备的安装要求外，还应特别注意些什么？

答：在安装电除尘器时，除遵循一般要求外，还应注意以下三点：

（1）要有良好的密闭性。电除尘器密闭性能不好，是造成除尘器漏风的主要原因，尤其是电除尘器处于大负压下工作时，将严重影响电除尘器的性能（除尘效率显著降低）和使用寿命。为了保证密闭性，壳体的所有焊接均应采用连续焊缝，且应采用煤油渗透法检查其气密性。

（2）除去所有飞边、毛刺。电除尘器在安装、焊接过程中产生的飞边、毛刺，往往是使运行电压不能升高的原因，所以，电场内的焊缝均需用手提式砂轮打光。

（3）两极（收尘电极与电晕电极）的极间距离必须严格保证。两极间距的精确度直接关系到除尘器的工作电压，为此，安装过程中必须仔细调整。对规格在 $40m^2$ 以下的电除尘器，其同极间距偏差的绝对值应小于 5mm；对大于 $40m^2$ 的电除尘器，其偏差的绝对值应小于 10mm。

115 除尘器投运前的试验包括哪些内容？

答：试验内容包括电场内气流均匀性试验、振打加速度选测、高压供电系统耐压试验、高压整流装置自动调整与保护装置试验及冷状态下空载特性试验等。

116 电除尘器的性能试验包括哪些主要内容？

答：电除尘器的性能试验主要包括：

（1）气流均匀性试验。

（2）收尘极、放电极振打特性试验。

（3）电晕放电伏安特性试验。

（4）除尘效率特性试验。

117 电除尘器气流均匀性试验包括哪些内容？

答：电除尘器的气流均匀性试验一般包括两部分内容，即各台（或室）电除尘器气量分配的均匀性和每台电除尘器各电场内气流分布的均匀性。

118 电除尘器冷态伏安特性试验的步骤是什么？

答：合上被测电场的高压隔离开关，投入电场，操作选择开关置于“手动”位置，使电流、电压缓慢上升。当二次侧电压每上升 5kV 时，记录与此相对应的二次电流、一次电压和一次电流值。当一次电场开始闪络或电流、电压达到最大额定输出值时，用手动把电压缓慢降下来，并记录二次击穿电压值。

119 粉尘理化特性测定包括哪些内容？

答：粉尘理化特性测定包括粉尘化学成分的分析、粉尘密度的测定、粉尘粒度分布的测定及粉尘比电阻的测定等内容。

第四章

电气设备系统

第一节 发电机及励磁系统

1 基尔霍夫定律的基本内容是什么?

答：基尔霍夫第一定律的基本内容是：

（1）基尔霍夫第一定律也叫基尔霍夫电流定律即KCL，是研究电路中各支路电流之间关系的定律，它指出：对于电路中的任一节点，流入节点电流之和等于从该节点流出的电流之和。其计算式为

$$\sum I=0 \tag{4-1}$$

（2）基尔霍夫第二定律也叫基尔霍夫电压定律即KVL，是研究回路中各部分电压之间关系的定律，它指出：对于电路中任何一个闭合回路内，各段电压的代数和等于零。其计算式为

$$\sum U=0 \tag{4-2}$$

2 涡流是怎样产生的？什么是涡流损耗?

答：在有铁芯的线圈中通入交流电流，铁芯中便产生交变磁通，同时也要产生感应电势。在这个电势的作用下，铁芯中便形成自感回路的电流，称为涡流。

由涡流引起的能量损耗叫涡流损耗。

3 采用三相发、供电设备有什么优点?

答：发同容量的电量，采用三相发电机比单相发电机的体积小；三相输、配电线路比单相输、配电线路条数少，这样可以节省大量的材料。另外，三相电动机比单相电动机的性能好。所以多采用三相设备。

4 如何解读发电机型号?

答：发电机的型号表示该台发电机的类型和特点。我国发电机型号的规定标注法采用汉语拼音法。下面是几个常用符号的意义：

T（位于第一字）——同步；

Q（位于第一或第二字）——汽轮机；

Q（位于第三字）——氢冷；

F——发电机；

N——氢内冷；

S或SS——水冷。

例如：TQN表示氢内冷同步汽轮发电机；QFS表示双水内冷汽轮发电机；QFQS表示定子绕组水内冷、转子绕组氢内冷、铁芯氢冷的汽轮发电机。

5 同步发电机的“同步”是什么意思？

答：发电机带负荷以后，三相定子电流产生的磁场与转子以同方向、同速度旋转，称为“同步”。

6 同步发电机如何分类？

答：同步发电机按其特点分类如下：

（1）按照原动机的不同，同步发电机可分为汽轮发电机、水轮发电机、燃气轮发电机及柴油发电机等。

（2）按照冷却方式的不同，同步发电机可分为外冷式（冷却介质不直接与导线接触）发电机和内冷式（冷却介质直接与导线接触）发电机。

（3）按照冷却介质的不同，同步发电机可分为空气冷却发电机、氢气冷却发电机和水冷却发电机等。

（4）按照冷却方式和冷却介质的不同组合，同步发电机可分为水-氢-氢（定子绕组水内冷、转子绕组氢内冷、铁芯氢冷）；水-水-空（定子、转子绕组水内冷、铁芯空冷）；水-水-氢（定子、转子绕组水内冷、铁芯氢冷）等。

（5）按转子构造型式的不同可分为凸极式和隐极式。汽轮发电机一般是卧式的，转子是隐极式的；水轮发电机一般是立式的，转子是凸极式的。

7 同步发电机的转速、频率、磁极对数之间的关系是怎样的？

答：转速、频率、磁极对数之间的关系表达式为

$$n = 60f/p \tag{4-3}$$

式中 n——转速；

f——频率；

p——磁极对数。

8 简述同步发电机的基本工作原理。

答：同步发电机是利用电磁感应原理将机械能转变为电能的。在同步发电机的定子铁芯内，对称地安放着A-X、B-Y、C-Z三相绕组。所谓对称三相绕组，就是每相绕组匝数相等、三相绕组的轴线在空间互差120°电角度。在同步发电机的转子上装有励磁绕组，励磁绕组中通入励磁电流后，产生转子磁通，当转子以逆时针方向旋转时，转子磁通将依次切割定子A、B、C三相绕组，在三相绕组中会感应出对称的三相电动势。对确定的定子绕组而言，假若转子开始以N极磁通切割导体，那么转过180°（电角度）后又会以S极切割导体，所以定子绕组中的感应电动势是交变的，其频率取决于发电机的磁极对数

和转子转速。

9 发电机有哪些主要参数？

答：发电机的主要参数有：额定功率、额定电压、额定电流、额定功率因数、额定频率、额定励磁电压、额定励磁电流、定子绕组连接组别以及效率等。

10 什么是有功及有功功率？

答：在交流电能的发、输、用过程中，用于转换成非电、磁形式（如光、热、机械能等）的那部分能量叫有功；转换的平均功率叫有功功率。

11 什么是无功及无功功率？

答：用于电路内电、磁场交换部分的能量叫无功。交换的最大功率叫无功功率。

12 发电机定子、转子主要由哪些部分组成？

答：发电机定子主要由定子绕组、定子铁芯、机座和端盖等部分组成。

发电机转子主要由转子铁芯、激磁绕组、护环、中心环、风扇、滑环以及引线等部分组成。

13 发电机定子铁芯的作用是什么？

答：发电机定子铁芯是构成发电机磁回路和固定定子绕组的重要部件。它的质量和损耗在发电机的总质量和总损耗中所占的比例很大。一般大型发电机定子铁芯为发电机总质量的30%左右，铁损为发电机总损耗的15%左右。为了减少定子铁芯磁滞及涡流损耗，定子常采用导磁性能好、损耗低的硅钢片叠压而成。

14 发电机转子的结构是怎样的？

答：发电机转子是发电机的主要部件之一，它主要由转子铁芯、励磁绕组、护环、中心环、阻尼绕组、集电环及风扇等部件组成。转子铁芯一般采用具有良好导磁性能及具备足够机械强度的合金钢整体锻制而成。励磁绕组一般采用铜或机械性能经过改善的铜银合金导体材料绕制而成。

15 转子护环和中心环的作用各是什么？

答：转子护环的作用是承受转子绕组端部在高速旋转时产生的离心力，保护绕组端部不致沿径向发生位移、变形和偏心。

中心环对护环起固定、支持和保持与转轴同心的作用，也有防止端部绕组轴向位移的作用。

16 发电机电刷及刷架的作用各是什么？

答：发电机电刷是励磁回路的一个组成部分，它可以将励磁电流经集电环传递到励磁绕组中。

发电机刷架是固定和支持刷握及电刷的，刷握起着定位电刷的作用。

17 发电机定子铁芯的结构是怎样的？

答：定子铁芯是构成发电机磁路和固定定子绕组的重要部件。为了减少铁芯的磁滞和涡流损耗，大型发电机的定子铁芯常采用导磁率高、损耗小、厚度为0.35～0.5mm的优质冷轧硅钢片叠装而成。每层硅钢片由数张扇形片组成一个圆形，每张扇形片都涂了耐高温的无机绝缘漆。

定子铁芯的叠装结构与其通风方式有关。采用轴向分段径向通风时，中段每段厚度30～50mm，端部厚度小一些；采用全轴向通风时，沿轴向不分段，在铁芯轭部和齿部冲有全轴向贯通的通风孔；采用半轴向通风时，则在中段有若干分段，冷却气体从两端进入轭部和齿部的轴向通风孔，再从中间径向通道流出。

整个定子铁芯通过外圆侧的许多定位筋及两端的压指和压圈或压板固定、压紧，再将铁芯和机座连接成一个整体。

18 发电机接线为什么一般都接成星形方式？

答：发电机的电动势随时间变化的波形决定于气隙中磁通密度沿空间分布的形状，在实际的电机结构中，不可能使磁通密度沿空间的分布完全做到按正弦分布的，只能说是接近于正弦分布，所以磁通中都有高次谐波，电动势中也就有高次谐波。在高次谐波中，三次谐波占主要成分，其特点是A、B、C三相电动势中三个三次谐波电动势是同相的，如果将发电机接成三角形接线，那么在三角形接线中的三个三次谐波电动势则可相加，三次谐波的电流就能流通，这个电流就会产生额外损耗并使发电机的绕组发热，而在星形接线中，因为三次谐波电动势都同时指向中性点或背向中性点，三次谐波电流构不成回路，不能流通，而三次谐波电动势虽然在相电势中存在，但在线电势中并不存在，因为它们相互抵消了，所以发电机一般都接成星形接线。

19 大型发电机定子绕组为什么都采用三相双层短距分布绕组？

答：在这一点上，大型发电机与一般交流发电机是一样的，采用三相双层短距绕组，目的是改善电流波形，即消除绕组的高次谐波电动势，以获得近似的正弦波电动势。

20 为什么大型发电机的定子绕组常接成双星形？

答：发电机定子绕组接成星形主要是为了消除高次谐波和防止接成三角形时可能出现的内部环流；而接成双星形则是为了避免每相导体内电流太大。

21 发电机转子上装设阻尼绕组的目的是什么？

答：转子上装设阻尼绕组的目的主要是为了减小涡流回路的电阻，提高发电机承受不对称负荷的能力。

22 同步发电机是如何发出三相正弦交流电的？

答：发电机的转子由原动机带动旋转，当转子绕组通入励磁电流后，转子就会产生一个旋转磁场，它和静止的定子绕组间形成相对运动，相当于定子绕组在不断地切割磁力线，于是在定子绕组中就会感应出电动势来。由于在制造时已使转子磁场磁通密度的大小沿磁极极面的周向分布为接近的正弦波形，转子不停地旋转，故定子三相绕组每一相的感应电动势随时间变化的波形就和磁通密度在气隙中沿圆周分布的空间波形相似，而定子三相绕组又是沿铁芯内圆各相隔120°电角度布置的，所以定子三相绕组感应电动势的波形就成为相位差各为120°的正弦波形。

23 同步发电机为什么要设冷却系统？

答：这是因为同步发电机运行时的效率只有98.5%左右，也就是说，有在绝对数值上可观的能量变成热量损耗在发电机内，使发电机温度升高，因此必须装设冷却系统。

24 什么是同步发电机电枢反应？

答：由于电枢磁场的作用，将使气隙合成磁场的大小和位置与空载时的气隙主磁场相比发生了变化，我们把发电机带负载时，电枢磁动势的基波分量对转子激磁磁动势的作用，叫同步发电机的电枢反应。

25 什么是发电机的轴电压及轴电流？

答：在汽轮发电机中，由于定子磁场的不平衡或大轴本身带磁，转子在高速旋转时将会出现交变的磁通。交变磁场在大轴上感应出的电压称为发电机的轴电压。

轴电压由轴颈、油膜、轴承、机座及基础低层构成通路，当油膜破坏时，就在此回路中产生一个很大的电流，这个电流就称为轴电流。

26 运行中的发电机有哪些损耗？

答：运行中的发电机损耗包括轴承和滑环等的摩擦损耗、空冷或氢冷风扇的风损、铁芯中的涡流损耗和磁滞损耗以及定子和转子绕组中的铜损耗等。

27 什么是水-氢-氢冷却方式？

答：所谓水-氢-氢冷却方式是指定子绕组水内冷、转子绕组氢内冷、铁芯氢冷的方式。

28 氢冷发电机密封油系统的任务是什么？

答：氢冷发电机密封油系统的任务是：防止外界气体进入发电机以及机内氢气漏出，实现转轴与端盖之间的密封。

29 发电机的测温点是如何布置的？

答：定子绕组的测温元件埋设在定子线棒中部上、下层之间，定子冷却水的测温元件安装在每根绝缘引水管出口处，这两部分的测温元件共同监视定子绕组冷却系统的运行。定子铁芯的测温元件也是采用埋入式，而且端部测点较多。测温元件通常为体积很小的铜热电阻，并且已逐渐改为采用具有电阻率高、体积更小、热响应时间短、性能稳定等优点的铂电阻。

30 发电机测绝缘有哪些注意事项？

答：测绝缘的注意事项有：

（1）整流柜的控制部分及电子装置禁止用摇表测量绝缘电阻，如需测量，应由专业人员进行。

（2）正确连接水摇表接线，测量前、后均应将绕组对地放电，防止水摇表损坏。

（3）汇水管测量后应可靠接地。

（4）测量发电机转子绝缘时，应将转子一点接地保护退出。

（5）测量发变组绝缘时，主变出口刀闸，高厂变分支开关应在断开位，发电机出口 PT 应在断开位。

（6）只允许发电机在静止或盘车状态下测量发电机绝缘，以防止人身触电或损坏水摇表。

31 发电机各部绝缘电阻测量部位及合格数值是多少？

答：发电机各部绝缘电阻测量部位及合格数值见表 4-1。

表 4-1　　发电机各部绝缘电阻测量部位及合格数值表

部件名称	测试部位	摇表电压等级（V）	允许值（MΩ）
定子绕组	消弧线圈处	水摇表	>20；$R_{60''}/R_{15''}>1.3$
转子线圈	发电机碳刷处	500	0.5

32 简述氢冷发电机密封油的工作原理。

答：密封油的原理是：以压力油注入密封瓦转轴之间的间隙，在静止部分与转动部分的间隙中形成一层油膜，把空气与氢气隔离开来。它依靠压力不断地把油压入，以维持稳定的油膜。为了达到密封作用，油压应比氢压高。同时油流也起到冷却与润滑密封瓦的作用。

33 同步发电机的基本运行特性有哪些？

答：同步发电机的基本运行特性有：

（1）空载特性。

（2）短路特性。

（3）负载特性。

（4）外特性。

（5）调整特性。

34 同步发电机和系统并列时应满足哪些条件？

答：应满足的条件为：

（1）待并发电机的电压等于系统电压，允许电压差不大于 5%。

（2）待并发电机频率等于系统频率，允许频率差不大于 0.1Hz。

（3）待并发电机电压的相序和系统电压的相序相同。

（4）待并发电机电压的相位和系统电压的相位相同。

35 发电机并列时需要注意什么？

答：发电机并列时需要注意的事项：

（1）汽轮机调速系统不正常时，不允许进行并网操作。

（2）发电机必须采用自动准同期方式与系统并列。

（3）发电机电压与系统电压相差大于发电机额定电压的5%；发电机频率与系统频率相差大于±1Hz时，禁止投入同期装置。

（4）同期并列时，同期闭锁开关严禁投解除位置。

（5）同期装置检修后，必须做假同期试验（做假同期试验时，联系热工解开主开关闭合，机组带初负荷信号），假同期试验合格方可并网。

（6）同期装置异常时禁止并列。

36 发电机升压有哪些注意事项？

答：发电机升压的注意事项为：

（1）在发电机转速未达到额定转速前，严禁启动励磁系统，否则进入低频工况，如V/F限制不能有效动作，将会引起低频过电流和主变低频过激磁。

（2）检查发电机定子电流三相指示正常，以便及时发现发变组回路是否存在故障。

（3）检查发电机转子电压、电流在空载值以下；以检查励磁回路是否正常，并防止由于发电机仪表TV一、二次断线等原因，使定子电压表指示不正常，导致调节器超调，造成发电机过电压、主变压器过激磁事故。

（4）升压中发现异常立即停止升压，故障消除后方可再进行升压。

37 什么是发电机的调整特性？

答：发电机的调整特性是指在发电机定子电压、转速和功率因数为常数的情况下，定子电流和励磁电流之间的关系。

38 什么是非同期并列？非同期并列的危害是什么？

答：凡不符合准同期条件进行并列，即将带励磁的发电机并入电网，叫作非同期并列。

非同期并列是发电厂的一种严重事故，由于某种原因造成非同期并列，将可能产生很大的冲击电流和冲击转矩，会造成发电机及有关电气设备的损坏。严重时会将发电机线圈烧毁、端部变形，即使当时没有立即将设备损坏，也可能造成严重的隐患。就整个电力系统来讲，如果一台大型机组发生非同期并列，这台发电机与系统间将产生功率振荡，严重扰乱整个系统的正常运行，甚至造成电力系统稳定破坏。

39 发电机解列操作时，为什么要保留适当无功负荷？

答：解列操作时保留适当无功负荷目的在于：

（1）防止在调节的过程中发生进相导致失磁保护误动作。

（2）部分厂主变开关为分相操作开关，为及早发现解列后开关是否三相均断开，保留5Mvar无功负荷可在三相定子电流上反映，如果拉开前有功、无功负荷均降至零，就不易及时发现，可能造成意外情况。

40 运行中发电机定子汇水管为何要接地？

答：发电机运行中两汇水管接地，主要是为了人身和设备的安全。汇水管与外接水管间的法兰是一个绝缘结构，而汇水管距发电机线圈端部近且周围敷设很多测温元件，如果不接地，一旦线圈端部绝缘损坏或绝缘引水管绝缘击穿，使汇水管带电，对在测温回路上工作的人员和测温设备都是危险的。因此，在汇水管与外接水管间的法兰处接有一根跨接线，汇水管就通过这根跨接线接地。

41 发电机冷却介质的置换，为什么要用 CO_2 作中间气体？

答：氢气与空气混合能形成爆炸气体，遇到明火即能引起爆炸。二氧化碳气体是一种惰性气体，二氧化碳与氢气混合或二氧化碳与空气混合不会产生爆炸性气体，所以发电机的冷却介质的置换首先向发电机内充二氧化碳驱走空气，避免空气和氢气直接接触而产生爆炸性气体。二氧化碳制取方便，成本低，二氧化碳的传热系数是空气的 1.132 倍，在置换过程中，冷却效果比空气好。另外用二氧化碳作为中间介质还有利于防火。

42 发电机气体置换合格的标准是什么？

答：气体置换合格的标准是：

(1) 二氧化碳置换空气：发电机内二氧化碳含量大于 85%合格。

(2) 氢气置换二氧化碳：发电机内氢气纯度大于 96%，含氧量小于 1.2%合格。

(3) 二氧化碳置换氢气：发电机内二氧化碳含量大于 95%合格。

(4) 空气置换二氧化碳：发电机内空气的含量超过 90%合格。

43 发电机运行中调节无功时应注意什么？

答：无功的调节是通过改变励磁电流的大小来实现的。应注意：

(1) 无功增加时，定子电流、转子电流不要超出规定值，也就是功率因数不要太低。功率因数太低，说明无功过多，即励磁电流过大，转子绕组就可能过热。

(2) 由于发电机的额定容量、定子电流、功率因数都是对应的，若要维持励磁电流为额定值，又要降低功率因数运行，则必须降低有功出力，不然容量就会超过额定值。

(3) 无功减少时，要注意不可使功率因数进相。

44 发电机运行特性曲线（*P-Q* 曲线）的四个限制条件是什么？

答：根据发电机运行特性曲线（*P-Q* 曲线），在稳态条件下，发电机的稳态运行范围受下列四个条件限制：

(1) 原动机输出功率极限的限制，即原动机的额定功率一般要稍大于或等于发电机的额定功率。

(2) 发电机的额定视在功率的限制，即由定子发热决定的容许范围。

(3) 发电机的磁场和励磁机的最大励磁电流的限制，通常由转子发热决定。

(4) 进相运行时的稳定度，即发电机的有功功率输出受到静态稳定条件的限制。

45 励磁系统的电流经整流装置整流后有什么优点？

答：经整流装置整流后的优点为：

(1) 反应速度快。

(2) 调节特性好。

（3）减少维护量。

（4）减轻或消灭碳刷冒火问题。

（5）成本低、较经济。

（6）提高可靠性。

46 发电机励磁回路中的灭磁电阻起何作用？

答：发电机励磁回路中的灭磁电阻主要有两个作用：

（1）防止转子绕组间的过电压，使其不超过允许值。

（2）将转子磁场能量转变为热能，加速灭磁过程。

47 发电机启停机保护、误上电保护的作用是什么？

答：启停机保护的作用：

发电机启动或停机过程中，配置反应相间故障的保护和定子接地故障的保护。由于发电机启动或停机过程中，定子电压频率很低，因此保护采用了不受频率影响的算法，保证了启停机过程中对发电机的保护。

以上的启停机保护的投入可经低频元件闭锁，也可经断路器位置辅助接点闭锁。

误上电保护的作用是防止：

（1）发电机盘车时，未加励磁，断路器误合，造成发电机异步启动。

（2）发电机启停过程中，已加励磁，但频率小于一定值，断路器误合。

（3）发电机启停过程中，已加励磁，但频率大于一定值，断路器误合或非同期。

48 发电机各保护装置的作用是什么？

答：发电机各保护装置的作用是：

（1）差动保护。用于反映发电机线圈及其引出线的相间短路。

（2）匝间保护。用于反映发电机定子绕组的一相的一个分支砸间或二个分支间短路。

（3）过电流保护。用于切除发电机外部短路引起的过流，并作为发电机内部故障的后备保护。

（4）单相接地保护。反映定子绕组单相接地故障。

（5）不对称过负荷保护。反映不对称过负荷引起的过电流，一般应装置于一相过负荷信号保护。

（6）对称过负荷保护。反映对称过负荷引起的过电流，一般应装设于一相过负荷信号保护。

（7）过压保护。反映发电机定子绕组过电压。

（8）励磁回路的接地保护。分转子一点接地保护和转子两点接地保护，反映励磁回路绝缘好坏。

（9）失磁保护。反映发电机由于励磁故障造成发电机失磁，根据失磁严重程度，使发电机减负荷或切厂用电或跳发电机。

（10）发电机断水保护。装设在水冷发电机组上，反映发电机冷却水中断。

49 发电机三相电流不对称对发电机有什么影响？

答：发电机三相电流不对称时，这个不对称的三相电流分解成三组对称的正序、负序、零序分量。因发电机是星形接线，故零序电流不通，正序电流将产生一个正序旋转磁场，它的转动与转子同向同速，而负序电流将产生一个负序旋转磁场，它的旋转方向与转子的旋转方向相反，其转速对转子的相对速度则是两倍的同步转速，这个以两倍的同步转速扫过转子表面的负序旋转磁场的出现，将产生两个主要的后果：一是使转子表面发热，二是使转子产生振动。

50 为什么同步发电机励磁回路的灭磁开关不能装设动作迅速的断路器？

答：由于发电机励磁回路存在较大的电感，而直流电流又没有过零的时刻，若采用动作迅速的断路器突然动作，切断正常运行状态下的励磁电流，电弧熄灭瞬间会产生过电压，电弧熄灭越快，电流变化速度越大，且过电压值就越高，这可能大大超过励磁回路的绝缘薄弱点的耐压水平，击穿而损坏。因此，同步发电机励磁回路不能装设动作迅速的断路器。

51 发电机内氢气品质的要求是什么？

答：氢气品质的要求是：

（1）氢气纯度大于96%。

（2）含氧量小于1.2%。

（3）氢气的露点温度在－25～0℃之间（在线）。

52 常用的氢气置换方法有哪些？采用抽真空法置换气体必须具备什么条件？

答：常用的氢气置换方法有抽真空置换法和中间气体置换法。

采用抽真空置换法能够大大缩短换气时间和节省大量的中间介质，但必须具备如下条件：

（1）设置容量充足的水力抽气装置，以供抽真空用。

（2）保证密封油系统在真空情况下的严密性。

（3）特别注意密封油压的调整，防止发电机进油，密封瓦温度不高。

（4）采取切实可行的安全防爆措施。

53 大型发电机的定期分析内容有哪些？

答：定期测量分析定子测温元件的对地电位，以监视槽内线棒是否有松动和电腐蚀现象；定期测量分析定子端部冷却元件进出水温差，以监视是否有无结垢现象；定期分析定、转子绕组温升；定子上、下线圈埋置检温计之间的温差，定子绝缘引水管出口端检温计之间的温差，以监视是否有腐蚀阻塞现象；定期分析水冷器的端差，以监视是否有结垢阻塞现象。

54 何谓发电机漏氢率？

答：发电机漏氢率是指额定工况下，发电机每天漏氢量与发电机额定工况下氢容量的比值。

55 发电机的冷却介质有哪几类?

答：冷却介质有气体和液体两大类。

气体有空气、氮气、氦气、二氧化碳和氢气；液体冷却介质只有纯水。

56 为什么提高氢冷发电机的氢气压力可以提高效率?

答：氢压越高，氢气密度越大，其导热能力越强。因此，在保证发电机各部分温升不变的条件下，能够散发出更多的热量；这样，发电机的效率就可以相应提高，特别是对氢内冷发电机，效果更显著。

57 提高发电机的功率因数对发电机的运行有什么影响?

答：发电机的功率因数提高后，根据功角特性，发电机的工作点将提高，发电机的静态稳定储备减少，发电机的稳定性降低。因此，在运行中不要使发电机的功率因数过高。

58 发电机入口风温为什么要规定上下限?

答：发电机入口风温低于下限将造成发电机线圈上结露，降低绝缘能力，使发电机损伤。发电机入口风温高于上限，将使发电机出口风温随之升高。因为发电机出口风温等于入口风温加温升，当温升不变且等于规定的温升时，入口风温超过上限，则发电机出口风温将超过规定，使定子线圈温度、铁芯温度相应升高，绝缘发生脆化，丧失机械强度，发电机寿命缩短。所以发电机入口风温要规定上下限。

59 发电机短路试验的目的是什么? 短路试验的条件是什么?

答：新安装或大修后，发电机应做短路试验，其目的是测量发电机的线圈损耗即测量铜损。

发电机在进行短路试验前，必须满足下列条件：

(1) 发电机定子冷却水正常投入。

(2) 发电机内氢压达额定值、氢气冷却水正常投入。

(3) 发电机出口用专用的短路排短路。

(4) 励磁系统能保证缓慢、均匀从零起升压。

60 如何防止发电机绝缘过冷却?

答：发电机的冷却器只有在发电机准备带负荷时才可通冷却水（循环水），当负荷增加时，逐渐增加冷却器的冷却水量，以便使氢（空）气温度保持在规定范围内；在发电机停机减负荷时，应随负荷的减少逐渐减少冷却器的冷却水量，以保持氢（空）气温度不变，防止发电机绝缘过冷却。

61 励磁调节器运行时，手动调整发电机无功负荷时应注意什么?

答：(1) 增加无功负荷时，应注意发电机转子电流和定子电流不能超过额定值，即不要使发电机功率因数过低，否则无功功率送出太多，使系统损耗增加，同时励磁电流过大也将使转子过热。

(2) 降低无功负荷时，应注意不要使发电机功率因数过高或进相，从而引起稳定问题。

62 什么是同步发电机的迟相运行?

答：同步发电机既发有功功率又发无功功率的运行状态叫同步发电机的迟相运行。

63 什么是同步发电机的进相运行?

答：同步发电机发出有功功率吸收无功功率的运行状态叫同步发电机的进相运行。

64 发电机进相运行受哪些因素限制?

答：当系统供给的感性无功功率多于需要时，将引起系统电压升高，要求发电机少发无功甚至吸收无功，此时发电机可以由迟相运行转变为进相运行。

制约发电机进相运行的主要因素有：

（1）系统稳定的限制。

（2）发电机定子端部结构件温度的限制。

（3）定子电流的限制。

（4）厂用电电压的限制。

65 运行中在发电机集电环上工作有哪些注意事项?

答：（1）应穿绝缘鞋或站在绝缘垫上。

（2）使用绝缘良好的工具并采取防止短路及接地的措施。

（3）严禁同时触碰两个不同极的带电部分。

（4）穿工作服，把上衣扎在裤子里并扎紧袖口，女同志还应将辫子或长发卷在帽子里。

（5）禁止戴绝缘手套。

66 水冷发电机在运行中要注意什么?

答：（1）出水温度是否正常。出水温度升高不是进水少或漏水，就是内部发热不正常，应加强监视。

（2）观察端部有无漏水，绝缘引水管是否断裂或折扁、部件有无松动、局部是否有过热、结露等情况发生。

（3）定、转子线圈冷却水不能断水，断水时只允许运行30s。

（4）监视线棒的振动情况，一般采用测量测温元件对地电位的方法进行监视。

（5）对各部分温度进行监视。注意运行中高温点及各点温度的变化情况。

67 为什么发电机要装设转子接地保护?

答：发电机励磁回路一点接地故障是常见的故障形式之一，励磁回路一点接地故障，对发电机并未造成危害，但相继发生第二点接地，即转子两点接地时，由于故障点流过相当大的故障电流而烧伤转子本体，并使励磁绕组电流增加可能因过热而烧伤；由于部分绕组被短接，使气隙磁通失去平衡从而引起振动甚至还可使轴系和汽轮机磁化，两点接地故障的后果是十分严重的，故必须装设转子接地保护。

68 进风温度过低对发电机有哪些影响？

答：（1）容易结露，使发电机绝缘电阻降低。

（2）导线温升增高，因热膨胀伸长过多而造成绝缘裂损。转子铜、铁温差过大，可能引起转子绕组永久变形。

（3）绝缘变脆，可能经受不了突然短路所产生的机械力的冲击。

69 发电机在运行中功率因数降低有什么影响？

答：当功率因数低于额定值时，发电机出力应降低，因为功率因数越低，定子电流的无功分量越大，由于电枢电流的感性无功电流起去磁作用，会使气隙合成磁场减小，使发电机定子电压降低，为了维持定子电压不变，必须增加转子电流，此时若保持发电机出力不变，则必然会使转子电流超过额定值，引起转子绕组的温度超过允许值而使转子绕组过热损坏。

70 短路对发电机有什么危害？

答：短路的主要特点是电流大，电压低。电流大的结果是产生强大的电动力和发热，它有以下几点危害：

（1）定子绕组的端部受到很大的电磁力的作用。

（2）转子轴受到很大的电磁力矩的作用。

（3）引起定子绕组和转子绕组发热。

71 发电机定子绕组单相接地对发电机有何危害？

答：发电机的中性点是绝缘的，如果一相接地，表面看构不成回路，但是由于带电体与处于地电位的铁芯间有电容存在，发生一相接地，接地点就会有电容电流流过。单相接地电流的大小，与接地绕组的份额 α 成正比。当机端发生金属性接地，接地电流最大，而接地点越靠近中性点，接地电流愈小，故障点有电流流过，就可能产生电弧，当接地电流大于 5A 时，就会有烧坏铁芯的危险，使修复工作复杂化，而且电容电流越大，持续时间越长，对铁芯的损害越严重。此外，单相接地故障还会进一步发展为匝间短路或相间短路，从而出现巨大的短路电流，造成发电机的损坏。

72 氢冷发电机漏氢有几种表现形式？哪种最危险？

答：按漏氢部位有两种表现形式：

（1）外漏氢：氢气泄漏到发电机周围空气中，一般距离漏点 0.25m 以外，已基本扩散，所以外漏氢引起氢气爆炸的危险性较小。

（2）内漏氢：氢气从定子套管法兰结合面泄漏到发电机封闭母线中；从密封瓦间隙进入密封油系统中；氢气通过定子绕组空心导线、引水管等又进入冷却水中；氢气通过冷却器铜管进入循环冷却水中。

内漏氢引起氢气爆炸的危险性最大，因为空气和氢气是在密闭空间内混合的，若氢含量达 4%～75%时，遇火即发生氢爆。

73 如何根据测量发电机的吸收比判断绝缘受潮情况？

答：吸收比对绝缘受潮反应很灵敏，同时温度对它略有影响，当温度在 10～45℃范围内测量吸收比时，要求测得的 60s 与 15s 绝缘电阻的比值，应该大于或等于 1.3（$R_{60''}/R_{15''} \geqslant 1.3$），若比值低于 1.3，应进行烘干。

74 发电机启动升压时为何要监视转子电流、定子电压和定子电流？

答：(1) 若转子电流很大，定子电压较低，励磁电压降低，可能是励磁回路短路，以便及时发现问题。

(2) 额定电压下的转子电流较额定空载励磁电流明显增大时，可以判定转子绕组有匝间短路或定子铁芯片间有短路故障。

(3) 监视定子电压是为了防止电压回路断线或电压表卡，发电机电压升高失控，危及绝缘。

(4) 监视定子电流是为了判断发电机出口及主变压器高压侧有无短路现象。

75 什么是同步发电机的同步振荡和异步振荡？

答：同步发电机的同步振荡是指当发电机输入或输出功率变化时，功角 δ 将随之变化，但由于机组转动部分的惯性，δ 不能立即达到新的稳定值，需要经过若干次在新的 δ 值附近振荡之后，才能稳定在新的 δ 下运行，这一过程即同步振荡，亦即发电机仍保持在同步运行状态下的振荡。

异步振荡：发电机因某种原因受到较大的扰动，其功角 δ 在 0°～360°之间周期性的变化，发电机与电网失去同步运行的状态。在异步振荡时，发电机一会工作在发电机状态，一会工作在电动机状态。

76 发电机经常发生的故障或不正常状态有哪些？

答：(1) 发电机定子绕组、水温、铁芯等测温元件失灵而引起的温度升高误报警。

(2) 冷却水系统不正常，造成超温。

(3) 励磁系统碳刷冒火，冷却风机跳闸等。

77 运行中，定子铁芯个别点温度突然升高时应如何处理？

答：运行中，若定子铁芯个别点温度突然升高，应当分析该点温度上升的趋势及有功、无功负荷变化的关系，并检查该测点测温元件正常与否。若随着铁芯温度、进出风温度和进出风温差显著上升，又出现“定子接地”等信号时，应立即减负荷解列停机，以免铁芯烧坏。

78 发电机电压达不到额定值有什么原因？

答：(1) 磁极绕组有短路或断路。

(2) 磁极绕组接线错误，以致极性不符。

(3) 磁极绕组的励磁电流过低。

(4) 换向磁极的极性错误。

(5) 励磁机整流子铜片与绕组的连接处焊锡熔化。

(6) 电刷位置不正或压力不足。

(7) 原动机转速不够或容量过小，外电路过载。

79 氢冷发电机在运行中氢压下降的原因是什么?

答：(1) 轴封中的油压过低或供油中断。

(2) 供氢母管氢压低。

(3) 发电机突然甩负荷，引起过冷却而造成氢压降低。

(4) 氢管破裂或阀门泄漏。

(5) 密封瓦塑料垫破裂，氢气大量进入油系统、定子引出线套管，或转子密封破坏造成漏氢，空芯导线或冷却器铜管有砂眼或运行中发生裂纹，氢气进入冷却水系统中等。

(6) 运行误操作，如错开排氢门等而造成氢压降低等。

80 运行中如何防止发电机滑环冒火?

答：(1) 检查电刷牌号，必须使用制造厂家指定的或经过试验适用的同一牌号的电刷。

(2) 用弹簧秤检查电刷压力，并进行调整。各电刷压力应均匀，其差别不应超过10%。

(3) 更换磨得过短，不能保持所需压力的电刷。

(4) 电刷接触面不洁时，用干净帆布擦去或刮去电刷接触面的污垢。

(5) 电刷和刷辫、刷辫和刷架间的连接松动时，应检查连接处的接触程度，设法紧固。

(6) 检查电刷在刷盒内能否上下自如地活动，更换摇摆和卡涩的电刷。

(7) 用直流卡钳检测电刷电流分布情况。对负荷过重、过轻的电刷及时调整处理，重点是使电刷压力均匀、位置对准集电环（滑环）圆周的法线方向、更换发热磨损的电刷。

81 大型发电机解决发电机端部发热问题的方法有哪些?

答：(1) 在铁芯齿上开小槽阻止涡流通过。

(2) 压圈采用非磁性材料，并在其轴向中部位置开径向通风孔，加强冷却通风。

(3) 设有两道磁屏蔽环，以形成漏磁通分路，使端部损耗减少，温度降低。

(4) 铁芯端部最外侧加电屏蔽环。它是由导电率高的铜、铝等金属制成。其作用是削弱或阻止磁通进入端部铁芯。

(5) 端部压圈和电屏蔽环等温度高的部件设置冷却水铜管。

82 发电机逆功率运行对发电机有何影响?

答：一般发生在刚并网时，负荷较轻，造成发电机逆功率运行，这样的情况对发电机一般不会有什么影响。

当发电机带着高负荷运行时，若引起发电机逆功率运行可能造成发电机瞬间过电压，因为带负荷时一般为感性（即迟相运行）。正常运行的电枢反应磁通的励磁电流在负荷瞬间消失后，会使全部励磁电流使发电机电压升高，升高多少与励磁系统特性有关，从可靠性来讲，发生过电压对发电机有不利的影响，可能由于某种保护动作引起机组跳闸。

83 运行中引起发电机振动突然增大的原因有哪些?

答：总体可分为两类，即电磁原因和机械原因。

（1）电磁原因：转子两点接地，匝间短路，负荷不对称，气隙不均匀等。

（2）机械原因：找正找得不正确，联轴器连接不好，转子旋转不平衡。

可能的其他原因：系统中突然发生严重的短路故障，如单相或两相短路等；运行中，轴承中的油温突然变化或断油。由于汽轮机方面的原因引起的汽轮机超速也会引起转子振动，有时会使其突然加大。

84 发电机断水时应如何处理?

答：运行中，发电机断水信号发出时，运行人员应立即看好时间，做好发电机断水保护拒动的事故处理准备，与此同时，查明原因，尽快恢复供水。若在保护动作时间内冷却水恢复，则应对冷却系统及各参数进行全面检查，尤其是转子绕组的供水情况，如果发现水流不通，则应立即增加进水压力恢复供水或立即解列停机；若断水时间达到保护动作时间而断水保护拒动时，应立即手动拉开发电机断路器和灭磁开关。

85 运行中励磁机整流子发黑的原因是什么?

答：（1）流经碳刷的电流密度过高。

（2）整流子灼伤。

（3）整流子片间绝缘云母片突出。

（4）整流子表面脏污。

86 发电机非全相运行时应注意哪些问题?

答：（1）不能打闸停机。

（2）不能断励磁开关。

（3）根据发电机容量控制负序电流小于额定电流的6%～8%。

（4）如励磁开关动作跳闸，主汽门已关闭，应立即断开发电机-变压器组所接母线上的所有开关。

87 感应电动势是怎样产生的?

答：感应电动势可以用下列方法产生：

（1）使导体在磁场中做切割磁力线的运动。

（2）移动导体周围的磁场。

（3）使交变磁场穿过电感线圈。

88 感应电动势的大小决定于哪些因素?

答：（1）磁场的强弱。磁场强则感应电动势大，磁场弱则感应电动势小。

（2）磁场变化速度。磁场变化速度越快，感应电动势越大，反之亦然。

（3）线圈的匝数。线圈的匝数越多，产生的感应电动势越大。

（4）导体或磁场移动的方向。只有导体和磁场相互切割时，才能产生感应电势，而垂直切割产生的感应电动势最大。

89 励磁系统的任务是什么？

答：励磁系统的任务是：

（1）在正常运行条件下，供给发电机励磁电流，并根据发电机所带负荷的情况，相应地调整励磁电流，以维持发电机机端电压在给定水平上。

（2）使并列运行的各台同步发电机所带的无功功率得到稳定而合理的分配。

（3）增加并入电网运行的发电机的阻尼转矩，以提高电力系统动态稳定性及输电线路的有功功率传输能力。

（4）在电力系统发生短路故障，造成发电机机端电压严重下降时，强行励磁，将励磁电压迅速增升到足够的顶值，以提高电力系统的暂态稳定性。

（5）在发电机突然解列、甩负荷时，强行减磁，将励磁电流迅速减到安全数值，以防止发电机电压过分升高。

（6）在发电机内部发生短路故障时，快速灭磁，将励磁电流迅速减到零，以减小故障损坏程度。

（7）在不同运行工况下，根据要求对发电机实行过励限制和欠励限制等，以确保发电机组的安全稳定运行。

90 发电机励磁系统由哪几部分组成？

答：励磁系统一般由如下两个基本部分组成。

（1）励磁功率单元，包括整流装置及其他交流电源。它的作用是向发电机的励磁绕组提供直流励磁电源。

（2）励磁调节器。它的作用是感受发电机电压及运行工况的变化，自动地调节励磁功率单元输出的励磁电流的大小，以满足系统运行的要求。

91 常用的励磁方式有哪几种？

答：发电机的励磁方式按励磁电源的不同分为如下三种方式。

（1）直流励磁机励磁方式。多用于中、小机组。

（2）交流励磁机励磁方式。其中按功率整流器是静止的还是旋转的又可分为交流励磁机静止整流器励磁方式（有刷）和交流励磁机旋转整流器励磁方式（无刷）两种。多用于容量在 100MW 及以上的汽轮发电机组。

（3）静止励磁方式。其中最具代表性的是自并励励磁方式。也多用于容量在 100MW 及以上的汽轮发电机组。

92 什么是交流励磁机静止硅整流器励磁系统？

答：所谓交流励磁机静止硅整流器励磁系统，是指发电机的励磁电流由同轴的交流励磁机经静止硅整流装置供给，交流励磁机的励磁电流通常由同轴的中频副励磁机经可控整流装置供给。随着主机运行参数的变化，励磁调节器自动地改变交流励磁机励磁回路中控整流装置的控制角，以改变交流励磁机的磁场电流，这样就改变了交流励磁机的输出电压，从而调节了主机的励磁。

93 什么是交流励磁机旋转硅整流器励磁系统？

答：交流励磁机旋转硅整流器励磁系统的工作原理和运行性能与交流励磁机静止硅整流器励磁系统相似，只不过励磁回路的硅整流二极管是与交流励磁机电枢和主机转子同轴旋转的，励磁电流不需要经碳刷及滑环引入主发电机的转子绕组。因此，这种系统又称为无刷励磁系统或旋转半导体励磁系统。

94 什么是自并励励磁系统？

答：自并励励磁系统是指只用一台接在机端的励磁变压器作为励磁电源，通过受励磁调节器控制的晶闸管整流装置直接控制发电机的励磁。其显著特点是整个励磁装置没有转动部分，因此又称为静止励磁系统或全静态励磁系统。

95 主励磁机采用较高工作频率有什么好处？

答：主励磁机是一台小型三相隐极式同步发电机，采用较高的工作频率有以下好处：

（1）提高工作频率可减小励磁绕组的电感，从而减小励磁绕组的时间常数，有利于加快励磁系统响应速度。

（2）提高工作频率有利于减小同步发电机励磁电流的波纹。

（3）提高工作频率能缩小交流励磁机的尺寸。

96 副励磁机为何采用中频工作频率？

答：副励磁机采用较高的频率（一般采用所谓的中频，即400～500Hz）是为了提高励磁系统响应速度，缩小电机尺寸以及改善主励磁机励磁电流波形。

97 采用感应式副励磁机存在哪些不足？

答：早期的副励磁机多采用感应式副励磁机，这类副励磁机存在如下不足：

（1）这类机组启动时，需要外界的启励电源，机组运行时，由可控的自励恒压运行。由于感应式副励磁机带的是可控整流负载，以及转子凸齿及横轴电枢反应的影响，致使电压波形畸变较大。

（2）又由于转子凸齿和气流的作用，电机噪声较大。

（3）由于自励恒压装置的存在，增加了励磁控制系统的不可靠性。

98 采用永磁式副励磁机有何优点？

答：采用永磁式副励磁机的主要优点如下：

（1）由于采用永磁式转子，无需外界励磁，可省去励磁绕组、电刷和滑环，因而电机结构简单；永磁式转子不失磁且不受外部干扰，运行可靠性高。

（2）由于无需启励及自励恒压装置，操作及控制设备简单，运行维护工作量小。

（3）电动势波形好，发热小，噪声低，效率高。

99 手动调整励磁装置有何作用？

答：手动调整励磁装置不具有强励功能，仅作为自动调整励磁装置的备用及零起升压时使用。手动调整励磁装置由中频副励磁机供电，经隔离变压器和感应调压器接至硅二极管整流桥，整流后输入励磁机励磁绕组。

100 自动调整励磁装置和手动调整励磁装置切换的原则是怎样的？

答：自动调整励磁装置和手动调整励磁装置的切换有下列两种原则方案。

（1）当装设两组完全相同的自动调整励磁装置时，一般将两组自动装置并联运行。当其中一组装置故障时，只需断开其晶闸管交、直流两侧自动空气开关，另一组仍可继续运行。只有当两套自动装置均故障时，才投入手动调整励磁装置。

（2）当装设一组自动调整励磁装置时，一般自动装置设有交流（AC）和直流（DC）两种运行方式自动切换。AC 方式可保证发电机机端电压为给定值，DC 方式可保证励磁机励磁电流给定值。当失磁保护动作时，切断自动调整励磁装置，投入手动调整励磁装置。

101 什么是理想的灭磁过程？

答：理想的灭磁过程可以被描述为：在整个灭磁过程中，转子电流的衰减率保持不变，且由衰减率引起的转子感应过电压等于其容许值 U_m。

102 什么是恒值电阻放电灭磁？它有何特点？

答：所谓恒值电阻放电灭磁是指灭磁时，灭磁开关动作后，其常闭触点首先闭合，将放电电阻并接在发电机绕组两端，然后常开触点断开，将转子绕组与直流励磁电源断开。这时，转子电流将由放电电阻续流，不致产生危险的过电压。之后，转子电流在转子绕组和放电电阻构成的回路中自行减到零，完成灭磁过程。

恒值电阻放电灭磁的特点是：转子绕组的电压等于转子电流与放电电阻的乘积。放电电阻值可按转子电压小于或等于转子电压允许值的原则来选定；灭磁赛程时间较长。

103 什么是非线性电阻放电灭磁？它有何特点？

答：所谓非线性电阻放电灭磁是指用非线性电阻代替恒值电阻，可以加快灭磁过程，当转子电流大时，其阻值小，当转子电流小时，其阻值变大，使电流电阻两者乘积变化不大，并始终小于或等于转子电压允许值。

非线性电阻放电灭磁的特点：灭磁速度快，接近于理想灭磁曲线。由于非线性电阻在额定励磁电压和强励电压下，其阻值很大，流过电阻的漏电流很小，因此可以直接并接于转子绕组的两端，既作为灭磁电阻，又作为过电压保护器件，还简化了接线和控制回路。

104 什么是灭弧栅灭磁？它有何特点？

答：灭弧栅中的电弧实质上也是一种非线性电阻。当燃弧时，其两端电压与电流大小无关，基本维持不定期定值不变。当熄弧时，其阻值为无穷大。

当灭磁时，灭磁开关 FMK 动作，其常开触点 FMK2 和常闭触点 FMK1 相继打开，在 FMK 两端产生电弧，在专设的磁铁所产生的横向磁场的作用下，电弧被引入灭弧栅。铜栅片将电弧割成许多短弧，这些短弧在整个灭磁过程中一直在燃烧，并保持灭弧栅上的电压 U_s 为常数。电压 U_s 极性与原励磁电源极性相反，相当于在原励磁回路中串入了一个幅值为 U_s 的反电动势。反电动势 U_s 愈大，则转子过电压愈高，灭磁过程也愈快。为防止灭弧栅中的电弧在其电流下降到零同时熄灭而收起过电压，故在每一栅片上并联一段电阻。

灭弧栅灭弧的特点是：接近理想灭磁，缺点是转子电流很小时不能很快断弧。

105 什么是逆变灭磁？它有何特点？

答：逆变灭磁是指利用三相全控桥的逆变工作状态，控制角从小于90°的整流运行状态突然后退到大于90°的某一适当角度，此时励磁电源改变极性，以反电动势的形式加于励磁绕组，使转子电流迅速衰减到零的灭磁方法。

逆变灭磁的特点是：能将转子储能迅速地反馈到三相全控桥的交流侧电源中去，不需放电电阻或灭弧栅，简便实用；灭磁可靠；灭磁时间相对较长，但过电压倍数很低。

106 同步发电机为什么要求快速灭磁？

答：这是因为同步发电机发生内部短路故障时，虽然继电保护装置能迅速地把发电机与系统断开，但如果不能同时将励磁电流快速降低到接近零值，则由磁场电流产生的感应电动势将继续维持故障电流，时间一长，将会使故障扩大，造成发电机绕组甚至铁芯严重受损。因此，当发电机发生内部故障时，在继电保护动作快速切断主断路器的同时，还要求发电机快速灭磁。

107 自动励磁调节器的基本任务是什么？

答：自动励磁调节器是发电机励磁控制系统中的控制设备，其基本任务是检测和综合励磁控制系统运行状态的信息，包括发电机机端电压U_c、有功功率P、无功功率Q、励磁电流I_f和频率f等，并产生相应的信号，控制励磁功率单元的输出，达到自动调节励磁、满足发电机及系统运行需要的目的。

108 自动励磁调节器有哪些励磁限制和保护单元？

答：为了确保发电机组安全可靠稳定运行，自动励磁调节器一般都装有较完善的励磁限制和保护单元，主要包括欠励限制器、反时限限制器、定时限限制器、机端信号丢失检测器和低频保护器等。

109 欠励限制器有何作用？

答：欠励限制或称低励限制，主要用来防止发电机因励磁电流过度减小而引起失步，以及因过度进相运行而引起发电机端部过热。

110 V/Hz（伏/赫）限制器有何作用？

答：V/Hz（伏/赫）限制器可用来防止发电机的端电压与频率的比值过高，避免发电机及与其相连的主变压器铁芯饱和而引起的过热。

111 反时限限制器和定时限限制器有何作用？

答：反时限限制器主要用于限制最大励磁电流，它按照已知的反时限限制特性，即按发电机转子允许发热极限曲线对发电机转子电流的最大值进行限制，以防转子过热。

定时限限制器实质上是一个延时继电器，它与反时限限制器配合使用。当反时限限制器限制动作后，转子在规定时间内（如3～5s）内未能恢复到反时限限制器的启动值（如1.1倍额定励磁电流）以下，则定时限限制器动作，跳发电机开关。定时限限制器作为反时限限制器的后备保护。

112 瞬时电流限制器有何作用？

答：瞬时电流限制器用于具有高顶值励磁电压的励磁系统，限制发电机励磁电流的顶值，防止其超过设计允许的强励倍数，防止晶闸管整流装置和励磁绕组短时过负荷。

113 机端信号丢失检测器有何作用？

答：机端信号丢失检测器用于检测励磁调节用的电压互感器因高压侧熔丝熔断或其他原因而使电压信号的丢失。电压互感器信号丢失时，AC调节器立即自动地转到DC调节器工作，防止因电压信号丢失引起误强励。

114 低频保护器有何作用？

答：低频保护器用于防止机组解列运行时，长时间低频运行造成的不利影响。低频保护器检测发电机频率，当频率过低时，延时输出至继电器出口触点，作用于跳发电机开关和灭磁开关，并给出低频报警信号。

115 什么是励磁系统稳定器？

答：励磁系统稳定器又称为阻尼器，它是指为将发电机励磁电压（转子电压）微分，再反馈到综合放大单元的输入端参与调节所采用的并联校正的转子电压微分负反馈网络。励磁系统稳定器具有增加阻尼、抑制超调和消除振荡的作用。

116 什么是电力系统稳定器？

答：所谓电力系统稳定器（power system stabilizer，PSS）是指为了解决大电网因缺乏足够的正阻尼转矩而容易发生低频振荡的问题所引入的一种相位补偿附加励磁控制环节，即向励磁控制系统引入一种按某一振荡频率设计的新的附加控制信号，以增加下阻尼转矩，克服快速励磁调节器对系统稳定产生的有害作用，改善系统的暂态特性。

117 同步发电机励磁系统在“励磁”和“灭磁”两种工况下，变流器的工作状态和能量如何流向？

答：(1) 励磁运行时，励磁变压器TF接于母线，变流器工作于整流状态，系统母线提供的交流电能，通过变流器U整流，转变为直流电能，供给发电机励磁绕组进行励磁。

(2) 灭磁运行时，增大控制角$\alpha>90°$将变流器U拉入有源逆变工作状态，励磁绕组内储存的磁场能通过工作于有源逆变状态的变流器，经TF以电能形式反馈回电网。

118 主励磁机的作用是什么？

答：主励磁机的作用是在正常运行时，发出大小随自动励磁调节柜的输出大小变化而改变的100Hz三相交流电，经整流柜整流后供给发电机的励磁电流。

自动励磁调节器的要求：

（1）在正常运行时，能按照负荷、电流和电压的变化，自动改变励磁电流，以维持电压在给定值水平，并稳定分配机组间的无功负荷。

（2）应有足够的功率输出，在电力系统发生事故电压降低时，能迅速地将发电机的励磁加大到最大值，以实现强励作用。

（3）装置本身应无失灵区，以利于提高系统静态稳定，并且动作应迅速、工作要可靠、调节过程要稳定。

119 正常运行时，自动励磁调节柜是如何工作的？

答：自动励磁调节柜的工作原理为：将经过电压反馈单元测量的正比于发电机母线电压的直流电压与基准（给定）电压进行比较，然后将比较结果进行比例—积分—微分运算，再将所得的信号电压进行综合放大后，送到移相触发器，去控制晶闸管的导通角，以调节主励磁机的励磁，达到自动维持发电机电压恒定的目的。

120 什么是强励顶值电压倍数？

答：强励顶值电压倍数指的是在同步发电机事故情况下，励磁系统强行励磁时的励磁电压和额定励磁电压之比。此值可视机组和系统的运行要求而定。

121 什么是励磁电压上升速度？

答：励磁电压上升速度是指励磁电压在强励发生后最初 0.5s 内由正常电压开始的平均上升速度，常用 1s 内升高的励磁电压对额定电压的倍数来表示。此值一般要求在 0.8～1.2 之间，即 1s 内励磁电压升高 80%～120%。

122 强励起什么作用？

答：当系统电压大幅度下降，例如突然短路时，发电机的励磁电源会自动迅速增加励磁电流，这种作用叫强行励磁，简称强励。

强励有以下几方面的作用：

（1）增加电力系统的稳定性。

（2）在短路切除后，能使电压迅速恢复。因为强励用的继电器是在短路切除后，电压恢复到某一定值后才返回，因此在短路切除后电压达到继电器返回值之前的一段时间内，强励对迅速恢复电压能起一定的作用。

（3）提高带时限的过流保护动作的可靠性。如果需要故障发电机的带时限的过流保护动作，由于强励作用会使短路电流增大，也就等于增加保护装置的灵敏度，故可使其动作更可靠。

（4）改善系统事故时电动机的自启动条件。系统电压下降时，电动机力矩减小，转速下降。当有了强励后，由于事故后电压迅速恢复，可使电动机自启动恢复至原来的转速。并且由于强励能保证迅速恢复电压，因而可能增加系统中不被切断的电动机的台数和容量。

强励倍数，即强行励磁电压与励磁机额定电压 U_N 之比，对于水轮发电机应不小于 $1.8U_N$；对汽轮发电机应不小于 $2U_N$。

123 强励动作后应注意什么问题?

答：强励动作后，应对励磁机的整流子、电刷进行一次检查，看有无烧伤痕迹。另外要注意电压恢复后短路磁场电阻的继电器触点是否已打开。

124 简述手动励磁调节柜与自动励磁调节柜的区别。

答：手动与自动励磁调节柜的区别在于：

(1) 自动柜采用晶闸管整流而手动柜采用硅整流。

(2) 自动柜的输出随发电机端电压及无功的变化而变化，而手动柜的输出需通过运行人员调节感应调压器的输出的大小来决定。

(3) 自动柜具有强励、欠励等功能，而手动柜则没有。

125 发电机励磁调节回路的运行方式是如何规定的?

答：发电机的励磁调节回路由两套晶闸管整流的自动励磁调节柜和一套备用式手动励磁调节柜组成。正常运行中，两台自动励磁调节柜并列运行，备用式手动励磁调节柜处于热备用，即电压跟踪状态。

当一台自动励磁调节柜故障时，另一台自动励磁调节柜能自动承担全部工作，而当两台自动励磁装置均故障时，可改为备用或手动调节励磁运行。

126 发电机的自动灭磁装置的作用是什么?

答：自动灭磁装置是在发电机主断路器和励磁开关掉闸后，用来消灭发电机磁场和励磁机磁场的自动装置，为的是在发电机切除之后尽快地去掉发电机电压，以便在下列几种情况下不导致危险的后果：

(1) 发电机内部故障时，只有去掉电压才能使故障电流停止。

(2) 发电机甩负荷时，只有自动灭磁起作用才不致使发电机电压大幅度地升高。

(3) 转子两点接地引起掉闸时，只有尽快灭磁才能消除发电机的振动。

总之在事故情况下，尽快灭磁可以减轻故障的后果。因此，对灭磁装置的要求是动作应迅速，但转子绕组两端滑环间的过电压不要超出转子绝缘允许值。

127 强励限制与过励限制的区别是什么?

答：对于发电机的转子而言，除长期通流的额定限制外，还具有一定的短时过载能力，当转子过载时，根据转子电流的不同，其过载时间也不同。转子电流越大，允许的过载时间越小。强励限制实际上就是发电机转子过励磁限制，是根据转子的热效应反时限特性整定的。而过励限制是控制发电机的无功输出上限的，强励限制是保护短时出现的工况，过励限制是保护机组的长期运行工况。

128 什么是压频 (V/F) 限制?

答：励磁调节器一般设有压频（V/F）限制，实质就是最大磁通限制，由于发变组的主磁通与 V/F 成正比，而主磁通过大，势必引起发变组过热，因而设置压频（V/F）限制。V/F 限制就是过激磁保护。

129 什么是欠励限制？

答：发电机欠励运行期间，其定、转子间磁场联系减弱，发电机易失去静态稳定。为了确保一定的静态稳定裕度，励磁控制系统（AVR）在设计上均配置了欠励限制回路，即发电机输出一定的有功功率时，受到定子端部铁芯发热的限制，以及功角不能越过稳定极限的限制，为保证发电机设备的安全，必须保证发电机运行在功率限制圆和热稳定限制线以内，具体设置以试验的数据和机组提供的进相能力极限数据为参考，同时必须与发电机失磁保护配合。

130 发电机最大励磁限制有哪几种？

答：发电机最大励磁限制分为两种：一种为防止发电机过电压的空载最大励磁电流限制；另一种为防止励磁绕组侧过电流的负载最大励磁电流限制。

131 励磁控制系统的限制器有哪些？

答：励磁控制系统的限制器主要包括欠励限制器（under excitation limiting device）、过励限制器（over excitation limiter or slow field current limiting device）、强励限制器（ fast field current limiting device）、定子电流限制器（stator current limiter）、V/Hz 限制器（V/Hz limiting device）。

132 电力系统稳定器（PSS）的运行有哪些规定？

答：发电机有功功率达到设定值即可投入 PSS，PSS 投入后发电机电压被限制在一定范围内。当有功功率、电压超出设定值或机组解列后，PSS 自动退出。

（1）PSS 性能试验正常，有调度下达或确认的整定单并整定正确，PSS 整定值更改后应进行相应的 PSS 试验，合格后才能再次投运。

（2）正常情况下，运行机组的 PSS 必须投入，退出应根据调度批准。

（3）PSS 投入时若发现无功调节振荡且不能在短时间内稳定，应立即退出 PSS。

（4）PSS 投入时若调节器机端电压波动超过 3%额定电压值，应立即退出。

（5）PSS 采用有功功率自动投入方式时，应注意在有功功率进行调节或机组异常情况下的 PSS 运行情况。

133 并励静止励磁系统的主要优缺点有哪些？

答：自并励静止励磁系统的主要优点：

（1）无旋转部件，结构简单，轴系短，稳定性好。

（2）励磁变压器的二次电压和容量，可以根据电力系统稳定的要求而单独设计。

（3）响应速度快，调节性能好，有利于提高电力系统的静态稳定性和暂态稳定性。

自并励静止励磁系统的主要缺点是：它的电压调节通道容易产生负阻尼作用，导致电力系统低频振荡的发生，降低了电力系统的动态稳定性。通过引入附加励磁控制（即采用电力系统稳定器 PSS），完全可以克服这一缺点。电力系统稳定器的正阻尼作用完全可以超过电压调节通道的负阻尼作用，从而提高电力系统的动态稳定性。这点，已经为国内外电力系统的实践所证明。

134 一块合格的电刷应具备哪些特性？

答：在选用电刷时应详细了解其各项性能指标，一块合格的电刷应具备以下特性：

(1) 有良好的润滑性能。

(2) 有较低的电阻率。

(3) 有良好的均流性。

(4) 有良好的透气性。

(5) 电刷本身耐磨，对集电环磨损也小。

(6) 能建立良好的氧化膜。

135 运行中，维护电刷时的安全注意事项有哪些？

答：机组运行中，进行电刷维护的工作时，应由一人维护，一人监护。工作人员应穿绝缘鞋或站在绝缘垫上，使用绝缘良好的工具，单手操作，做好防止短路及接地的措施。当励磁回路有一点接地时，应特别注意。禁止两手同时碰触励磁回路和接地部分，或两个不同极的带电部分。工作时应穿工作服，禁止穿短袖衣服或把衣袖卷起来，袖口应扣紧。女工长发应盘在帽内。

136 运行中，对滑环应定期检查的项目有哪些？

答：运行中，应定期对滑环进行下列检查：

(1) 整流子和滑环上电刷的冒火情况。

(2) 电刷在刷盒内有无跳动或卡涩的情况，弹簧压力是否正常。

(3) 电刷连接软线是否完整，接触是否良好，有无发热，有无碰触机壳的情况。

(4) 电刷边缘有无剥落的情况。

(5) 电刷是否过短，若超过现场规定，则应给予更换。

(6) 各电刷的电流、温度分布是否均匀，有无过热。

(7) 滑环表面的温度是否超过规定。

(8) 刷盒和刷架上有无积垢。

137 励磁机的正、负极性反了对发电机的运行有没有影响？

答：励磁机的极性变反（逆励磁现象），使发电机原来的负滑环变为正的，正滑环变为负的，这在极性变反的过渡过程中对发电机是有一些影响的，因为励磁电流突然减小时，发电机相当于失磁，要从系统吸收很大的无功电流，且在励磁电流消失和变反一段时间里，发电机必有一个瞬间失去同步和立即自同步的过程，只不过这个过程很快，常常没等值班人员处理就过去了。由于汽轮机的转向没有变，发电机的相序在这种情况下也是不会变的，至于表计的指示，除转子电压、电流表的指示反向外，交流表计的指示都不会变，因此只要把转子电压、电流表的两个端头倒换一下即可。但是若采用的励磁开关是磁吹灭弧型开关的话，此时还需停机处理，使磁场与正、负极的接线保持正确关系，否则就不能消弧，因为这种开关借电流产生的径向磁场使电弧拉长，并沿一定的路径快速地运动，电弧被铜片冷却后熄灭，电流方向一反，电弧不能按原定路径运动，不能迅速地被拉长和冷却，也就不能熄灭而损坏开关。

138 什么情况下励磁机的极性可能变反？

答：励磁机极性变反的原因如下：

（1）检修后试验时，如测电阻或进行电压调整器试验等，没断开励磁回路，这样当加入反向直流电时，便将剩磁抵消并使磁通方向改变。

（2）励磁机经一次突然短路，由于电枢反应很强，当电刷不放在几何中性线上时，其去磁作用超过主磁场，有可能使极性改变。

（3）由于整流子片间云母凸出，使电刷和整流子运行中接触不良，有可能造成短时失磁并使极性变反。

（4）当电力系统发生突然短路时，由于发电机定子侧突增电流，会在转子绕组中感应出一个直流分量的电动势，这个电动势的方向是会使励磁机磁场绕组中的电流反向，只要其大小达到比励磁机的电枢中电动势的数值还大，就有可能出现极性变反的现象。

（5）由于励磁机磁场回路断开重又接通，也可能引起极性变反的现象。此时，因短时失磁使发电机的转子绕组感应起自感电动势，自感电动势的方向是要使流过转子绕组的电流方向保持不变，这样，当励磁机磁场回路重又接通时，流过磁场绕组的电流方向恰好和正常运行时电流的方向相反。

139 为什么测正极和负极的对地电压，就能监视励磁系统的绝缘？

答：由于转子的转速很高，离心力也大，承受的电负荷又重，所以绝缘容易受损，此外灰尘的积聚也会使绝缘能力降低。为了发现转子绕组的接地故障，电机上装有转子一点接地保护，当转子一点接地时便发信号。但平时检查时也利用切换电压表法来检查绝缘，图 4-1 所示为转子绝缘监视图，利用这种方法能在绝缘未降至严重程度时就能及时发现绝缘能力降低的情况。

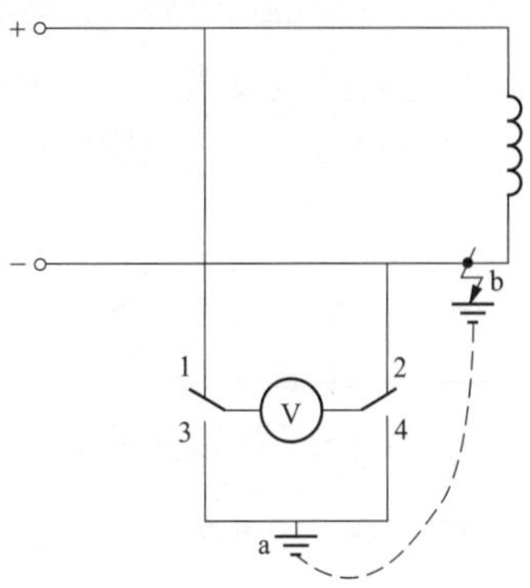

图 4-1 转子绝缘监视图

若绝缘良好时，测正极对地电压时应为零（图 4-1 中 1、4 点接通）；负对地电压也应为零（图 4-1 中 2、3 点接通）。因为转子回路本身没接地点时电压表构不成回路，所以没有指示。

如测得正极对地为全电压，则说明负极接地，因为这时电压表有了通路（图 4-1 中+—1—V—4—a—b— −），能测出电压来。若负极完全接地，电压表等于跨接两极，量出的正好是全电压。若测得负极对地电压为全电压时，则说明正极接地。

140 什么是电刷的负温度特性？

答：电刷有一种特性，即“负温度特性”。是指随着电刷温度的增高，它的接触电阻反而降低，在 80～100℃时最低，当温度超过 100℃时，接触电阻又急剧增加。这对接触面的稳定和各电刷间的均流极为不利。当某一块电刷进入不正常状态，并开始发热，由于负温度效应，电刷的接触电阻反而减少，这样，流过此电刷的电流将增加，则该块电刷愈加发热，直至接触电阻降至最低点，流过的电流最大为止，如此恶性循环，会使电刷劣化加速。这种

“崩溃”式的变化，使原流经此电刷上的电流进行“雪崩”式的重新分配，可能会使电刷上的电流负荷差达10倍以上。接触电阻小的电刷将得到大部分的电流，很可能使它们也发生“雪崩”。这种连锁反应的后果是非常严重的。

141 为何要在滑环表面上铣出沟槽?

答：运行中，当滑环与电刷滑动接触时，会由于摩擦而发热。为此，在滑环表面车出螺旋状的沟槽，这一方面可以增加散热面积，加强冷却，另一方面是可以改善同电刷的接触。而且也容易让电刷的粉末沿螺旋状沟槽排出。滑环上还可以钻一些斜孔，或让边缘呈齿状，这也可以加强冷却效果，因为转子转动时这些斜孔和齿可起风扇的作用。

142 为什么有些型号的电刷要纵横向开孔?

答：对大容量发电机，由于容量大，励磁电流高，故增加了转子本身的物理尺寸。圆周速度提高，给集电环电刷接触的稳定性带来不利因素。集电环表面开有螺旋沟，电刷与集电环在滑动接触时对电刷产生浮力，电刷下气流有抬起电刷的趋势，拉大了接触电阻，破坏了集电环与电刷接触的稳定性，使并联电刷间的电流分布难以均匀，这样就对电刷的性能要求也相应提高。如：经过石墨化处理的高密度电刷，材料密度大，开口气孔率低，在高速汽轮发电机集电环上运行时，由于气垫作用不能排气，会造成电刷接触不良，使电刷与滑环之间电阻率波动大，电刷电流分布不均匀，高密度的电刷，弹性模量大，电刷容易跳动，对电刷弹簧压力要求也相对较大，这样就使电刷与集电环摩擦增大，而使电刷与集电环温升提高。使部分电刷严重发热，甚至使过流电刷烧伤或进而烧断刷辫等。为此可将电刷纵横向钻 $\phi 3$ 孔，以排除运转中对电刷的浮力气流。

第二节 变 压 器

1 变压器如何分类?

答：变压器可按下列方法分类：

（1）按相数分。单相变压器、三相变压器和多相变压器。

（2）按结构分。双绕组变压器、三绕组变压器及自耦变压器。

（3）按冷却条件分。油浸变压器（包括油浸自然风冷、油浸风冷、强油循环风冷、强油循环水冷）、干式变压器、充气式变压器。

（4）按调压方式分。有载调压变压器、无励磁（无载）调压变压器。

（5）按中性点绝缘水平分。全绝缘变压器、分级绝缘变压器。

（6）按铁芯型式分。壳式变压器、芯式变压器。

（7）按导线材料分。铜线变压器、铝线变压器。

（8）按用途和功能分。电力变压器（包括升压变压器、降压变压器、联络变压器）、试验用变压器、测量变压器（电压互感器、电流互感器）、调压器以及其他用途变压器（包括整流变压器、电炉变压器、电焊变压器、控制用变压器、冲击变压器等）。

2 干式变压器有哪几种形式？

答：干式变压器的主要形式有以下几种：

（1）开启式。开启式是常用的形式，其器身与大气相连通，适用于比较干燥而洁净的室内环境（环境温度为+20℃，相对湿度不超过85%）。对大容量变压器可采用吹风冷却，空气风冷式容量可达到16MVA。

（2）封闭式。与外部大气不相连通，可用于较恶劣的环境。

（3）浇注式。用油填料或无填料环氧树脂或其他树脂浇注作为主绝缘，结构简单、体积小，适用于较小容量产品。

（4）绕包式。用浸有环氧树脂的玻璃丝作为主绝缘。单台容量也不大。

3 变压器冷却装置的运行方式有哪几种？

答：目前，小容量的油浸变压器采用自然冷却，中型油浸变压器采用风吹冷却方式，大容量的油浸主变压器和高压厂用变压器大都采用了强迫油循环风冷却、强迫油循环水冷或强迫油循环导向水冷装置。强迫油循环装置用以加快油的流速，并通过外部的冷却器将油快速冷却，使变压器冷却效果大大地提高。冷却装置的运行，直接影响到变压器的运行。所以，冷却装置是变压器不可缺少的附属设备。因此，对冷却器的运行方式有以下要求：

（1）自然冷却的油浸变压器，在运行中各冷却器、散热器的阀门均打开，冷却器在全投入状态。

（2）强迫风冷的干式变压器，当冷却风机故障时，其允许运行时间应按制造厂执行。

（3）风吹冷却的油浸变压器，当上层油温超过55℃或带负荷达额定容量的70%时，要开启风扇进行风吹冷却。运行前，应将冷却装置投入运行。

（4）对于强迫油循环风冷、强迫油循环水冷及强迫油循环导向水冷油浸变压器，在运行前应将冷却装置投入运行。

4 油浸变压器有哪几种冷却方式？各有什么特点？

答：油浸变压器的冷却方式有：

（1）油浸自冷式。这种冷却方式是依靠油箱壁和散热器的辐射和变压器周围的空气自然对流散热。

（2）油浸风冷式。散热器上装有风扇，向散热器吹冷风，使变压器周围空气流动加快，从而提高散热效率（约30%）。如风扇停止工作，变压器的负荷容量将减少到额定容量的70%。

（3）强迫油循环。变压器油箱上装有管道，用潜油泵把油打到油冷却器中冷却，然后回油箱。冷却器有风冷和水冷两种，分别称为强油风冷和强油水冷。这种方式，油的流速快，散热效果好，但结构复杂。

5 变压器冷却装置的操作步骤有哪些？

答：冷却装置的操作步骤为：

（1）冷却器投入运行，应先检查变压器风扇的运行情况，将冷却器的风扇投入运行，检查其转向是否正确，有无明显的振动和杂音以及叶轮有无碰摩风筒等现象。冷却器油门都应开启，并且要求单台启动，不允许多台同时启动，防止油流造成静电放电。

(2) 每年要在油泵运行情况下，检查一次电动机的绝缘电阻，温度温升，负载电流。

(3) 变压器在投运时，应先将冷却器开启，反之应先切断变压器负荷再停冷却器。

(4) 每月定期对冷却器进行启动试验一次，并做好记录。

6 变压器的基本原理是什么?

答：变压器由一次绕组、二次绕组和铁芯组成。当一次绕组加上交流电压时，则一次绕组中产生电流，铁芯中产生交变磁通。交变磁通在一、二次绕组中感应电动势，一、二次侧的感应电动势之比等于一、二次侧匝数之比。当二次侧接上负载时，二次侧电流也产生磁通势，而主磁通由于外加电压不变而趋于不变，随之在一次侧增加电流，使磁势达到平衡，这样，一次侧和二次侧通过电磁感应而实现了能量的传递。接负载后，若忽略内阻抗压降，则绕组端电压与感应电动势相等，一、二次侧的电压之比也等于一、二次侧绕组匝数之比。一、二次侧绕组匝数不同时，一、二次侧电压也不相同，这就是变压器的基本原理。

7 变压器在电力系统中起的作用是什么?

答：变压器是电力系统中重要电气设备之一，起到传递电能的作用。在从发电厂到用户传输电能的过程中，变压器起着升高或降低电压的作用。

8 什么是变压器的空载运行?

答：变压器的空载运行是指变压器的一次绕组接电源，二次绕组开路的工作状况。当一次绕组接上交流电源时，一次绕组中便有电流流过，这个电流称为变压器的空载电流。空载电流流过一次绕组，便产生空载时的磁场。在这个主磁场（同时交链一、二次绕组的磁场）的作用下，一、二次绕组中便感应出电动势。

变压器空载运行时，虽然二次侧没有功率输出，但一次侧仍要从电网吸取一部分有功功率来补偿由于磁通饱和在铁芯内引起的铁耗（即磁滞损耗和涡流损耗）。磁滞损耗的大小取决于电源的频率和铁芯材料磁滞回线的面积；涡流损耗与最大磁通密度和频率的平方成正比。另外还有铜耗，由一次绕组流过空载电流引起。对于不同容量的变压器，空载电流和空载损耗的大小是不同的。

9 什么是变压器的正常过负荷?

答：变压器在运行中的负荷是经常变化的，即负荷曲线有高峰和低谷。当它过负荷运行时，绝缘寿命损失将增加；而轻负荷运行时绝缘寿命损失将减小，因此可以互相补偿。变压器在运行中，冷却介质的温度也是变化的。在夏季由于油温升高，变压器带额定负荷时的绝缘寿命损失将增加；而在冬季油温降低，变压器带额定负荷时的绝缘寿命损失将减小，因此也可以互相补偿。

变压器的正常过负荷能力，是指在上述的两种补偿后，不以牺牲变压器的正常使用寿命为前提的过负荷。

10 变压器油位计上“－30℃”“＋20℃”和“＋40℃”的三个标志，表示什么意思？

答：油位计上的三个油面标志表示变压器在停运状态下，相应油温时的油面高度线，用来判断是否需要加油或放油。

11 表示变压器油电气性能好坏的主要参数是什么？

答：表示变压器油电气性能好坏的主要参数有：绝缘强度（击穿电压）、介质损失（介质损耗因素）和体积电阻率。

12 为什么要规定变压器的允许温度？

答：因为变压器运行温度越高，绝缘老化越快，这不仅影响其使用寿命，而且还因绝缘变脆而碎裂，使绕组失去绝缘层的保护。另外温度越高，绝缘材料的绝缘强度就越低，很容易被高电压击穿造成故障。因此，变压器运行时，不能超过允许温度。

13 为什么要规定变压器的允许温升？

答：当周围空气温度下降很多时，变压器的外壳散热能力将大大增加，而变压器内部的散热能力却提高很少。因此当变压器带大负荷或超负荷运行时，尽管有时变压器上层油温尚未超过规定值，但温升却很高，绕组会有过热现象。因此，变压器运行中要规定允许温升。

14 什么是变压器的并联运行？

答：变压器的并联运行，就是将两台或两台以上变压器的一次绕组并联在同一电压的母线上，二次绕组并联在另一电压母线上运行。

15 什么是变压器的联结组别？

答：变压器的联结组别是指变压器的一、二次绕组按一定接线方式连接时，一、二次侧的电压或电流的相位关系。变压器联结组别是用时钟的表示方法来说明一、二次侧线电压或（线电流）的相量关系。

16 什么是变压器的极性？

答：变压器绕组的极性是指一、二次绕组的相对极性，即当一次绕组的某一端在某一瞬时的电位为正时，在同一瞬时二次绕组也一定有一个电位为正的对应端，该端就是变压器绕组的同极性端。

17 有载分接开关的基本原理是什么？

答：有载分接开关是在不切断负载电流的条件下，通过切换分接头来实现调压的装置。因此，在切换瞬间，需同时连接两个分接头。分接头间一个级电压被短路后，将有一个很大的环流。为了限制环流，在切换时必须接入一个过渡电路，通常是接入电阻，其阻值应能把环流限制在允许的范围内。因此，有载分接开关的基本原理概括起来就是采用过渡电路限制环流，达到切换分接头而不切断负载电流的目的。

18 气体保护的动作原理是怎样的?

答：变压器正常运行时，气体继电器充满油，轻瓦斯的浮筒（或开口杯）浮起，重瓦斯的挡板由于弹簧的反作用力处在非动作状态。轻瓦斯和重瓦斯触点均处在断开位置。当变压器内部发生故障或油面下降时，由于气体的排挤使浮筒（或开口杯）下沉，带动轻瓦斯触点接通发出信号。当变压器内部发生严重故障时，被分解的绝缘油及其他有机物固体产生大量的气体，加之热油膨胀，变压器内部压力突增，迫使油向油枕方向流动，以很大的流速冲击挡板，挡板带动触点接通，使重瓦斯动作，将电源断开。

19 什么是变压器的主绝缘和纵向绝缘?

答：变压器的绝缘分成主绝缘和纵向绝缘两大部分。

主绝缘是指绕组对地之间、相间和同一相现时不同电压等级的绕组之间的绝缘，主绝缘应能承受工频试验电压和全波冲击试验电压的作用。

纵向绝缘是指同一电压等级的一个绕组的不同部位之间，例如层间、匝间、绕组对静电之间的绝缘。

20 变压器内部的主绝缘结构是怎样的?

答：变压器内部的主绝缘结构主要为油-隔板绝缘结构，目前广泛采用薄纸筒小油隙结构。绕组之间设置多层厚度为 3～4mm 的纸筒。

铁芯包括芯柱和铁轭是接地的，靠近芯柱的绕组与芯柱之间为绕组对地的主绝缘，用绝缘底板围着圆柱形的铁芯构成，根据电压的高低决定纸板的张数，纸筒的外径与绕组的内径之间，用撑条垫开，以形成一定厚度的油隙绝缘。电压较高时可以采用纸筒—撑条重复使用的办法构成。油隙同时又是绕组与芯柱之间、不同电压的绕组与绕组之间的散热通道。每相绕组的上下两端，绕组与上部的钢压板、下部铁轭，存在着绕组端部的主绝缘，又称铁轭绝缘，采用纸圈—垫块交叉地放置数层构成。为改善绕组端部电场的分布，在 110kV 以上绕组的端部，都放置静电屏。同一相不同电压的绕组之间或不同相的各电压绕组之间的主绝缘采用薄纸微小油隙结构，这种结构具有击穿电压值高的优点。最外层的绕组与油箱之间的主绝缘，电压在 110kV 及以下时依靠绝缘油的厚度为主绝缘；电压在 220kV 及以上时，增加纸板围屏来加强对地之间的主绝缘。

21 变压器的油枕起什么作用?

答：当变压器油的体积随着油温的变化膨胀或缩小时，油枕起储油和补油的作用，以此来保证油箱内充满油，同时由于装了油枕，使变压器与空气的接触面减小，减缓了油的劣化速度．油枕的侧面还装有油位计，可以监视油位变化。

22 变压器中的油起什么作用?

答：变压器的油箱中充满了变压器油，变压器油的作用有：

（1）绝缘。因为油是易流动的液体，它能够充满变压器内各部件之间的任何空隙，将空气排除，避免了各部件因与空气接触受潮而引起的绝缘能力降低；同时油的绝缘强度较大，能增加变压器内各部件之间的绝缘水平，使绕组与绕组之间、绕组与铁芯之间、绕组与油箱盖之间等均保持良好的绝缘。

（2）散热。变压器运行中，绕组与铁芯周围的油受热后温度升高，体积膨胀，由于相对密度减小而上升，热油经冷却后流入油箱底部，从而形成了油的循环。这样油在不断地循环中将热量传递给冷却装置，使绕组和铁芯得到冷却。

（3）变压器油还能使木材、纸等绝缘材料保持原有的化学和物理性能，并且有对金属防腐的作用。

（4）熄灭电弧。

23 变压器的铁芯和绕组各起什么作用？

答：铁芯是变压器最基本的组成部件之一，是用导磁性能极好的硅钢片叠放而成，用以组成闭合的磁回路。

由于铁芯的磁阻极小，可得到较强的磁场，从而增强了一、二次绕组的电磁感应。

24 变压器呼吸器的作用是什么？

答：呼吸器由一根铁管和一个玻璃容器组成，内装干燥剂（如硅胶），与油枕内的空间相连通。当油枕内的空气随变压器油的体积膨胀或收缩时，排出或吸入的空气都经过呼吸器，呼吸器内的干燥剂吸收空气中的水分，对空气起过滤作用，从而保持油的清洁与绝缘水平。

25 变压器防爆管的作用是什么？

答：防爆管又叫喷油管，装在变压器的顶盖上部油枕侧，管子一端与油箱连通，另一端与大气连通，管口用薄膜（划有刀痕的玻璃）封住。当变压器内部有故障时，温度升高，油剧烈分解产生大量气体，使油箱内压力剧增，此时防爆管薄膜破碎，油及气体由管口喷出、泄压，防止变压器油箱爆炸或变形。

最近生产的变压器已采用压力释放阀代替防爆管。

26 什么是分级绝缘变压器？

答：分级绝缘变压器是指绕组整个绝缘的水平等级不一样，靠近中性点部位的主绝缘水平比绕组端部的绝缘水平低。

27 什么是变压器的铜损和铁损？

答：铜损（短路损耗）是指变压器一、二次电流流过该绕组电阻所消耗的能量之和。由于绕组多用铜导线制成，故称铜损。它与电流的平方成正比，铭牌上所标的千瓦数，系指绕组在 75℃时通过额定电流的铜损。

铁损是指变压器在额定电压下（二次开路），在铁芯中消耗的功率，其中包括励磁损耗与涡流损耗。

28 什么是变压器的负载能力？

答：对使用的变压器不但要求保证安全供电，而且要具有一定的使用寿命。能够保证变压器中的绝缘材料具有正常寿命的负荷，就是变压器的负载能力。它决定于绕组绝缘材料的运行温度，变压器正常使用寿命约为20年。

29 变压器的温度和温升有什么区别?

答：变压器的温度是指变压器本体各部位的温度。

温升是指变压器本体温度与周围环境温度的差值。

30 分裂变压器有何优点?

答：分裂变压器的优点为：

(1) 有明显限制短路电流的作用。

(2) 当分裂变压器一个支路发生故障时，另一支路的电压降低很小。

(3) 采用一台分裂变压器和达到同样要求而采用两台普通变压器相比，节省用地面积。

31 变压器有哪些接地点? 各接地点起什么作用?

答：(1) 绕组中性点接地。为工作接地，构成大电流接地系统。

(2) 外壳接地。为保护接地，是防止外壳上的感应电压高而危及人身安全。

(3) 铁芯接地。为保护接地，是防止铁芯的静电电压过高使变压器铁芯与其他设备之间的绝缘损坏。

32 发电机并列和解列前，为什么必须投主变压器中性点接地隔离开关?

答：因为主变压器高压侧断路器一般是分相操作的，而分相操作的断路器在合、分操作时，易产生三相不同期或某相合不上、拉不开的情况，可能在高压侧产生零序过电压，传递给低压侧后，引起低压绕组绝缘损坏。如果在操作前合上接地隔离开关，可有效地限制过电压，保护绝缘。

33 变压器运行中的检查项目有哪些?

答：(1) 变压器声音是否正常。

(2) 瓷套管是否清洁，有无破损、裂纹及放电痕迹。

(3) 油位、油色是否正常，有无渗油现象。

(4) 变压器温度是否正常。

(5) 变压器接地应完好。

(6) 电压值、电流值是否正常。

(7) 各部位螺丝有无松动。

(8) 二次引线接头有无松动和过热现象。

34 变压器检查的特殊项目有哪些?

答：(1) 系统发生短路或变压器因故障跳闸后，检查有无爆裂、移位、变形、烧焦、闪络及喷油等现象。

(2) 在降雪天气引线接头不应有落雪熔化或蒸发、冒气现象，导电部分无冰柱。

(3) 大风天气引线不能强烈摆动。

（4）雷雨天气瓷套管无放电闪络现象，并检查避雷器的放电记录仪的动作情况。

（5）大雾天气瓷瓶、套管无放电闪络现象。

（6）气温骤冷或骤热变压器油位及油温应正常，伸缩节无变形或发热现象。

（7）变压器过负荷时，冷却系统应正常。

35 压力释放阀的结构原理是怎样的？

答：压力释放阀的结构原理是：密封圈用于阀座与变压器油箱升高法兰座之间的密封。膜盘由弹簧升高和胶圈脱离，流体传布到整个膜盘直到胶圈，膜盘立即跳起，阀门处于开启位置。当变压器油箱中的压力恢复到正常时，膜盘立即复位。

当变压器出现小事故，产生少量气体时，密封圈变形，可排出气体，能防止误动作。

护盖上装有粉红色标志杆，当阀动作时，膜盘推动标志杆升高，高出护盖 30～46mm。标志杆突起时，说明阀已动作过。当膜盘复位后，标志杆仍滞留在动作后的位置上。故障排除后应手动复位。

信号开关装在防雨防尘的密封铸铝壳内，膜盘向上跳动时，碰撞块使机构触发，信号开关动作。动作后，用手向里推动复位扳手使机构再扣。

接线盒中装有一个微动开关及一个三芯插座和插头，信号通过插头引出。

36 采用分级绝缘的主变压器运行中应注意什么？

答：采用分级绝缘的主变压器，中性点附近绝缘比较薄弱，故运行中应注意以下问题：

（1）变压器中性点一定要加装避雷器和防止过电压间隙。

（2）如果条件允许，运行方式允许，变压器一定要中性点接地运行。

（3）变压器中性点如果不接地运行，中性点过电压保护一定要可靠投入。

37 主变压器分接开关由 3 档调至 4 档，对发电机的无功有什么影响？

答：主变压器的分接开关由 3 档调至 4 档，主变压器的变比减小，如果主变压器高压侧的系统电压认为不变，则主变压器低压侧即发电机出口电压相应升高，自动励磁系统为了保证发电机电压在额定值，将减小励磁以降低电压，发电机所带无功将减小。

38 变压器着火应如何处理？

答：发现变压器着火时，首先检查变压器的断路器是否已跳闸。如未跳闸，应立即断开各侧电源的断路器，然后进行灭火。如果油在变压器顶盖已燃烧，应立即打开变压器底部放油阀门，将油面降低，并往变压器外壳浇水使油冷却。如果变压器外壳裂开着火时，则应将变压器内的油全部放掉。扑灭变压器火灾时，应使用二氧化碳、干粉或泡沫灭火枪等灭火器材。

39 变压器上层油温显著升高时如何处理？

答：在正常负荷和正常冷却条件下，如果变压器上层油温较平时高出 10℃以上，或负荷不变，油温不断上升，若不是测温计问题，则认为变压器内部发生故障，此时应立即将变压器停止运行。

40 变压器油色不正常时，应如何处理？

答：在运行中，如果发现变压器油位计内油的颜色发生变化，应取油样进行化验分析。若油位骤然变化，油中出现炭质，并有其他不正常现象时，则应立即将变压器停止运行。

41 运行电压超过或低于额定电压值时，对变压器有什么影响？

答：当运行电压超过额定电压值时，变压器铁芯饱和程度增加，空载电流增大，电压波形中高次谐波成分增大，超过额定电压过多会引起电压和磁通的波形发生严重畸变。

当运行电压低于额定电压值时，对变压器本身没有影响，但低于额定电压值过多时，将影响供电质量。

42 变压器油面变化或出现假油面的原因是什么？

答：变压器油面的正常变化决定于变压器油温，而影响变压器温度变化的原因主要有：负荷的变化，环境温度及变压器冷却装置的运行情况等。如变压器油温在正常范围内变化，而油位计内的油位不变化或变化异常，则说明油位计指示的油位是假的。运行中出现假油面的原因主要有：油位计堵塞、呼吸器堵塞以及防爆管通气孔堵塞等。

43 运行中变压器冷却装置电源突然消失如何处理？

答：(1) 准确记录冷却装置停运时间。

(2) 严格控制变压器电流和上层油温不超过规定值。

(3) 迅速查明原因，恢复冷却装置运行。

(4) 如果冷却装置电源不能恢复，且变压器上层油温已达到规定值或冷却器停运时间已达到规定值，按有关规定降低负荷或停止变压器运行。

44 轻瓦斯动作原因是什么？

答：轻瓦斯动作原因是：

(1) 因滤油、加油或冷却系统不严密以致空气进入变压器。

(2) 因温度下降或漏油致使油面低于气体继电器轻瓦斯浮筒以下。

(3) 变压器故障产生少量气体。

(4) 变压器发生穿越性短路。

(5) 气体继电器或二次回路故障。

45 在什么情况下需将运行中的变压器差动保护停运？

答：变压器在运行中有以下情况之一时应将差动保护停运：

(1) 差动保护二次回路及电流互感器回路有变动或进行校验时。

(2) 继电保护人员测定差动回路电流相量及差压时。

(3) 差动保护互感器一相断线或回路开路。

(4) 差动回路出现明显的异常现象。

(5) 误动跳闸。

46 变压器反充电有什么危害？

答：变压器出厂时，就确定了其作为升压变压器使用还是降压变压器使用，且对其继电保护整定要求做了规定。若该变压器为升压变压器，确定为低压侧零起升压。如从高压侧反充电，此时低压侧开路，由于高压侧电容电流的关系，会使低压侧因静电感应而产生过电压，易击穿低压绕组。若确定正常为高压侧充电的变压器，如从低压侧反充电，此时高压侧开路，但由于励磁涌流较大（可达到额定电流的 6～8 倍）。它所产生的电动力，易使变压器的机械强度受到严重的威胁，同时继电保护装置也可能躲不过励磁涌流而误动作。

47 变压器二次侧突然短路对变压器有什么危害？

答：变压器二次侧突然短路，会有一个很大的短路电流通过变压器的高压和低压侧绕组，使高、低压绕组受到很大的径向力和轴向力。如果绕组的机械强度不足以承受此力的作用，就会使绕组导线崩断、变形以至绝缘损坏而烧毁变压器。另外在短路时间内，大电流使绕组温度上升很快，若继电保护不及时切断电源，变压器就有可能烧毁。同时，短路电流还可能将分接开关触头或套管引线等载流元件烧坏而使变压器发生故障。

48 变压器的过励磁可能产生什么后果？如何避免？

答：变压器过励磁时，当变压器电压超过额定电压的 10%，将使变压器铁芯饱和，铁损增大，漏磁使箱壳等金属构件涡流损耗增加，造成变压器过热，绝缘老化，影响变压器寿命，甚至烧毁变压器。

避免方法：

（1）防止电压过高运行，一般电压越高，过励情况越严重，允许运行时间越短。

（2）加装过励磁保护。根据变压器特性曲线和不同的允许过励磁倍数发出告警信号或切除变压器运行。

49 变压器运行中，在什么情况下应投入备用变压器？

答：在发生以下情况之一时，应投入备用变压器：

（1）套管发生裂纹，有放电现象。

（2）变压器上部落物危及安全，不停电无法消除。

（3）变压器严重漏油，油位计中看不到油位。

（4）油色变黑或化验油质不合格。

（5）在正常负荷及正常冷却条件下，油温异常升高 10℃及以上。

（6）变压器出线接头严重松动、发热、变色。

（7）变压器声音异常，但无放电声。

（8）有载调压装置失灵、分接头调整失控且手动无法调整正常时。

50 变压器差动保护为什么要采用三段折线式比率制动？

答：由于变压器一次、二次的电流互感器的变比和型号不同，在外部短路时，在穿越性短路电流作用下，两侧电流互感器的饱和程度不同，会产生较大的差动电流，如不采取合适的制动量，可能使保护误动，但过大的制动量会降低内部故障时保护动作的灵敏度，因此应采用三段式比率制动。

51 在微型机变压器纵差保护中，防止励磁涌流造成保护误动的方法有哪些？

答：防止励磁涌流造成保护误动的方法有：

（1）鉴别短路电流与励磁涌流波形差别的间断角制动。

（2）二次谐波制动。

52 差动保护中为什么要采用差动速断和低电压加速保护动作？

答：在变压器内部发生不对称故障时，在差动电流中产生较大的二次谐波分量，使纵差保护被制动，直到二次谐波分量衰减后，保护才能动作，从而延误了保护的动作时间。为此需要采用差动速断和低电压加速保护动作。

差动速断是指当差动电流大于出现的最大励磁涌流时，保护立即动作跳闸。励磁涌流是变压器的铁芯严重饱和时产生的，在出现励磁涌流时，变压器的端电压比较高，而内部发生短路时，变压器的端电压比较低。因此，当变压器的端电压降低至设定值时要加速保护动作。

53 为什么电力变压器一般都从高压侧抽分接头？

答：电力变压器从高压侧抽分接头是基于下列原因：

（1）高压线圈装在低压线圈的外面，抽头引出和接线方便。

（2）高压侧电流比低压侧电流小，引线和分接开关的载流截面小。

54 什么是有载调压？什么是无载调压？

答：有载调压是指变压器在带负荷运行中，在正常的负载电流下进行手动或电动变换一次分接头，以改变一次绕组的匝数，进行分级调压，其调压范围可达到额定电压的±15％。

无载调压是指在变压器的一次、二次侧均与网络断开的情况下，通过变换其一次侧分接头来改变绕组匝数，进行分级调压。

55 什么是电抗式有载调压分接开关？它有何特点？

答：电抗式有载调压分接开关是指在变换分接头过程中，采用电抗过渡，以限制其过渡时的循环电流。

它的特点如下：

（1）如果电抗器是按连续工作设计的，则在变换分接过程中可以停留在跨接两个分接头的位置工作，在所需要的调压级数相同的情况下，变压器绕组的分接头个数可以减少一半；同时即使分接开关操作机构的供电电源在过渡过程任意位置时发生故障，变压器仍能继续运行。

（2）由于过渡时，环流的功率因数较低，切换开关电弧触头的电寿命较短。

（3）由于用了电抗器，使变压器的体积增大，使得成本提高。

56 什么是电阻式有载调压分接开关？它有何特点？

答：电阻式有载调压分接开关是指在变换分接头过程中，采用电阻过渡，以限制其过渡时的循环电流。

它的特点如下：

（1）过渡时间较短，循环电流的功率因数为 1，切换开关电弧触头的电寿命可达电抗式的 8～10 倍。

（2）由于电阻是短时工作的，操作机构一经操作，必须连续完成，倘若由于机构的不可靠而中断，停留在过渡位置，将使电阻烧损而造成事故。

57 自耦变压器与双绕组变压器有什么区别？

答：自耦变压器与双绕组变压器的主要区别是：双绕组变压器的高、低压绕组是分开绕制的，虽然每相高、低压绕组都装在同一个铁芯柱上，但相互之间是绝缘的。高、低绕组之间只有磁的耦合，没有电的联系。电功率的传递全是由两个绕组之间的电磁感应完成的。

自耦变压器的高、低绕组实际上是一个绕组，低压绕组接线是从高压绕组抽出来的，因此高、低绕组之间既有磁的联系，又有电的联系。电功率的传递，一部分是由电磁感应传递的，另一部分是由电路连接直接传递的。

58 什么是三绕组变压器？它有何特点？

答：三绕组变压器与双绕组原理相同，但比后者多一个绕组。

三绕组变压器的特点为：

（1）三个绕组可以有多种运行方式，如高压—中压，高压—低压，高压同时向中、低压送电（或反之）等。在运行时，一个绕组的负荷等于其他两个绕组负荷的相量和，都不得超过各自的额定容量。

（2）由于三个绕组在磁路上相互耦合，所以每个绕组都有自感和其他绕组的互感，或者说三个绕组的电路是彼此关联的。在运行时，一个绕组负荷电流的变化将会影响另外绕组的电压。

（3）三绕组变压器通常采用同心式绕组，绕组的排列在制造上有两种组合方式：升压型，其绕组排列为铁芯—中压—低压—高压；降压型，其绕组排列为铁芯—低压—中压—高压。

59 三绕组变压器应用在哪些场合？

答：在电力系统中，三绕组变压器通常应用在下列场合：

（1）在发电厂内，除发电机电压外，有两种升高电压与系统连接或向用户供电。

（2）在具有三种电压的降压变电所中。

（3）在枢纽变电所中，两种不同电压等级的系统需要相互连接。

（4）在星形—星形连接的变压器中，需要一个三角形连接的第三绕组。

60 分裂绕组变压器在结构上有哪些特点？

答：分裂绕组变压器实际上是一种特殊结构的三绕组变压器，和普通三绕组变压器的区别在于双分裂变压器的两个低压绕组是分裂绕组，两个绕组没有电气上的联系，而仅有较弱的磁的联系。因此，它的结构特点表现为各绕组在铁芯上的布置，应满足以下两个要求：

（1）两个低压绕组之间应有圈套的短路阻抗。

（2）每一分裂绕组与高压绕组之间的短路阻抗应较小且应相等。

61 分裂绕组变压器有哪些特殊参数？

答：双分裂变压器的特殊参数有：

（1）穿越阻抗。两个分裂绕组并联成的统一的低压绕组对高压绕组穿越运行时报短路阻抗 Z_B。

（2）半穿越阻抗。分裂绕组的一个分支对高压绕组运行时报短路阻抗 Z_B。

（3）分裂阻抗。分裂绕组一个分支对另一个分支分裂运行时的短路阻抗 Z_F。

（4）分裂系数。分裂阻抗与穿越阻抗之比，即 $K=Z_F/Z_K$。

62 采用分裂绕组变压器有何优缺点？

答：采用分裂绕组变压器有下列优缺点：

（1）能有效地限制变压器低压侧的短路电流，因而可以选用轻型开关电器，节省投资。

（2）当一低压侧发生短路时，另一未发生短路的低压侧仍能维持较高的电压，以保证该低压侧母线上的设备能继续维持正常运行，并能保证该母线下的电动机能紧急启动。

（3）分裂变压器在制造上比较复杂，因此要比同容量的普通变压器贵20%。

（4）分裂变压器对两段高压母线供电时，如两段母线上的负荷不相等，则两段母线的电压也不相等。所以分裂变压器适用于两段负荷均衡，又需要限制短路电流的情况。

63 为什么规定油浸式变压器上层油温不许超过95℃？

答：一般油浸变压器的绝缘，如电缆纸或纸板等属于A级绝缘材料，其耐热温度为105℃。在国标中规定的变压器使用条件最高气温为40℃，因此绕组的温升限值为65℃。非强油循环冷却方式的变压器，油顶层温度与绕组的平均温度约差10℃，故油顶层温升允许值为55℃，油顶层温度最高限值为95℃。强油循环冷却的变压器，油顶层温升不超过40℃为宜。

64 油浸风冷式的变压器风扇故障为什么要降低容量运行？强迫油循环的变压器油泵故障为什么不准继续运行？

答：油浸变压器的吹风冷却是为了提高油箱及散热表面的冷却效率。装了风扇后较自然冷却时，油箱散热率可提高50%～60%。

一般采用吹风冷却的油浸电力变压器较自冷时可提高容量30%以上。因此，如果开启风扇情况下变压器允许带额定负荷的话，那么，风扇故障的情况下，变压器只能带额定负荷的70%（即降低30%）。否则，因散热效率降低，会使变压器的温升超出允许值。

规程规定，如果上层油温不超过55℃时，可以在不开风扇的情况下带额定负荷运行。这是因为，在断开风扇情况下，若上层油温不超过55℃即使带额定负荷，由于额定负荷的温升是一定的，线圈的最热点温度不会超过85～95℃，这是允许的。

强迫油循环水冷和风冷的变压器一般是不允许不启动冷却装置就带负荷运行的。即使是空载也不允许，除非制造厂有特殊规定。其原因是这种变压器外壳是平滑的，其冷却面积很小，甚至不能将变压器无载损耗所产生的热量散出去。如一台31 500kVA的变压器，其无载损耗为110kW，外壳冷却面积为45m^2，因而1m^2的热负荷为2450W/ m^2。这是完全不允许的一个数值，因为平滑外壳的最大允许热负荷不应超过 550W/m^2。因此，强迫油循环的变压器完全停止冷却系统运行是很危险的。但是，当发生事故切除冷却系统时，在额定负荷下，对变压器容量为 125MVA 及以下的允许运行 20min；125MVA 以上的允许运行 10min，且上层油温不得超过 75℃。

65 变压器的绝缘是怎样划分的?

答：变压器的绝缘可分为内绝缘和外绝缘。内绝缘是油箱内的各部分绝缘，外绝缘是套管上部对地和彼此之间的绝缘。

内绝缘又可分为主绝缘和纵绝缘两部分。主绝缘是绕组和接地部分之间，以及绕组之间的绝缘。在油浸式变压器中，主绝缘以油纸屏障绝缘结构最为常用。纵绝缘是同一绕组各部分之间的绝缘，如不同线段间、层间、匝间的绝缘等。通常以冲击电压在绕组上的分布作为绕组纵绝缘设计的依据，但匝间绝缘还应考虑长时期工频工作电压的影响。

66 变压器套管脏污有什么危害?

答：变压器套管脏污容易引起套管闪络，当供电回路有一定幅值的过电压波浸入或遇有雨雪潮湿天气，可能导致闪络而使断路器跳闸，降低了供电的可靠性。另外由于脏物吸收水分后，导电性提高，不仅容易引起表面放电，还可能使泄漏电流增加，引起绝缘套管发热，最后导致击穿。

67 变压器的寿命是由什么决定的?

答：变压器的寿命是由线圈绝缘材料的老化程度决定的。

68 变压器遇有什么情况应紧急停止运行?

答：变压器在下列情况下应紧急停运：

(1) 套管爆炸或破裂，大量漏油，油面突然降低。

(2) 套管端头熔断。

(3) 变压器冒烟、着火。

(4) 变压器铁壳破裂。

(5) 变压器漏油，油面下降到气体继电器以下。

(6) 防爆薄膜、释压阀破裂，且向外喷油、喷烟火。

(7) 变压器内部有异音，且有不均匀的爆破声。

(8) 变压器无保护运行（直流系统瞬时选接地点和直流熔断器熔断、接触不良等能立即恢复正常者除外）。

(9) 变压器保护或开关拒动。

(10) 变压器轻瓦斯信号动作，放气检查为黄色或可燃气体。

(11) 在正常冷却条件下，变压器温度不正常，并不断上升。

(12) 发生直接威胁人身安全的危急情况。

69 变压器油为什么要进行过滤?

答：过滤的目的是除去油中的水分和杂质，提高油的耐电强度，保护油中的纸绝缘；过滤还可以在一定程度上提高油的物理、化学性能。

70 在变压器油中添加抗氧化剂的作用是什么？

答：变压器油中添加抗氧化剂的作用是减缓油的劣化速度，延长油的使用寿命。

71 在低温度的环境中，变压器油牌号使用不当会产生什么后果？

答：在低温度的环境中，如变压器油牌号使用不当，当变压器停运时，油发生凝固，失去流动性，如果立即投入运行，热量散发不出去，会威胁变压器安全运行。

72 变压器采用薄膜保护的作用是什么？

答：可以密封变压器使其不与空气接触，从而消除油的氧化和受潮条件，延长油的使用寿命。

73 大型变压器运输时为什么要充氮气？对充氮的变压器要注意什么？

答：大型变压器由于质量过大，不能带油运输，因此要充入氮气，使器身不与空气接触，避免绝缘受潮。

充氮的变压器要经常保持氮气压力为正压，防止密封破坏。氮气放出后，要立即注满合格的变压器油。放出氮气时，要注意人身安全。

74 油纸电容式套管为什么要高真空浸油？

答：油纸电容式套管芯子是由多层电缆纸和铝箔卷制的整体，如按常规注油，屏间容易残存空气，在高电场作用下，会发生局部放电，甚至导致绝缘层击穿，造成事故，因而必须高真空浸油，以除去残存的空气。

75 为什么变压器铁芯只允许一点接地？

答：铁芯如果有两点或两点以上接地，各接地点之间会形成闭合回路，当交变磁通穿过此闭合回路时，会产生循环电流，使铁芯局部过热，使损耗增大甚至烧断接地片使铁芯产生悬浮电位。不稳定的多点接地还会引起放电。因此，铁芯只能有一点接地。

76 为什么变压器铁芯及其他所有金属构件要可靠接地？

答：变压器在试验或运行中，由于静电感应，铁芯和不接地金属件会产生悬浮电位。由于在电场中所处的位置不同，产生的电位也不同。当金属件之间或金属件对其他部件的电位差超过其绝缘强度时，就会放电。因此，金属构件及铁芯要可靠接地。

77 怎样在运行中更换变压器的潜油泵？

答：在运行中更换变压器的潜油泵，应按以下方法进行：

（1）更换潜油泵前，气体继电器跳闸回路应停运。

（2）拆下损坏的潜油泵电源线，关好潜油泵两端的蝶阀，放出潜油泵中的存油。确认碟阀关好后，拆下潜油泵。

（3）用500V绝缘电阻表测量检查新潜油泵，绝缘应不低于0.5MΩ。试转上端口叶轮是否灵活，有无刮壳现象。若潜油泵底部无视窗，可先接电源线，短时通电检查转向。

（4）安装潜油泵时，要放好密封垫。法兰及管道偏差较大时，要仔细纠正，防止密封不均匀。

（5）稍微打开潜油泵出口蝶阀及泵上放气堵，对潜油泵进行充油放气，然后将两侧蝶阀打开。

（6）接通电源，启动潜油泵，检查转向是否正确，声音是否正常，油流继电器是否正确动作。

（7）检查外壳有无漏油点。

（8）冷却器经过 1～2h 运行后，气体继电器投入运行。

78 怎样更换气体继电器?

答：更换气体继电器，应退出保护按以下方法进行：

（1）首先将气体继电器管道上的蝶阀关严。如蝶阀关不严或有其他情况，必要时可放掉油枕中的油，以防在工作中大量溢油。

（2）新气体继电器安装前，应检查有无检验合格证明，口径、流速是否正确，内、外各部件有无损坏，内部如有临时绑扎要拆开，最后检查浮筒、挡板信号和跳闸接点的动作是否正确可靠。关好放气小截门。

（3）安装气体继电器时，应注意油流方向，箭头方向指向油枕。

（4）打开蝶阀向气体继电器充油，充满油后从放气小截门放气。如油枕带有胶囊，应注意充油放气的方法，尽量减少和避免气体进入油枕。

（5）进行保护接线时，应防止接错和短路，避免带电操作，同时要防止使导电杆转动和小瓷头漏油。

（6）投入运行前，应进行绝缘测量及传动试验。

79 变压器油枕和防爆管之间为什么要用小管连接?

答：通气式防爆管如不与大气相通或用小管与油枕连接，则防爆管将是密封的，因此当油箱内的油因油温变化而膨胀或收缩时，可能造成防爆膜破裂或气体继电器误动作。

80 变压器呼吸器堵塞会出现什么后果?

答：呼吸器堵塞，变压器不能进行呼吸，可能造成防爆膜破裂、漏油、进水或假油面。

81 如何检查变压器无励磁分接开关?

答：（1）无励磁分接开关触头应无伤痕、接触严密，绝缘件无变形及损伤。

（2）各部零件紧固、清洁，操作灵活。

（3）指示位置正确。

（4）定位螺钉固定后，动触头应处于定触头的中间。

82 变压器分接开关触头接触不良或有油垢有何后果?

答：分接开关触头接触不良或有油垢，会造成直流电阻增大，触头发热，严重的可导致开关烧毁。

83 变压器在运行中温度不正常升高，可能的原因有哪几种？

答：变压器在运行中温度不正常升高可能由于分接开关接触不良、线圈匝间短路、铁芯有局部短路、冷却系统有故障等。

84 测量变压器的绝缘电阻时有哪些注意事项？

答：测量变压器的绝缘电阻时应注意以下事项：

（1）测量前应将绝缘子、套管清扫干净，拆除全部接地线，将中性点接地隔离开关拉开。

（2）使用合格绝缘电阻表，测量时将绝缘电阻表放平，当转速达到 120r/min 时，读 $R_{15''}$、$R_{60''}$两个数值，以测出吸收比。

（3）测量时应记录当时变压器的油温及环境温度。

（4）不允许在测量时用手摸带电导体或拆接线，测量后应将变压器的绕组放电，防止触电。

测量项目：对三绕组变压器应测量一次对二次、三次及地；二次对一次、三次及地；三次对一次、二次及地的绝缘电阻。在潮湿或污染地区应加屏蔽线。

85 变压器合闸时为什么会有励磁涌流？

答：变压器绕组中，励磁电流和磁通的关系由磁化特性决定，铁芯愈饱和，产生一定的磁通所需要的励磁电流愈大。由于在正常情况下，铁芯中的磁通就已饱和，如在不利条件下合闸，铁芯中磁通密度最大值可达正常值的 2 倍，铁芯饱和将非常严重，使其磁导率减小。磁导与电抗成正比，因此励磁电抗也大大减小，因而励磁电流数值大增，由磁化特性决定的电流波形很尖，这个冲击电流可超过变压器额定电流的 6～8 倍，为空载电流的 50～100 倍，但衰减很快。因此，由于变压器电、磁能量的转换，合闸瞬间电压的相角、铁芯的饱和程度等，决定了变压器合闸时有励磁涌流。励磁涌流的大小，将受到铁芯剩磁、铁芯材料、电压的幅值和相位的影响。

86 为什么变压器过载运行只会烧坏线圈，铁芯不会彻底损坏？

答：变压器过载运行，一次、二次侧电流增大，线圈温升提高，可能造成线圈绝缘损坏而烧损线圈。因为外加电源电压始终不变，主磁通也不会改变，铁芯损耗不大，故铁芯不会彻底损坏。

87 水分对变压器油有什么危害？

答：水分能使油中混入的固体杂质更容易形成导电路径而影响油耐压。水分容易与别的元素化合成低分子酸而腐蚀绝缘，使油加速氧化。

88 运行中的变压器油在什么情况下会氧化、分解而析出固体游离碳？

答：在高温和电弧作用下，变压器油会氧化、分解而析出固体游离碳。

89 变压器发生穿越性故障时，气体保护会不会发生误动作？

答：当变压器发生穿越性故障时，气体保护可能会发生误动作。其原因是：

在穿越性故障电流作用下，绕组或多或少产生辐向位移，将使一次和二次绕组间的油隙增大，油隙内和绕组外侧产生一定的压力差，加速油的流动。当压力差变化大时，气体继电器就可能误动。

穿越性故障电流使绕组发热。虽然短路时间很短，但当短路电流倍数很大时，绕组温度上升很快，使油的体积膨胀，造成气体继电器误动。

90 变压器并列运行的条件是什么？

答：变压器并列运行应满足下列条件：

(1) 变比相同。

(2) 短路电压（或短路阻抗标幺值）相等。

(3) 接线组别相同。

(4) 新安装或大修后的变压器必须核对相序相同。

变比不同和短路电压不同的变压器，在任何一台都不会过负荷的情况下，也可以并列运行。

91 不符合并列条件的变压器并列运行会产生什么不良后果？

答：如果变比不相同，将会产生环流，影响变压器出力。如果短路电压（短路阻抗标幺值）不相等，并列运行的变压器就不能按容量比例合理分配负荷，影响变压器的出力，甚至可能造成短路，电压小的变压器过负荷。如果接线组别不相同，会使并列运行的变压器的副绕组中产生很大的循环电流，可能会使变压器短路，线圈烧损。

92 为什么变压器短路试验所测得的损耗可以认为就是线圈的电阻损耗？

答：由于短路试验所加的电压很低，铁芯中的磁通密度很小，这时铁芯中的损耗与线圈中的电阻损耗相比可以忽略不计。因此，变压器短路试验时所测得的数值可以认为就是线圈的电阻损耗。

93 为什么变压器内部发生故障时会产生气体？

答：在变压器油、纸等绝缘材料的化学结构中，原子间的化学键一般有四种，即碳—氢、碳—碳、碳—氧和氢—氧，其中碳—碳的化学键又有单键、双键和三键三种。这些化学键各具有不同的键能，要使碳键断裂或烃类化合物脱氢需要一定的能量。

变压器在正常运行条件下，产生的热量是不足以使碳键断裂或烃类化合物脱氢的，但是当变压器内部发生故障，产生的能量会使烃类化合物的键断裂而产生低分子烃类气体或氢气，以及碳的氧化物等气体。在正常情况下，烃类气体含量极少，发生故障时各种气体成分则变化很大，从而为故障判断提供了依据。

94 变压器油为什么不能随意混用？

答：不同的变压器油的油基和工艺过程不一定相同。变压器油的化学成分为饱和碳氢化合物，其油基有石蜡基、芳香基、环烷基、混合基等几种，不同的油基有不同的老化程度，因此不能混用。同一油基不同油号的油可以混用，但混用后理化性能有所降低。不同工艺过程的油混合使用也会影响绝缘电阻。因此，混用前应经混油试验合格后方可使用。

95 为什么小容量的变压器一般都接成 Yy0 或 Yy 接线？有何优缺点？

答：小容量的变压器采用 Yy0 或 Yy 连接，主要在制造方面可降低成本，节约材料；在运行中当三相负荷对称时，受三次谐波的影响并不严重，三次谐波电压通常不超过基波的 5%。

优点：

星形（Y）连接和三角形（△）连接比较，在承受同样线电压的情况下，星形连接绕组电压等于 $1/\sqrt{3}$ 线电压，因此匝数和绝缘用量少，导线的填充系数大，且可做成分级绝缘。

星形接绕组电流等于线电流，所用导线截面较粗，故绕组机械强度较高。

中性点可引出接地，也可用于三相四线制供电。如分接抽头放在中性点，三相抽头间正常工作电压很小，分接开关结构简单。

在额定运行状态下，每相的最大对地电压仅为线电压的 $1/\sqrt{3}$，中性点的电压实际上等于零，因此绕组绝缘所承受的电压强度较低。

由于导线填充系数大，匝间静电电容较高，冲击电压分布较均匀。

缺点：

在芯式变压器中，Yy 接线因磁通中有三次谐波存在，它们在铁芯柱里都朝着同一方向，这就迫使三相的三次谐波磁通经过空气及油箱、螺杆等闭合，将在这些部件中产生涡流引起发热，并降低了变压器的效率。因此 Yy 接线组合常用于三相芯式小容量变压器，三相芯式大容量变压器不宜采用。

为限制中性点位移电压及零序磁通在油箱壁引起发热，规定三相四线制的变压器二次侧中线电流不得超过 25%的额定电流。

三相壳式变压器和三相变压器组，三次谐波磁通完全可在铁芯中流通，因此三次谐波电压较大，可达基波的 30%～60%，这对绕组绝缘极为不利，如中性点接地也将对通信产生干扰。因此，三相壳式变压器和三相变压器组不能采用 Yy 或 Yy0 接线组合。

当有一相发生事故时，不可能改接成 V 形接线使用。

96 鉴别瓦斯的方法有哪些？

答：瓦斯中不含可燃性成分，且是无色无嗅的，说明聚集的气体为空气，此时变压器仍可运行，继续观察。

如果气体有可燃性，则说明变压器内部有故障，应停止变压器运行。并根据气体性质来鉴定变压器内部故障的性质。如气体颜色为黄色可燃的，即为木质故障；若为淡灰色强烈臭味可燃性气体，即为绝缘纸或纸板故障；若为灰色和黑色易燃的气体，即为短路后油被烧灼分解的气体。

轻瓦斯信号动作后，经上述查找，还不能作出正确判断时，应对油进行色谱分析，并结合电气试验做出综合判断。

97 变压器投运有何规定？

答：变压器投入运行时，应由装有保护装置的电源侧充电。变压器断开时，装有保护装置的电源侧开关应最后断开。

长期备用的变压器应定期充电，变压器充电时中性点接地隔离开关必须合闸。大修后的变压器投入运行时，气体保护必须加入“跳闸”位置。不允许用刀闸拉合空载电流超过 2A 的空载变压器。变压器大修后投入前必须进行相位测定。

98 变压器的停运操作原则是什么？

答：变压器的停运操作原则是：

(1) 切换运行方式，为所停变电器创造条件。

(2) 停运操作时，变压器保护装置应在加入位置。

(3) 如有断路器时，必须使用断路器切断。

(4) 如没有断路器时，可用隔离开关拉开空载电流不超过 2A 和 320kVA 以下的空载变压器。

99 什么是变压器的接线组别？

答：单相变压器的两个绕组间有极性关系。而三相变压器两侧都有三个绕组，它们之间有个如何连接的问题，如连成星形或三角形。所以，对于三相变压器来说，除了三相间可有不同的连接方法之外，每相的一、二次绕组相别也可互换，如原来的 A 相，可人为地把它改标为 B 相，B 相可标为 C 相等，这样就使三相变压器一、二次侧可有不同的组合，使一、二次侧电压、电流各量的相位和大小的关系就有很多种情况。

在使用一台变压器时，首先要了解这台变压器的一、二次侧各量的相位关系。说明这种关系的通用术语，就是所谓变压器的接线组别。简单地说，三相变压器的一次绕组和二次绕组间电压或电流的相位关系，就叫变压器的组别。相位关系就是角度关系，而变压器一次、二次侧各量的相位差都是 300 的倍数，于是人们就用同样有 300 倍数关系的时钟指针关系来形象说明变压器的接线组别，用时钟表示组别，叫时钟表示法。

100 如何改变变压器的接线组别？

答：首、尾标号改变（如 A 改成 X，X 改成 A 等）会改变组别。

相别的改变（如原来的 A 相改为 C 相，C 相改成 A 相等）会改变组别。

接线方式的改变如Y改成△，△改成Y会改变组别。

101 变压器的阻抗电压在运行中有什么作用？

答：阻抗电压是涉及变压器成本、效率及运行的重要经济技术指标。同容量变压器，阻抗电压小的成本低，效率高，价格便宜，另外运行时的压降及电压变化率也小，电压质量容易得到控制和保证。从变压器运行条件出发，希望阻抗电压小一些较好。从限制变压器短路电流条件出发，希望阻抗电压大一些较好，以免电气设备（如断路器、隔离开关、电缆等）在运行中经受不住短路电流的作用而损坏，所以在制造变压器时，必须根据满足设备运行条件来设计阻抗电压，且应尽量小一些。

102 为什么变压器的低压绕组在里边，而高压绕组在外边？

答：这主要是从绝缘方面考虑的，因为变压器的铁芯是接地的，低压绕组靠近铁芯，容易满足绝缘要求。若将高压绕组靠近铁芯，由于高压绕组的电压很高，要达到绝缘要求就需要很多绝缘材料和较大的绝缘距离，既增加了绕组的体积，也浪费了绝缘材料。另外，把高压绕组安置在外面也便于引出到分接开关。

103 变压器中性点在什么情况下应装设保护装置？

答：直接接地系统中的中性点不接地变压器，如中性点绝缘未按线电压设计，为了防止因断路器非同期操作，线路非全相运行或断线，或因继电保护的原因造成中性点不接地的孤立系统带单相接地运行，引起中性点的避雷器爆炸和变压器绝缘损坏，应在变压器中性点装设棒型保护间隙或将保护间隙与避雷器并接。保护间隙的距离应按电网的具体情况确定。如中性点的绝缘按线电压设计，非直接接地系统中的变压器中性点一般不装设保护装置，但多雷区进线变电站应装设保护装置，中性点接有消弧绕组的变压器，如有单进线运行的可能，也应在中性点装设保护装置。

104 三绕组变压器倒一次分接开关与倒二次分接开关的作用是什么？

答：三绕组变压器一般都在高、中压侧装有分接开关，改变高压侧分接开关的位置能改变中、低压两侧的电压；若改变中压侧分接开关位置，只能改变中压侧的电压。例如：因系统电压波动或因负荷变化需要调整电压时，只改变高压侧分接开关位置即可达到中、低压侧需要的电压。如果只是低压侧需要调整电压，而中压侧仍需维持原来的电压，此时除改变高压侧分接开关外，中压侧亦需改变。

105 有载调压变压器与无载调压变压器有什么不同？各有何优缺点？

答：有载调压变压器与无载调压变压器不同点在于前者装有带负荷调压装置，可以带负荷调整电压；后者只能在停电的情况下改变分接开关位置来调整电压。

有载调压变压器用于电压质量要求较严的地方，还可加装自动调压检测控制部分，在电压超出规定范围时自动调整电压。其主要优点是能在额定容量范围内带负荷随时调整电压，且调压范围大，可以减少或避免电压大幅度波动，母线电压质量高，但其体积大，结构复杂，造价高，检修维护要求高。

无载调压变压器改变分接开关位置时必须停电，且调整的幅度较小（每变一个抽头，改变电压2.5%或5%），输出电压质量差，但比较便宜，体积较小。

106 三绕组变压器停一侧其他两侧能否继续运行？注意事项是什么？

答：三绕组变压器任何一侧停止运行，其他两侧均可继续运行。

注意事项是：

（1）若低压侧为三角形接线，停止运行后应投入避雷器。

（2）高压侧停止运行，中性点接地隔离开关必须投入。

（3）应根据运行方式考虑继电保护的运行方式和整定值。

此外，还应注意容量比，运行中监视负荷情况。

107 为什么新安装或大修后的变压器在投入运行前要做冲击合闸试验?

答：切除电网中运行的空载变压器，会产生操作过电压。在小电流接地系统中，操作过电压的幅值可达3～4倍的额定相电压；在大电流接地系统中，操作过电压的幅值也可达3倍的额定相电压。所以，为了检验变压器的绝缘能否承受额定电压和运行中的操作过电压，要在变压器投运前进行数次冲击合闸试验。

另外投入空载变压器时会产生励磁涌流，其值可达额定电流的6～8倍。由于励磁涌流会产生很大的电动力，所以做冲击合闸试验也是考虑变压器机械强度和继电保护是否会误动作的有效措施。

108 为什么要从变压器的高压侧引出分接头?

答：通常变压器都是从高压侧引出分接头，这是因为考虑到高压绕组在低压绕组外面，焊接分接头比较方便；又因为高压侧流过的电流小，可以使引出线和分接开关载流部分的截面小一些，发热的问题也较容易解决。

109 影响变压器油位及油温的因素有哪些?

答：变压器的油位在正常情况下随着油温的变化而变化，因为油温的变化直接影响变压器油的体积，使油位上升或下降。

引起油温变化的因素有负荷的变化、环境温度的变化、内部故障及冷却装置运行状况的变化等。

110 造成变压器缺油的原因有哪些? 缺油有何危害?

答：缺油的原因有：变压器长期渗油或大量漏油；在检修变压器时，放油后没有及时补油；油枕的容量小，不能满足运行要求；气温过低；油枕的储油量不足等都会使变压器缺油。

变压器油位过低会使轻瓦斯动作，而严重缺油时，铁芯暴露在空气中容易受潮，并可能造成导线过热，绝缘击穿，发生事故。

111 Yd11接线的变压器对差动保护用的电流互感器有什么要求?

答：Yd11接线的变压器其两侧电流相位相差330°，若两组电流互感器二次电流大小相等，但由于相位不同，会有一定的差额电流流入差动继电器。为了消除这种不平衡电流，应将变压器星形绕组侧的电流互感器的二次侧接成三角形，而将三角形绕组侧的电流互感器的二次侧接成星形，以补偿变压器两侧二次电流的相位差。

112 有载调压变压器大修后应重点验收什么?

答：有载调压变压器大修后应重点验收的项目为：测定变压器每个可调绕组的电压比；必须证实操作机构中所指示的分接开关位置及操作盘上所指示的分接开关位置和铭牌数据完全相符。

按照使用说明书所述方法测绘工作序图，以确定该装置动作的正确性，在测绘工作前应手动操作调整装置，使其达到上、下极限位置，以检查极限开关动作是否正确。

113 变压器运行中为什么要重点检查油面和动作记录？

答：运行中应重点监视附加油箱的油位，因为它的油面受外部温度影响较大，其调压开关带运行电压，操作时又要切断并联分支电流，故要求附加油箱油位经常达到标示的要求。

调整装置每动作 5000 次以后，应对它进行检修，因而要有动作记录。

114 主变压器新投入或大修后投入运行前应验收哪些项目？

答：应验收和检查的项目为：

(1) 变压器本体无缺陷、无漏油、油面正常；各阀门的开闭位置正确，油化验和绝缘强度试验合格，变压器绝缘试验合格。外壳有接地装置，接地电阻应合格。分接开关位置三相一致，抽头数符合电网运行要求。有载调压装置良好，电动、手动操作正常。基础牢固，变压器本体有可靠的止动装置。

(2) 保护测量回路接线正确，动作正确，定值符合要求，连接片投入在规定位置。

(3) 风扇、油泵运行良好，自启装置动作正确；呼吸器装有合格的干燥剂，主变压器引线对地和线间距离合格，导线坚固良好，防雷保护符合规程要求。

(4) 变压器坡度合格，测温回路良好，放油小阀门和气体放气阀门无堵塞现象。在变压器上无大修遗留物，临时设施拆除。

(5) 相位和接线组别满足运行要求，核相工作完毕并有明确的结论。

115 变压器新装或大修后为什么要测定变压器大盖和油枕连接管的坡度？

答：变压器的气体继电器有两个坡度，一是气体继电器方向变压器大盖的坡度，应为 1%～1.5%；二是油箱到油枕连接管的坡度，应为 2%～4%。这两个坡度一是为了防止在变压器内贮存空气，二是为了在故障时便于使气体迅速可靠地充入气体断电器，保证继电器正确动作。

116 怎样测量变压器的绝缘？如何判断好坏？

答：变压器在安装或检修后，投入运行前以及长时期停运后，均应测量绕组的绝缘电阻。变压器绕组额定电压在 6kV 以上，使用 2500V 绝缘电阻表；变压器绕组额定电压在 500V 以下，用 1000V 或 500V 绝缘电阻表；变压器的高、中、低压绕组之间，使用 2500V 绝缘电阻表。

变压器绕组绝缘电阻的允许值不予规定。在变压器使用期间所测得的绝缘电阻值与变压器安装或大修干燥后投入运行前测得的数值相比是判断变压器运行中绝缘状态的主要依据。如在相同条件下变压器的绝缘电阻剧烈降低至初次值的 1/3～1/5 或更低，吸收比 $R_{60''}/R_{15''}$ 小于 1.3，应进行分析，查明原因。

117 为什么有的电力变压器采用有载调压？

答：采用无励磁调压，需要变压器停电才能调电压，且调压级数又少，往往满足不了用户的要求，故有些场合要采用有载调压。有载调压变压器主要有以下几个作用：

(1) 稳定电力网在各负载中心的电压，以提高供电质量。

(2) 作为两个电网之间的联络变压器，利用有载调压变压器来分配网络之间的无功负载。

（3）可适应各种紧急供电需要。

（4）用于必须严格控制电压的场合和为了提高生产效率而需调节电流的场合。

118 简述变压器有载调压分接开关的基本原理。

答：分级有载调压的基本原理，就是从变压器绕组中抽出若干抽头，通过一套有载分接开关，在保证不断电的情况下，从一个分级头倒换到另一个分级头上，从而改变绕组的匝数，改变变压器的变比，达到调压的目的。

119 为什么变压器的二次电流增加，一次电流也自动增加？

答：当变压器的二次侧空载时，一次侧仅流过产生主磁通的电流，这个电流可称它为变压器的励磁电流，或空载电流。外加的一次侧电压不变，可以认为励磁电流不变，铁芯中的主磁通不变。当二次侧加负载流过电流后，该电流也在铁芯中产生磁通，这个磁通必然改变铁芯中原主磁通的分布状况。但由于电磁的惯性原理，主磁通的变化影响到一次侧。一次侧要保持主磁通不变，必将流过一部分电流，这部分电流产生磁通专门用来抵消二次侧磁通的影响。这样，一次侧绕组就流过两部分电流，一部分是用来供励磁的，一部分是用来平衡二次电流的，用来励磁的电流随二次电流的增减而增减，所以二次电流增加，一次电流也自动增加。

因为电流乘上匝数就是磁通势，所以上述这个过程就叫变压器的磁通势平衡作用。变压器就是通过这种平衡作用，实现从一次到二次能量传递的。

上述一次电流的自动变化过程也可从电路的角度去理解，即当二次电流产生的磁通改变了一次电流所产生的磁通时，相当于使一次线圈的感抗起变化，即阻抗变小了。这样，在外加电压不变的前提下，由于电路中阻抗变小，一次电流当然要增加，这增加的部分即是一次电流中用来平衡二次电流的部分。

120 变压器的中性点接地方式有哪几种？

答：中性点接地方式有：

（1）不接地。

（2）经电阻接地。

（3）经电抗接地。

（4）经消弧线圈（消弧电抗器）接地。

（5）直接接地。

121 变压器中性点经消弧线圈接地的作用有哪些？

答：中性点经消弧线圈接地的作用有：

（1）单相接地故障时，由于接地点电流被减小，可以自动熄弧，保证继续供电。

（2）减小了故障点电弧重燃的可能性，或降低电弧接地过电压的数值。

（3）减小故障点接地电流的数值及持续时间，从而减轻了对设备的损坏程度。

（4）减少了因单相接地故障而引起多相短路的可能性。

122 变压器的防雷是从哪些方面采取措施的？

答：变压器防雷采取的措施为：

(1) 安装避雷针，使变压器和其他电气设备都置于避雷针的保护区内，使电气设备免遭直击雷的破坏。

(2) 在靠近变电所的进线线路上悬挂避雷线或两侧避雷针，并装设管型避雷器，加强进线保护以限制沿线路侵入变电所的雷电冲击波的幅值及陡度。

(3) 用阀型避雷器进一步保护，把侵入波电压限制在避雷器的残压值，使变压器和其他电气设备免受危险过电压的作用。

变压器就是在上述保护条件下工作的。它的绝缘应当承受得住避雷器的放电电压及残压的作用。

123 变压器事故跳闸的处理原则是什么？

答：变压器事故跳闸的处理原则是：

(1) 检查相关设备有无过负荷问题。

(2) 若主保护（瓦斯、差动）动作，未查明原因及消除故障前不得送电。

(3) 如只是过流保护（或低压过流）动作，检查主变压器无问题可以送电。

(4) 装有重合闸的变压器，跳闸后重合不成功，应检查设备后再考虑送电。

(5) 有备用变压器或备用电源自动投入的变电站，当运行变压器跳闸时应先启用备用变压器或备用电源，然后再检查跳闸的变压器。

(6) 如因线路故障，保护越级动作引起变压器跳闸，则故障线路开关断开后，可立即恢复变压器运行。

124 当现场进行什么工作时，重瓦斯保护应由“跳闸”位置改为“信号”位置运行？

答：在变压器不停电进行下述工作时，重瓦斯保护应由“跳闸”位置改变为“信号”位置运行：

(1) 进行注油和滤油时。

(2) 进行呼吸器畅通工作或更换硅胶时。

(3) 除采油样和气体继电器上部放气阀放气外，在其他所有地方打开放气、放油和进油阀门时。

(4) 开、闭气体继电器连接管上的阀门时。

(5) 在瓦斯保护及其二次回路上进行工作时。

(6) 对于充氮变压器，当油枕抽真空或补充氮气时。

在上述工作完毕后，经 1h 试运行后，方可将重瓦斯投入跳闸。

125 什么是全绝缘变压器？什么是半绝缘变压器？

答：一般变压器首端与尾端绕组绝缘水平一样叫全绝缘变压器。

半绝缘变压器是指靠近中性点部分绕组的主绝缘，其绝缘水平比端部绕组的绝缘水平低。

126 套管裂纹有什么危害?

答：套管出现裂纹会使绝缘强度降低，能造成绝缘的进一步损坏，直至全部击穿。裂缝中的水结冰时也可能将套管胀裂。可见套管裂纹对变压器的安全运行的威胁很大。

127 变压器的净油器是根据什么原理工作的?

答：运行中的变压器油因为与上层油存在温差，使油在净油器内循环。油中的有害物质如：水分、游离碳、氧化物等随油的循环被净油器内的硅胶吸收，使油净化而保持良好的电气及化学性能，起到对变压器油再生的作用。

128 有导向与无导向的变压器强油风冷装置的冷却效果有何不同?

答：装有无导向强油风冷装置的变压器的大部分油流通过箱壁和绕组之间的空隙流回，少部分油流进入绕组和铁芯内部，其冷却效果较差。

流入有导向强油风冷变压器油箱的冷却油流通过油流导向隔板，有效地流过铁芯和绕组内部，提高了冷却效果，降低了绕组的温升。

129 变压器油箱的一侧安装的热虹吸过滤器有什么作用?

答：变压器油在运行中会逐渐脏污和被氧化，为延长油的使用期限，使变压器在较好的条件下运行，需要保持油质的良好。热虹吸过滤器可以使变压器在运行中经常保持质量良好而不发生剧烈的老化。这样，油可多年不需要专门进行再生处理。

130 什么是变压器的不平衡电流？有什么要求?

答：变压器的不平衡电流指三相变压器绕组之间的电流差而言的。

三相三线式变压器中，各相负荷的不平衡度不许超过 20%，在三相四线式变压器中，不平衡电流引起的中性线电流不许超过低压绕组额定电流的 25%。如不符合上述规定，应进行调整负荷。

131 有载调压变压器分接开关的故障是由哪些原因造成的?

答：主要原因为：

(1) 辅助触头中的过渡电阻在切换过程中被击穿烧断。

(2) 分接开关密封不严，进水造成相间短路。

(3) 由于触头滚轮卡住，使分接开关停在过渡位置，造成匝间短路而烧坏。

(4) 分接开关油箱缺油。

(5) 调压过程中遇到穿越故障电流。

132 变压器的有载调压装置动作失灵是什么原因造成的?

答：有载调压装置动作失灵的主要原因有：

(1) 操作电源电压消失或过低。

(2) 电机绕组断线烧毁，启动电机失压。

(3) 联锁触点接触不良。

(4) 转动机构脱扣及销子脱落。

133 更换变压器呼吸器内的吸潮剂时应注意什么?

答：注意事项为：

(1) 应将重瓦斯保护改接信号。

(2) 取下呼吸器应将连管堵住，防止回吸空气。

(3) 换上干燥的吸潮剂后，应使油封内的油淹没呼气嘴将呼吸器密封。

134 运行中的变压器，能否根据其发出的声音来判断运行情况?

答：变压器可以根据运行的声音来判断运行情况。用木棒的一端放在变压器的油箱砂锅内，另一端放在耳边仔细听声音，如果是连续的嗡嗡声比平常加重，就要检查电压和油温，若检查其无异常，则多是铁芯松动。

135 运行中的变压器瓦斯气体采集时，应注意哪些安全事项?

答：采集瓦斯气体应注意的安全事项有：

(1) 取瓦斯气体必须由两人进行，其中一人操作，一人监护。

(2) 攀登变压器取气时应保持安全距离，防止高摔。

(3) 防止误碰探针。

136 什么原因会使变压器发出异常声响?

答：主要有以下原因：

(1) 过负荷。

(2) 内部接触不良，放电打火。

(3) 个别零件松动。

(4) 系统中有接地或短路。

(5) 大电动机启动使负荷变化较大。

137 怎样对变压器进行核相?

答：应先用运行的变压器校对两母线上电压互感器的相位，然后用新投入的变压器向一级母线充电，再进行核相。一般使用相位表或电压表，如测得结果为两同相电压等于零，非同相为线电压，则说明两变压器相序一致。

138 新安装或大修后的有载调压变压器在投入运行前，运行人员应检查哪些项目?

答：应检查的项目有：

(1) 有载调压装置的油枕油位应正常，外部各密封处应无渗漏，控制箱防尘良好。

(2) 检查有载调压机械传动装置，用手摇操作一个循环，位置指示及动作计数器应正确动作，极限位置的机械闭锁应可靠动作，手摇与电动控制的联锁也应正常。

(3) 有载调压装置电动控制回路各接线端子应接触良好，保护电动机用的熔断器的额定电流与电动机容量应配合一致。在主控制室电动操作一个循环，行程指示灯、位置指示盘及动作计数器指示应正确无误，极限位置的电气闭锁应可靠；紧急停止按钮应良好。

（4）有载调压装置的瓦斯保护应接入跳闸。

139　为什么变压器自投装置的高、低压侧两块电压继电器的无压触点要串在启动回路中？

答：这是为了防止因电压互感器的熔丝熔断造成自投装置误动，保证自投装置动作的正确性。这样，即使有一组电压互感器的熔丝熔断，也不会使自投装置误动作。

140　主变压器中性点偏移保护的原理及作用是什么？

答：由于主变压器低压侧采用△接线，为不接地系统。当发生单相接地时，不会产生短路电流，三相仍对称运行，仅使电压互感器二次侧中性点电压偏移，中性点电压偏移保护的构成原理即基于此。但不接地系统发生单相接地时，健全相相对地电压升高，长期运行对绝缘不利。基于此，不接地系统单相接地时不可长期运行。规程规定不能超过 2h，必须尽快处理。

中性点电压偏移保护的作用即在发生单相接地故障时，动作警告，通知运行人员给予检查处理。

第三节　电气主接线及厂用配电系统

1　什么是一次设备？哪些设备属于一次设备范畴？

答：一次设备是指直接用于生产、输送和分配电能的全过程的高压电气设备。

它包括发电机、变压器、断路器、隔离开关、自动开关、接触器、刀开关、母线、输电线路、电力电缆、电抗器、电动机等。由一次设备相互连接，构成发电、输电、配电或进行其他生产过程的电气回路为一次回路或一次接线系统。

2　什么是电气主接线？电气主接线主要包括哪些设备？

答：所谓电气主接线是指在发电厂、变电站和电力系统中，为满足预定的功率传送方式和运行等要求而设计的、表明高压电气设备之间相互连接关系的传送电能的电路。

电气主接线中的高压电气设备包括发电机、变压器、母线、断路器、隔离开关、线路等。

3　什么是发电机-变压器组单元接线？

答：发电机与变压器直接连成一个单元称为发电机-变压器组单元接线，简称发变组单元接线。通常，在发电机-双绕组变压器组成的单元接线中，发电机和变压器的容量相同，发电机出口装设断路器。为调试发电机方便可以装隔离开关，为了减少开断点，也可以不装，但应留有可拆连接点以便于发电机调试。200MW 以上的机组，发电机出口多采用分相封闭母线。

但在发电机-三绕组变压器组成的单元接线中，为了在发电机停止工作时，变压器高压侧和中压侧仍能保持联系，在发电机与变压器之间应装设断路器。当然，对大容量机组，断路器的选择困难，而且采用封闭母线后安装也较复杂，故目前国内极少采用这种接线。

4 采用发电机-变压器组单元接线有什么优点？

答：发变组单元接线的优点是：

（1）可以减少所用的电气设备数量，简化配电装置结构，降低建造费用；避免了由于额定电流或断路电流过大而在制造条件或价格因素等方面给选择出口断路器造成的困难。

（2）由于不设发电机电压母线，使得在发电机或变压器低压侧短路时，其短路电流相对于有发电机电压母线时有所减小。

5 大型发电机-变压器组组采用离相封闭母线有什么优点？

答：（1）可靠性。由于每相母线均封闭于相互隔离的外壳内，可防止发生相间短路故障。

（2）减小母线间的电动力。由于结构上有良好的磁屏蔽性能，壳外几乎无磁场，故短路时母线相间的电动力可大为减小。一般认为只有敞开式母线电动力的1%左右。

（3）防止邻近母线处的钢构件严重发热。由于壳外磁场的减小，邻近母线处的钢构件内感应的涡流也会减小，涡流引起的发热损耗也减小。

（4）安装方便，维护工作量小，整齐美观。

6 什么是厂用电和厂用电系统？

答：发电厂在电力生产过程中，有大量以电动机拖动的机械设备（如给水泵、送风机、油泵等）为主要设备（锅炉、汽轮机及发电机等）和辅助设备服务，以保证它们的正常运行。这些电动机以及全厂的运行操作、试验、修配、照明等用电设备的总耗电量统称为厂用电。

供给厂用电的配电系统叫厂用电系统。

7 为什么高压厂用电母线要按炉分段？按炉分段的有什么优点？

答：发电厂的厂用电系统，通常采用单母线接线。

在火电厂中，由于锅炉辅助机械占主要地位，耗电量最多，故高压厂用母线接线一般都采用按炉分段，即凡属于同一台锅炉的厂用电动机，都接在同一段母线上。锅炉容量在400～1000t/h时，每台锅炉应由两段母线供电，并将相同两套辅助设备的电动机分别接在两段母线上；锅炉容量为1000t/h以上时，高压厂用电压一般采用两个电压等级，每一种电压的高压厂用母线应为两段。

厂用母线按炉分段有以下优点：

（1）一段母线发生故障时，仅影响一台锅炉的运行。

（2）锅炉的辅助机械可与锅炉同时检修。

（3）因各段母线分开运行，故可限制厂用电路内的短路电流。

（4）对于不能按炉分段的公用负荷，可以设立公用负荷段。

8 对高压厂用电系统的中性点接地方式有何规定？

答：高压（3、6、10kV）厂用电系统中性点接地方式的选择，与接地电容电流的大小有关。当接地电容电流小于10A时，可采用高电阻接地的方式，也可采用不接地方式；当接地电容电流大于10A时，可采用中电阻接地方式，也可采用电感补偿（消弧线圈）或电感补偿并联高电阻的接地方式。

9 对低压厂用电系统的中性点接地方式有何规定?

答：低压厂用电系统中性点接地方式主要有两种，即中性点直接接地和中性点经高电阻接地。

低压厂用电采用中性点不直接接地或不接地系统有利于提高厂用电系统的可靠性；采用直接接地则有利于增加运行的安全性。目前的做法是，将动力负荷与照明负荷分开，前者采用中性点不接地或经高电阻接地，后者中性点直接接地。

10 低压厂用电系统经高电阻接地有何特点?

答：低压厂用电系统高电阻接地的特点为：

(1) 当发生单相接地故障时，可以避免开关立即跳闸和电动机停运，也不会使一相的熔断器熔断造成电动机两相运行，提高了低压厂用电系统的运行可靠性。

(2) 当发生单相接地故障时，单相电流值在小范围内变化，可以采用简单的接地保护装置，实现有选择性地动作。

(3) 必须另外设置照明、检修网络，需要增加照明和其他单相负荷的供电变压器，但也消除了动力网络和照明、检修网络相互间的影响。

(4) 不需要为了满足短路保护的灵敏度而放大馈线的截面。

(5) 接地点阻值的大小以满足所选用的接地指示装置动作为原则，但不应超过电动机带单相接地运行的允许电流值（一般按10A考虑）。

11 厂用电负荷是怎样分类的？对电源各有何要求?

答：厂用电负荷，根据其用电设备在生产中的作用和突然中断供电对人身和设备安全所造成的危害程度，可分为如下四类：

(1) 一类厂用负荷。凡是属于单元机组本身运行所必需的、短时停电会造成主辅设备损坏、危及人身安全、主机停运或大量影响出力的厂用电负荷，如给水泵、凝结水泵、循环水泵、引风机、送风机等都属于一类负荷。通常这类负荷都设有两套或多套相同的设备，分别接到两个独立电源的母线上，并设有备用电源。当工作电源失去时，备用电源应立即自动投入。

(2) 二类厂用负荷。允许短时如几秒或几分钟停电，恢复供电后不致造成生产紊乱的负荷，如工业水泵、疏水泵、灰浆泵、输煤系统机械等属于二类负荷。此类负荷一般属于公用性质负荷，不需要24h连续运行，而是间断性运行，一般它们也有备用电源，常用手动切换。

(3) 三类厂用负荷。凡较长时间停电不直接影响生产，仅造成生产上不方便的负荷，如修理间、试验室、油处理室等负荷属三类负荷。此类负荷通常由一个电源供电，在大型电厂中，也常用两路电源供电。

(4) 事故保安负荷。在大容量电厂中，由于自动化程度较高，要求在事故停机过程中及停机后的一段时间内保证供电，否则可能引起主要设备损坏、重要的自动控制失灵或危及人身安全的负荷，称为事故保安负荷。通常事故保安负荷是由蓄电池组、柴油发电机等作为其备用电源。

12 为什么要设置交流保安电源系统?

答：设置交流保安电源系统是为保证大型机组在厂用电事故停电时，安全停机以及厂用电恢复后快速启动并网的要求。

13 柴油发电机组的作用是什么?

答：柴油发电机组的作用是当电网发生事故或其他原因造成发电厂厂用电长时间停电时，向机组提供安全停机所必需的交流电源，如汽轮机的盘车电动机电源、顶轴油泵电源、交流润滑油泵电源等，以保证机组在停机过程中设备不受损坏。

14 什么是交流不停电电源系统（UPS)?

答：交流不停电电源（uninterruptible power system，UPS）是为机组的计算机控制系统、数据采集系统、重要机、炉保护、测量仪表及重要电磁阀等负荷提供与系统隔离的、防干扰的、可靠的不停电交流电源的装置，一般为单相或三相正弦波输出。

15 交流不停电电源系统的基本要求是什么?

答：交流不停电电源系统的基本要求是：

（1）保证在发电厂正常运行和事故状态下，为不允许间断供电的交流负荷提供不间断电源。在全厂停电情况下，这种电源系统满负荷连续供电时间不得少于 0.5h。

（2）输出的交流电源质量要求为：电压稳定度在 5%～10%范围内；频率稳定度稳态时不超过±1%，暂态时不超过±2%；总的波形失真度相对于标准正弦波不大于 5%。

（3）交流不停电电源系统切换过程中，供电中断时间小于 5ms。这样的切换时间只有静态开关才能做到。

（4）交流不停电电源系统必须有各种保护措施，保证安全可靠运行。

16 交流不停电电源系统有哪几种接线方式?

答：交流不停电电源系统主要有两种接线方式：

（1）采用晶闸管逆变器的不停电电源系统的接线。主要由整流器、逆变器、旁路隔离变压器、逆止二极管、静态开关、同步控制电路、信号及保护电路、直流输入电路、交流输入电路等部分构成。

（2）采用逆变机组的不停电电源系统的接线。所谓逆变机组就是直流电动机—交流发电机组。一般由直流 220V 直流电动机带动同步交流发电机输出 380V/220V 交流电。

17 快速切换的含义是什么?

答：在厂用电切换过程中，既能保证电动机安全，又不使电动机转速下降太多，这就是所谓的“快速切换”，快速切换时间应小于 0.2s。

18 何为快切装置的去耦合功能？

答：快切装置切换过程中如发现一定时间内该跳的开关未跳开或该合的开关未合上，装置将根据不同的切换方式分别处理并给出位置异常闭锁信号，如：同时切换或并联切换中，若该跳的开关未跳开，将造成两电源并列，此时装置将执行去耦合功能，跳开刚合上的开关。

19 简述厂用段快切装置正常切换和事故切换的过程。

答：正常切换：检查并联切换方式，手动启动，装置启动先合工作（备用）电源开关，然后跳开备用（工作）电源开关。复归装置。

事故切换：工作电源开关先跳闸，备用电源开关联动合闸。打印报告后，复归装置。

20 什么是快切装置的并联切换？

答：先合上备用电源，两电源短时并联，再跳开工作电源，这种方式多用于正常切换。

21 什么是快切装置的串联切换？

答：先跳开工作电源，再合上备用电源。母线短时断电时间至少为备用开关合闸时间。这种方式多用于事故切换。

22 快切装置发“开关位置异常”报警的原因是什么？

答：“开关位置异常”报警的原因是：

（1）上电或复位、复归后发现工作、备用两开关均合上或均断开。

（2）工作开关合着，即厂用电由工作电源带，此时未通过装置又将备用进线开关合上，造成两电源并列运行。

（3）备用电源合着，即厂用电由备用电源带，如开机时情况，此时未通过本装置合上了工作电源开关，造成两电源并列运行。

（4）备用电源合着，即厂用电由备用电源带，此时若因故障或其他原因造成备用电源开关跳开，装置不能启动切换。

（5）厂用母线 PT 隔离开关未合上。

23 500kV 系统电压偏高，要通过有载调压来处理，如何调压？

答：调节分接头位置，将其调低几档，使其电压符合要求。如当时潮流方向是 500kV 流向 220kV，则调分接头对 500kV 系统电压影响不大。如当时潮流方向是 220kV 流向 500kV，则调分接头对 500kV 系统电压影响较大。

24 雷雨天气为什么不能靠近避雷器和避雷针？

答：雷雨天气，雷击较多。当雷击到避雷器或避雷针时，雷电流经过接地装置，通入大地，由于接地装置存在接地电阻，它通过雷电流时电位将升得很高，对附近设备或人员可能造成反击或跨步电压，威胁人身安全。故雷雨天气不能靠近避雷器或避雷针。

25 什么是内部过电压？什么是大气过电压？对设备有什么危害？

答：内部过电压是由于操作、事故或电网参数配合不当等原因，引起电力系统的状态发生突然变化时，引起的对系统有危害的过电压。

大气过电压也叫外部过电压，是由于设备遭雷击，造成直击雷过电压或雷击于设备附近，在设备上产生的感应雷过电压。

内部过电压和大气过电压都较高，可能引起绝缘薄弱点的闪络，引起电气设备绝缘损坏，甚至烧毁。

26 变电站接地网接地电阻应是多少？

答：大电流接地系统的接地电阻应符合 $R \leqslant 2000/I$（Ω），当 $I > 4000$A 时，可取 $R \leqslant 0.5$Ω。

小电流接地系统当用于 1000V 以下设备时，接地电阻应符合 $R \leqslant 125/I$（Ω），当用于 1000V 以上设备时，接地电阻 $R \leqslant 250/I$（Ω），任何情况下不应大于 10Ω。

27 避雷针接地电阻应是多少？

答：独立避雷针的接地电阻一般不大于 10Ω；安装在架物上的避雷针，其集中接地电阻一般也不大于 10Ω。

28 隔离开关的作用是什么？

答：隔离开关的作用是：

（1）明显的断开点。

（2）切断小电流。

（3）改变运行方式。

29 什么是手车开关的运行状态？

答：手车开关本体在“工作”位置，开关处于合闸状态，二次插头插好，开关操作电源、合闸电源均已投入，相应保护投入运行。

30 常用开关的灭弧介质有哪几种？

答：常用开关的灭弧介质有四种：真空、空气、六氟化硫气体以及绝缘油。

31 为什么高压断路器与隔离开关之间要加装闭锁装置？

答：因为隔离开关没有灭弧装置，只能接通和断开空载电路。所以在断路器断开的情况下，才能拉、合隔离开关，否则严重影响人生和设备安全。为此在断路器与隔离开关之间要加装闭锁装置，使断路器在合闸状态时，隔离开关拉不开、合不上，可有效防止带负荷拉、合隔离开关。

32 断路器、负荷开关、隔离开关在作用上有什么区别？

答：断路器、负荷开关、隔离开关都是用来闭合和切断电路的电器，但它们在电路中所起的作用不同。断路器可以切断负荷电流和短路电流；负荷开关只可切断负荷电流，短路电流是由熔断器来切断的；隔离开关则不能切断负荷电流，更不能切断短路电流，只用来切断电压或允许的小电流。

33 简述少油断路器的基本构造。

答：少油断路器主要由绝缘部分（相间绝缘和对地绝缘），导电部分（灭弧触头、导电杆、接线端头），传动部分和支座、油箱等组成。

34 高压断路器在电力系统中的作用是什么？

答：高压断路器能切断、接通电力电路的空载电流、负荷电流、短路电流，保证整个电网的安全运行。

35 SF_6 断路器有哪些优点？

答：SF_6 断路器的优点为：

（1）断口电压高。

（2）允许断路次数多。

（3）断路性能好。

（4）额定电流大。

（5）占地面积小，抗污染能力强。

36 高压断路器采用多断口结构的主要原因是什么？

答：采用多断口结构的主要原因是：

（1）有多个断口可使加在每个断口上的电压降低，从而使每段的弧隙恢复电压降低。

（2）多个断口把电弧分割成多个小电弧段串联，在相等的触头行程下多断口比单断口的电弧拉伸更长，从而增大了弧隙电阻。

（3）多断口相当于总的分闸速度加快了，介质恢复速度增大。

37 什么是防止断路器跳跃闭锁装置？

答：所谓断路器跳跃是指断路器用控制开关手动或自动装置，合闸于故障线路上，保护动作使断路器跳闸，如果控制开关未复归或控制开关接点、自动装置接点卡住，保护动作跳闸后发生“跳—合”多次的现象。为防止这种现象的发生，通常是利用断路器的操作机构本身的机械闭锁或在控制回路中采取预防措施，这种防止跳跃的装置叫作断路器防跳闭锁装置。

38 操作隔离开关的要点有哪些？

答：操作隔离开关的要点有：

（1）合闸时：对准操作项目；操作迅速果断，但不要用力过猛；操作完毕，要检查合闸良好。

（2）拉闸时：开始动作要慢而谨慎，闸刀离开静触头时应迅速拉开；拉闸完毕，要检查断开良好。

39 正常运行中，隔离开关的检查内容有哪些？

答：正常运行中，隔离开关的检查内容有：隔离开关的刀片应正直、光洁，无锈蚀、烧伤等异常状态；消弧罩及消弧触头完整，位置正确；隔离开关的传动机构、联动杠杆以及辅助触点、闭锁销子应完整、无脱落、损坏现象；合闸状态的三相隔离开关每相接触紧密，无弯曲、变形、发热、变色等异常现象。

40 禁止用隔离开关进行的操作有哪些？

答：禁止用隔离开关进行的操作有：

（1）带负荷的情况下合上或拉开隔离开关。

（2）投入或切断变压器及送出线。

（3）切除接地故障点。

41 断路器分、合闸速度过快或过慢有哪些危害？

答：（1）分闸速度过慢，不能快速切断故障，特别是刚分闸后速度降低，熄弧时间拖长，且容易导致触头烧损，断路器喷油，灭弧室爆炸。

（2）若合闸速度过慢，又恰好断路器合于短路故障时，断路器不能克服触头关合电动力的作用，引起触头振动或处于停滞，也将导致触头烧损，断路器喷油，灭弧室爆炸的后果。

（3）分、合闸速度过快，将使运动机构及有关部件承受超载的机械应力，使各部件损坏或变形，造成动作失灵，缩短使用寿命。

42 断路器掉闸辅助接点为什么要先投入，后断开？

答：串在掉闸回路中的断路器触点，叫作掉闸辅助接点。

先投入：是指断路器在合闸过程中，动触头与静触头未接通之前，掉闸辅助接点就已经接通，做好掉闸的准备，一旦断路器合入故障时，能迅速断开。

后断开：是指断路器在掉闸过程中，动触头离开静触头之后，掉闸辅助接点再断开，以保证断路器可靠地掉闸。

43 SF_6 断路器通常装设哪些 SF_6 气体压力闭锁、信号报警装置？

答：通常装设的 SF_6 气体压力闭锁、信号报警装置是：

（1）SF_6 气体压力降低信号，即补气报警信号。一般它比额定工作气压低5%～10%。

（2）分、合闸闭锁及信号回路，当压力降低到某数值时，它就不允许进行合、分闸操作，一般该值比额定工作气压低5%～10%。

44 操作隔离开关时，发生带负荷误操作时怎样办？

答：（1）错拉隔离开关：当隔离开关未完全断开便发生电弧，应立即合上；若隔离开关已全部断开，则不许再合上。

（2）错合隔离开关时：即使错合，甚至在合闸时发生电弧，也不准再把刀闸拉开，应尽快操作断路器切断负荷。

45 油断路器起火或爆炸的原因是什么？

答：（1）断路器开断容量不足。

（2）导体与箱壁距离不够造成短路。

（3）油量不适当（油面过高或过低）。

（4）油有杂质或因受潮绝缘强度降低。

（5）外部套管破裂。

（6）断路器动作迟缓或部件损坏。

46 液压操动机构的断路器运行中泄压，应如何处理？

答：若断路器在运行中发生液压失压时，在远方操作的控制盘上将发出“跳合闸闭锁”信号，自动切除该断路器的跳合闸操作回路。运行人员应立即断开该断路器的控制电源、储能电机电源，采取措施防止断路器分闸，如采用机械闭锁装置（卡板）将断路器闭锁在合闸位置。断开上一级断路器，将故障断路器退出运行，然后对液压系统进行检查，排除故障后，启动油泵，建立正常油压，并进行静态跳合试验正常后，恢复断路器的运行。

47 断路器拒绝合闸的原因有哪些？

答：断路器拒绝合闸的原因有：

（1）操作、合闸电源中断，如操作、合闸熔断器熔断等。

（2）操作方法不正确，如操作顺序错误、联锁方式错误、合闸时间短等。

（3）断路器不满足合闸条件，如同步并列点不符合并列条件等。

（4）直流系统电压太低。

（5）储能机构未储能或储能不充分。

（6）控制回路或操动机构故障。

48 断路器拒绝跳闸的原因有哪些？

答：断路器拒绝跳闸的原因有：

（1）操动机构的机械有故障，如跳闸铁芯卡涩等。

（2）继电保护故障。如保护回路继电器烧坏、断线、接触不良等。

（3）电气控制回路故障，如跳闸线圈烧坏、跳闸回路有断线、熔断器熔断等。

49 断路器越级跳闸应如何检查处理？

答：断路器越级跳闸后，应首先检查保护及断路器的动作情况。如果是保护动作断路器拒绝跳闸造成越级，应在拉开拒跳断路器两侧的隔离开关后，给其他非故障线路送电。如果是因为保护未动作造成越级，应将各线路断路器断开，合上越级跳闸的断路器。再逐条线路试送电（或其他方式），发现故障线路后，将该线路停电，拉开断路器两侧的隔离开关，再给其他非故障线路送电，最后再查找断路器拒绝跳闸或保护拒动的原因。

50 电压互感器的作用是什么？

答：电压互感器的作用是：

（1）变压。将按一定比例把高电压变成适合二次设备应用的低电压（一般为100V），便于二次设备标准化。

（2）隔离。将高电压系统与低电压系统实行电气隔离，以保证工作人员和二次设备的安全。

（3）用于其他特殊用途。

51 为什么电压互感器的二次侧是不允许短路的？如果发生短路应如何处理？

答：因为电压互感器本身阻抗很小，如二次侧短路，二次回路通过的电流急剧增大，造成过负荷，使二次侧熔断器熔体熔断，影响表计的指示及可能引起保护装置的误动作；并且可能把绝缘击穿使高压串至二次侧，影响人身安全和设备安全。

处理时，应先将二次负荷尽快切除和隔离。

52 为什么运行中的电流互感器二次侧不允许开路？

答：因为电流互感器二次回路中只允许带很小的阻抗，所以在正常工作情况下，接近于短路状态，如二次侧开路，在二次绕组两端就会产生很高的电压（峰值几千伏），威胁人身安全、仪表、保护装置运行，造成二次绝缘击穿，并使电流互感器磁路过饱和，铁芯发热，可能烧坏电流互感器。处理时，可将二次负荷减小为零，停运有关保护和自动装置。

53 电流互感器与电压互感器二次侧为什么不能并联？

答：电压互感器是电压回路（是高阻抗），电流互感器电流回路（是低阻抗），若两者二次侧并联，会使二次侧发生短路烧坏电压互感器，或保护误动；会使电流互感器开路，对工作人员造成生命危险。

54 为什么110kV及以上电压互感器的一次侧不装设熔断器？

答：因为110kV及以上电压互感器的结构采用单相串级式，绝缘强度大；还因为110kV系统为中性点直接接地系统，电压互感器的各相不可能长期承受线电压运行，所以在一次侧不装设熔断器。

55 电流互感器为什么不允许长时间过负荷？

答：电流互感器是利用电磁感应原理工作的，因此过负荷会使铁芯磁通密度达到饱和或过饱和，电流比误差增大，使表针指示不准确；由于磁通密度增大，使铁芯和二次绕组过热，加快绝缘老化。

56 电流互感器和电压互感器着火后如何处理？

答：着火后的处理为：

（1）立即用断路器断开其电源，禁止用闸刀断开故障电压互感器或将手车式电压互感器直接拉出断电。

（2）若干式电流互感器或电压互感器着火，可用四氯化碳、沙子灭火。

（3）若油浸电流互感器或电压互感器着火，可用泡沫灭火器或沙子灭火。

57 引起电压互感器的高压熔断器熔丝熔断的原因是什么？

答：熔丝熔断的原因是：

(1) 系统发生单相间歇电弧接地。

(2) 系统发生铁磁谐振。

(3) 电压互感器内部发生单相接地或层间、相间短路故障。

(4) 电压互感器二次回路发生短路而二次侧熔丝选择太粗而未熔断时，可能造成高压侧熔丝熔断。

58 什么是中性点直接接地电力网？它有何优、缺点？

答：发生单相接地故障时，相地之间就会构成单相直接短路，这种电网称为中性点直接接地电力网。

优点：过电压数值小，绝缘水平要求低，因而投资少，经济。

缺点：单相接地电流大，接地保护动作于跳闸，降低供电可靠性。另外接地时短路电流大，电压急剧下降，还可能导致电力系统动稳定的破坏；接地时产生零序电流还会造成对通信系统的干扰。

59 消弧线圈的作用是什么？

答：消弧线圈的作用主要是将系统的电容电流加以补偿，使接地点电流补偿到较小的数值，防止弧光短路，保证安全供电。降低弧隙电压恢复速度，提高弧隙绝缘强度，防止电弧重燃，造成间歇性接地过电压。

60 什么是并联电抗器？其主要作用有哪些？

答：并联电抗器是指接在高压输电线路上的大容量的电感线圈。

并联电抗器的主要作用为：

(1) 降低工频电压升高。

(2) 降低操作过电压。

(3) 避免发电机带长线出现的自励磁。

(4) 有利于单相自动重合闸。

61 中性点非直接接地的电力网的绝缘监察装置起什么作用？

答：中性点非直接接地的电力网发生单相接地故障时，会出现零序电压，故障相对地电压为零，非故障相对地电压升高为线电压，因此绝缘监察装置就是利用系统母线电压的变化，来判断该系统是否发生了接地故障。

62 厂用电接线应满足哪些要求？

答：厂用电接线应满足的要求是：

(1) 正常运行时的安全性、可靠性、灵活性及经济性。

(2) 发生事故时，能尽量缩小对厂用系统的影响，避免引起全厂停电事故，即各机组厂用系统具有较高的独立性。

(3) 保证启动电源有足够的容量和合格的电压质量。

(4) 有可靠的备用电源，并且在工作电源发生故障时能自动地投入，保证供电的连续性。

(5) 厂用电系统发生事故时，方便处理。

63 倒闸操作的基本原则是什么?

答：基本原则是：

(1) 不致引起非同期并列和供电中断，保证设备出力、满发满供、不过负荷。

(2) 保证运行的经济性、系统功率潮流合理，机组能较经济地分配负荷。

(3) 保证短路容量在电气设备的允许范围之内。

(4) 保证继电保护及自动装置正确运行及配合。

(5) 厂用电可靠。

(6) 运行方式灵活，操作简单，事故处理方便、快捷，便于集中监视。

64 母线停送电的原则是什么?

答：母线停送电的原则是：

(1) 母线停电时，应断开工作电源断路器，检查母线电压到零后，再对母线电压互感器进行停电。送电时顺序与此相反。

(2) 母线停电后，应将低电压保护熔断器取下；母线充电正常后，加入低电压保护熔断器。

65 什么是电压不对称度?

答：中性点不接地系统在正常运行时，由于导线的不对称排列而使各相对地电容不相等，造成中性点具有一定的对地电位，这个对地电位叫中性点位移电压，也叫作不对称电压。

不对称电压与额定电压的比值叫作电压不对称度。

66 电气设备绝缘电阻合格的标准如何?

答：设备绝缘电阻合格的标准为：

(1) 每千伏电压，绝缘电阻不应小于 1MΩ。

(2) 出现以下情况之一时，应及时汇报，查明原因：

1) 绝缘电阻已降至前次测量结果的（或者出厂测试结果的）1/5～1/3。

2) 绝缘电阻三相不平衡系数大于 2。

3) 绝缘电阻的吸收比 $R_{60''}/R_{15''}<1.3$（粉云母绝缘小于 1.6）。

在排除干扰因素，确证设备无问题，方可送电。否则，送电可能造成设备损毁事故。

67 什么是定相?

答：所谓定相，就是对变压器、电压互感器、发电机、电源联络线路等需要联网或并列运行的电气设备，采用具体的操作方法和步骤，将待定相设备的一次侧与运行着的设备的一次侧接通，并以该运行设备二次侧接线组别为标准，同待定相设备的二次接线组别做比较确定它们的电压相位和相序同异的方法。

如果用电压表测得两设备二次侧各同名端电压差为零，异名端为线电压，则说明它们接线组别一致，相序相同。如果各同名端测得为线电压或为与其相当的数值，则说明二者接线组别存在差别，此时切不可将二次侧连通，否则，就会出现冲击短路，将设备毁坏，发生事故。

68 厂用系统初次合环并列前如何定相？

答：新投入的变压器与运行的厂用系统并列，或厂用系统接线有可能变动时，在合环并列前必须做定相试验，其方法是：

（1）分别测量并列点两侧的相电压是否相同。

（2）分别测量两侧同相端子之间的电位差。

若三相同相端子上的电压差都等于零，经定相试验相序正确后方可合环并列。

69 如何判断运行中母线接头发热？

答：（1）采用变色漆。

（2）采用测温蜡片。

（3）用半导体点温计带电测量。

（4）用红外线测温仪测量。

（5）利用下雪、下雨天观察接头处是否有雪融化和冒热气现象。

70 简述 500kV 线路保护的配置原则。

答：对于 500kV 线路，应装设两套完整、独立的全线速动主保护。接地短路后备保护可装设阶段式或反时限零序电流保护。亦可采用接地距离保护并辅之以阶段式或反时限零序电流保护。相间短路后备保护可装设阶段式距离保护。

71 什么是“远后备”？

答：“远后备”是指当元件故障而其保护装置式开关拒绝动作时，由各电源侧的相邻元件保护装置动作将故障切开。

72 什么是“近后备”？

答：“近后备”则用双重化配置方式加强元件本身的保护，使之在区内故障时，保护无拒绝动作的可能，同时装设开关失灵保护，以便当开关拒绝跳闸时启动它来切开同一变电所母线的高压开关，或遥切对侧开关。

73 什么是线路纵联保护？其特点是什么？

答：线路纵联保护是当线路发生故障时，使两侧开关同时快速跳闸的一种保护装置，是线路的主保护。它以线路两侧判别量的特定关系作为判据，即两侧均将判别量借助通道传送到对侧，然后两侧分别按照对侧与本侧判别量之间的关系来判别区内故障或区外故障。

判别量和通道是纵联保护装置的主要组成部分。

（1）方向高频保护是比较线路两端各自看到的故障方向，以判断是线路内部故障还是外部故障。如果以被保护线路内部故障时看到的故障方向为正方向，则当被保护线路外部故障时，总有一侧看到的是反方向。

其特点是：

1）要求正向判别启动元件对于线路末端故障有足够的灵敏度。

2）必须采用双频制收发信机。

（2）相差高频保护是比较被保护线路两侧工频电流相位的高频保护。当两侧故障电流相位相同时保护被闭锁，两侧电流相位相反时保护动作跳闸。

其特点是：

1）能反应全相状态下的各种对称和不对称故障，装置比较简单。

2）不反应系统振荡。在非全相运行状态下和单相重合闸过程中保护能继续运行。

3）不受电压回路断线的影响。

4）当通道或收发信机停运时，整个保护要退出运行，因此需要配备单独的后备保护。

（3）高频闭锁距离保护是以线路上装有方向性的距离保护装置作为基本保护，增加相应的发信与收信设备，通过通道构成纵联距离保护。

其特点是：

1）能足够灵敏和快速地反映各种对称与不对称故障。

2）仍保持后备保护的功能。

3）电压二次回路断线时保护将会误动，需采取断线闭锁措施，使保护退出运行。

74 纵联保护在电网中的重要作用是什么？

答：由于纵联保护在电网中可实现全线速动，因此它可保证电力系统并列运行的稳定性和提高输送功率、缩小故障造成的损坏程度、改善后备保护之间的配合性能。

75 纵联保护的通道可分为哪几种类型？

答：可分为以下几种类型：

（1）电力线载波纵联保护（简称高频保护）。

（2）微波纵联保护（简称微波保护）。

（3）光纤纵联保护（简称光纤保护）。

（4）导引线纵联保护（简称导引线保护）。

76 纵联保护的信号有哪几种？

答：纵联保护的信号有以下三种：

（1）闭锁信号。它是阻止保护动作于跳闸的信号。换言之，无闭锁信号是保护作用于跳闸的必要条件。只有同时满足本端保护元件动作和无闭锁信号两个条件时，保护才作用于跳闸。

（2）允许信号。它是允许保护动作于跳闸的信号。换言之，有允许信号是保护动作于跳闸的必要条件。只有同时满足本端保护元件动作和有允许信号两个条件时，保护才动作于跳闸。

（3）跳闸信号。它是直接引起跳闸的信号。此时与保护元件是否动作无关，只要收到跳闸信号，保护就作用于跳闸，远方跳闸式保护就是利用跳闸信号。

77 简述方向比较式高频保护的基本工作原理。

答：方向比较式高频保护的基本工作原理是比较线路两侧各自看到的故障方向，以综合判断其为被保护线路内部还是外部故障。如果以被保护线路内部故障时看到的故障方向为正方向，则当被保护线路外部故障时，总有一例看到的是反方向。因此，方向比较式高频保护中判别元件，是本身具有方向性的元件或是动作值能区别正、反方向故障的电流元件。所谓比较线路的故障方向，就是比较两侧特定判别的动作行为。

78 高频闭锁距离保护有何优、缺点?

答：高频闭锁距离保护有如下优点：

(1) 能足够灵敏和快速地反映各种对称和不对称故障。

(2) 仍能保持远后备保护的作用（当有灵敏度时)。

(3) 不受线路分布电容的影响。

缺点如下：

(1) 串补电容可使高频距离保护误动或拒动。

(2) 电压二次回路断线时将误动。应采取断线闭锁措施，使保护退出运行。

79 相差高频保护和高频闭锁保护与单相重合闸配合使用时，为什么相差高频保护要三跳停信，而高频闭锁保护要单跳停信?

答：在使用单相重合闸的线路上，当非全相运行时，相差高频启动元件均可能不返回，此时若两侧单跳停信，由于停信时间不可能一致，停信慢的一侧将会在单相故障跳闸后由于非全相运行时发出的仍是间断波而误跳三相。因此单相故障跳闸后不能将相差高频保护停信。而在三相跳闸后，相差高频保护失去操作电源而发连续波，会将对侧相差高频保护闭锁，所以必须实行三跳停信，使对侧相差高频保护加速跳闸切除故障。另外，当母线保护动作时，如果开关失灵，三跳停信能使对侧高频保护动作，快速切除。高频闭锁保护必须实行单跳停信，因为当线路单相故障一侧先单跳后保护将返回，而高频闭锁保护启动元件不复归，收发信机启动发信，会将对侧高频闭锁保护闭锁。所以，单相跳闸后必须停信，加速对侧高频闭锁保护跳闸。

80 一条线路有两套微机保护，线路投单相重合闸方式，该两套微机保护重合闸应如何使用?

答：两套微机重合闸的选择开关切在单重位置，合闸出口连片只投一套。如果将两套重合闸的合闸出口连片都投入，可能造成开关短时内两次重合。

81 微机故障录波器通常录哪些电气量?

答：对于220kV及以上电压系统，微机故障录波器一般要录取电压量U_A、U_B、U_C、$3U_0$，电流量I_A、I_B、I_C、$3I_0$；高频保护高频信号量，保护动作情况及开关位置等开关量信号。

82 采用接地距离保护有什么优点?

答：接地距离保护的最大优点是瞬时段的保护范围固定，还可以比较容易获得有较短延时和足够灵敏度的第二段接地保护。特别适合于短线路一、二段保护。对短线路说来，一种可行的接地保护方式是用接地距离保护一、二段加以完整的零序电流保护。两种保护各自配合整定，各司其职：接地距离保护用以取得本线路的瞬时保护段和有较短时限与足够灵敏度的全线第二段保护；零序电流保护则以保护高电阻故障为主要任务，保证与相邻线路的零序电流保护间有可靠的选择性。

83 什么是距离保护？

答：距离保护是以距离测量元件为基础构成的保护装置，其动作和选择性取决于本地测量参数（阻抗、电抗、方向）与设定的被保护区段参数的比较结果，而阻抗、电抗又与输电线的长度成正比，故名距离保护。

84 距离保护的特点是什么？

答：距离保护主要用于输电线路的保护，一般是三段或四段式。第一、二段带方向性，作为本线段的主保护，其中第一段保护线路的80%～90%。第二段保护余下的10%～20%并作相邻母线的后备保护。第三段带方向或不带方向，有的还设有不带方向的第四段，作本线及相邻线段的后备保护。

整套距离保护包括故障启动、故障距离测量、相应的时间逻辑回路与电压回路断线闭锁，有的还配有振荡闭锁等基本环节以及对整套保护的连续监视等装置。有的接地距离保护还配备单独的选相元件。

85 微机故障录波器在电力系统中的主要作用是什么？

答：微机故障录波器不仅能将故障时的录波数据保存在软盘中，经专用分析软件进行分析，而且可通过微机故障录波器的通信接口，将记录的故障录波数据远传至调度部门，为调度部门分析处理事故及时提供依据。其主要作用有：

（1）通过对故障录波图的分析，找出事故原因，分析继电保护装置的动作作为，对故障性质及概率进行科学的统计分析，统计分析系统振荡时有关参数。

（2）为查找故障点提供依据，并通过对已查证落实的故障点的录波，可核对系统参数的准确性，改进计算工作或修正系统计算使用参数。

（3）积累运行经验，提高运行水平，为继电保护装置动作统计评价提供依据。

86 什么是自动重合闸装置？

答：自动重合闸装置是将因故障跳开后的开关按需要自动投入的一种自动装置。

87 电力系统中为什么要设自动重合闸？

答：电力系统运行经验表明，架空线路绝大多数的故障都是瞬时性的，永久性故障一般不到10%。因此，在由继电保护动作切除短路故障之后，电弧将自动熄灭，绝大多数情况下短路处的绝缘可以自动恢复。因此，自动将开关重合，不仅提高了供电的安全性和可靠性，减少了停电损失，而且还提高了电力系统的暂态稳定水平，增大了高压线路的送电容量，也可纠正由于开关或继电保护装置造成的误跳闸。所以，架空线路要设置自动重合闸装置。

88 重合闸重合于永久故障上对电力系统有什么不利影响？

答：当重合闸重合于永久性故障时，主要有以下两个方面的不利影响：

（1）使电力系统又一次受到故障的冲击。

（2）使开关的工作条件变得更加严重，因为在很短时间内，开关要连续两次切断电弧。

89 单相重合闸与三相重合闸各有哪些特点？

答：这两种重合闸方式的特点如下：

（1）使用单相重合闸时会出现非全相运行，除纵联保护需要考虑一些特殊问题外，对零序电流保护的整定和配合产生了很大影响，也使中、短线路的零序电流保护不能充分发挥作用。

（2）使用三相重合闸时，各种保护的出口回路可以直接动作于开关。使用单相重合闸时，除了本身有选相能力的保护外，所有纵联保护、相间距离保护、零序电流保护等，都必须经单相重合闸的选相元件控制，才能动作开关。

90 在检定同期和检定无压重合闸装置中，为什么两侧都要装检定同期和检定无压继电器？

答：如果采用一侧投无电压检定，另一侧投同期检定这种接线方式，那么在使用无压检定的那一侧，当其开关在正常运行情况下由某种原因（如误碰、保护误动等）而跳闸时，由于对侧并未动作，因此线路上有电压，因而就不能实现重合，这是一个很大的问题。为了解决这个问题，通常都是在检定无压的一侧也同时投入同期检定继电器，两者的触点并联工作，这样就可以将误跳闸的开关重新投入。为了保证两侧开关的工作条件一样，在检定同期侧也装设无压检定继电器，通过切换后，根据具体情况使用。但应注意，一侧投入无压检定和同期检定继电器时，另一侧则只能投入同步检定继电器。否则，两侧同时实现无电压检定重合闸，将导致出现非同期合闸。在同期检定继电器触点回路中要串接检定线路有电压的触点。

91 什么是重合闸后加速？

答：当线路发生故障后，保护有选择性地动作切除故障，重合闸进行一次重合以恢复供电。若重合于永久性故障时，保护装置将不带时限无选择性的动作断开开关，这种方式称为重合闸后加速。

92 为什么采用检定同期重合闸时不用后加速？

答：检定同期重合闸是当线路一侧无压重合后，另一侧在两端的频率不超过一定允许值的情况下才进行重合的，若线路属于永久性故障，无压侧重合后再次断开，此时检定同期重合闸不重合，因此采用检定同期重合闸再装后加速也就没有意义了。若属于瞬时性故障，无压重合后，线路已重合成功，不存在故障，故同期重合闸时不采用后加速，以免合闸冲击电流引起误动。

93 我国规定电力系统标准频率及其允许偏差是什么？

答：国家规定电力系统标准频率为50Hz。对电网装机容量在300MW以上的系统，频率允许偏差为（50±0.2）Hz，电钟指示与标准时间偏差不大于30s；容量在300MW以下的系统，频率允许偏差为（50±0.5）Hz，电钟指示与标准时间偏差不大于1min。

94 为什么要核相？

答：若相位或相序不同的交流电源并列或合环，将产生很大的电流，巨大的电流会造成发电机或电气设备的损坏，因此需要核相。为了正确的并列，不但要一次相序和相位正确，还要求二次相位和相序正确，否则也会发生非同期并列。

95 哪些情况下要核相？

答：对于新投产的线路或更改后的线路，必须进行相位、相序核对，与并列有关的二次回路检修时改动过，也须核对相位、相序。

96 引起电力系统异步振荡的主要原因是什么？

答：引起系统异步振荡的原因为：

（1）输电线路输送功率超过极限值造成静态稳定破坏。

（2）电网发生短路故障，切除大容量的发电、输电或变电设备，负荷瞬间发生较大突变等造成电力系统暂态稳定破坏。

（3）环状系统（或并列双回线）突然开环，使两部分系统联系阻抗突然增大，引起动态稳定破坏而失去同步。

（4）大容量机组跳闸或失磁，使系统联络线负荷增长或使系统电压严重下降，造成联络线稳定极限降低，易引起稳定破坏。

（5）电源间非同步合闸未能拖入同步。

97 系统振荡的一般现象是什么？

答：系统振荡的一般现象有：

（1）发电机、变压器、线路的电压表，电流表及功率表周期性的剧烈摆动，发电机和变压器发出有节奏的轰鸣声。

（2）连接失去同步的发电机或系统的联络线上的电流表和功率表摆动得最大。电压振荡最激烈的地方是系统振荡中心，每一周期约降低至零值一次。随着离振荡中心距离的增加，电压波动逐渐减少。如果联络线的阻抗较大，两侧电压的电容也很大，则线路两端的电压振荡是较大的。

（3）失去同期的电网，虽有电气联系，但仍有频率差出现，送端频率高，受端频率低并略有摆动。

98 相差高频保护为什么设置定值不同的两个启动元件？

答：启动元件是在电力系统发生故障时启动发信机而实现比相的。为了防止外部故障时由于两侧保护装置的启动元件可能不同时动作，先启动一侧的比相元件，然后动作一侧的发信机还未发信就开放比相将造成保护误动作，因而必须投置定值不同的两个启动元件。高定值启动元件启动比相元件，低定值的启动发信机。由于低定值启动元件先于高定值启动元件动作，这样就可保证在外部短路时，高定值启动元件启动比相元件时，保护一定能收到闭锁信号，不会发生误动作。

99 开关在运行中出现闭锁分合闸时，应立即采取什么措施?

答：应尽快将闭锁开关从运行中隔离出来，可根据以下不同情况采取措施：

（1）凡有专用旁路开关或母联兼旁路开关的变电站，需采用代路方式使故障开关脱离电网（注意停运并联开关的直流操作电源）。

（2）用母联开关串带故障开关，然后拉开对侧电源开关，使故障开关停电（需转移负荷后）。

（3）对“Ⅱ”型接线，合上线路外桥闸刀“Ⅱ”接改成“T”接，停用故障开关。

（4）对于母联开关可将某一元件两条母线闸刀同时合上，再断开母联开关的两侧闸刀。

（5）对于双电源且无旁路开关的变电站线路开关泄压，必要时可将该变电站改成一条电源线路供电的终端变电站的方式处理泄压开关的要操动机构。

（6）对于3/2接线母线的故障开关可用其两侧闸刀隔离。

100 开关出现非全相运行时如何处理?

答：根据开关发生不同的非全相运行情况，分别采取以下措施；

（1）开关单相自动掉闸，造成两相运行时，如断相保护启动的重合闸没动作，可立即指令现场手动合闸一次，合闸不成功则应断开其余二相开关。

（2）如果开关是两相断开，应立即将开关拉开。

（3）如果非全相开关采取以上措施无法拉开或合入时，则马上将线路对侧开关拉开，然后到开关机构箱就地断开开关。

（4）也可以用旁路开关与非全相开关并联，用闸刀解开非全相开关或用母联开关串联非全相开关切断非全相电流。

（5）如果发电机出口开关非全相运行，应迅速降低该发电机有功、无功出力至零，然后进行处理。

（6）母联开关非全相运行时，应立即调整降低母联开关电流，倒为单母线方式运行，必要时应将一条母线停电。

101 遇到非全相运行开关不能进行分、合闸操作时，应采取什么方法处理?

答：（1）开关与非全相开关并联，将旁路开关操作直流停运后，用闸刀解环，使非全相开关停电。

（2）用母联开关与非全相开关串联，对侧拉开线路开关，用母联开关断开负荷电流，线路及非全相开关停运，再拉开非全相开关的两侧闸刀，使非全相运行开关停电。

（3）如果非全相开关所带元件（线路、变压器等）有条件停电，则可先将对端开关拉开，再按上述方法将非全相运行开关停电。

（4）非全相开关所带元件为发电机时，应迅速降低该发电机有功和无功出力至零，再按本条“1”“2”项处理。

102 电力生产与电网运行应当遵循什么原则？

答：电力生产与电网运行应当遵循安全、优质、经济的原则。电网运行应当连续、稳定，保证供电可靠性。

103 什么是运用中的电气设备？

答：所谓运用中的电气设备，是指全部带有电压或一部分带有电压及一经操作即带有电压的电气设备。

104 500kV 线路按什么条件装设高压并联电抗器？

答：500kV 线路按下列条件考虑装设高压并联电抗器：

(1) 在 500kV 电网各发展阶段中，正常及检修（送变电单一元件）运行方式下，发生故障或任一处无故障三相跳闸时，必须采取措施限制母线及线路侧的工频过电压在最高线路运行电压的 1.3 倍及 1.4 倍额定值以下时。

(2) 为保证线路瞬时性单相故障时单相重合成功，经过比较，如认为需要采用高压并联电抗器并带中性点小电抗作为解决潜供电流的措施时。

(3) 发电厂为无功平衡需要，而又无法装设低压电抗器时。

(4) 系统运行操作（如同期并列）需要时。

105 高压断路器有什么作用？

答：高压断路器不仅可以切断和接通正常情况下高压电路中的空载电流和负荷电流，还可以在系统发生故障时与保护装置及自动装置相配合，迅速切断故障电源，防止事故扩大，保证系统的安全运行。

106 阻波器有什么作用？

答：阻波器是载波通信及高频保护不可缺少的高频通信元件，它阻止高频电流向其他分支泄漏，起减少高频能量损耗的作用。

107 电流互感器的用途是什么？

答：电流互感器把大电流按一定比例变为小电流，提供各种仪表使用和继电保护用的电流，并将二次系统与高压隔离。它不仅保证了人身和设备的安全，也使仪表和继电器的制造简单化、标准化，提高了经济效益。

108 电流互感器有哪几种接线方式？

答：电流互感器的接线方式：有使用两个电流互感器两相 V 形接线和两相电流差接线；有使用三个电流互感器的三相Y接线、三相△接线和零序接线。

109 电力系统中的无功电源有哪几种？

答：电力系统中的无功电源有五种：同步发电机、调相机、并联补偿电容器、串联补偿电容器以及静止补偿器。

110　为什么要在电力电容器与其断路器之间装设一组 ZnO 避雷器?

答：装设 ZnO 避雷器可以防止电力电容器在拉、合操作时可能出现的操作过电压，保证电气设备的安全运行。

111　中央信号装置的作用是什么?

答：中央信号是监视变电站电气设备运行的一种信号装置，根据电气设备的故障特点发出音响和灯光信号，告知运行人员迅速查找，作出正确判断和处理，保证设备的安全运行。

112　为什么电缆线路停电后用验电笔验电时，短时间内还有电?

答：电缆线路相当于一个电容器，停电后线路还存有剩余电荷，对地仍然有电位差。若停电立即验电，验电笔会显示出线路有电。因此必须经过充分放电，验电无电后，方可装设接地线。

113　什么是内部过电压?

答：内部过电压是由于操作、事故或其他原因引起系统的状态发生突然变化，将出现从一种稳定状态转变为另一种稳定状态的过渡过程，在这个过程中可能产生对系统有危险的过电压。这些过电压是系统内电磁能的振荡和积聚所引起的，所以叫内部过电压。

114　何谓保护接零? 有什么优点?

答：保护接零就是将设备在正常情况下不带电的金属部分，用导线与系统零线进行直接相连的方式。

采取保护接零方式的优点是：保证人身安全，防止发生触电事故。

115　中性点与零点、零线有何区别?

答：凡三相绕组的首端（或尾端）连接在一起的共同连接点，称电源中性点。

当电源的中性点与接地装置有良好的连接时，该中性点便称为零点。

由零点引出的导线，则称为零线。

116　直流系统在变电站中起什么作用?

答：直流系统在变电站中为控制、信号、继电保护、自动装置及事故照明等提供可靠的直流电源。它还为操作提供可靠的操作电源。直流系统的可靠与否，对变电站的安全运行起着重要的作用，是变电站安全运行的保证。

117　为使蓄电池在正常浮充电时保持满充电状态，每个蓄电池的端电压应保持为多少?

答：为了使蓄电池保持在满充电状态，必须使接向直流母线的每个蓄电池在浮充时保持有 2.15V 的电压。

118 为什么要装设直流绝缘监视装置？

答：变电站的直流系统中一极接地长期工作是不允许的，因为在同一极的另一地点再发生接地时，就可能造成信号装置、继电保护和控制电路的误动作。另外在有一极接地时，假如再发生另一极接地就将造成直流短路。

119 什么是浮充电？

答：浮充电就是装设有两台充电机组，一台是主充电机组，另一台是浮充电机组。浮充电是为了补偿蓄电池的自放电损耗，使蓄电池经常处于完全充电状态。

120 为什么室外母线接头易发热？

答：室外母线要经常受到风、雨、雪、日晒、冰冻等侵蚀。这些都可促使母线接头加速氧化、腐蚀，使得接头的接触电阻增大，温度升高。

121 系统发生振荡时有哪些现象？

答：(1) 变电站内的电流表、电压表和功率表的指针呈周期性摆动，如有联络线，表计的摆动最明显。

(2) 距系统振荡中心越近，电压摆动越大，白炽灯忽明忽暗，非常明显。

122 掉牌未复归灯光信号的作用是什么？

答：掉牌未复归灯光信号，是为使值班人员在记录保护动作情况的过程中，不至于发生遗漏造成误判断，应注意及时复归信号掉牌，以免出现重复动作，使前后两次不能区分。

123 低压交直流回路能否共用一条电缆？为什么？

答：低压交直流回路不能共用一条电缆。

原因为：

(1) 共用一条电缆能降低直流系统的绝缘水平。

(2) 如果直流绝缘破坏，则直流混线会造成短路或继电保护误动等。

124 测二次回路的绝缘应使用多大的绝缘电阻表？

答：测二次回路的绝缘电阻值最好是使用1000V绝缘电阻表，如果没有1000V的也可用500V的绝缘电阻表。

125 油开关的辅助触点有哪些用途？

答：油断路器本身所带常开、常闭触点变换开合位置，来接通断路器机构合闸及跳闸回路和音响信号回路，达到断路器断开或闭合电路的目的，并能正确发出音响信号，启动自动装置和保护的闭锁回路等。当断路器辅助触点用在合闸及跳闸回路时，均应带有延时。

126 SF_6气体有哪些化学性质？

答：SF_6气体不溶于水和变压器油，在炽热的温度下，它与氧气、氩气、铝及其他许多物质不发生作用。但在电弧和电晕的作用下，SF_6 会分解，产生低氟化合物，这些化合物会引起绝缘材料的损坏，且这些低氟化合物是剧毒气体。SF_6 的分解反应与水分有很大关系，因此要有去潮措施。

127 过电流保护的原理是什么？

答：电网中发生相间短路故障时，电流会突然增大，电压突然下降，过电流保护就是按线路选择性的要求，整定电流继电器的动作电流。当线路中故障电流达到电流继电器的动作值时，电流继电器动作按保护装置选择性的要求，有选择性地切断故障线路。

128 高压断路器的分合闸缓冲器有什么作用？

答：分闸缓冲器的作用是防止因弹簧释放能量时产生的巨大冲击力损坏断路器的零部件。

合闸缓冲器的作用是防止合闸时的冲击力使合闸过深而损坏套管。

129 什么是断路器自由脱扣？

答：断路器在合闸过程中的任何时刻，若保护动作接通跳闸回路，断路器能可靠地断开，这就叫自由脱扣。带有自由脱扣的断路器，可以保证断路器合于短路故障时，能迅速断开，避免扩大事故范围。

130 SF_6 气体有哪些良好的灭弧性能？

答：SF_6 气体有以下几点良好的性能：

（1）弧柱导电率高，燃弧电压很低，弧柱能量较小。

（2）当交流电流过零时，SF_6 气体的介质绝缘强度恢复快，约比空气快 100 倍，即它的灭弧能力比空气高 100 倍。

（3）SF_6 气体的绝缘强度较高。

131 电压互感器一次侧熔丝熔断后，为什么不允许用普通熔丝代替？

答：以 110kV 电压互感器为例，一次侧熔断器熔丝的额定电流是 0.5A。采用石英砂填充的熔断器具有较好的灭弧性能和较大的断流容量，同时具有限制短路电流的作用。而普通熔丝则不能满足断流容量的要求。

132 为什么电压互感器和电流互感器的二次侧必须接地？

答：电压互感器和电流互感器的二次侧接地属于保护接地。因为一次、二次侧绝缘如果损坏，一次侧高压串到二次侧，就会威胁人身和设备的安全，所以二次侧必须接地。

133 并联电抗器和串联电抗器各有什么作用？

答：线路并联电抗器可以补偿线路的容性充电电流，限制系统电压升高和操作过电压的产生，保证线路的可靠运行。

母线串联电抗器可以限制短路电流，维持母线有较高的残压。而电容器组串联电抗器可以限制高次谐波，降低电抗。

134 单母线分段的接线方式有什么特点？

答：单母线分段接线可以减少母线故障的影响范围，提高供电的可靠性。

当一段母线有故障时，分段断路器在继电保护的配合下自动跳闸，切除故障，使非故障母线保持正常供电。对于重要用户，可以从不同的分段上取得电源，保证不中断供电。

135 双母线接线存在哪些缺点？

答：双母线接线存在以下缺点：

（1）接线及操作都比较复杂，倒闸操作时容易发生误操作。

（2）母线隔离开关较多，配电装置的结构比较复杂，所以经济性较差。

136 为什么硬母线要装设伸缩接头？

答：物体都有热胀冷缩特性，母线在运行中会因发热而使长度发生变化。

为避免由于热胀冷缩的变化使母线和支持绝缘子在受到过大的应力时损坏，所以应在硬母线上装设伸缩接头。

137 什么是消弧线圈的补偿度？什么是残流？

答：消弧线圈的电感电流与电容电流之差和电网的电容电流之比叫补偿度。

消弧线圈的电感电流补偿电容电流之后，流经接地点的剩余电流叫残流。

138 中性点经消弧线圈接地的系统正常运行时，消弧线圈是否带有电压？

答：系统正常运行时，由于线路的三相对地电容不平衡，网络中性点与地之间存在一定电压，其电压值的大小直接与电容的不平衡有关。在正常情况下，中性点所产生的电压不能超过额定相电压的1.5%。

139 蓄电池为什么会自放电？

答：蓄电池自放电的主要原因是极板含有杂质，形成局部的小电池，而小电池的两极又形成短路回路，引起蓄电池自放电。另外，由于蓄电池电解液上下的密度不同，致使极板上下的电动势不均等，这也会引起蓄电池的自放电。

140 为什么要定期对蓄电池进行充放电？

答：定期充放电也叫作核对性充放电，就是对浮充电运行的蓄电池，经过一定时间要使其极板的物质进行一次较大的充放电反应，以检查蓄电池容量，并可以发现老化电池，及时维护处理，以保证电池的正常运行，定期充放电一般是一年不少于一次。

141 提高电力系统静态稳定的措施是什么？

答：提高电力系统静态稳定的措施是：

（1）减少系统各元件的感抗。

（2）采用自动调节励磁装置。

（3）采用按频率减负荷装置。

(4) 增大电力系统的有功功率和无功功率的备用容量。

142 对变电站的各种电能表应配备什么等级电流互感器?

答:对有功电能表,应配备准确等级为1.0或2.0级的电流互感器;无功电能表应配备2.0或3.0级的电流互感器;对变压器、站用变压器和线路的电能表及所用于计算电费的其他电能表应配备准确等级为0.5或1.0级的电流互感器。

143 发生分频谐振过电压有何危害?

答:分频谐振对系统来说危害性相当大,在分频谐振电压和工频电压的作用下,PT铁芯磁密迅速饱和,激磁电流迅速增大,将使PT绕组严重过热而损坏(同一系统中所有PT均受到威胁),甚至引起母线故障造成大面积停电。

144 蓄电池在运行中极板短路有什么特征?

答:极板短路的特征有三点:

(1) 充电或放电时电压比较低(有时为零)。

(2) 充电过程中电解液比重不能升高。

(3) 充电时冒气泡少而且气泡发生的晚。

145 蓄电池在运行中极板弯曲有什么特征?

答:极板弯曲的特征为:

(1) 极板弯曲。

(2) 极板龟裂。

(3) 阴极板铅绵肿起并成苔状瘤子。

146 继电保护装置有什么作用?

答:继电保护装置能反应电气设备的故障和不正常工作状态并自动迅速地、有选择地动作于断路器,将故障设备从系统中切除,保证不故障设备继续正常运行,将事故限制在最小范围,提高系统运行的可靠性,最大限度地保证向用户安全、连续供电。

147 什么是过流保护延时特性?

答:过流保护装置的短路电流与动作时间之间的关系曲线称为保护装置的延时特性。

延时特性又分为定时限延时特性和反时限延时特性。定时限延时的动作时间是固定的,与短路电流的大小无关。反时限延时动作时间与短路电流的大小有关,短路电流大,动作时间短,短路电流小,动作时间长。短路电流与动作时间时限成一定曲线关系。

148 电压互感器正常巡视哪些项目?

答:电压互感器正常巡视项目有:

(1) 瓷件有无裂纹损坏或异常放电现象。

(2) 油标、油位是否正常,是否漏油。

(3) 接线端子是否松动。

（4）接头有无过热变色。

（5）吸潮器是否变色。

（6）电压指示无异常。

149 电力电缆有哪些巡视检查项目？

答：巡视检查项目有：

（1）检查电缆及终端盒有无漏油，绝缘胶是否软化溢出。

（2）绝缘子是否清洁完整，是否有裂纹及闪烙痕迹，引线接头是否完好不发热。

（3）外露电缆的外皮是否完整，支撑是否牢固。

（4）外皮接地是否良好。

150 什么线路上装设横联差动方向保护？横联差动方向保护反应的是什么故障？

答：在阻抗相同的两条平行线路上可装设横联差动方向保护。

横联差动方向保护反应的是平行线路的内部故障，而不反应平行线路的外部故障。

151 同期重合闸在什么情况下不动作？

答：同期重合闸在以下情况下不动作：

（1）若线路发生永久性故障，装有无压重合闸的断路器重合后立即跳开，同期重合闸不会动作。

（2）无压重合闸拒动时，同期重合闸也不会动作。

（3）同期重合闸拒动。

152 在什么情况下将断路器的重合闸退出运行？

答：在以下情况退出重合闸：

（1）断路器的遮断容量小于母线短路容量时，重合闸退出运行。

（2）断路器故障跳闸次数超过规定，或虽未超过规定，但断路器严重喷油、冒烟等，经调度同意后将重合闸退出运行。

（3）线路有带电作业，当值班调度员命令将重合闸退出运行。

（4）重合闸装置失灵，经调度同意后将重合闸退出运行。

153 备用电源自投装置在什么情况下动作？

答：在由于某种原因，工作母线电源侧的断路器断开，使工作母线失去电源的情况，自投装置动作，将备用电源投入。

154 继电保护装置在新投入及停运后投入运行前应做哪些检查？

答：应做以下检查：

（1）查阅继电保护记录，保证合格才能投运并掌握注意事项。

（2）检查二次回路及继电器应完整。

（3）标志清楚正确。

155 过流保护为什么要加装低电压闭锁?

答：过流保护的动作电流是按躲过最大负荷电流整定的，在有些情况下不能满足灵敏度的要求。因此为了提高过流保护在发生故障时的灵敏度和改善躲过最大负荷电流的条件，所以在过流保护中加装低电压闭锁。

156 电力系统中产生铁磁谐振过电压的原因是什么?

答：磁谐振过电压的原因是铁磁元件的磁路饱和而造成非线性励磁引起的。当系统安装的电压互感器伏安特性较差时，系统电压升高，通过电压互感器铁芯的励磁电流超过额定励磁电流，使铁芯饱和，电感呈现非线性，它与系统中的电容构成振荡回路后可激发为铁磁谐振过电压。

157 测量绝缘电阻的作用是什么?

答：测量电气设备绝缘电阻是检查其绝缘状态最简便的辅助方法。由所测绝缘电阻能发现电气设备导电部分影响绝缘的异物，绝缘局部或整体受潮和脏物，绝缘油严重劣化、绝缘击穿和严重老化等缺陷。

158 什么是沿面放电?

答：在实际绝缘结构中，固体电解质周围往往有气体或液体电解质，例如线路绝缘子周围充满空气，油浸变压器固体绝缘周围充满变压器油。在这种情况下，放电往往沿着两种电解质交界面发生，这种放电称为沿面放电。

159 影响沿面放电电压的因素有哪些?

答：影响沿面放电电压的因素主要有：

（1）电场的均匀程度。

（2）介质表面的介电系数的差异程度。

（3）有无淋雨。

（4）污秽的程度。

160 电力网电能损耗中的理论线损由哪几部分组成?

答：理论线损由两部分组成：

（1）可变损耗，其大小随着负荷的变动而变化，它与通过电力网各元件中的负荷功率或电流的二次方成正比。包括各级电压的架空输、配电线路和电缆导线的铜损，变压器铜损，调相机、调压器、电抗器、阻波器和消弧线圈等设备的铜损。

（2）固定损耗，它与通过元件的负荷功率的电流无关，而与电力网元件上所加的电压有关，它包括输、配电变压器的铁损、调相机、调压器、电抗器、消弧线圈等设备的铁损，110kV及以上电压架空输电线路的电晕损耗；电缆电容器的绝缘介质损耗，绝缘子漏电损耗，电流、电压互感器的铁损；用户电能表电压绕组及其他附件的损耗。

161 提高电力系统动态稳定的措施有哪些?

答：提高动态稳定的措施有：

（1）快速切除短路故障。

（2）采用自动重合闸装置。

（3）发动机采用电气制动和机械制动。

（4）变压器中性点经小电阻接地。

（5）设置开关站和采用串联电容补偿。

（6）采用联锁自动机和解列。

（7）改变运行方式。

（8）故障时分离系统。

（9）快速控制调速汽门。

162 综合重合闸有哪几种运行方式？各是怎样工作的？

答：综合重合闸由切换开关 QK 实现三种运行方式。

（1）综合重合闸方式。单相故障跳闸后单相重合，重合在永久性故障上跳开三相，相间故障跳开三相后三相重合，重合在永久性故障上再跳开三相。

（2）三相重合闸方式。任何类型故障均跳开三相、三相重合（检查同期或无电压），重合在永久性故障上时再跳开三相。

（3）单相重合闸方式。单相故障跳开故障后单相重合，重合在永久性故障上时跳开三相，相间故障跳开三相后不再重合。

163 双电源线路装有无压鉴定重合闸的一侧为什么要采用重合闸加速？

答：当无压鉴定重合闸将断路器重合于永久性故障线路上时，采用重合闸加速的保护便无时限动作，使断路器立即跳闸。这样可以避免扩大事故范围，利于系统的稳定，并且可以使电气设备免受损坏。

164 为什么自投装置的启动回路要串联备用电源电压继电器的有压触点？

答：为了防止在备用电源无电时自投装置动作，而投在无电的设备上，并在自投装置的启动回路中串入备用电源电压继电器的有压触点，用以检查备用电源确有电压，保证自投装置动作的正确性，同时也加快了自投装置的动作时间。

165 哪些电气设备必须装设保护接地或接零？

答：所谓保护接地，就是将电气设备和用电装置的中性点，外壳或支架在正常情况下与接地体做良好的电气连接，以防止电气设备绝缘损坏而发生触电事故。从这样的日的出发，下述设备的外壳均需做好保护接地：

（1）发电机、电动机、变压器等高、低压电气设备的金属外壳和底座。

（2）各种电力设备的操作传动机构和配电装置、配电盘、控制盘等的金属框架，室内外配电装置的金属构架以及混凝土构架。

（3）高压架空输配电线路的杆塔及其上安装的柱上断路器、隔离开关、电容器（组）的外壳。

（4）互感器的二次绕组。

保护接零是在电源中性点接地的低压系统中，将电气设备的金属外壳、框架与中性线相接，由于中性线电阻很小（与接地的电阻相比较），当电气设备绝缘损坏而碰壳时，会产生很大的短路电流使电路中的开关保护动作或者使保护熔丝断开，切除电源，避免人身和设备遭受危害。

166 哪些电气设备不需做保护接地？

答：不需做保护接地的电气设备主要有以下几种：

（1）交流额定电压等级较低，在 380V 以下且安置处地面干燥（为电的不良导体）的设备外壳。

（2）安装在已接地的配电屏盘的测量仪表、继电器等低压电器的外壳。

（3）安装在已接地的金属构架上的设备、控制电缆金属防护外皮，以及已与接地设施连接为一体的其他设备的外壳。

（4）一切干燥的场所中，当交流额定电压低于 220V，直流额定电压在 110V 以下时，这些电气装置的外壳如无特殊规定可不接地。

167 什么是耦合地线？

答：架设架空地线是超高压输电线路防雷的基本措施。然而，对于超高压线路杆塔，为提高其线路的耐雷水平，防止反击，降低杆塔的接地电阻是很有效的措施。在实际工种中，当降低杆塔的接地电阻有困难的时候，即采用在导线下面架设地线的方法，用以增加避雷线与导线之间的耦合作用，降低绝缘子串上的过电压，从而达到降低线路断路器雷击跳闸率的目的。运行经验证明，这一效果非常显著。由于其作用的产生是通过耦合来实现的，所以，将架设在导线下方的地线叫作耦合地线。

168 为什么绝缘架空地线应视为带电体？

答：绝缘架空地线也是经过一个小间隙对地绝缘隔离开来的避雷线。它有两个作用，一是做避雷线；二是正常运行时可兼做通信线使用。将它绝缘起来是为了降低电流流过时所引起的附加损耗。当有雷电过电压出现时，小间隙击穿，不影响避雷线接地泄放雷电流。

可见，绝缘架空地线上不仅有通信信号工作电流，而且由于它对地具有一定的绝缘，因此将它沿全线绝缘架设后，其上所产生的感应电压是很高的。因此，必须将绝缘架空地线视为带电体，专业作业时执行《安规》人体与该绝缘架空地线之间不得小于 0.4m 的空间距离的规定，并采取其他措施予以防护。如果需要在该绝缘地线上作业，则应将它可靠接地，当实际条件允许时也可以采用等电位方式作业。

169 什么是保护间隙？

答：保护间隙是根据高压带电作业的实际需要，而采用的一种不同于管型、阀型避雷器等形式的防止线路作业内过电压造成危险伤害的保护装置。

170 保护间隙的作用是什么？

答：它的主要作用是：由于 220kV 及以上系统沿绝缘子串进入强电场的作业，人体与导线和大地间必然要形成组合间隙，该组合间隙的放电特性，低于剩余完好的绝缘子串的工频放电特性，远低于《安规》中带电作业时1.8m安全距离的绝缘水平。而220kV及以上超高压线路设备的安全距离，主要取决于它的内部过电压。为了防止作业中出现超过组合间隙放电电压的内过电压放电，而造成的人身和设备事故，采用的方法是：在作业地点附近的设备或杆塔上与线路并联一个保护间隙，使其放电电压低于组合间隙的放电电压，并且两间隙的伏秒物性曲线上、下限合理配合，保证在过电压到来的任何情况下保护间隙先放电，达到安全防护的目的。

171 保护间隙的接地线选用有什么要求？

答：在《安规》第一百六十条中指出："保护间隙的接地线应用多股软铜线。其截面应满足接地短路容量的要求，但最小不得小于$25mm^2$。"可见，保护间隙的接地线与普通的短路接地线要求大体上是一致的。需要强调的是，它必须满足该输电线路短路电流热容量的要求，保证该处可靠地短路接地，至少在线路断路器设备的保护未动作跳闸之前不能熔断。因此，它的截面是应慎重选择的。

172 绝缘工具受潮、表面损伤或脏污时应怎样处理？

答：绝缘工具受潮、脏污都会引起绝缘能力降低，表面损伤容易使潮气侵入，也使绝缘电阻降低。发现任何一种问题，都应有针对性地进行处理，使绝缘恢复。对于受潮的绝缘工具，应在远红外烘架上或烘箱内烘烤去潮；脏污工具应用刷子去污物，再用丙酮洗净，必要时还要用绝缘浸漆浸泡数小时然后烘烤作绝缘处理；表面损伤的绝缘工具应视实际情况将其表面修理磨光，然后干燥去潮、重新涂以绝缘漆或环氧树脂配方制剂。经过上述处理后的绝缘工具，检验它们的绝缘强度是否恢复，应使用2500V绝缘电阻表测量绝缘电阻值，达到规定的数值（与历次试验记录比较）以上，试验合格才能使用。

173 什么是预防性试验？

答：无论高压电气设备还是带电作业安全用具，它们都有各自的绝缘结构。一方面，这些设备和用具工作时要受到来自内部和外部比正常额定工作电压高得多的过电压的作用，可能使绝缘结构出现缺陷，成为潜伏性故障。另一方面，伴随着运行过程，绝缘本身也会出现发热和自然条件下的老化而降低。预防性试验就是针对这些问题和可能，为预防运行中的电气设备绝缘性能改变发生事故而制订的一整套系统的绝缘性能诊断、检测手段和方法。根据各种不同设备的绝缘结构原理，对表征其特性的参数进行仪器测量，它们的试验项目和标准《电气设备预防性试验规程》中都做了相应的详细规定。电气设备预防性试验应分别按照各自规定的周期进行。

174 什么是耐压试验？

答：设备的绝缘水平并不是设备铭牌上的额定工作电压，而是由耐压试验时所施加的试验电压标准值来表征的。而这个试验电压又是根据电气设备在实际工作中可能遇到的最高内、外过电压以及长期工作电压的作用来决定的。为了考验电气设备绝缘运行的可靠性，按照部颁统一电压标准（有时也根据设备具体的运行情况确定试验电压）和时间进行的试验就称之为耐压试验。

由于耐压试验施加的电压高，因此对发现设备绝缘内部的集中性缺陷很有效。但同时在试验过程中也有可能使设备绝缘损坏，或者使原来已经存在的潜伏性缺陷有所发展（而不是击穿），造成绝缘有一定程度的损伤。所以说，耐压试验是一种破坏性试验。

175 耐压试验有哪些种类？

答：设备绝缘耐压试验是根据它的使用目的、测试要求和系统过电压的种类来划分的。绝缘试验结果与试验电压的波形有着密切的关系。所以，试验可以分为工频耐压试验、直流耐压试验、感应高压试验、冲击电压试验和操作冲击电压试验等几种。

176 什么是操作冲击耐压试验？

答：由于操作波对超高压设备绝缘的作用具有特殊性，它在绝缘内部的电压分布，与在雷电波和工频电压下的电压分布各不相同。因而，不能用等效工频电压代替内过电压的作用进行试验，而应该使用操作冲击电压来试验绝缘的耐电强度。这种使用冲击电压发生器产生标准的冲击电压波和电压值，来检验超高压电气设备在雷过电压或操作过电压作用下的绝缘性能的试验，就叫作操作冲击耐压试验。

177 充装 SF_6 气体时，为什么要对环境湿度提出具体要求？充装时应注意些什么？

答：水分是 SF_6 设备产生毒害物质的一个条件。如果 SF_6 气体中含有超过规定的水分，当其湿度发生变化时，就可能凝结在固体绝缘表面使该面变潮，这时设备的沿面放电电压将显著下降。SF_6 气体在电弧和电晕作用下分解生成的低氟化合物气体，假如没有水分子这个外部条件是不会生成 SO_2、HF 及其他有害物质的，从而也就可以避免由它们产生的设备腐蚀。所以，SF_6 设备在充装气体时，必须严防水分进入。

充装时应注意：

（1）工作未开始之前，首先应测定现场周围环境空气相对湿度不大于 80%（即空气中水蒸气密度和同温度下饱和水蒸气密度比的百分值），这是限制空气含水具体示数。测定如不合格，则应采取措施或重选干燥晴朗的天气进行充装。

（2）为使 SF_6 泄漏气体及时排换，在进行充装的同时开启通风机，认真遵守空气中 SF_6 含量不得超过 1000ppm 的规定。在工作开始后的一定时间内即应进行检测，并视具体情况于中途再进行检测。当出现 SF_6 气体含量增高或超过标准时，应随即对部件进行详细检查，查找原因并予以消除。

178 SF_6 电气设备气体泄漏有哪些危害？

答：SF_6 电气设备气体泄漏有如下危害：

（1）SF_6 气体虽然无色、无味、无毒，但它是惰性重度气体，常沉积在低凹处地方，造成它所覆盖的地方与空气隔绝，表现为缺氧、容易污染环境又不易被清除。在工作场所中，当空气中的 SF_6 气体泄漏含量超过一定数值时，有害的分解物成分可能损害人身健康。

(2) SF_6 电气设备泄漏造成了 SF_6 气体损失，气体纯度降低，水、酸和可水解以及可水解物杂质成分增加，导致介质质量变差甚至不合格。泄漏也造成浪费，增加了运行维修工作量。

(3) SF_6 气体的绝缘介质强度与气体压力具有较大的关系。只有使气压保持在设计规定的范围之内，避免泄漏，才能使电气设备达到或维持在设计的绝缘水平上运行。

第五章

单元机组集控运行

第一节　单元机组的试验

1 热力试验的准备工作有哪些？

答：热力试验的准备工作有：

（1）熟悉机组的有关技术资料和运行特性。

（2）全面检查单元机组主辅设备，以了解其完好状态，了解调节机构、检测仪表与自动装置等设备情况，并将所发现的缺陷予以消除。

（3）制定试验大纲，确定测量的项目和方法，以便编制所需的试验记录表格。

（4）根据设备的具体结构和试验大纲要求，列出试验所需的仪表、器材清单。

（5）对试验所需的仪表器件的安装进行技术监督，做好试验用仪表及测量设备的检验工作。

2 什么是单元机组的热平衡？热平衡试验的目的是什么？

答：单元机组热平衡是指单元机组在规定的平衡期内总热量的收入和支出，即消耗与利用及损失之间的平衡关系。

热平衡试验的目的就是搞清单元机组各环节热能有效利用和损失情况，查明节能潜力所在，为提高热能利用水平提供科学依据。

3 单元机组热平衡试验方法有哪几种？

答：单元机组热平衡试验采用统计计算法和测试计算法相结合的方法，以统计数据为主，在统计数据中没有的采用实测数据计算。

（1）统计计算法。利用平衡期内单元机组燃料耗量、锅炉产汽量，汽轮机进汽量和供热量等指标的统计值为主，进行机组经济指标的计算，完成热平衡工作。

（2）测试计算法。在平衡期内，完成汽轮机、锅炉及辅助热力设备的热力特性试验，绘制出热力特性曲线，并以测试数据为主，进行经济指标的计算，完成热平衡工作。

4 平衡期内的测试项目有哪些？

答：为了完成整个热平衡工作，除了汽轮机，锅炉和部分热力设备进行测试外，对平时搞不清的一些热量也必须在平衡期内进行测量。测试项目如下：

（1）轴封抽汽量测量。

（2）主蒸汽、再热蒸汽、给水管道损失的测量。

（3）汽水取样的热量损失。

（4）连续排污汽、水量及参数测量。

（5）定期排污量的测量。

（6）生产用汽量、非生产用汽量的测量等。

5 如何选择汽轮机、锅炉特性试验工况？

答：选择汽轮机、锅炉及其他热力设备特性试验工况，应注意包括机组经常出现的负荷点或上年的平均负荷点和锅炉平均蒸发量点。

6 进行热平衡试验数据整理的目的是什么？

答：进行热平衡测试数据的整理，主要是用以确定平衡期内汽轮机热耗率、锅炉效率及各项损失，并将各项数据汇总列表，以便进行节能潜力分析。

（1）单元机组汽轮机热耗率、锅炉热效率及各项热损失的确定。

1）平均负荷法。查绘制的热力特性曲线，依据平衡期内机组的平均电负荷确定汽轮机的热耗率；查绘制的锅炉特性曲线，依据平衡期内锅炉的平均蒸发量，确定锅炉效率和各项热损失。

2）分段平均负荷法。统计出平衡期内机组所带负荷为50％～60％、60％～70％、70％～80％、80％～90％、90％～100％额定负荷时，对应的机组发电量和运行小时、锅炉蒸发量和运行小时，分别计算出各负荷段的汽轮机平均负荷和蒸发量，然后查锅炉和汽轮机的运行曲线。

热耗率为各负荷段的热耗率按各负荷级机组发电量加权计算。锅炉效率及各项损失按各负荷段的锅炉蒸发量加权计算。

（2）对机组进行节能潜力分析。

7 如何进行机组节能潜力分析？

答：节能潜力分析主要有以下几个方面内容：

（1）对机组运行参数、运行经济指标分析。分析时，用平衡期内机组运行参数和经济指标的加权平均值与设计值比较，计算出对本机组直至对全厂发电煤耗的影响。

（2）非计划停运的影响。

（3）对排放汽水的分析，说明哪些应回收利用而没有回收。

（4）经济运行分析。

（5）机组启停方式分析等。

根据以上分析，找出存在问题，制定出节能方案和规划。

8 什么是锅炉的热效率试验？

答：锅炉热效率试验通过锅炉热平衡试验得出的。通过试验比较改进前后的经济效果，确定设备合理的运行参数，了解设备运行的经济性。

9 锅炉热效率试验前的预备性试验一般有哪些？

答：（1）测定给煤机（给粉机）转速。
（2）测定烟道、煤粉空气管道和风道的截面积。
（3）测定燃烧器和风道出口风速。
（4）测定锅炉设备及制粉系统的漏风。

10 锅炉热平衡试验的内容是什么？

答：锅炉热平衡试验的内容是：
（1）查明对应额定负荷、最低负荷以及2～3个中间负荷点的锅炉设备经济指标。
（2）求出试验期内最高的不结渣负荷。
（3）改变辅助设备的投入方式，求出锅炉最低负荷及其允许持续时间。

11 锅炉热效率试验测量项目有哪些？

答：测量项目有：
（1）燃料的元素分析。
（2）入炉燃料采样与工艺分析。
（3）煤粉细度的测试。
（4）飞灰、炉渣采样及其飞灰可燃物含量的测定。
（5）排烟温度的测量。
（6）炉膛出口过剩空气系数测定。
（7）排烟中 O_2、CO_2、CO 含量分析。
（8）炉侧给水温度、过热器出口蒸汽温度、再热器出入口蒸汽温度测量。
（9）锅炉蒸汽量、给水流量、排污流量、减温水量及其他辅助用汽量的测量。
（10）入炉燃煤量、燃油量的测量。
（11）过热器、再热器出口蒸汽压力的测量等。

12 锅炉热效率试验的技术条件有哪些？

答：锅炉热效率试验的技术条件有：
（1）试验负荷的选择。
（2）煤质与其他主要参数的波动范围。
（3）试验前的稳定阶段与试验持续时间等。

13 锅炉热效率试验煤质与其他参数的波动范围有何要求？

答：试验期所用的煤种，必须是试验大纲所规定的煤种。

试验期间，锅炉蒸汽参数及过剩空气系数等应尽可能地维持稳定，允许的波动范围一般为：锅炉负荷变化为额定负荷的±5%，汽压变化为±0.1MPa；汽温度变化为±5℃；过剩空气系数变化为±0.05。

14 锅炉热效率试验前的稳定阶段与试验持续时间有何要求?

答：试验前要求锅炉工况完全稳定。确定锅炉热工工况是否稳定常用的方法，是观察烟道各部位的温度指示或记录值是否已达到稳定。在试验前的稳定阶段内，应将负荷调至试验规定的负荷，经1～2h后，在燃料和空气量均已稳定的情况下，等待烟道各部位的烟温稳定后，方可开始试验。受热面吹灰、锅炉排污等工作都应在试验前的稳定阶段内完成。在试验进行过程中，凡有可能造成工况扰动的操作都应避免。

每次测试所需时间的长短主要取决于热平衡计算中对各基本测量项目要求的准确程度。

15 锅炉热效率计算有哪两种方法?

答：(1) 正平衡法效率计算。锅炉热效率 η_b 是锅炉有效利用热量与输入热量的百分数，计算式为

$$\eta_b = Q_1/Q_r \times 100\% \tag{5-1}$$

式中 Q_1——锅炉有效利用热量；

Q_r——输入热量。

(2) 反平衡法的效率计算。其计算式为

$$\eta_b = 100 - (q_2 + q_3 + q_4 + q_5 + q_6)\% \tag{5-2}$$

式中 q_2——排烟热损失，%；

q_3——化学不完全燃烧损失，%；

q_4——机械不完全燃烧损失，%；

q_5——散热损失，%；

q_6——灰渣物理热损失，%。

16 什么是汽轮机热效率试验?

答：汽轮发电机组是将热能转变为电能的过程，不是把全部热都用于发电，而存在各种各样的损失。汽轮机热效率表示工质在循环和发电过程中能量的利用程度。汽轮机热效率是凝汽式汽轮机综合性能最重要的经济指标。热效率的测定是汽轮机热力试验中主要的和最基本的内容。

17 如何确定汽轮机试验负荷工况及试验次数?

答：试验负荷工况必须有代表性，同时还要考虑到实际可能。通常根据机组型式、特点及试验目的等因素确定。

凝汽式汽轮机热力特性曲线与机组型式有很大关系，对于喷嘴调节的机组，试验负荷可根据调速汽门开度来选择。当有些机组其经济负荷不等于最大负荷时，则要求在这两个负荷点上各做一次试验。

各负荷点的试验次数可根据试验目的确定。一般调速汽门全开、经济负荷点、额定负荷点等主要负荷工况，应试验两次，其余可试验一次。

18 如何确定汽轮机试验工况的稳定?

答：汽轮机组热力试验，通常采用保持新蒸汽进汽调速汽门开度不变的方法稳定试验工

况。在调速汽门开度不变的条件下，稳定的试验工况在很大程度上取决于锅炉的燃烧调整与给水调整。在试验过程中除了保持试验条件而进行的有效调整外，应避免对试验机组进行其他任何操作。

19 如何确定试验汽轮机的热效率?

答：按热耗定义，热耗率的计算式为：热耗率 q_1 等于试验条件下的总热耗量除以试验条件下的发电机功率。计算式的具体形式由机组的类型和循环方式来确定。其计算顺序如下：

(1) 发电机机端功率测量结果计算。

(2) 利用节流装置测量流量的计算。

(3) 有关的辅助性计算（轴封、门杆漏汽量等)。

(4) 根据热交换器的热平衡方程求解热交换器的蒸汽消耗量。

(5) 循环水系统中主要流量的确定与计算。

(6) 求出汽轮机通流部分级段内负荷分配。

(7) 绘制试验热力过程线，并求出通流部分内效率及汽轮机的汽耗率。

20 如何确定计算汽轮机的热效率?

答：汽轮机的热效率定义为输出功率与外界加入系统的热量之比，计算式为

$$\eta_t = P/\Sigma D_j \Delta h_j \tag{5-3}$$

式中 η_t——汽轮机热效率，%；

P——输出功率，kW；

D_j——蒸汽的质量流量，t/h；

Δh_j——蒸汽的焓升，kJ/kg。

由于外界加入系统的热量不易确定，故汽轮机的热效率可用汽轮机的热耗率进行换算，汽轮机的热效率和热耗率的关系式为

$$\eta_t = 860/q_t \tag{5-4}$$

式中 q_t——汽轮机热耗率，kW/(kW·h)。

21 如何做单元机组机、电、炉之间的联锁试验?

答：试验前，要求机、电、炉均处于停止状态，相应联锁装置正常投入。试验时，由热工人员先给出机、电、炉运行信号，然后再进行试验。试验内容一般有如下四项：

(1) 主燃料跳闸保护（MFT 保护）动作，相应联锁汽轮机跳闸、发电机跳闸。

(2) 汽轮机故障掉闸时，相应地发电机跳闸，机组发 FCB 保护动作信号，锅炉发保持30%额定负荷运行信号。

(3) 发电机跳闸时，相应联锁汽轮机跳闸，机组发出 FCB 保护动作信号。

(4) 当发电机运行正常，由于电网原因造成发电机主断路器跳闸时，相应地汽轮机和发电机保持运行，机组发 FCB 保护动作信号。

22 锅炉启动一般做哪些试验?

答：(1) 锅炉水压试验。

(2) 锅炉漏风试验。

(3) 锅炉的联锁及保护试验。

(4) 安全门试验等。

23 锅炉水压试验的目的是什么?

答：水压试验是锅炉承压部件的一次检查性试验。锅炉承压部件在安装或检修后，必须进行水压试验，以便在冷态下检查承压部件的严密性，保证承压部件安全运行。

24 水压试验的种类和条件有哪些?

答：水压试验分为工作压力的水压试验和1.25倍工作压力的超水压试验。

工作压力的水压试验可以随时进行。1.25倍的工作压力超水压试验不能轻易进行，只有当锅炉具备下列条件之一时，才进行1.25倍工作压力的超压试验。

(1) 运行中的锅炉，每6年应进行一次。

(2) 新安装或迁装的锅炉。

(3) 锅炉连续停运1年以上时。

(4) 受热面大面积更换总数达到50%以上时。

(5) 根据具体情况，要进行超水压试验时。

25 水压试验合格的标准是什么?

答：水压试验合格的标准是：

(1) 在试验压力的情况下，压力5min没有显著下降。

(2) 在焊口地点发现水痕以及附件不严密处有轻微的渗水，但不影响试验压力的保持时，可以不算为漏水，但焊口不得有任何渗水、漏水或湿润现象。

(3) 水压试验后无残余变形。

26 水压试验前的准备工作有哪些?

答：(1) 检查各承压部件无影响试验的较大漏点。

(2) 确定试验部位及试验压力的监视位置，并校准试验压力表。

(3) 试验系统进行可行隔离。

(4) 在进行1.25倍工作压力的超水压试验前，应将安全阀暂时锁死，防止动作。

27 水压试验过程中，有哪些注意事项?

答：水压试验过程中，为了保持人身和设备安全，应注意下列事项；

(1) 水压试验过程中，应停止炉内、外一切检修工作。

(2) 升压期间或达到超压试验压力值时，禁止进行检查工作。

(3) 在水压试验中，当发现承压部件外壁有渗漏现象时，在停止升压进行检查前，应预先了解该渗漏有无发展的可能，如经判断没有发展的可能时，再进行仔细检查。

28 什么是锅炉的漏风试验?

答：锅炉投产前或大小修后，应在冷态下进行燃烧室和烟道漏风试验、空预器、风道和风门挡板的严密性试验。燃烧室和烟道漏风试验一般有正压法和负压法两种方法。空气预热器、风道和风门挡板的严密性试验一般用正压法。

29 什么是锅炉的联锁试验？

答：联锁试验分动态与静态两种。动态试验时，其电动机及转动机械投入运行；而静态试验时，只通过各开关的控制回路来进行，一般有风机、磨煤机联动试验；冷却风机、冷却水泵、辅助润滑油泵联动试验等。

30 什么是锅炉的安全门试验？

答：锅炉过热器、再热器安全门，在锅炉大小修后必须进行可靠性试验。试验前，应将压缩空气送到安全门处，且压力应大于规定值。安全门热态试验前，必须先冷态试验合格；试验前应先校准主蒸汽压力表和再热汽压力表。对汽包炉，还应校准汽包压力表。

31 汽轮机启动一般做哪些试验？

答：(1) 调速系统静态试验。

(2) 汽轮机热工保护装置试验。

(3) 超速保安器跳闸试验。

(4) 自动主汽门和调速汽门的严密性试验。

(5) 汽轮机超速试验。

(6) 汽轮机甩负荷试验。

(7) 真空严密性试验等。

32 什么是汽轮机热工保护装置试验？

答：在进行汽轮机热工保护装置试验时，应先由热工人员在测量回路中人为加入保护动作信号，然后由运行人员检查保护回路的动作情况，以确保机组在运动中达到保护条件时能准确动作。一般有以下热工保护试验：

(1) 超速保护。

(2) 轴向位移保护。

(3) 低油压保护。

(4) 低真空跳闸保护。

(5) 轴承温度高保护。

(6) 胀差保护等。

33 什么是超速保安器跳闸试验？

答：为了能够在正常情况下，检查超速保安器动作是否灵活准确及活动超速保安器以防卡涩，机组一般都装有充油试验装置，超速保安器充油动作转速应略小于3000r/min，复位转速应略高于额定转速。

34 什么是汽轮机自动主汽门和调速汽门严密性试验？

答：试验的目的是检查自动主汽门和调速汽门的严密程度。试验方法有如下两种：

（1）在额定汽压、正常真空和汽轮机空转条件下，当自动主汽门（或调速汽门）全关而调速汽门（或自动主汽门）全开时，最大漏汽量应不致影响汽轮机转速下降至1000r/min以下，即为自动主汽门（或调速汽门）严密性合格。

（2）汽轮机处于连续盘车状态，并做好冲转前的一切准备工作，自动主汽门前主蒸汽压力处于额定汽压，全关自动主汽门并全开调速汽门，若此时汽轮机未退出盘车，即为自动主汽门严密性合格；全关调速汽门并全开自动主汽门，若此时汽轮机虽退出盘车运转，但转速在400～600r/min，即为调速汽门严密性合格。

35 什么是汽轮机超速试验？

答：为了确保机组运行的安全，大修后必须进行汽轮机超速试验，以检查超速保安器的动作转速是否在规定范围内和动作的可靠性。汽轮机超速试验必须在超速保安器跳闸试验和自动主汽门、调速汽门严密性合格后进行。试验时，汽轮机必须已定速，启动油泵并保持运行，且高、中压转子温度应大于规定值。试验应连续做两次，两次动作转速差不应超过0.6%。如果转速至动作转速而保安器不动作时，应将转速降至3000r/min，调整后重新做汽轮机超速试验；如果第二次升速后仍不动作，应打闸停机，检查处理后，再进行试验。

36 什么是汽轮机甩负荷试验？

答：甩负荷试验是在汽轮发电机并网带负荷情况下，突然拉掉发电机主断路器，使发电机与电力系统解列，观察机组转速与调速系统各主要部件在过渡过程中的动作情况，从而判断调速系统的动态稳定性的试验。

甩负荷试验应在调速系统运行正常，锅炉和电气设备运行情况良好，各类安全门调试动作可靠的条件下进行。甩负荷试验，一般按甩负荷的1/2、3/4及全负荷几个等级进行。甩额定负荷的1/2、3/4试验合格后，才可进行甩全负荷试验。

37 什么是真空严密性试验？

答：真空严密性的好坏，直接影响汽轮机的经济性。真空严密性试验在汽轮发电机组带80%额定负荷时进行。试验时，首先关闭凝汽器与抽汽设备间的空气门，然后观察和记录真空下降数值，在3～5min内，真空下降速度平均不大于0.66kPa/min为试验合格。

38 什么是电力设备预防性试验？

答：电力设备预防性试验是指对已投入运行的设备按规定的试验条件（如规定的试验设备、环境条件、试验方法和试验电压等）、试验项目、试验周期所进行的定期检查或试验，以发现运行中电力设备的隐患，预防发生事故或电力设备损坏。它是判断电力设备能否继续投入运行并保证安全运行的重要措施。

39 电力设备预防性试验是如何分类的？

答：电力设备预防性试验的分类方法较多，主要有：

（1）按对电力设备绝缘的危险性不同分成非破坏性试验和破坏性试验。

（2）按停电与否分成常规停电预防性试验和在线检测。

（3）按测量的信息不同分成电气法和非电气法。

40 什么是非破坏性试验？

答：非破坏性试验是指在较低电压（低于或接近额定电压）下进行的试验。主要指测量绝缘电阻、泄漏电流和介质损耗因数（$\tan\delta$）等电气试验项目。这类试验不会损伤电力设备的绝缘性能，其目的是判断绝缘状态，及时发现可能的劣化现象。

41 什么是破坏性试验？

答：破坏性试验是指在高于工作电压下所进行的试验。试验时，在电力设备绝缘上施加规定的试验电压，考验其对此电压的耐受能力，因此也叫耐压试验。主要指交流耐压试验和直流耐压试验。这类试验在试验过程中可能会对绝缘造成一定的损伤。

42 什么是在线检测？

答：所谓在线检测是指在不影响电力设备运行的条件下，即不停电对电力设备的运行工况或健康状况连续或定时进行的检测，通常是自动进行的。它是预防性试验的重要组成部分，是发展的最高形式。

43 为什么要测量电力设备的绝缘电阻？

答：电力设备的绝缘是由各种绝缘材料构成的。通常把作用于电力设备绝缘上的直流电压与流过其中稳定的体积泄漏电流之比定义为绝缘电阻。显然，电力设备的绝缘电阻高表示其绝缘良好；绝缘电阻下降，表示其绝缘已经受潮或发生老化和劣化。所以，要通过测量绝缘电阻来判断电力设备绝缘是否存在整体受潮、整体劣化和贯通性缺陷。

44 进行变压器油中气体分析有何作用？

答：油浸变压器等设备，当内部发生异常时，伴随绝缘破坏，必然产生局部过热。这种过热使绝缘物发生分解反应，产生一些碳氢化合物气体。这些气体的大部分溶解在油中，因此从设备中采集一部分绝缘油做试样，分析其中气体含量便可判定内部有无异常及其损坏程度。

45 为什么要进行发电机空载特性试验？

答：空载特性是指发电机在额定转速时定子空载电压与转子励磁电流之间的关系。

通过空载特性试验，不仅可以检验发电机励磁系统工作情况，观察发电机磁路的饱和程度，而且可以检查发电机定、转子绕组的连接是否正确，转子绕组是否存在匝间短路，定子铁芯有无局部短路等。同时利用它和发电机短路特性曲线，可求得发电机许多参数。因此，在新机组投入和大修后，都需进行此项试验。

46 如何进行发电机空载特性试验？

答：试验时，发电机处于开路状态，启动发电机并逐渐达到额定转速后保持转速不变，然后调节励磁电流，使空载电压升到额定值的130%，或达额定励磁电流所对应的电压值，读取三相线电压、励磁电流、频率，作出空载特性的第1点，然后单方向逐步减少励磁电流，量取7～9点，最后读取励磁电流为0时的剩磁电压。

空载试验时，发电机相当于运行状态，它的继电保护装置都要投入运行，并作用于灭磁，但自动励磁调节装置不应投入。

试验后，将测得的空载特性曲线与制造厂（或以前测得的）数据比较，应在测量误差的范围以内。当误差较大时，应检查试验接线、计算和曲线的绘制过程是否有差错。若无上述情况时，则转子绕组可能存在短路故障。

47 为什么要进行发电机短路特性试验？

答：发电机的三相稳态短路特性是指定子绕组三相短路时的稳态短路电流与励磁电流之间的关系。根据短路特性，可以判断转子绕组是否存在短路。同时，发电机短路特性也是计算发电机许多参数所必需的。因此，短路特性试验也是发电机的基本试验项目之一。在新机组投入、交接和大修后认为有必要时，都要进行该项试验。

48 如何进行发电机短路特性试验？

答：在进行三相稳态短路试验前，应使用有足够截面的导线，在尽可能接近定子绕组出线处将三相可靠短接。短接后，启动发电机并升到额定转速，调节励磁电压，使定子电流达到1.2倍额定值，同时读取定子电流和励磁电流，然后逐步减小励磁电流，使之降到0为止。其间共读取5～7点，绘制短路特性曲线。

试验后，将测得的稳态短路特性曲线与制造厂（或与以前测得）数据比较，差值应在测量的误差范围以内。若所测数据与原始记录偏差较多，则应进一步对定、转子的直流电阻、匝间绝缘和绕组的接线进行检查，并考虑是否有短路故障。

第二节　单元机组的启动

1 什么是单元机组的启动？

答：单元机组的启动是指从锅炉点火、升温升压、暖管，到锅炉出口蒸汽参数达到一定数值时，开始冲动汽轮机，将汽轮机转子由静止状态加速到额定转速，发电机并网带初负荷直至逐步加到额定负荷的全过程。

2 为什么说对设备最不利、最危险工况出现在启停过程中？

答：启停过程设备承受交变的工作应力最大，引起材料的低周波疲劳损耗最强。

有一些启停中的问题虽不会立即引起明显的设备损坏，但却会给设备带来隐患，降低设备使用寿命。启停过程设备的工作状态不稳定，容易引起突发事故。如锅炉灭火引发的尾部积油、积粉燃烧事故；汽轮机油膜振荡事故，断油烧瓦事故；汽轮机进水、进冷汽引起的大轴弯曲、摩擦振动事故；化学汽水品质不良的受热面腐蚀、汽水通流部分结垢等。

启停过程操作项目多，由于人为因素造成的事故概率也大大增加。

所以说对设备最不利、最危险工况出现在启停过程中。

3 什么是单元机组合理的启动方式？

答：合理的启动方式应该是各项安全控制指标都在设定值之内，设备的寿命损耗最低，启动时间最短，经济损失最少。启停过程中寻求合理的加热或降温方式，使机组各部件的热应力、热变形、胀差、振动等安全指标均维持在较好的水平上。

4 在单元机组的启停中有哪些原则性要求？

答：(1) 有正确的机组启停方式和增加负荷方式，在许可条件下实现自动程序启停。
(2) 在机组启停期间工质损失和热损失最小。
(3) 在任何情况下严格保证锅炉给水品质合格。
(4) 根据负荷曲线的要求，对蒸汽参数和蒸汽流量应能自动调节。
(5) 用一定过热度的蒸汽启动汽轮机。
(6) 启动汽轮机蒸汽温度与进汽部分金属温度差应在规定范围内。

5 单元机组的启动方式可分哪几种？

答：(1) 按新蒸汽参数分：
1) 额定参数启动。
2) 滑参数启动。
(2) 按冲转时汽缸进汽方式分：
1) 高中压缸启动。
2) 中压缸启动。
(3) 按冲转时汽轮机进汽度方式分：
1) 汽轮机部分进汽启动。
2) 汽轮机全周进汽启动。
(4) 按启动前汽轮机金属温度和停机时间分：
1) 冷态启动。
2) 温态启动。
3) 热态启动。
4) 极热态启动。

6 什么是额定参数启动？

答：从冲转直至机组带额定负荷的整个启动过程中，锅炉保持自动主汽阀前的蒸汽参数（压力和温度）始终为额定值的启动方式。由于蒸汽经过调节阀门的节流损失大、经济性差、调节级后温度变化剧烈、汽轮机的零部件受到很大的热冲击、热应力大以及冲转时部分进汽、流量少、各部件受热不均易产生热弯曲。目前单元机组很少采用这种启动方式。

7 什么是滑参数启动？

答：滑参数启动方式是在启动过程中锅炉点火与暖管、汽轮机冲转、暖机和增加负荷同时进行，在蒸汽参数逐渐升至额定值的过程中，机组可带一定负荷或满负荷。汽轮机主汽阀前的蒸汽参数（温度和压力）随机组转速或负荷的变化而滑升。对喷嘴调节的汽轮机，定速后调节阀门可保持全开的位置，有经济性较好、零部件加热均匀等优点。

8 高中压缸同时启动有什么特点？

答：蒸汽同时进入高中压缸冲动转子，使高中压合缸的机组分缸处加热均匀，减少热应力，能缩短启动时间。缺点是汽缸、转子膨胀情况较复杂，胀差较难控制。

9 什么是中压缸启动？中压缸启动有什么特点？

答：中压缸启动是指高压缸暖缸结束后，抽真空保持汽缸温度不变；用中压冲转至接近额定转速或带初始负荷（10%左右）后，再切换到高中压缸同时进汽的运行方式。中压缸启动主要用于分缸结构的机组。

中压缸启动的特点有：

（1）可以在启动初期增加中压缸进汽量，缩短中压缸的暖机时间，减少启动时间，同时减少转子的寿命损耗。

（2）对高中压分缸的机组，有利于差胀的控制。

（3）有利于再热冷段和热段的暖管。

（4）可以在较长时间内维持汽轮机带厂用电或空负荷运行。

10 单元机组最经济的启停方式是什么？

答：启停方式要根据设备的条件和启停的目的而定，在设备合理的寿命损耗率内，启停时间最短的方式为最经济。

一般情况，单元机组经济的启停方式是采用滑参数启停。启动时，锅炉参数的升高速度主要取决于汽轮机所允许的加热条件。滑参数停机蒸汽参数的下降速度主要取决于汽轮机冷却条件。

11 滑参数启动有何特点？

答：滑参数启动的特点为：

（1）安全性好。对于汽轮机来说，由于开始进入汽轮机的是低温、低压蒸汽，容积流量较大，而且汽温是从低逐渐升高，所以汽轮机的各部件加热均匀、温升迅速，可避免产生过大的热应力和膨胀差。对锅炉来说，低温低压的蒸汽通流量增加，过热器可得到充分冷却，并能促进水循环，使各部件均匀地膨胀。

（2）经济性好。锅炉产生的蒸汽能得到充分利用，减少了热量和工质损失，减少燃料消耗。

（3）对汽温、汽压要求比较严格。对机、炉的运行操作要求密切配合，操作比较复杂，而且低负荷运行时间较长，对锅炉的燃烧和水循环有不利的一面。

12 启动前的检查一般有哪些内容？

答：检查的目的是检查机组是否具备启动条件。检查的范围包括了炉、机、电主辅机的一次设备及监控系统。主要内容有：

（1）检修工作完毕，安全措施拆除。

（2）机、炉、电的一次设备完好。

（3）热工仪表、调节系统及保护完好，电气的保护动作良好。

(4) 进行了有关的试验，并符合要求，一般包括：锅炉水压试验；炉膛严密性试验；机组的联锁、锅炉联锁和泵的联锁试验；汽轮机控制系统的静态试验；阀门检验；转动机械试验以及电气设备的绝缘测量等等。

13 测量发电机、励磁系统、转子绝缘电阻时，应特别注意哪些问题？

答：摇测发电机、励磁系统、转子绝缘电阻时，应特别注意：

(1) 摇测发电机定子绝缘电阻，应以1000～2500V绝缘电阻表测量。若绝缘电阻下降到前次（新投入或大修后）测量结果的1/5～1/3，或吸收比（$R_{60''}/R_{15''}$）<1.3，应查明原因，加以消除。

(2) 摇测励磁系统、转子绝缘，应以500V绝缘电阻表测量，绝缘电阻值应不低于0.5MΩ。为了避免整流回路接地，摇绝缘时将二极管或晶闸管击穿，测量前应设法将复式励磁、电压校正器（相复励）、静态励磁等装置与励磁系统断开。否则，应用导线将二极管或晶闸管临时短接。

14 使用绝缘电阻表测量电容性电力设备的绝缘电阻时，在取得稳定读数后，为什么要先取下测量线，再停止摇动摇把？

答：使用绝缘电阻表测量电容性电力设备的绝缘电阻时，由于被测设备具有一定的电容，在绝缘电阻表输出电压作用下处于充电状态。表针先向零位偏移，随后指针逐渐向∞方向移动，约1min后充电基本结束，可以取得稳定读数。此时，若停止摇动摇把，被测设备将通过绝缘电阻表放电，使指针向∞方向偏移；对于高电压、大容量的设备，由于放电电流较大，常会使表针偏转过度而损坏。所以，在测量大电容设备的绝缘电阻时，应在取得稳定读数后，先取下测量线，再停止摇动摇把。同时，测试之后，要对被测设备进行充分的放电，以防触电。

15 电动机合闸前应进行哪些外部检查？

答：负责电动机启动和运行的人员，应在电动机合闸前进行如下外部检查：

(1) 电动机上及其附近应无杂物且无人工作。

(2) 电动机所带动的机械已准备好，并连接好，具备启动条件。

(3) 轴承和启动装置中的油位正常。轴承如系强力润滑及用水冷却者，则应先将油系统及水系统投入运行，冷却水应通畅、充足。

(4) 大型密闭电动机空气冷却器的水系统已投入运行。

(5) 对于备用设备，应经常检查，保证能随时启动。

16 启动电动机时，开关合闸后，电动机不转动而只发出响声，或达不到正常转速，可能是什么原因？

答：可能的原因如下：

(1) 定子回路一相断线：熔断器一相熔断；电缆头、隔离开关或断路器等的一相接触不良；定子绕组一相断开。

(2) 转子回路中断线或接触不良：鼠笼式转子铜条或铝条和端环间的连接破坏；绕线式

转子绕组焊头熔断；引线与滑环的连接破坏；电刷有毛病；启动装置回路断开等。

（3）电动机或所拖动的机械被卡住。

（4）定子绕组接线错误，比如三角形接线误接为星形或者星形接线的一相接反等。

17 在启动或运行时电动机内出现火花或冒烟的原因是什么？

答：电动机内出现火花或冒烟的原因为：

（1）中心不正或轴瓦磨损，使转子和定子相碰。

（2）鼠笼式转子的铜（铝）条断裂或接触不良。

18 新安装或检修后的电动机启动时，速断或过流保护动作，可能是什么原因？

答：可能的原因如下：

（1）被带动的机械有故障。

（2）电动机或电缆短路。

（3）绕线式转子电动机启动时滑环短路或变阻器不在启动位置。

（4）保护装置整定的动作电流太小，过流保护的动作时限不够。

19 断路器操作有哪些基本要求？

答：断路器操作的基本要求是：

（1）一般情况下断路器不允许带电手动合闸。

（2）远方操作时，在分闸或合闸位置应稍做停留，到相应的信号灯明亮后才可松开控制开关把手或按钮，以防操作失灵。

（3）如果操作断路器后，进行的下一步操作对象是隔离开关，那么不能以信号灯或测量仪表的指示作为断路器已操作完毕的判据，而应到现场断路器所在地，以断路器机械位置指示器的指示为判据。

（4）在下列情况下，必须将断路器的操作电源切断。

1）检修断路器。

2）在二次回路或保护回路上作业时。

3）检查断路器分合状态及操作隔离开关前。

4）继电保护故障。

5）油开关缺油。

6）SF_6 断路器气体压力闭锁。

7）气压操作机构储能装置压力下降至允许值以下时等。

此外，倒母线过程中应将母联开关操作电源切断。

20 内冷发电机启动有何特点？

答：水-氢-氢冷和双水内冷发电机都属于内冷类型发电机，它们启动的主要特点有为：

（1）直接冷却的汽轮发电机一般在机壳内有氢气或冷却系统内有液体物质运行时才能启动。只有在发电机不加励磁运行（进行某些试验或调整工作时）时，才允许不充氢或无冷却液体进行启动。

（2）一般内冷发电机的容量较大，转子细长，挠度大，所以在临界转速时振动特别大，容易损坏转子上的部件，故要求启动时以最大可能的转速通过临界转速。

（3）氢冷发电机不宜过早地向冷却器送水，否则由于氢气通风损耗小，导热率高，可能会将发电机冷却至低温而损伤绝缘和机件。

21 氢气有什么特性？

答：氢气的特性为：

（1）在标准状态下，氢气的密度是 89.87g/m^3，比空气轻 14.3 倍（空气的密度是 1293g/m^3），故发电机采用氢冷能使通风损耗大为降低。

（2）氢气的传热系数比空气大 1.51 倍。汽轮发电机的损耗形成的热量可由氢气很快地、大量地带走，这就增提高了发电机的容量和效率。

（3）氢气不会产生电晕，不会使发电机绝缘老化。

（4）氢气的渗透能力很强，它能很容易地从轴承、法兰盘、发电机引出线的青铜座板和磁套管、机壳的焊缝处扩散出来，造成氢压和纯度的降低。

（5）氢气是无色、无味、易燃的气体，遇电弧及明火时会引起燃烧。氢气和空气的混合气体存在发生爆炸的可能性。

22 水-氢-氢冷发电机启动前有哪些主要检查项目？

答：水-氢-氢冷发电机启动前的主要检查项目为：

（1）应检查发变组的一次、二次设备安装或检修工作已结束，所有工作票已收回。逐一检查并确认各部分清洁，设备、仪表完好，短路线和接地线已拆除，检修人员已撤离。

（2）检查确认主变压器和厂用变压器油位正常，各散热器蝴蝶阀、冷油器进出油阀已全开，发变组出口断路器油位、操作机构正常。

（3）将经过过滤与干燥的压缩空气通往发电机，保持机座内部压力为 0.3MPa，在转子静止的状态下，检查确认发电机氢冷系统、油路、气路与水路的密封性符合要求。

（4）进水前检查确认滤净设备完好，水质指标中的导电率、硬度、pH 值等达到要求。

（5）检查轴承润滑油路及高压顶轴设备，确认在油压大于 15MPa 时，顶起高度大于 0.04mm。

（6）打开定子汇水管上的排气阀门，启动冷却水泵，开启定子绕组的进水阀，待排气阀门溢水时，关闭汇水管上的排气阀门，维持定子进水压力为 0.2～0.5MPa。

23 水-氢-氢冷发电机启动前有哪些主要测量项目？

答：发电机安装或检修完毕，启动前必须完成下列有关设备和系统的测量：

（1）在冷态下测量转子绕组的直流电阻和交流电阻。

（2）测量定子、转子的绝缘电阻。

定子绕组的绝缘电阻采用 1000～2500V 绝缘电阻表测量。转子线圈的绝缘电阻测量范围包括转子及向其供电的励磁机回路，采用 500～1000V 绝缘电阻表测量。测量值不得低于前次的 1/5～1/3，否则应查明原因。

24 水-氢-氢冷发电机启动前有哪些主要试验项目？

答：发电机启动前必须完成下列有关设备和系统的试验：

(1) 在通水情况下，进行发电机定子绕组对地交流耐压试验，试验电压为0.75 ($2U+300$)V，其中，U为发电机的额定电压。试验时间为1min。

(2) 对定子绕组水路进行0.75MPa压力下，8h的水压试验，应无渗漏现象。在额定水压下通水循环4h后，绝缘电阻仍应符合要求。

25 锅炉点火过程应注意什么问题?

答：锅炉点火过程应注意的问题为：

(1) 锅炉上水情况。

(2) 风烟系统投运情况。

(3) 锅炉吹扫情况。

(4) 预点火、锅炉点火。复归MFT，油系统做泄漏试验，而后将燃油系统从燃油再循环切至燃油工作回路，投扫描风机，在BMS系统中，对某一对角油枪进行点火，直到火焰探头和火焰监视电视中有火焰出现。

(5) 投空气预热器冷端吹灰器。首层油枪燃烧稳定以后，投入空气预热器冷端吹灰器运行。

26 锅炉点火前为什么要进行吹扫?

答：锅炉点火前进行吹扫的目的是为了清扫积聚在炉膛及管道内的没有燃烧的残余燃料和可燃气体，防止炉膛点火时发生爆炸。

27 锅炉启动前炉膛通风的目的是什么?

答：炉膛通风的目的是排出炉膛及烟道内可能存在的可燃性气体及物质，排出受热面上的部分积灰。这是因为当炉内存在可燃物质，并从中析出可燃气体时，达到一定的浓度和温度就能产生爆燃，造成强大的冲击力而损坏设备；受热面上存在积灰时，就会增加热阻，影响换热，降低锅炉效率，甚至增大烟气的流阻。因此，必须以25%～40%的额定风量，对炉膛及烟道通风5～10min。

28 锅炉启动投入燃油时为什么烟囱有时冒黑烟? 如何防止?

答：(1) 投入燃油时冒黑烟的原因：

1) 燃油雾化不良或油枪故障，油嘴结焦。

2) 总风量不足。

3) 配风不佳，缺少根部风或与油雾的混合不好，造成局部缺氧而产生高温裂解。

4) 烟道发生二次燃烧。

5) 启动初期炉温、风温过低。

(2) 防止措施：

1) 点火前检查油枪，清除油嘴结焦，提高雾化质量。

2) 油枪确已进入燃烧器，且位置正确。

3) 保持运行中的供油、回油压力和燃油的黏度指标正常。

4) 及时送入适量的根部风，调整好一、二、三次风的比例及扩散角，使油雾与空气强烈混合，防止局部缺氧。

5）尽可能提高风温及炉膛温度。

29 锅炉升温升压过程中应注意什么问题？

答：机组投运高压旁路和低压旁路，用燃烧量控制升温升压率，一般点火后初期升温速度1.5℃/min，并网后升温速度3～5℃/min。控制两侧烟气温差、贮水箱的上下及内外壁温差、受热面的各部分膨胀和炉膛出口温度等，投运连续排污和进行定期排污，开启过热器和再热器系统以及汽轮机有关的疏水门，升温、升压到冲转参数。

30 锅炉启动初期为什么要严格控制升压速度？

答：锅炉点火后，蒸汽是由水冷壁内的水吸热而产生的，蒸汽压力是随产汽量的不断增加而升高，汽包内工质的饱和温度随压力的提高上升。在升压初期，压力升高很小的数值，将使蒸汽的饱和温度提高很多。锅炉启动初期，自然水循环尚不正常，造成汽包壁温上高下低的现象，由于汽包壁较厚，蒸汽温度的过快提高等将造成汽包壁温内高外低的现象，产生较大的温差热应力，严重影响汽包的寿命，所以要严格控制升压速度。

31 锅炉点火启动过程中应注意哪些问题？

答：锅炉启动过程中注意对火焰的监视，并控制好炉内的燃烧过程。

（1）正确点火。点火前炉膛充分通风，点火时先投入点火装置，然后开启油枪。

（2）对角投用燃烧器，注意及时切换，观察火焰的着火点适宜，力求火焰在炉内分布均匀。

（3）注意调整引、送风量，炉膛负压不宜过大。

（4）燃烧不稳时特别要监视排烟温度值，防止发生尾部烟道的二次燃烧。

（5）尽量提高一次风温，根据不同燃烧合理送入二次风，调整两侧温差。

（6）操作中做到制粉系统启停稳定，风煤配合稳定及氧量稳定，汽温、汽压上升稳定及升负荷稳定。

32 汽轮机启动前为什么要保持一定的油温？

答：机组启动前应先投入油系统，油温控制在35～40℃之间，若温度低时，可采用提前启动高压电动油泵，用加强油循环的办法或使用暖油装置来提高油温。保持适当的油温，主要是为了在轴瓦中建立正常的油膜，如果油温过低，油的黏度增大会使油膜过厚，使油膜承载能力下降，且工作不稳定；油温也不能过高，否则油的黏度过低，以致难以建立油膜，失去润滑作用。

33 盘车过程中应注意什么？

答：盘车过程中应注意：

（1）监视盘车电动机电流是否正常，电流表是否晃动。

（2）定期检查转子弯曲指示值是否变化。

（3）定期倾听汽缸内部及高、低压汽封处有无摩擦声。

（4）定期检查润滑油泵的工作情况。

34 汽轮机启动前向轴封送汽要注意什么问题？

答：轴封送汽需注意的问题是：

（1）轴封供汽前应先对送汽管道进行暖管，使疏水排尽。

（2）必须在连续盘车状态下向轴封送汽，热态启动应先给轴封供汽，后抽真空。

（3）向轴封供汽时间必须恰当，冲转前过早地向轴封供汽会使上、下缸温差增大，或使胀差正值增大。

（4）要注意轴封送汽的温度与金属温度的匹配。热态启动最好用适当温度的备用汽源，有利于胀差的控制。

（5）在高、低压轴封汽源切换时必须谨慎。切换太快不仅会引起胀差的显著变化，而且还可能产生轴封处不均匀的热变形，从而导致摩擦、振动等。

35 汽轮机冲转前保护装置的投入情况是怎样的？

答：汽轮机设有一系列的保护装置，如超速保护、轴向位移保护、低油压保护、低真空保护等。在滑参数启动中，除因启动过程的特殊条件（如低真空保护、低汽温保护等）不能投运外，其他各项保护应在冲转前全部投入。

36 进行压力法滑参数启动，冲转参数的选择原则是什么？

答：冷态滑参数启动冲转参数的选择是：进入汽缸的蒸汽流量应能满足汽轮机顺利通过临界转速并达到全速。为使金属各部件加热均匀，应增大蒸汽的容积流量，进汽压力需适当选低些。温度应有足够的过热度，并与金属温度相匹配，以防止热冲击。

37 汽轮机冲转时，转子不转的原因有哪些？

答：（1）汽轮机动、静部分有卡住现象。

（2）冲动转子时真空太低或新蒸汽参数太低。

（3）盘车装置未投。

（4）操作不当，应开的阀门未开，如危机保安器未复位，主汽门、调节汽门未开等。

38 汽轮机冲转条件中，为什么规定要有一定数值的真空？

答：汽轮机冲转前必须有一定的真空，若真空过低，冲转需要较多的蒸汽，过多的排汽突然排至凝汽器，凝汽器汽侧压力瞬间升高较多，有可能形成正压损坏排大气安全薄膜，同时也会给汽缸和转子造成较大的热冲击。

真空也不能过高，真空过高要延长建立真空的时间，冲转时通过汽轮机蒸汽量较少，放热系数较小，使汽轮机加热缓慢，转速也不容易控制，从而会延长启动时间。

39 汽轮机冲转时，为什么凝汽器真空会下降？

答：汽轮机冲转时，有部分空气在汽缸及管道内未完全抽出，冲转时随着汽流进入凝汽器。冲转瞬间排汽还未与凝汽器铜管热交换而凝结，因此冲转时凝汽器真空会下降。当进入凝汽器的蒸汽开始凝结，抽气器仍在不断地抽出不凝结气体及空气，真空会较快的恢复到原来值。

40 汽轮机升速过程应注意哪些问题？

答：（1）以100r/min的升速率升至低速500r/min，进行全面检查，暖机至各参数正常。

（2）以100～150r/min的升速率升至规定转速进行中速暖机。

（3）中速暖机结束后，以100～150r/min的升速率升至某一规定转速，视情况决定是否高速暖机。中间过临界转速时，应密切监视各轴瓦振动情况。

（4）升至2800r/min左右时进行阀切换。如由主汽阀切换到调节阀；由启动阀切至同步器操作等。

（5）继续升速至3000r/min，切换汽轮机主油泵，检查汽轮机各监视值正常，并做好并网准备。

41 汽轮机启动升速和空负荷时，为什么排汽温度比正常运行时高？采取什么措施降低排汽温度？

答：汽轮机升速及空负荷时，因进汽量小，蒸汽主要在高压段膨胀做功，至低压段压力已降至接近排汽压力，低压级的叶片很少或者不做功，形成较大的鼓风摩擦损失，加热了排汽，使排汽温度升高。此时凝汽器真空和排汽温度往往是不对应的，即排汽温度高于真空对应下的饱和温度。

机组启动运行时，应尽量缩短空负荷运行时间，大机组通常在排汽缸设置喷水减温装置，排汽温度高时，喷入凝结水以降低排汽温度。当机组并网带部分负荷后，排汽温度会降至正常值。

42 汽轮机暖机的目的是什么？

答：暖机的目的是使汽轮机各部金属温度得到充分的预热，减少汽缸法兰外壁、法兰与螺栓之间的温差，从而减少金属内部热应力，使汽缸、法兰及转子均匀膨胀，高压差胀值在安全范围内变化，保证汽轮机内部的动、静间隙不致消失而发生摩擦，同时使带负荷的速度相应加快，缩短带至满负荷所需要的时间，达到节约能源的目的。

43 汽轮机启动时，暖机稳定转速为什么应避开临界转速150～200r/min？

答：汽轮机启动过程中，主蒸汽参数、真空都会波动，且厂家提供的临界转速值在实际运转中也会有一定出入，如不避开150～200r/min的转速，工况变动时机组转速有可能落入共振区而引起更大的振动。

44 汽轮机升速和加负荷时，为什么要监视机组振动情况？

答：大型机组启动时，发生振动多在中速暖机及其前后升速阶段，特别是通过临界转速的过程中，机组振动将大幅度增加。如果振动较大，容易发生动、静部分摩擦，汽封磨损，转子弯曲。因此升速过程中，发生振动超限，应打闸停机，进行盘车直轴，清除引起振动原因后，再重新启动机组。

机组全速并网后，随着负荷增加，蒸汽流量变化较大，金属内部温升速度较快，主蒸汽温度配合不好，金属内外壁最易造成较大温差，使机组产生振动，因此每增加一定负荷时需暖机一段时间，使机组逐步均匀加热。

45 轴向位移保护为什么要在冲转前投入？

答：冲转时，蒸汽流量瞬间较大，蒸汽先进入高压缸，而中、低压缸几乎不进汽，轴向推力较大，主要由推力盘来平衡，若此时轴向位移超限，也同样会引起动、静摩擦，严重时将造成设备损坏事故。故冲转前就应将轴向位移保护投入。

46 汽轮机启动、停机时，为什么要规定蒸汽的过热度？

答：蒸汽过热度太低，在启动过程中，由于前几级温度降低过大，后几级温度有可能低到该级压力下的饱和温度，变成湿蒸汽。蒸汽带水对叶片的危害极大。所以启、停过程蒸汽的过热度一般要控制在50～100℃较为安全。

47 主蒸汽温度达到多少度时，可以关闭本体疏水？为什么？

答：主蒸汽温度达400℃时，一般可以关闭汽轮机本体疏水门。

滑参数启动时，主蒸汽温度达400℃时，金属部件已有较长时间的稳定加热过程，金属与蒸汽的温度差较小，凝结放热过程已经结束。

48 低速暖机时，为什么真空不能过高？

答：低速暖机时，若真空太高，暖机的蒸汽流量太小，机组预热不充分，暖机时间延长。汽轮机过临界转速时，要求尽快越过去，其方法有：

(1) 加大蒸汽流量。

(2) 提高真空。

若冲转时真空太高，机组较长时间在接近临界转速的区域内运行不安全，也是不允许的。

49 为什么汽轮机正常运行中排汽温度应低于65℃，而启动升速至空负荷阶段排汽温度最高允许120℃？

答：汽轮机正常运行中蒸汽流量大，排汽处于饱和状态，若排汽温度升高，排汽压力也升高，凝汽器单位面积热负荷增加，真空下降，凝汽器铜管胀口有可能松弛漏水。

汽轮机启动升速至空负荷阶段，蒸汽流量小，由于鼓风摩擦，导致排汽过热，凝汽器单位面积热负荷不大，真空仍可调节，凝汽器铜管胀口也不会受到太大的热冲击而损坏，排汽温度允许高一些，但当排汽温度大于85℃时，应开启排汽缸喷水降温装置。

50 机组启动时，怎样使转子平稳迅速地通过临界转速？

答：机组启动时，为使转子平稳迅速地通过临界转速，一般可采用：

(1) 开大冲转阀门，增大蒸汽量。

(2) 关小真空破坏门，提高真空。

(3) 调节关小有关疏水门。

汽轮机轴系临界转速较多，应结合机组升速前的蒸汽参数、背压和差胀情况具体选择。转子过临界转速时，转速连续上升，不应出现怠速，回降或忽上忽下情况。若冲转参数不太高，可开大阀门增加进汽量为主；若冲转参数偏高，可关小电动主汽门前、后疏水门为主，然后开大阀门增大进汽量。中速暖机结束过轴系临界转速区时，汽轮机全关真空破坏门，调整电动主汽门前、后疏水门，关闭中联门直管疏水门，调节中联门弯管疏水门，开大阀门增大进汽等顺序操作为好。

51 为什么汽轮机启动中，在低负荷时，凝汽器水位要保持高水位，而达到一定负荷后，要改为低水位运行？

答：因为凝汽器热井上接有某些疏水管。机组启动时，排汽量较少，通过凝结水泵出口调节阀门与凝结水再循环门维持凝汽器侧高水位运行，可确保疏水管管口浸没在水面以下，当疏水进入热井就不会直接冲入凝汽器而发生撞击振动，可以减少铜管的损坏。机组达到一定负荷后，排汽量较大时关闭凝结水再循环门，适当开大凝结水泵出口调整门，利用凝结水泵的汽蚀原理自动维持凝汽器低水位运行，可减少人工调节量并能降低厂用电消耗。

52 为什么门杆漏汽压力高于除氧器内部压力时，才允许打开门杆漏汽至除氧器的阀门？

答：如果过早地打开门杆漏汽至除氧器阀门，若管道上逆止门不严，将会使门杆漏汽管道上的汽水倒流，造成主汽门和调节汽门门杆急剧冷却，产生很大热应力，并且易将管道中铁锈、杂物带入门杆处，引起汽门卡涩。

53 机组启停时，缸胀如何变化？

答：汽缸的绝对膨胀叫缸胀。在启动过程中，缸胀逐渐增大；停机时，汽轮机各部分金属温度下降，汽缸逐渐收缩，缸胀减小。

54 差胀的正、负值说明什么问题？

答：汽轮机启停及负荷变化工况时，转子与汽缸沿轴向膨胀的差值为差胀。差胀为正值时，说明转子的轴向膨胀量大于汽缸的膨胀量；差胀为负值时，说明转子膨胀量小于汽缸膨胀量。

当汽轮机启动时，转子受热较快，一般为正值；汽轮机停机或甩负荷时，差胀较容易出现负值。

55 差胀的大小与哪些因素有关？

答：（1）启动机组时，汽缸与法兰加热装置投运不当，加热蒸汽量过大或过小。

（2）暖机过程中，升速率太快或暖机时间太短。

（3）正常停机或滑参数停机时，汽温下降太快。

（4）增负荷速度太快。

（5）甩负荷后，空负荷或低负荷运行时间过长。

（6）汽轮机发生水冲击。

（7）正常运行过程中，蒸汽参数变化速度过快。

56 汽轮机轴向位移零位如何确定？

答：在冷状态时，轴向位移零位的定法是将转子的推力盘推向推力瓦工作瓦块，并与工作面靠紧，此时仪表的指示定为零。

57 高压差胀零位如何确定？

答：高压差胀的定法应在汽轮机全冷状态，高压缸、高压转子未受热膨胀时，将转子推力盘靠向推力瓦块工作面，高压差胀的指示值作为高压差胀零位。

58 为什么差胀必须在全冷状态下校正？

答：汽缸和转子有温度变化，就有膨胀值，转子的膨胀量（或收缩量）大于汽缸，差胀变化较大，一般在－1～＋6mm之间，而汽轮机内部动静之间的轴向间隙较小仅有2mm左右，汽轮机汽缸、转子未完全冷却的情况下，相对零位无法找准。故为保证机组运行中动、静间隙可靠，不发生摩擦，差胀表零位须在冷态下校正。

59 轴向位移与差胀有何关系？

答：轴向位移的零点在推力瓦块处，差胀的零位分别在转子和汽缸的死点处。

轴向位移反映转子各压力级推力变化产生的转子位移变化。差胀是转子与汽缸受热或受冷产生膨胀的变化之差。

如果机组参数不变，负荷稳定，差胀与轴向位移不发生变化。机组启停过程中及蒸汽参数变化时，差胀将会发生变化，而轴向位移一般不会发生变化。

运行中轴向位移变化，因为转子的死点位置产生了变化，会引起差胀指示的变化。

60 汽轮机上、下缸温差过大有何危害？

答：汽轮机启停过程中，容易使上下汽缸产生温差，通常上缸温度大于下汽缸温度。上缸温度高，膨胀大，下缸温度低，膨胀小，温差达到一定数值，会造成汽缸向上拱起。在汽缸拱背时，下缸底部动、静径向间隙减小，有可能造成动、静部分径向摩擦，磨损下缸下部的隔板汽封等，同时动、静部分轴向间隙减小，结果与其他因素一起造成轴向摩擦，摩擦会造成大轴弯曲，发生振动等。

61 造成下汽缸比上汽缸温度低的原因有哪些？

答：下汽缸比上汽缸温度低的原因有：

(1) 下汽缸比上汽缸金属质量大，下汽缸有抽汽口和抽汽管道，散热面积大，散热量也大，保温条件差。

(2) 机组启动过程，蒸汽上升内部疏水从下汽缸疏水管排出，下缸受热条件恶化，疏水不及时或疏水不畅，上、下缸温差更大。

(3) 停机后，机组在盘车时，由于疏水不良或下汽缸保温质量不高及汽缸底部挡风板缺损，空气对流量增大，使上、下汽缸冷却条件不同，增大了温差。

(4) 滑参数启停时，汽加热装置使用不得当。

(5) 机组停运后，由于各级抽汽门、新蒸汽门关闭不严，汽水漏入汽缸内等。

62 如何减小上、下汽缸温差？

答：为减小上、下汽缸温差，避免汽缸的拱背变形。一般预防措施有：

（1）改善汽缸的疏水条件，选择合适的疏水管径，防止疏水积存。

（2）机组启停时，及时使用各疏水门。

（3）完善下汽缸挡风板，加强下缸保温，减少冷空气对流。

（4）正确使用汽加热装置。

（5）防止汽缸进水和进冷汽。

63 汽轮机启动和带负荷过程中，为什么要监视汽缸的膨胀情况？

答：汽轮机汽缸膨胀的增加是汽轮机金属温度升高的反映。一般机组从启动到全速，汽缸膨胀值达5mm左右，否则应延长暖机时间。如果汽缸及法兰温度水平较高，而汽缸膨胀值不与之对应，说明滑销系统有卡涩。因此，启动中应监视汽缸膨胀情况。

64 什么是高压调节阀的阀切换？

答：冲转时，采用全周进汽方式，各高压调节阀均处在节流状态，此目的是均匀加热汽轮机，减少热应力，到一定负荷和缸温后，采用部分进汽方式，关闭部分高压调节阀，另外调阀依次全开，减少节流损失。

从全周进汽到部分进汽方式的切换过程，称为高压调节阀的阀切换。

65 水-氢-氢冷发电机升压过程中应注意哪些问题？

答：升压是指当汽轮发电机组转速已升到额定转速且定子绕组也已通水的情况下，通过增加励磁升高发电机定子绕组电压的操作。升压时应注意：

（1）三相定子电流表的指示均应接近零。如果定子电流表有明显指示，则说明定子绕组上有短路（如临时接地线未拆除等），这时应减励磁到零，拉开灭磁开关进行检查。

（2）定子三相电压应平衡。如果三相电压不平衡，则说明一次回路或电压互感器回路存在断路情况。

（3）当发电机定子电压升到额定值，转子电流达到空载值时，将磁场变阻器的手轮位置标记下来，便于以后升压时参考。核对这个指示位置可以检查转子绕组是否存在匝间短路，因为有匝间短路时，要达到定子额定电压，转子的励磁电流必须增大，这时该指示位置就会超过前次升压时的标记位置。

66 进行发电机升压操作时，为什么要注意观察励磁电压和励磁电流是否正常？

答：观察励磁电压和励磁电流的主要目的，是利用转子电流表的指示来核对转子电流值是否与空载额定电压时的转子电流值相符。如果定子电压还未到额定值，转子电流就已经大于空载额定电压时的相应数值，则说明转子绕组有匝间短路。

67 发电机-变压器组并入电网的方式有哪几种？

答：发电机-变压器组并入电网的方法有两种：

（1）准同步法并列，就是并列操作前，调节发电机励磁，当发电机电压、频率、相位、幅值分别与并列点系统的电压、频率、相位、幅值相接近时，将发电机断路器合闸，完成并列操作。

（2）自同步法并列，就是先将励磁绕组经过一个电阻（阻值为励磁绕组阻值的5～10

倍）回路，在不加励磁的情况下，当待并发电机频率与系统频率接近时，合上发电机断路器，紧接着加上励磁，利用电机的自整步作用，即借助于原动机的转矩与同步转矩互相作用，将发电机拉入同步。

68 准同步并列应具备的理想条件和实际条件是什么？

答：采用准同步法要满足三个理想条件是：

（1）待并发电机电压与系统电压相等。

（2）待并发电机频率与系统频率相等。

（3）待并发电机电压相位角与系统电压相位角一致。

在上述理想情况下，断路器合闸瞬间冲击电流为零，并列后发电机立即进入同步运行而不发生任何冲击，这是准同步方式的最大优点。但实际情况总是不完全符合理想条件的，因此在准同步并列操作中，上述三个条件是允许有一定差值的，但要将差值严格控制在允许范围内。

实际条件为：

（1）待并发电机电压与系统电压接近相等，误差不超过±5%～±10%。

（2）待并发电机频率与系统频率接近相等，误差不超过±0.2%～±0.5%。

（3）待并发电机电压相位角与系统电压相位角接近一致，相位差不超过±10°。

69 如何进行发电机-变压器组的手动准同步并列？

答：在进行手动准同步并列操作前，不仅要确认发电机-变压器组断路器、隔离开关位置正确，还应确认开关及同步开关位置正确（不允许有第二个同步开关投入）。接着可投入同步表盘，同步表开始旋转，同步灯也跟着时亮时暗，这时可能还要少许调整发电机端电压，以满足电压接近相等的条件。调整的方法是调整自动电压调整装置的电压给定开关（特殊情况下也可利用调节装置内的“手动回路开关”或感应调压器进行调压）。继而调整发电机的转速以满足频率接近相等、相位接近相同的条件。

当以上三个条件都满足时，在指针顺时针方向缓慢旋转且接近同步点（预留发电机-变压器组断路器的合闸时间）时合闸，使发电机与系统并列。随即可增加发电机的无功负荷和有功负荷，确认发电机已带上5%的负荷。记下并列时间，切断同步表开关和同步开关，并列操作完成。

70 调节有功功率时，无功功率会变化吗？

答：调节有功功率时，无功功率会自动变化。以有功功率增大的情况主例，有功电流产生的磁场使转子主磁极前进方向上进入边的磁场削弱，呈去磁作用；退出边的磁场加强，起助磁作用，但是发电机的铁芯都趋于饱和，增加的磁通总是少于减小的磁通，所以发电机的总磁通路有减小，也就是发电机的端电压略有下降。因此必然要增加励磁电流来维持端电压恒定，若励磁电流保持不变，无功功率就会相应减小。

71 怎样调节无功功率？

答：无功功率的调节是通过调节励磁电流来实现的。以调节感性无功功率为例，由于感性电流滞后电动势90°，可将定子绕组顺时针旋转90°来假想表示。感性无功电流产生的磁场的方向与转子主磁场的方向相反，不产生力矩，但它的去磁作用将使发电机的端电压发生变化。如果感性无功负载增加，去磁作用增强，为了维持发电机的端电压不变，就必须增加励磁电流；如果感性无功负载减少时，则应相应减少励磁电流。也就是说，在有功功率一定的条件下，要改变发电机的无功负荷只需改变励磁电流。

72 调节无功功率时，有功功率会变化吗？

答：调节无功功率时，有功功率基本不变。例如增加超负荷无功功率时，随励磁电流增加所相应增加的感性无功电流不产生力矩，因此不会影响有功功率。减少无功功率时，情况是一样的。

73 高压厂用母线由备用电源供电切换至工作电源供电的操作原则是什么？

答：高压厂用母线由备用电源供电切换至工作电源供电的操作原则如下：

(1) 正常切换应在发电机有功负荷约为额定值的30%时进行。

(2) 应先把高压厂用母线工作电源进线开关置于热备用状态。

(3) 检查工作厂用变压器运行正常。

(4) 必须先投入同步装置，并确认符合同步条件。

(5) 合上高压厂用母线工作电源进线开关，并检查工作进线电流表有指示，再拉开高压厂用母线备用电源开关，并退出同步装置。

(6) 切换完成后，应投入高压厂用母线备用电源自投装置。

74 为什么发电机-变压器组解列和并列前必须投入变压器中性点接地隔离开关？

答：发电机-变压器组解列、并列前投入变压器中性点接地隔离开关的主要目的是避免某些操作过电压。在110～220kV大电流接地系统中，为了限制单相短路电流，部分变压器的中性点接地，那么当操作过程中断路器发生三相不同步动作或不对称开断时，将发生电容传递过电压或失步工频过电压，从而造成事故。

75 变压器中性点接地隔离开关切换如何操作？

答：切换原则是保证电网不失去接地点，采用先合后拉的操作方法。

(1) 合上待投入变压器中性点的接地隔离开关。

(2) 拉开工作接地点的接地隔离开关。

(3) 将零序保护切换到中性点接地的变压器。

76 变压器送电时，为什么要从电源侧充电，负荷侧并列？

答：这是因为变压器的保护和电流表均装在电源侧，当变压器送电时，采用从电源侧充电，负荷侧并列的方法有以下优点：

(1) 送电的变压器如有故障，可通过自身的保护动作跳开充电断路器，对运行系统影响小。大容量变压器均装有差动保护，无论从哪一侧充电，回路故障均在主保护范围之内，但为了取得后备保护，仍然是按照电源侧充电，负荷侧并列的原则操作为好。

(2) 便于判断事故、处理事故。例如合变压器电源侧断路器时，若保护跳闸就说明故障在变压器上；合变压器负荷侧断路器时，若保护跳闸则说明故障在负荷上。

（3）可以避免运行变压器过负荷。变压器从电源侧充电，空载电流及所需无功功率由上一级电源供给，即使运行变压器是满载运行，也不会使其过负荷。

（4）利于监视。电流表都是装在电源侧的，从电源侧充电，如有问题能及时从表计上得到反映。

77 什么是励磁涌流？它对变压器有何危害？

答：当合上断路器给变压器充电时，有时可以看到变压器电流表的指针摆的很大，然后很快返回到正常的空载电流值，这个冲击电流通常叫作励磁涌流。

在交流电中，磁通总是落后电压 90°相位角。如果合闸瞬间，电压正好达到最大值时，则磁通的瞬时值正好为零，即在铁芯里一开始就建立了稳态磁通。在这种情况下，变压器不会产生励磁涌流。

而当合闸瞬间电压为零时，则它在铁芯中所建立的磁通应为最大值（2Φ），可是由于铁芯中的磁通不能突变，既然合闸前铁芯中没有磁通，这一瞬间仍要保持磁通为零。因此，在铁芯中就出现一个非同期分量的磁通，其幅值为 Φ。此时，铁芯中的总磁通应看成两个磁通相加，在 1/2 周期时，两个磁通的相加值达到最大，即周期分量的两倍（2Φ）。而变压器绕组中的励磁电流和磁通的关系由磁化特性决定。铁芯中磁通密度达到 2Φ 时，铁芯的饱和情况非常严重，因而励磁电流的数值大增，而且电流波形很尖，这就是变压器励磁涌流的由来。

由于冲击电流存在的时间很短，因此励磁涌流对变压器并无危险。当然不利也是有一些，主要是冲击电流可能因绕组间的机械力作用引起其固定件松动以及变压器差动保护误动等。

78 机组升负荷过程中应注意什么问题？

答：（1）并网以后锅炉加强燃烧，机组以一定的速率升负荷，当二次风温达 180℃以上时，启动制粉系统并投运电除尘器。汽轮机主蒸汽系统、再热蒸汽系统、主汽门阀体等疏水门逐渐关闭。

（2）负荷升至 30%额定负荷左右时，准备启动汽动给水泵，并随负荷增加逐渐进行汽—电给水泵切换，倒换厂用电由本机组供给，切换除氧器和辅助蒸汽汽源，高压加热器投入运行。

（3）到 70%额定负荷时，逐渐退出油枪，锅炉进行一次全面吹灰。

（4）70%额定负荷以上，汽温、汽压达到额定参数，滑压运行停止，然后定压运行全机组带满负荷。机组满负荷运行后进行一次全面检查，并且尽可能使自动调节系统全面投运。

79 强制循环锅炉单元机组冷态启动有哪些特点？

答：强制循环锅炉单元机组的启动顺序与自然循环锅炉单元机组类似，但由于强制循环锅炉在下降管中装有强制循环泵以及过热蒸汽系统中配有 5%启动旁路（有些强制循环锅炉未配），使机组启动时间缩短，安全性和经济性提高。

（1）汽包工作条件。汽包结构不同于强制循环锅炉，汽包容量较小，上升管来的汽水混合物从汽包顶部引入，沿弧形衬板与汽包金属内壁之间的通道自上而下流动，汽包内壁上、下温度基本相同，无汽包上下壁温差。

（2）水循环安全性。点火之前，循环泵已启动，建立了水循环，汽包受热比较均匀，启动初期循环倍率较大，管内有足够水量流动，而且给水和锅火经汽包、循环泵混合后进入水冷壁，锅水温度较均匀，强制循环锅炉点火初期无需其他措施来改善水冷壁的受热情况。

（3）省煤器保护。强制循环锅炉在25％～30％额定负荷之前，炉水循环水泵对省煤器进行强迫循环，其循环水量大，保护可靠。

（4）5％启动旁路作用。配有5％额定流量启动旁路的强制循环锅炉冷态启动一般不投运机组旁路。启动时水循环不会有不安全问题，锅炉可以维持较低负荷运行，锅炉产生的少量蒸汽可以开始锅炉暖管、汽轮机冲转、暖机，缩短启动时间。汽温、汽压参数的匹配靠5％旁路：开大启动旁路，降低汽压、提高汽温；关小启动旁路，提高汽压，降低汽温。

（5）再热器运行。采用5％启动旁路机组，再热器无蒸汽通过，处于干烧状态，除再热器本身采用高温材料外，运行时还要严格控制锅炉出口烟温。

（6）炉水循环水泵的运行。炉水循环泵启动前，先充水排除电动机和泵内的空气，炉水泵投运后，要确保其二次冷却水的畅通，泵的启停要监视汽包水位的变化。

一般一台炉水泵在点火前启动，第二台炉水泵在锅炉起压后、汽轮机冲转前启动，第三台留作备用。

80 机组热态滑参数启动有何特点？如何控制热态启动参数？

答：热态启动由于启动之前机组处于较高的温度下，因而可以缩短启动的暖机时间。

热态启动时，锅炉出口蒸汽温度可在安全前提下较快升高，在实际运行中，一般会采取一些提高温升的措施，如用机组旁路启动；提高炉膛火焰中心位置；加大炉内过量空气系数等，直到满足冲转要求。

冲转参数一般采用正温差启动（蒸汽温度高于金属温度），主蒸汽温度高于高压缸调节级上缸内壁金属温度50～100℃，蒸汽过热度大于50℃，如调节级汽缸和转子金属温度在450℃以上，此时允许负温差启动。

热态启动时，再热汽温应与中压缸金属温度相配合，对于高中压合缸的机组，还应保持再热汽温与主汽温的接近。冲转汽压宜采用允许的较高值，这样容易使冲转温度满足要求，并能迅速使汽轮机升速、接带负荷至初始工况点，中途无需调节汽压。

81 热态滑参数启动应注意哪些问题？

答：热态滑参数启动应注意：

（1）冲转参数选择。

（2）初负荷选择。根据汽轮机金属温度（热态）在冷态启动曲线上找到相对应的初始工况点和初始负荷。一般热态启动在较短时间完成冲转，升速至3000r/min，并尽快并网带负荷，并网后可以每分钟5％～10％额定负荷的速度加至初负荷，达到初负荷，接冷态启动曲线升负荷。

（3）转子热弯曲。

（4）轴封供汽问题。

（5）其他问题。

1）冷油器出口油温不得低于38℃，以免造成油膜不稳而引起振动。
2）升速、接带负荷速度快，锅炉电气设备须在冲转前做好准备工作。
3）热态启动时间短，应严格监视振动，如振动超限，应打闸停机等。

82 热态启动如何避免转子热弯曲？

答：在热态启动冲转前，消除转子热弯曲是机组热态启动的关键条件。要求热态冲转前连续盘车不应少于4h，以消除转子暂时性热弯曲。若启动前转子挠度超过规定值，则应延长盘车时间。连续盘车期间应避免盘车中断，如有中断，则应按规定延长盘车时间。在盘车时要仔细听音，检查轴封处有无金属摩擦声，如有摩擦，应采取措施消除后再启动。

83 为什么热态启动时应先送轴封汽后抽真空？

答：热态启动时，转子和汽缸金属温度较高，如先抽真空，冷空气将沿轴封进入汽缸，而冷空气是流向下缸的，因此下缸温度急剧下降，使上、下缸温度增高，汽缸变形，动、静产生摩擦，严重时将使盘车不能正常投入运行，造成大轴弯曲，故热态启动先送轴封汽，后抽真空。

第三节　单元机组的运行

1 单元机组运行调整有什么特点？

答：单元机组是炉、机、电纵向串联构成的一个不可分割的整体，其中任何一个环节运行状态的改变都将引起其他环节运行状态的改变。所以，炉机电的运行维护和调整是相互紧密联系的。正常运行中各环节又有其特点：锅炉侧重于调节；汽轮机侧重于监视；而电气则与单元机组的其他环节以及外部电力系统紧密联系。

2 何谓汽轮机的寿命？正常运行中影响汽轮机寿命的因素有哪些？

答：汽轮机寿命是指从初次投入运行至转子出现第一条宏观裂纹（长度为0.2～0.5mm）期间的总工作时间。

汽轮机正常运行时，主要受到高温和工作应力的作用，材料因蠕变要消耗一部分寿命。在启动、停运和工况变化时，汽缸、转子等金属部件受到交变热应力的作用，材料因疲劳也要消耗一部分寿命。在这两个因素共同作用下，金属材料内部就会出现宏观裂纹。通常，蠕变寿命占总寿命的20%～30%，考虑到安全裕度，低周疲劳损伤应小于70%，以上是在正常运行条件下的寿命，实际工作中影响汽轮机寿命的因素很多，如运行方式、制造工艺、材料质量等。不合理的启动、停机所产生的热冲击，运行中的水冲击事故，蒸汽品质不良等都会加速设备的损坏。

3 在什么工况下运行对汽轮机寿命损耗最大？

答：机组甩负荷时对汽轮机寿命损耗较大。当机组负荷突然变化50%额定负荷以上时，汽轮机转子会发生热冲击影响，尤其在甩全负荷后维持汽轮机空转或带厂用电运行的方式，对汽轮机寿命损耗最大。

4 进入汽轮机的蒸汽流量变化时，对通流部分各级的参数有哪些影响？

答：对于凝汽式汽轮机，当蒸汽流量变化时，级组前的温度一般变化不大（喷嘴调节的调节级汽室温度除外）。不论是用喷嘴调节，还是节流调节，除调节级外，各级组前压力均可看成与流量成正比变化，所以除调节级和最末级外，各级前、后压力均近似地认为与流量成正比变化。运行人可通过各监视段压力来有效地监视流量变化情况。

5 汽轮机流量变化与各级反动度的关系如何？

答：对于凝汽式汽轮机，当流量变化时，除调节级和末级外，各压力级的级前压力与流量成正比变化，故各级焓降基本不变，所以反动度亦基本不变。对于调节级，当流量增加时，在第一调节汽门全开以前焓降随流量增加而增加，反动度随流量增加而减小；第二调节汽门开启直到达到额定流量，调节级的焓降是随流量增加而减小，故反动度随流量增加而增加。末级焓降是随流量增加而增加，故反动度是随流量增加而减小。反之，当流量减小时，其变化方向相反。当流量变化较大时，焓降的变化越向低压级，变化值越大，反动度变化亦越大。

级反动度的变化还与级设计工况的反动度有关，设计工况的反动度越大，变工况下反动度的变化越小，反动级的反动度基本不变。

6 汽轮机运行中日常维护工作内容主要有哪些？

答：汽轮机运行中的日常维护工作内容主要有：

（1）通过监盘、定期抄表、巡回检查、定期测振等方式监视设备仪表，进行仪表分析，检查运行经济安全性。

（2）通过经常检查，监视和调整发现设备的缺陷，及时消除，提高设备的健康水平，预防事故的发生和扩大，提高设备的利用率，保证设备长期安全运行。

（3）通过经常性的检查、监视及经济调度，尽可能使设备在最佳工况下工作，降低汽耗率、热耗率和厂用电率，提高设备运行的经济性。

（4）定期进行各种保护试验及辅助设备的正常试验和切换工作，保证设备的安全可靠性。

7 何为汽轮机的定压运行？其有何优缺点？

答：蒸汽在额定参数下，利用调汽门开度的大小调整负荷的方式为汽轮机的定压运行。

这种方式调整负荷时，汽轮机内部的温度变化较大，且在低负荷时调汽门对蒸汽的节流损失较大，所以不经济。但适应负荷变化的速度快。

8 何为汽轮机的变压运行？其有何优缺点？

答：在调汽门全开的状态下，利用蒸汽压力变化来调整负荷的变化的方式为称汽轮机的变压运行。

这种调节方式，在汽缸内调节级处温度变化很小，不会使金属部件产生较大的热应力。低负荷时保持较高的热效率，因为主蒸汽压力随负荷降低而降低，温度不变，此时进汽量少，但容积流量基本不变，使汽流在叶片通流部分偏离设计工况少。另外，在调汽门处节流损失小。变压运行的缺点是因炉侧汽压变化有一定的滞后，所以负荷适应性差。

9 汽轮机的变压运行有哪几种方式？

答：汽轮机的变压运行有以下方式：

（1）纯变压运行。即在整个负荷变化的范围内，调汽门全开，负荷变化全由锅炉压力来控制的运行方式。

（2）节流变压运行。为了弥补完全变压运行时负荷调整速度缓慢的缺点，在正常情况下调汽门不全开，对主汽压力保持一定的节流。当负荷突然增加时，原未开大的调汽门迅速全开，以满足突然加负荷的需要。此后，随锅炉蒸汽压力的升高，调汽门又重新关小，直到原滑压运行的调汽门开度。

（3）复合变压运行。是一种变压运行和定压运行相结合的运行方式，具体有以下三种方式：

1）低负荷时变压运行，高负荷时定压运行。在低负荷时最后一个或两个调汽门关闭，而其他调汽门全开，随着负荷逐渐增大，汽压到额定压力后，维持主汽压力不变，改用开大最后一个或两个调汽门，继续增加负荷。这种方式在低负荷时，机组显示出变压运行的特性，而在高负荷时，机组又有一定的容量参与调频，是一种比较理想的运行方式。

2）高负荷时变压运行，低负荷时定压运行。大容量机组采用变速给水泵，尽管其转速变化范围较宽，但也有最低转速的限制。另外，锅炉在低压力、高温度时，吸热比例发生较大的变化，给维持主蒸汽温度带来一定的困难，因而锅炉最低运行压力受到限制。低负荷定压运行，高负荷变压运行，可以满足以上要求，并且在高负荷下具有变压运行的特性。

3）高负荷和低负荷时定压运行，中间负荷区变压运行。高负荷区时，用调汽门调节负荷，保持定压运行；中间负荷时，一个或两个调汽门关闭，处于滑压运行状态；低负荷区时又维持在一个较低压力水平的定压运行。因此，这种运行方式也称为定—滑—定运行方式，它综合了以上两种方式的优点。

10 变压运行对汽轮机内效率有什么影响？

答：变压运行时汽轮机由于没有部分进汽的调节，也就没有部分进汽损失；另外，由于压力降低，而蒸汽温度保持不变，进入汽轮机的容积流量近似不变，这样可以保证各级喷嘴出口速度基本不变，各级速比仍在最佳速比范围内。所以，在部分负荷下高压缸的效率基本保持不变。

11 变压运行对直流锅炉的运行有哪些影响？

答：采用螺旋上升与垂直上升相结合的水冷壁管圈的直流锅炉，其下辐射区、中辐射区采用螺旋管，上辐射区采用一次垂直上升管屏，中间连接采用分叉管或中间联箱结构。这种锅炉多用于超临界压力机组，它可以在100％～25％额定负荷范围内实现变压运行。对于这种锅炉，以超临界压力的单相流体到亚临界压力的双相流体运行，其管内的流动无疑是稳定的，热偏差也小。

对于直流锅炉，由于降压后水冷壁内水汽两相流可能产生不稳定流动、脉动现象，使低负荷时炉内热负荷不均匀，因而会加剧水冷壁内两相流工质的热偏差（直流炉水冷壁内为强制流动的两相工质），同时相变点也将随着压力变化而移动。这些都会降低直流炉水冷壁的安全性。

12 汽轮机通流部分结垢的原因有哪些？

答：汽轮机内沉积盐垢，都是蒸汽离开锅炉时携带造成的，蒸汽携带杂质主要是由于汽水分离不好，携带水分的结果。此外，蒸汽在不同压力下对某些物质具有不同的溶解能力。造成蒸汽带水的原因可能是水工况恶化，也可能是锅炉产生了汽水共腾现象。另外还有由于某种原因使锅炉给水或汽轮机凝结水以及化学补水品质恶化。

当携带杂质的蒸汽在汽轮机内膨胀做功时，由于压力、温度的变化会引起溶解于蒸汽中的各种杂质的溶解度发生变化，这样当蒸汽流动方向和速度发生变化时，不同杂质就会在不同部位被分离出来，沉积在通流部分上。

13 汽轮机通流部分结垢对其有什么影响？

答：通流部分结垢对机组的安全经济运行危害极大。汽轮机喷嘴和叶片槽道结垢，将减少蒸汽通流面积，在初压不变的情况下，汽轮机进汽量减少，使机组出力降低。此外，当通流部分结垢严重时，由于隔板和推力轴承有损坏的危险，而不得不限制负荷。如果配汽机构结垢严重，将破坏配汽机构的正常工作，并且容易造成自动主汽门、调汽门卡涩的事故隐患，有可能导致在事故状态下紧急停机时主汽门、调汽门动作不灵活或拒动，造成超速的严重后果，以至损坏设备。

14 汽轮机通流部分结垢如何清除？

答：汽轮机通流部分结垢有以下清除方法：

（1）汽轮机停机揭缸，用机械方法清除。

（2）盘车状态下热水冲洗。

（3）低转速下热湿蒸汽冲洗。

（4）带负荷湿蒸汽冲洗。

15 机组运行中引起汽缸膨胀变化的原因有哪些？

答：运行中引起汽缸膨胀值变化的原因有：

（1）负荷发生变化。

（2）进汽温度变化。

（3）汽缸加热装置投运或停运，或加热装置阀门不严。

（4）滑销系统或轴承台板滑动面卡涩。

（5）汽缸保温脱落不全。

16 汽轮机为什么会产生轴向推力？

答：汽轮机产生轴向推力有三方面的原因：

（1）蒸汽作用在动叶上的轴向推力。蒸汽流经动叶片时，产生两种作用于动叶的轴向力，其一是蒸汽轴向分速度变化产生对叶片的冲击力；其二是级内反动度造成动叶片前后产生压力差，产生轴向推力。显然，反动度越大，动叶片前后压力差越大，轴向推力也越大。

蒸汽作用在动叶上的轴向力等于上述两个轴向力之和。

（2）作用在叶轮面上的轴向推力。当叶轮前后存在压力差时，它将作用于叶轮轮面而产生轴向推力。由于叶轮轮面的面积较大，即使前后压差不很大，也会产生很大的轴向推力。

（3）作用在汽封凸肩、转轴凸肩上的轴向推力。采用高、低齿形式的隔板汽封的机组，则转子汽封也相应做成凸肩结构。由于每个汽封凸肩前后存在压差，而产生轴向推力。同样，汽轮机转子上各凸肩，也由于各面上压力不等，产生同方向的轴向推力，这些力之和就是作用在转轴凸肩上的轴向推力。

17 汽轮机的轴向推力是如何平衡的?

答：汽轮机的轴向推力是靠推力轴承来承担，同时采取以下方法来平衡轴向推力：

（1）开设平衡孔。在叶轮上开设平衡孔，以均衡叶轮其前后的压力差，减小轴向推力。反动式汽轮机，由于动叶前后压差大，将叶片直接安装在轮毂上，尽量减小作用面积来减小轴向推力。

（2）采用平衡活塞。将多级汽轮机的高压端轴封的第一轴封套直径适当地加大，以便在端面上产生与轴向推力相反的轴向力，起到平衡轴向力的作用。

（3）采用相反流动的布置。将多缸机组的汽缸相互对置，使蒸汽在汽轮机内的流动方向相反，使各缸轴向推力互相抵消。

18 汽轮机运行中，主蒸汽压力升高对机组有什么影响?

答：主蒸汽压力升高后，汽轮机的有效焓降增加，蒸汽做功能力相应增加。如保持负荷不变，蒸汽流量可以减少，对机组经济运行是有利的，但最末几级的蒸汽湿度将增加，特别是对末级叶片的工作不利。主蒸汽汽压过高，调节级焓降过大，时间长了会损坏喷嘴和叶片，主蒸汽压力升高超限，最末几级叶片的蒸汽湿度大大增加，叶片遭受冲蚀。新蒸汽压力升高过多，还会导致导汽管、汽室、汽门等承压部件应力的增加，给机组的安全运行带来一定的威胁。

19 汽轮机运行中，主蒸汽压力降低对机组有什么影响?

答：新蒸汽压力下降，则负荷下降。如果维持负荷不变，则蒸汽流量增加，机组汽耗量增加，经济性降低。新蒸汽压力降低时，调节级焓降减少，末级的焓降增加。新蒸汽压力降低过多时，要保持负荷不变，有可能流量的增加超过末级通流能力，叶片应力及轴向推力增大，故应限负荷运行。

20 汽轮机运行中，主蒸汽温度升高对机组有什么影响?

答：主蒸汽温度升高，汽轮机的热降和功率有所增加，在其他参数不变的情况下，热耗有所降低。但主蒸汽温度升高超过允许范围对汽轮机的安全运行会造成以下危害：

（1）主蒸汽温度过高，在调节处热降增大，使调节级叶片过负荷。

（2）主蒸汽温度过高，会使金属材料的机械强度降低，增加蠕变速度。对主蒸汽管道、汽缸、汽门、轴封等金属部件的工作温度超过允许范围，会使其紧固部件松弛，降低使用寿命或损坏设备。

（3）主蒸汽温度过高，使受热部件热膨胀、热变形增加。

21 汽轮机运行中，主蒸汽温度降低对机组有什么影响?

答：主蒸汽温度降低，使机组热效率降低。主要是蒸汽温度降低至允许范围以下会严重威胁设备的安全运行。主蒸汽温度降低会造成以下危害：

（1）主蒸汽温度缓慢下降较少：这时温度应力不严重，但汽温下降要保持负荷，进汽量增加，使热耗增加。同时如果主汽压力不变，汽温下降会使末几级湿度增加冲刷严重。

（2）蒸汽温度急剧下降时，汽缸等高温部件会产生很大的热应力、热变形；严重时会使动、静部分产生摩擦损坏事故。另外，汽温急剧下降，有可能造成水冲击事故，汽温下降还会使轴向推力增加。

22 中间再热机组再热汽温度变化对机组工况有什么影响?

答：当主蒸汽温度不变再热汽温度变化时，不仅中、低压缸的工况要受到影响，高压缸工况也要受到影响。当再热汽温度升高时，汽轮机总的焓降将增加，若保持汽轮机出力不变，汽轮机总的进汽量将减少，根据级组变工况原理可知：再热汽温升高时，高压缸的出力将降低，而中、低缸的功率有所增加。反之，当再热汽温降低时，若需要流动阻力减小，再热器中压力降低，此时高压缸的功率增大，特别是末级超载，而中、低压缸各级焓降减少，这又会导致反动度及轴向推力的变化。另外，再热汽温降低，也将导致低压缸末级叶片湿度增大，影响整个机组的经济性。

23 汽轮机的真空变化对机组运行有什么影响?

答：汽轮机运行中真空高，排汽压力低，可降低汽轮机汽耗量，提高经济性。但只有在经济真空下运行才是最经济的。真空降低会造成以下影响：

（1）真空降低，排汽压力升高，汽轮机可用含降减少，降低热效率，同时影响负荷。

（2）真空降低，排汽温度升高，使排汽缸、轴承座受热膨胀，引起中心变化，产生振动。还会引起凝汽器铜管胀口松弛，破坏其严密性。

（3）真空降低，会引起轴向推力正向增大。也将使排汽的容积流量减小，对末几级叶片工作造成不利影响。

24 汽轮机主机应设有哪些主要保护?

答：汽轮机主机应设有下列主要保护：

（1）超速保护。

（2）轴向位移大保护。

（3）高、中、低压胀差保护。

（4）轴承振动大保护。

（5）润滑油压低保护。

（6）调速油压低保护。

（7）轴瓦及推力瓦温度高保护。

（8）发电机热风、热氢温度高保护。

（9）真空低保护。

25 汽缸上、下缸温差大的危害是什么？

答：在汽缸内部，同一圆周的温度往往是不均匀的。由于热蒸汽容易聚集在汽缸上部，而且下缸布置有回热抽汽管道因而增大了散热面，所以上汽缸温度一般高于下汽缸温度，使上缸膨胀比下缸多，造成汽缸向上拱起，俗称“猫拱背”。汽缸的这种变形使下缸底部径向间隙减小甚至消失，易造成动、静摩擦，损坏设备。另外，还会出现隔板和叶轮偏离正常时所在的垂直平面的现象，使轴向间隙变化，甚至引起轴向动、静摩擦。

26 汽轮机的级在湿蒸汽区工作时，产生湿汽损失的原因有哪些？

答：(1) 湿蒸汽在膨胀过程中要凝结出一部分水珠，这些水珠不能在喷嘴中膨胀加速，因而减少了做功的蒸汽量，引起损失。

(2) 由于水珠不能在喷嘴中膨胀加速，必须靠汽流带动加速，因而消耗了汽流的一部分动能，引起损失。

(3) 水珠虽然被蒸汽带动得到了加速，但速度仍小于汽流速度，由动叶进口速度三角形可知，水珠将冲击动叶进口边的背弧，产生阻止叶轮旋转的制动作用，减少了叶轮的有用功，引起损失。

(4) 在动叶出口，水珠的相对速度小于蒸汽的相对速度，由动叶出口速度三角形知，水珠将冲击下级喷嘴进口汽流引起损失。

27 减少汽轮机末级排汽湿度的方法有哪些？

答：减少汽轮机末级排汽湿度的方法有：

(1) 在运行中应尽量保持汽轮机在新蒸汽温度下运行，避免新汽温度降低引起排汽湿度增大。

(2) 对于超高压机组，可采用蒸汽中间再热来减少排汽湿度。

(3) 采用各种去湿装置来减少蒸汽的湿度。

28 一台主冷油器检修后投入运行时，为什么要进行排气？

答：冷油器检修时，在冷油器内部积聚了很多空气，如果不放尽空气，会使油流不畅通，造成油压波动，严重时可能使轴承油压很低或断油而造成事故。另外，水侧不放尽空气影响冷却效果。所以即使是停机检修后的冷油器，在投入时也一定要放尽空气。

29 蒸汽带水为什么会使转子的轴向推力增大？

答：进入汽轮机的蒸汽作用在动叶片上的力可分解为沿圆周方向和沿轴向的两个力。圆周方向的力是推动转子转动的力，而沿轴向的力只产生轴向推力。这两个力的大小比例取决于蒸汽进入动叶片的进汽角，进汽角越小，圆周方向的分解力就越大，轴向的分解力就越小。而湿蒸汽进入动叶片的进汽角比过热蒸汽的进汽角大得多，因此蒸汽带水进入汽轮机会使转子轴向推力增大。

30 什么是汽轮机发电机组的轴系扭振？

答：轴系扭振是指组成轴系的多个转子，如汽轮机的高、中、低压转子，发电机、励磁机转子之间产生的相对扭转振动。

31 引起汽轮机发电机组轴系扭振的原因是什么？

答：产生汽轮机发电机组轴系扭振有两方面的原因：一是电气或机械扰动使机组输入与输出功率（转矩）失去平衡，或者出现电气谐振与轴系所具有的扭振频率相互重合而导致机电共振；二是大机组轴系自身所具有的扭振系统的特性不能满足电网运行的要求。无论产生的原因如何，从性质上可将轴系扭振分为：短时间冲击性扭振和长时间机电耦合共振性扭振两种情况。

32 什么是汽轮机调节系统的静态特性曲线？调节系统静态特性曲线有何特点？

答：在稳定状态下，汽轮机转速与功率之间的对应关系，称为调节系统的静态特性曲线。

为保证汽轮机在任何负荷下都能稳定运行，不发生转速或负荷的摆动。调节系统静态特性曲线的特点应该是连续、光滑、沿负荷增加方向逐渐向下倾斜的曲线，中间没有任何的水平和垂直段。此外还要求：

（1）在空负荷附近曲线应陡些。这在电网频率发生波动时，进入汽轮机的蒸汽量改变小，使机组的转速或负荷变化小，易于机组并网或低负荷暖机。

（2）在满负荷附近曲线也应陡些。这样在电网频率下降时能避免机组超负荷过多，保证机组的安全性。在电网频率升高时，机组仍能在经济负荷区域内工作，从而保证了机组运行的经济性。

33 什么是汽轮机调节系统的迟缓率？它对机组的安全经济运行有何影响？

答：在某一功率下，转速上升的特性线与转速下降的特性线之间的转速差和额定转速之比的百分数，称为调节系统的迟缓率。

影响为：迟缓率大对机组运行十分不利。迟缓率越大，说明从机组转速变化到调节阀动作时间间隔越长，使机组与外界负荷变动的适应性降低；特别是在机组甩负荷时，易造成机组超速过多，引起危急保安器动作；此外对并网机组，迟缓率大将引起负荷波动频繁；对未并网运行的机组，易引起转速波动。

34 什么是调节系统的速度变动率？它对机组的运行有何影响？

答：在稳定状态下，汽轮机空负荷与满负荷时的转速差与额定转速之比的百分数，称为调节系统的速度变动率。

速度变动率对机组运行的影响为：

（1）对并网运行的机组，当外界负荷变化时，电网频率发生变化，网内各机组的调节系统动作，按各自静态特性调整负荷，以适应外界负荷的变化，速度变动率大的机组，其负荷改变量小；而速度变动率小的机组，其负荷变化量大。

（2）当机组在网内带负荷运行时，因某种原因机组从电网中解列，甩负荷到零，机组转速将迅速增加。速度变动率越大，最高瞬时转速越高，可能使危急保安器动作，这是不允许。

（3）当电网频率变动时，必然引起机组负荷的变动。速度变动率大的机组负荷变化小，其稳定性好。反之机组稳定性就差。

35 什么是调节系统的动态特性?

答：在稳定状态下运行的机组受到外界扰动后，调速系统动作，从一个稳定状态过渡到另一个稳定状态动作过程中的特性，称为调节系统动态特性。

36 汽轮机胀差及负胀差过大的原因有哪些?

答：汽轮机胀差过大的原因有：

(1) 暖机时间不够，升速过快。

(2) 加负荷速度过快。

汽轮机负胀差过大的原因有：

(1) 减负荷速度过快，或由满负荷突然甩到零。

(2) 空负荷或低负荷运行时间太长。

(3) 发生水冲击或蒸汽温度太低时。

(4) 停机过程中，用轴封蒸汽冷却汽轮机速度太快。

(5) 真空急剧下降，排汽缸温度上升时，使低压负胀差增大。

37 造成汽轮机热冲击的原因有哪些?

答：热冲击是蒸汽与金属部件之间在短时间内有大量的热交换，金属部件内温度急剧升高，应力增大。引起汽轮机热冲击的原因有：

(1) 启动时蒸汽温度与金属温度不匹配。

(2) 极热态启动时，由于蒸汽温度低于金属温度，使汽缸和转子遇冷而产生较大的热应力。

(3) 甩负荷时，流过通流部分的蒸汽参数下降，蒸汽与金属之间的放热系数减小。

38 从锅炉到汽轮机的新蒸汽温度两侧温差过大有什么危害?

答：如果进入汽轮机的新蒸汽温度两侧温差过大，将使汽缸两侧受热不均匀，而产生较大的热应力，使金属部件使用寿命缩短或损坏。进汽不均匀，使热膨胀不均匀，机组发生振动，甚至造成动、静摩擦，严重时损坏设备。

39 造成汽轮机动、静部分摩擦的原因有哪些?

答：汽轮机动、静部分产生摩擦的主要原因是在启、停机或变工况时汽缸与转子加热或冷却不均匀，使轴向或径向动、静间隙消失而造成摩擦。

在轴向方面，沿通流方向各级的汽缸与转子的温差并非一致，因而热膨胀也不同。在启动、停机或变工况时，转子与汽缸的膨胀差超过极限值，使轴向间隙消失，造成动、静部分摩擦。

汽缸热变形或转子热弯曲变形产生径向方面动、静摩擦；当汽缸的变形引起径向间隙消失，会使汽封与转子发生摩擦，同时又不可避免地使转子过热而热弯曲，如此产生恶性循环，造成设备损坏。

40 提高单元机组运行经济性的措施有哪些?

答：大容量单元机组的燃料消耗量是相当可观的，其中 70%左右都以各种不同形式损耗而未被利用，所以减少机组运行中各项损失和自用能量消耗，提高机组的效率，降低煤耗是很重要的。提高机组运行的经济性主要是提高循环热效率，维持各主要设备的经济运行，降低厂用电率，提高自动装置投入率等。

41 锅炉运行调整的主要任务和目的是什么?

答：锅炉运行调整的主要任务：

(1) 保持锅炉燃烧良好，提高锅炉效率。

(2) 保持正常的汽温、汽压和汽包水位。

(3) 保持蒸汽的品质合格。

(4) 保持锅炉蒸发量，满足汽轮机及热用户的需要。

(5) 保持锅炉机组的安全、经济运行。

(6) 保持锅炉水煤比在允许范围内运行。

锅炉运行调整的目的是：通过调节燃料量、给水量、减温水量、送风量和引风量来保持汽温、汽压、汽包水位、过量空气系统、炉膛负压等稳定在额定值或允许值范围内。

42 锅炉运行中汽压为什么会发生变化?

答：锅炉运行中汽压变化的实质说明了锅炉蒸发量与外界负荷间的平衡关系发生了变化。引起变化的原因主要有如下两个方面：

(1) 外扰。外界负荷的变化而引起的汽压变化。当锅炉蒸发量低于外界负荷时，即外界负荷突然增加时，汽压就降低。当蒸发量正好满足外界负荷时，汽压保持正常和稳定。

(2) 内扰。锅炉工况变化引起的汽压变化。如燃烧工况的变动、燃料性质的变动、燃烧器的启停、制粉系统的启停、炉内积灰、结焦、风煤配比改变以及受热面管内结垢或泄漏、爆管等都会使汽压发生变化。

43 运行中汽压变化对汽包水位有何影响?

答：运行中，当汽压突然降低时，由于对应的饱和温度降低使部分锅水蒸发，引起锅水体积膨胀，故水位要上升；反之，当汽压升高时，由于对应饱和温度升高，锅水中的部分蒸汽凝结下来，使锅水体积收缩，故水位要下降。如果变化是由于外扰而引起的，则上述的水位变化现象是暂时的，很快就要向反方面变化。

44 锅炉运行时为什么要保持水位在正常范围内?

答：运行中汽包水位如果过高，会影响汽水分离效果，使饱和蒸汽的湿度增加，含盐量增多，容易造成过热器管壁和汽轮机通流部分结垢，使过热器通流面积减小、阻力增大、热阻提高、管壁超温（甚至爆管）。严重满水时，过热器蒸汽温度急剧下降，使蒸汽管道和汽轮机产生水冲击，造成严重的破坏性事故。

汽包水位过低会破坏锅炉的水循环，严重缺水而处理不当时，会造成炉管爆破。对于高参数大容量锅炉，因其汽包容积相对较小，而蒸发量又大，其水位控制要求更严格，只要给水量与蒸发量不相适应，就会在短时间内出现缺水或满水事故。因引锅炉运行中一定要保持汽包水位在正常范围内。

45 当锅炉汽包出现虚假水位时应如何处理？

答：当锅炉负荷突变、灭火、安全门动作、燃烧不稳等运行情况不正常时，都会产生虚假水位。

当负荷急剧增加而水位突然上升时，应明确：从蒸发量大于给水量这一平衡的情况看，此时的汽包水位是暂时的，切不可减小进水，而应强化燃烧，恢复汽压，待水位开始下降时，马上增加给水量，使其与蒸汽量相适应，恢复正常水位。

当负荷上升的幅度较大，此时若不控制会引起满水时，先适当减少给水量，同时加强燃烧，恢复汽压，当水位刚有下降趋势时，加大给水量，否则会造成水位过低。

46 锅炉运行中为什么要控制主蒸汽、再蒸汽温度稳定？

答：汽温过高时，将引起过热器、再热器蒸汽管道及汽轮机汽缸、转子等部分金属强度降低，导致设备使用寿命缩短；严重超温，还将使受热面爆破。汽温过低，影响机组热力循环效率，末级叶片湿度过大。若汽温大幅度突升突降，除对锅炉受热面焊口及连接部分产生较大热应力，还使汽轮机胀差增大，严重时有可能动、静碰摩，造成剧烈振动。汽轮机两侧汽温偏差过大，将使汽轮机两侧受热不均匀，热膨胀不均匀。所以一定要控制汽温稳定。

47 运行中引起汽温变化的主要原因是什么？

答：(1) 燃烧对汽温的影响。炉内燃烧工况的变化，直接影响到各受热面吸收热份额的变化。如上排燃烧器的投、停，燃料品质和性质的变化，过剩空气系数的大小，配风方式及火焰中心的变化等。

(2) 负荷变化对汽温的影响。过热器、再热器的热力特性决定了负荷变化对汽温影响的大小。如受热面呈对流特性，蒸汽温度随锅炉负荷升降而相应升降。

(3) 汽压变化对汽温的影响。

(4) 给水温度和减温水量的变化对汽温的影响。

(5) 高压缸排汽温度对再热汽温的影响。

48 什么是低温腐蚀？有何危害？

答：当管壁温度低于烟气露点时，烟气中含有硫酸的水蒸气在管壁上凝结，所造成的腐蚀称低温腐蚀，也称酸性腐蚀。低温腐蚀多发生在空气预热器的低温段。

低温腐蚀的危害：发生低温腐蚀后，使受热面腐蚀穿孔而漏风；由于腐蚀表面潮湿粗糙，使积灰、堵灰加剧，结果是排烟温度升高，锅炉热效率下降；由于漏风及通风阻力增大，使厂用电增加，严重时会影响锅炉出力；被腐蚀的管子或管箱需要定期更换，增大检修维护费用。总之，低温腐蚀对锅炉运行的经济性、安全性均带来不利影响。

49 锅炉为何要求保持合理的送风量？

答：送风量过大，增大锅炉排烟容积，排烟损失增大，还增加了风机耗电率；送风量过小，影响燃烧，使化学和机械不完全燃烧损失增大。因此，运行中应保持合理的送风量，以维持最佳过剩空气系统。

50 锅炉为何要求选择合理的煤粉细度？

答：煤粉较细，可减少机械不完全燃烧热损失，还可适当减少送风量，使排烟热损失降低，但要增加磨煤消耗的能量和设备的磨损；煤粉较粗时，情况相反。因此运行应选择合理的细度，以使各项损失最小。煤粉的经济细度与锅炉负荷有一定关系。锅炉负荷低时，由于炉膛温度低，燃料燃烧速度慢，煤粉应细一些；锅炉负荷高时，煤粉可粗一些。

51 什么是超临界？什么是直流锅炉？

答：当流体的压力和温度超过一定的值（临界点）时，流体会处于一种介乎于液态和气态的中间态，称为超临界。临界点压力 22.1MPa，温度 374.15℃。

直流锅炉是指无汽包、工质依次流经锅炉各个蒸发受热面的锅炉。

52 直流锅炉启动过程中为什么要进行冷态清洗和热态清洗？

答：对于运行中的锅炉，给水中的杂质除了一部分溶于过热蒸汽被带出之外，其余部分都沉积在受热面上，尤其是在蒸干点附近。因此，超临界锅炉除了对给水品质要求严格外，还应在启动阶段进行冷态和热态的清洗。清洗的污垢主要有两部分，一部分是锅炉本身和循环系统在停运期间生成的腐蚀产物；另一部分是运行中受热面上的盐垢。

53 中间点温度选在启动分离器的出口有什么优点？

答：(1) 能快速反应燃料量的变化。当燃料量增加时，水冷壁最先吸收燃料释放的辐射热，分离器出口温度变化快。

(2) 选在两级减温器之前，基本不受减温水流量变化的影响。

(3) 负荷在 35%～100%BMCR 内，分离器始终处于过热状态，温度测量准确、灵敏。

总之，分离器出口温度能够更早、更迅速、不受其他因素影响地反映出蒸汽温度的变化趋势。

54 直流锅炉启动有什么特点？

答：(1) 需要专门的启动旁路系统。

(2) 启动前锅炉要建立启动压力和启动流量。

(3) 直流锅炉的启动必须进行系统水清洗。

(4) 启动速度快。

(5) 启动过程中会出现工质膨胀现象。

55 什么是工质膨胀现象？

答：直流锅炉点火后，水冷壁内工质温度逐渐升高，到饱和温度并开始汽化，这时比容突然增大很多。汽化点以后的水将从锅炉内被排挤出去。这时进入分离器的工质、流量要比给水量大的多，这种现象称为启动中的工质膨胀现象。

56 与汽包锅炉相比，直流锅炉参数调节的特点有哪些？

答：直流锅炉参数调节与汽包锅炉相比的主要特点是：

(1) 主蒸汽流量的改变必须首先调节给水流量，而不是首先调节燃煤量。

(2) 主蒸汽温度的改变主要依靠水煤比来进行调节，而不是依靠喷水减温器，喷水减温仅是细调手段。

(3) 主蒸汽压力的调节必须与主蒸汽温度协调调节，都与煤水比相关。

(4) 在主蒸汽温度的调节中，时迟和时间常数都很大，必须通过中间点汽温来控制主蒸汽温度。

57 直流锅炉启动初期控制汽温偏高的主要措施有哪些?

答：控制汽温偏高的主要措施有：

(1) 降低锅炉启动流量。

(2) 提高给水温度。

(3) 控制锅炉总风量。

(4) 适当降低炉膛负压。

(5) 加强燃料控制。

(6) 加强减温水控制。

(7) 注意对机组的旁路控制。

(8) 合理投入制粉系统。

58 超临界锅炉为什么不能采用汽包炉?

答：在低于临界点以下时，水有明显的未饱和区、湿蒸汽区和干蒸汽区三个区域，水汽化时汽水有一段共存时间，当压力达到临界压力时，水与蒸汽的密度相同则无明显的汽水共存区，也就无法进行汽水分离，认为水汽化是在一瞬间完成的。在临界点以上水与蒸汽的水密度相差很小，汽水共存区无明显界限，所以超临界锅炉不能采用汽包炉。

59 锅炉排烟温度指的是哪里的温度? 锅炉排烟温度是否越低越好?

答：烟气经过最后一个受热面的温度为锅炉排烟温度。

排烟温度低，当然排烟热损失小且锅炉效率高，但是排烟温度太低，烟气和金属的传热温差较小，使金属耗量增加很多；另外过低的排烟温度会造成低温腐蚀。所以，排烟温度不是越低越好。

60 直流锅炉给水温度降低对汽温有什么影响?

答：若给水温度降低，在同样的给水量和煤水比的情况下，直流锅炉的加热段延长，过热段缩短，过热汽温会随之降低。再热器出口汽温则由于汽轮机高压缸排汽温度的下降而下降。因此当给水温度降低时，必须改变原来设定的水煤比，才能维持汽温不变。

61 空气预热器漏风有何危害?

答：空气预热器漏风使送、引风机电耗增加，严重时因风机出力受限，锅炉被迫降负荷运行。漏风造成排烟热损失增加，降低了锅炉的热效率。漏风还使热风温度降低，导致受热面低温段腐蚀、堵灰。对于空气预热器和省煤器二级交叉布置的管式空气预热器高温段漏风，还会造成烟气量增大，对低温省煤器磨损加剧的危害。

62 直流锅炉启动过程中，如何防止干湿态反复转换？

答：在由湿态转为干态的初期应适当增加燃料量，控制分离器出口蒸汽具有一定的过热度来防止干湿态反复转换。

63 直流锅炉在正常运行期间，汽温的调节手段是什么？

答：直流锅炉汽温调节的主要方式是调煤水比；辅助手段是喷水减温或烟气侧调节。

64 大型超临界直流锅炉下部水冷壁采用螺旋管圈的主要目的是什么？

答：采用螺旋管圈的目的是：

（1）减小管间吸热偏差。

（2）增强燃烧抗干扰能力。

（3）适应变压运行。

（4）能获得足够的质量流速。

65 什么是热偏差？过热器产生热偏差的原因是什么？

答：在并列受热面管子中，某根管内工质吸热不均的现象叫热偏差。对于管组中，工质焓大于平均值的管子叫偏差管。

过热器产生热偏差的原因主要是热力不均和水力不均两方面造成的。

66 什么是热力不均？它是怎样产生的？

答：热力不均是指同一受热管组中，热负荷不均允的现象。

热力不均既能由结构特点引起，也能由运行工况引起。如烟道宽度烟温分布不均和烟速不均的现象；受热面的蛇形管平面不平或间距不均造成烟气走廊不均；受热面的结灰、结渣、炉膛火焰中心偏斜等。

67 什么是水力不均？影响因素有哪些？

答：水力不均是指蒸汽流过由许多并列管子组成的过热器管组时，管内流量不均匀的现象。

并列管子的工质流量与管子进出口压差，阻力特性及工质密度有关。压差大的管子蒸汽流量大；阻力大的管子流量小；受热强、管内工质密度低的管子流量小。

68 调整过热汽温的方法有哪些？

答：调整过热汽温一般以喷水减温为主，作为细调手段。减温器为两级或以上布置时，以改变喷水量的大小来调整汽温的高低。直流炉控制好水煤比，通过减温水、二次风进行细调。

69 调整再热汽温的方法有哪些？

答：再热汽温的调整一般有改变火焰中心高度、分隔烟道挡板、汽—汽热交换器和烟道再循环等四种方法。另外再热器还设置微量喷水作为辅助细调手段。

70 再热器事故喷水在什么情况下使用?

答：事故喷水的主要作用是保护再热器的安全。如锅炉发生二次燃烧，或减温减压装置故障，或其他一些会造成再热器超温的情况下，应使用事故喷水减温。此外，正常运行中还能起到调整再热器出口汽温在额定值以及减小两侧温度偏差的作用。

71 锅炉的储热能力对运行调节有什么影响?

答：负荷增加而燃烧未及时调整时使汽压下降，锅水及金属蓄热使一部分锅水蒸发起到缓减汽压下降的作用。当燃烧工况不变，负荷降低时使汽压升高，锅水和金属储存部分热量，使汽压上升速度减缓。可见，锅炉的储热能力对运行参数的稳定是有利的，但当锅炉调节需要改变蒸汽参数时，则因储热而变化迟缓，不能迅速适应工况变动的要求。

72 什么是燃烧设备的惯性? 它与哪些因素有关?

答：燃烧设备的惯性是指从燃料量开始变化到建立新的热负荷所需要的时间。

此惯性与燃料种类和制粉系统的型式等有关。如油的着火燃烧比煤粉迅速，燃油时惯性就小，储仓式系统惯性小，直吹系统惯性大。所以燃烧设备的惯性越小，运行燃烧调节就越灵敏。

73 如何判断燃烧过程的风量是在最佳状态?

答：一般可以通过如下几方面进行判断：

(1) 烟气的含氧量在规定的范围内。

(2) 炉膛燃烧正常稳定，具有金黄色的光亮火焰，并均匀充满炉膛。

(3) 烟囱烟色呈淡灰色。

(4) 蒸汽参数稳定，两侧烟温偏差小。

(5) 有较高的燃烧效率。

74 为什么锅炉的负压应维持在一定范围内运行?

答：运行中炉膛压力变正时，炉膛高温烟气和火苗将从一些封闭不严的人孔门或其他不严密部位外喷，影响环境卫生，危及人身安全；还将造成炉膛结焦，燃烧器、钢梁和炉墙等的过热变形；还会造成燃烧不稳定和不完全，降低锅炉效率。若负压过大，将增加炉膛及烟道的漏风，降低炉膛温度，造成燃烧不稳，使烟气量增加，加剧尾部受热面磨损和增加风机电耗，降低锅炉效率。所以锅炉要维持负压在一定范围内运行。

75 炉膛负压变化的原因是什么?

答：锅炉运行时，炉膛负压会经常轻微波动，有时会大幅度波动，主要原因为：

(1) 燃料燃烧产生的烟气量与排出的烟气量不平衡。

(2) 虽然有时送、引风机出力都不变，但由于燃烧工况的变化，因此炉膛负压总是波动的。

(3) 燃烧不稳，炉膛负压会产生剧烈波动，往往是灭火的前兆和现象之一。

(4) 烟道内的受热面堵灰或烟道漏风增加，在送、引风机工况不变时，也会使炉膛负压变化。

76 运行中如何防止一次风管堵塞？

答：（1）监视并保持一定的一次风压值。

（2）经常检查燃烧器来粉，清除喷口处结焦。

（3）保持给粉量相对稳定，防止粉量突然大幅度增加。

（4）发现风压显示不正常时，及时进行吹扫，并防止因测压管堵塞而造成误判断。

77 一、二次风速如何选择？

答：运行中要保持一定的一次风速，使煤粉气流离开燃烧器不远处即开始着火，对燃烧有利，又可防止烧坏燃烧器。

二次风速一般应大于一次风速。较高的二次风速使空气与煤粉充分混合。但二次风速又不能比一次风速大得太多，否则会吸引一次风，使混合提前，影响着火。

78 火焰中心高低对炉内换热的影响是什么？运行中如何调整火焰中心？

答：煤粉着火燃烧逐渐发展，燃烧发热量大于传热量，烟气温度不断升高，形成燃烧迅速，发热量最多，温度较高的区域，即为火焰中心（或燃烧中心）。

在一定的过量空气系数下，若火焰中心位置上移，使炉内总换热量减少，炉膛出口烟气温度升高。若火焰中心位置下移，则炉膛内换热量增加，炉膛出口烟气温度下降。

运行中，通过改变摆动燃烧器倾角或上、下二次风的配比来改变火焰中心位置。对于四角布置燃烧器要同排对称运行，不缺角，出力均匀且尽量保持各燃烧器出口气流速度及负荷均匀一致。

79 尾部受热面的磨损是如何形成的？与哪些因素有关？

答：尾部受热面的磨损是由于随烟气流动的灰粒具有一定的动能，每次撞击管壁时，便会削掉微小的金属屑，日积月累而形成磨损。

它主要与飞灰速度、飞灰浓度、灰粒特性、管束的结构特性和飞灰撞击率等因素有关。

80 中间储仓式制粉系统的启、停对汽温有何影响？

答：启动制粉系统后，一次风要适当地减少。为了使燃料完全燃烧，总风量要增加，这样使烟气容积增大。由于炉膛出口烟温升高，所以汽温升高。

停运制粉系统时，情况则相反，汽温应下降。

81 锅炉受热面积灰有哪些现象？

答：锅炉受热面严重积灰可在仪表上反映出来，积灰受热面的烟道压差增大，由于受热面严重积灰后，吸热量减少，因此部分受热面的工质出口温度降低，烟气出口温度上升。锅炉积灰最严重的受热面一般是空气预热器。由于热风温度下降，排烟温度将升高，引风量不足，严重时只能降低出力运行。

82 为什么要对锅炉受热面进行吹灰？

答：吹灰是为了保持受热面的清洁。积灰影响传热，使锅炉热效率降低。积灰严重时使烟气通流截面积缩小，增加流通阻力，增加引风机电耗；尾部积灰严重时，有可能形成“烟气走廊”，使局部受热面因烟速提高，磨损加剧。

83 运行中怎样正确使用一、二次减温水？

答：在正常运行中，调节主蒸汽温度时，根据减温器布置，把一级减温器作为粗调汽温使用，喷水量尽量稳定。把二级减温器作为细调汽温用，减温水量变化应平缓，参照减温器进出口蒸汽的温度变化调整喷水量，不允许二级减温器进口超温；当一级减温器出口蒸汽超温时，应从燃烧方面调整、恢复。当二级减温水投自动，自动失灵时，应及时切换为手动调节，两侧喷水流量偏差过大时，积极分析并查找原因消除。

84 运行中如何进行锅炉燃烧调整？

答：通过燃烧调整，可减少不完全燃烧热损失、提高锅炉效率、降低煤耗。在保证汽温正常的条件下，降低火焰中心，延长燃料在炉内的停留时间，达到完全燃烧。运行中观察燃烧情况，保持火焰中心适当，发现飞灰可燃物超标及时采取措施。当煤粉燃烧器中有油喷嘴时，尽量避免在同一燃烧器内进行长时间的煤油混烧。煤油混烧，油滴很容易黏附在碳粒表面，影响碳粒的完全燃烧，增加机械不完全燃烧热损失，也容易引起结渣和烟道再燃烧。

85 发电机的安全运行极限是如何确定的？

答：在稳态运行条件下，发电机的安全运行极限决定于下列四个条件：

（1）原动机输出功率极限。原动机（汽轮机）的额定功率一般都按稍大于或等于发电机的额定功率而选定。

（2）发电机的额定容量，即由定子绕组和铁芯发热决定的安全运行极限。在一定的电压下，决定了定子电流的允许值。

（3）发电机的最大励磁电流，通常由转子的发热决定。

（4）进相运行的稳定度。当发电机的功率因数小于0（电流超前电压）而转入进相运行时，发电机电动势和端电压之间的夹角增大，此时发电机的有功功率输出受到静稳定条件的限制。此外，对内冷发电机还可能受到端部发热的限制。

86 发电机、主变压器运行监视的主要参数有哪些？

答：发电机、主变压器经常要监视的参数有：发电机的有功功率、无功功率；定子电压、定子电流；转子电压、转子电流；发电机温度及冷却系统参数；主变压器温度及冷却系统参以及频率等。

87 发电机电压高于额定值运行时有哪些危害？

答：发电机电压高于额定值运行的危害有：

（1）发电机励磁绕组温度有可能超过允许值。若在保持输出有功功率不变的前提下提高电压，需要增加励磁电流，这会使励磁绕组温度升高。电压越高，损耗增加越快，由损耗引起的发热也就越大，使转子表面和转子绕组的温度升高，并有可能超过允许值。

（2）定子铁芯温度升高。电压升高时，铁芯内磁通密度增加，铁耗增加（损耗与磁通的平方成正比），铁芯温度将升高。

（3）定子结构部件可能出现局部温度高的情况。电压升高，铁芯饱和程度加剧，较多的磁通逸出轭部并穿过某些结构件（如支持筋、机座、齿压板等）形成环路。这会在结构部件中产生涡流，可能出现局部高温现象。

（4）对定子绕组绝缘产生威胁。正常情况下，发电机而受1.3倍的额定电压，如果电机的绝缘原来就有薄弱环节或老化现象，电压升高的危险性是很大的。

（5）当电压过高时，对异步电动机而言，也会由于损耗大而使其温升高，高压和高温对绝缘都是不利的。

88 发电机电压低于额定值运行时有哪些危害？

答：发电机电压低于额定值运行时的危害为：

（1）会降低发电机运行稳定性。一方面，当电压降低时，功率极限幅值降低，若保持输出功率不变，则必须增大功角运行，静稳定储备下降；另一方面，由于电压低时，发电机的运行点可能落在空载特性的直线部分，即发电机定子铁芯可能处于不饱和状态，此时励磁电流的波动对定子电压影响加大，造成电压不稳定。

（2）定子绕组温度可能升高。若要在电压降低的情况下保持出力不变，则必须增大定子电流，从而使得定子绕组温度升高。

（3）异步电动机受电压偏移的影响很大。因为转矩与电压的平方成正比，所以当电压太低时会出现由于转矩太小而停止工作或者重载电动机启动不了的情况。电压越低，电流越大，使电动机绕组的温度升高，加速绝缘的老化，甚至可能烧毁电动机。

（4）白炽灯等对电压变化的敏感性圈套，电压的变化使其光束、电流、发光效率和寿命都受影响。电压降低5%，普通电灯的照度下降18%；电压下降10%，照度下降35%；电压降低20%，则日光灯无法启动。

（5）增大线损。在输送一定电力时，电压降低，电流相应增大，引起线损增大。

（6）降低电力系统的稳定性。由于电压降低，相应降低线路输送极限容量，因而降低了稳定性，电压过低可能发生电压崩溃事故。

（7）发电机出力降低。如果电压降低超过5%，则发电机出力也要相应降低。系统电压低，甚至会使发电机、变压器等重要设备所承担的负荷减少。

89 电力系统对频率指标是如何规定的？

答：我国电力系统的额定频率为50Hz，其允许偏差对3000MW以上的电力系统为±0.2Hz，对3000MW及以下的电力系统规定为±0.5Hz。

90 什么是一次调频？什么是二次调频？

答：所谓一次调频是指系统的负荷发生变化时，运行发电机上的调速器将反应系统频率的变化，自动地调节进汽（水）阀门的开度，改变机组的出力，使有功功率重新达到平衡的过程。

所谓二次调频是指通过调整发电机组调速器的转速速写元件（即同步器或调频器）的定值来实现的频率调整。

91 氢冷发电机在哪些情况下，必须保持密封油系统的运行？

答：(1) 发电机内有氢气时，不论是运行状态还是静止状态。

(2) 发电机内充有二氧化碳和排氢时。

(3) 发电机进行风压试验时。

(4) 机组在盘车时。

92 变压器正常运行时为什么会发出轻微的连续不断的“嗡嗡”声？

答：这种“嗡嗡”声是运行中变压器所固有的一种特征，产生这种声音的原因如下：

(1) 励磁电流产生的磁场作用使硅钢片振动。

(2) 铁芯的接缝和叠层之间的电磁力作用引起振动。

(3) 绕组的导线之间或绕组之间的电磁力作用引起振动。

(4) 变压器上的某些零部件引起振动。

正常运行中的变压器发出的“嗡嗡”声是连续均匀的，如果产生的声音不均匀或有特殊的声响，应视为不正常现象。

93 运行中变压器的哪部分温度最高？

答：运行中的变压器各部分温度差别很大，绕组导线的温度最高，其次是铁芯，绝缘油的温度最低，上部油温高于下部油温。

94 变压器绕组的平均温升极限是怎样确定的？

答：通常变压器绕组最热点温度高于绕组平均温度 10℃，所以保证变压器有正常寿命的绕组平均温升极限应为：

绕组的平均温升等于绕组最热点温度（95℃）减去年平均气温（20℃）再减去差值（10℃）后为 65℃。对于导向强迫油循环的变压器，绕组最热点温度和绕组平均温度之差在 5℃，因此绕组的平均温升极限为 70℃。

95 什么是 6 度法则？

答：所谓 6 度法则是指变压器绕组温度每增加 6℃，变压器绝缘老化加倍，即其预期寿命缩短一半，也称自然数热老化定律。工程上一般规定绕组热点的基准温度为 98℃。

96 分级绝缘变压器在运行中要注意什么？

答：一般对分级绝缘变压器的运行注意事项为：只允许在中性点直接接地的情况下投入运行；如果几台变压器并列运行，投入运行后，若需将中性点断开时，必须投入零序过压保护，且投入跳闸位置。

97 分裂绕组变压器有哪几种运行方式？

答：分裂绕组变压器有三种运行方式。

(1) 分裂运行。两个低压分裂绕组运行，低压绕组间无穿越功率。

(2) 并列运行。两个低压绕组并联，高、低压绕组运行，高、低压绕组间有穿越功率。

（3）单独运行。任一低压绕组开路，另一个低压绕组和高压绕组运行。

98 什么是变压器的并列运行？变压器并列运行要符合哪些条件？

答：将两台或两台以上的变压器的一次绕组连接到同一电压母线上，二次绕组连接到另一电压母线上的运行方式叫作变压器的并列运行。

变压器并列运行要满足下列条件：

（1）并列运行变压器的接线组别应相同。否则在并列变压器的二次绕组电路中会出现相当大的电压差。由于变压器的绕组电阻和漏电抗相当小，在这个电压差作用下，电路中会出现几倍于额定电流的循环电流，可能会达到烧坏变压器的程度。

（2）并列运行变压器的变比应相等。否则将会在它们的绕组中引起循环电流。循环电流不是负荷电流，但是它却占据了变压器的容量，增加了变压器的损耗，使变压器所能输出的容量减小。所以国家规定，变比差不得超过5％。

（3）并列运行变压器的短路电压应相等。否则会因负荷分配与短路电压成反比，即短路电压小的变压器分担的负荷电流大，短路电压大的变压器分担的负荷电流小，而造成其中一台满载时，另外一台欠载或过载的情况。另外，由于大容量变压器的短路电压较大，因此我国规定，并列运行的变压器最大容量与最小容量的比例不能超过3∶1，且短路电压的差值不应超过10％。

99 什么是明备用？什么是暗备用？

答：明备用和暗备用是厂用备用电源的两种方式。

明备用是指专门设置一备用电源，并装设备用电源自动投入装置。当某台工作变压器故障断开时，就可有选择地把备用变压器迅速投入到停电的那段母线上去，以保证立即恢复供电。

暗备用是指不专门设置备用电源，两台或多台厂用变压器互为备用，并且每台变压器的容量都选得较大。以两台互为备用为例，正常工作时，两台厂用变压器都投入运行，当其中任一台变压器故障断开时，故障段母线就自动切换到另一台厂用变压器供电。

100 厂用电源的切换方式可作哪些分类？

答：（1）按操作控制方式不同可分为手动切换和自动切换。

（2）按运行状态不同可分为正常切换和事故切换。

（3）按断路器的动作顺序不同可分为并联切换、串联切换和同时切换。

（4）按切换速度不同可分为快速切换和慢速切换。

101 什么是厂用电源的正常切换？

答：所谓正常切换，是指在正常运行时，由于运行的需要，如开机、停机等，厂用母线从一个电源供电切换到另一个电源供电。对切换速度没有特殊要求。

102 什么是厂用电源的事故切换？

答：所谓事故切换，是指由于单元接线中的高压厂用变压器、发电机、主变压器、汽轮机和锅炉等设备发生事故，厂用母线的工作电源被切除，要求备用电源自动投入，以实现尽快安全切换。

103 什么是厂用电源的并联切换？其优、缺点是什么？

答：并联切换是指在进行厂用母线电源切换期间，工作电源和备用电源是短时并联运行的。

并联切换的优点是能保证厂用电的连续供给；缺点是并联期间短路容量增大，增大了对断路器断流能力的要求。但由于并联时间很短（一般在几秒内），发生事故的概率很小，所以在正常切换中被广泛采用。当然，切换前要确认两个电源之间满足同步要求。

104 什么是厂用电源的串联切换？

答：厂用电源的串联切换即断电切换。其切换过程是，一个电源切除后，才允许投入另一个电源。一般是利用被切换电源断路器的辅助触点去接通备用电源断路器的合闸回路。串联切换过程中，厂用母线上有一段断电时间，断电时间的长短与断路器的合闸速度有关。其缺点与并联切换相反。

105 什么是电动机的自启动？

答：厂用系统中正常运行的电动机，当其供电母线电压突然消失或显著降低时，若经过短时间（一般在0.5～1.5s）在其转速未下降很多或尚未停转前，厂用母线电压又恢复正常（如电源故障排除或备用电源自动投入），电动机就会自行加速，恢复到正常运行，这一过程称为电动机的自启动。

106 为什么要进行厂用电动机自启动校验？

答：电厂中不少重要负荷的电动机都要参与自启动，很大的启动电流会在厂用变压器和线路等元件中引起圈套的电压降，使厂用母线电压降低很多。这样，可能因母线电压过低，使某些电动机电磁转矩小于机械阻力转矩而启动不了；还可能因启动时间过长而引起电动机的过热，甚至危及电动机的安全与寿命以及厂用电的稳定运行。所以，为了保证自启动能够实现，必须要进行厂用电动机自启动校验。

107 正常运行中，厂用电系统应进行哪些检查？

答：厂用电系统运行中应重点检查如下内容：

(1) 严密监视各厂用母线电压及保证厂用变压器和母线各分支电流均在其允许值范围内。

(2) 断路器、隔离开关等设备的状态符合运行方式要求。

(3) 定期检查绝缘监视装置、测量三相对地电压，了解系统的运行状况。

108 电力设备转换运行方式时，对保护有什么要求？

答：电力设备由一种运行方式转为另一种运行方式的操作过程中，被操作的有关设备均应在保护范围内，部分保护装置可适时失去选择性。

109 允许电气值班员对继电保护和自动装置的操作内容有哪些？

答：允许操作内容一般包括：操作开关；电源开关（或电源启动按钮）；切换开关；同

期开关；监视开关；试验按钮；复归按钮；继电保护和自动装置的压板和按照有关规定运行人员可操作的端子式压板。

110 为什么要测量跳合闸回路电压降？合格的标准是怎样的？

答：测量跳合闸回路电压降是为了使断路器在跳合闸时，跳、合闸线圈有足够的电压，保证可靠跳、合闸。

跳、合闸线圈的电压降均不小于电源电压的 90%才为合格。

111 保安电源系统的主要负荷有哪些？

答：(1) 在机组正常运行或停机中防止设备损坏的机炉负荷，如给水泵的辅助润滑油泵、火焰监视的冷却风机等。

(2) 发电机在停机过程中和停机后仍需要运转的设备，如汽轮发电机组的交流润滑油泵、顶轴油泵、密封油泵等。

(3) 蓄电池的充电设备。

(4) 事故照明、重要设备的通风机等。

(5) 按机炉保护的要求供给热控的负荷，如热控自动控制电源、交流不停电系统 (UPS) 的备用电源等。

112 发电机中性点电压互感器的作用是什么？

答：中性点电压互感器的作用是：利用发电机固有的三次谐波分量为发电机 100%的定子接地保护，提供一个中性点的三次谐波电压，作为制动量。

113 为什么电流互感器和电压互感器二次回路必须有一点接地？

答：将电流互感器和电压互感器二次回路一点接地是为了保证人身和设备的安全。如果二次回路没有接地点，接在互感器一次侧的高压电压，将通过互感器一次、二次线圈间的分布电容和二次回路的对地电容形成分压，将高压引入二次回路，其值将决定于对地电容的大小。如果互感器的二次回路有了接地点，则二次回路对地电容将为零，从而达到保证安全的目的。

114 为什么电流互感器运行中二次回路不准开路？

答：电流互感器在正常运行时，二次电流产生的磁通势对一次电流产生的磁通势起去磁作用，励磁电流很小，铁芯中的总磁通很小，二次绕组的感应电动势不超过几十伏。如果二次侧开路，二次电流的去磁作用消失，其一次电流完全变为励磁电流，引起铁芯内磁通剧增，铁芯处于高度饱和状态，加之二次绕组的匝数很多，就会在二次绕组两端产生很高（甚至可达数千伏）的电压，不但可能损坏二次绕组的绝缘，而且将严重危及人身安全。再者，由于磁感应强度骤增，使铁芯损耗增大，严重发热，甚至烧坏绝缘。因此，电流互感器二次回路不准开路。

鉴于以上原因，电流互感器的二次回路中不能装设熔断器；二次回路一般不进行切换，若需要切换时，应有防止开路的可靠措施。

115 发电机的励磁系统应满足哪些要求？

答：励磁系统应满足的要求为：

（1）足够的强励顶值电压。

（2）具有足够的励磁电压上升速度。

（3）足够的调节容量。

（4）运行稳定，工作可靠，响应快速，调节平滑并具有足够的电压调节精度。

116 转子发生一点接地可以继续运行吗？

答：转子绕组发生一点接地，即转子绕组的某点从电的方面来看与转子铁芯相通时，由于电流构不成回路，理论上可以继续运行，但这样运行是非正常的，因为它有可能发展为两点接地故障。一旦发展成转子两点接地就可能因转子电流增大，造成部分转子绕组发热，严重时可能烧毁转子；同时，由于作用力偏移造成转子的强烈振动。所以应尽快查找原因，消除转子一点接地故障。

117 高频闭锁距离保护的基本特点是什么？

答：高频保护是实现全线路速动的保护，但不能作为母线及相邻线路的后备保护。而距离保护虽然能起到母线及相邻线路的后备保护，但只能在线路的80%左右范围内发生故障，实现快速切除。高频闭锁距离保护就是把高频和距离两种保护结合起来的一种保护，实现当线路内部发生故障时，既能进行全线路快速切断故障，又能对母线和相邻线路的故障起到后备作用。

118 直流负荷可分为哪几类？

答：直流负荷通常分为如下三类：

（1）经常性直流负荷。这类负荷是经常接入的，如信号灯、位置继电器、继电保护和自动装置以及中央信号中的直流设备。这些负荷电流不大，只有几安。

（2）短路负荷。如继电保护和自动装置操作回路、断路器的跳合闸线圈等。这些负荷通电时间短、电流大，可达几十至几百安。

（3）事故负荷。如事故照明、事故油泵电动机等，只有在事故时投入。

119 蓄电池组有哪些运行方式？

答：蓄电池组的运行方式有两种：充放电方式和浮充电方式。发电厂中的蓄电池组普遍采用浮充电方式运行。

120 什么是蓄电池组充放电运行方式？

答：蓄电池组充放电方式运行时，蓄电池组接在直流母线上供负荷用电，充电机组则断开。在充电时启动充电机组，一方面向蓄电池充电补充能量的储存（充电约每两天进行一次），另一方面供经常性负荷用电。

121 什么是蓄电池组浮充电运行方式？

答：蓄电池组采用浮充电方式运行时，充电器经常与蓄电池组并列运行，充电器除供给经常性直流负荷外，还以较小的电流—浮充电电流向蓄电池组进行浮充电，以补偿蓄电池的自放电损耗，使蓄电池组经常处于完全充足电的状态。当出现短时大负荷时，例如当断路器合闸、许多断路器同时跳闸、直流电动机启动、直流事故照明等，则硅整流器由其自身的限流特性决定了一般只能提供略大于其额定输出的电流值，而主要由蓄电池以大电流放电来供电。

122 什么是蓄电池的均衡充电？

答：均衡充电也称过充电，是对蓄电池的特殊充电，使全部蓄电池恢复到完全充足电状态。通常采用恒压充电，就是用较正常浮充电电压更高的电压进行充电。均衡充电一次的持续时间既与均充电压有关，也与蓄电池的类型有关。

123 直流母线电压为什么不能过高或过低？

答：这是因为：直流母线电压过高时，长期带电的继电器、指示灯等容易引起过热甚至损坏；电压过低时，可能造成断路器及保护的动作不可靠。

124 发电机进相运行必须注意哪些问题？

答：(1) 进相运行后在输出有功恒定的前提下，随着励磁电流的减少，发电机的空载电势减小，功率角增大，系统静态稳定性降低。

(2) 在相同的视在功率和相同的端部冷却条件下，由迟相转入进相，发电机端部漏磁磁密值增高，会引起定子端部构件的严重发热。

(3) 厂用电通常引自发电机出口，进相时，随着励磁电流降低，发电机吸收无功，厂用电电压要降低，特殊情况下（如厂用电支路短路故障后恢复供电），某些电动机自启动发生困难。

125 在什么情况下容易产生操作过电压？

答：在下列情况下容易产生操作过电压：

(1) 投、停电容器组或空载长线路。

(2) 断开空载变压器、电抗器、消弧线圈及同步电动机等。

(3) 在中性点不接地系统中，一相接地后，产生间歇性电弧等。

126 运行中为何要提高自动装置的投入率？

答：自动装置调节动作较快，容易使各级设备和运行参数维持在最佳值；自动装置投入可提高锅炉效率，降低蒸汽参数波动，提高循环效率，使机组热耗下降，并可以降低辅机电耗率。

127 单元机组的经济小指标主要有哪些？

答：在运行实践中，常把标准煤耗率和厂用电率等主要经济指标分解成各项经济小指标，控制这些小指标，来保证机组的经济性。

小指标主要有：锅炉效率、主蒸汽压力、主蒸汽温度、凝汽器真空、凝汽器端差、凝结水过冷度、给水温度、厂用辅机用电单耗等。

128 提高单元机组经济性的主要措施有哪些？

答：(1) 维持额定的蒸汽参数。

(2) 保持最佳真空。

(3) 充分利用回热加热设备，提高给水温度。

(4) 合理的送风量。

(5) 合理的煤粉细度。

(6) 注意燃烧调整。

(7) 降低厂用电率。

(8) 减少工质和热量损失。

(9) 提高自动装置的投入率等。

第四节 单元机组的停运

1 汽轮机的停机方式有哪几种？

答：汽轮机的停机分正常停机和故障停机；正常停机是根据电网的需要，有计划的停机；故障停机是机组发生异常情况，而保护动作停机或人为手动打闸停机，以使故障或事故不扩大。

正常停机按停机过程中蒸汽参数是否变化，可分为额定参数停机和滑参数停机两种方式。

故障停机按发生事故的性质、范围，可分为紧急故障停机和一般故障停机两种方式。

2 何为额定参数停机？

答：停机过程中，蒸汽的压力和温度保持额定值，用汽轮机调节汽门控制，以较快的速度减负荷停机，这就是额定参数停机。

采用额定参数停机，汽轮机的冷却作用仅来自通流部分蒸汽流量的减少和蒸汽节流降温，减负荷时间短，停机后汽缸温度保持较高的水平。但大容量再热机组减负荷过程中，锅炉始终维持额定参数给运行调整带来很大困难，同时也造成燃料浪费。

3 何为滑参数停机？其有什么优、缺点？

答：滑参数停机是在调节汽门全开状态下，借助锅炉降低蒸汽参数逐渐降低负荷，汽轮机金属温度也随着相应降低，直至负荷到零为止。发电机解列后，还可以继续降低蒸汽参数来降低汽轮机的转速，直到转子静止。

滑参数停机的优点：由于滑参数停机是采用的低参数、大流量的蒸汽，从而使汽轮机各受热部件能得到均匀的冷却，而且金属温度可以降低到较低水平，大大缩短了汽缸的冷却时间。还可以利用锅炉的余热发电；可利用低参数、大流量的蒸汽对汽轮机的通流部分进行清洗。在条件许可的情况下，高、低压加热器、除氧器均可以进行随机滑停，提高热效率，减少汽水损失。

滑参数停机的缺点：在停机过程中比额定参数停机较容易出现大的负胀差，对锅炉运行操作要求很严格，汽温均匀下降很难控制。在汽轮机方面操作和调整频繁，如监视不严格，容易产生水冲击和受热部件过冷却，造成设备损坏。

4 正常停机前应做好哪些准备工作?

答：正常停机前应做好下列准备工作：

锅炉方面：原煤仓的存煤、煤粉仓的粉位，应根据停炉时间的长短，确定相应的措施；停炉前应对各受热面进行一次全面的吹灰；全面对锅炉进行检查，记录存在缺陷。机组要按规定做必需的试验，如试验油枪等，做好减负荷时稳定燃烧的准备。

汽轮机方面：

（1）试验辅助油泵。停机过程中主要通过辅助油泵来确保转子惰走和盘车时轴承润滑和轴颈冷却的用油，因此，停机前要对交、直流润滑油泵进行试验和油压联动回路的试验，发现问题要及时处理，否则不允许停机。

（2）进行盘车装置电动机和顶轴油泵试验。盘车装置电动机应转动正常，顶轴油泵运转正常，以保证停机后能顺利投入盘车。

（3）检查各主汽门、调汽门无卡涩。用活动试验阀对主汽门和调汽门进行活动试验，确证无卡涩现象。

（4）旁路系统检查。滑参数停机过程中，要用旁路系统调整锅炉蒸汽参数以及维持锅炉低负荷稳定燃烧，所以要检查旁路系统动作正常。

（5）切换密封油泵。如果是射油器供给发电机密封油时，应提前切换为密封油泵运行，并检查密封油自动调整装置工作正常。

电气方面：在发电机采用“自动励磁”方式运行时，应采用逆变灭磁方式降压，倒换厂用电各段负荷由厂高压变压器到启备用变压器供电。

5 额定参数减负荷时应注意哪些问题?

答：在 LDC 控制下或 DEH 控制方式中，合理选择降负荷方式，使机组所带的有功负荷下降，在有功负荷下降过程中，应注意调节无功负荷（通过励磁变阻器来调整无功负荷），维持发电机端电压不变；减负荷后发电机定子和转子电流相应减少，线圈和铁芯温度降低，运行人员应及时减少通入气体冷却器的冷却水量；氢冷发电机组的发电机轴端密封油压会因发电机温度降低改变了轴密封结构的间隙而发生波动，运行人员应及时调整；同时对氢压也要做相应调整。

随着机组负荷的降低，锅炉相应进行燃烧调整；减负荷时要注意维持锅炉汽温、汽压和水压；根据锅炉燃烧调整的要求及时投入汽轮机旁路系统；所有煤粉燃烧器停运后，即可准备停油枪灭火；及时停用减温水，以维持锅炉的汽温。

在减负荷过程中，注意调整汽轮机轴封供汽，以减少胀差和保持真空；减负荷速度应满足金属温度下降速度的要求，使汽缸和转子的热应力、热变形及胀差都控制在允许范围内。实际运行经验表明，在快速地减去汽轮机全部负荷后迅速停机，汽缸和转子并未很快冷却，也没有发现汽缸和法兰间出现很大温差；但在减去部分负荷后使机组维持较低负荷运行或维持空负荷运行，将产生很大的热应力，这是十分危险的。在减负荷的各个阶段应运行必要的系统和有关附属设备的停运，如切换高压加热器及除氧器的汽源等，减负荷过程中还应调整凝汽器的水位。

6 滑参数停机应注意哪些问题?

答：滑参数停机应注意的问题是：

(1) 滑参数停机时，对新蒸汽的滑降应有一定的规定。较高参数时，降温、降压速度可快些；在较低参数时，降温、降压速度应该慢些。

(2) 滑参数停机过程中，新蒸汽温度应始终保持有50℃的过热度，以保证蒸汽不带水。

(3) 新蒸汽温度低于法兰内壁温度时，可以投法兰加热装置，应使法兰联箱低法兰80～100℃，以便冷却法兰。

(4) 滑参数停机不得进行超速试验。

(5) 高、低压加热器在滑参数停机时应随机滑停。

7 什么是锅炉的降压冷却?

答：锅炉停止燃烧后，即进入降压和冷却阶段。经验证明：汽包壁最大温差是发生在停炉以后，停炉时停炉压力和降压速度对锅炉管壁及汽包、汽水分离器上下壁温及以随后的热态启动影响很大。一般在最初4～8h内，应关闭锅炉各处门、孔和挡板，避免冷空气大量进入。此后如有必要加快冷却，可逐渐打开烟道挡板及炉膛各门孔进行自然通风冷却，同时注意锅炉受热面的均匀冷却，进行带压放水，促使内部水的流动。24h后，如有必要加强冷却，可启动引风机通风，并可适当增加进水次数。在额定参数停机时，如不等降压冷却过程结束，就要求机组重新启动，则可利用锅炉所保持的较高金属温度来缩短启动时间。

8 汽轮机停机过程热应力如何变化?

答：汽轮机的停机过程，实际上是各零部件冷却的过程，随着蒸汽温度降低和流量的减小，汽缸内壁和转子表面首先被冷却，而汽缸外壁和转子中心孔面冷却滞后些，致使汽缸内壁温度低于外壁，转子表面温度低于中心孔，与启动情况相反；汽缸内壁和转子外表面产生拉应力；汽缸外壁和转子中心孔则产生压应力。

9 当机组负荷减到零及解列发电机时分别应注意哪些问题?

答：当负荷减到零时应注意，检查和调整汽封压力、凝汽器热水井水位，注意汽轮机的绝对膨胀和相对膨胀，注意观察调速系统的动作情况。

当发电机解列后应注意观察机组转速变化，确认调速系统能否维持空转，以防转速剧升造成超速。

10 汽轮机停机打闸后应注意哪些事项?并要进行哪些主要操作?

答：停机打闸后首先应注意转速变化情况，检查主油泵出口压力，根据主油泵出口油压，及早启动辅助油泵，保证停机过程中润滑油油压的正常。

在低转速下对汽轮机进行听音检查，特别是轴端轴封区域。对氢冷发电机，随着转速的降低应调整其轴端密封油压。对双水内冷发电机，则应注意在转速降低时调整转子水压。测绘惰走曲线，记录惰走时间。

11 汽轮机停机后，转子在惰走阶段为什么要维持一定的真空？

答：汽轮机停机后，转子在惰走阶段维持一定的真空，主要是为了可以减少后几级叶轮鼓风摩擦损失所产生的热量，有利于控制排汽缸的温度。可使汽缸内部积水真空干燥，对防止汽轮机金属的静止腐蚀有一定作用。

12 停机时真空未到零为什么不能中断轴封供汽？

答：停机时真空未到零是不能中断轴封供汽，否则冷空气自轴端进入汽缸，转子轴封将急剧冷却，引起轴封变形产生摩擦，甚至导致大轴弯曲。因此，只有当转子静止后真空到零才能停止轴封供汽，否则会造成上、下缸温差增大，转子受热不均而产生弯曲等不良后果。

13 为什么在滑参数停机过程中严禁做汽轮机超速试验？

答：在蒸汽的低参数下进行超速试验是非常危险的，因为滑参数停机至发电机解列时，主汽门前的蒸汽参数已经很低，此时若进行超速试验就必须采用关小调汽门的方法来提高压力，随着压力的提高，蒸汽的过热度相应的减少，以至有可能低于该压力下的饱和温度，使蒸汽带水，此时若开大调汽门升速做超速试验就会造成汽轮机水冲击事故。所以，在滑参数停机过程中严禁进行汽轮机超速试验。

14 为了缩短转子惰走时间，在停机过程中是否能用破坏真空的方法来达到此目的？

答：破坏真空停机的目的是借助增加摩擦损失来减少转子的惰走时间，而当破坏真空时汽轮机转子的摩擦阻力和制动力矩将增加好多倍，转子停止转动的时间将缩短两倍以上。但破坏真空的缺点是冷空气进入处于转动中的汽轮机，将引起转子和汽缸内表面的急剧冷却，对汽轮机转子和汽缸将造成一定的热应力，尤其是对高压和超高压机组更为明显，所以，这种停机方式仅限于事故状态下的紧急停机。

15 何为汽轮机的惰走曲线？其重要性是什么？

答：从汽轮机打闸到转子完全静止这段时间称为汽轮机的惰走时间。在这段时间内转速与时间的关系曲线为汽轮机转子惰走曲线。机组新投产或大修后都要绘制汽轮机正常的惰走曲线。

利用汽轮机惰走曲线可以判断停机时转子惰走是否正常，分析汽轮机内部各部件是否有异常。如果转子惰走时间急剧减少，可能是轴瓦已经磨损或机组动、静部分发生轴向或径向摩擦；如果转子惰走时间太长，则说明可能阀门不严有蒸汽漏入汽轮机或因真空过高、顶轴油泵启动过早而造成。

16 汽轮机停机时正常的转子惰走曲线可分哪几个阶段？

答：转子正常惰走曲线可分为三个阶段：

第一阶段，刚打闸停机，在这一阶段中转速下降得很快，因为刚打闸后转子在惯性转动中的转速仍比较高，鼓风摩擦损失的能量很大。这部分能量的损失与转速的三次方成正比，所以从 3000r/min 到 1000r/min 这个阶段所需时间很短。

第二阶段，转速较低，大约500r/min以下，转子的能量消耗主要是克服调速器、主油泵、轴承等摩擦阻力，这比鼓风摩擦损失小得多，并且此摩擦阻力随转速的降低而减小。所以，在这一阶段，转速下降缓慢，需要较长时间。

第三阶段，转子即将静止的阶段，由于在此阶段中轴承中的油膜已经破坏，轴承处的阻力迅速增大，所以，转速迅速下降到静止状态。

17 汽轮机打闸停机后转子在惰走阶段为什么要维持一定的真空？

答：在转子惰走阶段维持一定的真空主要是为了减少后几级叶轮的鼓风摩擦损失所产生的热量，有利于控制排汽缸温度，可使汽缸内部积水真空干燥，对防止汽轮机金属的静止腐蚀有一定的作用。

18 汽轮机停机后什么时候可停润滑油泵？

答：汽轮机停机，盘车也停止后，由于汽轮机转子金属温度仍然很高，顺轴颈向轴承仍然在传递热量，如没有润滑油冷却轴颈，轴瓦温度会升高，严重时熔化轴承乌金，所以需润滑油泵继续运行来冷却轴颈和轴瓦，到盘车停止8h以后根据轴瓦温度可停运润滑油泵。

19 停机后汽轮机转子可能发生最大弯曲的部位在什么地方？在哪段时间内启动比较危险？

答：汽轮机停机后如果盘车故障不能运行，由于上、下缸温差或冷却不均匀造成转子发生弯曲，最大弯曲部位常发生在调节级附近。

转子最大弯曲值一般在停机后2～10h之间，所以在这段时间内启动比较危险。

20 汽轮机停机后如何做好防腐工作？

答：汽轮机停机后，其内部的空气和水蒸汽混合物对叶片、叶轮将造成氧腐蚀。所以停机后必须关严各汽水系统的阀门。开启防腐门和导汽管、蒸汽管上排大气的疏水门，疏尽汽缸低洼处的积水，必要时对汽缸通入热空气进行干燥防腐。

21 为什么在停机后要检查各段抽汽逆止门关闭是否严密？

答：如果停机后各段抽汽逆止门关闭不严，可能使加热器及加热器管道内余汽、余水倒入汽缸，使汽缸下部急剧冷却，造成汽缸变形、大轴弯曲或动、静摩擦，损坏设备。

22 汽轮机的停机包括哪些过程？

答：汽轮机的停机包括从带负荷运行状态减去全部负荷、解列发电机、切断汽轮机进汽到转子静止、进入盘车状态等过程。

23 停机时，为什么汽轮机的温降速度比温升（启动时）速度控制得要更严一些？

答：滑参数停机过程中，主、再热蒸汽温度下降的速度是汽轮机各部件能否均匀冷却的先决条件，也是滑参数停机成功与否的关键，因此，滑参数时温降率要严格控制。与滑参数启动一样的道理，滑参数停机也是采用低参数、大流量的蒸汽冷却汽轮机，一般以调节级处的蒸汽温度比该处金属低20～50℃为宜。由于滑参数停机时，调节汽门大开，蒸汽全周进入汽轮机，虽然可以使金属部件均匀冷却，但金属温度要降低到很低的水平。另外，降温过程中，转子表面受热拉应力和机械拉应力的叠加应力，因此，蒸汽降温率要小于启动时的温升率。

24 惰走时间过长或过短说明什么?

答：汽轮机打闸后，从自动主汽门和调节汽门关闭起，转子转速从额定转速到零的这段时间称为转子惰走时间。表示转子惰走时间与转速下降数值的关系曲线称为转子惰走曲线。

如果惰走时间急剧减少时，可能是轴承磨损或汽轮机动、静部分发生摩擦。

如果惰走时间显著增加，则说明新蒸汽或再热蒸汽管道阀门或抽汽止回阀不严，致使有压力蒸汽漏入了汽缸。顶轴油泵启动过早，凝汽器真空较高时，惰走时间也会增加。

25 停机时真空未到零，停止轴封供汽对汽轮机会产生什么影响?

答：如果真空未到零就停止轴封供汽，则冷空气将自轴端进入汽缸，使转子和汽缸局部冷却，严重时会造成轴封摩擦或汽缸变形，所以规定要真空至零，方可停止轴封供汽。

26 为什么打闸后，要规定转子静止时真空也要到零?

答：原因如下：

(1) 停机惰走时间与真空维持时间有关，每次停机以一定的速度降低真空，便于惰走曲线进行比较。

(2) 如惰走过程中真空降得太慢，在临界转速时停留的时间就长，易产生振动。

(3) 如果尚有一定转速时真空已经降至零，则后几级长叶片的鼓风摩擦损失产生的热量多，易使排汽温度升高，也不利于汽缸内部积水的排出，容易产生停机后汽轮机金属的腐蚀。

(4) 如果转子已经停止，还有较高真空，这时轴封供汽又不能停止，也会造成上、下缸温差增大和转子受热不均发生热弯曲。

27 汽轮机盘车过程中，为什么要投入润滑油泵联锁开关?

答：汽轮机盘车装置虽然有联锁保护，当润滑油压降低到一定数值后，联动盘车跳闸，以保护机组各轴瓦，但盘车保护有时也会失灵，若润滑油泵不上油或发生故障，会造成汽轮机轴瓦干摩擦而损坏。润滑油泵联锁投入后，若交流油泵发生故障可联动直流油泵开启，避免轴瓦损坏事故。

28 盘车过程中应注意什么问题?

答：盘车过程中应注意如下问题：

(1) 监视盘车电动机电流是否正常，电流表指示是否晃动。

(2) 定期检查转子弯曲指示值、偏心度是否有变化。

(3) 定期倾听汽缸内部及高、低压汽封处有无摩擦声。

(4) 定期检查润滑油泵的工作情况。

29 停机后盘车结束，为什么润滑油泵必须继续运行一段时间?

答：润滑油泵此时连续运行的主要目的是冷却轴颈和轴瓦。停机后转子金属温度仍然很高，顺轴颈仍然在向轴承传递热量。如果没有足够的润滑油冷却转子轴颈，轴瓦的温度仍会升高，严重时会使轴承乌金熔化，轴承损坏；轴承温度过高还会造成轴承中的剩油急剧氧化，甚至冒烟起火。润滑油泵运行期间，冷油器也需继续运行并且使润滑油温不高于40℃。高压汽轮机停机以后，润滑油泵至少应运行8h。

30 停机后高压缸排汽逆止门严密性差对机组有什么影响？

答：停机后如果高压缸排汽逆止门没有关严或卡死不能关闭，将发生再热器及再热蒸汽管道中的余汽或再热器事故减温水进入汽缸，而使汽缸下部急剧冷却，造成汽缸变形、大轴弯曲、汽封及各动、静部分摩擦等，严重时将造成设备损坏。

31 为什么负荷没有减到零，不能进行发电机解列？

答：停机过程中若负荷不能减到零，一般是由于调节汽门不严或卡涩，或是供热抽汽逆止门失灵，关闭不严，从供热系统倒进大量蒸汽等引起。这时如将发电机解列，将要发生汽轮机超速事故。故必须先设法消除故障，采用关闭自动主汽门、电动主汽门，或开启旁路系统等办法，将负荷减到零，再进行发电机解列操作。

32 停机后盘车状态下，对氢冷发电机的密封油系统有何要求？

答：氢冷发电机的密封油系统在盘车时或停止转动而内部又充压时，都应保持正常运行方式。因为密封油与润滑油系统相通，这时含氢的密封油有可能从连接的管路进入主油箱，油中的氢气将在主油箱中被分离出来。氢气如果在主油箱中积聚，就有发生氢气爆炸的危险和主油箱失火的可能，因此油系统和主油箱系统使用的排烟风机和防爆风机也必须保持连续运行。

33 锅炉停运后的保养方法是什么？防腐的基本原则是什么？常用的保养方法有哪些？

答：锅炉保养的方法是尽量减少锅炉水中的溶解氧和外界空气的漏入来减轻锅炉受热面的腐蚀。

防腐的基本原则如下：

(1) 不让空气进入锅炉的汽水系统内。

(2) 保持停运锅炉汽水系统金属表面的干燥。

(3) 在金属表面造成具有防腐作用薄膜，以隔绝空气。

(4) 使金属表面浸泡在含有除氧剂或其他保护剂的水溶液中。

最常用的保养方法一般有：湿保养法、充氮置换法、烘干防腐保养法等几种。

34 锅炉湿式保养的原理和要求是什么？

答：联胺是较强的还原剂，可除去水中的溶解氧；氨的作用是调节水的PH值，保持水中有一定的碱性。炉水中含有一定的联胺和氨，可防止锅炉水侧的氧腐蚀。在未充水的部分充入氮气，可防止空气漏入，防止氧腐蚀的发生。

35 锅炉充氮保护的原理和要求是什么？

答：锅炉充氮保护法是利用化学性质较稳定的氮气充满锅炉，并维持一定压力，防止外界空气进入炉内，从而达到防腐的目的。

对于气温降到0℃以下的地区，此方法较为适用。采用这种方法时，锅炉各部分的水必须安全放空，而且保证湿度维持最低。

36 锅炉烘干防腐的原理和方法是什么？

答：烘干防腐保养方法是在锅炉停运后，当其压力降至一定值时，采用带压放水，利用锅炉余热，烘干锅炉，保持锅炉汽水系统金属表面的干燥，以避免腐蚀。

此法适用于大修或中修停炉后的保养。

37 锅炉如何进行炉膛的保养？

答：锅炉炉膛不论是长期或短期保养，内部应保持干燥状态，特别是在长期保养的场合下，应除去烟道、受热面等的积灰，必要时还应设置盘状加热器，进行干燥保养。

38 锅炉停运后风烟道如何进行保养？

答：一个月以上的长期保养，应对风烟道内表面积灰进行清扫，且关闭所有风门、挡板；一个月以内的风烟道保养，则不必处理积灰等。

39 锅炉停运如何进行辅机的保养？

答：锅炉辅机的保养原则是保持冷却水畅通，各辅机在随时投运的状态下保存。另外，应按防止轴承部件锈蚀所规定的周期，对辅机进行定期运转或用手盘动，以防轴承部件锈蚀，并在其他部分涂上防锈油。

40 什么情况应投入汽轮机汽缸的干燥系统？汽缸干燥系统的组成如何？

答：汽轮机停运一周以上的较长时间，应投入汽缸干燥系统，控制汽轮机内部相对湿度在50%以下。

汽缸干燥系统主要由空气压气机来的压缩空气管、阀门、压缩空气联箱、分离器及其干燥风管等组成。

41 汽缸干燥过程注意事项有哪些？

答：汽缸干燥的注意事项有：

（1）从干燥处理开始24h内应定期测量相对湿度，并做好记录。若发现任何部位相对湿度不降低，必须检查干燥装置内部是否存有积水，否则应放掉积水。

（2）当相对湿度不再下降且达到规定值（一般为30%左右）时，可以降低被干燥装置的内部压力，否则应继续进行干燥。

42 什么是汽轮机的强制冷却系统？

答：汽轮机缸体强制冷却方式仅适用于当汽轮机停机后需快速冷却并尽早再次启动的停机过程。强制冷却系统的投运，必须是在汽缸温度已降低到规定值以下的情况，汽轮机强制冷却系统和汽缸干燥系统相同，只是强制冷却用的压缩空气温度较低。

43 汽轮机停运后，投入强制冷却系统有什么意义？

答：随着机组容量增大、蒸汽参数的不断提高，保温条件改善，使得停机后自然冷却时间也越来越长，额定参数下停机到允许停止盘车一般需要 7～10d 时间，滑参数停机也需要 4～6d 时间，在这段时间内汽轮机处于连续盘车状态，无法对汽轮机的本体及轴承等设备进行检修工作。自然冷却大量占用了消缺检修的时间，降低了机组的可用率。在事故抢修情况下尤为突出。一般快速冷却可以使机组由停机到停盘车的时间缩短 2～5d，有明显的经济效益．与滑参数停机相比，还有节约厂用电和节油的效益。

44 汽轮机强制冷却的注意事项有哪些？

答：汽轮机强制冷却的注意事项有：

（1）当汽轮机高压内缸内壁温度降到规定值（如 400℃）时，才可以投入强制冷却。

（2）开始进行冷却时，须通过调整冷却空气的压力，来控制汽缸温度下降速率为每小时 3～5℃。

（3）注意观察汽缸上、下缸温差；法兰内、外壁温差；胀差不得超过规定值，尤其注意避免出现负胀差。

（4）当高压内缸内壁温度降到规定值（如 200℃）时，可关闭凝汽器底部放水门，启动射水泵，开启抽真空阀门进行抽真空。

45 汽轮机强制冷却采用什么介质？有哪几种方法？

答：汽轮机强制冷却采用空气或蒸汽作为冷却介质。

冷却方式有：蒸汽顺流冷却、蒸汽逆流冷却；空气顺流冷却、空气逆流冷却等四种方式。

46 什么是蒸汽逆流冷却方式？

答：这种冷却方式是在汽轮机低转速状态下（约 500r/min 以下）进行的，冷却介质是蒸汽，冷却汽源由邻机抽汽（汽温在 400℃左右）和除氧器的汽平衡管供给，采用高压缸逆流、中压缸顺流的冷却方式。蒸汽进入汽缸的温度由上述两种汽源根据冷却各阶段的汽缸金属温度进行混合调节。混合后的蒸汽分成三路：

（1）从高压缸排汽逆止门前进入高压缸。一部分逆流经通流部分到高压导管、调节汽门及防腐汽门等排出；另一部分经高压内外缸夹层、外缸调节级处疏水及高压汽封第一段溢汽管到抽汽疏水管排出。

（2）引入法兰螺栓加热系统。

（3）从高压缸排汽逆止门后经锅炉再热器、中压联合汽门顺流进入中压缸。一部分蒸汽经中压通流部分后，从中压缸后部及抽汽疏水管排出，大部分蒸汽流到低压缸做功后进入凝汽器。

47 如何投入蒸汽逆流快冷？

答：投入蒸汽逆流快冷的方法为：

(1) 关闭锅炉再热器的对空排汽门。

(2) 顶轴油泵、盘车装置、循环水泵、凝结水泵、射水泵和真空泵正常运行。

(3) 轴封送汽，维持真空在较低的范围。

(4) 关闭电动主汽门，开启电动主汽门后疏水门、导管疏水门、调节级疏水门、前轴封到抽汽管道阀门。

(5) 停机后开启法兰加热系统。

(6) 关闭其他管道疏水门，防止蒸汽短路。

(7) 限制高、中压调汽门开度。

(8) 调整好汽温，开始冷却。

48 如何停运蒸汽逆流快冷?

答：停运蒸汽逆流快冷的步骤为：

(1) 启动顶轴油泵，调整各轴承油压至正常数值。

(2) 关闭快冷蒸汽门，转子静止后投入盘车。

(3) 关闭高、中压主汽门和调节汽门。

(4) 按规程规定的正常停机操作进行停机。

49 什么是蒸汽顺流冷却方式?

答：蒸汽顺流冷却是利用停炉后锅炉的余热，邻机或炉的蒸汽，对锅炉底部加热产生少量蒸汽，通过过热器等受热面后蒸汽具有一定的过热度，进入汽轮机内，在低速下带走汽轮机内部的热量，达到冷却金属部件的目的。

50 蒸汽顺流冷却操作过程中的注意事项是什么?

答：蒸汽顺流快速冷却操作过程中的注意事项如下：

(1) 保持真空系统运行。维持凝汽器真空在 73～80kPa。

(2) 保持凝汽器和除氧器水位正常。

(3) 严格控制主蒸汽温度和汽缸的温降率不大于 30℃/h。

(4) 锅炉汽包压力降至 2MPa 时，开启邻机汽源投入炉底加热。

(5) 快冷过程中调整并保持汽轮机转速在 500r/min 以下，当高压缸上缸内壁金属温度降到允许停运盘车时，停止快冷。

51 什么是空气逆流冷却?

答：压缩空气逆流快速冷却是从高压缸排汽逆止门前导入经过加热的纯净空气。一般高压缸部分为逆流冷却，空气温度主要考虑与高压缸及高压排汽管温度匹配。中压缸为顺流冷却，空气导入温度考虑与中压调节汽门温度匹配，并有分路供法兰螺栓和夹层冷却。

52 空气逆流冷却的优缺点有什么?

答：空气逆流冷却的优点是：一般需要 30～40Nm^3/min 压缩空气量（标准状况下），加热器功率需 150～250kW。系统连接方便，容易实现自动，热冲击风险小。

空气逆流冷却的缺点是：由于高压缸进空气口在高排部分，而汽缸上的金属温度测点大部分在高压缸的前部，对压缩空气的温度控制直观性较差。逆流空气阻力也大，高排逆止门漏气大。

53 什么是压缩空气顺流冷却？

答：压缩空气顺流冷却是目前普遍采用的一种冷却方式，压缩空气经过滤和加热后，高压部分经高压导管、疏水管进入高压缸。中压缸为顺流冷却，空气导入温度考虑与中压调节汽门温度匹配，并有分路供法兰螺栓和夹层冷却。

54 如何评价汽轮机快冷是否安全？

答：评价快速冷却是否安全的关键在于金属热应力的大小。热应力的大小主要取决于金属温度的变化量、变化率及金属截面的温度梯度。所以，快速冷却的控制指标主要为冷却速度和冷却介质与金属表面的温差。

55 空气与蒸汽作为快冷介质有何不同？

答：空气与蒸汽作为冷却介质的区别为：

(1) 压缩空气作为冷却介质，放热系数小、比热小、无相变换热。一般电厂都有检修用的空压机，可以满足快冷的需要。

(2) 在相同流速、相同管径的条件下，蒸汽冷却的对流放热系数为空气的3倍以上，从传热观点来说，采用蒸汽冷却冷却速度大于空气冷却，而且不需要增加设备，系统改动也不大。

(3) 采用空气加热作为冷却介质对机组防腐保护是有益的。

56 顺流冷却和逆流冷却相比较，有何优缺点？

答：(1) 顺流冷却可以利用原有的蒸汽管道，而且汽轮机的高温部分处在介质压力较高、流速较大的范围内，冷却速度快。

(2) 顺流冷却可利用原有的金属温度测点，便于监视进汽区的温度。但介质流量和温度控制不当将会引起较大的热冲击。

(3) 逆流冷却从热应力的角度来说比较合理，因为冷却介质先接触汽缸温度较低的部分，待达到高温部分时，介质已吸收了金属的热量，温度有所升高，热冲击小。

(4) 逆流冷却过程中由于无法利用原有的金属温度测点，给操作带来很大的不方便。

57 停机后，低压缸为什么容易腐蚀？

答：汽轮机停机后，汽缸内部必然充有大量蒸汽，蒸汽和由真空破坏门、排大气疏水及轴封等处进入的空气混合，构成了氧腐蚀的必要条件，对汽轮机金属造成严重的氧腐蚀。由于高、中压缸热容量大，温度高，腐蚀表现集中在低压缸的后部及叶轮、叶片等部位，严重氧腐蚀直接影响机组的经济性，缩短使用寿命，严重时还会使金属强度降低，诱发掉叶片等事故。

58 发生氧腐蚀与湿度的关系如何？

答：发生氧腐蚀与湿度的关系是：当相对湿度小于35%时，不发生腐蚀；当相对湿度超过 60%时，腐蚀急剧增加。一般机组在停机后排汽缸的相对湿度高达 85%以上，属于严重腐蚀范围。

59 防止氧腐蚀的方法有哪几种？

答：防止腐蚀的方法可以概括为化学吸附和通风干燥两种。

电厂一般采用通风干燥，具体方法是金属降到一定温度后向低压缸送入经过加热后的热风，热风在低压缸吸收水分后由真空破坏门排出。一般在运行 2～3h 后排汽缸湿度由 85%降至 15%左右，达到了防止腐蚀的目的。另外，汽轮机快速冷却时，空气在高、中压缸吸热，空气中的水蒸汽过热度升高，湿度下降，在低压缸吸收水分后排出。同样可以起到与上述热风干燥法同理的防腐蚀保护作用。

60 为什么停机后防腐，应尽量放掉热井内的凝结水？

答：决定除湿干燥效果的因素除快速冷却的风量、风温、湿度外，还须考虑热水井是否有水，抽汽管路疏水是否排净及与汽水系统连接的阀门是否严密的问题。因为在冷却过程中，汽缸内相对湿度逐渐降低，空气中水蒸汽分压力相应降低，上述各部的积水加快蒸发，制约了湿度的降低。同时，若上述问题存在，整机的冷却过程停止后，排汽缸的湿度将逐渐回升，以致恢复腐蚀条件而失去保护作用，因此，可根据冷却工作的需要，在冷却前或冷却中适时地排尽凝结水。

61 超临界汽轮机组防止固体颗粒侵蚀（SPE）所采取的措施是什么？

答：防止固体颗粒侵蚀（SPE）所采取的措施是：

（1）高中压主汽阀前设有永久滤网和临时滤网，新机组投产 6 个月后应拆除临时滤网。

（2）调节级喷嘴采用渗硼涂层处理。

（3）启动时开启旁路升温升压，可将管道颗粒带走。

（4）第一级叶片采用渗氮处理，强化叶片表面。

第六章

单元机组自动控制及安全保护

第一节　热工控制

1 单元机组自动控制的特点是什么?

答：单元机组自动控制的特点是：

(1) 机组有较高的自动化程度，可控性好。

(2) 具有良好的负荷适应性，有较大的负荷调节范围。

(3) 在汽轮机或部分辅机故障的情况下能实现限负荷稳定运行，或停机不停炉运行方式，故障恢复后又能快速升负荷至电网要求值。

(4) 能按照负荷的要求进行锅炉燃烧优化调整，降低锅炉热惯性对负荷的影响，实现单元机组经济运行。

(5) 单元机组可采用变压运行方式以减小节流损失，保证机组压力与负荷相适应，提高运行经济性。

2 单元机组负荷自动调节方式有哪几种类型?

答：单元机组的负荷自动调节方式一般分炉跟踪、机跟踪和限负荷运行三种方式。

炉跟踪方式为汽轮机根据电网要求调整机组出力，锅炉根据汽轮机负荷的变化，相应调节主汽压力，保证主汽压力在规定范围内。

机跟踪方式是锅炉根据电网要求调整机组出力，汽轮机通过改变高压调节汽门开度，来保证主汽压力在规定范围内。

限负荷运行方式是当机组某一辅机出现故障时，根据故障的范围和性质限制机组出力在某一规定值运行，然后锅炉和汽轮机调整各自参数为对应负荷下参数值。

3 单元机组自动控制有哪几种类型?

答：单元机组自动控制主要有三种类型：分散型控制、集中控制及集散型控制。

4 何谓分散型控制系统?

答：分布在生产现场的各主辅设备，均设置有各自的模拟控制装置或程序控制装置，通过运行人员的经验和设备的运行状况进行设备和系统的协调管理和控制，这种控制系统称为分散型控制系统。

5 何谓集中控制系统？

答：它是由一台大型计算机来完成各主辅系统的模拟和程序控制并能完成发电设备的主辅机的巡回检测和数据处理，并且机组各部分的控制管理协调也由计算机来承担。运行人员只要在操作键盘上操作设备的开关按钮或预置设定值，整个机组的启停及运行调整和事故处理等全部由计算机来完成，但是计算机发生故障，不能满足上述指标时，运行人员则无法承担所有的操作与管理，这种控制系统称为集中控制。

6 何谓集散控制系统？

答：集散型控制系统是在克服分散控制系统和集中控制系统的不足的基础上发展起来的。集散型控制系统分三级：即综合命令级、功能控制级和执行级。综合命令级作用是以上位机去协调控制下位各级的功能控制。下位各功能控制级有许多并行的子回路，可根据发电设备特点分成各个独立的功能控制回路，分别由微机进行控制管理，这一级可以独立工作，也可与上位机联系。执行级是最低一级，作用是控制就地执行机构。

7 什么是锅炉跟踪控制方式？

答：锅炉跟踪控制方式是一种锅炉跟踪汽轮机的方式，即汽轮机调节负荷大小，锅炉调节主汽压力，使主汽压力与负荷相适应。当电网要求负荷改变时，汽轮机首先按电网负荷的要求，通过功率调节器控制高压调汽门的开度以调节进入汽轮机的蒸汽量，使汽轮发电机的输出功率与电网负荷要求相适应，而锅炉只在主汽压力和流量发生变化后由汽压调节器根据主汽压力的偏差来调整进入锅炉的燃料量，保证主汽压力偏差最小，使主汽压力、主汽流量与负荷相适应，并保持稳定。在改变燃料量的同时，空气量、给水量、减温水量等，也根据需要做相应调整，以保证锅炉各参数在规定值范围内并保持锅炉效率最高。通过锅炉适应性调整，使主汽压力恢复给定值，从而保持锅炉的能量平衡。

8 锅炉跟踪方式的特点及适用范围是什么？

答：锅炉跟踪方式是按照负荷指令的变化，利用锅炉的蓄热量，使机组实际负荷迅速跟随负荷指令的变化。在锅炉主蒸汽压力的允许波动范围内，快速达到负荷指令要求是完全可能的，对系统的频率调整也是有利的。这种方式能较好地满足电网对负荷的要求，但是在发生很大的负荷变化时，由于锅炉燃烧延迟时间大，对主蒸汽压力的调节不可避免地有滞后现象。因此在锅炉开始跟踪时，主汽压力变化就会很大，锅炉的运行与调节就会不稳定。

依据锅炉跟踪控制方式负荷适应性好，但稳定性差的特点，这种控制方式适用于参加电网调频调峰，负荷变化不至于太大的单元机组。

9 何谓汽轮机跟踪控制方式？

答：汽轮机跟踪控制方式实际上是一种汽轮机跟随锅炉的控制方式，又称汽轮机跟随负荷的控制方式，当电网对负荷的需求改变时，首先通过功率调节器改变进入锅炉的燃料量，并相应对给水量、送风量、减温水量等作适应性调整，随着燃料量输入的增加或减少，主蒸汽压力开始变化，变化方向与燃料量的改变方向相同，为了保持汽轮机主汽门前压力在规定值范围内，通过主蒸汽压力调节器改变汽轮机调汽门的开度，从而改变进入汽轮机的蒸汽流量，即改变了汽轮机和发电机的输出功率，使输出功率与负荷要求趋于一致，达到了调节发电机输出功率满足电网负荷要求的目的。

10 汽轮机跟踪方式有何特点？

答：汽轮机跟踪方式的特点是功率变化信号经主控器处理后不是送至汽轮机调节汽门，而是提前送至锅炉燃烧控制系统。

给定功率与发电机输出功率送入功率调节器，经处理计算后作用于锅炉燃烧控制系统，燃烧控制系统首先作用于给煤机（或给粉机）总出力控制器，使运行的所有给煤机（或给粉机）出力同时改变，同时将发电机输出功率反馈至燃烧控制系统；另外，燃烧控制系统信号还要送至给水、送风量等其他相关各分系统中。

锅炉燃烧率改变后，主汽压力将发生相应的变化，汽轮机汽压调节器接受主汽压力变化信号经计算机处理计算后，作用于汽轮机调节汽门，以保持汽压在规定值范围内。保证汽压值有两种情况，采用滑压运行方式时，除保证主汽压力不变外，还要保证压力与负荷相对应；采用定压运行方式时，只要保持主汽压力为原来值即可。汽轮机跟踪控制方式由锅炉调节负荷，由汽轮机调整汽压，主蒸汽压力波动较小，但负荷适应性差。

11 什么是协调控制方式？

答：协调控制方式是当外界负荷发生变化时，机组的实际输出功率与给定功率以及压力给定值与实际主汽压力值的偏差信号，通过协调主控制器同时作用于锅炉主控制器和汽轮机主控制器，使之分别进行负荷调节。

12 协调控制方式有何特点？

答：协调控制方式的特点是：锅炉给水、燃烧、空气量、汽轮机蒸汽流量、主汽压力同时进行调节，汽轮机和锅炉同时参与功率调节和压力调节，在锅炉允许的压力变化范围内利用了锅炉部分蓄热量适应汽轮机需要，另外，锅炉能迅速改变燃料量，既能保证有良好的负荷跟踪性能，又能保证锅炉运行的稳定。

当单元机组正常运行又要参加电网调频时，应采用汽轮机和锅炉联合的协调控制方式。

13 单元机组的运行控制方式有哪些形式？各适用于什么情况？

答：单元机组的运行控制方式有以下几种方式：

（1）协调控制方式。当单元机组运行情况良好，机组带变动负荷或基本负荷，可以采用协调控制方式。这时的机组可以参加电网调频，接受自动负荷指令和值班员手动负荷指令。

（2）汽轮机跟踪，输出功率可调控制方式。此种方式只有值班人员的手动指令能控制机组功率。机组输出功率可调、锅炉及汽轮机的自动调节系统均应投入，但控制系统不接受中调所指令和频率偏差信号指令，只接受值班员手动指令。

（3）锅炉跟踪，机组输出功率可调的控制方式。此方式是锅炉自动维持汽压稳定的运行方式。此时，锅炉运行正常，自动调节全部投入，汽轮机运行正常，但自动调节不一定全部投运。此种方式负荷适应较快，负荷只能由值班员手动给定。

（4）汽轮机跟踪，输出功率不可调的运行方式。此种方式为汽轮机工作正常、锅炉工作不正常，机组出力受到限制时的控制方式。在这种控制方式下，机组只能维持本身的实际输出功率，而不能接受任何外部要求负荷改变的指令。

（5）锅炉跟踪，机组输出功率不可调的控制方式。此种运行方式为锅炉运行正常，而汽轮机局部发生异常，使机组输出功率受到限制时的控制方式。在这种方式下调节的主要任务是维持汽轮机的稳定运行，机组的输出功率只能维持实际所能输出的最大功率，不能接受外界任何负荷调整指令。

（6）燃料手动控制方式。此种方式为锅炉和汽轮机主控器均处于手动状态，机组在启动或停止过程中的控制方式。机前压力由运行人员在操作器上手动保持，锅炉燃烧调节投自动，但它处于运行人员的手动控制状态。

14 机炉协调控制方式的选择原则是什么？

答：机炉协调控制方式可以根据机组当前的运行状况和机组的异常情况随时进行选择和切换。

当机组运行正常，机组带变动负荷或基本负荷，需参加电网调频或接受中央调度指令时，应采用协调控制方式。

当机组运行尚不稳定，不参加电网调频或汽轮机和锅炉局部控制系统发生故障时，可根据需要采用锅炉跟踪运行方式或汽轮机跟踪运行方式。其中，如果要求机组负荷相对比较稳定，不要求负荷频繁波动时，可采用汽轮机跟踪控制方式。

当要求负荷能快速适应电网要求时，可采用锅炉跟踪控制方式。

单元机组在启动初期，旁路一般均投入运行，参加主汽压力调节。此时，可采用煤、油手动控制方式，即由锅炉调整主汽压力，汽轮机调整机组出力。

不论采用锅炉跟踪控制方式还是汽轮机跟踪控制方式或协调控制方式，当机组辅机故障时，将自动切换至限负荷调节状态，机组将根据辅机故障的情况带某一中间负荷维持运行，直至辅机故障排除为止。

15 机炉协调控制方式投运注意事项有哪些？

答：机炉协调控制方式投运必须慎重，应逐步根据现场实际情况投运。调整监视失误或盲目投运都可能造成机组参数和负荷的波动，甚至引起机组掉闸事故，具体应注意以下几点：

（1）协调控制方式应根据电网的要求、机组的形式和机组当时的运行工况进行投运。

（2）投运时应本着由低级到高级逐步投运的方式进行，并且每投一级均要进行一段时间的稳定和对调节特性的考验，以免由于设备故障或调节系统故障导致参数大幅度波动或超限。

（3）协调控制投运应以机组安全经济运行为基础，设备系统故障或经济性下降时，应及时解除。

（4）协调控制方式投运后，要密切监视协调控制主控器和各自动调节系统的运行工况，发现调节失灵或自动跟踪不良应立即解列，特别是在自动装置刚投运和变工况时。

（5）主要辅机故障运行或掉闸时，应根据故障的严重程度和范围解列部分自动装置，切换为手动调节，待故障解除后再逐步投入。

（6）在协调控制方式下应特别注意监视主蒸汽压力、汽轮机前压力偏差、发电机负荷的变化情况，当主蒸汽压力变化幅度较大或发电机负荷大幅度变化时，应立即解列自动。

（7）应监视各部温度及各辅助设备的出力情况，对于直吹式制粉系统应特别注意运行中的磨煤机出力分配和各自磨煤机的出力大小，以防止由于磨煤机出力分配不当而引起磨煤机掉闸和磨煤机掉闸后负荷大幅度波动或部分运行磨煤机超出力运行的问题。

（8）事故情况下要特别注意汽轮机和锅炉之间的配合，要统筹兼顾全面考虑，以防事故扩大和损坏设备。

16 分散控制系统 DCS 中的“4C”技术是指什么？

答：分散控制系统 DCS 中的“4C”技术是指：控制技术（control）、计算机技术（computer）、通信技术（communication）、图像显示技术（CRT）。

17 DCS 最常用的网络拓扑结构有哪几种？为了提高系统的可靠性又采用哪几种结构方式？

答：DCS 最常用的网络拓扑结构有：星形、总线形以及环形。

为了提高工作可靠性常采用冗余结构，其结构方式主要包括多重化组成的自动备用方式和后备手操方式。

18 对屏蔽导线（或屏蔽电缆）的屏蔽层接地有哪些要求？为什么？

答：屏蔽层应一端接地，另一端浮空，接地处可设在电子装置处或检测元件处，视具体抗干扰效果而定。若两侧均接地，屏蔽层与大地形成回路，共模干扰信号将经导线与屏蔽层间的分布电容进入电子设备，引进干扰，而一端接地，仅与一侧保持同电位，而屏蔽层与大地不构成回路，就无干扰信号进入电子设备，从而避免大地共模干扰电压的侵入。

19 简述集散控制系统中数据采集系统（DAS）的基本组成。

答：集散控制系统中数据采集系统一般由以下八个部分组成：

（1）I/O 过程通道。

（2）高速数据通信网络。

（3）操作员站（含 CRT、键盘、打印机）。

（4）工程师站。

（5）历史数据站。

（6）事故记录站。

（7）数据处理站。

（8）性能计算站。

20 测振传感器根据其测量原理的不同可以分为哪两大类？分别有哪些形式？

答：根据测振传感器的原理不同可以分成为接触式和非接触式两大类。

（1）接触式振动传感器有感应式和压电式。

（2）非接触式振动传感器有电容式、电感式和电涡流式。

21 电厂中具有非线性的测量信号主要有哪些？

答：电厂中具有非线性的测量信号主要有：

（1）用差压变送器或靶式流量变送器测量的流量信号。这时输出信号与流量的平方成比例。需要线性化时，在测量信号回路中加装开方器。

（2）用氧化锆氧量计测量烟气含氧量时，输出信号与氧量成对数关系。当需要线性输出时，采用专门的转换仪表进行转换。也可用函数发生器。

（3）与热电偶、热电阻配用的一般型号温度变送器，输出信号与被测温度呈非线性关系。

22 什么是两线制？两线制有何优点？

答：两线制是指现场变送器与控制室仪表的连接仅有两根导线，这两根导线既是电源线又是信号线。

与四线制相比，两线制的优点是：可节省大量电缆和安装费，有利于安全防爆。

23 简述热电偶的中间导体定律。

答：在热电偶回路中接入第三、第四种匀质材料导体，只要中间接入的导体两端具有相同的温度，就不会影响热电偶的热电动势，这就叫作中间导体定律。

24 热电偶现场测温为什么要采用补偿导线？

答：使用补偿导线的作用，除了将热电偶的参考端从高温处移到环境温度相对稳定的地方外，同时能节省大量的价格较贵的金属和性能稳定的稀有金属；使用补偿导线也便于安装和线路敷设；用较粗直径和导电系数大的补偿导线代替电极，可以减少热电偶回路电阻，以利于动圈式显示仪表的正常工作和自动控制温度。

25 影响热电偶测温的外界因素是什么？可用哪些技术方法消除？

答：影响热电偶测温的外界因素是热电偶的冷端温度。

消除的方法：恒温法、补偿导线法、补偿电桥法、补偿电偶法、电势补偿法、调整动圈仪表机械零位等。

26 热电偶产生热电势的条件是什么？

答：热电偶产生热电势的条件是：

（1）必须有两种性质不同且符合一定要求的导体或半导体材料组成。

（2）热电偶测量端和参比端之间必须有温差。

27 热电偶有哪四个基本定律？

答：热电偶的四个基本定律为：

（1）均质导体定律。

（2）中间导体定律。

（3）参考电极定律。

（4）中间温度定律。

28 影响热电偶稳定性的主要因素是什么?

答：影响热电偶稳定性的因素有：热电极在使用中氧化，特别是某些元素在使用中选择性的氧化和挥发；热电极受到外力作用引起变形所产生的应变应力；在高温下晶粒长大；热电极的沾污和腐蚀等。

29 简述差压式流量测量装置的工作原理。

答：差压式流量测量装置的工作原理是：在流体管道中安装一个节流件（孔板、喷嘴、文丘利管）使流体流过它时，在其前后产生压力差，此压差的大小与流体流量大小有密切关系。然后用差压计将此信号检测出来进行指示与积累。

30 自动调节系统由哪两部分组成？组成自动调节系统最常见的基本环节是什么?

答：自动调节系统由调节对象和调节装置两部分组成。

组成自动调节系统最常见的基本环节是：一阶惯性环节、比例环节、积分环节、微分环节和迟延环节。

31 什么是闭环控制系统?

答：闭环控制系统即反馈控制系统，是指系统的输出量对系统的调节作用有直接影响的系统。即控制设备和控制对象在信号关系上形成的闭合回路。

32 什么是环节的静态特性和动态特性?

答：环节的输入信号和输出信号处于平衡态时的关系称为静态特性。它们在变动状态时的关系称为动态特性。

33 汽包锅炉主要有哪几个调节系统?

答：汽包锅炉主要调节系统有：给水调节系统、主蒸汽温度调节系统和锅炉燃烧调节系统。

34 评定调节系统的性能指标有哪些?

答：为了衡量和比较调节系统的工作性能，通常可以以过渡曲线上的几个特征数值作为性能指标，它们是被调量的稳态误差、最大动态误差、调节过程时间及调节量的超调量。

35 简述比例、积分、微分三种调节规律的作用及其调整原则。

答：比例调节的作用：偏差一出现，就及时调节，但调节作用同偏差量是成比例的，调节终了会产生静态偏差（简称静差）。

积分调节的作用：只要有偏差，就有调节作用，直到偏差为 0，因此，它能消除偏差。但积分作用过强，又会使调节作用过强，引起被调参数超调，甚至产生振荡。

微分调节的作用：根据偏差的变化速度进行调节，因此能提前给出较大的调节作用，大大减少了系统的动态偏差量及调节过程时间。但微分作用过强，又会使调节作用过强，引起系统超调和振荡。

调整原则：就每一种调节规律而言，在满足生产要求的情况下，比例、积分、微分作用都应强一些，但同时采用这三种调节规律时，三种调节作用都应适当减弱，且微分时间一般取积分时间的 1/4～1/3。

36 调节过程的基本形态有哪些？

答：调节过程的基本形态有：非周期过程，其中又可分单调变化的和有单峰值的两种形式；衰减振荡过程；等幅振荡过程，调节系统扰动作用后不能达到新的平衡，被调量和调节作用都作等幅振荡，这种情况称为“边界稳定”以及发散振荡过程。

37 评定调节系统的性能指标有哪些？

答：评定调节系统的性能指标有：稳态误差、最大动态误差、调节过程时间和调节量超调量。

38 什么是 PID？

答：PID 为比例、积分、微分的英文缩写，三种调节作用对应于：稳、准、快。

39 什么是汽轮机的自动控制方式（ATC）？

答：ATC 控制方式可以控制汽轮机从盘车到同步并网。它可以检查启动前的各项参数，确定是否需要暖机，由主汽阀控制切换到调节阀门控制，检查同步前的各项参数，并且给自动同步器发出信号，使机组同步并网，ATC 除了转速控制功能外，还可以进行负荷控制，以最佳的方式控制机组的负荷变化率。

40 什么是操作员自动控制方式？

答：操作员通过控制盘来设定转速或功率给定值，以及达到此给定值的变化率，DEH 系统根据操作员的要求，进行转速功率的控制。

41 什么是手动操作方式（MANUNL）？

答：手动操作员方式时，自动系统切除，自动系统处于跟踪手动操作系统的状态，以保证一旦从手动操作方式切换到自动方式时能实现无挠动的切换。

42 什么是阀门管理（VM）功能？

答：DEH 控制系统可实现单阀控制（节流调节法）和顺序阀控制（喷嘴调节法），可以在这两种调节方式之间实现无扰动的相互切换，在切换过程中，机组负荷基本保持不变。在不改变负荷情况下，进行调节方式的任意切换，提高了机组运行经济性安全性。

43 什么是主蒸汽压力控制（TPC）功能？

答：DEH 控制系统设有主蒸汽压力控制器，当控制器投入时，在调节阀开度大于全行程的 20%条件下，如果由于锅炉出现事故等原因使主蒸汽压力下降至低于某一整定值，DEH 控制系统将按主汽阀压力控制器给出的速率降低负荷的给定值，减小负荷，使功率控制系统关小调节阀门，直至主蒸汽压力恢复至规定值或调节阀关小至全行程的 20%为止。

44 什么是超速保护（OPC）功能？

答：超速保护控制器主要用于改善控制系统的动态特性，防止汽轮机超速，避免危急遮断停机。它主要是通过OPC超速功能及甩负荷预测功能来实现的。

45 什么是监测与报警功能？

答：DEH控制系统的外围设备包括CRT（屏幕显示器）、打印机以及控制盘，可连续显示汽轮机的各种参数与报警状态、状态趋势以及遮断信息等，并可由打印机给出这些信息的永久记录。

46 什么是危急遮断保护功能？

答：DEH控制系统可根据机组的转速、转子轴向位移、润滑油压、EH油压、凝汽器真空、排汽缸温度、振动、胀差等状态，自动完成相应的遮断保护动作，以保证汽轮机的安全运行。

47 为什么压力、流量的调节一般不采用微分规律？温度、成分的调节却多采用微分规律？

答：压力、流量等被调参数，其对象调节通道的时间常数t_0较小，稍有干扰，参数变化就较快，如果采用微分规律，容易引起仪表和系统的振荡，对调节质量影响较大。如果t_0很小，采用负微分可以收到较好的效果。

温度、成分等被调参数，其测量通道和调节通道的时间常数t_0都较大，即使有一点干扰，参数变化也缓慢，因此可以采用微分规律。采用微分和超前作用，可以克服被调参数的惯性，改善调节质量。

48 为什么串级调节系统的调节品质比单回路调节系统好？

答：串级调节与单回路调节相比，多了一个副调节回路。调节系统的主要干扰都包括在副调节回路中，因此，副调节回路能及时发现并消除干扰对主调节参数的影响，提高调节品质。

串级调节中，主、副调节器的放大倍数（主、副调节器放大系数的乘积）可整定得比单回路调节系统大，因此，提高了系统的响应速度和抗干扰能力，也有利于改善调节品质。

串级调节系统中，副回路中的调节对象特性变化对整个系统的影响不大，如许多利用流量（或差压）围绕调节阀门或挡板组成副回路，可以克服调节机构的滞后和非线性的影响。而当主调节参数操作条件变化或负荷变化时，主调节器又能自动改变副调节器的给定值，提高了系统的适应能力。

49 串级调节系统有哪些特点？

答：串级调节系统的特点是：

（1）串级调节系统可以等效为单回路调节系统，而串级调节系统的副回路成为等效调节对象的一部分，因此串级调节系统被看成是改善了调节对象动态特性的单回路调节系统。

（2）由于副回路的存在，调节系统的工作频率有了较大的提高。

（3）提高了对于进入副回路的干扰的抑制能力。
（4）由于副回路是一个快速随动系统，使串级调节系统具有一定的适应能力。

50　什么是微分先行的 PID 调节器？

答：微分先行 PID 调节器实际是测量值先行，它可以减少测量信号的滞后，有利于提高调节品质。

51　如何实现串级调节系统的自动跟踪？

答：串级调节系统有两个调节器，必须解决两个调节器的自动跟踪问题。一般讲，副调节器与执行机构是直接相关的，副调节器必须跟踪执行机构的位置（或称阀位信号），在先投入副调节回路时才不会产生扰动。副调节器的给定值为主调节器的输出，它与中间被调参数平衡时就不会使副调节器动作，因此主调节器的输出应跟踪使副调节器入口随时处于平衡状态的信号。例如串级汽温调节系统，主调节器可跟踪减温器后的蒸汽温度，副调节器可跟踪减温调节门开度。

52　为什么前馈作用能改善调节质量？

答：前馈作用不是建立在反馈调节基础上的，它是根据扰动补偿原理工作的，即当扰动发生时就发出调节信号，及时克服干扰可能造成的不利影响，从而改善调节质量。

53　检测信号波动有何害处？

答：检测信号（如液位、差压、风压）波动，必然会引起变送器输出信号波动。这一方面使调节系统频繁动作，影响调节质量；另一方面，电动执行器也容易过热，执行机构的机构部分磨损，阀门泄漏。因此，必须消除检测信号的波动。

消除检测信号波动的常见方法是采用阻尼装置。阻尼装置可以放在变送器之前，也可以放在变送器之后。放在变送器之后，常用 RC 阻尼器和电气阻尼器。RC 阻尼器变送器输出回路阻抗的限制，电阻 R 不能太大。最好的阻尼是采用电气阻尼器。在变送器之前，常用机械阻尼器，即增大取样管路的容积（如采用所容），增大取样管路的阻力。在变送器之前装设阻尼装置，其阻尼效果欠佳，一般采用机构阻尼和电气阻尼相结合的办法，可取得较好的阻尼效果。

54　单元机组主控系统目前有哪两种不同的结构形式？

答：一种结构形式是，将主控系统的各功能元件组成一个独立的控制系统，而机组的其他控制系统和一般常规系统类似，它们可接受来自主控系统的指令；另一种结构形式是，将主控系统的各功能元件分别设置在汽轮机和锅炉的控制系统之中，在形式上没有独立的主控系统。

55　在单元机组负荷控制中，负荷要求指令处理模块的主要功能是什么？

答：主要功能有：
（1）正常情况下由 ADS 或运行人员变动负荷限制产生负荷要求指令。
（2）正常情况下参与电网调频。

(3) 变负荷速率限制手动设定。

(4) 机组最大/最小负荷手动设定；并经速率限制。

(5) 快速返回、快速切断、迫升/迫降和主燃料跳闸时，负荷要求指令跟踪锅炉实际负荷指令。

56 试述协调控制方式在单元机组中的作用。

答：协调控制是利用汽轮机和锅炉协调动作来完成机组功率控制的任务，是一种以前馈—反馈控制为基础的控制方式。

在机组适应电网负荷变化过程中，协调控制允许汽压有一定波动，以充分利用锅炉的蓄热，满足外界的负荷要求，同时在过程控制中，又能利用负压力偏差适当地限制汽轮机调门的动作，确保汽压的波动在允许范围内。

另外，由于锅炉调节器接受功率偏差前馈信号，能迅速改变燃料量，使机组功率较快达到功率给定值。

57 为什么工业生产中很少采用纯积分作用调节器？

答：积分作用的特点是，只要有偏差，输出就会随时间不断增加，执行器就会不停地动作，直到消除偏差，因而积分作用能消除静差。单纯的积分作用容易造成调节动作过头而使调节过程反复振荡，甚至发散，因此工业生产中很少采用纯积分作用调节器，只有在调节对象动态特性较好的情况下，才有可能采用纯积分调节器。

58 在锅炉汽温调节系统中，为何要选取减温器后的汽温信号作为导前信号？

答：选取减温器后的汽温信号作为局部反馈信号，可以通过各种动态关系反应干扰作用，是它们的间接测量信号，它比主蒸汽温度更能提前反映减温水的扰动。

59 为什么要对汽包水位信号进行压力校正？

答：锅炉在启动过程中汽压在不断变化，测量容器差压值，随汽、水密度变化而变化。要实现给水全程自动调节，必须对水位测量信号进行压力修正，使之在任何偏离额定汽压下保持汽包水位和测量容器差压值之间的线性关系。

60 何谓水位全程调节？

答：锅炉水位全程调节，就是指锅炉从上水、再循环、升带负荷、正常运行及停止的全过程都采用自动调节。

61 造成电动执行器振荡的原因有哪些？

答：造成电动执行器振荡的原因有：

(1) 电动执行器的不灵敏区太小。

(2) 电动执行器的制动间隙调整不当，或磨损严重，使伺服电机惰性太大，应定期进行检查和调整。

(3) 调节器参数整定不当。一般是比例带设置太小，系统增益太大，这对于有中间被调参数（或称导前参数）的系统更为明显。

62 为什么送风调节系统中常采用氧量校正信号？

答：要随时保持经济燃烧，就必须经常检测炉内过剩空气系数或氧量，并根据氧量的多少来适当调整风量，以保持最佳风煤比，维持最佳的过剩空气系数或氧量。所以，送风调节系统常采用氧量校正信号。氧量信号也不是一个定值，根据锅炉的燃烧特点，在高负荷时，氧量要稍低一些；而低负荷时，氧量要稍高一些。因此，一个理想的氧量校正信号还必须用负荷进行修正，即根据负荷变化修正氧量的给定值。

63 旁路控制系统有哪两方面的功能？

答：首先是在正常情况下的自动调节功能，按固定值或可变值调节旁路系统蒸汽的压力和温度；其次是在异常情况下的自动保护功能，这时要求快速开启或快速关闭旁路阀门，以保护运行设备。

64 采用计算机的控制系统为什么要有阀位反馈信号？

答：阀位信号最能反映计算机控制系统的输出及其动作情况，阀位信号反馈到计算机主要用途为：

(1) 作为计算机控制系统的跟踪信号。计算机控制系统与一般的调节系统一样，都有手动操作作为后备，由手动操作切向计算机控制时，阀位和计算机输出不一定相同，为了减小切换时的干扰，必须使计算机输出跟踪阀位反馈信号。

(2) 作为计算机控制系统的保护信号。计算机控制系统的优点之一是逻辑功能强。引入阀位反馈信号，可以根据阀位设置上下限幅报警，以监视阀位回路或计算机输出；根据阀位，作为程控切换的依据等保护功能。

65 当测量汽包水位的差压变送器现场调零或冲管后，能否立即投入自动调节？

答：在下列情况下，不能立即投入自动调节：

(1) 差压变送器调零时，一般都关掉正、负压门，开启平衡门。在操作过程中，有可能泄掉平衡容器正压侧的液柱，使差压减小，如果立即投入自动调节，会产生较大扰动，使给水调节阀大幅度变化。

(2) 差压变送器冲管后，平衡容器正压侧的液柱很快被泄掉，差压减小，如果立即投入自动调节，也会产生较大扰动，使给水调节阀大幅度变化。此时应等平衡容器内的蒸汽凝结，正压侧保持正常的液柱高度后方能投入自动调节。

在下列调零操作情况下，可立即投入自动调节：关掉仪表阀的正压门，开启平衡门和负压门，进行调零。因这样操作平衡容器中的正压侧液柱不会被泄漏，所以操作后不会对自动的投入产生影响。

66 为什么要对过热蒸汽流量进行压力和温度校正？

答：过热蒸汽流量的测量通常采用标准喷嘴，这种喷嘴基本上是按定压运行额定工况参数设计，在该参数下运行时，测量精度是较高的。但在全程控制时，运行工况不能基本固定，当被测蒸汽的压力和温度偏离设计值时，蒸汽的密度变化很大，这就会给测量造成误差，所以要进行压力和温度的校正。

67 燃烧调节系统中主压力调节器和微分器各起什么作用?

答：燃烧调节系统中主压力调节器以汽轮机主汽门前压力作为主信号。汽包压力通过微分器变成微分信号送到主压力调节器作为辅助信号。外扰时主汽压力变化改变进入炉膛的燃煤时，使锅炉的燃烧率及时适应外扰变化的需要，消除外扰。

汽包压力由微分器转变为微分信号可起到消除燃料侧内部扰动作用，使内扰不致引起主汽压力的变化。

68 顺序控制有哪些特点?

答：顺序控制的特点主要有：

(1) 顺序控制主要是对有步序的操作进行自动控制。

(2) 顺序控制中的信号量基本上为开关量。

(3) 顺序控制中采用逻辑运算。

69 如何减少热工信号系统和热工保护系统的误动作?

答：减少热工信号系统和热工保护系统误动作的方法是：

(1) 合理使用闭锁条件，使信号检测回路具有逻辑判断能力。

(2) 采用多重化的热工信号摄取法，可减少检测回路自身的误动作。

70 简述轴偏心度检测装置的工作原理。

答：轴偏心度检测装置的核心部分是一个电感线圈，它固定在前轴承箱内汽轮机轴的自由端。轴旋转时，如果有偏心度，则轴与电感线圈的距离出现周期性的变化，使电感线圈的电感量产生周期性的变化，测出这个电感量的变化值，就可以测得轴端的偏心度。

71 汽轮机紧急跳闸系统的保护功能主要有哪些?

答：汽轮机紧急跳闸系统的保护功能主要有：

(1) 汽轮机电超速保护。

(2) 轴向位移保护。

(3) 真空低保护。

(4) 轴承振动保护。

(5) 差胀越限保护。

(6) MFT 主燃料跳闸停机保护。

(7) 轴承油压低保护。

(8) 高压缸排汽压力高保护。

(9) 发电机内部故障停机保护。

(10) 手动紧急停机保护等。

72 常用的汽轮机轴向位移测量是如何实现的?

答：汽轮机轴向位移测量，是在汽轮机的轴上做出一个凸缘，把电涡流传感器放在凸缘的正前方约 2mm 处。一般是利用推力轴承作为测量的凸缘，所测位移又和推力量大小有内在联系，即可用位移来说明推力情况，所测出的位移基本上是稳定的。整个测量系统由传感器、信号转换器、位移监视器组成。

73 保护系统中，如何保证保护信号的准确性？

答：常用方法：信号的串联、并联、混联，信号采用三取二、五取三等方式。

74 轴向位移保护为什么要在冲转前投入？

答：冲转时，蒸汽流量瞬间增大，蒸汽必先经过高压缸，而中、低压缸几乎不进汽，轴向推力较大，完全同推力盘来平衡，若此时的轴向位移超限，也同样会引起动静磨擦，故冲转前就应将轴向位移保护投入。

75 火电厂自动控制方式分为哪三个阶段？

答：自动控制方式分为：分散控制、集中控制和综合自动化。

76 程序控制的作用是什么？

答：根据预先规定的顺序和条件，使生产工艺过程的设备自动的依次进行一系列操作。

77 轴向位移和差胀的方向是怎样规定的？

答：轴向位移：往发电机侧为正向。差胀：转子膨胀大于汽缸膨胀为正。

78 电调控制系统主要包括哪三大部分？

答：电调控制系统主要包括：控制器、液压执行机构以及被控对象。

79 在操作员自动方式下，电调控制系统可进行哪些控制？

答：在操作员自动方式下，电调控制系统可控制：

（1）在汽轮机升速期间，可以确定或修改汽轮发电机的升速率和目标值。

（2）可在任何转速和负荷下进行保持（临界转速内和初负荷以内除外）。

（3）当机组达到同步转速时，可投入“自动同步”。

（4）可以进行各种保护实验（OPC 超速和严密性实验）。

（5）在机组并网运行后，可随时修改机组的负荷目标值及变负荷率。

（6）可根据实际运行情况决定是否投入功率反馈回路和调节级压力回路。

（7）在并网后，可投入转速回路。

（8）可投遥控操作。

（9）可进行单阀/顺序阀的切换。

（10）可进行阀门全行程试验和活动实验。

（11）可以投入 TPC 控制。

（12）可以投入高、低负荷限制。

80 DEH如采用协调控制方式，必需满足哪些条件？

答：DEH采用协调控制方式，需满足以下条件：
（1）DEH必须运行在“自动”方式。
（2）油开关必须闭合。
（3）遥控允许触点必须闭合。

81 DEH有哪四种基本运行方式？

答：DEH的四种基本运行方式是：
（1）操作员自动操作。
（2）汽轮机自启动。
（3）遥控自动操作。
（4）手动操作。

82 在CCS方式下，DEH有何特点？

答：在CCS控制方式下，运行人员是无法改变负荷目标值和变负荷率，DEH的功率、调节级压力回路均被切除，DEH成为阀位控制装置。

83 在什么情况下，功率回路、调节级压力回路会自动切除？

答：当检测到功率回路、压力信号的三路中两路发生故障时，调门位置限制器起限制作用或CCS开关量要求切除时，可自动切除该回路。

84 简述电液转换器的工作原理。

答：电液转换器采用力矩马达碟阀式结构，力矩马达受电调装置输出的电流信号做角度变换，通过顶杆，把力作用到杠杆组上，从而改变碟阀的间隙而使控制油压Pe发生变化，从而，通过执行机构调节汽门的开度。

85 DEH调节系统的数字控制器接受哪几个反馈信号？

答：数字控制器接受机组的转速、发电机功率和调节级压力三个反馈信号。

86 DEH控制系统有哪些主要功能？

答：DEH控制系统主要有以下功能：
（1）自动启动功能。
（2）负荷自动控制。
（3）手动操作。
（4）超速保护功能。
（5）自动紧急停机功能。

87 在DCS上电后，如何判断端子板是否有强电串入？

答：在DCS上电后，应在确定端子板无强电串入后，才能对其上电。方法是用万用表调到直流电压档，用表笔一端接端子板输入端，另一端接地，若万用表无电压指示，则证明无电压串入。

第二节　电气控制

1 什么是低压电器？

答：低压电器是指在交流额定电压 1200V，直流额定电压 1500V 及以下的电路中起通断、保护、控制或调节作用的电器。

2 低压电器按用途可分哪几类？

答：低压电器按用途分为：

（1）控制电器。

（2）配电电器。

（3）执行电器。

（4）可通信低压电器。

（5）终端电器。

3 什么是熔断器？

答：熔断器是一种简单的短路或严重过载保护电器，其主体是低熔点金属丝或金属薄片制成的熔体。

4 什么是继电器？

答：继电器是一种控制元件，它利用各种物理量的变化，将电量或非电量信号转化为电磁力（有触头式）或使输出状态发生阶跃变化（无触头式）的元件。

5 什么是时间继电器？

答：时间继电器是一种触头延时接通或断开的控制电器。

6 什么是速度继电器？

答：以转速为输入量的非电信号检测电器，它能在被测转速升或降至某一预定设定的值时输出开关信号。

7 什么是热继电器？其工作原理是什么？

答：热继电器又称热偶，是利用电流的热效应原理来工作的保护电器。

工作原理：当负载电流流过发热元件（一种合金电阻片，通过电流时产生并发散热量）时，使它附近的膨胀元件受热。膨胀元件是由两种膨胀性能不同的金属片沿全表面焊接而合成，称为双金属片。双金属片的下层金属片具有较大的膨胀系数。当通过超过特定电流时，发热元件的热量使双金属片向上弯曲，于是带动机构偏转，断开控制电路内的触点，从而使接触器的主触头断开，负载电路被切断。

8 什么是温度继电器？

答：利用过热元件间接地反映出绕组温度而动作的保护电器称为温度继电器。

9 何谓交流继电器？

答：吸引线圈电流为交流的继电器称为交流继电器。

10 什么是零压保护？

答：为了防止电网失电后恢复供电时电动机自行启动的保护叫作零压保护。

11 什么是欠压保护？

答：在电源电压降到允许值以下时，为了防止控制电路和电动机工作不正常，需要采取措施切断电源，这就是欠压保护。

12 什么是星形接法？

答：星形接法是指三个绕组，每一端接三相电压的一相，另一端连在一起。

13 什么是三角形接法？

答：三角形接法是指三个绕组首尾相连，在三个联接端分别接三相电压。

14 什么是主电路？

答：主电路是从电源到电动机或线路末端的电路，是强电流通过的电路。

15 什么是辅助电路？

答：辅助电路是小电流通过电路。

16 什么是接触器？

答：接触器是一种适用于在低压配电系统中远距离控制、频繁操作交、直流主电路及大容量控制电路的自动控制开关电器。

17 什么是点动电路？

答：按下点动按钮，线圈通电吸合，主触头闭合，电动机接入三相交流电源，启动旋转；松开按钮，线圈断电释放，主触头断开，电动机断电停转。

18 什么是变频调速？

答：异步电动机调速中，改变电源频率的调速方法叫变频调速。

19 什么是三相异步电动机的能耗制动？

答：能耗制动是在电动机停止切除定子绕组三相电源的同时，定子绕组接通直流电源，产生静止磁场，利用转子感应电流与静止磁场的相互作用，产生一个制动转矩进行制动。

20 简述三相异步电机反接制动的工作原理。

答：反接制动是在电动机停止时，改变定子绕组三相电源的相序，使定子绕组旋转磁场反向，转子受到与旋转方向相反的制动转矩作用而迅速停车。

21 三相交流电动机反接制动和能耗制动各有何特点？

答：电源反接制动时，转子与定子旋转磁场的相对转速接近两倍的电动机同步转速，所以此时转子绕组中流过的反接制动电流相当于电动机全压启动时启动电流的两倍。因此反接制动转矩大，制动迅速。

在能耗制动中，按对接入直流电的控制方式不同，有时间原则控制和速度原则控制两种。两种方式都需加入直流电源和变压器，制动缓慢。

22 短路保护和过载保护有什么区别？

答：短路时电路会产生很大的短路电流和电动力而使电气设备损坏。需要迅速切断电源。常用的短路保护元件有熔断器和自动开关。

电动机允许短时过载，但长期过载运行会导致其绕组温升超过允许值，所以也要断电保护电动机。常用的过载保护元件是热继电器。

23 电动机启动时电流很大，为什么热继电器不会动作？

答：由于热继电器的热元件有热惯性，不会很快变形，电动机启动时电流很大，而启动时间很短，大电流还不足以让热元件变形引起触点动作。

24 在什么条件下可用中间继电器代替交流接触器？

答：在触点数量相同、线圈额定电压相同、小电流控制时可以替换。

25 在电动机的主回路中，既然装有熔断器，为什么还要装热继电器？它们有什么区别？

答：熔断器只能用作短路保护，不能用作过载保护；而热继电器只能用作过载保护，不能用作短路保护。所以主回路中装设两者是必需的。

26 热继电器有什么作用？

答：热继电器是利用电流的热效应原理来工作的电器，主要用于电动机的过载保护、断相保护及其他电气设备发热状态的控制。

27 三相交流电动机反接制动和能耗制动分别适用于什么情况？

答：反接制动适用于不经常起制动的10kW以下的小容量电动机。能耗制动适用于要求制动平稳、准确和启动频繁的容量较大的电动机。

28 继电器按输入信号的性质和工作原理分别可分为哪些种类？

答：按输入信号的性质分：电压、电流、时间、温度、速度、压力等。

按工作原理分：电磁式、感应式、电动式、热、电子式等。

29 中间继电器和接触器有何区别？在什么条件下可用中间继电器代替接触器？

答：接触器的主触点容量大，主要用于主回路；中间继电器触点数量多，主要用于控制回路。

在电路电流较小时（小于 5A），可用中间继电器代替接触器。

30 电动机“正—反—停”控制线路中，复合按钮已经起到了互锁作用，为什么还要用接触器的常闭触点进行联锁？

答：因为当接触器主触点被强烈的电弧“烧焊”在一起或者接触器机构失灵使衔铁卡死在吸合状态时，如果另一只接触器动作，就会造成电源短路。接触器常闭触点互相连锁时，能够避免这种情况下短路事故的发生。

31 什么是自锁控制？为什么说接触器自锁控制线路具有欠压和失压保护？

答：自锁电路是利用输出信号本身联锁来保持输出的动作。

当电源电压过低时，接触器线圈断电，自锁触点返回使线圈回路断开，电压再次升高时，线圈不能通电，即形成了欠压和失压保护。

32 速度继电器的触头动作时的速度范围是多少？

答：一般速度继电器触头的动作转速为 140r/min 左右，触头的复位转速为 100r/min。

33 按动作原理时间继电器可分为哪几种？

答：按动作原理时间继电器有电磁式、空气阻尼式、电动机式与电子式等四种。

34 时间继电器的选用原则是什么？

答：选用时可从延时长短、延时精度、控制电路电压等级和电流种类、延时方式和触头形式与数量等几方面考虑来选择。

35 在单元控制室内电气部分控制的设备和元件有哪些？

答：在单元控制室内电气部分控制的设备和元件主要有汽轮发电机及其励磁系统、主变压器、高压厂用工作变压器、高压厂用备用变压器（或启/备变）、高压厂用母线等。

36 什么是二次设备？什么是二次回路？

答：二次设备是指对一次设备的工作进行监视、控制、调节、保护以及为运行、维护人员提供运行工况或生产指挥信号所需的低压电气设备，如熔断器、控制开关、继电器、控制电缆等。

由二次设备相互连接所构成的对一次设备进行监测、控制、调节和保护的电气回路称为二次回路或二次接线系统。

37 二次回路的重要作用表现在哪些方面？

答：二次回路的故障常会破坏或影响电力生产的正常进行。例如，若某变压器差动保护的二次回路接线错误，则当变压器带的负荷较大或发生穿越性相间短路时，就会发生误跳闸；若线路保护接线有错误时，一旦系统发生故障，则可能会出现断路器该跳闸的不跳闸，不该跳闸的却跳闸的情况，就会造成设备损坏、电力系统瓦解的重大事故；若测量回路有问题，就将影响计量，少收或多收用户的电费，同时也难以判定电能质量是否合格。因此，二次回路虽非主体，但它在保证电力生产的安全，向用户提供合格的电能等方面都起着极其重要的作用。

38 什么是集中表示法、半集中表示法和分开表示法？

答：所谓集中表示法、半集中表示法和分开表示法是继电器和接触器、断路器及其触点在电路图中的不同表示方法。

集中表示法与半集中表示法，是将同一元件的线圈和触点之间用虚线连接，用以表示其间的机械联系，并在线圈旁标注元件的文字符号。采用半集中表示法时，图形上的机械连接虚线允许折弯、分支和交叉。分开表示法中，线圈和触点不画在一起，为了表示同一元件的线圈和触点，在线圈和触点的图形旁应标注该元件的文字符号。同类元件可用文字符号后加数字加以区别，触点和线圈的端子还应标注其编号。

39 二次回路图中符号的状态是怎样规定的？

答：国家标准给出的图形符号，都是按无电压、无外力作用的正常状态画成的。因此，在电气图中，设备、器件和元件等的可动部分都应表示为相应的非激励或不工作的状态或位置。例如：

（1）继电器和接触器在非激励状态（此时，所有被驱动的常开触点都在断开位置，常闭触点都在闭合位置）。

（2）断路器和隔离开关在断开位置。

（3）带零位的手动开关在零位位置，不带零位的手动控制开关在图中规定的位置。

（4）机械操作开关（如行程开关）在非工作的状态或位置，即搁置时的情况。

40 常用的二次接线图有哪些种类？

答：常用二次接线图有原理接线图、展开接线图和安装接线图等三种。

41 什么是原理接线图？

答：二次接线的原理接线图是用来表示继电保护、测量仪表、自动装置等的工作原理的。通常是将二次接线和一次接线中有关的部分画在一起。在原理图上，所有仪表、继电器和其他电器都是以整体形式表示的，其相互联系的电流回路、电压回路和直流回路都综合在一起，而且还表示出有关的一次部分。

42 原理接线图有什么特点？

答：原理接线图的特点是能够使看图者对整个装置的构成和动作过程有一个明确的整体概念，它是绘制展开接线图和安装接线图的基础。

43 什么是展开接线图？

答：所谓展开接线图，是指把整个二次回路分成交流电流回路、交流电压回路、直流操作回路和信号回路等几个主要组成部分，每一部分又可分成很多支路，各元件被分解成若干部分，把属于同一元件的不同部件，分别画在不同的回路中的二次回路图。

44 展开接线图有何特点？

答：展开接线图的特点是：

（1）把二次设备用分开法表示，即分成交流电流回路、交流电压回路、直流回路和信号回路。

（2）将同一设备的线圈和触点分别画在所属回路内；属于同一回路的线圈和触点，按照电流通过的顺序依次从左到右（或从上到下）连接，结果就形成各条独立的支路，即所谓的展开图的“行”（或“列”）。

（3）在展开图中，每个设备一般用分开法表示，对同一设备的线圈和触点采用相同的文字符号表示。

（4）便于识图。展开图若以“行”的形式表达时，在图右侧与行对应的位置以文字说明该回路的作用；若以“列”的形式表达时，在图的下方与列对应的位置以文字说明该回路的作用。

45 怎样查看展开图？

答：查看展开图的方法是：

（1）先对一次后二次。因为二次回路是为一次回路服务的，只有对一次回路有了一定的了解后，才能更好地掌握二次回路的结构和工作原理。

（2）先交流后直流。所谓先交流后直流，就是说应先了解交流电流回路和交流电压回路，从交流回路中可以了解互感器的接线方式、所装设的保护继电器和仪表的数量以及所接的相别。

（3）先控制后信号。相对于信号回路而言，控制回路与一次回路、交流电流回路、交流电压回路有更密切的关系，了解控制回路是了解二次回路的关键部分。

（4）从左到右，从上到下。在了解直流回路时，应按照从左到右、从上到下的动作顺序阅读，再辅以展开图右边的文字说明，就能比较容易地掌握二次回路的构成和动作过程。

46 哪些回路属于连接保护装置的二次回路？

答：连接保护装置的二次回路有以下几种：

（1）从电流互感器、电压互感器的二次侧端子开始到有关继电保护装置的二次回路。

（2）从继电保护直流回路熔丝开始到有关保护装置的二次回路。

（3）从保护装置到控制屏和中央信号屏间的直流回路，包括信号回路和控制回路两部分。

（4）继电保护装置出口到断路器操作箱的跳、合闸回路，断路器操作装置回传的信号回路。

47 二次回路电缆截面的选择原则是什么？

答：二次回路电缆截面的选择原则是：

（1）一般在保护和测量仪表中，电流回路的导线截面应保证电流互感器 10%误差曲线的要求，一般不小于 2.5mm²。

（2）电压互感器至计费用电能表的电压降不得超过电压互感器二次额定值的 0.5%，正常负荷下，至测量仪表和保护装置的电压降不得超过 3%。

（3）连接直流强电端子的二次线不应小于 1.5mm²；连接弱电回路端子的二次线不应小于 0.5mm²。

48 二次回路为什么要标号？标号的基本方法是什么？

答：为便于安装、运行和维护，在二次回路的所有设备间的连线都要进行标号，标号一般采用数字与文字相结合的方法，表明回路的性质和用途。

二次回路标号的基本方法是：

（1）用三位或三位以下的数字组成，必要时可于数字的前面或后面加注文字符号，以表明回路的特征。

（2）按“等电位”原则标注，连于同一点的所有导线标号相同。

（3）一经经过电气设备的触点、线圈、电阻和电容等元件，回路即视为不同，应于不同标号。

（4）对于不经端子的屏内直接连线，可不标注。

49 二次回路标号的基本原则是什么？

答：二次回路标号的基本原则是：凡是各设备间要用控制电缆经端子排进行联系的，都要按回路原则进行标号。此外，某些装在屏顶上的设备与屏内设备的连接，也需要经过端子排，此时屏顶设备就可看作是屏外设备，而在其连接线上同样按回路编号原则给以相应的标号。

为了明确起见，对直流回路和交流回路采用不同的标号方法，而在交、直流回路中，对各种不同的回路又赋予不同的数字符号，因此在二次回路接线图中，我们看到标号后，就能知道这一回路的性质而便于维护和检修。

50 简述直流回路的标号原则。

答：对直流回路标号应遵守下列原则：

（1）对不同用途的直流回路使用不同的数字范围，如控制回路选用 001～599，信号及其他回路用 701～999 等。

（2）信号回路数字标号按事故、位置、预告和指挥信号进行分组。

（3）控制和保护回路使用的数字标号，按熔断器所属的回路进行分组，如 101～199，201～299 等。

（4）开关回路的数字标号组，应按开关设备的数字序号进行选取，如主变压器三侧开关依次为 1SA、2SA、3SA，则 1SA 对应的回路数字应标为 101～199，2SA 对应的回路数字应标为 201～299，3SA 对应 301～399。

（5）正极回路的线段按奇数标号，负极回路的线段按偶数标号。经过主要的压降元件后，极性改变，标号随之改变。

（6）特定的回路给予特殊标号，如正电源采用 1、101、201，闪光电源采用 100 等。

51 简述交流回路的标号原则。

答：对交流回路标号应遵守下列原则：

(1) 回路按相别顺序标号，除用3位数字编号外，还加注文字标号以区别，如A411。

(2) 电流回路的数字标号，一般以十位数字为一组。如A411～A419、B411～B419、C411～C4l9，供一套电流互感器用；电压回路的数字标号，也是以十位数字为一组，如A601～A609、B601～B609、C601～C609供一个单独电压互感器用。

(3) 电流互感器和电压互感器的回路，均须在分配给它的数字标号范围内，自互感器引出端开始按顺序标号。

(4) 某些特定的交流回路给予专用的标号组。

52 断路器的控制方式分为哪几种？

答：断路器的控制方式，按其操作电源可分为强电控制和弱电控制，前者一般为110V或220V电压；后者一般为48V及以下电压。按操作方式可分为一对一控制和选线控制两种。

53 断路器控制回路有哪些基本要求？

答：断路器控制回路的基本要求为：

(1) 应能进行手动跳、合闸和由继电保护与自动装置实现自动跳、合闸。并且当跳、合闸操作完成后，应能自动切断跳、合闸脉冲电流。

(2) 应有防止断路器多次合闸的“跳跃”闭锁装置。

(3) 应能指示断路器的合闸与跳闸状态。

(4) 自动跳闸或合闸应有明显的信号。

(5) 应能监视熔断器的工作状态及跳、合闸回路的完整性。

(6) 应能反应断路器操动机构的状态，在操作动力消失或不足时，应闭锁断路器的动作，并发信号。

(7) 力求简单可靠，采用的设备和电缆尽量少。

54 厂用电动机为何要建立连锁回路？

答：厂用电动机建立连锁回路或是为了满足生产工艺流程的要求，以实现连续生产；或是为了当生产流程遭到破坏时保证人身和设备的安全。其作用是当某些辅机正常工作状态破坏时，立即通过电气二次回路迅速地改变另一些辅机的工作状态（投入或退出运行）。

55 大型发电厂的测量系统有何特点？

答：大型发电厂一般采用计算机控制，故其测量系统的主要特点如下：

(1) 输入的模拟量为弱电系列。

(2) 变送器将被测量变换成辅助量，一般为4～20mA或0～5V。

(3) 测量表计直接接在变送器的输出端。

56 简述中央信号系统的功能。

答：中央信号装置由事故信号和预告信号两部分组成。当断路器发生事故跳闸时，启动事故信号；当发生其他故障及不正常运行情况时，启动预告信号。每种信号都由灯光信号和音响信号两部分组成，以便于引起值班人员的注意和判断故障的性质。

常规的中央信号系统，为了区分事故信号和预告信号，两种信号采用不同的音响元件。事故信号采用蜂鸣器，预告信号采用电铃。

使用综合自动化控制的变电站，中央信号系统一般是由微机实现的，除上述功能外，还可以提供发生事故的时间以及故障和异常的详细信息，设置较灵活。

57 发电厂及变电站的中央信号按用途分为哪几种？

答：发电厂及变电站的中央信号按用途分为三种：事故信号、预告信号和位置信号。

（1）事故信号——表示发生事故，断路器跳闸的信号。

（2）预告信号——反映机组及设备运行时的不正常状态。

（3）位置信号——指示开关电器、控制电器及设备的位置状态。

58 为什么要在小接地电流系统中安装绝缘监察装置？

答：在小接地电流系统中发生单相接地虽然属于不正常状态，并不影响正常供电，但此时非接地相地对地电位升高，所以可能发生第二点接地，即形成两点接地短路。当发生间歇性电弧接地而引起系统过电压时，这种可能性更大。因此，为了及时发现、判别和处理单相接地情况，必须装设交流绝缘监察装置。

59 交流绝缘监察装置的工作原理是怎样的？

答：交流绝缘监察装置是根据小接地电流系统中发生接地时，接地相对地电位降低、非接地相对地电位升高这个特征来构成的。

60 直流母线电压为什么不能过高或过低？

答：直流母线电压过高时，对长期带电的继电器、指示灯等容易过热或损坏。电压过低时，又可能造成断路器、保护的动作不可靠。允许范围一般为±10%。

61 为什么交、直流回路不能共用一条电缆？

答：变电所直流回路是绝缘系统，而交流回路是接地系统。若共用一条电缆，两者之间一旦短路，将造成直流接地，影响交、直流两个系统；平常也会相互干扰，降低交流回路对直流回路的绝缘电阻。所以交、直流回路不能共用一条电缆。

62 为什么直流接地时，用试停拉路方法有时找不到接地点？

答：可能的原因如下：

（1）当直流接地发生在充电设备、蓄电池本身和直流母线上时，用试停方法找不到接地点。

（2）当直流采取环流供电方式，如不断开环路，也找不到接地点。

（3）直流串电、同极两点接地时，用试停方法不会全部拉掉接地点，因而找不到接地点。

（4）直流系统绝缘不良，多处出现虚接地点，形成较高的接地电压，使表计出现接地指示。

63 电动机装设低电压保护的作用是什么？

答：低电压保护的作用是：当电动机的供电母线短时降低或短时中断后又恢复时，为了防止电动机自启动时使电源电压严重降低，通常在次要电动机上装设低电压保护，当供电母线电压降低到一定值时，低电压保护动作将次要电动机切除，使供电母线电压迅速恢复到足够的电压，以保证重要电动机的自启动。

64 备用电源自投装置（BZT）有哪些基本要求？

答：备用电源自投装置（BZT）的基本要求为：

（1）只有在备用电源正常时，BZT 装置才能使用。

（2）工作电源不论因何种原因断电，备用电源应能自动投入。

（3）为防止将备用电源合闸到故障上，BZT 只允许动作一次。

（4）备用电源必须在工作电源切除后才能投入。

（5）BZT 动作时间尽可能短。

（6）当电压互感器的熔断器一相熔断时，不应误动作。

65 电流互感器的作用是什么？

答：电流互感器的主要作用是：把大电流变成小电流，供给测量仪表和继电器的电流线圈，间接测出大电流。而且还可隔离高压，保证了工作人员及二次设备的安全。

66 什么是电动机自启动？

答：感应电动机因某些原因如所在系统短路，换接到备用电源等，造成外加电压短时消失或降低致使转速降低，而当电压恢复正常后转速又恢复正常，这就叫电动机的自启动。

67 常用低压电动机的保护元件有哪些？

答：常用低压电动机的保护元件有：

（1）熔断器。

（2）热继电器。

（3）带有失压脱扣、过流脱扣功能的控制设备。

（4）继电保护装置。

68 电动机一般应装设哪些保护？

答：电动机一般应装设的保护有：

（1）电流速断保护。

（2）正序过流保护。

（3）负序过流保护。

(4) 过热保护。

(5) 过负荷保护。

(6) 断相保护。

(7) 欠压保护。

(8) 接地保护。

(9) 长启动保护。

(10) 堵转保护。

(11) 特大型电动机(2000kW及以上)需加装差动保护。

69 在电动机保护中熔断器和热继电器是如何配合的?

答:熔断器的熔断时间与通过的电流大小有关。当通过电流为熔体额定电流的2倍以下时,必须经过相当长的时间熔体才能熔断,如果通过电流为熔体额定电流的许多倍,则熔体在很短的时间内就会熔断。因此,在一般电路里,熔断器既可以是短路保护,也可以是过载保护。但对三相异步电动机来说,熔断器主要用作短路保护。鼠笼式异步电动机的启动电流很大,为额定电流的4~7倍,如果用熔断器作电动机的过载保护,则熔断器熔体的额定电流应略大于电动机的额定电流,为其1.2~1.3倍,在电动机的工作电流超过其额定电流时,经过一段时间熔体就会熔断。但由于电动机的启动电流大大超过其额定电流,即大大超过熔断器熔体的额定电流,熔体将在很短的时间内熔断。为此,通常按1.5~2.5倍电动机额定电流选择熔体的额定电流(当电动机轻载启动时取低值,重载启动时取高值)。在日常运行中,应通过实践掌握熔断器熔体的额定电流选择规律,定期检查与更换熔体,使其有效地作为电动机的短路保护。由于作为电动机短路保护的熔断器熔体的额定电流大大超过电动机的额定电流,所以不能对电动机起过载保护的作用。

通常热继电器用于鼠笼式异步电动机的过载保护。热继电器的热惯性大,即使通过发热元件的电流超过其额定电流好几倍,它也不会瞬时动作。所以,它能承受异步电动机启动过程中的大电流,适于保护电动机的过载,而不适于保护短路故障。

熔断器和热继电器的发热元件串接在电动机的电源电路中,主回路短路故障时,熔断器熔体熔断,切断故障相电源;过载时,热继电器的动断触点断开,接触器线圈失电,电动机电源被切断,这样就构成完整的控制与保护电路。

70 零序电流互感器安装有何注意事项?

答:零序电流互感器安装的注意事项:

(1) 电缆头和零序电流互感器的支架应用绝缘物可靠隔离。

(2) 发生单相接地时,接地电流不仅在地中流过,也可能沿着电缆外皮流过。为了防止区外单相接地故障时装置误动作,电缆头接地线应穿过零序电流互感器再接地。

71 怎样整定电动机的电流速断保护?

答:因为电流速断保护是无时限跳闸的,所以保护装置的动作电流应该躲过电动机在全电压下启动时的启动电流。

72 电动机装设纵联差动保护的物质条件是什么？装设纵联差动保护的必要性是什么？

答：电流速断保护的动作电流是按躲过电动机的启动电流来整定的，而电动机的启动电流比额定电流大得多，这就必然降低了保护的灵敏度，因而对电动机定子绕组的保护范围很小。因此，大容量的电动机应装设纵联差动保护，来弥补电流速断保护的不足。

实际上，容量为2000kW及以上的电动机在火电厂中为数不多，但都属重要设备，电动机定子绕组有6个引出端，为装设纵联差动保护提供了物质条件。对于容量在2000kW以下，但具有6个引出端的重要电动机，当电流速断保护灵敏度不满足要求时，均应考虑装设纵联差动保护。

73 装设低电压保护时应考虑哪些问题？

答：装设低电压保护时应考虑：

（1）对能自启动的部分重要电动机，不装设低电压保护。但是，当有备用设备自动投入时，为了保证重要电动机的自启动，在其他电动机上应装设低电压保护，动作于跳闸。

（2）当电源短时消失或电压降低时，为了保证重要电动机的自启动，在其他电动机上应装设低电压保护，动作于跳闸。

（3）当电压长期消失或降低时，根据生产过程和技术保安等的要求，不允许自启动的电动机应装设低电压保护，动作于跳闸。

74 低压厂用电动机如何实现低电压保护？

答：低压厂用电动机实现低电压保护的方法是：

（1）采用接触器或磁力启动器构成低电压保护装置。当电动机的操作设备采用接触器或磁力启动器时，它们的电磁铁线圈当电压降低时能自动释放，可以起到低电压保护的作用。

磁力启动器是利用电磁铁的作用来保持合闸位置的，电磁铁线圈接于电源电压侧。当厂用低压电源的电压降低到一定程度时，电磁铁的吸力不足，触头断开，切断了电动机的电源，实现了低电压保护。但是，当电压恢复时，磁力启动器不能自动投入，所以不能实现自启动。虽然可在控制回路实现自启功能，但同时也增加了控制回路的复杂性，除有特殊要求实现自启动的重要电动机，一般不宜采用这种接线。

（2）采用电压继电器构成低电压保护。与高压厂用电动机相同，保护装置由三个电压继电器和时间继电器构成。对保护的要求、接线方式及动作情况也与高压厂用电动机相同，不同点仅在于没有考虑两相熔断器同时熔断时保护装置可能误动的情况，因为这种情况实际出现的机会极少。

75 线路自动投入在停用时，为什么要先停直流后停交流？

答：线路自动投入一般都是用接在交流回路中的电压继电器的无压触点启动的。如果在直流电源未停之前就将交流电源断开，就会造成自动投入装置的误动作。因此，在线路自动投入停用时，必须首先断开直流电源然后再停交流电源。

第三节　直流系统

1 发电厂为什么要配置直流系统？

答：在发电厂中，控制、信号、保护、自动装置、事故照明和交流不停电电源都需要可靠的直流电源，因此要配置直流系统。

2 直流系统在发电厂中起什么作用？

答：直流系统是一个独立的电源，它不受发电机、厂用电及系统运行方式的影响，运行稳定，供电可靠性高。在发电厂中为控制、信号、继电保护、自动装置及其他一些重要的直流负荷（如事故油泵、事故照明和不停电电源等）等提供可靠的直流电源；它还为操作提供可靠的操作电源。直流系统的可靠与否，对发电厂的安全运行起着至关重要的作用，是发电厂安全运行的保证。

3 直流系统一般包括哪些设备？

答：直流系统一般有蓄电池组、充放电装置、绝缘监察装置、报警装置、电压监察装置、直流母线以及直流负荷等。

4 什么是控制直流系统和动力直流系统？

答：直流电源系统由蓄电池组、充电用整流器和端电池调整器等设备组成，分控制直流和动力直流两种系统。

控制直流系统的电压为110V，其作用是向发电厂的信号装置、继电保护装置、自动装置和断路器的控制回路等负荷供电，故控制直流也称操作电源。

动力直流系统的电压为110V或220V，其作用是向直流动力负荷（如润滑油泵、给粉机等），直流事故照明负荷及不停电电源系统等负荷供电。

5 什么是直流绝缘监察装置？

答：所谓直流绝缘监察装置是指用来监察直流系统绝缘状况，并在绝缘降低时可用以判断是正极还是负极绝缘能力降低的装置。

6 直流母线系统是如何划分的？各采用什么方式供电？

答：直流母线按其所带负荷作用不同分为动力母线和控制母线两种；按其电压等级不同分为220V系统、110V系统、48V系统、24V系统。

220V和110V直流系统应采用蓄电池组。48V及以下的直流系统，可采用蓄电池组，也可采用由220V或110V蓄电池组供电的电力用直流电源变换（DC/DC变换器）。

7 直流系统（包括220V系统、110V系统、48V系统、24V系统）的作用是什么？接线及运行方式怎样？

答：220V或110V控制母线主要是作为发供电设备和汽轮机、锅炉附属设备的控制、调整、保护以及自动装置的电源。该电源母线一般接带固定负荷。硅整流装置除提供蓄电池浮充电外，还要提供全部固定负荷电流。

220V 动力母线主要是接带大的动力负荷，如直流润滑油泵、直流密封油泵、断路器合闸电源、计算机 UPS 的直流电源及事故照明等。该系统正常情况下不带负荷或接带瞬时负荷，因此只保留浮充电电流。事故情况下靠蓄电池放电维持直流母线电压。

48V 直流系统是热机保护、自动、程控装置的独立电源，一般采用双母线供电方式。48V 的直流系统，可采用蓄电池组，也可采用由 220V 或 110V 蓄电池组供电的电力用直流电源变换（DC/DC 变换器）。由于热机控制负荷较大，采用蓄电池组时，一般采用两套蓄电池，配以硅整流、备用硅整流，母线接带负荷一般为稳定负荷，不配尾部端电池。在双母线运行时，两条母线分别配有各自的母线绝缘监视系统，在线监测母线及系统的对地绝缘情况。但是，当系统发生接地时，接地选择较为困难，往往只能在热工设备许可的情况下采用拉路选择的办法。

24V 直流系统是机组集控的操作、信号电源。可采用蓄电池组供电，也可采用由 220V 或 110V 蓄电池组供电的电力用直流电源变换（DC/DC 变换器）供电。

直流系统若采用蓄电池组时，通常其接线及运行方式如下：

（1）直流系统正常运行方式一般为单母线分段运行，各由一组蓄电池和一台硅整流装置供电，备用硅整流分别为两段做备用，各段备用硅整流出口隔离开关、母线联络隔离开关应断开，各自硅整流器接带母线上的负荷，同时供给蓄电池浮充电流（有的 220V 动力直流系统还配有尾部蓄电池组，由各端电池硅整流器浮充电，以补偿其自放电）。

（2）当工作硅整流器故障时，可手动启动备用硅整流器，当任一段工作、备用硅整流器均故障或该组蓄电池需要不带负荷直充时，可由另一组硅整流器、蓄电池组供两段负荷，直充组出口隔离开关断开，合入该段侧的母线联络隔离开关。浮充组出口隔离开关合入，供两段负荷同时运行，备用硅整流器出口隔离开关不能同时合入带两段运行。

（3）充电方式有浮充、不带负荷直充和低充。

8 直流环路隔离开关的运行方式怎样确定？运行操作应注意哪些事项？

答：直流环路隔离开关要根据网络的长短，电流的大小和电压降的多少确定其运行方式，一般在正常时都是开环运行。

运行操作注意事项如下：

（1）解环操作前必须查明没有给网络造成电源中断的可能性。

（2）当直流系统发生不同极接地时，在原因未查明消除前不准合环路隔离开关。

9 在以三相整流器为电源的装置中，直流母线电压降至额定电压 70%左右，是什么原因？有什么影响？怎样检查处理？

答：产生这种情况的原因有：

（1）交流电源电压过低。

（2）硅整流器交流熔断器一相熔断或一相硅元件损坏断路、接触不良。

当直流母线电压降至额定电压 70%左右时，可能影响继电器的可靠动作，某些保护灵敏度下降，甚至使有的断路器不能跳闸和合闸。

处理时，应先检查三相交流电压是否正常，以判别熔断器是否熔断，若熔断器熔断，可换上同容量的熔断器，试送一次，若再断，应停止硅整流检查处理。若变压器输出电压过低，可适当调节变压器分头位置。

10　什么是复式整流装置？常用的有哪几种？工作原理是什么？

答：复式整流装置是由接于电压系统的整流电源和接于电流系统的整流电源，用串联或并联的方式，合理配合组成。能在一次系统各种运行方式下和故障时保证可靠的、质量合格的控制电源。

复式整流装置一般常用的有单相和三相两种，在电力系统中大多采用单相复式整流方式。

在正常情况下，复式整流装置由电压源供电，当电网发生故障时，电压源输出电压下降或消失，此时一次系统的电源侧断路器将流过较大的短路电流，利用短路电流，通过磁饱和稳压器或速饱和变压器后，再加以整流，就得到具有稳定电压输出的直流电压，用电流源来补偿电压源电压的衰减，使控制母线电压保持在合格的范围内，以保证继电保护和断路器跳闸回路的可靠动作。

11　复式整流装置有哪些优缺点？

答：复式整流装置的优点：有较可靠的能源，不受一次电压限制，只要有故障电流存在，就可以保证正常工作。对单电源变电所采用较为合适，运行维护工作量少。

复式整流装置的缺点：电流源要占用一次设备，有些情况还要设置专用电流互感器，制作调试复杂，对一次系统依附性很强。当运行方式改变时，电流源与电压的供电电源要相互调整，因此在多电源（3 个电源以上）或系统容量、运行方式变化较大时，不宜采用。

12　单相复式整流装置中电压源和电流源为什么接在同一系统电源上，而且必须是同相的电压和电流？

答：如果电压源和电流源不接在同一系统电源上，就破坏了它们之间的配合关系。在并联接线中，故障发生在电源系统，可能造成直流无输出；在串联接线中，故障发生在电流源系统上，将造成直流电压叠加，发生在电压源系统上将会直流无输出，因此必须接在同一电源上。单相复式整流只有用同相的电压源与电流源配合使用，才能保证一次系统发生故障时满足直流负荷的需要。例如一次系统发生三相短路故障时，一相的残压与该相的故障电流是按一定关系相互联系的，整流装置将按设计与调试的配合关系，提供可靠的输出能量。因此必须装于同相上，否则就不能保证在故障情况下有可靠的输出功率，或造成直流电压叠加现象。

13　复式整流电压源和电流源采用串联和并联各有什么特点？

答：并联复式整流的特点：电压源和电流源是采用磁饱和稳压器，所以输出电压平稳，交流分量小，适用于直流电源要求较严格的系统。但与串联式比较，制作调试复杂，运行中稳压器易发热，有噪声，工作效率低。

串联复式整流的特点：电压源采用普通变压器，电流源采用速饱和变压器，所以制作比较简单，运行中不易发热，无噪声。由于直流输出是串联，所以残压也得到充分利用。但输出电压随一次电流变化而变化，且交流分量大，适用于对直流电源无特殊要求的变电站，电池充放电循环可达750次以上。

14 查找直流接地的操作步骤和注意事项有哪些？

答：根据运行方式、操作情况、气候影响判断可能接地时，采取拉路寻找分段处理的办法，以先信号和照明部分后操作部分，先负荷后电源，先室外部分后室内部分为原则，在切断各直流回路时，切断时间不超过3s，不论回路接地与否均应合上。当发现某一直流回路接地时，应及时找出接地点，尽快消除。

注意事项如下：

(1) 寻找接地点禁止停用绝缘监视装置，禁止使用灯泡寻找的办法。

(2) 用仪表检查时，所用仪表内阻不应低于2000Ω。

(3) 当直流发生接地时，禁止在二次回路上工作。

(4) 处理时不得造成直流短路和另一点接地。

(5) 查找和处理必须由两人及以上进行。

(6) 拉路前应采取必要措施，防止直流失电可能引起保护、自动装置误动。

15 直流正极、负极接地对运行有哪些危害？

答：直流正极接地有造成保护误动的可能，因为一般跳闸线圈均接负极电源，若这些回路再发生接地或绝缘不良就会引起保护误动作。

直流负极接地与正极接地是同一道理，如回路中再有一点接地就可能造成保护拒绝动作。因为两点接地将使跳闸或合闸回路短接，这时还可能烧坏继电器触点。

16 为什么直流系统一般不允许控制回路与信号回路混用？

答：直流控制回路是供给断路器合、跳闸二次操作电源和保护回路动作电源的，而信号回路是供给全部声、光信号直流电源。如果两个回路混用，在直流回路发生故障时，不便于查找接地故障，工作时不便于断开电源。

17 直流系统接地故障诊断装置的原理是什么？

答：采用给直流系统加多频小信号，其信号的变化取决于该支路的绝缘破坏程度，装在该支路馈线上的传感器二次端便有相应的低频信号输出。该信号经高密度的滤波放大电路，经A/D转换后进行数字滤波，并通过内设微机，经过计算，即可测出接地电阻值的大小。

18 直流接地故障诊断装置应有的功能有哪些？

答：直流接地故障诊断装置应有以下功能：

(1) 监测直流系统母线电压，测量正、负母线对地电压；过压、欠压自动报警。

(2) 多路测量或巡检各支路及分支路绝缘状况及判断接地故障。

(3) 显示各支路及分支路绝缘状况及接地故障。

(4) 采用大屏幕图形液晶显示器，可显示各支路及分支路一周内绝缘渐变趋势，以便准确判断接地情况。

(5) 直流系统发生接地故障自动报警。

（6）开机即自检，后进入巡检状态。

19 简述直流接地故障诊断装置常见故障的现象、原因及排除方法。

答：直流接地故障诊断装置常见故障的现象、原因及排除方法分别为：

（1）开机无显示。原因有交流电源开关未合上和熔丝熔断。排除方法为合上交流电源开关和更换熔丝。

（2）模拟接地或实际接地测量显示无或“H”。故障原因有直流正负极接反，信号源损坏和信号未送到直流系统。排除方法为换信号源板和检测诊断装置的信号及电源回路。

（3）测量值部分偏大或偏小。故障原因有常数丢失。排除方法为重新装载常数。

（4）某几路模拟接地或实际接地测量显示为 30kΩ。故障原因有这几路检测头损坏和检测头信号线路断。排除方法有换检测头和接通信号线。

20 电动机微机保护直流电源失电应如何处理？

答：检查电动机微机保护直流电源熔断器是否良好，电源侧是否有故障，若有故障，应尽快恢复。在电源恢复送电前，应做好防止微机保护误动措施。待送电检查保护没有动作后，再给予恢复。如为多台电动机保护电源同时失电，在恢复时应逐一进行，防止多台设备跳闸。

21 “直流系统故障”信号发出原因可能有哪些？

答：“直流系统故障”信号发出的可能原因为：

（1）母线失电。

（2）蓄电池出口熔丝熔断。

（3）母线电压过高、过低。

（4）负荷绝缘能力降低。

22 硅整流装置如何检查？

答：硅整流装置的检查方法：

（1）检查各开关把手位置正确，设备内有无异常，紧固件有无松动，导线连接部分有无松动，焊接处有无脱焊，闸刀、开关接触良好等。

（2）各部元件、接头无发热现象，无异味、无异音和放电现象。

（3）各表计指示正常，指示数值符合运行要求。

（4）熔丝无熔断现象，运行指示灯应正常。

（5）环境温度在－10～＋40℃之间。

（6）各元件无过热现象。

（7）备用硅整流器处于备用状态且完好，具备启动条件。

23 镉镍蓄电池的充、放电特性是怎样的？

答：镉镍蓄电池正常充电时，充电初期端电压上升较缓，然后端电压随着蓄电池电动势增高而上升，以维持恒流充电；当正、负极板都大量冒出气泡（正极板析出氧，负极板析出氢）时，说明充电已进入终期阶段；当端电压达到 1.8V 左右并保持稳定时，则充电完成。

正常恒流（5h放电率）放电时，起始端电压约在1.4V左右；当端电压下降到1.1V左右时，已到终止放电电压。当以较大的电流放电时，其终止放电电压略低些，一般可放电到1.0V为止。此后必须及时充电，以免影响蓄电池的容量与寿命。

24 蓄电池的容量是怎样定义的?

答：蓄电池的容量定义为：在一定温度、放电电流值（即放电率）、起始电压和终止电压下，蓄电池能释放出的实际电量，称为蓄电池的容量。通常以C表示（单位为Ah，安培小时）。容量的安培小时数是放电电流的安培数和放电时间的乘积。

25 蓄电池充电方式有哪几种?

答：蓄电池的充电方式有浮充、带负荷直充、不带负荷直充、低压均衡充电。各种电压等级的直流系统正常时均采用浮充方式。

26 什么是蓄电池浮充电运行方式?

答：浮充电主要是指由充电设备供给正常的直流负载，同时还以不大的电流来补充蓄电池的自放电。蓄电池平时不供电，只有在负载突然增大（如断路器合闸等），充电设备满足不了时，蓄电池才少量放电。这种运行方式称为浮充电方式。

27 正常巡视蓄电池应检查哪些项目?

答：正常巡视蓄电池应检查的项目为：

（1）直流母线电压应正常，浮充电流应适当，无过充或欠充情况。

（2）测量电池的电压、密度及液温。

（3）检查极板颜色是否正常，有无断裂、弯曲、短路、生盐和有效物脱落等现象。

（4）木隔板、铅卡子应完整，无脱落现象。

（5）电解液颜色正常，液面应高于极板10～20mm。

（6）电池缸应完整无倾斜，表面应清洁。

（7）各接头连接应紧固，无腐蚀现象，并涂有凡士林。

（8）室内无强烈气味，通风及其他附属设备应完好。

（9）浮充设备运行正常无异音，旋转电动机线圈及轴承不发热，电刷无严重打火现象。

（10）直流绝缘应良好。

（11）对于碱性电池，由于设备本身结构属半封闭式，所以正常巡视除按铅酸电池有关检查项目外，还应重点检查缸盖应拧好，出气孔应畅通。

（12）蓄电池室温在10～30℃之间，室内照明充足。

（13）蓄电池室内严禁烟火，易燃易爆物品不得携带进入蓄电池室内。

（14）蓄电池室内禁止明火、吸烟以及可能产生火花的作业，如必须动火，要有动火工作票。

28 什么是蓄电池的容量及额定容量?

答：蓄电池的容量是蓄电池蓄电能力的标志，用安培小时数（Ah）来表示。放电电流的安培数和放电时间的乘积即为蓄电池的容量。

蓄电池的额定容量是指蓄电池在充满电的情况下以10h放电率放电的容量。

29 铅酸电池在定期充放电时为什么不能用小电流放电？

答：因为小电流放电，在放电过程中，酸与水的置换过程进行的比较慢，正负极板深层的物质将有可能参与反应而变为硫酸铅。放电时的电流愈小，这一反应就愈深。再次充电时，用较大电流进行，其充电的化学反应就比较剧烈，极板深层的硫酸铅就不能还原为二氧化铅和铅绵，这样在正负极板的内部就留有硫酸铅晶块，时间愈久，愈不易还原，经常以这样方式进行充放电，极板深层的硫酸铅晶块就会逐渐加大，造成极板有效物质脱落。

另外，定期放电还有检查落后电池的作用，用小电流放电达不到这一目的，所以定期充放电时一定要用10h放电率电流进行，不能用小电流，尤其不能用小电流放电和用大电流充电。

30 电池串、并联使用时，总容量和总电压怎样确定？

答：电池串联使用时，总容量等于单个电池的容量，总电压等于单个电池电压相加。

电池并联使用时，总容量等于并联电池容量相加，总电压等于单个电池的电压。

31 过充电与欠充电对电池有什么影响？怎样判断？

答：碱性电池对过充电与欠充电耐性较大，只要不太严重，发现后及时处理，对其寿命影响不大。

在铅酸电池中过充电会造成正极板提前损坏，欠充电将使负极板硫化，容量降低。

电池过充电的现象是正负极板的颜色较鲜艳，电池室酸味较大，电池的气泡较多，电池的电压高于2.2V，电池脱落物大部是正极的。

电池的欠充电现象是正负极板的颜色不鲜明，电池室的酸味不明显，电池内的气泡极少，电池的电压低于2.1V，脱落物大部是负极的。

32 电池液面过低时在什么情况下允许补水？

答：在以下情况下允许补水：

（1）对于蓄电池的正常加水应一次进行，加水至标准液面的上限，然后进行充电，将充电电流调至约10h放电率的1/2，至绝大部分电池冒气泡为止。

（2）对无人值班变电站，在巡回检查中发现电池液面过低时，应先少量加水，使其液面稍高于极板，即以10h放电率的1/2电流进行充电，待电池大部冒气泡后，再进行普遍加水至标准液面，再充电2h即可。

（3）在一般情况下进行定期充放电过程中，不允许加水，以免影响电解液比重的测量结果，因为测量比重的方法是作为判断电池是否充好的依据（不低于放电前的比重），如果中间加水就无法比较了。所以应在充电结束再普遍加水，然后再充电2h即可。

33 铅酸电池极板短路或弯曲的原因是什么？

答：铅酸电池极板短路的原因有：

（1）有效物严重脱落引起，应清除脱落物。

（2）隔板损坏引起，应更换隔板。

（3）极板弯曲使极耳短路，用绝缘物隔开。

（4）由于金属物掉入引起，应将其清除。

极板弯曲的原因有：

（1）充电和放电电流过大，应严格按规定进行充放电。

（2）安装不当，应进行调整。

（3）电解液混入有害杂质，应对电解液进行化验有无硝酸盐、醋酸盐、氧化物等存在。如有杂质存在，应用蒸馏水清洗极板，并更换电解液。

34 端电池调压器使用中的注意事项是什么？

答：端电池调压器有充电柄与放电柄，充电柄是在充电时将已充好的端电池提前停止充电，放电柄用于电池电压变化时调整母线电压用。两个手柄在同一轴上，因此在调整任何其中一个手柄时，不能使另一手柄随之转动。

为使调整过程中直流母线不断电及被调电池不短路，调整柄是由主副两个刷子组成，通过一个过渡电阻片连在一起的。因此，调节过程中除使刷子与滑片紧密接触外，还应使刷子跨接两个端电池时间愈短愈好。严禁使主副刷子跨接在端子头上，因为这会使被跨接的电池通过电阻片放电，如主刷未接通或接触不良，在通过大负荷时将使过渡电阻烧坏，而使直流母线无电。在调节过程中还应注意两柄间不要碰接，以免造成接地或短路。

35 应如何安排双源无端电池不带任何调压装置的直流系统运行？

答：安排双源无端电池不带任何调压装置的直流系统运行应注意的问题是：

（1）选择同一厂家、同一型号、相同容量的两组蓄电池，并且只数应相同。

（2）直流系统的接线为双源互联单母线分段接线，即两组蓄电池和两台整流器分别接于各自的一段母线上，两段母线通过联络切换开关进行转换。正常时，单母分段运行。

（3）两台整流器正常时应按稳压方式运行。

（4）蓄电池组正常以浮充方式运行，直流系统母线电压为直流系统额定电压的105%，即220V系统母线电压为230V左右，110V系统母线电压为115V左右。

（5）蓄电池组均衡充电时，两段母线电压应先调整平衡，而后将两段母线并联，退出需均衡充电的电池组。两段母线负荷由一组蓄电池、一台整流装置供电。

36 无端电池直流系统采用什么调压装置？

答：无端电池直流系统在各种运行方式下，电压均有可能造成波动。对负载来说：控制负荷采用串联硅二极管的调压措施，由于硅二极管有稳定的管压降，从而实现了电压调节。对于要求较高的直流系统，可装设多级硅降压装置，实现自动控制。对动力负荷，因为短时间使用，母线电压波动不影响断路器跳合闸。为防止蓄电池均衡充电时直流母线电压偏高，也可采用充电回路装设硅降压装置，正常时被接触器短接，当均衡充电时，将接触器断开，接入硅降压装置。

37 蓄电池的内阻与哪些因素有关？

答：蓄电池的内电路主要由电解液构成。电解液有电阻，而极栅、活性物质、连接物、隔离物等也都有一定电阻，这些电阻之和就是蓄电池的内阻。影响内阻大小的因素很多，主要有各部分的构成材料、组装工艺、电解液的密度和温度等。因此，蓄电池内阻不是固定值，在充、放电过程中，随电解液的密度、温度和活性物质的变化而变化。

38 铅蓄电池产生自放电的原因是什么？

答：产生自放电的原因很多，主要有：

（1）电解液中或极板本身含有有害物质，这些杂质沉附在极板上，使杂质与极板之间、极板上各杂质之间产生电位差。

（2）极板本身各部分处于不同浓度的电解液层而使极板各部分之间存在电位差。这些电位差相当于小的局部电池，通过电解液形成电流，使极板上的活性物质溶解或起电化作用，转变为硫酸铅，导致蓄电池容量损失。

39 为什么蓄电池不宜过度放电？

答：因为在蓄电池放电过程中，二氧化铅和海绵铅在化学反应中形成硫酸铅小晶块，在过度放电后，硫酸铅将结成许多体积较大的晶块。而晶块分布不均匀时，会使极板发生不能恢复的翘曲，同时增大极板内阻。在充电时，硫酸铅大晶块很难还原，会妨碍充电的进行。

40 在何种情况下，蓄电池室内易引起爆炸？如何防止？

答：蓄电池在充电过程中，水被分解产生大量的氢气和氧气。如果这些混合的气体，不能及时排出室外，一遇火花，就会引起爆炸。

预防的方法是：

（1）密封式蓄电池的加液孔上盖的通气孔，经常保持畅通，便于气体逸出。

（2）蓄电池内部连接和电极连接要牢固，防止松动打火。

（3）室内保持良好的通风。

（4）蓄电池室内严禁烟火。

（5）室内应装设防爆照明灯具，且控制开关应装在室外。

41 蓄电池为什么负极板比正极板多一片？

答：在充放电时，两极板和电解液发生化学反应而发热，极板膨胀，但两极板发热程度不同，正极板发热量大，膨胀较严重，而负极板则很轻微，为了使正极板两面均发生同样的化学变化，膨胀程度均衡，防止极板发生弯曲和折断现象，所以要多一片负极板，外层负极板虽仅一面发生化学变化，但因其发热量很小不致引起变形和断裂。

第四节　继电保护及安全自动装置

1 什么是继电保护装置和安全自动装置？

答：当电力系统中的电力元件（如发电机、线路等）或电力系统本身发生了故障或危及其安全运行的事件时，需要各种自动化措施和设备向运行值班人员及时发出警告信号，或者直接向所控制的断路器发出跳闸命令，以终止这些事件发展。实现这种自动化、用于保护电力设备的成套硬件装置，一般通称为继电保护装置；用于保护电力系统的，则通称为电力系统安全自动装置。

2 继电保护装置和安全自动装置各有什么作用？

答：继电保护装置是保证电力元件安全运行的基本装备，任何电力元件不得在无继电保护的状态下运行。

电力系统安全自动装置则用以快速恢复电力系统长期大面积停电的重大系统事故，如失去电力系统稳定、频率崩溃或电压崩溃等。

3 继电保护的基本任务是什么？

答：继电保护的基本任务是：

（1）自动、迅速、有选择性地将故障元件从电力系统中切除，使故障元件免于继续遭到破坏，保证其他无故障部分迅速恢复正常运行。

（2）反应电气元件的不正常运行状态，并根据不正常工作情况和设备运行维护条件的不同而动作于信号、减负荷或跳闸。

4 电力系统安全自动装置有哪些类型？

答：电力系统安全自动装置类型很多，大致可分为以下几种。

（1）维持系统稳定的安全自动装置。如快速励磁、电力系统稳定器、电气制动、快关汽门及切机、自动解列、自动切负荷、串联电容补偿器及稳定装置等。

（2）维持频率的安全自动装置。如按频率（电压）自动减负荷、低频处启动、低频抽水改发电、低频调相转发电、高频切机、高频减出力装置等。

（3）预防过负荷的安全自动装置。如过负荷切电源、减出力、过负荷切负荷等。

另外，还有自动重合闸、备用电源自动投入装置等。

5 继电保护装置的基本构成原理是怎样的？

答：电力系统发生故障时，通常伴有电流增大、电压降低以及电流与电压间相位角改变的特征。利用这些基本参数在故障时与正常运行时的差别，就可以构成各种不同原理的继电保护装置。继电保护一般由以下三部分组成。

（1）测量部分。其作用是测量被保护对象的工作状态的一个或几个物理量。

（2）逻辑部分。其作用是根据测量元件输出量的大小、性质、组合方式或出现次序，判断被保护对象的工作状态，以决定保护装置是否应该动作。

（3）执行部分。其作用是根据逻辑部分所做出的判断，执行保护装置的任务（发出信号、跳闸或不动作）。

6 什么是主保护？

答：所谓主保护，是指满足系统稳定及设备安全的基本要求，能以最快速度有选择地切除被保护设备和线路故障的保护。

7 什么是后备保护？

答：所谓后备保护，是指当主保护或断路器拒动时，用以切除故障的保护。后备保护可分为远后备保护和近后备保护两种：

（1）远后备保护是指当主保护或断路器拒动时，由相邻电力设备或线路的保护来实现的后备保护。

（2）近后备保护是指当主保护拒动时，由本电力设备或线路的另一套保护来实现的保护；当断路器拒动时，由断路器失灵保护来实现后备保护。

8 什么是辅助保护？

答：所谓辅助保护是指为补充主保护和后备保护的性能或当主保护、后备保护退出运行而增设的简单保护。

9 什么是异常运行保护？

答：所谓异常运行保护是指反应被保护电力设备或线路异常运行状态的保护。

10 什么是母线完全差动保护？什么是母线不完全差动保护？

答：母线完全差动保护是将母线上所有的各连接元件的电流互感器按同名相、同极性连接到差动回路，电流互感器的特性与变比均应相同，若变比不相同时，可采用补偿变流器进行补偿，满足$\sum i=0$。电流互感器的二次线圈在母线侧的端子相互连接。差动继电器线圈与电流互感器二次线圈并联。各电流互感器之间的一次电气设备，就是母线差动保护的保护区。

母线不完全差动保护只需将连接于母线的各有电源元件上的电流互感器接入差动回路，在无电源元件上的电流互感器不接入差动回路，因此在无电源元件上发生故障，它将动作。电流互感器不接入差动回路的无电源元件是电抗器或变压器。母线不完全差动保护通常采用两相式，由两段保护构成，二次线圈按环流法原理连接。电流互感器和电流继电器的二次线圈并联。由于这种保护的电流互感器不是在所有与母线连接的元件上装设，故称不完全差动电流保护。

11 什么是固定连接方式的母线完全差动保护？什么是母联电流相位比较式母线差动保护？

答：双母线同时运行方式，按照一定的要求，将引出线和有电源的支路固定连接于两条母线上，这种母线称为固定连接母线。这种母线的差动保护称为固定连接方式的母线完全差动保护，对它的要求是任一母线故障时，只切除接于该母线的元件，另一母线可以继续运行，即母线差动保护有选择故障母线的能力。当运行的双母线的固定连接方式被破坏时，该保护将无选择故障母线的能力，而将双母线上所有连接的元件切除。

母联电流相位比较式母线差动保护主要是在母联断路器上使用比较两电流相量的方向元件，引入的一个电流量是母线上各连接元件的相量和即差电流，引入的另一个电流量是流过母联断路器的电流。在正常运行和区外短路时，差电流很小，方向元件不动作；当母线故障，不仅差电流很大且母联断路器的故障电流由非故障母线流向故障母线，具有方向性，因此方向元件动作且具有选择故障母线的能力。母联断路器断开，将失去方向性。

12 母线倒闸时，电流相位比较式母线差动保护应如何操作？

答：(1) 倒闸过程中不退出母线差动保护。

(2) 对于出口回路不自动切换的装置，倒闸后将被操作元件的跳闸连接片及重合闸放电连接片切换至与所接母线对应的比相出口回路。

(3) 母联断路器兼旁路断路器作旁路断路器带线路运行时，倒闸后将停用母线的比相出口连接片和跳母联断路器连接片断开，因为此时所带线路的穿越性故障即相当于停用母线的内部故障。

13 双母线完全电流差动保护在母线倒闸操作过程中应怎样操作？

答：在母线配出元件倒闸操作过程中，配出元件的两组隔离开关双跨两组母线，配出元件和母联断路器的一部分电流将通过新合上的隔离开关流入（或流出）该隔离开关所在母线，破坏了母线差动保护选择元件差流回路的平衡，而流过新合上的隔离开关的这一部分电流，正是它们共同的差电流。此时，如果发生区外故障，两组选择元件都将失去选择性，全靠总差流启动元件来防止整套母线保护的误动作。

在母线倒闸操作过程中，为了保证在发生母线故障时，母线差动保护能可靠发挥作用，需将保护切换成由启动元件直接切除双母线的方式。但对隔离开关为就地操作的变电站，为了确保人身安全，一般需将母联断路器的跳闸回路断开。

14 双母线完全电流差动保护的主要优缺点是什么？

答：双母线完全电流差动保护的优点：

(1) 各组成元件和接线比较简单，调试方便，运行人员易于掌握。

(2) 采用速饱和变流器，可以较有效地防止由于区外故障一次电流中的直流分量导致电流互感器饱和引起的保护误动作。

(3) 当元件固定连接时，母线差动保护有很好的选择性。

(4) 当母联断路器断开时，母线差动保护仍有选择能力。

(5) 在两组母线先后发生短路时，母线差动保护仍能可靠地动作。

双母线完全电流差动保护的缺点：

(1) 当元件固定连接方式破坏时，若任一母线上发生短路故障，就会将两组母线上的连接元件全部切除，因此，适应运行方式变化的能力较差。

(2) 由于采用了带速饱和变流器的电流差动继电器，其动作时间较慢（1.5～2 个周期的动作延时），不能快速切除故障。

(3) 如果启动元件和选择元件的动作电流按躲避外部短路时的最大不平衡电流整定，灵敏度较低。

15 母联电流相位比较式母线差动保护的主要优缺点是什么？

答：母联电流相位比较式母线差动保护主要优点：这种母线差动保护不要求元件固定连接于母线，可大大地提高母线运行方式的灵活性。

它主要缺点为：

(1) 正常运行时，母联断路器必须投入运行。

（2）当母线故障，母线差动保护动作时，如果母联断路器拒动，连接元件通过母联断路器供给短路电流，使故障不能切除。

（3）当母联断路器和母联断路器的电流互感器之间发生故障时，将会切除非故障母线，故障母线反而不能切除。

（4）两组母线相继发生故障时，只能切除先发生故障的母线，后发生故障的母线因这时母联断路器已跳闸，选择元件无法进行相位比较而不能动作，因而不能切除。

16　在母线电流差动保护中，为什么要采用电压闭锁元件？怎样闭锁？

答：为了防止差动继电器误动作或误碰出口中间继电器造成母线保护误动作，故采用电压闭锁元件。

它利用接在每组母线电压互感器二次侧上的低电压继电器和零序过电压继电器实现。三只低电压继电器反应各种相间短路故障，零序过电压继电器反应各种接地故障。利用电压元件对母线保护进行闭锁，接线简单。防止母线保护误动接线是将电压重动继电器的触点串接在各个跳闸回路中。这种方式如误碰出口中间继电器不会引起母线保护误动作，因此被广泛采用。

17　母线差动保护在哪些情况下应停运？

答：母线差动保护在以下情况应停运：

（1）当 220kV 母联开关或 110kV 旁路开关把 220kV 工作母线、备用母线或 110kV 工作母线、备用母线分成不同期的独立系统时，母线差动保护应停运。

（2）当利用发电机—变压器组对母线电气设备零起升压或用电源开关向空母线冲击合闸时，母线差动保护应停运。

（3）当母线差动保护交流电流回路操作时应短时停运母线差动保护。

（4）当母线差动回路有工作或校验时，应停运母线差动保护。

（5）当母线差动保护装置故障或母线电流互感器回路出现异常时，应停运母线差动保护。

（6）新线路第一次送电前或线路充电电流超过允许值，应停运母线差动保护。

18　220kV 母线差动保护运行时应注意什么？

答：220kV 母线差动保护运行时应注意：

（1）电流互感器回路正常，检查毫安表指示应与平时无大的变化。

（2）电压互感器回路各连接片应投断正确，无电压断线信号。

（3）直流回路正常，无断线信号。

（4）双母线及母联断路器运行时，两组母线上均应有电源断路器，母联断路器母线差动电流互感器端子应放在“正常”位置，母联断路器的母线差动跳闸选择连接片投“母联运行”位置，投入母联的母线差动跳闸出口连接片。

（5）无论哪种运行方式，母线所接元件（线路、主变压器及发电机断路器的跳闸连接片）均要与所连接的母线位置相对应。

19 220kV 母差保护运行时若用母联断路器代路，母线差动保护怎样考虑？

答：应按下列方式考虑：

（1）投入非选择性隔离开关。

（2）母联断路器的母线差动电流互感器端子应放在“代路”位置。

（3）母联断路器的母线差动跳闸选择连接片投在断路器相对应的母线位置上。

（4）投入母联断路器的母线差动跳闸出口连接片。

（5）将被代线路的母线差动电流互感器回路从运行的母线差动电流回路上短接、甩开，以免线路故障时，母线差动保护误动。

20 母线差动保护停运时有哪些注意事项？

答：母线差动保护停运时应注意以下事项：

（1）母线差动保护校验工作尽可能与母线检修配合进行。

（2）母线差动停运时间尽量缩短，并在天气好的条件下停运。

（3）对侧厂、站缩短保护（距离、零序三段）时限，故障切除时间为 0.6s。

（4）母线差动保护停运期间，不安排系统操作。

21 母线差动保护在哪些情况下应将其由“双母”切换至“单母”运行？

答：在以下情况应将母线差动保护由“双母”切换至“单母”运行：

（1）单母线运行时。

（2）母联断路器不做母联运行时。

（3）母联断路器虽作母联运行，但任一母线上少于两个电源时。

（4）任一母线上电压互感器退出运行时。

（5）倒母线操作时。

22 母线差动保护怎样投入与退出？

答：母线差动保护投入应按以下步骤操作：

（1）投入母线差动直流熔丝。

（2）检查母线差动保护电压回路小开关合上，装置无异常信号发出。

（3）测量不平衡电流正常。

（4）投入母线差动保护下列连接片：

1）工作母线、备用母线电压闭锁连接片。

2）各元件跳闸连接片。

3）母联断路器跳闸连接片。

4）线路闭锁重合闸连接片。

（5）退出下列连接片：

1）母线充电保护连接片。

2）不平衡电流短接连接片。

3）旁路断路器作母联运行时，旁路断路器闭锁重合闸连接片。

母线差动保护退出按以下步骤操作：

（1）打开母联或旁路断路器跳闸连接片。

（2）打开各元件跳闸连接片。

（3）打开线路闭锁重合闸连接片。

（4）取下母线差动保护直流熔丝。

母线差动保护校验时，必须按上述退出操作步骤执行，不能只断开直流电源。

23 母线差动保护遇哪些情况应立即检查装置并进行处理？

答：母线差动保护遇以下情况应立即检查装置并进行处理：

（1）“交流电流回路断线”“直流电源消失”光字同时发出时，应立即退出母线差动保护，并通知继电保护人员处理。

（2）发生直流电源消失时，应检查直流熔丝、有关端子排、直流回路监视继电器、动断触点等有关回路。

（3）“交流电压回路断线”光字牌发出后，应检查母线电压互感器二次空气小开关是否跳闸等。

（4）“母线差动保护动作”和有关信号发出后，应立即检查有关元件是否跳闸，并根据情况作出相应的处理。

24 发电机-变压器组保护动作的出口处理方式有哪几种？

答：（1）全停。停锅炉、汽轮机及相应辅机、断开发电机-变压器组断路器、断开灭磁开关、断开高压工作厂用变压器分支断路器，同时启动断路器失灵保护。全停又可分为全停Ⅰ、全停Ⅱ、全停Ⅲ三种方式，由不同的保护装置分组控制。

（2）解列灭磁。断开发电机-变压器组断路器、断开灭磁开关、锅炉、汽轮机甩负荷，同时启动断路器失灵保护。

（3）解列。断开发电机-变压器组断路器、锅炉、汽轮机甩负荷，同时启动断路器失灵保护。

（4）程序跳闸。对于汽轮发电机，首先关闭主汽门，待逆功率继电器动作后，再断开发电机-变压器组断路器和灭磁开关。

（5）母线解列。断开双母线接线的母联断路器。

（6）减出力。减少原动机输出功率。

（7）厂用分支跳闸。跳开厂用分支断路器。

（8）发信号。所有保护装置动作的同时均应按要求发声光信号。

（9）减励磁、切换励磁以及启动通风等。

25 发电机应装设哪些保护？它们的作用是什么？

答：对于发电机可能发生的故障和不正常工作状态，应根据发电机的容量有选择地装设以下保护：

（1）纵联差动保护。为定子绕组及其引出线的相间短路保护。

（2）横联差动保护。为定子绕组一相匝间短路保护。只有当一相定子绕组有两个及以上并联分支而构成两个或三个中性点引出端时，才装设该种保护。

（3）单相接地保护。为发电机定子绕组的单相接地保护。

（4）励磁回路接地保护。为励磁回路的接地故障保护，分为一点接地保护和两点接地保护两种。中小型汽轮发电机，当检查出励磁回路一点接地后再投入两点接地保护；大型汽轮发电机应装设一点接地保护。

（5）低励磁、失去励磁保护。为防止大型发电机低励磁（励磁电流低于静稳极限所对应的励磁电流）或失去励磁（励磁电流为零）后，从系统中吸收大量无功功率而对系统产生不利影响，100MW 及以上容量的发电机都装设这种保护。

（6）过负荷保护。发电机长时间超过额定负荷运行时作用于信号的保护。中、小型发电机只装设定子过负荷保护；大型发电机应分别装设定子过负荷和励磁绕组过负荷保护。

（7）定子绕组过电流保护。当发电机纵差保护范围外发生短路而短路元件的保护或断路器拒绝动作时，为了可靠切除故障，则应装设反应外部短路的过电流保护。这种保护兼作纵差保护的后备保护。

（8）定子绕组过电压保护。中、小型汽轮发电机通常不装设过电压保护。水轮发电机和大型汽轮发电机都装设过电压保护，以切除突然甩去全部负荷后引起定子绕组过电压。

（9）负序电流保护。电力系统发生不对称短路或者三相负荷不对称（如电气机车、电弧炉等单相负荷的比重太大）时，发电机定子绕组中就有负序电流。该负序电流产生反向旋转磁场，相对于转子为 2 倍同步转速，因此在转子中出现 100Hz 的倍频电流，它会使转子端部、护环内表面等电流密度很大的部位过热，造成转子的局部灼伤，因此应装设负序电流保护。中、小型发电机多装设负序定时限电流保护；大型发电机多装设负序反时限电流保护，其动作时限完全由发电机转子承受负序发热的能力决定，不考虑与系统保护配合。

（10）失步保护。大型发电机应装设反应系统振荡过程的失步保护。中小型发电机都不装设失步保护，当系统发生振荡时，由运行人员判断，根据情况用人工增加励磁电流、增加或减少原动机出力、局部解列等方法来处理。

（11）逆功率保护。当汽轮机主汽门误关闭，或机炉保护动作关闭主汽门而发电机出口断路器未跳闸时，发电机失去原动力变成电动机运行，从电力系统吸收有功功率。这种工况对发电机并无危险，但由于鼓风损失，汽轮机尾部叶片有可能过热而造成汽轮机事故，故大型机组要装设用逆功率继电器构成的逆功率保护，用于保护汽轮机。

26 大型发电机为什么要装设纵联差动保护？

答：大型发电机若发生定子绕组相间短路故障，会引起巨大的短路电流而严重烧损发电机，因此需要装设纵联差动保护。纵联差动保护瞬时动作于全停，是发电机的主保护之一。

27 简述发电机纵联差动保护的工作原理。

答：发电机纵联差动保护的基本原理是通过比较发电机机端和中性点侧同一相电流的大小和相位来检测保护范围内的相间短路故障。

28 为什么现代大型发电机应装设 100%的定子接地保护？

答：100MW 以下发电机，应装设保护区不小于 90%的定子接地保护；100MW 及以上的发电机，应装设保护区为 100%的定子接地保护。原因如下：

如果发电机定子绕组绝缘的破坏是由于机械的原因，例如水内冷发电机的漏水、冷却风扇的叶片断裂飞出，则在发电机中性点附近可能发生接地故障。另外，如果中性点附近的绝缘水平已经下降，但尚未达到定子接地继电器检测出来的程度，这种情况具有很大的潜在危险性。因为一旦在机端又发生另一点接地故障，使中性点电位骤增至相电压，则中性点附近绝缘水平已经降低的部位，有可能在这个电压作用下发生击穿，故障立即转为严重的相间或匝间短路故障，巨大的短路电流会造成发电机严重损坏。鉴于现代大型发电机在电力系统中的重要地位及其制造工艺复杂、铁芯检修困难等情况，故要求装设100%的定子接地保护，而且要求在中性点附近绝缘水平下降到一定程度时，保护就能动作。

29 利用基波零序电压的发电机定子单相接地保护的特点及不足之处是什么？

答：利用基波零序电压的发电机定子单相接地保护的特点有：

（1）简单、可靠。

（2）设有三次谐波滤过器以降低不平衡电压。

（3）由于与发电机有电联系的元件少，接地电流不大，适用于发电机—变压器组。

利用基波零序电压的发电机定子单相接地保护的不足之处是不能作为100%定子接地保护，有死区，但一般小于15%。

30 大型发电机为什么要装设定子绕组匝间短路保护？

答：大型发电机若发生定子绕组匝间短路故障，会引起巨大的短路电流而烧毁发电机，因此需要装设瞬时动作的定子绕组匝间短路保护。

31 大型发电机为什么要装设低励失磁保护？

答：励磁异常下降或全部失磁是发电机常见故障之一，因此，要求装设失磁保护来及时检测到失磁故障，并根据磁过程的发展，采取不同的措施，来保证系统和发电机的安全。

32 大型发电机为什么要装设转子回路一点接地和两点接地保护？

答：发电机转子一点接地后可能诱发转子绕组两点接地，而两点接地会因部分绕组被短接引起励磁绕组电流增加，转子可能因过热而损伤。同时，磁场不平衡会引起机组剧烈振动，造成灾难性后果。因此，大型发电机要求同时装设转子回路一点接地和两点接地保护。

33 发电机为什么应装设负序电流保护？

答：发电机正常运行时发出的是三相对称的正序电流。发电机转子的旋转方向和旋转速度与三相正序对称电流所形成的正向旋转磁场的转向和转速一致，即转子的转动与正序旋转磁场之间无相对运动，此即“同步”的概念。当电力系统发生不对称短路或负荷三相不对称时，在发电机定子绕组中就流有负序电流，该负序电流在发电机气隙中产生反向（与正序电流产生的正向旋转磁场方向相反）旋转磁场，它相对于转子来说为2倍的同步转速，因此在转子中就会感应出100Hz的电流，即所谓的倍频电流。该倍频电流的主要部分流经转子本体、槽楔和阻尼条，而在转子端部附近沿周界方向形成闭合回路，这就使得转子端部、护环内表面、槽楔和小齿接触面等部位局部灼伤，严重时会使护环受热松脱，给发电机造成灾难性的破坏，即通常所说的“负序电流烧机”，这是负序电流对发电机的危害之一。另外，负序（反向）气隙旋转磁场与转子电流之间，正序（正向）气隙旋转磁场与定子负序电流之间所产生的频率为100Hz交变电磁力矩，将同时作用于转子大轴和定子机座上，引起频率为100Hz的振动，此为负序电流危害之二。汽轮发电机承受负序电流的能力，一般取决于转子的负序电流发热条件，而不是发生的振动。

鉴于以上原因，发电机应装设负序电流保护。负序电流保护按其动作时限又分为定时限和反时限两种。前者用于中型发电机，后者用于大型发电机。

34 发电机反应不对称过负荷的反时限负序电流保护的作用是什么？

答：大容量发电机的特点在于采用内冷却绕组，允许绕组导体上有较大的电流密度，提高了发电机的利用系数。但过热性能差，允许过热的时间常数值小，因此承受不对称运行的能力低，需要采用能与发电机允许的负序电流相适应的反时限负序电流保护。当负序电流数值较大时，保护能以较短的时限跳闸；较小时，以较长的时限跳闸。

35 大型发电机为什么要装设对称过负荷保护？

答：对称过负荷保护就是定子绕组对称过电流保护，是对于发电机可能出现的对称过负荷的异常运行状态而装设。当系统中切除电源、出现短时冲击性负荷、大型电动机自启动、发电机强行励磁、失磁运行、同期操作及振荡等原因出现时，定子绕组中的电流会突增，而大型发电机组的定子绕组线负荷大，材料利用率高，绕组热容量与铜损比值减小，因而发热常数较低，可能导致绕组温升过高。

36 大型发电机组为何要装设失步保护？

答：发电机与系统发生失步时，将出现发电机的机械量和电气量与系统之间的振荡，这种持续的振荡将对发电机组和电力系统产生有破坏力的影响。

（1）单元接线的大型发电机—变压器组电抗较大，而系统规模的增大使系统等效电抗减小，因此振荡中心往往落在发电机端附近或升压变压器范围内，使振荡过程对机组的影响大为加重。由于机端电压周期性的严重下降，使厂用辅机工作稳定性遭到破坏，甚至导致全厂停机、停炉、停电的重大事故。

（2）失步运行时，当发电机电动势与系统等效电动势的相位差为180°的瞬间，振荡电流的幅值接近机端三相短路时流经发电机的电流。对于三相短路故障均有快速保护切除，而振荡电流则要在较长时间内反复出现，若无相应保护会使定子绕组遭受热损伤或端部遭受机械损伤。

（3）振荡过程中产生对轴系的周期性扭力，可能造成大轴严重机械损伤。

（4）振荡过程中由于周期性转差变化在转子绕组中引起感应电流，引起转子绕组发热。

（5）大型机组与系统失步，还可能导致电力系统解列，甚至崩溃事故。

因此，大型发电机组需装设失步保护，以保障机组和电力系统的安全。失步保护一般由比较简单的双阻抗元件组成，在短路故障、系统稳定（同步）振荡、电压回路断线等情况下不应误动作。失步保护一般动作于信号，当振荡中心在发电机变压器内部，失步运行时间超过整定值，振荡次数超过规定值，对发电机有危害时，才动作于解列。

37 为什么现代大型发电机应装设非全相运行保护?

答：发电机—变压器组高压侧的断路器多为分相操作的断路器，常由于误操作或机械方面的原因使三相不能同时合闸或跳闸，或在正常运行中突然一相跳闸。这种异常工况，将在发电机—变压器组的发电机中流过负序电流，如果靠反应负序电流的反时限保护动作（对于联络变压器，要靠反应短路故障的后备保护动作），则会由于动作时间较长而导致相邻线路对侧的保护动作，使故障范围扩大，甚至造成系统瓦解事故。因此，对于大型发电机—变压器组，在220kV及以上电压侧为分相操作的断路器时，要求装设非全相运行保护。

38 大型发电机为何要装设低频保护?

答：低频保护是针对汽轮发电机组可能出现的低频共振而装设的，其必要性在于：汽轮机的叶片都有一个自然振荡频率，如果发电机的运行频率接近或等于其自振频率时，将导致发生共振，造成材料疲劳。由于材料的疲劳属于不可逆的积累过程，当积累的疲劳超过材料所允许的限度时，叶片就可能断裂，造成严重事故。需要指出的是，发电机运行频率升高，同样可能导致共振现象的发生，只不过对频率升高已有严格限制。

39 大型汽轮发电机为什么要装设逆功率保护?

答：逆功率保护是针对发电机可能由于汽轮机、锅炉保护动作等原因将汽门关闭而引起逆功率运行的异常运行状态而装设的，其必要性在于：逆功率运行时，虽然对发电机本身无害，但由于残留在汽轮机尾部的蒸汽与长叶片剧烈摩擦，会使叶片过热，可能损坏汽轮机。

40 大型发电机为什么要装设励磁回路过负荷保护?

答：励磁回路过负荷主要是指发电机励磁绕组过负荷（过流）。当励磁机或整流装置发生故障，或者励磁绕组内部发生部分绕组短路故障时以及在强励过程中，都会发生励磁绕组过负荷，会引起励磁绕组过热，损伤励磁绕组，同时也可能使励磁主回路的其他部分发生异常或故障。因此，大型发电机规定装设励磁绕组过负荷保护。

41 发电机为何要装设频率异常保护?

答：汽轮机的叶片都有一个自然振荡频率，如果发电机运行频率低于或高于额定值，在接近或等于叶片自振频率时，将导致共振，使材料疲劳。达到材料不允许的程度时，叶片就有可能断裂，造成严重事故。材料的疲劳是一个不可逆的积累过程，所以汽轮机给出了在规定频率下允许的累计运行时间。低频运行多发生在重负荷下，对汽轮机的威胁将更为严重。另外对极低频工况，还将威胁到厂用电的安全，因此发电机应装设频率异常运行保护。

42 发电机频率异常运行保护有何要求?

答：发电机频率异常运行保护的要求为：

（1）具有高精度的测量频率回路。

（2）具有频率分段启动回路，自动累积各频率段异常运行时间，并能显示各段累计时间，启动频率可调。

（3）分段允许运行时间可整定，在每段累计时间超过该段允许运行时间时，经出口发出信号。

（4）能监视当前频率。

43 主变压器为何要装设差动保护?

答：主变压器装设差动保护主要是为了防御变压器绕组和引出线相间短路、直接接地系统侧绕组和引出线的单相接地短路以及绕组匝间短路。主变压器差动保护的保护范围是三相电流互感器所限定的范围，即变压器本体、发电机至主变压器和高压厂用变压器的引线以及主变压器高压侧到发变组断路器的引线。

44 主变压器为何要装设瓦斯保护?

答：装设瓦斯保护是为了防御变压器油箱内各种短路或断线故障及油面降低。这是因为，变压器内部发生严重漏油或匝数很少的匝间短路故障以及绕组断线故障时，差动保护及其他反应电量的保护均不能动作，而瓦斯保护却能动作。

45 简述变压器瓦斯保护的基本工作原理。

答：瓦斯保护是变压器的主要保护，能有效地反应变压器内部故障。

瓦斯保护的气体继电器由开口杯、干簧触点等组成，作用于信号。重瓦斯保护的气体继电器由挡板、弹簧、干簧触点等组成，作用于跳闸。

正常运行时，气体继电器充满油，开口杯浸在油内，处于上浮位置，干簧接点断开。当变压器内部发生故障时，故障点局部发生高热，引起附近的变压器油膨胀，油内溶解的空气被逐出，形成气泡上升，同时油和其他材料在电弧和放电等的作用下电离而产生气体。当故障轻微时，排出的气体缓慢地上升而进入气体继电器，使油面下降，开口杯产生以支点为轴的逆时针方向转动，使干簧接点接通，发出信号。

当变压器内部故障严重时，将产生强烈的气体，使变压器内部压力突增，产生很大的油流向油枕方向冲击。因油流冲击挡板，挡板克服弹簧的阻力，带动磁铁向干簧触点方向移动，使干簧触点接通，作用于跳闸。

46 为什么差动保护不能代替瓦斯保护?

答：差动保护不能代替瓦斯保护的原因是：瓦斯保护能反应变压器油箱内的任何故障，如铁芯过热烧伤、油面降低等，但差动保护对此无反应。又如变压器绕组发生少数线匝的匝间短路，虽然短路匝内短路的油流向油枕方向冲击，但表现在相电流上其量值并不大，因此差动保护没有反应，但瓦斯保护对此却能灵敏加以反应。

47 气体保护的保护范围有哪些?

答：气体保护的保护范围为：

（1）变压器内部多相短路。

（2）匝间短路、匝间与铁芯或外部短路。

（3）铁芯故障。

（4）油位下降或漏油。

（5）分接头开关接触不良或导线焊接不良等。

48 变压器重瓦斯保护动作后应如何处理？

答：变压器重瓦斯保护动作后，值班人员应进行下列检查：

（1）变压器差动保护是否掉牌。

（2）重瓦斯保护动作前，电压、电流有无波动。

（3）防爆管和吸湿器是否破裂，释压阀是否动作。

（4）气体继电器内部有无气体，收集的气体是否可燃。

（5）重瓦斯保护掉牌能否复归，直流系统是否接地。

通过上述检查，未发现任何故障象征，可初步判定重瓦斯保护误动。在变压器停电后，应联系检修人员测量变压器绕组的直流电阻及绝缘电阻，并对变压器油做色谱分析，以确认是否为变压器内部故障。在未查明原因，并进行处理前，变压器不允许再投入运行。

49 什么是零序保护？

答：在大接地电流系统中发生接地故障后，就有零序电流、零序电压和零序功率出现，利用这些电量构成的保护接地故障的继电保护装置通称为零序保护。

50 主变压器为什么要装设零序保护？

答：主变压器高压侧所连接的220kV及以上电压的电力系统一般为大接地电流系统，而电力系统各种短路故障中，单相接地故障概率又是最高的。因此，主变压器高压侧要求装设用于反映单相接地故障的零序保护，作为变压器及相邻元件的后备保护。

51 主变压器中性点直接接地运行时的零序保护是怎样构成的？

答：主变压器中性点直接接地时零序保护由零序电流保护组成，电流元件接到变压器中性点电流互感器的二次侧。为了提高可靠性和满足选择性，变压器均配置两段式零序电流保护。

52 零序电流保护由哪几部分组成？

答：零序电流保护主要由零序电流（电压）滤过器、电流继电器和零序方向继电器三部分组成。

53 主变压器中性点不接地运行时，为什么采用零序电流电压保护作为零序保护？

答：220kV及以上的大型变压器高压绕组均采用分级绝缘，绝缘水平偏低。主变压器不接地运行时，单相接地故障引起的工频过电压将超过变压器中性点绝缘水平。而避雷器是按冲击过电压设计，热容量小，在工频过电压下放电不能灭弧，将造成避雷器爆炸，故装设了放电间隙作为过电压保护。但由于放电间隙是一种比较粗糙的保护，受外界环境状况变化的影响较大，并不可靠，且放电时间不允许过长，因此要装设专门的零序电流电压保护，它的任务是及时切除变压器，防止间隙长时间放电，并作为放电间隙拒动的后备。

54 变压器中性点零序电流电压保护是怎样构成的？

答：零序电流电压保护用于变压器中性点间隙接地时的拦地保护，它采用零序电流继电器与零序电压继电器并联方式，带有 0.5s 的限时构成。

当系统发生接地故障时，在放电间隙放电时有零序电流，则会使装设在放电间隙接地一端的专用电流互感器的零序电流继电器动作；若放电间隙不动作，则利用零序电压继电器动作。当发生间歇性弧光接地时，间隙保护共用的时间元件不得中途返回，以保证间隙接地保护的可靠动作。

55 什么是主变压器温度保护和冷却器故障保护？

答：所谓主变压器温度保护，就是在冷却系统发生故障或其他原因引起变压器温度超过限值时，发出报警信号，或者延时作用于跳闸。

所谓冷却器故障保护，一般由反应变压器绕组电流的过流继电器与时间继电器构成，并与温度保护配合使用。当主变压器温度升高超过限值时温度保护首先动作，发出报警的同时开放冷却器故障保护出口。若这时主变压器电流超过Ⅰ段整定值，则按继电器固有延时动作于减出力，降低发变组负荷，以使主变压器温度降低。温度保护若能返回，则发变组维持在较低负荷下运行；温度保护若不能返回，则说明减出力无效，为保证主变压器的安全，冷却器故障保护将以Ⅱ段延时动作于解列或程序跳闸。

56 变压器中性点间隙接地保护是怎样构成的？

答：变压器中性点间隙接地保护采用零序电压继电器与零序电流继电器并联方式，带有 0.5s 的时限构成。当系统发生接地故障时，在放电间隙放电时有零序电流，则使设在放电间隙接地一端的专用电流互感器的零序电流继电器动作；若放电间隙不放电，则利用零序电压继电器动作。当发生间歇性弧光接地时，间隙保护共用的时间元件不得中途返回，以保证间隙接地保护的可靠动作。

57 半级绝缘的电力变压器，两台以上并列运行时，对其接地保护有何要求？

答：要求接地保护动作时，先跳开中性点不接地的变压器。如果故障未切除，再跳开中性点接地的变压器，以防止因过电压而损坏中性点不接地的变压器。

58 主变压器低压侧过流保护为什么要联跳本侧分段断路器？

答：两台主变压器并列运行时，当低压侧一段母线有故障或线路有故障且本身断路器拒动时，两台主变压器侧过流保护同时动作，当主变压器过电流保护动作后，首先断开本侧分段断路器，保证非故障段母线的正常运行，缩小停电面积。

59 有些主变压器为什么三侧都安装过电流保护装置？它们的保护范围是什么？

答：三侧都装设了过电流保护，可有选择性地切除故障。

各侧的过电流保护可作为本侧母线、线路、变压器的主保护或后备保护。例如对降压变压器，若中、低压侧拒动时，高压过流保护应动作，以切除故障。

60 主变压器零序保护在什么情况下投入运行？

答：主变压器零序保护是变压器中性点直接接地侧用来保护该侧绕组的内部及引出线上接地短路的，可作为防止相应母线和线路接地短路的后备保护。因此在主变压器中性点接地时，应投入零序保护。

61 变压器中性点接地运行方式的安排应考虑哪些因素？

答：变压器中性点接地运行方式的安排，应尽量保持变电所零序阻抗基本不变，并综合考虑变压器中性点绝缘、系统过电压、保护整定配合及各地区调度对其调度管辖范围内接地点安排的要求。变压器中性点接地方式应书面通知到各相关单位。

62 发电厂变压器中性点接地方式是如何规定的？

答：发电厂变压器中性点接地方式的规定是：

（1）500kV 变压器中性点均接地运行。

（2）自耦变压器和绝缘有要求的变压器中性点必须直接接地运行。

（3）110kV 及以上发电厂只有一台主变压器时，变压器中性点直接接地运行；当变压器停运时，按特殊方式处理。有两台及以上主变压器接于母线时，宜保持一台变压器中性点直接接地运行。

（4）110kV 及以上升压变电站主接线为双母线接线方式时，若同一电压等级的母线上有两台变压器中性点接地运行，一般应保持一条母线上有一台接地变压器。

63 变电所变压器中性点接地方式是如何规定的？

答：变电所变压器中性点接地方式的规定是：

（1）500kV 变压器中性点均接地运行。

（2）大电流接地系统中，自耦变压器和绝缘有要求的变压器中性点必须直接接地运行。

（3）220kV 环网内的变电所，当同一电压等级的母线上仅有一台普通变压器时，其高、中压侧中性点均接地运行。当有两台及以上普通变压器时，应保持一台变压器高、中压侧中性点接地运行。

（4）正常运行时，中性点接地变压器应优先考虑薄绝缘、过电压保护配置不完善的变压器。

64 变压器接地保护的方式有哪些？各有何作用？

答：中性点直接接地的变压器，一般设有零序电流保护，主要作为母线接地故障的后备保护，并起尽可能启动变压器和线路接地故障的后备保护作用。

中性点不接地变压器，一般设有零序电压保护和与中性点放电间隙配合使用的放电间隙零序电流保护，作为接地故障时变压器一次过电压保护的后备保护。

65 电力变压器一般应装设哪些保护？

答：电力变压器一般应装设的保护：

（1）防御变压器油箱内部各种短路故障和油面降低的气体保护。

（2）防御变压器绕组和引出线多相短路、大接地电流系统侧绕组和引出线的单相接地短路及绕组匝间短路的（纵联）差动保护或电流速断保护。

（3）防御变压器外部相间短路并作为气体保护和差动保护（或电流速断保护）后备的过电流保护（或复合电压启动的过电流保护、负序过电流保护）。

(4) 防御大接地电流系统中变压器外部接地短路的零序电流保护。

(5) 防御变压器对称过负荷的过负荷保护。

(6) 防御变压器过励磁的过励磁保护。

(7) 防止变压器过热的温度及冷却器全停保护。

66 什么是复合电压过电流保护?

答：复合电压过电流保护是由一个负序电压继电器和一个接在相间电压上的低电压继电器共同组成的电压复合元件，两个继电器只要有一个动作，同时过电流继电器也动作，整套装置即能启动。

67 为什么要装设发电机-变压器组纵差保护?

答：大型发电机和变压器主保护必须双重化，以确保保护动作的可靠性。在发电机-变压器组保护中，为了简化保护，通常并不按发电机和变压器各自单独配置第二套差动保护，而是采用发电机-变压器组公有一套纵差保护的方案来实现快速保护的双重化。

68 大型发电机-变压器组为什么要装设过励磁保护?

答：由于现代大型发电机和变压器的额定工作磁通密度 $BN=1.7\sim1.8$T，饱和磁通密度 $BS=1.9\sim2.0$T，两者很接近容易出现过励磁。当出现过励磁的异常运行状态时，将使发电机和变压器的铁芯发热，温度升高。若过励磁倍数高，持续时间长，则可能使发电机和变压器因过热而遭受破坏。因此要装设过励磁保护。

69 为什么要装设后备阻抗保护?

答：装设后备阻抗保护是基于大型发电机-变压器组价格昂贵和地位重要，是在双重化主保护的基础上加装的作为发电机、变压器及其引线短路故障的后备。另外高压母线保护一般不是双重化的，也需要后备保护。

70 发电机-变压器组辅助性保护有哪些?

答：发电机-变压器组辅助性保护有非全相运行保护、断路器失灵保护、误上电保护（断路器误合闸保护）、断路器断口闪络保护以及启停机保护等。

71 什么是非全相运行保护?

答：220kV 及以上断路器通常为分相操作机构断路器，常由于误操作或机械方面的原因，使三相不能同时合闸或跳闸，或在正常运行时突然一相跳闸，这时发电机-变压器组中将流过负序电流。如果靠反应负序电流的反时限保护，则可能因为动作时间较长，而导致相邻线路对侧保护先动作，使故障范围扩大，甚至造成系统瓦解事故，因此要求装设非全相运行保护。

72 断路器失灵保护的作用是什么?

答：断路器失灵保护的作用是当发变组范围内的任何一种保护出口跳闸时，失灵启动元件同时启动。若断路器跳闸成功，失灵启动元件自动返回；若断路器发生故障而无法正确跳闸，则由失灵启动元件母线失灵保护按规定时延切除与本回路有关的母线段上的所有其他电源。

73 为何要装设发电机误上电保护？

答：发电机在盘车过程中，由于出口断路器误合闸，突然加电压而使发电机异步启动，在国外曾多次出现，它能给机组造成损伤。因此，需要相应的保护，迅速地切除电源。一般设置专用的误上电保护，可用低频元件或电流元件共同存在为判据，瞬时动作，延时 0.2～0.3s 返回，以保证完成跳闸过程。该保护正常运行时停用，机组停运后才投入。

74 为何要装设断路器断口闪络保护？

答：接在 220kV 及以上电压系统的大型发电机—变压器组，在进行同步并列过程中，断路器合闸之前，作用于断口上的电压随待并发电机与系统等效发电机电势之间角度差 δ 的变化而不断变化，当 $\delta=180°$时，其值最大，为两者电势之和，当两电势相等时，则有两倍的运行电压作用于断口上，有时会造成断口闪络事故。断口闪络给断路器本身造成损坏，并且可能由相此引起事故扩大，破坏系统的稳定运行。一般是一相或两相闪络，产生负序电流，威胁发电机安全。为了尽快排除断口闪络事故，在大机组上可装设断口闪络保护，断口闪络保护动作的条件是断路器三相断开位置时有负序电流出现。断口闪络保护首先动作灭磁，失效时动作于断路器失灵保护。

75 为何要装设发电机启动和停机保护？

答：对于在低转速启动过程中可能加励磁电压的发电机，如果原有保护在这种方式下不能正确工作时，需加装发电机启动停机保护，该保护应能在低频情况下正确工作。例如作为发电机—变压器组启动和停机过程的保护可装设相间短路保护和定子接地保护各一套，将整定值降低，只作为低频工况下的辅助保护，在正常工频运行时应退出，以免发生误动作。为此，辅助保护的出口受断路器的辅助触点或低频继电器触点控制。

76 低压厂用变压器配置了哪些保护？

答：低压厂用变压器（简称低厂变）一般配置下列保护：

（1）电流速断保护。作为低压厂用变压器相间短路的主保护，瞬时作用于跳闸。

（2）瓦斯保护。油浸式低压厂用变压器装设瓦斯保护，轻瓦斯保护作用于信号，重瓦斯保护作用于跳闸。

（3）温度保护。干式低压厂用变压器装设温度保护，作为主保护，瞬时作用于跳闸。

（4）过电流保护。作为变压器的后备保护，延时作用于跳闸。

（5）接地保护。中性点直接接地的低压厂用变压器一般装设零序过流保护，作为相邻元件及本身主保护的后备保护。

77 微机保护硬件系统由哪些部分组成？

答：随着计算机硬件技术的迅猛发展，从 20 世纪 90 年代开始我国继电保护技术已进入微机保护时代。微机保护硬件系统主要由四部分组成：数据处理单元，即微机主系统；数据采集单元，即模拟量输入系统；数字量输入/输出接口，即开关量输入/输出系统以及通信接口。

78 电网调度自动化系统是由哪些部分构成的？

答：电网调度自动化系统主要由三部分构成：

（1）厂、所端数据采集与控制子系统。

（2）通信子系统。

（3）调度端数据收集与处理和统计分析与控制子系统。

79 为什么装设联锁切机保护？

答：装设联锁切机保护是提高系统动态稳定的一项措施。所谓联锁切机就是在输电线路发生故障跳闸时或重合不成功时，联锁切除线路送电端发电厂的部分发电机组，从而提高系统的动态稳定性。也有联锁切机保护动作后，作用于发电厂部分机组的主汽门，使其自动关闭，这样可以防止线路过负荷，并可减少机组并列、启动的复杂操作，待系统恢复正常后，机组可快速地带上负荷，避免系统频率大幅度波动。

80 切机保护投切有何规定？

答：切机保护的投切，必须有调度命令，经值长下达才能执行。投入切机保护时，必须测量切机出口连接片两端无电压；停运切机保护时，应停用所有切机保护连接片，使整套装置不带电。

81 切机保护投入运行时，应注意哪些事项？

答：当切机保护投入运行时，禁止在投切机保护所对应线路断路器综合重合闸回路上作业，以防误切机。

82 主变压器差动保护投入运行前为什么要用负荷电流测量相量？

答：主变压器差动保护装置按环流法原理构成，继电器及各侧电流互感器有严格的极性要求，所以在差动保护投入前为了避免二次接线错误，要利用负荷电流做最后一次接线检查，测量一下相量和继电器三相差电压或差电流，用来判别变压器及继电器本身接线是否正确，使变压器投入后，保证安全可靠运行，在故障情况下，差动可正确地动作。在正常情况下，差动回路的电流应平衡，相量相反时高低压侧二次电流应相差 180°。

83 谐波制动的变压器差动保护中为什么要设置差动速断元件？

答：设置差动速断元件的主要原因是为防止在较高的短路电流水平时，由于电流互感器饱和时高次谐波量增加，产生极大的制动力矩而使差动元件拒动，因此设置差动速断元件，当短路电流达到 4～10 倍额定电流时，速断元件快速动作出口。

84 断路器失灵保护时间定值如何整定？

答：断路器失灵保护所需动作延时，必须保证让故障线路或设备的保护装置先可靠动作跳闸，应为断路器跳闸时间和保护返回时间之和再加裕度时间。以较短时间动作于断开母联断路器或分段断路器，再经一时限动作于连接在同一母线上的所有有电源支路的断路器。一般使用精度高的时间元件，两段时限分别整定为 0.15s 和 0.3s。

85 3/2 断路器接线方式或多角形接线方式的断路器失灵保护有哪些要求？

答：具体要求如下：

（1）鉴别元件采用反应断路器位置状态的相电流元件，应分别检查每台断路器的电流，以判别哪台断路器拒动。

（2）当 3/2 断路器接线方式的一串中的中间断路器拒动，或多角形接线方式相邻两台断路器中的一台断路器拒动时，应采取远方跳闸装置，使线路对端断路器跳闸并闭锁其重合闸的措施。

（3）断路器失灵保护按断路器设置。

86 为什么设置母线充电保护？

答：母线差动保护应保证在一组母线或某一段母线合闸充电时，快速而有选择地断开有故障的母线。为了更可靠地切除被充电母线上的故障，在母联开关或母线分段开关上设置电流或零序电流保护，作为母线充电保护。

母线充电保护接线简单，在定值上可保证高的灵敏度。在有条件的地方，该保护可以作为专用母线单独带新建线路充电的临时保护。

母线充电保护只在母线充电时投入，当充电良好后，应及时停运。

87 短引线保护起什么作用？

答：主接线采用 3/2 断路器接线方式的一串断路器，当一串断路器中一条线路停运，则该线路侧的隔离开关将断开，此时保护用电压互感器也停电，线路主保护停运，因此该范围短引线故障，将没有快速保护切除故障。为此需设置短引线保护，即短引线纵联差动保护。在上述故障情况下，该保护可快速动作切除故障。

当线路运行线路侧隔离开关投入时，该短引线保护在线路侧故障时，将无选择地动作，因此必须将该短引线保护停运。一般可由隔离开关的辅助触点控制，在合闸时使短引线保护停运。

88 失灵保护的运行规定有哪些？

答：（1）失灵保护的退出要区分两种情况：

1）失灵保护退出，需退出该套失灵保护出口跳各开关的连接片。

2）启动失灵保护回路的退出，指将该断路器所有保护或某保护的启动失灵回路断开。一般情况下，只要保护有工作，都应注意将其启动失灵保护的回路断开。

（2）双母线接线方式下，电压闭锁回路不正常时，一般应将失灵保护退出运行。

（3）若失灵保护与母线保护共用出口，当母线保护或失灵保护退出时，母线及失灵保护同时退出运行。

89 远跳及 3/2 接线的保护的运行规定有哪些？

答：（1）当某一启动远方跳闸的保护停运时，需同时解除其启动远方跳闸的回路；而当恢复该停运保护时，也应同时恢复其启动远方跳闸的回路。

(2) 通道异常时，远跳保护退出运行。

(3) 短引线保护。3/2 接线方式断路器的短引线保护，正常运行时不投；线路、变压器或发电机—变压器组停电但断路器成串运行时，短引线保护投入运行。

(4) 3/2 接线的厂（站），只要线路运行，即投入该断路器的远跳保护，同时投入对侧的辅助保护，以满足断路器失灵保护的要求。

(5) 3/2 接线的厂（站）的线路，一般边断路器为先重合断路器，中断路器为后重合断路器。当某线路边断路器因故断开时，应将其中断路器改为先重合方式，同时须将同串另一边断路器的重合闸改为后重合方式。

第七章

单元机组的事故处理

第一节　锅炉事故处理

1 何谓锅炉事故?

答：锅炉在运行中不论任何设备发生故障损坏或异常，并导致锅炉停止运行或出力下降，甚至造成人身伤亡的，均称为锅炉事故。

2 发生锅炉事故的原因有哪些?

答：发生锅炉事故的原因很多，大体上可分为人为责任和设备原因两类：

(1) 人为责任。运行人员的疏忽大意、技术不熟练以及对异常运行的判断或处理错误等；不执行有关运行规程，违章作业。

(2) 设备原因。设计不合理、制造、安装存在缺陷、设备老化、设备缺陷、设备维护不当，不定期检修或检修质量差等。

3 事故处理有哪些原则?

答：锅炉运行中，随时都可能发生事故。当事故发生进行处理时，应掌握以下原则：

(1) 沉着冷静、判断正确并迅速处理。

(2) 尽快消除故障根源，隔绝故障点，防止事故扩大。

(3) 在确保人身安全和设备不受损坏的前提下，尽可能恢复锅炉正常运行，不使事故扩大。

(4) 发挥正常运行设备的正常出力，尽量减少对用户的损失。

(5) 达到紧急停运规定时严格执行紧急停运规定。

4 锅炉遇有哪些情况时应紧急停炉?

答：锅炉遇有下列情况时应紧急停炉：

(1) 汽包水位低于极限值。

(2) 汽包水位高于极限值。

(3) 锅炉所有水位计损坏时。

(4) 主给水、蒸汽管道发生爆破，无法切换，威胁到设备或人身安全时。

（5）主蒸汽压力超过安全阀动作压力，而安全阀不动作，向空排汽无法打开时。

（6）再热蒸汽中断。

（7）锅炉灭火。

（8）锅炉房发生火警，直接影响到锅炉的安全运行时。

5 锅炉发生满水时有何现象？

答：所有水位计指示均超过正常值，给水流量不正常地大于蒸汽流量，过热汽温下降，蒸汽电导率增大。

水位高一、二、三值警报信号相继发出，超过最高值时水位保护动作，停止锅炉机组运行。

严重满水致使蒸汽带水时汽温将急剧下降。蒸汽管道发生水冲击，自法兰截门处向外冒白汽。

6 造成锅炉满水有何原因？

答：锅炉满水的原因有：

（1）给水自动装置失灵。调整阀门或变速给水泵的调节机构故障使给水流量增大。

（2）当水位计汽侧连通管或阀门向外泄漏时，水位计指示偏高，当水位计水侧连通管堵塞时，水位计指示逐渐升高。

（3）当水位计水侧连通管或阀门向外泄漏时，水位计指示偏低，这时会造成自动装置或人为增加给水量。

（4）锅炉负荷增加过快，例如：在锅炉启动、停运和外界负荷增加时，未能严格控制负荷增加速度，而大幅度增加炉内燃料量，使水冷壁内汽水混合物的温升很快，体积迅速膨胀而使水位上升，以致造成满水。

（5）由于汽轮机调节汽门突然开大或锅炉安全门动作，造成锅炉汽压突然下降，出现虚假水位，再加给水流量受压差增大影响，迅速大量增加，此时如果调整控制不及时会造成满水。

（6）运行人员对水位监视不够、控制不当、误判断或误操作造成锅炉满水。

7 发生锅炉满水时应如何处理？

答：锅炉满水的处理为：

（1）锅炉正常运行中应严密监视各水位计指示的准确性，出现偏差时应检查各水位计有无泄漏或管道堵塞，必要时可冲洗水位计。

（2）当汽包水位不正常上升时，应对照有关表计指示值（如水位计、蒸汽流量、给水流量、给水压力、给水泵的转速、调整门的位置）判明水位上升原因，调整水位，恢复正常运行。

（3）当汽包水位超过高一值时，可采取下列手段控制水位上升：如果是给水自动失灵，应立即解列给水自动，手操关小调整门或降低给水泵的转速。

（4）如果是增加负荷过快，应适当减慢加负荷速度或停止增加负荷。但不要突然减少锅炉负荷，这样会造成水位先降后升的现象。

（5）如果是给水调整门卡涩，应关小电动给水门，减少给水量。

（6）如果是汽轮机调节汽门突然大开或安全门动作，则应适当减少锅炉负荷，但不宜大量减少给水流量，以防调节汽门突然关回或安全门回座给水流量不足造成锅炉水位低事故。

（7）采取上述措施无效时，水位继续上升时，应立即打开事故放水门进行紧急放水。汽包水位达高二值时，事故放水门应自动打开。同时可关闭电动给水门控制水位上升。

（8）若汽包水位高三值且超过规定延时时间后，水位高保护动作，应自动停止锅炉运行，同时关闭汽轮机自动主汽门，防止汽轮机进水。若保护拒动，应手动 MFT，汽轮机自动主汽门联动关闭，并打开蒸汽管道疏水。

（9）停炉后继续放水至锅炉汽包正常水位，待查明原因，确认无异常后，恢复锅炉机组运行。

8 锅炉严重满水时为什么要紧急停炉?

答：锅炉严重满水时，其水位计已上升到极限，此时汽包的蒸汽清洗装置已被水淹没。另外，减少了汽水在汽包内的分离空间，造成蒸汽大量带水，蒸汽品质恶化，蒸汽含盐量增加。若部分蒸汽流经过热器，会造成管壁结垢，影响传热，最终导致管壁超温烧坏。若已带水的蒸汽进入汽轮机，会导致汽轮机轴向推力增加，损坏推力瓦。同时还会使汽轮机叶片承受很大的冲击力，严重时会使汽轮机叶片折断。一般高温高压锅炉的蒸汽在主汽管的流速是40m/s左右，若锅炉满水，在极短的时间带水的蒸汽即进入汽轮机，严重威胁机组安全。所以，锅炉严重满水时应紧急停炉。

9 锅炉缺水有何原因？现象是什么?

答：造成锅炉缺水的原因与锅炉满水大致相同，如水位自动调整装置故障、水位计不准、给水压力过低、给水泵调速机构故障或跳闸、省煤器或水冷壁管的爆破以及汽轮机甩负荷或安全门动作后回座都可能使锅炉缺水。

锅炉缺水的现象与锅炉满水现象相反，如水位低一、二、三值报警信号相继发出，给水流量不正常小于蒸汽流量。严重缺水时，蒸汽温度会上升。

10 锅炉发生缺水时应如何处理?

答：锅炉缺水同满水的处理方法相同，即综合各参数变化，判明缺水原因，调整水位恢复正常值。

（1）汽包水位低一值时，除了采取与处埋满水相同方法外，还应停止锅炉排污，如果是给水泵故障，应立即切换或启动备用给水泵。

（2）汽包水位低二值时，保护装置会自动停止锅炉的排污。此时可根据给水泵供给的最大流量迅速降低锅炉的负荷并保持稳定。因省煤器或水冷壁泄漏造成锅炉缺水时，在增大给水量保持水位的同时，还应监视汽包壁温差的变化。当供水量已增至最大，仍不能满足锅炉需要或汽包壁温差超过允许值时，应停止锅炉运行。

（3）汽包水位降至低三值并超过延时后，保护装置会自动停止锅炉运行。若保护拒动应手动 MFT。

（4）停炉后汽包水位仍有可能会继续下降，此时应该用“叫水法”判明缺水程度，若严重缺水则严禁向锅炉上水。

11 锅炉严重缺水时为什么要紧急停炉?

答：因为锅炉水位计的零位一般均在汽包中心线下150～200mm处，从零位到极限水位时，汽包内储水少。易在下降管口形成旋涡漏斗，大量汽水混合物会进入下降管，造成下降管内汽水密度减小、运动压头减少，破坏正常的水循环，造成个别水冷壁管发生循环停滞，若不紧急停炉会使水冷壁过热，严重时会引起水冷壁大面积爆破，造成被迫停炉的严重后果。

12 锅炉严重缺水时为何禁止向锅炉上水?

答：因为当锅炉发生严重缺水事故后，此时已无法判断缺水达到了什么程度，有可能水冷壁管已部分干烧或过热，此时如果强行上水，温度很高的汽包和水冷壁管被温度较低的给水急剧冷却，不仅会产生巨大的热应力，还有可能造成管子或焊口大面积损坏，甚至发生爆管事故。所以，当锅炉发生严重缺水事故时，应立即紧急停止锅炉运行，然后才可用“叫水法”判明缺水程度，再决定是否可以上水。

13 发生汽水共腾的原因是什么？有哪些主要现象？如何进行处理?

答：发生汽水共腾的原因是：锅水含盐量过高，在汽包表面出现大量泡沫，形成泡沫层。加以锅水黏度增大气泡从水中逸出的阻力增大，引起水位急剧膨胀。锅炉负荷越大，形成的泡沫层越厚。故汽水共腾多发在高负荷运行时或超出力运行时。

发生汽水共腾的现象与锅炉满水有一定的相似之处，另外，汽水共腾还有两个特征：一是水位计的水位急剧波动，水位计指示模糊不清；二是锅水及饱和蒸汽的含盐量明显增大，即锅水及饱和蒸汽的电导率明显上升。

在判断为发生了汽水共腾后，处理时首先要降低锅炉负荷；其次，要开连续排污门，并开启事故放水门；同时加强给水，以改善锅水品质，并注意保持汽包水位。经上述处理后，等汽水共腾的现象消失，并且汽水品质合格后方可恢复负荷。

14 锅炉灭火时，炉膛负压为何急剧增大?

答：锅炉灭火时，炉膛负压骤增是由于燃烧反应停止，烟气冷却体积收缩而引起的。因为煤粉燃烧后，生成的烟气体积比送风量增加好多，因此，引风机出力比送风机大，一旦锅炉灭火，炉膛温度下降，原来膨胀的烟气也会冷却收缩，此时送、引风机还是原来的出力运行，则必然会产生负压急剧增大的现象。

15 锅炉运行中炉膛负压波动大的原因是什么?

答：运行中炉膛负压波动大的原因是：

(1) 引风机或送风机调节挡板摆动。调节挡板有时会在原位做小幅度摆动，相当于忽开忽关，影响风量忽大忽小，从而引起炉膛负压的不稳定。

(2) 燃料供应的不稳定。由于给粉机的原因或管道的原因，使进入炉膛的燃料量发生波动，燃烧产生的烟气量也相应波动，从而引起负压波动。

(3) 燃烧不稳。运行过程中，由于燃料质量的变化或其他原因，使炉内燃烧时强时弱，从而引起负压波动。

（4）吹灰、掉焦的影响。吹灰时突然有大量的蒸汽或空气喷入炉内，从而使负压波动；因此要求吹灰时，应预先适当提高炉膛负压。炉膛的大块结渣突然掉下时，由于冲击作用使炉内气体产生冲击波，炉内烟气压力会有较大的波动，严重时可能造成灭火。

（5）调节不当。负荷变化时，需对燃料量，引、送风量作相应的调整，如果调节不当，都会引起炉膛负压波动。

16 何谓锅炉灭火放炮？

答：灭火放炮是指当锅炉灭火后，由于未及时切断燃料或强制关小引风，造成在炉膛中积存的可燃物（煤粉或油）浓度过大，遇明火时瞬间着火燃烧爆炸，从而使烟气侧压力突然升高的现象。

17 锅炉发生爆燃的条件是什么？

答：锅炉发生爆燃有三个条件：有燃料和助燃空气的积存；燃料和空气的混合物达到了爆燃的极限；有足够的着火热源。

18 简述锅炉发生爆炸的原因及危害。

答：锅炉灭火后，往往由于没有及时发现或错误处理，继续往炉内供应燃料，而造成炉膛爆燃。当风粉混合物中的煤粉浓度达到0.3～0.6kg/m^3时，在高温的炉膛内使风粉混合物的温度逐渐升高，氧化速度不断加速，当煤粉的温度达到着火点后，煤粉会在1/60～1/100s内突然燃烧而形成爆燃，使烟气的压力猛增至0.22～0.25MPa。爆炸所产生的冲击波以200kN/m^2的巨大力量，以3000m/s的极高的速度向炉膛周围进行猛烈冲击，将会造成炉墙、钢架及受热面的严重损坏。

19 锅炉发生炉膛爆炸时有何现象？

答：炉膛负压大幅度摆动，而后向正方向到最大；一、二次风压不正常升高；火焰监视器不正常的闪烁。炉膛压力保护动作。炉膛内发出沉闷的响声，从看火孔及不严密处向外喷烟火。汽包水位、蒸汽压力不正常地大幅度变化；炉膛爆炸造成水冷壁管子损坏时，炉膛向外喷、冒蒸汽，汽包水位和蒸汽压力快速下降。

20 发生炉膛爆炸后应如何处理？

答：立即停止锅炉运行，切断向锅炉供给一切燃料。保持引风机运行，排除炉膛内残余的可燃物或水蒸汽；检查锅炉设备，如未遭损坏及无残留可燃物，在炉膛进行通风吹扫后重新点火，恢复锅炉运行。检查锅炉设备如已遭损坏，不能恢复锅炉运行时，应停炉检修后方可重新启动。

21 防止锅炉爆燃有何措施？

答：为有效防止锅炉炉膛爆炸事故，现在锅炉机组设置有锅炉炉膛压力保护装置，能在火焰监视失灵的情况下，或炉膛爆炸致使烟气压力超过设计允许值时自动停炉，切断一切燃料，保证锅炉设备在异常情况下的安全。除此之外，还应要求运行人员做好以下工作。

锅炉启动、停运，低负荷运行及煤种变化时，加强对运行工况和运行参数的监视。注意燃烧和风煤配比的调整。定期切换和试验燃油设备和点火装置，有缺陷的燃油设备禁止使用。燃烧不稳时宜提前投油助燃，如燃烧恶化已出现明显灭火迹象时，禁止投油。锅炉灭火保护、炉膛压力保护因故不能投运时，要采取有效措施，启动前不能投运应尽快修复。待具备保护功能后，再点火启动。锅炉灭火后，应以充足的风量和足够的时间进行通风吹扫，然后再点火。

22 何谓锅炉受热面事故？

答：锅炉受热面事故是指因水冷壁、过热器、再热器管及省煤器管子（又称“四管”）的泄漏或爆破，而被迫停运的事故。

23 过热器、再热器泄漏的现象和原因是什么？

答：运行中的过热器、再热器可能由于热偏差、管内积盐、高温腐蚀而爆破，也可能由于制造或安装时的缺陷而破坏，引起泄漏。

泄漏的现象：

相应蒸汽压力下降，机组出力下降，给水量将不正常地大于蒸发量，炉膛负压和炉内燃烧受到影响，泄漏点附近有较大的泄漏声。

泄漏的原因：

（1）汽水品质长期不合格，使管内积盐。

（2）燃烧调整不当，使过热器、再热器长期超温；高温腐蚀使管子强度降低而爆破。

（3）炉膛出口汽温偏差及水平烟道左右烟温有偏差。

（4）安装、检修不良也会引起损坏。

24 如何预防水冷壁管损坏？

答：防止水冷壁管损坏的措施：

（1）保证给水和锅水水质合格，减少水冷壁管内的结垢和腐蚀。

（2）防止水冷壁管外部磨损。燃烧器附近容易被煤粉气流冲刷的管子可加装防磨管。调整好燃烧，使火焰均匀充满炉膛，不偏斜。

（3）防止水循环故障。避免锅炉长时间低负荷运行。在正常运行时汽压、水位、负荷变化幅度不可过快。

（4）启动、停运过程中严格控制升降负荷速度。注意调整燃烧，防止发生水循环停滞、倒流或破坏。定期排污不可过大并控制排污时间。

（5）保证安装制造检修质量，尤其是焊接质量。

（6）锅炉启动过程中严格进行水冷壁膨胀监视和检查。发现膨胀受阻或不均时，应立即停止升压。待完全消除后，方可继续升压启动。

25 如何预防省煤器爆破？

答：防止省煤器爆破的措施：

（1）运行中保持给水流量和温度稳定。

（2）启动和低负荷时，应做到连续进水，否则应控制省煤器入口烟温。

（3）运行中注意省煤器两侧烟温偏差，发现偏差，应查明原因，予以消除。

（4）保证给水品质，防止省煤器腐蚀。

（5）停炉放水放尽省煤器给水，烘干可采取带压放水。

（6）运行中减轻省煤器磨损。做到不超负荷运行；选择合适的煤粉细度；两侧送、引风量一致，两侧烟气流量均匀；堵塞锅炉各处漏风，保持适当过剩空气量，防止烟气速度过高等。

（7）对易磨损管子采取防磨措施。

（8）保证安装检修质量良好。

26 如何预防过热器爆破？

答：预防过热器爆破的措施：

（1）启停过程，及时开启过热器向空排汽门或一级、二级旁路系统。

（2）启动中，控制升温、升压速度。

（3）正确使用减温器，保持稳定蒸汽温度，严禁超温运行。

（4）保持锅水和蒸汽品质，防止结垢。

（5）保证给水温度，高压加热器解列时，防止过热器超温。

（6）做好防磨、吹灰工作，正确使用吹灰器。

（7）严禁超负荷运行。

（8）保证安装、检修质量，尤其是焊接质量。

27 如何预防再热器爆破？

答：预防再热器爆破基本上与过热器相同，由于再热器蒸汽比热容小，对热偏差较敏感，较易过热，因此，运行中还应注意以下问题：

（1）启停中及时投一级、二级旁路。二级旁路不能用时，开启再热器向空排汽。

（2）启动中，控制再热器进口汽温，否则控制入口烟温。

（3）汽轮机中联门关闭后，开启二级旁路及再热器向空排汽门。

（4）高压加热器解列时，控制再热器进口压力和温度。

（5）采用一定的防磨措施。

28 如何判断锅炉“四管”泄漏？

答：锅炉“四管”泄漏的判断：

（1）仪表分析。根据给水流量、主蒸汽流量、炉膛及烟道各段烟温、各段汽温、壁温、省煤器水温和空气预热器风温、炉膛负压、引风量等的变化及减温水流量变化综合分析。

（2）就地巡回检查。泄漏处有不正常的响声，有时有汽水外冒，泄漏处局部正压。

（3）炉膛部分泄漏、燃烧不稳，有时会造成灭火。

（4）烟囱烟气量变白、烟气量增多。

（5）在主蒸汽流量不变时，再热器泄漏、电负荷下降。

29 受热面损坏应如何处理？

答：受热面损坏的处理原则可概括为：

（1）受热面发生泄漏，如适当增加补水量能保持正常水位时，应降低负荷，待高峰后停炉处理。

（2）如泄漏严重，大量增加给水量也难以维持汽包水位，汽包壁温差超过允许值或汽温大幅度降低时，应紧急停炉。

（3）水冷壁爆破，汽包水位难以维持，或燃烧恶化发生锅炉灭火时，应紧急停炉。

（4）锅炉停运后，应保留一台引风机运行，排出炉膛和烟道内的烟气和水蒸汽。

30 锅炉厂用电中断如何处理？

答：锅炉厂用电中断一半，未造成锅炉灭火时，应根据单侧引、送风机所能维持的负荷，迅速调整好燃烧，及时投油助燃，控制好参数，保持运行稳定。如厂用电源全部中断或锅炉已灭火，则按锅炉灭火处理。待厂用电源恢复后再重新点火带负荷。厂用电中断事故期间回转式预热器失电后应投入盘车装置，保持其转动。

31 锅炉热控仪表电源中断如何处理？

答：将各自动切换至手动控制。如锅炉已灭火，按锅炉灭火处理。如锅炉尚未灭火应停止一切操作调整，应尽量保持机组负荷稳定。同时可通过监视就地水位计，参照汽轮机侧有关参数，分析锅炉运行状况。联系有关人员迅速恢复电源。若长时间不能恢复（一般不超过5min）时或已失去全部控制手段，应紧急停炉。

32 为什么再热器蒸汽中断时，要紧急停炉？

答：再热器钢材，高温段一般允许壁温在600～650℃，低温段一般允许壁温在480～580℃。在额定负荷下，再热器段烟温一般为500～800℃，在有蒸汽流通的情况下，管壁温度都在允许范围内。如果再热蒸汽一旦中断，则管壁温度接近烟温，大大超过了钢材的极限允许值，造成管壁蠕胀及超温爆管，为防止再热器大面积超温，故规程规定再热器蒸汽中断时要紧急停炉。

33 直流锅炉产生水动力不稳定的原因是什么？

答：直流锅炉产生水动力不稳定的原因是蒸汽和水两者之间密度不同。锅炉压力越高，汽、水密度差越小，水动力特性越稳定，反之则水动力特性越不稳定。

34 何谓流体的脉动现象？

答：在直流锅炉蒸发受热面中，并联工作的管圈间有一种不稳定的水动力现象，流量发生周期性的波动，即所谓脉动现象。脉动现象有全炉脉动、管屏（管带）间脉动和管间（同屏各管间）脉动三种。

35 造成流体脉动的原因是什么？

答：流体脉动是由于蒸发受热面管中局部压力增大引起的，当受热面管圈由于受到较大的热负荷而使产汽量剧增，局部压力升高引起出口蒸汽量剧增和进水量骤减，过了一段时间后，该部分形成抽空现象，造成出口蒸汽量剧减而进水量剧增。由于管子金属的蓄热释放给工质，又重新产生较多的蒸汽，这样重复进行，形成周期性的流量变化，即流体脉动现象。

36 防止流体脉动的措施有哪些？

答：防止流体脉动的措施有：

（1）保持稳定燃烧工况和炉内温度场分布均匀。

（2）应保持蒸发受热面具有较高的工作压力。

（3）启动时，应保持足够的启动流量和一定的启动压力。

（4）设计上，应注意保证管圈进口工质有足够的质量流速，加热区段采用较小直径的管子以提高该段的流动阻力，使局部压力升高对进口工质流量的影响减少。

37 何谓沸腾换热恶化？

答：蒸发管管内工质在均匀受热时，沿着管长蒸汽干度逐渐增大，环状水膜逐渐变薄，当水膜被汽流撕破及蒸干时，管壁得不到足够冷却，此时放热系数急剧下降，壁温开始飞升，这种现象称为沸腾换热恶化。

38 何谓第一类换热恶化？

答：由于热负荷高，受热管内壁的汽泡生成速度超过了汽泡的脱离速度，汽化核心联成汽膜造成膜态沸腾所致的传热恶化称为第一类换热恶化。

39 何谓第二类换热恶化？

答：蒸发管在受热后，由于管内工质被蒸干而造成的换热恶化称为第二类换热恶化。

40 何谓临界含汽率？其大小与哪些因素有关？

答：开始产生换热恶化的最小含汽率称为临界含汽率。

其大小与质量流速、压力和管径有关。

41 如何防止沸腾换热恶化？

答：防止沸腾换热恶化的措施为：

（1）保证一定的质量流速。

（2）使流体在管内产生旋转流动或破坏边界层，具体方法有：

1）采用内螺纹管。

2）加装扰流子。

（3）降低受热面的热负荷。

42 锅炉烟道再燃烧有何现象？

答：炉膛和烟道负压剧烈变化，烟气含氧量减小。再燃烧处的烟气温度以及排烟温度不正常升高。烟囱冒黑烟。引风机或烟道不严密处向外冒火星或烟气，严重时防爆门动作。若预热器处发生再燃烧，其外壳发红，电流指示摆动。

43 发生烟道再燃烧的原因是什么？

答：发生烟道再燃烧的原因是未燃尽的可燃物大量沉积或粘附在烟道或受热面上，当烟道不严密处有空气漏入时，使其得到足够的氧量达到着火条件而复燃，引起再燃烧。

造成大量可燃物未燃尽而沉积在烟道或受热面上的原因有：燃烧调整不当或燃用低挥发分的煤种时，配风不合适或风量过小，燃烧不完全。锅炉启动、停运频繁或长时间低负荷运行，由于炉温低，燃烧工况差造成未燃尽的煤粉过多。制粉系统异常，致使煤粉过粗或三次风带粉过多。油枪雾化不良漏油严重、喷嘴脱落造成烟气中未燃尽的可燃物增多。锅炉灭火后未及时停止供给燃料以及点火前未充分通风吹扫。

44 发生烟道再燃烧应如何处理？

答：烟温不正常升高时，应查明原因。进行燃烧调整或在再燃烧区域进行蒸汽吹灰，及时消除再燃烧根源。排烟温度或工质温度达到停炉条件时，立即停炉。停炉后停止全部引、送风机，关闭所有烟气挡板。停炉后，保持少量进水以冷却省煤器，保持回转式预热器的运行。禁止打开引、送风机的挡板、烟道的看火孔及人孔门，以隔绝空气。投入灭火装置或用蒸汽吹灰装置灭火。确认烟道内无火源后，启动引、送风机，逐渐开大挡板保持较大的负压，进行烟道的吹扫。检查烟道及内部设备是否损坏。

45 锅炉尾部烟道再燃烧时，为什么要紧急停炉？

答：锅炉尾部受热面通常布置有省煤器、空气预热器，烟道在燃烧时，由于烟温急剧上涨，管壁温度超过极限值，会使尾部受热面损坏，省煤器爆管，回转式空气预热器变形、卡涩，机械部分损坏，波形板烧毁等。

尾部烟道内积有可燃物，当温度和浓度达到一定时会发生爆炸，造成尾部受热面和炉墙严重损坏，故发现锅炉尾部受热面发生再燃烧时，要紧急停炉。

46 炉膛或烟道发生爆炸，使设备遭到严重损坏时，为什么要紧急停炉？

答：炉膛或烟道内发生爆炸，使设备遭到严重损坏时，对人身和设备安全威胁很大，如不紧急停炉有可能把事故扩大，如造成炉墙开裂，大量冷空气进入使燃烧不稳；助燃油不停掉，火焰和高温烟气外冒，造成热工仪表测点和电缆烧坏；因水冷壁受热不均，严重时使水循环破坏，造成水冷壁爆破；若冷灰斗倒塌不能除灰和出焦，更严重威胁锅炉运行。

47 煤粉管堵塞、烧红，火嘴结焦，爆燃的原因是什么？

答：煤粉管堵塞、烧红，火嘴结焦，爆燃等现象，都与一次风在炉内着火点距离火嘴太近，甚至在一次风喷口内着火有关。其原因为：

（1）煤质变化。煤的挥发分增大时，会使煤粉着火提前。如果煤的结焦性较强，煤粉在燃烧器出口处烧结，使燃烧器出口局部堵塞，引起一次风管内煤粉积聚着火。

（2）炉内火焰中心偏斜。火焰中心偏斜，使炉内某一侧烟气温度偏高，从而加剧该处一次风管内煤粉着火的可能性。

（3）一次风速太低，使部分煤粉在一次风管内沉积下来。受热后着火。一次风管内着火，管子被烧红，具备了发生爆燃的热源时，如继续送粉就有可能发生爆燃。

（4）燃烧器投入前或停运后，未吹扫一次风管，使一次风管内积存煤粉。

48 所有汽包水位计损坏时为什么要紧急停炉？

答：当所有水位计损坏时，水位的变化失去监视，调整失去依据。而汽包内储水量相对较少，机组负荷和汽水损耗又随时变化，失去对水位计的监视，就无法控制给水量。当锅炉在额定负荷下，给水量大于或小于正常给水量的10%时，一般锅炉在几分钟就会造成严重满水或缺水。所以，当所有水位计损坏时，要求检修或热工人员立即修复，若不能及时恢复，为了避免对机炉设备的严重损坏，则应立即紧急停炉。

49 过热蒸汽、再热蒸汽、主给水管道发生爆破时，为什么要紧急停炉？

答：高参数工质的管道爆破足以将人烫伤或致死，高压管道爆破还会在厂房内引起爆炸的危险，如9.8MPa以上压力的饱和水变成大气压力下的蒸汽，体积会增大1600倍，产生相当大的冲击波，会造成支架损坏，管道脱落，威胁整台锅炉及汽轮机的安全运行。因此，高压给水、蒸汽管道爆破，无法切换，威胁人身及设备安全时，必须紧急停炉。

50 为什么压力超限、安全门拒动时要紧急停炉？

答：安全门是防止锅炉超压，保证锅炉设备安全运行的重要装置，当炉内蒸汽压力超过安全门动作压力值时，安全门自动开启将蒸汽排出，使压力恢复正常。如压力超过安全门动作压力，安全门拒动，则锅炉内汽水压力将会超过金属能承受的压力值，造成炉管爆破事故。锅炉压力过高，对汽轮机也是不允许的，所以必须紧急停炉。

51 申请停炉条件是什么？

答：达到以下条件之一，可申请停炉：

(1) 炉内承压部件因各种原因泄漏，运行中无法消除时。

(2) 炉水、蒸汽品质严重恶化，经多方处理无效时。

(3) 锅炉严重结焦、堵灰，无法维持正常运行时。

(4) 安全门起跳后经处理无法回座时。

(5) 锅炉受热面严重超温，经多方处理无效时。

(6) 机组主要设备、汽水管道的支吊架发生变形或断裂时。

(7) 空气预热器停转，若挡板隔绝不严或转子盘不动时。

52 锅炉MFT后如何处理？

答：锅炉MFT后的处理为：

(1) 确认汽轮机、发电机均已跳闸，否则，手动打闸汽轮机、解列发电机。

(2) 检查所有运行磨煤机、给煤机、一次风机、密封风机、给水泵跳闸，供、回油快关阀关闭，磨煤机出口挡板关闭，过热器一、二级减温水电动总门关闭，再热器事故减温水调门前电动门关闭，吹灰器退出，上述设备和阀门未动作应手动干预。

(3) 检查炉膛负压自动跟踪正常，否则应解除自动，手动进行调整，防止炉膛负压超限，引起风机跳闸。

(4) 锅炉主汽压力26.7MPa时，PCV阀不动作，应立即手动开启PCV阀泄压。

(5) 尽快查明MFT动作的原因，确认锅炉是否可以重新启动，如可以启动，当锅炉在高蒸汽压力跳闸时，锅炉蒸汽的压力必须先降到定一滑一定曲线的下限压力才能重新启动，降压时控制水冷壁出口的介质温度变化率小于 111℃/h。

(6) 尽快恢复相关设备运行，检查具备炉膛吹扫条件，进行炉膛吹扫，机组按极热态恢复。如不能启动，则按停炉处理。

(7) 注意监视锅炉排烟温度和热风温度，防止尾部受热面再燃烧。

(8) 烟风系统故障，锅炉 MFT，故障消除后应延长炉膛吹扫时间，若两台引风机停运，应自然通风 15min 后方可允许启动风机。

(9) 迅速查找 MFT 原因并消除，确认故障消除后进行再次启动准备，准备重新点火。重新点火后，在投运制粉系统前要注意制粉系统的吹扫。

(10) 如 MFT 动作原因一时难以查明或消除，则按正常停炉处理。保持锅炉热备用状态。

53 锅炉正常冷却的方式是什么?

答：锅炉正常冷却的方式是：

(1) 锅炉停炉后转正常检修工作，一般应采用自然冷却方式。

(2) 锅炉吹扫完成，送、引风机停运后，关闭风烟系统有关风门、挡板。停炉 8h 后，打开风烟系统有关风门、挡板，自然通风冷却。

(3) 当分离器出口母管压力降至 0.8MPa，炉水温度小于 151℃时，关闭烟气系统各风门、挡板。

(4) 打开锅炉水冷壁、省煤器、过热器、再热器各放水门和系统各放空气门，热炉放水，余热烘干。

54 锅炉快速冷却的方式是什么?

答：锅炉受热面有抢修工作或其他原因需快速冷却锅炉时，可采用以下方法：

(1) 锅炉吹扫完成，送、引风机停运后，关闭风烟系统有关风门、挡板。

(2) 主蒸汽压力降至 1.0MPa 时，打开锅炉水冷壁、省煤器、过热器、再热器各放水门，主蒸汽压力降至 0.2MPa 时，打开系统各放空气门，热炉放水，余热烘干。

(3) 炉水放净后，启动引、送风机维持 30%MCR 风量强制通风冷却。

(4) 受热面爆破泄漏严重时，熄火吹扫完成后，应保留一台引、送风机维持炉膛负压。

(5) 空气预热器入口烟温小于 120℃后，停运空气预热器。

(6) 炉膛出口烟温小于 50℃后，停运火检冷却风机。

55 空气预热器着火的处理方法是什么?

答：空气预热器着火的处理：

(1) 发生火灾报警后，就地确认是否着火。

(2) 投入空气预热器连续蒸汽吹灰。

(3) 停运着火侧风机，隔离空气预热器，停止通风，空气预热器保持连续运转。

(4) 空气预热器入口烟温超过 450℃，或空气预热器出口烟温上升至 250℃时，按紧急停炉处理。

（5）停炉后，停运所有引、送风机，关闭各风烟挡板，禁止空气预热器通风。

（6）将空气预热器置“低速”位，打开风烟道底部放水口，投入空气预热器消防水及蒸汽吹灰器。

（7）确认着火已熄灭，检查空气预热器本体，放尽空气预热器本体及各风道积水。

56 回转式空气预热器故障停运后如何处理?

答：一台回转式空气预热器停运后，如果是减速机构或电动机部分故障，立即切换备用驱动装置运行；如果无备用装置，在跳闸前无异常现象，可强行启动一次，若强启无效，应降低锅炉负荷，进行人工盘车。控制故障侧空气预热器入口烟温，调整两侧送、引风机出力，根据燃烧工况及时投油助燃。若转动部分故障，盘车不转，应进行抢修；故障短时间无法消除，应请求停炉；两台预热器同时故障停运时，则按紧急停炉处理。

57 磨煤机堵煤的现象以及处理方法是什么?

答：磨煤机堵煤的现象：

（1）磨煤机电流增大，且摆动。

（2）磨煤机出口温度降低。

（3）磨煤机入口风压升高，出口风压减小（差压增大）。

（4）磨煤机出口风速异常降低。

（5）燃烧投自动时其他制粉系统出力增大。

（6）就地检查磨煤机运行振动大，石子煤量异常增加。

处理方法：

（1）堵煤不严重时立即降低给煤机转速减小给煤量，堵煤严重时立即停止给煤机运行。

（2）适量关小冷风调节挡板，开大热风调节挡板，增大通风量。

（3）调整磨棍加载作用力、反作用力至正常值。

（4）立即清理石子煤。

（5）处理无效时停止磨煤机运行，进行清理。

58 磨煤机着火的现象和处理方法是什么?

答：磨煤机着火的现象：

（1）磨煤机出口温度异常升高。

（2）磨煤机爆燃并可能有巨响。

（3）制粉系统风压剧烈波动，不严密处有火星，煤粉喷出。

（4）磨煤机或煤粉管道油漆剥落。

处理方法：

（1）发现磨煤机出口温度异常时，关小热风调节挡板，开大冷风调节挡板。

（2）手动控制给煤机转速增大给煤量，但应防止堵煤。

（3）磨煤机出口温度大于120℃时，磨煤机自动跳闸，否则手动停止给煤机、磨煤机运行，并关闭冷、热风隔绝门和调整门。

（4）磨煤机出口温度急剧升高，开启消防蒸汽电动门进行灭火（注意防止磨煤机防爆门动作)。

(5) 当火熄灭，出口温度恢复正常后，关闭消防蒸汽电动门。

(6) 做好相应的隔绝措施，关闭给煤机出口门，切断磨煤机电源，联系检修检查磨煤机各部件是否损坏。

(7) 检修检查无问题后，方可重新启动。

59 引风机失速如何处理?

答：引风机失速的处理方法为：

(1) 风机并列过程中发生失速，立即将风机控制切手动，关小未失速的风机动叶，适当开大失速风机动叶，同时调节送风机的动叶，维持炉膛压力在允许范围内。

(2) 如风机并列时失速，经上述处理无效，应停止并列，恢复至原状态。

(3) 若因系统阻力增大，如风烟系统的风门、挡板误关引起，应立即打开，同时调小动叶开度。如风门、挡板故障引起，应立即降低锅炉负荷，同时调小动叶开度，联系检修处理。

(4) 经处理，风机失速现象消失，则稳定运行工况，进一步查找原因并采取相应的措施后方可逐步增加风机的负荷。

(5) 经上述处理无效或已严重威胁设备的安全时，则立即停止该风机运行。

60 送风机喘振的处理办法有哪些?

答：送风机喘振的处理办法有：

(1) 立即将送风机动叶控制切至手动方式，关小喘振风机的动叶，适当关小未喘振风机的动叶，必要时降低负荷，直至喘振消失，同时调节引风机的动叶，尽量维持炉膛压力在允许的范围内。

(2) 若风机并列操作中发生喘振，应停止并列，尽快消除喘振现象后，再进行并列操作。

(3) 若风门挡板被误关引起，应立即打开该风门挡板，并及时调整风机动叶开度。

(4) 若经上述处理，喘振现象已消失，则稳定运行工况；若经上述处理无效或已严重威胁设备的安全时，应立即停运该风机。

61 单台引风机或单台送风机跳闸后如何处理?

答：单台引风机或单台送风机停运后，引起锅炉灭火时，按锅炉灭火处理，并立即复归跳闸风机。如在跳闸前无电流过大或机械部分故障，同时锅炉未灭火，可复归该电动机控制开关，再合闸一次，如重合闸成功，恢复正常运行工况，如合闸不成功，立即减负荷处理，同时应提高运行风机出力，调整燃烧，尽可能保持一定负荷稳定运行。

62 锅炉 RB 的原因有哪些?

答：锅炉 RB 的原因有：

(1) 两台空气预热器运行，一台跳闸。

(2) 两台送风机运行，一台跳闸。

(3) 两台引风机运行，一台跳闸。

（4）两台一次风机运行，一台跳闸。

（5）两台汽动给水泵运行，一台汽动给水泵跳闸。

63 锅炉 RB 发生后如何进行处理？

答：锅炉 RB 发生后的处理：

（1）锅炉 RB 后，检查协调自动跟踪情况，如协调跟踪正常要密切监视协调的工作情况，不得解除协调进行手动调整。如果协调跟踪不正常，应立即解除协调，切除上层磨煤机，保留不超过三台磨煤机运行，并投油稳燃，将运行给煤机出力调整到和目标负荷相适应，调整给水流量，保障主、再热汽沿程温度正常。

（2）一台给水泵跳闸应立即将运行的给水泵出力加到最大，四抽压力不足立即切换到冷段汽源运行。

（3）一台风机跳闸立即将运行风机出力加到最大，检查跳闸风机出口挡板（若是引风机跳闸，还包括入口挡板）关闭严密，联络挡板开启。一台一次风机跳闸时要严密监视锅炉一次风母管压力变化和停运磨煤机的出、入口挡板关闭情况，避免出现一次风压力过低影响送粉和着火以及一次风压力突然升高可能出现的炉膛爆燃。

（4）各系统运行相对稳定后调整燃料量、给水量、风量保证机组在允许的最大出力稳定运行，联系检修人员查找 RB 原因，消除故障后恢复机组正常运行。

64 炉膛压力高的处理办法是什么？

答：炉膛压力高的处理办法是：

（1）如炉膛负压未达到 MFT 动作值时，立即调整炉膛负压至正常。

（2）炉膛负压自动控制失灵，立即切为手动调节，调节过程中注意防止风机喘振。

（3）对误关风烟系统挡板进行检查恢复。

（4）引风机跳闸，对应侧送风机未联跳，立即停运该送风机。

（5）对其他原因引起炉膛压力高，应快速调整炉膛负压正常。

（6）若 MFT 动作，则按 MFT 处理。

65 过热器及再热器壁管超温的处理方法是什么？

答：处理方法是：

（1）尽量维持制粉系统正常方式运行，如部分制粉系统检修不能投入运行应通过调整配风和各制粉系统的出力使炉膛热负荷分配趋于合理，经过调整仍不能使金属温度降至正常值以下时，应采取降负荷等方式来降低主、再热蒸汽温度运行。

（2）加强水冷壁、过热器吹灰，吹灰器损坏应及时处理投入运行。

（3）加强化学监督，如锅炉运行时间过长，过、再热器管内结垢严重时，应降低过、再热蒸汽温度运行，尽早安排锅炉酸洗。

（4）如部分过、再热器管壁超温，应适当降低蒸汽温度运行并在锅炉停炉时安排割管检查。

（5）汽温调节系统自动跟踪不良，应查找原因并可对控制参数进行调整和设置，在处理好之前可适当降低机组升、降负荷速度或将自动切换为手动进行操作。

66 锅炉结焦的原因有哪些？如何处理？

答：锅炉结焦的原因有：

（1）灰的性质。

（2）周围介质成分。

（3）运行操作不当。

（4）炉膛容积热负荷过大。

（5）吹灰除焦不及时。

处理方法：

（1）燃煤品质发生变化前，运行人员应制定相应的措施。

（2）锅炉应控制在额定出力以下运行，如果炉膛结焦严重，通过吹灰和调整燃烧仍然不能改善时，应降低锅炉出力。

（3）调整和保持合理的一、二次风配比，以维持喷燃器出口的二次风强度，喷燃器损坏或结焦应及时处理，防止火焰贴壁加剧结焦程度。

（4）保持正常的磨煤机出口温度、一次风量和煤粉细度。如果喷燃器附近结焦严重可适当降低磨煤机出口温度、适当增加一次风量和适当降低煤粉细度，将着火点适当延后。

（5）维持正常的制粉系统运行，如部分磨煤机检修不得已非正常方式运行，可视情况调整配风和各磨煤机的负荷分配，如果通过加强吹灰和调整无法解决应降低锅炉出力运行。

（6）可适当降低燃尽风量，增加喷燃器的配风，并可适当增加炉膛的过量空气系数运行。

（7）按规定执行锅炉吹灰，炉膛结焦严重时应适当提高吹灰频率。

（8）锅炉结焦严重，引起水动力不稳，威胁水冷壁安全或有不易清除的大块焦渣有坠落损坏水冷壁的可能时，应申请停炉处理。

67 锅炉受热面有哪几种腐蚀？如何预防受热面的高、低温腐蚀？

答：锅炉受热面的腐蚀有承压部件内部的锅内腐蚀、机械腐蚀和高温及低温腐蚀四种。

高温腐蚀的预防是：

（1）提高金属的抗腐蚀能力。

（2）组织好燃烧，在炉内创造良好的燃烧条件，保证燃料迅速着火，及时燃尽，特别是防止一次风冲刷壁面；使未燃尽的煤粉尽可能不在结渣面上停留；合理配风，防止壁面附近出现还原气体等。

（3）降低燃料中的含硫量。

（4）确定合适的煤粉细度。

（5）控制管壁温度。

低温腐蚀的预防是：

（1）燃料脱硫。

（2）提高空气预热器入口空气温度。

（3）采用燃烧时的高温低氧方式。

（4）采用耐腐蚀的玻璃、陶瓷等材料制成的空气预热器。

（5）把空气预热器的“冷端”的第一个流程与其他流程分开。

68 锅炉停炉的方式及其操作要点是什么？

答：锅炉可分以下三种停炉方式：

（1）正常停炉。按照计划，锅炉停炉后要处于较长时间的备用，或进行大修、小修等。这种停炉需按照降压曲线，进行减负荷、降压，停炉后进行均匀缓慢的冷却，防止产生较大热应力。停炉时间超过七天时应将原煤仓的煤用完；停炉时间超过三天时，煤粉仓中的煤粉需烧完。

（2）热备用锅炉。按照调度计划，锅炉停止运行一段时间后，还需启动继续运行。这种情况锅炉停运后，要设法减小热量散失，尽可能保持一定的汽压，以缩短再次启动的时间。

（3）紧急停炉。运行中锅炉发生重大事故，危及人身及设备安全时，需要立即停止锅炉运行。紧急停炉后，往往需要尽快进行检修，以消除故障，所以需要适当加快冷却速度。

69 制粉系统为何在启动、停止或断煤时易发生爆炸？

答：制粉系统爆炸的基本条件是合适的煤粉浓度、较高的温度或火源以及有空气扰动等。

（1）制粉系统在启动与停止过程中，由于磨煤机出口温度不易控制，易因超温而使煤粉爆炸；运行过程中因断煤而处理又不及时，使磨煤机出口温度过高而引起爆炸。

（2）在启动或停止过程中，磨煤机内煤量较少，研磨部件金属直接发生撞击和摩擦，易产生火星而引起煤粉爆炸。

（3）制粉系统中，如果有积粉自燃，启动时由于气流扰动，也可能引起煤粉爆炸。

（4）制粉浓度是产生爆炸的重要因素之一。在停止过程中，风粉浓度会发生变化，当具备合适浓度又有产生火源的条件，也可能发生煤粉爆炸。

70 锅炉停运时间较长时，为什么必须把原煤仓和煤粉仓的原煤和煤粉用完？

答：按照有关规程要求，在锅炉停炉检修或停炉长期备用时，停炉前必须把原煤仓中的原煤用完，才能停止制粉系统运行；把煤粉仓中的煤粉用完，才能停止锅炉运行。其主要目的是防止在停运期间，由于原煤和煤粉的氧化升温而可能引起自燃爆炸。另外，原煤、煤粉用完，也为原煤仓、煤粉仓的检修以及为下粉管、给煤机、一次风机混合器等设备的检修，创造良好的工作条件。

71 直流燃烧器怎样将燃烧调整到最佳工况？

答：由于四角布置的直流燃烧器的结构布置特性差异较大，一般可采用下述方法进行调整：

（1）改变一、二次风的百分比。

（2）改变各角燃烧器的风量分配。如：可改变上下两层燃烧器的风量、风速或改变各二次风的风量及风速，在一般情况下减少下二次风量、增大上二次风量可使火焰中心下移，反之使火焰中心升高。

（3）对具有可调节的二次风挡板的直流燃烧器，可用改变风速挡板位置来调节风速。

72 锅炉根据什么来增减燃料以适应外界负荷的变化？

答：外界负荷不断变化，锅炉要经常调整燃料量以适应外界负荷的变化，调整燃料量的根据是主蒸汽压力，压力反映了锅炉蒸发量与外界负荷的平衡关系，当锅炉蒸发量大于外界负荷时，压力必然升高；此时应减少燃料量，使蒸发量减少到与外界负荷相等时，压力才能保持不变。当锅炉蒸发量小于外界负荷时，压力必然要降低；此时应增加燃料量，使锅炉蒸发量增加到与外界负荷相等时压力才能稳定。

73 煤粉气流着火点的远近与哪些因素有关？

答：煤粉气流着火点的远近与下列因素有关：

（1）原煤挥发分。

（2）煤粉细度。

（3）一次风温、风压、风速。

（4）煤粉浓度。

（5）炉膛温度。

74 强化煤粉燃烧的措施有哪些？

答：强化煤粉燃烧的措施有：

（1）提高热风温度。

（2）提高一次风温。

（3）控制好一、二次风的混合时间。

（4）选择适当的一次风速。

（5）选择适当的煤粉细度。

（6）在着火区保持高温。

（7）在强化着火阶段的同时，必须强化燃烧阶段本身。

75 投入油枪时应注意哪些问题？

答：投入油枪时应注意：

（1）检查油管上的阀门和连接软管等有无泄漏。

（2）检查油枪和点火枪等有无机械卡涩。

（3）就地观察油枪着火情况，有无雾化不良，配风不当的情况。

（4）油温和油压要符合规定。

（5）油中含水较多时，要先放水后再启动油枪。

76 影响蒸汽压力变化速度的因素有哪些？

答：（1）锅炉负荷变化速度。负荷变化的速度越快，蒸汽压力变化的速度也越快。为了限制蒸汽压力的变化速度，运行中必须限制负荷的变化速度。

（2）锅炉的蓄热能力。蓄热能力是指锅炉在蒸汽压力变化时，由于饱和温度变化，相应的锅内工质、受热面金属、炉墙等温度变化所能吸收或放出的热量。

（3）燃烧设备惯性。燃烧设备惯性是指从燃料量开始变化，到炉内建立起新的热负荷以适应外界负荷变化所需的时间。

77 如何调节直流锅炉的汽温和汽压?

答:(1) 直流锅炉的汽温主要是通过给水和燃料量的调节来实现的。汽压的调节主要是利用给水量的调节来实现的。

(2) 直流锅炉发生外扰时,如外界负荷增大,首先反映的是汽压降低,而后汽温下降,此时应及时增加燃料量,根据中间点温度的变化情况适当增加给水量,维持中间点温度正常,将汽压、汽温恢复到原始水平。

(3) 直流锅炉发生内扰时,比如给水量增大时,汽压会上升,而汽温下降。具体调节时应迅速减小给水量。

78 在手控调节给水量时,给水量为何不宜猛增或猛减?

答:锅炉在低负荷或异常情况下运行时,要求给水调节自动改为手动。手动调节给水量的准确性较差,故要求均匀缓慢调节,而不宜猛增、猛减的大幅度调节。因为大幅度调节给水量时,可能会引起汽包水位的反复波动。比如,发现汽包水位低时,即猛增给水,由于调节幅度太大,在水位恢复后,接着又出现高水位,不得不重新减小给水,使水位反复波动。另外,给水量变动过大,将会引起省煤器管壁温度反复变化,使管壁金属产生交变应力,最终将导致省煤器焊口漏水。

79 直流锅炉在启动过程中为什么要严格控制启动分离器水位?

答:控制启动分离器水位的意义在于:

(1) 启动分离器水位过高会造成给水经过热器进入汽轮机,尤其是在热态启动时会给汽轮机带来严重危害,也会使过热器产生极大的热应力,损伤过热器。

(2) 启动分离器水位过低,有可能造成汽水混合物大量排泄,使过热器得不到充足的冷却工质造成超温,即所谓的"蒸汽走短路"现象。

80 锅炉低负荷运行时应注意些什么?

答:锅炉低负荷运行时应注意:

(1) 保持合理的一次风速,炉膛负压不宜过大。

(2) 尽量提高一、二次风温。

(3) 风量不宜过大,煤粉不宜太粗,启、停制粉系统操作要缓慢平稳。

(4) 对于四角布置的直流喷燃器,下层给粉机转速不应太低。

(5) 尽量减少锅炉漏风,特别是油枪处和底部漏风。

(6) 保持煤种的稳定,减少负荷大幅度扰动。

(7) 投停油枪应考虑对角,尽量避免缺角运行。

(8) 燃烧不稳时应及时投油助燃。

81 锅炉启动过程中对过热器如何保护?

答:在启动过程中,尽管烟气温度不高,管壁却有可能超温。这是因为启动初期,过热器管中没有蒸汽流过或蒸汽流量很小,立式过热器管内有积水,在积水排除前,过热器处于干烧状态。另外，这时的热偏差也较明显。

为了保护过热器管壁不超温，在蒸汽流量小于额定值10%时，必须控制炉膛出口烟气温度不超过管壁允许温度。手段是限制燃烧或调整炉内火焰中心位置。随着压力的升高，蒸汽流量增大，过热器冷却条件有所改善，这时可用限制锅炉过热器出口汽温的办法来保护过热器，要求锅炉过热器出口汽温比额定温度低50～100℃，手段是控制燃烧率及排汽量，也可调整炉内火焰中心位置或改变过量空气系数。但从经济性考虑是不提倡用改变过量空气系数的方法来调节汽温的。

82 锅炉运行中对一次风速和风量的要求是什么？

答：（1）一次风量和风速不宜过大。一次风量和风速增大，将使煤粉气流加热到着火温度所需时间增长，热量增多；着火点远离喷燃器，可能使火焰中断，引起灭火，或火焰伸长引起结焦。

（2）一次风量和风速也不宜过低。一次风量和风速过低，煤粉混合不均匀，燃烧不稳，增加不完全燃烧损失，严重时造成一次风管堵塞。着火点过于靠近喷燃器，有可能烧坏喷燃器或造成喷燃器附近结焦。一次风量和风速过低，煤粉气流的刚性减弱，煤粉燃烧的动力场遭到破坏。

83 控制炉膛负压的意义是什么？

答：大多数燃煤锅炉采用平衡通风方式，使炉内烟气压力低于外界大气压力，即炉内烟气为负压。自炉底到炉膛顶部，由于高温烟气产生自生通风压头的作用，烟气压力是逐渐升高的。烟气离开炉膛后，沿烟道克服各受热面阻力，烟气压力又逐渐降低，这样，炉内烟气压力最高的部位是在炉膛顶部。所谓炉膛负压，即指炉膛顶部的烟气压力，一般维持负压为20～40Pa。炉膛负压太大，使漏风量增大，结果吸风机电耗、不完全燃料热损失、排烟热损失均增大，甚至使燃烧不稳或灭火。炉膛负压小甚至变为正压时，火焰及飞灰通过炉膛不严密处冒出，恶化工作环境，甚至危及人身及设备安全。

84 FSSS的基本功能有哪些？

答：FSSS的基本功能有：

（1）主燃料跳闸（MFT）。

（2）点火前及熄火后炉膛吹扫。

（3）燃油系统泄漏试验。

（4）具有自动点火、远方点火和就地点火功能。

（5）油、粉燃烧器及风门控制管理。

（6）火焰监视和熄火自动保护。

（7）机组快速甩负荷。

（8）辅机故障减负荷。

（9）火焰检测器冷却风管理。

（10）报警及CRT显示。

85 锅炉给水为什么要进行处理？

答：如将未经处理的生水直接注入锅炉，不仅影响锅炉的炉水水质，引起结垢和严重腐蚀，而且还会造成汽轮机通流部分结垢，影响汽轮机的效率和安全运行。因此，生水补入锅炉之前，需要经过处理，以除去其中的盐类、杂质和气体，使补给水水质符合要求。

86 锅炉启动前上水的时间和温度有何规定？为什么？

答：锅炉启动前的进水速度不宜过快，一般冬季不少于4h，其他季节2～3h，进水初期尤其应缓慢。冷态锅炉的进水温度一般不大于100℃，以使进入汽包的给水温度与汽包壁温度的差值不大于40℃。未能完全冷却的锅炉，进水温度可比照汽包壁温度，一般差值应控制在40℃以内，否则应减缓进水速度。

原因：由于汽包壁较厚，膨胀较慢，而连接在汽包上的管子壁较薄，膨胀较快。若进水温度过高或进水速度过快，将会造成膨胀不均，使焊口发生裂缝，造成设备损坏。当给水进入汽包时，总是先与汽包下半壁接触，若给水温度与汽包壁温差过大，进水时速度又快，汽包的上下壁、内外壁间将产生较大的膨胀差，给汽包造成较大的附加应力，引起汽包变形，严重时产生裂缝。

87 煤粉细度是如何调节的？

答：煤粉细度可通过改变通风量、粗粉分离器挡板开度或转速来调节。

（1）减小通风量，可使煤粉变细，反之，煤粉将变粗。当增大通风量时，应适当关小粗粉分离器折向挡板，以防煤粉过粗。同时，在调节风量时，要注意监视磨煤机出口温度。

（2）开大粗粉分离器折向挡板或转速，或提高粗粉分离器出口套筒高度，可使煤粉变粗，反之则变细。

在进行上述调节的同时，必须注意对给煤量的调节。

88 简述四角布置直流燃烧器的工作原理。

答：在直流燃烧器锅炉中，一般都将喷燃器布置在炉膛四角。这样当四股一次风气流到达炉膛中心位置时，形成一个旋转切圆，且随着引、送风气流的取向，产生自下而上、旋涡状燃烧气流。同时四股一次风气流冲向下游一次风火嘴，有利于煤粉的着火。

89 锅炉热态启动有何特点？如何控制热态启动参数？

答：热态启动时，在锅炉点火前就具有一定的压力和温度，故锅炉点火后升温、升压速度可适当快些。

对于大型单元机组，启动参数应根据当时汽轮机热态启动的要求而定。热态启动因升温升压变化幅度较小，故允许变化率较大，升温升压都可较冷态启动快些。

90 有时过热器管壁温度并没有发现超温，但仍发生爆管，是何原因？

答：（1）因为管壁温度安装测点的数量有限，测点的代表性差，不能反映所有管壁温度的真实值，因此没有装测点的管壁实际运行中可能已发生超温，但壁温显示不出其超温情况。

（2）所装的管壁温度测点是炉外壁温，与炉内壁存在温度差，部分管子炉内壁温可能大大超过其控制的壁温差值而发生超温爆管。

（3）所装管壁温度一次元件误差大或二次仪表不准，壁温指示错误，误导操作人员。

91 哪些情况下可投油稳燃？哪些情况下严禁投油爆燃？

答：锅炉出现燃烧不稳的先兆，如氧量急剧大幅度升高，负压摆动增大，汽压降低，灭火保护的个别火焰指示灯闪烁或熄灭，应及时投油稳燃或迅速采取其他稳定燃烧的措施。

如燃烧不稳已比较严重，炉膛火焰电视变暗，负压指示－200Pa或以下，灭火保护有一层及以上的火焰指示灯熄灭，即锅炉发生严重燃烧不稳时（灭火保护尚未动作），严禁投油爆燃。

92 低负荷运行时，为何应在不影响安全的前提下维持稍低的氧量运行？

答：低负荷运行时炉膛温度相对较低，煤粉气流着火困难，燃烧稳定性相对较差，维持高氧量运行会进一步降低炉膛温度，降低炉膛内煤粉燃烧浓度，燃烧的抗干扰能力降低，容易导致灭火的发生，因此低负荷运行时应维持稍低的氧量运行。

93 为什么锅炉启动后期仍要控制升压速度？

答：(1) 锅炉启动后期虽然汽包上下壁温差逐渐减少，但由于汽包壁较厚，内、外壁温差仍很大，甚至有增加的可能，所以仍要控制升压速度。

(2) 另外，启动后期汽包内承受接近工作压力下的应力。因此仍要控制后期的升压速度，以防止汽包壁的应力增加。

94 机组极热态启动时，锅炉如何控制汽压汽温？

答：锅炉极热态启动初期，要采取一些措施提高过热蒸汽温度，如适当加大底层二次风，多开上层油枪，提高火焰中心。风量够用即可，不能过大，温升速度可适当加快，冲转前主要靠加减燃料量来控制汽温，靠调整高低压旁路的开度和向空排汽门的开度控制汽压，并网后，机组尽快接带负荷，应适时投入减温水，并改变炉内配风，控制汽温上升的速度，随负荷增长，涨汽压，略涨汽温，等汽温与汽压匹配时，再按升温升压曲线控制机组参数。

95 锅炉启动速度是如何规定的？为什么升压速度不能过快？

答：锅炉启动初期及整个启动过程升压速度应缓慢、均匀，并严格控制在规定范围内。对于高压及超高压汽包锅炉启动过程一般控制升压速度0.02～0.03MPa/min；对于引进型国产300MW机组，并网前升压速度控制不大于0.07MPa/min，并网后也不应大于0.13MPa/min。

在升压初期，由于只有少数燃烧器投入运行，燃烧较弱，炉膛火焰充满程度较差，对蒸发受热面的加热不均匀程度较大；另一方面由于受热面和炉墙的温度很低，因此燃料燃烧放出的热量中，用于使炉水汽化的热量并不多，压力越低，汽化潜热越大，故蒸发面产生的蒸汽量不多，水循环未正常建立，不能从内部来促使受热面加热均匀。这样，就容易使蒸发设备，尤其是汽包产生较大的热应力，所以，升压的开始阶段，温升速度应较慢。

此外，根据水和蒸汽的饱和温度与压力之间的变化可知，压力越高，饱和温度随压力而变化的数值越小；压力越低，饱和温度随压力而变化的数值越大，因而造成温差过大使热应力过大。所以为避免这种情况，升压的持续时间就应长些。

在升压的后阶段，虽然汽包上下壁、内外壁温差已大为减小，升压速度可比低压阶段快些，但由于工作压力的升高而产生的机械应力较大，因此后阶段的升压速度也不要超过规程规定的速度。

由此可见，在锅炉升压过程中，升压速度太快，将影响汽包和各部件的安全，因此升压速度不能太快。

96 锅炉启动过程中如何防止蒸汽温度突降？

答：(1) 锅炉启动过程中要根据工况的改变，分析蒸汽温度的变化趋势，应特别注意对过热器中间点及再热蒸汽减温后温度监视，尽量使调整工作恰当的做在蒸汽温度变化之前。

(2) 一级减温水一般不投，即使投入也要慎重，二级减温水不投或少投，视各段壁温和汽温情况配合调整，控制各段壁温和蒸汽温度在规定范围内，防止大开减温水，使汽温骤降。

(3) 防止汽轮机调门开得过快，进汽量突然大增，使汽温骤降。

(4) 汽包炉还要控制汽包水位在正常范围内，防止水位过高造成汽温骤降。

(5) 燃烧调整上力求平稳、均匀，以防引起汽温骤降，确保设备安全经济运行。

97 什么是启动流量？启动流量的大小对启动过程有何影响？

答：直流锅炉、低循环倍率锅炉和复合循环锅炉启动时，为保证蒸发受热面良好冷却所必须建立的给水流量（包括再循环流量），称启动流量。

直流锅炉一点火，就需要有一定量的工质强迫流过蒸发受热面，以保证受热面得到可靠的冷却。启动流量的大小，对启动过程的安全性、经济性均有直接影响。启动流量越大，流经受热面的工质流速较高，这除了保证有良好的冷却效果外，对水动力的稳定性和防止出现汽水分层流动都有好处。但启动流量过大，将使启动时的容量增大。启动流量过小，又使受热面的冷却和水动力的稳定性难以保证。确定启动流量的原则是：在保证受热面可靠冷却和工质流动稳定的前提下，启动流量应尽可能小一些。一般启动流量约为锅炉额定蒸发量的25%～30%。

98 简述锅炉紧急停炉的处理方法。

答：当锅炉符合紧急停炉条件时，应通过显示器台面盘上的紧急停炉按钮手动停炉，锅炉主燃料跳闸（MFT）动作后，立即检查自动装置应按下列自动进行动作，否则应进行人工干预。

(1) 切断所有的燃料（煤粉燃油）。

(2) 联跳一次风机，进出口挡板联动关闭。

(3) 磨煤机给煤机全部停运。

(4) 所有燃油进油、回油快关阀、调整阀、油枪快关阀关闭。

(5) 汽轮机、发电机跳闸

(6) 全部静电除尘器跳闸。

(7) 全部吹灰器跳闸。

(8) 全开各层周界风挡板，将二次风挡板控制方式切至手动，并全开各层二次风挡板。

(9) 将引风机、送风机的风量自动控制切为手动调节。

(10) 检查关闭Ⅰ、Ⅱ级过热器减温水隔离门及调整门，并将过热汽温度控制切为手动。

(11) 检查关闭再热器减温水隔离门及调整门，并将再热汽温度控制切为手动。

(12) 汽动给水泵均应自动跳闸，电动给水泵应启动，否则应人为强制启动。

(13) 注意汽包水位，应维持在正常范围内。

(14) 进行炉膛吹扫，锅炉主燃料跳闸（MFT）复归（MFT 动作原因消除后）。

(15) 如故障可以很快消除，应做好锅炉极热态启动的准备工作。

(16) 如故障难以在短时间内消除，则按正常停炉处理。

99 运行中锅炉受热面超温的主要原因有哪些？如何防止受热面的超温？

答：锅炉受热面超温的主要原因有：

运行中如果出现燃烧控制不当、火焰上移、炉膛出口烟温高或炉内热负荷偏差大、风量不足燃烧不完全引起烟道二次燃烧、局部积灰、结焦、减温水投停不当、启停及事故处理不当等情况都会造成受热面超温。

运行中防止受热面超温的措施：

(1) 要严格按运行规程规定操作，锅炉启停时应严格按启停曲线进行，控制锅炉参数和各受热面管壁温度在允许范围内，并严密监视及时调整，同时注意汽包、各联箱和水冷壁膨胀是否正常。

(2) 要提高自动投入率，完善热工表计，灭火保护应投入闭环运行，并执行定期校验制度。严密监视锅炉蒸汽参数、流量及水位，主要指标要求压红线运行，防止超温超压、满水或缺水事故发生。

(3) 应了解锅炉燃用煤质情况，做好锅炉燃烧的调整，防止汽流偏斜，注意控制煤粉细度，合理用风，防止结焦，减少热偏差，防止锅炉尾部再燃烧。加强吹灰和吹灰器的管理，防止受热面严重积灰，也要注意防止吹灰器漏水、漏汽和吹损受热面管子等。

(4) 注意过热器、再热器管壁温度监视，在运行上尽量避免超温。保证锅炉给水品质正常及运行中汽水品质合格。

100 为什么省煤器前的给水管路上要装逆止阀？为什么省煤器要装再循环管？

答：在省煤器的给水管路上装逆止阀的目的是防止给水泵或给水管路发生故障时，水从汽包或省煤器反向流动，因为如果发生倒流，将造成省煤器和水冷壁缺水而烧坏并危急人身安全。

省煤器装设再循环管的目的是保护省煤器的安全。因为锅炉点火，停炉或其他原因停止给水时，省煤器内的水不流动就得不到冷却，会使管壁超温而损坏，当给水中断时，开启再循环门，就在再循环管—省煤器—汽包—再循环管之间形成循环回路，使省煤器管壁得到不断的冷却。

101 如何判断蒸汽压力变化的原因是属于内扰还是外扰？

答：应通过流量的变化关系，来判断引起蒸汽压力变化的原因是内扰或外扰。

(1) 在蒸汽压力降低的同时，蒸汽流量表指示增大，说明外界对蒸汽的需要量增大；在蒸汽压力升高的同时，蒸汽流量减小，说明外界蒸汽需要量减小，这些都属于外扰。也就是说，当蒸汽压力与蒸汽流量变化方向相反时，蒸汽压力变化的原因是外扰。

（2）在蒸汽压力降低的同时，蒸汽流量也减小，说明炉内燃料燃烧供热量不足导致蒸发量减小；在蒸汽压力升高的同时，蒸汽流量也增大，说明炉内燃烧供热量偏多，使蒸发量增大，这都属于内扰。即蒸汽压力与蒸汽流量变化方向相同时，蒸汽压力变化的原因是内扰。

需要指出的是：对于单元机组，上述判断内扰的方向仅适应于工况变化初期，即仅适用于汽轮机调速汽门未动作之前；而在调速汽门动作之后，锅炉汽压与蒸汽流量变化方向是相反的，故运行中应予注意。造成上述特殊情况的原因是：在外界负荷不变而锅炉燃烧量突然增大（内扰），最初在蒸汽压力上升的同时，蒸汽流量也增大，汽轮机为了维持额定转速，调速汽门将关小，这时，汽压将继续上升，而蒸汽流量减小，也就是蒸汽压力与流量的变化方向成为相反。

102 汽压变化对汽温有何影响？为什么？

答：（1）当汽压升高时，过热蒸汽温度升高；汽压降低时，过热汽温降低。这是因为当汽压升高时，饱和温度随之升高，则从水变为蒸汽需消耗更多的热量；在燃料量未改变的情况下，由于压力升高，锅炉的蒸发量瞬间降低，导致通过过热器的蒸汽量减少，相对蒸汽吸热量增大，导致过热汽温升高，反之亦然。

（2）上述现象只是瞬间变化的动态过程，定压运行当汽压稳定后汽温随汽压的变化与上述现象相反。主要原因为：

1）汽压升高时过热热增大，加热到同样主汽温度的每公斤蒸汽吸热量增大，在烟气侧放热量一定时主汽温度下降。

2）汽压升高时，蒸汽的定压比热容（用符号 C_p 表示）增大，同样蒸汽吸收相同热量时，温升减小。

3）汽压升高时，蒸汽的比容减小，容积流量减小，传热减弱。

4）汽压升高时，蒸汽的饱和温度增大，与烟气的传热温差减小，传热量减小。

103 运行中影响燃烧经济性的因素有哪些？

答：影响燃烧经济性的因素有：

（1）燃料质量变差，如挥发分降低，水分、灰分增大，使燃料着火及燃烧稳定性变差，燃烧完全程度下降。

（2）煤粉细度变粗，均匀度下降。

（3）风量及配风比不合理，如过量空气系数过大或过小，一、二次风风率或风速配合不适当，一、二次风混合不及时。

（4）燃烧器出口结渣或烧坏，造成气流偏斜，从而引起燃烧不完全。

（5）炉膛及制粉系统漏风量大，导致炉膛温度下降，影响燃料的安全燃烧。

（6）锅炉负荷过高或过低。负荷过高时，燃料在炉内停留的时间缩短；负荷过低时，炉温下降，配风工况也不理想，都影响燃料的完全燃烧。

（7）制粉系统中旋风分离器堵塞，三次风携带煤粉量增多，不完全燃烧损失增大。

（8）给粉机工作失常，下粉量不均匀。

104 从运行角度看，降低供电煤耗的措施主要有哪些？

答：降低供电煤耗的措施主要有：

（1）运行人员应加强运行调整，保证主、再热蒸汽压力和温度，凝汽器真空等参数在规定范围内。

（2）保持最小的凝结水过冷度。

（3）充分利用加热设备和提高加热设备的效率，提高给水温度。

（4）降低锅炉的各项热损失，例如调整氧量、煤粉细度在最佳值、回收可利用的各种疏水，控制排污量等。

（5）降低辅机电耗，例如及时调整泵与风机运行方式，适时切换高低速泵；中储式制粉系统在最大经济出力下运行，合理用水，降低各种水泵电耗等。

（6）降低点火及助燃用油，采用较先进的点火技术，根据煤质特点，尽早投入主燃烧器等。

（7）合理分配全厂各机组负荷。

（8）确定合理的机组启、停方式和正常运行方式。

105 空气预热器的腐蚀与积灰是如何形成的？有何危害？

答：由于空气预热器处于锅炉内烟温最低区，特别是空气预热器的冷端，空气的温度最低，烟气温度也最低，受热面壁温最低，因而最易产生腐蚀和积灰。

当燃用含硫量较高的燃料时，生成 SO_2 和 SO_3 气体，与烟气中的水蒸汽生成亚硫酸或硫酸蒸汽，在排烟温度低到使受热面壁温低于酸蒸汽露点时，硫酸蒸汽便凝结在受热面上，对金属壁面产生严重腐蚀，称为低温腐蚀。同时，空气预热器除正常积存部分灰分外，酸液体也会黏结烟气中的灰分，越积越多，易产生堵灰。因此，受热面的低温腐蚀和积灰是相互促进的。

回转式空气预热器受热面发生低温腐蚀时，不仅使传热元件的金属被锈蚀掉造成漏风增大，而且还因其表面粗糙不平和具有黏性产物使飞灰发生黏结，由于被腐蚀的表面覆盖着这些低温黏结灰及疏松的腐蚀产物而使通流截面减小，引起烟气及空气之间的传热恶化，导致排烟温度升高，空气预热不足及送、引风机电耗增大。若腐蚀情况严重，则需停炉检修，更换受热面，这样不仅要增加检修的工作量，降低锅炉的可用率，还会增加金属和资金的消耗。

106 降低 NO_x 的方法有哪些？

答：目前，降低 NO_x 燃烧技术，主要从以下四个方面来控制：

（1）空气分级燃烧技术：将空气分成多股，使之逐渐与煤粉相混合而燃烧，这样可以减少火焰中心处的风煤比。由于煤在热分解和着火阶段缺氧，故可以抑制 NO_x 的产生。

（2）烟气再循环燃烧技术：将锅炉尾部烟气抽出掺混到一次风中，一次风因烟气混入而氧气浓度降低，同时低温烟气会使火焰温度降低，也能使 NO_x 的生成受到抑制。

（3）浓淡燃烧技术：由于煤粉在浓相区着火燃烧是在缺氧条件下进行的，因此可以减少 NO_x 的生成量。

（4）燃料分级燃烧法：向炉内燃尽区再送入一股燃料流，使煤粉在氧气不足的条件下热分解，形成还原区。在还原区内使已生成的 NO_x 还原成 N_2。

107　燃烧器摆动对炉内空气场有何影响？

答：当燃烧器下摆的时候，炉内实际切圆直径增加。原因是燃烧器大角度下摆的时候，射流斜向进入形状不规则的冷灰斗内，在冷灰斗内，没有其他燃烧器射流的约束，旋转气流膨胀，切圆直径迅速增大，由于气流是不断向上运动的，冷灰斗内的大切圆直径又反过来使燃烧区的切圆直径增大。600MW 锅炉燃烧器摆动时的实验结果表明：当燃烧器由下向上摆动时，炉内气流近壁区速度降低。近壁区平均风速为 5～7m/s；燃烧器水平时，近壁区风速 4～5m/s，燃烧器上摆时近壁区风速为 0～3m/s。这与实际切圆直径在炉内变化趋势是一致的。另外，随着燃烧器喷口的上摆，最大贴壁风速的位置不断上移。

第二节　汽轮机事故处理

1　汽轮机组发生故障时，运行人员应怎样进行处理？

答：机组发生故障时，运行人员应进行如下处理：

（1）根据仪表指示和设备外部象征，判断事故发生的原因。

（2）迅速消除对人身和设备的危险，必要时立即解列发生故障的设备，防止故障扩大。

（3）迅速查清故障的地点、性质和损伤范围。

（4）保证所有未受损害的设备正常运行。

（5）消除故障的每一个阶段，尽可能迅速地汇报值长及相关领导，以便及时采取进一步对策，防止事故蔓延。

（6）事故处理中不得进行交接班，接班人员应协助当班人员进行事故处理，只有在事故处理完毕或告一段落后，经值长同意方可进行交接班。

（7）故障消除后，运行人员应将观察到的现象、故障发展的过程和时间，采取消除故障的措施正确地记录在记录本上。

（8）应及时写出书面报告，上报有关部门。

2　汽轮机事故停机一般可分为哪几类？

答：汽轮机事故停机一般可分为以下三类：

（1）破坏真空紧急停机。

（2）不破坏真空故障停机。

（3）根据现场具体情况决定的停机。其中第三类停机包括减负荷停机。

3　什么是紧急停机？什么是故障停机？什么是根据现场具体情况决定的停机？

答：紧急停机是指设备已经严重损坏或停机速度慢了会造成更加严重损坏的事故。操作上不考虑带负荷情况，不需汇报领导，可随即打闸，并需破坏真空。

故障停机是指不停机将危及机组及设备安全，切断汽源后故障不会进一步扩大。操作上应先汇报有关领导，得到同意，迅速降负荷停机，无需破坏真空。

根据现场具体情况决定的停机。事故判断不太方便，判断不太清楚，或某一系统或设备异常尚未达到需要立即减负荷停机的程度。操作上应控制降温、降负荷速度。待汽缸温度下降到一定温度后再打闸停机。

4 什么情况下需要破坏真空紧急停机?

答：在下列情况下应破坏真空紧急停机：

(1) 机组转速上升到 3330r/min，而危机保安器不动作，即将危及汽轮机设备安全。

(2) 确认汽温、汽压、负荷大幅度变化，发生了水冲击。

(3) 机组发生强烈振动，或机组内部有明显的金属摩擦声、撞击声。

(4) 轴封摩擦冒火花。

(5) 轴承润滑油油压低到保护值，启动辅助油泵无效或任一轴承断油冒烟。

(6) 主要系统管道突然破裂，不能维持运行。

(7) 轴向位移达到极限值。

(8) 推力瓦钨金温度达到保护值，而保护拒动。

(9) 任一轴承温度达到保护值，而保护拒动。

(10) 油系统大量漏油，油箱油位降到最低值，而补油无效。

(11) 油系统着火不能及时扑灭，威胁机组安全。

(12) 高、中、低压胀差值达到保护值，而保护拒动。

(13) 发电机、励磁机冒烟着火或发电机发生氢气爆炸。

5 破坏真空紧急停机的操作步骤有哪些?

答：破坏真空紧急停机的操作步骤有：

(1) 按下盘上停机按钮或手打危机保安器后，确认高、中压自动主汽门、调汽门关闭。

(2) 确认高压缸排汽逆止门、各段抽汽逆止门关闭，负荷到零，发电机解列，转速下降。

(3) 启润滑油泵。

(4) 开启真空破坏门，破坏真空，停止射水泵运行。

(5) 调整汽封，需要时切换汽封为备用汽源；开启本体、导管疏水。

(6) 倾听机组声音，记录转子惰走时间。

(7) 调整维持除氧器、凝汽器水位。

(8) 转速到零，真空到零，停止汽封供汽以及关闭其他进入缸体和凝汽器的汽源和疏水。

(9) 启动盘车，盘车状态下听音检查，应无异常声音。

(10) 完成其他停机操作，做好记录。

6 什么情况下，机组打闸后应不破坏真空停机?

答：(1) 机组运行危急人身安全，且停机才能消除时。

(2) 主、再热汽管道、高压给水管道或其他汽、水、油管道破裂，无法维持机组正常运行时。

(3) 主要辅助设备故障，无法维持机组运行时。

(4) 凝结水泵故障，排汽装置水位过高，而备用泵不能投入。

(5) 背压超过背压保护曲线范围而保护未动作时。

(6) 发电机定子冷却水中断达 30s，而保护未动或发电机定子线圈漏水，无法处理时。

(7) 抗燃油压降低，经采取措施无效，继续降低到 7.8MPa，保护拒动时。

(8) 高压外缸排汽口处金属温度达 440℃，低压缸排汽温度达 107℃。

(9) 高压主汽阀前温度或中压主汽阀前蒸汽温度异常，在规定时间内无法恢复时。

(10) 主蒸汽压力异常，在规定时限内仍无法恢复正常时。

(11) 闭式水中断不能及时恢复。

(12) 当 DCS 全部操作员站“黑屏”或“死机”，主要后备硬操作及监视仪表又无法维持机组运行。

(13) 发电机事故掉闸。

(14) 凝汽器真空下降，当负荷降至零，真空仍为－50kPa 或排汽缸温度达 80℃以上。

(15) 确认发电机内漏水。

(16) 氢气系统漏氢严重，无法维持氢压。

(17) 凝汽器铜管泄漏，水质不合格，严重超标。

7 汽轮机超速的原因有哪些？

答：汽轮机发生超速的原因主要是调速系统不能正常工作，而起不到控制转速的作用。原因为：

(1) 汽轮发电机组运行中，由于电力系统线路故障，使发电机跳闸，汽轮机负荷突然甩到零。

(2) 单个机组带负荷运行时，负荷骤然下降。

(3) 正常停机过程中，解列的时候或解列后空负荷运行时。

(4) 汽轮机启动过程中过临界转速后应定速时或定速后空负荷运行时。

(5) 危急保安器做超速试验时。

(6) 运行操作不当。如运行中同步器位置超过高限或停机过程中带负荷解列等。

8 汽轮机超速的危害有哪些？预防措施是什么？

答：汽轮机高速旋转时，各转动部件会产生很大的离心力。这个离心力直接与材料承受的耐力有关，转动部件的强度也是有限的，而离心力与转速的平方成正比。在设计中，与叶轮等紧力配合的旋转部件，其最高转速是按高于额定转速 20%考虑的，所以超速时会造成叶片甩脱、轴承损坏、大轴断裂、飞车甚至造成整个机组报废。

为了防止汽轮机超速，必须严格监视汽轮机转速，在转子的不同位置设两套测转速装置。应设三套超速保安装置：危急保安器，超速保护装置，电气式超速保护装置。运行人员在超速保护拒动的情况下，应立即执行手动打闸，破坏真空，紧急停机。

9 机组超速时有什么象征？

答：机组超速时一般有以下象征：

（1）负荷突然到零，主汽压力突然升高，主汽流量直线下降，转速突升又降下。

（2）机组声音突然变化，有停机信号发出，主汽门、调汽门、高排逆止门、各抽汽逆止门迅速关闭。

（3）主油压迅速增加，采用离心式主油泵的机组，油压上升的更明显。机组振动增大。

（4）旁路系统自动投入运行。

10 汽轮机超速如何处理？

答：汽轮机超速的处理为：

（1）甩负荷后，控制系统动作良好，转速升高到 3060r/min 时，加速度回路动作，DEH 自动维持机组转速 3000r/min，待故障消除后，机组并网，按热态启动增加负荷，恢复机组正常运行工况。

（2）甩负荷后，DEH 不能控制转速，危急保安器或 110％电超速保护不动作，应破坏真空紧急停机处理。

（3）检查转速应下降，若转速继续升高，应果断采取隔离及泄压措施（如：检查开启高压导汽管通风阀；检查关闭各抽汽电动门、抽汽逆止门；切除辅助蒸汽相连的蒸汽管道等）。开启高压、低压旁路阀，炉侧开启 PCV 等。

（4）停机后查明原因并予以消除，经全面检查符合启动条件后方可再次启动。在启动过程中加强机组振动、声音、轴承温度、轴向位移、推力瓦温度等参数的检查，发现问题及时打闸停机。

（5）如果发现汽门未关解除 EH 油泵联锁，停运 EH 油泵。

11 防止汽轮机超速应采取哪些措施？

答：防止汽轮机超速应采取以下措施：

（1）严格执行汽轮机超速试验和喷油试验的规定且充油装置动作灵活正常。

（2）汽轮机超速试验前，必须进行危急保安器喷油试验和主汽门、调速汽门严密性试验且合格。

（3）每次停机前在低负荷时或解列后，用充油试验方法活动危急保安器。

（4）机组大小修后，或调速系统解体检修后以及停机一个月以上，再次启动时要做超速试验。

（5）做危急保安器超速试验时，力求升速平稳，调汽门逐渐缓慢开大。

（6）严格执行高、中压主汽门和调汽门定期活动试验，保证开关灵活无卡涩。如有异常应及时处理，必要时停机处理。

（7）严格执行抽汽逆止门活动试验，发现异常及时处理。

（8）每次停机时要观察高压排汽逆止门关闭是否到位。

（9）严格执行蒸汽品质和油质的监督，定期进行化验。加强调整汽封压力，防止油中进水，并定期进行油箱底部放水。发现油中进水应连续滤油，直至油质合格。

（10）在做超速试验时，要求参数合格，工况稳定，并投入旁路系统的运行。

（11）机组正常停机，降负荷至零，确认功率表指示为零后，汽轮机打闸，联跳发电机，严禁带负荷解列发电机。

（12）停机过程中发现主汽门或调速汽门卡涩，应设法将负荷减至零，锅炉 MFT，汽轮机打闸，联跳发电机。

（13）机组启动前联系热工人员确认所有强制的条件已恢复，在任何情况下绝不可强行挂闸。

（14）机组大修后必须按要求进行汽轮机调节系统的静态试验或仿真试验，确认调节系统工作正常。

（15）机组重要运行表计，尤其是转速表显示不正确或失效，严禁机组启动。机组运行过程中，在无任何有效监视手段的情况下，必须停止运行。

12 汽轮机甩负荷的原因有哪些？

答：汽轮机甩负荷的原因有：

（1）发电机或电网有故障。

（2）锅炉紧急停运或主要设备掉闸断水、断煤。

（3）主汽门、调节汽门误关。

（4）调速系统故障或卡涩或误操作。

（5）旁路系统误开。

（6）PLU、ACC 误动作。

13 汽轮机甩负荷的现象有哪些？

答：汽轮机甩负荷的现象有：

（1）机组有功负荷指示表突然减小，蒸汽流量急剧减小，高压缸第一级压力及抽汽压力急剧减小。

（2）全甩负荷时，负荷到零，流量及高压缸第一级压力接近零，机组声音突变。

（3）蒸汽压力急剧上升，主蒸汽、再热蒸汽温度升高，高、低压旁路阀动作，背压升高。

（4）调速油压、调速汽门开度大幅度变化。

（5）汽轮机转速升高，达到功率负荷不平衡继电器及加速继电器动作条件时，PLU、ACC 动作。

14 运行中机组甩去部分负荷，发电机未解列应如何处理？

答：运行中甩去部分负荷时，有功功率突然下降，主汽压力突然升高，旁路自动投入开启，各调汽门关小，各监视段压力降低。

此时应做如下处理：

（1）首先调整旁路维持锅炉正常燃烧；维持蒸汽温度、压力正常。检查正常后，联系加负荷到正常。

（2）及时调整汽封压力维持真空正常，严密监视和调整各加热器水位，凝汽器、除氧器水位。

（3）甩负荷后注意给水泵的流量，流量低再循环门是否自动打开，维持给水泵正常运行。

（4）负荷升起来后，关闭旁路，调整各参数恢复正常。

15 运行中机组甩去全部负荷，发电机解列如何处理？

答：（1）发电机跳闸后，检查汽轮机是否联跳，注意转速飞升情况；如转速飞升达3300r/min 而危急保安器未动作时，应破坏真空紧急停机。

（2）若汽轮机跳闸时，发电机联跳，注意润滑油压正常。

（3）甩负荷后，控制系统动作良好，转速升高到 3060r/min 时，加速度限制回路动作，DEH 自动维持机组转速 3000r/min，待故障消除后，机组并列，按热态启动增加负荷，恢复机组正常运行工况。

（4）若汽轮机、发电机跳闸时，锅炉维持最低负荷运行。查明原因，尽快恢复，若MFT 动作，按锅炉灭火处理。

（5）根据机组运行情况，减少燃料量和给水量，及时调整；蒸汽压力过高时，投入高、低压旁路。

（6）若调门故障关闭，经热工处理后恢复。

16 汽轮机打闸主汽门关闭，发电机未解列有哪些现象？如何处理？

答：汽轮机打闸主汽门关闭，发电机未解列，此时，汽轮机掉闸，负荷到零，转速不变，主汽门、调汽门、排汽逆止门、各抽汽逆止门关闭，主汽压力升高，旁路自动联开。

处理为：

（1）立即手动解列发电机，并有信号返回。

（2）高压油泵自动联启或手动开启，旁路自动开启或手动开启，并调整旁路维持锅炉燃烧。

（3）切换调整汽封压力，维持真空，调整各加热器、凝汽器，除氧器水位正常，维持辅助设备的运行。

（4）查明汽轮机掉闸原因，并正确处理后方可恢复启动。

17 发电机与电网解列，汽轮机维持空负荷运行有哪些象征？如何处理？

答：发电机掉闸与电网解列，汽轮机维持空负荷运行，此时，负荷突然到零，电超速保护动作，使高、中压调汽门关闭 2s 后又开启至空负荷位置，抽汽逆止门关闭。旁路自动开启，控制高、中压调汽门的油压降低，同步器位置关小。

处理为：应用旁路维持锅炉燃烧，同步器维持汽轮机 3000r/min，但汽轮机无蒸汽运行不得超过 3min。立即查明原因，并调整、维持各辅助设备及系统的运行。如果一切正常或及时处理后可恢复启动，在恢复启动中一定保证蒸汽参数的需要，新蒸汽温度尽量提高，恢复中注意胀差、振动、轴向位移的变化，冲转定速后尽快加起负荷。

如果故障短时间不能处理，应立即停机。

18 汽轮机轴向位移增大的原因有哪些？

答：轴向位移增大的原因有：

（1）机组突然甩负荷，出现反向轴向推力。

（2）排汽装置背压升高。

（3）转子轴向推力增大，推力轴承过负荷，使油膜破坏，推力瓦块钨金熔化。

（4）润滑油系统由于油压过低或油温过高，而使油膜破坏，推力瓦块钨金熔化。

（5）汽轮机通流部分结垢。

（6）蒸汽参数不合格或真空太低而过负荷。

（7）汽轮机进汽带水或负荷、蒸汽流量骤变。

（8）汽轮机发生水冲击。

（9）推力瓦磨损。

（10）机组加热器故障后解列。

（11）高、低压旁路误开，或高、中压调节门误关。

（12）机组轴向振动异常。

（13）机组过负荷。

（14）机组参数、负荷、蒸汽流量突变。

19 汽轮机轴向位移增大如何处理？

答：（1）发现轴向位移增大时，应立即检查推力瓦钨金温度和推力轴承回油温度及相对胀差，并注意倾听机组内部有无异音和检查机组有无振动增大现象。

（2）机组负荷未变轴向位移增大报警，应检查推力瓦温度、回油温度、胀差、振动的变化情况，若无变化则应要求热控人员检验仪表显示是否正确。

（3）如果机组轴向位移增大并伴有不正常的声音，机组振动加剧，应立即破坏真空紧急停机。

（4）轴向位移超过＋0.6或－1.08mm（规定值）时，且推力瓦温度升高时，应汇报值长，降低负荷直至轴向位移恢复正常，推力瓦温度降至正常值为止。

（5）轴向位移超过＋0.8或－1.28mm（规定极限值）或高中、低胀差达到极限值及推力瓦块温度急剧升至115℃时，应立即紧急停机。

（6）凡推力瓦温度升高，轴向位移明显增大并且停机惰走时间明显缩短时应检查推力瓦情况。

（7）负荷或蒸汽流量骤变，应迅速稳定负荷或炉侧调整稳定蒸汽参数。

20 汽轮机轴承损坏的原因有哪些？

答：汽轮机轴承损坏的原因有：

（1）汽轮机轴向推力过大，而使推力轴瓦烧损。

（2）润滑油压过低。润滑油流量减少，轴承内油温升高，使油的黏度下降，油膜承受的载荷也降低，于是润滑油将从轴承中挤出，引起油膜不稳定被破坏。

（3）润滑油温过高。润滑油温过高使油的黏度下降，引起油膜不稳定而破坏。

（4）润滑油中断。润滑油断流，使轴承立即断油而烧损。

（5）油质不好。油中进水、有杂质，或油本身品质不好。

（6）轴瓦与轴之间的间隙过大。该间隙过大，润滑油从轴瓦中流出的速度快，难以形成连续稳定的油膜来保证润滑。

（7）轴瓦在检修中装反或运行中移位。如轴瓦转动、进油孔堵塞等。

(8) 机组强烈振动。会使钨金瓦研磨损坏。

(9) 发电机或励磁机漏电。发电机或励磁机漏电会造成推力轴瓦的电腐蚀，从而降低轴承的承载能力。

(10) 轴瓦自身缺陷。

(11) 交直流润滑油泵联锁不正常，事故时供油不正常。

21 汽轮机轴承损坏有哪些现象?

答：(1) 轴承温度明显升高或轴承冒烟。

(2) 回油温度升高。

(3) 推力轴承损坏时，推力瓦温度升高，轴向位移增大。

(4) 机组振动增加。

(5) 胀差明显变化。

22 汽轮机轴承损坏如何处理?

答：汽轮机轴承损坏的处理为：

(1) 运行中发现轴承损坏要立即停机。

(2) 轴承损坏后，要彻底检查轴瓦和油系统，油质合格后方可重新启动。

23 造成汽轮机轴承润滑油油压低（断油）的原因有哪些?

答：造成润滑油压低（断油）的原因有：

(1) 运行中油系统切换时发生误操作，而对润滑油压又未加强监视，而引起断油烧瓦。

(2) 机组启动定速后，停高压油泵未监视油压，由于射油器工作失常，使主油泵失压，润滑油压降低，而又未联动辅助油泵，使轴承断油。

(3) 油系统积存大量空气，未及时排出，使轴承瞬间断油。

(4) 机组在启、停过程中高、低压油泵同时故障而断油。

(5) 油系统大量跑油，使油位降到最低，影响射油器工作。

(6) 油系统中存有棉纱等杂物使油管堵塞。

24 防止轴瓦烧损应采取哪些防护措施?

答：防止轴瓦烧损应采取的防护措施为：

(1) 维持主油箱油位正常，定期对就地和盘上主油箱油位计进行校对，每班要记录主油箱油位，定期校对主油箱油位低位报警信号，定期清理主油箱油滤网。

(2) 发现主油箱油位下降，应检查油系统外部是否漏油，检查发电机内部是否进油，检查各冷油器是否有泄漏；油箱油位下降应进行补油，如果补油无效，油位降到最低值不能维持运行时，应立即打闸停机。

(3) 定期对主油箱底部、油系统集水器进行放水；定期进行油质化验。如果发现轴承回油窗有水珠，应立即采取措施，加强汽封的调整，加强滤油机滤油工作。

(4) 运行中切换和解列冷油器要严格执行操作票，由专业技术人员监护。首先确认备用的冷油器投运或有一台冷油器运行，再解列另一台冷油器。

(5) 定期进行高压油泵、润滑油泵、密封油泵的启、停试验和热工联锁试验。

（6）汽轮机启动前启动高压油泵，确认各轴承油压正常、回油正常。当冲转到转速达额定后，确认主油泵工作正常，高压启动油泵电流到空载电流才可停止高压油泵运行。

（7）每次启动冲转前和停机前要做润滑油压低联动试验。

（8）正确投入轴瓦温度高保护、轴向位移大保护。运行中任一轴瓦温度超过正常值，要查明原因，如果温度升高到保护值或轴瓦冒烟，应立即停机。

25 预防汽轮机油系统漏油着火的措施有哪些？

答：汽轮机油系统着火的原因主要是油系统漏油，一旦接触到高温热体，就会引起火灾。所以对油系统应采取以下防护措施：

（1）在油系统布置上，应尽可能将油管道装在蒸汽管道以下。油管法兰要有隔离罩。汽轮机前箱下部要装有防爆油箱。

（2）尽可能将油系统的液压部件，如油动机、滑阀等远离高温区，并尽量装在热力设备或阀门下边，至少要装在这些管道阀门的侧面。

（3）靠近热管道或阀门附近的油管接头，尽可能采取焊接来代替法兰和丝扣接头。法兰的密封垫采用夹有金属的软垫或耐油石棉垫，切勿采用塑料石棉垫。

（4）表管尽量减少交叉，并不准与运转层的铁板相接触，防止运行中振动磨损。浸泡在污垢中的油压力表管，要经常检查，清除污垢，发现腐蚀的管子应及早更换。

（5）采用套装油管，将油泵、冷油器和它们之间的相应管道放在主油箱内。

（6）对油系统附近的主蒸汽管道或其他高温汽水管道，在保温层外加装铁皮，并特别注意保温完整。

（7）应使主油箱的事故放油门远离主油箱，至少应有两个通道能到达。事故油箱放在厂房以外的较低位置。

（8）如发现油系统漏油时，必须查明漏油部位，漏油原因，及时消除，必要时停机处理。渗到地面或轴瓦上的油要随时擦净。

（9）高压油管道安装前，必须进行耐压试验。

（10）汽缸保温层已浸油时，要及时更换。

（11）当调速系统大幅度摆动时，或者机组油管发生振动时，应及时检查油系统管道是否漏油。

26 油系统着火无法控制而紧急停机过程中，应注意哪些问题？

答：若由于油系统喷油引起大火而无法扑火，而且严重威胁机组安全运行时，应立即破坏真空，紧急停机。在停机过程中应注意：

（1）当机头被大火封住，人员确实不能靠近时，可按远方停机按钮紧急停机，迅速关闭主汽门，并检查转速下降情况。

（2）停机时严禁启动高压油泵。必要时可启动润滑油泵投入运行。为减少喷油，尽可能维持较低的润滑油压。待汽轮机转子静止后，立即停止润滑油泵的运行。

（3）确认发电机已经解列，转速在下降的情况下，或火势很大并严重危及主油箱时，应立即开启主油箱放油门排油。转子未静止之前，应维持主油箱的最低油位，并进行发电机的排氢工作。联系电气、热工切除着火区设备电源；待氢压降低至 0.02MPa，并且机组转速降至1200r/min以下时，立即向发电机充入CO_2置换氢气，应尽量保持定子冷却水系统运行。

(4) 电气设备着火时，应立即断开该设备电源，然后再进行灭火。对可能带电的设备以及发电机、电动机等，应使用干式灭火器、二氧化碳灭火器或1211灭火器灭火。严禁用水和泡沫灭火器灭火。

27 汽轮机润滑油压和主油箱油位同时下降是什么原因？如何处理？

答：润滑油油压和主油箱油位同时下降主要是油系统大量向外漏油，如压力油管（外露部分）破裂、法兰处漏油、冷油器铜管破裂、放油门误开等引起大量跑油。

当油压和油箱油位同时下降时应采取以下措施：

(1) 检查油系统管道是否破裂漏油，立即联系设法处理，并采取临时措施防止漏油到高温管道上引起着火。同时给油箱补油，如果补油无效，运行中不能处理漏油或有引起火灾威胁机组运行时，应立即打闸停机。

(2) 检查冷油器铜管是否破裂漏油，如果冷油漏油，应采取措施将冷油器解列，但在解列过程中一定要注意防止断油，保证另一台冷油器的正常运行，保证轴承的润滑，再进行相应的处理。

(3) 检查如果是油系统放油门或油箱底部放水门误开，应立即关闭，并补油使油箱油位恢复正常。

(4) 当漏油无法处理，油箱油位低至最低限值时，应立即打闸，按照紧急停机处理。

(5) 不论哪种情况，若润滑油压降至0.07MPa以下时应紧急停机，并立即启动交流或直流润滑油泵。

28 汽轮机润滑油压下降，主油箱油位不变如何处理？

答：汽轮机润滑油压下降，主油箱油位不变的处理：

(1) 首先严密监视各轴承油温及运行情况，再启动一台润滑油泵。如果是调速油压降低，可启动高压油泵，或根据情况调整负荷。

(2) 检查主油泵工作是否异常，主油泵入口压力是否比正常低，是否主油泵入口射油器工作不正常或入口有杂物堵塞。发现异常应立即联系处理，如果运行中不能处理，影响机组正常运行，应立即停机后进行处理。

(3) 汽轮机油系统是油涡轮结构时，当主油泵、涡轮泵故障或者当溢油阀工作失常时，迅速联系处理。

(4) 检查油箱或机头内以及轴承压力油管是否漏油。如漏油严重，必要时停机处理。

(5) 检查备用油泵的出口逆止门是否不严而使压力油短路，或油泵出口过压阀误动，如有异常应立即采取措施。

(6) 冷油器切换操作不当造成油压下降时，立即恢复原冷油器运行，备用冷油器充分注油排空后再进行切换。

(7) 当电网周波降低，引起主油泵出力下降时，汇报值长，并根据调度指令处理故障，必要时启动直流润滑油泵。

(8) 不论哪种情况，若润滑油压降至0.07MPa以下时应紧急停机，并立即启动交流或直流润滑油泵。

29 润滑油油压正常，主油箱油位下降时如何处理？

答：(1) 首先检查油位计是否正常，不正常时联系处理。

(2) 油箱滤网堵塞时，联系检修清理。

(3) 当外部回油管路、事故放油门、油箱放水门等油系统阀门未关严或误开造成跑油时，迅速关闭。

(4) 冷油器泄漏时切换为备用冷油器运行。

(5) 油净化装置液位高溢油时，调整运行状况或解列油净化装置运行。

(6) 若短时间故障不能消除，油箱油位降至一定液位以下补油无效时，应紧急停机。

30 汽轮机润滑油系统进水引起主油箱油位升高的原因有哪些？如何处理？

答：主油箱油位升高的原因主要是油中进水，油中进水有以下原因：

(1) 汽封压力过高使蒸汽呲入轴承油中。

(2) 轴封抽汽器工作不好或出力不够。

(3) 停机后冷油器水压大于油压，使冷却水漏到油中。

处理：发现油箱油位升高，应进行油箱底部放水，并联系化验油质。加强汽封压力的调整，检查轴封抽汽器的工作情况或再启一台轴封抽汽器。停机后停润滑油泵前，关闭冷油器冷却水门。

31 汽轮机润滑油系统辅助油泵工作失常如何处理？

答：(1) 停机前发现交、直流润滑油泵都不能正常运行而主机无严重危险，则应保持机组空负荷运行，直到修好油泵后再进行停机。

(2) 启动或停机过程中在转速较低的情况下，交、直流润滑油泵同时发生故障不能维持油压时，应立即启动油泵、顶轴油泵前置泵及顶轴油泵，破坏真空紧急停机。在转速高于2850r/min以上主油泵已开始工作，主油泵出口压力达1.3MPa以上时应尽快升速到3000r/min，保持空负荷运行直到油泵修好为止。

(3) 为了及时发现辅助油泵隐患，在打闸前启动交、直流润滑油泵，确证油泵运行正常后打闸停机。

(4) 做好辅助油泵的定期试验。

32 汽轮机消除油膜振荡应采取哪些措施？

答：消除油膜振荡应从两方面考虑：消除轴颈扰动过大和提高轴瓦稳定性。

(1) 减小轴瓦顶隙。无论是圆筒形瓦、椭圆瓦和三油楔瓦，减少轴瓦顶隙都能显著提高轴瓦稳定性。它比提高轴瓦比压和减少长径比等措施更为有效。

(2) 换用稳定性较好的轴瓦。一般来说椭圆瓦具有两个承载区，所以也叫两油楔轴瓦，它的稳定性较圆筒瓦好，但承载能力不好。三油楔瓦具有三个承载区，稳定性最好，但承载能力降低，一般用在高速轻载的轴瓦上。

(3) 增加上瓦钨金宽度。在减少轴瓦顶隙的同时，增加上瓦钨金宽度或完全填满，由此可以显著增加上瓦油膜力，提高轴瓦偏心率。

（4）刮大两侧间隙。刮大轴瓦两侧间隙往往与减少顶隙同时进行。

（5）减少轴瓦长径比、降低油的黏度和调整轴承座标高也能提高轴瓦稳定性。

33 汽轮机组发生振动的原因有哪些？

答：汽轮机发生振动的原因有：

（1）由于机组在运行中中心不正而引起的振动。

1）机组启动时，如暖机时间不够，升速或加负荷太快，将引起汽缸受热膨胀不均匀，或者滑销系统卡涩，使汽缸不能自由膨胀，均会使汽缸转子相对歪斜，机组产生不正常的位移，而引起振动。

2）机组在运行中若真空下降，将使排汽缸温度升高，后轴承上抬，因而破坏机组的中心，引起振动。

3）靠背轮安装不正确，中心没有找准确，因此运行中发生振动，且此振动是随负荷增加而增大。

4）机组蒸汽温度超过额定值的情况下，使其膨胀差和汽缸变形增加，如高压轴封向上抬起等，这样会造成中心移动而引起振动。

（2）由于转子质量不平衡而引起振动。

1）运行中叶片折断、脱落或不均匀磨损、腐蚀、结垢，使转子发生质量不平衡。

2）转子找平衡时，平衡质量选择不当或安装位置不当、转子上某些零部件松动、发电机转子线圈松动或不平衡等，均会使转子质量不平衡。

（3）由于转子发生弹性弯曲而引起振动。转子发生弯曲，即使不引起动、静部分摩擦，也会引起机组振动。

（4）由于轴承油膜不稳定或受到破坏而引起振动。油膜不稳定或油膜破坏，将会使轴瓦烧毁，从而引起因受热而使轴颈弯曲，以致造成激烈振动。

（5）由于汽轮机内部发生摩擦热引起振动。工作叶片和导向叶片相摩擦，以及通流部分轴向间隙不够或安装不当；隔板弯曲，叶片变形等等均会引起摩擦而产生振动。

（6）由于水冲击而引起振动。当蒸汽中带水进入汽轮机，发生水冲击时，将造成转子轴向推力增大和产生很大的不平衡扭力，使转子产生剧烈振动。

（7）由于发电机内部故障而引起振动。如发电机转子与定子之间的空气间隙不均匀、发电机转子线圈短路等，均会引起机组振动。

（8）由于汽轮机机械安装部件松动而引起振动。汽轮机外部零件如地脚螺丝、基础等松动会引起机组振动。

34 汽轮机振动会造成什么危害？

答：运行中汽轮机振动会造成以下危害：

（1）端部轴封磨损：低压端部轴封磨损，密封作用破坏，空气漏入低压缸内，影响真空；高压端部轴封磨损，从高压缸向外漏汽量增大，会使转子局部受热而发生弯曲；蒸汽进入轴承中使油质乳化。同时漏汽量大影响机组经济性。

（2）隔板汽封磨损。隔板汽封磨损严重时，将使级间漏汽增大，除影响经济性外，还会使轴向推力增大，致使推力瓦钨金溶化。

（3）滑销磨损。滑销严重磨损时，影响机组的正常热膨胀，从而引起其他事故。
（4）轴瓦钨金破裂，紧固螺钉松脱、断裂。
（5）转动部件的耐劳强度降低，将引起叶片、轮盘等损坏。
（6）发电机、励磁机部件松动、损坏。
（7）调速系统不稳定。

35 汽轮机组异常振动如何处理？

答：机组发生异常振动时应立即检查：
（1）油温、温压是否变化及各轴承钨金温度及进油温度。
（2）主蒸汽、再热蒸汽压力及温度以及汽轮机真空等是否变化。
（3）高、中压缸金属温差、胀差、绝对热膨胀、轴向位移是否变化。
（4）机组背压、低压缸排汽温度是否正常。
（5）发电机运行情况是否变化。
（6）停机后检查大轴弯曲值。
异常振动时的处理为：

（1）如果在汽轮机启动期间发生振动过大，不应让机组长时间运行在临界转速区。如振动过大发生在加负荷期间，应停止加负荷而维持汽轮机原负荷运行，应查出原因并消除。如在升速期振动超限，应停机检查，不得降速运行。

（2）机组发生强烈振动，振动增大到0.08mm，或听到清晰的金属摩擦声时，立即破坏真空紧急停机。

（3）在机组启动升速过程中，应有专人监视各轴承的振动，如有异常查明原因处理，在1600r/min暖机前，瓦振超过0.03mm或轴振动超过0.12mm时，应立即打闸停机；过转子临界转速时应迅速通过且过临界转速轴承振动超过0.10mm，或相对轴振动值超过0.25mm，应立即打闸停机，严禁强行通过临界转速或降速暖机。

（4）机组运行中要求瓦振不超过0.03mm或轴振不超过0.08mm，超过时应设法消除。当轴振动大于0.250mm，应立即打闸停机。

（5）加、减负荷过程中发生振动，当振动缓慢增加，应汇报值长调整负荷，调整无效，振动突增0.05mm，应立即破坏真空打闸停机。

36 引起汽轮机主轴弯曲的原因有哪些？

答：引起汽轮机主轴弯曲的原因有：

（1）由于主轴和静止部件摩擦而引起弯曲。主轴与静止部件发生摩擦，在摩擦点附近，主轴因摩擦发热而膨胀，产生反向压缩应力，促使主轴弯曲。

（2）由于制造和安装不良引起轴弯曲。在制造过程中，因热处理不当或加工不良，主轴内部还存在着残余应力。在主轴装入汽缸后，运行过程中这个残余应力会局部或全部消失，致使轴弯曲。

（3）由于检修不良引起大轴弯曲。

1）通流部分轴向间隙调整不合适，使隔板与叶轮或其他部分在运行中发生单面摩擦，大轴产生局部过热而弯曲。

2）轴封间隙、隔板汽封间隙过小或不均匀，启动后与轴发生摩擦而造成轴弯曲。

3）转子中心没有找正，滑销系统没有清理干净，或者转子质量不平衡没有消除等原因，在启动过程中产生较大的振动，使主轴与静止部分发生摩擦而弯曲。

4）汽封门或调速汽门检修质量不好，有漏汽，汽轮机在停机过程中，因蒸汽漏入汽轮机内使轴局部受热而弯曲。

（4）由于运行操作不当而引起轴弯曲。

1）汽轮机转子停转后，由于汽缸与转子冷却速度不一致，以及下汽缸比上汽缸冷却速度快，形成上、下缸温差，因而转子上部较下部热，转子下部收缩的快，致使主轴向上弯曲，这属于弹性弯曲，等上、下缸温差消失后，转子恢复原状。

2）停机后，轴弹性弯曲尚未恢复原状又再次启动，而暖机时间又不够，轴仍处于弹性弯曲状态，这样启动后会发生振动。严重时主轴与轴封片发生摩擦，使轴局部受热产生不均匀的热膨胀，引起永久弯曲变形。

3）在汽轮机启动时，转子尚未转动就向轴封送汽暖机，或启动时抽真空过高使进入轴封的蒸汽过多，送汽时间过长等，均会使汽缸内部形成上热下冷，转子受热不均匀而产生弯曲变形。

4）运行中发生水冲击，转子推力增大和产生很大的不平衡扭力，使转子剧烈振动，并使隔板与叶轮、动叶与静叶之间发生摩擦，进而引起弯曲。

37 如何预防汽轮机主轴弯曲事故？

答：（1）当发现有汽轮机水冲击现象时，立即打闸停机。

（2）严格执行振动大停机规定。

（3）高中压外缸上、下缸温差大于50℃，高压内缸上、下缸温差大于35℃时，严禁冲转。

（4）汽轮机启动时加强疏水，严密监视机组振动、胀差、轴向位移，发现异常及时打闸。

（5）连续盘车4h以上时，转子偏心度超限恢复到正常值方可冲车。

（6）如果主、再热汽温突降，达到规定值，严格执行紧停。

（7）停机测量转子弯曲值，若确认转子弯曲，可进行闷缸处理或手动盘车180°直轴，正常后方可投入连续盘车。

（8）电动盘车不动时，严禁强行盘车。若盘车盘不动应进行闷缸处理。

38 机组启停过程中防止主轴弯曲的措施有哪些？

答：机组启停过程中为防止主轴弯曲应做到以下几点：

（1）汽轮机冲转前一定要连续盘车4h以上不得间断，并测量转子弯曲值不大于原始值0.02mm。

（2）在冲转过程中，严密监视机组振动，转速在一阶临界转速以下振动达0.03mm以上，过临界转速时振动达0.1mm以上，应立即打闸停机。测量轴弯曲值，正常后方可再次启动。

（3）冲转前对主蒸汽、再热蒸汽管、汽门联箱进行充分暖管疏水。转速达3000r/min后关小主汽管道疏水，保证缸体疏水畅通。

（4）投法兰螺栓加热装置时，不允许汽缸法兰上下、左右温差交叉变化和超过规定值。

（5）锅炉燃烧不稳定时，严密监视主汽、再热汽温度，如急剧变化，10min 内变化 50℃，应立即打闸。

（6）加强除氧器、凝汽器、各加热器水位监视，防止冷汽或水倒入汽缸。要执行汽轮机水冲击预防的所有规定。

（7）运行人员应掌握机组原始偏心值、正常盘车电流值、各轴承顶轴油压、正常惰走曲线及各状态启、停机曲线。

（8）机组启、停机期间，轴封压力控制不得低于 110kPa，若其他工况稳定时，真空下降，应提高轴封压力但轴封不得向外冒汽，尤其是汽轮机切缸前及打闸停机后应特别注意轴封压力的控制。

（9）启、停机时，严格按启停机记录本的要求记录各数据。

（10）停机后检查惰走曲线并与典型惰走曲线对照，发现异常及时查找原因。

（11）大小修后首次启动盘车，记录转子原始偏心及最高点的圆周相位。以后每次启机前、停机后都应对比，发现异常应分析处理。

（12）严格执行启、停机中盘车的规定。

（13）若停机后，盘车盘不动，禁止采用行车强制盘车，应采取以下闷缸措施：

1）维持润滑油、顶轴油系统运行。

2）破坏真空，真空到零后停止轴封供汽。

3）严密关闭汽轮机各抽汽电动门及电动门前疏水门。

4）关闭 VV 阀。

5）关闭主汽门上、下阀座疏水、中压主汽门阀座疏水。

6）关闭补汽阀导汽管疏水门。

7）关闭至排汽装置的所有疏放水门。

8）严密监视和记录汽缸各部分的温度、温差和转子晃动随时间的变化趋势。

9）当汽缸上、下温差小于 50℃时可手动试盘车，若转子能盘动，可盘转 180°，进行自重法校直转子。

10）热态启动一定要先送汽封后抽真空，汽封系统要充分暖管疏水。

39 汽轮机发生水冲击有什么现象？

答：运行中汽轮机发生水冲击的现象有：

（1）主蒸汽或再热汽温度直线下降。

（2）上、下缸温差明显增大。

（3）自动主汽门、调速汽门及汽缸结合面大量冒白汽。

（4）汽轮机发生振动或发生水击声。

（5）进汽和抽汽管道发生振动和水击声。

（6）轴向位移增大，胀差增大，推力瓦温度升高。

（7）盘车状态下盘车电流增大。

（8）各段抽汽管道上防进水热电偶之间温差大于 40℃。

40 汽轮机发生水冲击的原因有哪些？

答：汽轮机发生水冲击的原因有：

（1）水煤比失调，分离器或汽包满水。

（2）机组增加负荷过快，造成蒸汽流量增大过快，使蒸汽带水。

（3）锅炉调整减温水不当，使汽温急剧下降。

（4）汽轮机启动时疏水未排净或暖管不充分。

（5）加热器、除氧器满水，逆止门不严从抽汽管道返水。

（6）高压旁路减温水误开、控制不当或减温水隔离阀、调整门不严，通过冷再热管道进入汽缸。

（7）轴封系统蒸汽汽源温度过低、减温器调节失常、疏水不良，轴封汽源带水或轴加满水进入汽封。

（8）排汽装置或前置凝汽器水位过高。

（9）DEH 或一次测温元件故障，造成误判断。

41 汽轮机发生水冲击如何处理？

答：汽轮机发生水冲击的处理：

（1）立即破坏真空，紧急停机。

（2）立即打开所有的主、再热蒸汽管路、导管及汽缸疏水门。

（3）记录惰走时间，惰走时仔细倾听汽缸内声音，检查（并记录）轴向位移、胀差、轴承回油温度及推力瓦块温度，倾听机组声音及监视振动。

（4）若因加热器泄漏满水引起，应迅速关闭进汽汽门，切除故障加热器。

（5）发生水冲击停机后，若惰走时间正常，机组内部无异音、振动无明显增大，高、中压缸上下缸温差小于 50℃时，可重新启动，但在启动前必须加强疏水和暖管工作。在升速过程中，应密切注意振动，各部正常后方可接带负荷。

（6）发生水冲击而停机后，如果电动盘车不动或摩擦严重时，禁止强行盘车，应手动进行 180°盘车直轴，并及时汇报有关领导。

42 预防汽轮机水冲击事故，在运行维护方面应采取哪些措施？

答：在运行维护方面应采取以下措施：

（1）当主汽压力和主、再热汽温度不稳定时，尤其在锅炉有切换设备运行或减温水自动失灵时，应特别注意监视汽温、汽压的变化，如汽温降到允许值以下或直线下降 50℃时，立即执行紧急停机。

（2）任何时候都要严密监视汽缸温度的变化，运行中严密监视加热器、除氧器水位，杜绝满水；停机后注意凝汽器水位，如果发现有进水的危险，立即采取措施。

（3）热态启动前一定保证主汽、再热汽管道及缸体的疏水畅通。保证轴封供汽系统的疏水畅通。

（4）启动中如果蒸汽参数不符合要求，不能冲转。滑参数停机时，汽温、汽压一定要按照规定逐渐降低。

(5) 定期检查校对加热器水位高报警和保护；定期进行抽汽逆止门活动试验。保证疏水通畅，维持排汽装置水位正常。

(6) 加热器水位、除氧器水位调整要平稳，水位报警及保护要可靠。

(7) 定期校验汽缸温度测点，各段抽汽管道上防进水热电偶定期校验，以保证数值显示正常。

(8) 启动和低负荷时，不得投运再热器减温水。在锅炉灭火或机组甩负荷时，要立即切断减温水。

(9) 停机后发现上、下缸温差大时，立即查明原因，闷缸处理，不得开启汽缸疏水门。

43 汽轮机叶片损坏的原因有哪些？

答：汽轮机叶片损坏的原因有：

(1) 叶片振动特性不合格，运行中发生共振。

(2) 设计不当，拉筋、围带有缺陷。

(3) 材料不良或加工工艺不过关。

(4) 周波不稳或过负荷运行。

(5) 蒸汽温度过高或过低。

(6) 汽轮机发生水冲击。

(7) 机组振动大而长时间运行。

(8) 停机后汽缸进湿汽，造成腐蚀。

(9) 发生动、静摩擦等。

44 汽轮机运行中叶片或围带脱落有哪些象征？

答：汽轮机运行中叶片或围带脱落的象征有：

(1) 单个叶片或围带飞脱时，可能发生撞击声或尖锐的声响，并伴随着突然振动，有时会很快消失。

(2) 当调节级复环铆钉头被导环磨平，复环飞脱时，如果堵在下一级导叶上，则将引起调节级压力升高。

(3) 当低压末级叶片或围带飞脱时，可能打坏凝汽器铜管，使凝结水硬度增大，凝汽器水位升高。

(4) 由于末几级叶片不对称的断落时，造成转子不平衡，会引起振动明显增大。

(5) 机组振动可能明显增大，或发生强烈振动。

(6) 调速级压力、轴向位移、推力轴承瓦块温度或某抽汽压力发生异常变化，有金属撞击声，或盘车时有摩擦声。

45 汽轮机掉叶片如何处理？

答：(1) 通流部分发生清晰的金属响声并发生强烈的振动时，应立即紧急停机。

(2) 掉叶片后若振动明显增大应紧急停机。

(3) 停机时注意倾听内部声响，记录惰走时间，如果摩擦严重或电动盘车不动，禁止强行盘车，应汇报有关领导。

46 为防止汽轮机叶片损坏，可采取哪些措施？

答：为防止汽轮机叶片损坏，可采取的措施为：

（1）电网应保持正常的周波运行，避免周波的波动，以防某几级叶片落入共振区。

（2）蒸汽参数和各段抽汽压力、真空超过设计值，应限制机组的出力。

（3）在机组大修中，应对通流部分损伤情况进行全面细致的检查，这是防止运行中掉叶片的主要手段。

（4）严防汽轮机超速和发生水冲击。

（5）加强汽水品质监督，防止叶片结垢腐蚀。

（6）加强汽轮机停机后的保养。

47 汽轮机真空下降的原因有哪些？

答：真空下降的原因有：

（1）循环水泵故障。水泵吸入管处漏气或入口滤网堵塞以及水池水位低，出口门误关等，使冷却水量减少或中断。

（2）抽气装置发生故障，不能正常抽气，如射水抽气器的水压不足，混合冷却的蒸汽抽气器虹吸作用被破坏，表面冷却的蒸汽抽气器冷却水量不足、疏水不畅等。

（3）凝汽器铜管脏污，使传热效果降低或铜管堵塞。

（4）凝汽器水位升高，淹没了部分铜管或抽气口。

（5）真空系统不严密，漏入空气。

（6）排汽缸安全门有破损漏空。

（7）凝汽器热负荷太大。

48 防止真空降低引起设备损坏事故应采取哪些措施？

答：防止真空降低引起设备损坏事故应采取以下措施：

（1）加强运行监视，保持凝汽器水位正常，凝汽器水位自动调整装置应投入。

（2）注意汽封压力调整。具有两个以上排汽缸的大型机组，进入每个排汽缸的汽封进汽管上应有调整分门，以防进汽分配不均。汽封压力应投入自动调整。

（3）循环水泵、凝结水泵、抽气器应有备用设备，以便在需要时能进行切换，或联锁自动投入运行。

（4）循环水量和凝汽器进水温度应符合设计要求。

（5）加强对循环水质的监督，经常保持凝汽器铜管的清洁，加强对胶球清洗装置的运行维护，使其经常保持正常运行。

（6）严格检修工艺要求，保证真空系统的严密性符合要求。

（7）加强对冷却塔等冷却设备的运行维护，以提高冷却效果。

（8）低真空保护装置应投入运行，整定值应符合设计要求，不得任意改变报警、停机的定值。

49 空冷机组背压升高的原因是什么？

答：背压升高原因为：

(1) 空冷系统运行不正常。

1) 空冷系统投自动时，控制系统失灵。部分冷却风机故障跳闸，设法恢复。若无法恢复时，应根据背压升高情况减负荷。

2) 全部冷却风机故障跳闸，无法恢复时，紧急停机。

3) 自密封系统工作失常，汽封压力无法维持，应立即切换备用汽源供汽，维持汽封压力，并注意轴封供汽溢流站工作是否正常，否则手动调整。

4) 轴封加热器水位及负压异常，检查轴加U型管水封是否正常，轴加风机入口门调整至合适开度。

5) 检查给水泵汽轮机（小机）轴封系统进汽门是否误关，若误关应立即开启，若汽封压力低则应相应调整汽轮机组（主机）汽封压力。

(2) 水环真空泵工作失常。

1) 若由于运行泵自身故障而引起背压升高，切换备用泵运行。

2) 若由于水环真空泵补水不正常而引起背压升高，检查分离器水位是否正常，如补水电磁阀故障引起水位降低，可开启电磁阀旁路手动门补水至正常，切换为备用泵运行。

3) 若水环真空泵冷却水中断或冷却水循环泵故障，立即恢复冷却水或联系检修处理故障循环泵，并切换备用泵运行。

(3) 前置凝汽器工作失常。

1) 前置凝汽器满水或水位过高，应检查前置凝汽器是否泄漏，若泄漏应立即退出运行。

2) 检查热网循环水量是否减少或中断，若热网循环水中断，则应立即投入空冷备用列运行。

(4) 其他原因。

1) 误开旁路门或误开真空破坏门、放水门及其他负压系统各阀门时，迅速关闭。

2) 负压系统漏空时，应对负压系统运行的设备、系统阀门全面检查，发现泄漏及时处理。

3) 若暖风器疏水、热网疏水至排汽装置管道漏空，立即关闭疏水至排汽装置门，开启排地沟门，待故障处理后再将疏水倒至排汽装置。

4) 空冷散热片脏污，应联系检修人员冲洗。

5) 遇有大风，抑制空冷风机的出力，应迅速减负荷。

6) 锅炉启动疏水至排汽装置门与至废水系统门同时开启或锅炉启动疏水箱无水而开启疏水至排气装置门，应立即关闭疏水至排气装置门。

50 厂用电部分中断的现象是什么？如何处理？

答：厂用电部分中断的现象为：

(1) 事故信号响，掉闸电源开关及各负荷开关掉闸灯闪烁。

(2) 该段所带设备掉闸，电流指示表到零。

厂用电部分中断处理：

(1) 立即启动备用设备，复位失电设备，并尽快恢复电源，尽量维持原运行方式。

(2) 加强对汽轮机的调整检查，无法运行时打闸停机。

(3) 查明掉闸原因，消除故障后尽快恢复。

(4) 如果主要辅助设备掉闸，要减负荷运行。

(5) 若保护动作，做好防止锅炉灭火、打炮的措施。

51 厂用电全部中断的现象是什么？如何处理？

答：厂用电全部中断的现象为：

(1) 事故信号响，掉闸电源开关及各负荷开关掉闸灯闪烁。

(2) 所有交流电动机跳闸，电流指示表到零。

(3) MFT、汽轮机跳闸，负荷到零。

(4) 汽温、汽压、背压升高。

(5) 机组及机房声音失常，事故照明亮。

厂用电全部中断处理：

(1) 处理过程中主要防止汽轮机超速、烧瓦及大轴弯曲，防止氢气泄漏引起氢气爆炸。

(2) 检查汽轮机高、中压主汽门、调汽门、高排逆止门、各抽汽逆止门、抽汽电动门已关闭。检查高排通风 VV 阀已开启，检查机组润滑油、密封油压力正常。

(3) 检查直流系统充电装置和 UPS 供电正常。

(4) 检查保安段柴油发电机自启动成功，否则手动启动柴油发电机。

(5) 保安段失电时，检查直流润滑油泵、直流密封油泵联启正常。尽快启动柴油发电机接带保安段，检查保安柴油发电机出口开关及保安 A、B 段柴油机电源进线开关合闸正常，各保安 MCC 供电正常。

(6) 保安段电压正常后，优先启动大、小机交流润滑油泵、主机交流密封油泵、顶轴油泵、盘车，再分批启动保安段负荷。

(7) 切除进入排汽装置的汽源、水源。

(8) 将汽封供汽切换为辅助汽源带，保证轴封供汽。单机运行可将轴封供汽切至冷再供，但需注意调节轴封压力。

(9) 汽轮机惰走期间应注意倾听机组各部分声音正常，汽轮机的高、低压缸差胀、振动、轴向位移、偏心度、盘车电流应正常，并确认各轴承回油温度下降。如果汽轮机有异常，手动打开真空破坏门，破坏真空紧急停机，并注意比较惰走时间。

(10) 停机后若不能盘车，设法手动定期盘车。

(11) 厂用电恢复后，应全面检查，无异常后方可逐步启动设备。

(12) 恢复后，排汽缸温度高于 50℃时不能启动循环水泵给凝汽器通水。

52 汽轮机负荷骤变的原因有哪些？

答：汽轮机负荷骤变的原因是：

(1) 汽轮机控制系统失常。

(2) 调速汽门工作失常或脱落。

(3) 高、低压旁路误动。

(4) 回热抽汽突然停运。

(5) 电网频率异常变化。

(6) 锅炉运行异常。

（7）发电机振荡或失步。

（8）EH 油压波动。

53 汽轮机负荷骤变如何处理？

答：汽轮机负荷骤变的处理：

（1）负荷骤变，应立即检查，目标负荷、给定负荷、实际负荷情况，如在协调控制方式下，协调控制掉，负荷应在阀控状态下，通过阀控将负荷恢复至原始值，并应检查下列各参数：

1）推力瓦块温度和回油温度是否正常。

2）汽轮机轴向位移、胀差、振动正常有无异常。

3）主蒸汽、再热蒸汽温度和压力、油温、真空是否正常。

4）检查抗燃油压、油位是否正常。

5）检查轴向位移指示及汽轮机各轴振、瓦振情况。

6）检查各加热器水位。

7）检查 DEH、信号装置有何信号发出，如误发应联系热工进行检查处理。

（2）若为电网振荡引起机组负荷骤变，应使机组负荷不超过最大保证负荷，并将汽机控制方式切至“手动”方式。应加强对转机设备运行情况的检查并做好发电机被迫解列时，汽轮机超速和厂用电中断的事故预想；若因周波变化大引起机组振动明显增大，应向值长提出停机申请，以免造成通流部分损坏。

（3）若系发电机励磁系统故障造成失步，按电气事故处理规程处理。

（4）如是锅炉运行异常而引起，要相应调整汽轮机进汽量，稳定蒸汽参数。

（5）如是电网频率异常变化而引起，应尽可能适应负荷要求，但要防止超负荷运行。

（6）当控制系统工作不正常引起负荷骤变，应将功率反馈回路和高压缸第一级压力反馈回路切除。若不能消除机组负荷晃动，则应将汽机控制方式切至“手动”方式并立即联系热控人员处理。

（7）如果负荷波动是因 EH 油压波动引起时：若 EH 油箱油位低时补油至正常油位，若 EH 油泵工作失常，EH 备用油泵应自联动，停止故障泵，联系检修人员检修；若不能立即消除 EH 油压的波动，又不能维持机组的正常运行，应减负荷停机。

（8）调节汽门的脱落应根据允许的蒸汽流量带负荷，调节汽门卡涩时不能强行增减负荷。

（9）注意检查除氧器压力、水位、排汽装置水位、轴封系统是否正常。

54 汽轮机及其辅机系统管路故障的原因有哪些？

答：管路故障的原因有：

（1）冲刷减薄、疲劳损伤、焊接不良、振动等。

（2）选材不合理、支吊架不合理。

（3）操作不当引起超温、超压、水冲击等。

55 汽轮机及其辅机系统管路故障如何处理？

答：管路故障的处理：

（1）当管路发生故障时，应立即采取措施，防止危急设备及人身安全，迅速隔离故障点。

（2）主蒸汽、再热蒸汽及高压给水管路破裂危及人身及设备安全时，应立即紧急停机，并迅速切断故障管路，注意切勿乱跑，防止烫伤，开启必要的疏、放水门等。

（3）蒸汽管路发生异常振动时，应检查疏水和暖管情况及支吊架是否牢固，必要时停止该管路或降低负荷。

（4）高压加热器部分给水管破裂时应停止其运行，应设法消除和减少泄漏，如严重影响运行时则应停机。

（5）凝结水等中压管道破裂时，应设法消除减少泄漏，如严重影响运行时应停机。

（6）闭式循环冷却水管路故障时，应切除故障管路，或在运行中处理；如不能处理时，则应停机。

（7）抗燃油管路破裂时，应立即切除故障管路，如不能消除，应紧急停机处理。

56 热工表计操作电源中断的现象是什么？如何处理？

答：热工表计操作电源中断的现象为：

（1）热工表计指示无数值显示。

（2）机房声音正常，照明、负荷及转速无明显变化。

热工表计操作电源中断的处理：

（1）联系热工、电气恢复电源。

（2）尽量稳定机组负荷及工况。

（3）根据就地主汽压力表的变化，相应降低负荷。

（4）密切注意汽温变化，十分钟内或直线下降50℃时，立即打闸停机。如机组保护误动作，应按一般故障停机处理。

（5）在30min内电源未恢复或失电后导致汽轮机运行异常，应打闸停机。

57 汽轮机调速汽门失常的原因是什么？如何处理？

答：调速汽门失常的原因是：

（1）调速汽门高压抗燃油入口滤网堵。

（2）调汽门供油管路泄漏或供油阀门误关。

（3）快关电磁阀卡涩。

（4）门芯脱落或阀座上升。

（5）弹簧折断。

（6）汽门卡涩或杂物掉入。

（7）调汽门油动机故障，伺服阀故障或泄漏。

（8）DEH热工元件或控制单元故障。

调速汽门失常的处理：

（1）汽轮机冲转过程中遇到调门突开、突关，为防止超速应立即打闸停机；正常运行中出现高调门突开，根据机组情况减少燃料量降低机组负荷，以防止机组过负荷。

（2）注意检查机组振动、胀差和轴位移等主参数是否正常。

（3）发生故障时，应检查调速汽门后压力与调门开度以及高压进油滤网压差指示器和DEH信号装置，判定调速进汽门的工作情况。

（4）调速汽门故障时，可用改变负荷的办法进行观察各调门实际行程与DCS显示行程变化及调汽门压力变化情况。

（5）若为伺服阀、油动机故障，应将供油管路隔离并联系检修处理，隔离时应缓慢关闭供油阀门，做好调阀突关的预想，尽量降低对机组的扰动。

（6）DEH调节系统故障时，应将汽轮机主控解手动，必要时将各调门均解手动，待热工处理完毕后恢复。

（7）开机时调速汽门维持不住3000r/min，禁止并网，应停机检查，查明原因，方可再次启动。

（8）如调速汽门机械发生故障或卡涩不能关闭，采取措施也无效，报告值长将负荷减到零后停机，负荷减不到零，禁止解列发电机。

（9）若调速汽门供油管泄漏，应及时隔离处理，若无法隔离申请停机处理。

（10）联系热工检查DEH热工元件或控制单元的故障。

58 汽轮机运行中蒸汽温度变化异常应如何处理？

答：蒸汽温度下降的处理：

（1）主蒸汽温度降低时，提升蒸汽温度。

（2）主、再热蒸汽温度下降至规程规定值时，开始降负荷。

（3）当蒸汽温度下降时，应开启高、中压调速汽门室疏水门，高、中压调速汽门后导管疏水门，汽轮机本体疏水门，抽汽隔绝门前疏水门。

（4）当主、再热蒸汽温度下降至极限时，故障停机。

（5）蒸汽温度下降过程中，如果出现温度骤降或在10min内温度下降超过50℃，立即故障停机。

（6）在蒸汽温度下降过程中，要特别注意胀差、轴向位移、振动的变化，超出标准立即故障停机。

（7）在蒸汽温度下降时，发现汽轮机有进水迹象时，按汽轮机进水处理。

蒸汽温度升高的处理：

（1）主、再热蒸汽温度升高时，应降低蒸汽温度。

（2）在蒸汽温度升高过程中，应注意不同超温时段的时间累计，避免出现累计时间超出允许值。

（3）当蒸汽温度升高至极限值时，应立即故障停机。

59 汽轮机运行中蒸汽压力变化时如何处理？

答：蒸汽压力下降的处理：

（1）蒸汽压力下降时，应提升蒸汽压力。

（2）蒸汽压力继续下降，应根据下降速度降低负荷。

（3）蒸汽压力下降，降负荷过程中禁止投入旁路系统，以免造成锅炉蒸汽压力恢复困难。

(4) 当蒸汽压力下降是由于锅炉灭火引起时，按锅炉灭火处理。

(5) 当蒸汽压力下降而蒸汽温度同时下降时，应以蒸汽温度下降处理为主。

(6) 由于锅炉故障，采取了上述措施而蒸汽压力不能恢复时，请示值长故障停机。

蒸汽压力升高的处理：

(1) 主蒸汽压力升高时应及时降低蒸汽压力。

(2) 主蒸汽压力超过允许值，无法恢复时，请示值长停机。

(3) 蒸汽压力升高至极限值，应故障停机。

60 汽轮机单缸进汽会造成什么危害?

答：对于多缸汽轮机，如果是单缸进汽，会引起轴向推力增大，造成推力瓦烧坏，产生动、静摩擦，所以单缸进汽时应立即打闸停机。

61 电网周波波动对汽轮机有什么影响? 应注意哪些问题?

答：周波的升高或降低对汽轮机的运行都是不利的，因为汽轮机叶片频率都调整在正常的电网频率时运行是合格的，所以电网周波过高或过低，都有可能使某几级叶片陷入共振区，造成应力明显增大而导致叶片疲劳断裂；还使汽轮机各级速度比离开最佳工况，热效率降低。低周波运行还容易造成机组、推力轴承、叶片过负荷运行，同时主油泵出口油压下降，可能造成因油压低而关闭主汽门等。

当电网周波波动时应注意以下几个问题：

(1) 当电网周波变化时，要严密监视机组的运行状况及运转声音是否有异常；加强监视机组的振动、轴向位移、推力瓦温度的变化。

(2) 当周波下降时，要特别注意调速油压的降低情况，必要时启动高压油泵。

(3) 当周波下降时，加强监视发电机定子和转子的冷却水压力、温度以及发电机进、出口风温的变化，及时调整保持正常值。

(4) 周波上升时，注意汽轮机的转速变化。

62 机组并网时，调速系统摆动大应如何处理?

答：机组启动并网时，调速系统摆动大应采取以下措施：

(1) 适当降低凝汽器真空。

(2) 启动高压油泵，使调速油压稳定。

(3) 降低主汽压力。

(4) 冲转升速当转速达 2850r/min 时稍做停留后，再缓慢升到 3000r/min。

(5) 如果调速系统摆动幅度很大，需立即停机。

第三节 电气事故处理

1 单元机组事故特点是什么?

答：(1) 单元机组容量较大，事故停运后，损失巨大。

(2) 单元机组事故造成设备损坏，维修较困难。

（3）单元机组机炉电联系密切，任一环节故障都将影响整个机组的运行。

（4）单元机组内部故障不影响其他机组正常工作，事故范围小。

（5）参数超限、管壁超温的设备事故占相当大的比例。

（6）由于自动装置及保护故障、不正确使用、停运等原因，造成设备损坏事故时有发生。

2　单元机组事故的处理原则是什么？

答：单元机组事故处理原则是：

（1）采取措施，迅速解除对人身及设备安全的直接威胁。

（2）切忌主观、片面地判断及操作，应尽快向相关人员反映及时处理。

（3）保持厂用电的正常供电。

（4）迅速、准确、果断地处理事故，避免和减少主设备的损坏。

（5）单元机组内部处理要尽量缩小范围，缩短启动恢复时间。

（6）机炉电是一个整体，要在值长的统一指挥下，统筹兼顾，全面考虑。

3　电力系统的短路是指什么？发生短路的危害有哪些？

答：所谓短路，是指相与相之间通过电弧或其他较小阻抗的一种非正常连接。在中性点直接接地系统中或三相四线制系统中，还指单相或多相接地（或接中性线）。

三相系统中发生短路的危害有：一方面，短路电流产生的热效应会损坏设备绝缘、甚至烧坏设备；另一方面，短路电流产生的电动力也会造成导体变形，设备发生机械损坏。对系统的危害是使供电受阻，甚至造成系统稳定的破坏，使之出现非故障部分的大面积停电。

4　什么是电力系统的振荡？

答：电力系统的振荡是指发电机与系统电源之间或系统两部分电源之间功角 δ 的摆动现象。振荡有同期振荡和非同期振荡两种情况，能够保持同步而稳定运行的振荡称为同期振荡；导致失去同步而不能正常运行的振荡称为非同期振荡。

5　电力系统短路和振荡的主要区别是什么？

答：电力系统短路和振荡的主要区别是：

（1）两者电气量的变化速率不同。短路时电流突升、电压突降，电流、电压值突然变化量很大；而振荡时系统各点电压和电流值均作往复性摆动，电流、电压等电气量的变化是缓慢的。特别是刚开始振荡时，电流、电压随送电系统的运行角的摆动作周期性变化，变化速率比短路时慢得多。

（2）振荡时，系统任何一点电流与电压之间的相位角都随功角 δ 的变化而改变；而短路时，电流与电压之间的相位角是基本不变的。

（3）两者不对称分量不同。短路时一般会有负序或零序分量出现；而振荡时三相是完全对称的，不会出现负序和零序分量。

6　当继电保护或自动装置动作后，值班人员应做哪些工作？

答：当继电保护或自动装置动作后，须有两个以上电气值班员检查动作情况，并认真做好记录后再恢复信号。电气值班员应记录如下内容：

（1）所有跳闸和自动合闸的开关名称。

（2）所有动作信号的名称、用途及回路编号。

（3）所有出现的光字牌及有关指示的名称。

（4）继电保护和自动装置动作的日期和时间。

（5）电流、电压、频率以及功率的指示和变化情况。

（6）继电保护或自动装置动作的原因。

必须指出，运行中继电保护或自动装置动作不论其动作行为是否正确，都应通知相关专业技术人员。

7 什么情况下应该停运整套微机继电保护装置？

答：在下列情况下应停运整套微机继电保护装置：

（1）微机继电保护装置使用的交流电压、交流电流、开关量输入、开关量输出回路作业。

（2）装置内部作业。

（3）继电保护人员输入定值。

8 在哪些情况下，保护装置的动作应认为是正确的？

答：如果在电力系统故障（接地、短路或断线）或异常运行（过负荷、振荡低频率、低电压、发电机失磁等）时，保护装置的动作符合设计、整定和特性试验要求，并能有效地消除故障或使异常运行情况得以改善，那么保护装置的动作应认为是正确的。

9 在哪些情况下，保护装置的动作应认为是不正确的？

答：在下列情况下，保护装置的动作应认为是不正确的动作。

（1）在电力系统故障或异常运行时，按保护装置动作特性、正确的整定值、接线全部正确，不应动作而误动作。

（2）在电力系统正常运行情况下，保护装置误动作跳闸。

10 发电机不正常运行状态有哪些？

答：发电机不正常运行状态主要有：不对称运行；对称过负荷；无励磁异步运行；电动机状态运行；冷却系统异常时的运行等。

11 造成氢冷发电机氢压降低的原因有哪些？

答：氢压降低的原因有：

（1）密封瓦的油压过低或供油中断。

（2）氢母管压力低。

（3）突然甩负荷引起发电机过冷却。

（4）密封瓦塑料垫破裂使氢气大量漏入油中。

（5）管子破裂或阀门泄漏。

（6）发电机定子引出线瓷套管或转子的密封破坏。

（7）误操作（如误开排氢阀）等。

12 什么情况下，发电机会转变为同步电动机运行？

答：汽轮发电机在运行中，由于汽轮机危急保安器动作而导致主汽门关闭，使得发电机失去原动力时，就会变成电动机运行状态。此时，发电机不能向系统发出有功功率，反而要从系统吸收一部分有功功率来维持本身的运转，同时，仍然向系统输送无功功率。

由于末级长叶片会因与空气摩擦而过热，决定了汽轮机不允许在无蒸汽工况下长时间运行，所以发电机不允许在电动机状态下长时间运行。

13 发电机变成电动机运行时，机组有哪些特征？

答：发电机变电动机运行时，机组有以下特征：

（1）汽轮机跳闸。

（2）发电机的有功功率表指针摆到零位附近，且指向负值。因为此时发电机从系统吸收有功功率以抵消维持同步运转所消耗的空载损耗。

（3）发电机的无功功率表指示升高。这是因为有功负荷突然消失后，发电机电压会升高，而系统电压不变，电压升高就会自动多带感性无功负荷。

（4）发电机的功率因数表指示进相。因为这时发电机吸收有功，发出感性无功。

（5）定子电流表指示降低。这是有功电流分量降低造成的。

（6）定子电压表及励磁回路的仪表指示正常。

（7）频率正常。

14 发电机变成电动机运行时，如何处理？

答：发电机变成电动机运行时，要确认逆功率保护正确动作，否则手动切换厂用电后解列灭磁。

15 什么是进相运行？进相运行时要特别注意哪些情况？

答：所谓进相运行，是指发电机向系统输送有功功率，但吸收无功功率的运行方式。我国原水利电力部 1982 年颁发的《发电机运行规程》中规定：“发电机是否能进相运行应遵守制造厂的规定。制造厂无规定的应通过试验来决定”。

进相运行要注意的问题有：系统稳定性降低问题；由发电机端部漏磁引起的定子发热问题以及发电机端电压下降问题等。

16 为什么进相运行时，发电机定子端部易发热？

答：这是因为发电机运行中，其定子端部和转子端部各有一个旋转的漏磁场。端部漏磁场的分布情况比较复杂，它随电机结构、材料、距离以及负载性质的不同而不同。一般而言，发电机在滞后功率因数下运行时，定子和转子的磁通相互削弱；而在超前功率因数即进相运行时，两者磁通相互加强，造成端部漏磁通增多。所以，发电机在进相运行时端部易于发热。

17 什么是不对称运行？不对称运行对发电机有何危害？

答：发电机的不对称运行一般是在电力系统不对称运行时发生的。因为不对称运行时，负载不对称，所以发电机三相电流不对称。当发电机中性点接地时，定子三相电流可以分解为正序、负序和零序电流；当发电机的中性点不接地时，发电机中只有正序和负序电流。

不对称运行对发电机产生危害的是其中的负序电流，其表现有：造成定子绕组过热；引起转子表面发热；引起发电机振动。

18 发电机不对称负荷的允许范围是怎样确定的?

答：同步发电机不对称负荷允许范围的确定主要决定于下面三个条件：

（1）负荷最重相的定子电流不应超过发电机的额定电流。

（2）转子任何一点温度，不应超过转子绝缘材料等级和金属材料的允许温度。

（3）机械振动不超过允许的范围。

不对称运行时，负序电流的允许值和允许时间都不应超过制造厂的规定。缺乏相应规定时，可参照：在额定负荷下连续运行时，汽轮发电机三相电流之差不得超过10%，或负序电流不超过额定电流的6%。

19 发电机转子绕组发生两点接地故障有哪些危害?

答：发电机转子绕组发生两点接地后，使相当一部分绕组短路。由于电阻减小，所以另一部分绕组电流增加，破坏了发电机气隙磁场的对称性，引起发电机剧烈振动，同时无功出力降低。另外，转子电流通过转子本体，如果电流较大，可能烧坏转子和磁化汽轮机部件，以及引起局部发热，使转子缓慢变形而偏心，进一步加剧振动。

20 发电机的故障类型有哪些?

答：发电机故障类型主要有：定子绕组的相间短路；定子绕组匝间短路；定子单相接地；失磁；转子一点接地和两点接地等。

21 哪些情况下应紧急停止发电机运行?

答：发电机在运行中，遇到下列情况之一时应紧急停机。

（1）发电机、励磁机内部冒烟、着火或发生氢气爆炸。

（2）发电机本体严重漏水，危及设备安全运行。

（3）发电机氢气纯度迅速下降并低于90%以下或漏氢引起氢压急剧下降到35kPa以下时，或发电机密封油中断时。

（4）主变压器、高压厂用变压器着火或冒烟。

（5）发电机及励磁机支持轴承温度达103℃。

22 发电机-变压器组开关自动跳闸后如何处理?

答：发电机-变压器组开关自动跳闸的处理为：

（1）发电机-变压器组开关自动跳闸后，应立即检查高压厂用变压器高压侧断路器是否也已跳闸；同时检查发电机灭磁开关是否已跳开，如果未跳开，就手动将其断开。

（2）检查是否人为误动而跳闸。如果确认断路器分闸是人为误动所致，则应尽快将发电机并入电网。

（3）如果是保护动作跳闸，则应检查保护动作的原因。若是因为外部短路的过电流保护动作跳闸，则在经外部检查发电机无明显的不正常后可将发电机重新并入电网。若发电机是因为反映内部故障的保护动作而跳闸，则应对发电机及其有关的设备和所有在保护范围的一切电气回路的状况进行详细的检查，并测量定子绕组的绝缘电阻，以判明发电机有无损坏。

（4）此外还要检查保护装置，并询问电网上有无故障，以利于判明是否保护误动。

（5）经检查一切均无异常，则可对发电机零起升压。如升压未见异常，则可并网运行。

23 什么是励磁异常下降？造成励磁异常下降的原因有哪些？

答：励磁异常下降是指运行中发电机励磁电流的降低超过了静态稳定极限所允许的程度，使发电机稳定运行遭到破坏。

造成励磁异常下降的原因通常有主励磁机或副励磁机故障、励磁系统中硅整流元件部分损坏、自动调节系统不正确动作、操作上的失误等。

24 什么是完全失磁？造成完全失磁的原因有哪些？

答：完全失磁是指发电机失去励磁电源，通常表现为励磁回路开路。

造成完全失磁的原因有自动灭磁开关误跳闸、励磁调节器整流装置中的自动开关误跳闸、励磁绕组断线以及副励磁机励磁电源消失等。

25 发电机失磁对电力系统有哪些危害？

答：发电机失磁对电力系统的危害为：

（1）失磁发电机由失磁前向系统送出无功功率转为从系统吸收无功功率，尤其是满负荷运行的大型机组会引起系统无功功率大量缺额。若系统无功功率容量储备不足，将会引起系统电压严重下降，甚至导致系统电压崩溃。

（2）失磁引起的系统电压下降会引起相邻发电机励磁调节器动作，增加其无功输出，引起这些发电机、变压器或线路过流，甚至使后备保护因过流而动作，从而扩大故障范围。

（3）失磁引起有功功率摆动和励磁电压下降，可能导致电力系某些部分之间失步，使系统发生振荡，甩掉大量负荷。

26 失磁对发电机本身有哪些危害？

答：失磁对发电机本身的危害是：

（1）由于出现转差，在转子回路出现差频电流，在转子回路产生附加损耗，可能使转子过热而损坏，这对大型发电机威胁最大。

（2）失磁发电机进入异步运行后，等效电抗降低，定子电流增大。失磁前发电机输出有功功率越大，失磁失步后转差越大，等效电抗越小，过电流越严重，定子会因此过热。

（3）失磁失步后，发电机有功功率发生剧烈的周期摆动，变化的电磁转矩（可能超过额定值）周期性地作用到轴系上，并通过定子传给机座，使定、转子及其基础不断受到异常的机械力矩的冲击，引起剧烈振动，同时转差也作周期性变化，使发电机周期性地严重超速。

（4）失磁运行时，发电机定子端部漏磁增加，将使端部的部件和边段铁芯过热。

27 发生发电机失磁故障，应如何处理？

答：（1）当发电机失去励磁时，失磁保护正确动作，则按发变组开关跳闸处理。

（2）若失磁保护未动作，且危及系统及厂用电的安全运行时，则应立即用发电机紧急解列开关（或逆功率保护）及时将失磁的发电机解列，并应注意高压厂用电应自投成功，若自投不成功，则按有关厂用电事故处理原则进行处理。

（3）在上述处理的同时，应尽量增加其他未失磁机组的励磁电流，以提高系统电压和稳定能力。

（4）发电机解列后，应查明原因，消除故障后才可以将发电机重新并列。

28 强行励磁起什么作用？强励动作后应注意什么问题？

答：当系统电压大大下降，发电机励磁调节装置会自动迅速地增加励磁电流，这种作用叫强行励磁。强行励磁电压与励磁机额定电压 U_e 之比称为强励倍数，对于水冷和氢冷励磁绕组的汽轮发电机组，强励电压为 2 倍额定励磁电压，强励允许时间 10～20s。强行励磁有以下几个方面作用：

（1）增加电力系统的稳定性。

（2）在短路切除后，能使电压迅速恢复。

（3）提高带时限的过流保护动作的可靠性。

（4）改善系统事故时电动机的自启动条件。

强行励磁动作后，应对励磁机的碳刷进行一次检查，是否有异常。另外，在电压恢复后要注意检查短路磁场电阻的继电器接点是否打开，是否曾发生过该接点粘住的现象。

29 发电机-变压器组运行中，造成过励磁的原因有哪些？

答：以下原因都可能导致过励磁现象：

（1）发电机-变压器组与系统并列前，由于操作错误，误加大励磁电流造成过励磁。

（2）发电机启动过程中，转子在低速下预热时，误将电压升到额定值，发电机和变压器低频运行造成过励磁。

（3）切除发电机过程中，发电机解列减速，若灭磁开关拒动，使发电机-变压器组遭受低频引起过励磁。

（4）发电机-变压器组出口断路器跳闸后，若自动励磁调节装置退出或失灵，则电压和频率均会升高，但因频率升高较慢而引起过励磁。

（5）运行中，当系统过电压及频率降低时也会发生过励磁。

30 发电机-变压器组非全相运行时有何现象？

答：发电机-变压器组非全相运行时的现象为：

（1）发电机三相定子电流严重不平衡。可按下列标准来判断非全相的情况：若发电机三相定子电流中有两相相等或近似相等，且为另一相的 1/2，则可判定为发电机-变压器组开关两相拒分，一相断开；若发电机三相定子电流中有两相相等或近似相等而另一相为零，则可判定为发电机-变压器组开关一相拒分，两相断开。

（2）“开关相间不一致”光字牌亮，发电机-变压器组开关红、绿指示灯均熄灭。

（3）发电机非全相保护、负序过负荷保护有可能发信、动作，相关光字牌点亮。

31 发电机-变压器组发生非全相运行时如何处理？

答：发电机-变压器组发生非全相运行时的处理如下：

（1）当判明发电机-变压器组非全相运行时，应特注意不得拉开发电机灭磁开关及关闭汽轮机主汽门。此时应对发电机-变压器组开关再手动分闸一次，若不奏效，则应迅速降低发电机有功负荷至零，并保持汽轮发电机组的转速（频率）与系统接近。

（2）若发电机灭磁开关未跳闸，汽轮机主汽门也未关闭，则应严密监视发电机定子电流，并根据电流表指示调节励磁电流，使三相定子电流均接近于零；采取措施，隔离故障，比如可通过倒闸操作利用母联开关使发电机-变压器组解列或采用就地手动分闸；处理过程中应严密监视发电机各部分温度不超过允许值。

（3）若发电机灭磁开关已跳闸，汽轮机主汽门未关闭，发电机进入异步发电机不对称运行状态，则应立即合上磁场开关增加励磁，使发电机拉入同步；然后再调节主励磁机励磁电流至空载额定值，使定子三相电流接近于零。若灭磁开关合不上或发电机不能拉入同步，则应立即拉开发电机所接母线上的所有开关，使发电机-变压器组解列。

（4）若发电机灭磁开关已跳闸，汽轮机主汽门已关闭，则应立即拉开发电机所接母线上的所有开关，使发电机-变压器组解列。

32 若发生发电机逆功率运行，应如何处理？

答：发电机发生逆功率运行时的处理为：

（1）检查发电机逆功率保护正确动作出口跳闸。

（2）若逆功率保护拒动，手动切换厂用电后解列灭磁。

33 引起机组负荷骤变、晃动电气方面的原因有哪些？

答：引起机组负荷骤变、晃动电气方面的原因有：

（1）电网频率变化引起机组负荷骤变。

（2）发电机振荡或失步。此时则应立即降低发电机有功出力，增加发电机无功出力，提高系统稳定性，尽快将发电机拖入同步。

34 发电机发生振荡或失步时的现象是什么？应采取哪些措施？

答：发电机发生振荡或失步时的现象为：

（1）定子电流表的指针来回剧烈地摆动，并超过正常值。

（2）发电机和母线电压表的指针都发生剧烈的摆动，经常是电压降低。

（3）有功表及超负荷运转表的指针在表盘内摆动。

（4）转子电流表的指针在正常值附近摆动。

（5）发电机同时发出鸣音，其节奏与上列各项表计的摆动合拍。

应采取的措施：

（1）对于自动励磁调节装置在自动方式运行的发电机，应适当降低发电机的有功负荷。

（2）对于自动励磁调节装置在手动方式运行的发电机，应尽可能增加其励磁电流，并适当降低发电机的有功负荷，以创造恢复同期的有利条件。

（3）如果采取上述措施仍不能恢复同步时，则根据现场规程规定的时间（或振荡次数）

或调度的命令，将发电机与系统解列。

35 电力系统发生振荡时，哪些继电保护装置将受影响？

答：电力系统振荡时，对继电保护装置的电流继电器、阻抗继电器有影响。

（1）对电流继电器而言，当振荡电流达到继电器的动作电流时，继电器动作；当振荡电流降低到继电器的返回电流时，继电器返回。由此可以看出电流速断保护肯定会误动作。一般情况下振荡周期较短，当保护装置的时限大于 1.5～2s 时，就可能躲过振荡误动作。

（2）对阻抗继电器而言，周期性振荡时，电网中任一点的电压和流经线路的电流将随两侧电源电动势间相位角的变化而变化。振荡电流增大，电压下降，阻抗继电器可能动作；振荡电流减小，电压升高，阻抗继电器返回。如果阻抗继电器触点闭合的持续时间长，将造成保护装置误动作。

36 氢冷发电机着火如何处理？

答：对运行中的氢冷发电机，如机内发出爆炸声，并向外喷出油烟气时，应立即紧急停机，并拉开发变组断路器和灭磁开关，同时打开管道阀门，迅速将 CO_2 充入发电机内灭火。灭火时，应使发电机保持 10%的额定转速，不得停止转动，以防止大轴在灭火过程中因受热不均而造成弯曲。

37 变压器的不正常运行状态有哪些？

答：变压器的不正常运行状态有：过负荷；过电流；零序过电流；通风设备故障；冷却器故障等。

38 变压器故障类型有哪些？

答：变压器的故障类型主要有：相间短路；接地（或对铁芯）短路；匝间或层间短路；铁芯局部发热和烧损；油面下降等。

39 变压器绕组匝间短路有什么特征？

答：所谓匝间短路，就是相邻几个线匝之间的绝缘损坏。这将造成一个闭合的短路环路，同时使该相的绕组减少了匝数。短路环路内流着交变磁通感应出来的短路电流，将产生高热，并可能导致变压器的烧毁。据统计，因匝间短路引起变压器损坏约占总损坏量的 80%。匝间短路产生高热时有一个特征，就是发高热处的油似沸腾，在变压器旁能听到“咕噜咕噜”的异常声音，运行中应加以注意。

40 简述变压器自动跳闸的处理步骤。

答：处理步骤：

（1）进行系统性处理，即投入备用变压器，调整运行方式和负荷分配，维持运行系统及其他设备处于正常状态。

（2）检查保护动作情况并判断其动作是否正确。

（3）了解系统有无故障及故障性质。

（4）属下列情况可不经外部检查试送电一次：人员误碰、误操作及保护动作；仅低压过流或限时过流保护动作，同时跳闸变压器的下一级设备故障而其保护未动作，且故障点已隔离。

（5）若为差动、重瓦斯或速断过流等保护动作，故障时又有冲击，则应详细检查，在未查清原因前禁止重新投运。

41 什么情况会引起主变压器差动保护动作？

答：下列情况会引起主变压器差动保护动作：

（1）变压器内部及其套管引出线故障。

（2）保护二次线故障。

（3）电流互感器开路或短路。

42 主变压器差动保护动作如何处理？

答：主变压器差动保护动作跳闸后的处理为：

（1）检查变压器本体有无异常，检查差动保护范围内的瓷瓶是否有闪络、损坏，引线是否有短路。

（2）如果差动保护范围内的设备无明显故障，应检查继电保护及二次回路是否有故障，直流回路是否有两点接地情况。

（3）经上述检查无异常时，应在切除负荷后立即试送一次。

（4）若为继电器、二次回路或两点接地造成误动，则应将差动保护退出运行，将变压器送电后再处理。处理好后投到“信号”位置。

（5）如果差动保护和重瓦斯保护同时动作使变压器跳闸时，不经内部检查和试验，不得将变压器投入运行。

43 引起变压器轻瓦斯保护动作的原因有哪些？

答：下列原因可能引起轻瓦斯保护动作：

（1）变压器内有轻微程度的故障，产生微弱的气体。

（2）空气侵入变压器。

（3）油位降低。

（4）二次回路故障（如发生直流系统两点接地）等。

44 变压器重瓦斯保护动作跳闸时如何处理？

答：变压器重瓦斯保护动作跳闸后的检查和处理的要点如下：

（1）收集瓦斯继电器内的气体做色谱分析。如无气体，则应检查二次回路和瓦斯继电器的接线柱和引线绝缘。

（2）检查油位、油温、油色有无变化。

（3）检查防爆管是否破裂喷油或释压阀是否动作。

（4）检查变压器外壳有无变形，焊缝是否开裂喷油。

（5）如经上述检查发现问题，应将变压器停运处理；如未发现异常，并确认是二次回路故障而导致保护误动，则可在差动保护投入的前提下将瓦斯保护改投“信号”或退出后，试送一次。

45 变压器着火如何处理？

答：发现变压器着火时，应首先检查变压器的断路器是否已跳闸；如未跳闸，应立即断开变压器各侧电源的断路器，然后进行灭火；如果油在变压器顶盖上燃烧，则应立即打开变压器底部放油阀，将油面降低，并往变压器外壳浇水，使油冷却；如果变压器外壳裂开着火时，则应将变压器内的油全部放掉；扑灭变压器火灾时，应使用二氧化碳、干粉或泡沫灭火枪等灭火器材。

46 高压厂用电系统发生单相接地时，应如何处理？

答：高压厂用电系统发生单相接地时的处理为：

（1）根据相应的母线段接地信号发出情况，切换母线绝缘监视电压表，判断接地性质和组别。

（2）询问是否启、停过接于该母线上的动力负荷，有无异常情况。

（3）改变运行方式，倒换低压厂变至低压备变，检查高压母线接地信号是否消失；倒换高压厂变至高压备变，检查高压母线接地信号是否消失。

（4）检查母线及所属设备一次回路有无异常情况。

（5）停运母线电压互感器，检查其高压、低压熔断器，击穿熔断器及其一次回路是否完好。停运电压互感器前，应先退出该段母线备用电源自投装置、低电压保护等。

（6）如经上述检查处理仍无效，可向值长汇报，倒换和拉开母线上的动力负荷。

（7）高压母线发生单相接地时，若该段上的高压电动机跳闸，禁止强送。

（8）高压厂用电系统单相接地点的查找应迅速并做好相应的事故预想。

（9）高压厂用电系统单相接地运行时间，最长不得超过 2h。

47 厂用电源事故处理原则是什么？

答：发电厂厂用电源中断，将会引起停机、停炉甚至全厂停电事故。处理厂用电源故障的一般原则是：

（1）当厂用工作电源因故跳闸备用电源自动投入时，值班人员应检查厂用母线的电压是否恢复正常，并将断路器操作把手复归于对应位置，检查断电保护的动作情况，判明并找出故障原因。

（2）当厂用工作电源因故跳闸而备用电源自动投入装置因故停运时，备用电源仍处于热备用状态，值班人员可立即强送备用电源一次。

（3）厂用电无备用电源时，当厂用工作电源因故跳闸，反映工作厂变内部故障的继电保护（差动、电流速断等）未动作，可试送工作电源一次。

（4）当备用电源投入又跳闸或无备用电源时强送工作电源后又跳闸，则不允许再次强送电，这证明故障可能在母线上或因用电设备故障而越级跳闸。

（5）检查机、炉有无拉不开或故障跳闸的设备。

（6）将母线上所有负荷断路器全部停运，对母线进行外观检查。必要时，检测绝缘电阻。

（7）母线短时间内不能恢复供电时，应将负荷转移。

（8）检查故障情况，并将其隔离，采取相应的安全措施。

（9）加强对正常母线的监视，防止过负荷。

（10）因厂用电中断而造成停机时，发电机按紧急停机处理。同时应设法保证安全停机电源的供电，以保证发电机及汽轮机大轴和轴瓦的安全。

48 高压厂用母线工作电源进线开关事故跳闸如何处理？

答：高压厂用母线工作电源进线开关事故跳闸的处理为：

（1）当机组事故跳闸，引起高压厂用母线工作电源进线开关跳闸时，备用电源进线开关应快速自动合闸。切换完成后，应检查高压厂用母线电压正常，复归有关信号。复归信号时，应特别注意不得搞错开关操作把手旋转方向，以免人为拉掉备用电源进线开关，使高压厂用母线重新失电。

（2）若某段高压厂用母线快速切换不成功时，则该段母线低电压保护经延时后动作，甩掉该母线上的全部电动机负荷，此时“××母线低电压保护动作”光字牌点亮报警。在确认该段母线无故障信号及现象，并且各电动机开关已在断开位置后，手动合上该段母线的备用电源进线开关，并检查母线电压正常，再根据机炉要求逐步投入已甩掉的负荷。应特别注意，不得盲目进行抢送开关，以免将备用电源合到故障母线而发生危险。

49 高压厂用电部分中断时有哪些现象？

答：高压厂用电部分中断是指两段高压厂用母线中的一段失电，因此主要现象为：

（1）当失电高压母线的备用电源未自投或自投不成功时，则该段母线电压、电流表指示到零，接于该段母线上的引风机、送风机、一次风机、磨煤机、凝结水泵，闭式水冷却泵、开式水冷却泵、前置泵、汽动给水泵等跳闸，电流至零，绿灯亮并报警，高压备用辅机自启。

（2）由该段高压母线供电的低压母线同时失电，接于该低压母线的辅机电流表指示到零，绿灯亮并报警，低压备用辅机自启。

（3）机组发生 RB。

（4）可能发生 MFT。

50 高压厂用电部分中断时应如何处理？

答：高压厂用电部分中断时的处理为：

（1）若机组未跳闸，锅炉未灭火时，应立即投油助燃，稳定锅炉燃烧，调整维持炉膛负压。

（2）立即降低机组负荷运行，注意维持锅炉汽包水位正常。

（3）按锅炉单侧运行有关规定进行处理。

（4）若因失电造成锅炉灭火或全部给水泵跳闸，按锅炉灭火或锅炉水位低故障处理。

（5）查明厂用电中断原因，待厂用电恢复正常后，恢复跳闸设备。

51 高压厂用电部分中断造成其所带的低压母线失电时，应如何处理？

答：若此时失电的高压厂用母线已恢复供电，则在查明低压厂用电母线失电原因并确认无故障时，可用对应的低压工作厂变进行试送，或者用低压厂用母线母联开关对失电母线进行试送。试送时，应查明对应的失电母线低电压保护已动作跳闸，还应防止倒送电。如低压保安段电源中断，则按“保安段母线失电”故障处理。

52 高压厂用电全部中断时有哪些现象？

答：高压厂用电全部中断的现象是：

（1）交流照明熄灭控制室骤暗。

（2）事故信号动作，跳闸电源开关及各负荷开关绿灯闪光。

（3）所有运行的交流电动机均跳闸停运，各电动机电流表指示到零，备用交流电动机不能联动。主机及小机直流润滑油泵、空侧直流密封油泵自启动。

（4）锅炉 MFT 动作，汽轮机跳闸，发电机跳闸，负荷到“零”；汽动给水泵跳闸。

（5）汽温、汽压、真空迅速下降。

（6）柴油发电机组自启动。

53 高压厂用电全部中断时应如何处理？

答：高压厂用电全部中断时的处理为：

（1）厂用电失去后，应按不破坏真空停机处理。

（2）启动汽轮机直流润滑油泵、小机事故油泵、空侧直流密封油泵，注意各瓦温的温升变化情况，同时调小油氢差压且注意密封油箱油位上升情况，可以手动排油。

（3）检查空气预热器运行情况，维持其转动状态，若辅助电动机亦不能投入运行，则应进行手动盘车。

（4）禁止向凝汽器排汽、水，手动关闭可能有汽水进入凝汽器的阀门。

（5）就地关闭轴封溢流站，打开汽源站供轴封。

（6）停止锅炉的所有放水，检查确认燃油系统无泄漏。

（7）启动柴油发电机，送上保安电源，保证事故油泵、盘车等设备的正常运行。

（8）尽快恢复厂用电源，待厂用电源恢复后，逐次完成各种油泵、水泵的启动、切换工作，并对机组进行全面检查。

（9）具备条件后，锅炉可点火启动恢复。

（10）汽温、汽压符合要求后，根据机组状况进行机组的启动工作，并注意如下问题：

1）汽轮机转子静止后，若大轴晃度超出规定，应进行盘车直轴后方可启动。禁止强行盘车。

2）各主要监视数据应在允许范围内，并且注意判断、分析，防止误判断。

3）循环水中断后，使凝汽器汽、水侧温度升高较多，通循环水之前，应优先启动凝结水泵投入低压缸喷水、扩容器减温水降温，凝结水进行补、排水换水降温。

4）恢复循环水系统运行时，应缓慢充水赶空气；当工业水系统先于循环水系统供水时，应及时将机房冷却水倒为工业水泵供水。

5）机组重新启动后，应对机组的各轴承振动及瓦温的变化加强监视。

（11）高压厂用母线工作电源进线开关跳闸时，备用电源应自投。若自投成功，母线电压正常，则恢复因低电压跳闸的设备，并查明工作电源开关跳闸的原因。

（12）如果备用电源自投装置拒绝动作，在确认工作电源进线开关断开后，应立即强送备用电源进线开关。若强送成功，母线电压正常，则恢复因低电压跳闸的设备，并查明工作电源开关跳闸的原因。

（13）如果强送后保护动作使电源开关又跳闸，则可认为是母线故障或负荷故障；保护未动或拒动引起的越级跳闸，应将母线所有开关断开，摇测母线绝缘良好，恢复母线运行；若为母线故障，应立即消除故障恢复运行或转入检修。母线无问题，则应逐一恢复负荷。

（14）工作电源进线开关跳闸后，备用电源自投不成功并且手动强送备用电源进线开关时间较长或不成功时，则为高压厂用电源中断。

54 低压高阻接地系统发生单相接地故障时应如何处理？

答：低压高阻接地系统发生单相接地时的处理为：

（1）先判断是真接地还是误报警，检查是否有支路接地报警。

（2）当有电动机接地信号发出时，应开启备用设备，并将接地设备停运处理。

（3）若为 PC、MCC 母线接地，应与机炉专业人员联系，转移负荷，停运母线，由检修人员处理。

（4）若为变压器低压侧接地，可停运变压器，将母线改由 PC 母联开关供电。若查找接地有困难，可采用负荷转移试拉法，但必须向上级汇报并与机炉专业充分协商，保证机组安全。

55 低压厂用电部分中断时有什么现象？

答：低压厂用电部分中断的现象是：

（1）失电低压母线上的运行辅机全部跳闸，电流到零，绿灯亮并报警，低压备用辅机自启。

（2）若失电低压母线上带有低压保安段母线，则保安段电源自动切换至正常工作的另一段低压母线供电。

（3）机组发生 RB。

（4）可能发生锅炉 MFT，机组跳闸。

56 低压厂用电部分中断时应如何处理？

答：低压厂用电部分中断后，如果锅炉发生 MFT、机组跳闸，则按 MFT 及机组跳闸故障处理；如果机组未跳闸，则应注意下列问题：

（1）机组 RB 动作，确认炉膛有火，应立即投油助燃，机组自动减负荷运行。

（2）确认备用辅机自启正常，否则应手动启动。

（3）检查炉水循环泵电流、差压、电动机腔温度及冷却水流量正常。

（4）确认跳闸空气预热器辅助电动机自动投入，否则应人工盘车，直至恢复正常盘车为止。

（5）注意汽包水位变化，调节汽包水位正常。

（6）待故障段低压厂用母线电源恢复后，根据要求启动跳闸辅机，恢复机组正常运行。

57 低压保安段母线失电时有什么现象？

答：保安段母线失电的现象为：

(1) 低压保安段母线电压表指示为零。

(2) 在低压保安段上运行的辅机跳闸。

(3) 锅炉 MFT、汽轮机跳闸、发变组跳闸。

(4) 厂用电自投。

58 引起低压保安段母线失电的原因有哪些?

答：引起低压保安段母线失电的主要原因有三方面：

(1) 低压保安段母线本身有故障。若发现母线故障，不得强行送电，应将故障母线隔离，包括将双电源回路的供电设备开关（如交流事故照明、电动阀门柜等）拉至检修位置，以防倒充电。应尽快联系检修处理。

(2) 低压保安段母线本身无故障，是由于低压厂用工作母线全部失电引起保安段母线失电，则应紧急启动柴油发电机组，确认低压保安段母线无电压，检查保安段其他进线开关均已断开，合低压保安段柴油机进线开关对母线进行充电。

(3) 在将低压保安段母线由柴油发电机组供电切至由低压厂用电母线供电前，应作好保安段短时停电的准备。

59 机组辅机在运行中出现哪些情况应紧急停止运行?

答：机组辅机在运行中出现下列情况之一时应紧急停止运行：

(1) 发生危及人身及设备安全情况时。

(2) 转动设备及电动机发生剧烈振动或清楚地听到设备内部有金属摩擦声时。

(3) 轴承温度急剧上升超过规定值时或滑动轴承温度超过 80℃、滚动轴承超过 95℃时。

(4) 轴承润滑油管、冷却水管破裂或泄漏严重，无法维持运行时。

(5) 设备或其附近发生火灾，不能继续运行时。

60 运行中的电动机发生燃烧时应如何处理?

答：运行中的电动机发生燃烧时，应立即将电动机电源切断，并尽可能把电动机出入通风口关闭，然后才可用二氧化碳、1211 灭火器进行灭火，禁止使用泡沫灭火器及干砂灭火。无二氧化碳、1211 灭火器时，可用消火栓喷雾水枪灭火。

61 厂用变压器异常运行状态有哪些?

答：厂用变压器异常运行状态有：

(1) 变压器油标指示油位发生剧烈的变化。

(2) 变压器温度、温升明显升高。

(3) 过负荷运行等。

62 互感器发生哪些情况必须立即停运?

答：互感器发生下列情况时，必须立即停运。

(1) 电流互感器（TA)、电压互感器（TV）内部有严重放电声和异常声。

(2) TA、TV 发生严重振动时。

（3）TV 高压熔断丝更换后再次熔断。

（4）TA、TV 冒烟、着火或有异臭。

（5）引线和外壳或线圈和外壳之间有火花放电，危及设备安全运行。

（6）严重危及人身或设备安全。

（7）TA、TV 发生严重漏油或喷油现象。

63 哪些情况下容易诱发电压互感器铁磁谐振？

答：电压互感器铁磁谐振发生在中性点不接地的系统中。当系统中的电感、电容的参数满足“激发”铁磁谐振的条件时，如电源向只带电压互感器的空母线突然合闸或者发生单相接地等，电压互感器就可能产生铁磁谐振。

电压互感器铁磁谐振可能是基波（工频）的，也可能是分频的，甚至可能是高频的。经常发生的是基波和分频谐振。根据运行经验，当电源向只带有电压互感器的空母线突然合闸时，易产生基波谐振；当发生单相接地时，易产生分频谐振。

64 电压互感器发生铁磁谐振有何现象？有何危害？

答：发生铁磁谐振的现象：

（1）电压互感器发生基波谐振时的现象。两相接地电压升高，一相降低，或是两相对地电压降低，一相升高。

（2）电压互感器发生分频谐振的现象。三相电压同时或依次轮流升高，电压表指针在同范围内低频（每秒一次左右）摆动。电压互感器发生谐振时其线电压指示不变。

发生铁磁谐振的危害：

发生铁磁谐振时，电压互感器中都会出现很大的励磁涌流，使电压互感器一次电流增大十几倍，这将引起电压互感器铁芯饱和，产生电压互感器饱和过电压。所以电压互感器发生铁磁谐振的危害如下：

（1）可能引起其高压侧熔断器熔断。造成继电保护和自动装置的误动作，从而扩大了事故，有时可能会造成被迫停机、停炉事故。

（2）由于谐振时电压互感器一次线圈通过相当大的电流，在一次侧熔断器尚未熔断时，可能使电压互感器烧坏。

65 发生电压互感器铁磁谐振时应如何处理？

答：当发生电压互感器铁磁谐振时，应区别情况进行处理：

（1）当只带电压互感器空载母线产生电压互感器基波谐振时，应立即投入一个备用设备，改变电网参数，消除谐振。

（2）当发生单相接地产生电压互感器分频谐振时，由于分频具有零序性质，投三相对称负荷不起作用，故此时应立即投入一个单相负荷。

（3）谐振造成电压互感器一次熔断器熔断，谐振可自行消除。但可能带来继电保护和自动装置的误动作。此时，应迅速处理误动作的后果，如检查备用电源开关的自投情况，如没自投应立即手动投入，然后迅速更换一次熔断器，恢复电压互感器的正常运行。

（4）发生谐振尚未造成一次熔断器熔断时，应立即停运那些失压后容易误动的继电保护和自动装置。母线有备用电源时，应切换到备用电源，以改变系统参数消除谐振；如果切换到备用电源后谐振仍不消除，应拉开备用电源开关，将母线停电或等电压互感器一次熔断器熔断后谐振便会消除。

（5）由于谐振时电压互感器一次侧线圈电流很大，应禁止用拉开电压互感器或直接取下一次侧熔断器的方法来消除谐振。

66 电流互感器二次回路开路时应如何处理？

答：电流互感器二次回路开路的处理为：

（1）当机组所带负荷很小，未到差动保护动作值，且回路无放电流迹象，应迅速将与TA二次相连接的零序电流保护、负序电流保护、差动电流保护，以及其他误动的自动装置退出运行，并立即通知继电保护和自动装置班进行处理。在处理过程中，应尽量避免电气设备无保护运行，待回路正常后再投入相应的继电保护和自动装置。

（2）回路有放电、着火现象发生，应打闸停机。

（3）当TA开路引起差动保护动作，致使机组跳闸时，在确认机组设备无其他隐患时，应保留现场，记录有关的故障录波信号，待全部情况清楚后，才允许复归报警信号，并立即通知继电保护和自动装置班进行处理，待回路正常后，再投入相应的继电保护和自动装置，启动并网。

67 如何区分电压互感器是断线故障还是短路故障？

答：电压互感器一次、二次侧熔断器熔断或回路断线的现象是：发出"TV回路断线"信号及铃声；有关的电压表指示到零或降低；电度表转速减慢；功率因数表指示下降或指示进相；有关的低电压继电器动作等。如果是一次侧熔断器熔断，还将发出"接地"信号；绝缘检查电压表也有反应（正常相指示正常、故障相指示偏低）。

电压互感器二次侧发生短路时，短路电流将烧毁互感器，而且可能将高压导入二次侧引起危险。如果电压互感器二次侧短路后，一次侧熔断器没有熔断，则会造成与断线情况有些相同的外观现象，但此时电压互感器内部有异音，而且将二次侧熔断器取下后也不停止。

68 直流系统发生一点接地时有何危害？

答：直流系统发生一极绝缘电阻降低或一点接地，并不马上产生后果，但很危险。因为当出现第二点接地时，就可能发生直流系统短路或造成断路器误动作。

69 如何手动查找直流系统接地点？

答：手动查找直流系统接地点时，应根据运行方式、操作情况、气候影响进行判断可能接地的地方，采取拉路寻找、分段处理的方法。总的原则是先查次要回路后查重要回路。具体顺序为：

（1）选择当时有工作或刚进行过操作的回路。

（2）选择可疑的或经常发生接地的回路。

（3）选择连接广且易受潮的回路，如热工信号回路、机炉保护回路等。

（4）选择控制及动力回路。

（5）选择直流母线上的设备及蓄电池。

（6）选择不能中断运行的设备。

在切断各专用直流回路时，切断时间不能超过 3s，不论回路接地与否均应合上。当发现某一专用直流回路有接地时，应及时找出接地点，尽快消除。

70 为什么采用拉路方法查找直流接地有时找不到接地点?

答：采用拉路方法找不到接地点的可能原因如下：

（1）直流接地发生在充电设备、蓄电池本身和直流母线，这时用拉路方法是找不到接地的。

（2）直流采用环路供电，这时如不先断开环路也是找不到接地点的。

（3）出现直流串电（寄生回路）、同极两点接地、直流系统绝缘不良等情况时，拉路查找也往往不能奏效。

71 UPS 失电时有什么现象?

答：UPS 失电时的现象为：

（1）热工电源失去，锅炉 MFT，汽轮机跳闸，发变组跳闸。

（2）电气侧光字牌电源将失去，所有电气变送器辅助电源失去，相应表计均指示到机械零位，所有开关的红绿灯指示熄灭。

72 UPS 失电时电气方面如何处理?

答：UPS 失电时，事故处理步骤如下：

（1）确认发电机逆功率保护动作正确，发变组开关跳闸、灭磁开关跳闸。如果发电机逆功率保护拒动，应手动解列灭磁。

（2）确认高压备用电源自投成功、低压保安段工作正常后，立即检查 UPS 控制面板上的报警信号，检查 UPS 母线失电原因，同时检查主路、旁路和直流电流的供电情况，在查明故障设备并隔离或排除后重新启动 UPS，尽快恢复 UPS 母线供电。

（3）如果查明向低压保安段供电的那段高压厂用母线备用电源未自投，则应查明低压保安段已切至自投成功的那段母线运行。

（4）备用进线电源开关自投不成功要抢送时，必须先确认该段母线低电压主保护已动作，有关辅机已跳闸后，还应确认母线确无故障迹象，工作电源进线开关已断开。

（5）如果两段高压厂用母线的备用电源均未自投，则首先要确认保安段柴油机自投成功；如不成功，则应紧急启动柴油机。如远方启动失败，应立即去柴油机房就地紧急启动柴油机。同时应尝试恢复一段高压厂用母线和一段低压厂用母线的供电，以恢复低压保安段正常供电。

（6）当大、小机直流润滑油泵及空侧直流润滑密封油泵运行后，须对直流 220V 母线电压加强监视，适当调整充电器的充电电流，维持直流 220V 母线电压正常。

73 热控仪表电源中断如何处理?

答：将机组各控制系统由“自动”切换至“手动”状态。如锅炉灭火，应按锅炉灭火处理；如锅炉尚未灭火，应尽量保持机组负荷稳定，同时监视就地水位计、压力表，并参照汽轮机有关参数值，加强运行分析，不可盲目操作。应迅速恢复电源，若长时间不能恢复或失去控制手段时，应请示停炉。

第八章

集控运行管理

第一节　安全基础常识

1 电力生产的方针是什么？如何正确对待违反《电业安全工作规程》的命令、事和人？

答：电力生产的方针是：安全第一、预防为主、综合治理。

电力生产必须建立健全各级人员安全生产责任制；按照“管生产必须管安全”的原则，做到在计划、布置、检查、总结、考核生产工作的同时，计划、布置、检查、总结、考核安全工作。从事电力生产的各级人员，都应严格贯彻执行《电业安全工作规程》（以下简称《安规》）的全部或有关部分。各级领导人员不应发出违反安全规定的命令。工作人员接到违反《安规》的命令，应拒绝执行。任何工作人员除自己严格执行《安规》外，有责任督促周围人员遵守《安规》。如发现有违反《安规》，并足以危及人身和设备安全时，应立即制止。对违反《安规》者，应认真分析，加强教育，分别情况，严肃处理。

2 发电企业实现安全生产目标的四级控制是指什么？

答：发电企业实现安全生产目标的四级控制是指：

（1）企业控制重伤和事故，不发生人身死亡和重大设备事故。

（2）车间控制轻伤和障碍，不发生重伤和事故。

（3）班组控制未遂和异常，不发生轻伤和障碍。

（4）个人控制失误和差错，不发生未遂和异常。

3 安全生产事故“四不放过”原则主要内容是指什么？

答：安全生产事故“四不放过”原则的主要内容是指：

（1）事故原因不清楚不放过。

（2）事故责任者和应受教育者没有受到教育不放过。

（3）没有采取防范措施不放过。

（4）事故责任者未受到处理不放过。

4 “四不放过”原则的作用是什么？

答：“四不放过”原则的作用是：吸取事故教训，细化了吸取事故教训的具体措施；起到警示作用，提高全员安全意识；发现并消除隐患，提高本质安全。

5 对生产厂房内外工作场所的井、坑、孔、洞或沟道有什么规定?

答：生产厂房内外工作场所的井、坑、孔、洞或沟道，必须覆以与地面齐平的坚固盖板。在检修工作中如需将盖板取下，必须设有牢固的临时围栏，并设有明显的警告标志。临时打的孔、洞，施工结束后，必须恢复原状。

6 对生产厂房内外工作场所的常用照明有什么规定?

答：生产厂房内外工作场所必须设有符合规定照度的照明。主控制室、重要表计、主要楼梯、通道等地点，必须设有事故照明。

工作地点应配有应急照明。高度低于 2.5m 的电缆夹层、隧道应采用安全电压供电。

7 生产厂房及仓库应备有哪些必要的消防设备?

答：生产厂房及仓库应备有必要的消防设施和消防防护装备，如：消防栓、水龙带、灭火器、砂箱、石棉布和其他消防工具以及正压式消防空气呼吸器等。消防设施和防护装备应定期检查和试验，保证随时可用。严禁将消防工具移作他用；严禁放置杂物妨碍消防设施、工具的使用。

8 生产厂房等建筑物、构筑物有哪些规定?

答：生产厂房等建筑物、构筑物必须定期进行检查，结构应无倾斜、裂纹、风化、下塌、腐蚀的现象，门窗及锁扣应完整，化妆板等附着物固定牢固。

9 生产现场对升降口、大小孔洞、楼梯及平台有什么规定?

答：生产现场的所有升降口、大小孔洞、楼梯及平台，必须装设不低于 1050mm 高的栏杆和不低于 100mm 高的脚部护板。离地高度高于 20m 的平台、通道及作业场所的防护栏杆不应低于 1200mm。如在检修期间需将栏杆拆除时，必须装设牢固的临时遮拦，并设有明显警告标志，并在检修结束时将栏杆立即装回。

10 工作人员都应学会哪些急救方法?

答：所有工作人员都应具备必要的安全救护知识，应学会紧急救护方法，特别要学会触电急救法、窒息急救法、心肺复苏法等，并熟悉有关烧伤、烫伤、外伤、气体中毒等急救常识。

发现有人触电，应立即切断电源，使触电人脱离电源，并进行急救。如在高空工作，抢救时，必须注意防止高空坠落的危险。

11 作业人员的工作服有什么规定?

答：作业人员的着装不应有可能被转动的机器绞住的部分和可能卡住的部分；进入生产现场必须穿着材质合格的工作服，衣服和袖口必须扣好；禁止戴围巾，穿着长衣服、裙子。工作服禁止使用尼龙、化纤或棉、化纤混纺的衣料制作，以防遇火燃烧加重烧伤程度。工作人员进入生产现场，禁止穿拖鞋、凉鞋、高跟鞋；辫子、长发必须盘在工作帽内。作业接触高温物体，从事酸、碱作业，在易爆场所作业，必须穿着专用的手套、防护工作服。接触带电设备工作，必须穿绝缘鞋。

12 生产厂房的电梯有何管理规定？

答：生产厂房装设的电梯，在使用前应经有关部门检验合格，取得合格证并制定安全使用规定和定期检验维护制度。电梯应有专人负责维护管理。电梯的安全闭锁装置、自动装置、机械部分、信号照明等有缺陷时必须停止使用，并采取必要的安全措施，防止高处摔跌等伤亡事故。

13 企业对新员工的安全培训有什么规定？

答：企业必须对所有新员工进行厂（公司）、车间（部门）、班组（岗位）的三级安全教育培训，告知作业现场和工作岗位存在的危险因素、防范措施及事故应急措施，并按《安规》和其他相关安全规程的要求，考试合格后方可上岗作业。调整岗位人员，在上岗前必须学习《安规》的有关部分，并经考试合格后方可上岗。

14 《安规》中对机器的转动部分有什么规定？

答：机器的转动部分必须装有防护罩或其他防护设备（如栅栏），露出的轴端必须设有护盖。在机器设备断电隔离之前或在机器转动时，禁止从靠背轮和齿轮上取下防护罩或其他防护设备。

15 机器检修应做好哪些安全措施？

答：在机器完全停止以前，不准进行维修工作。维修中的机器应做好防止转动的安全措施，如：切断电源（电动机的自动开关、刀闸或熔丝应拉开，开关操作电源的熔丝也应取下，DCS 系统操作画面也应设置“禁止操作”）、切断风源、水源、气源、汽源、油源，与系统隔离的有关闸板、阀门等应关闭，必要时应加装堵板，并上锁；上述闸板、阀门上挂“禁止操作有人工作”警告牌。必要时还应采取可靠的制动措施。检修工作负责人在工作前，必须对上述安全措施进行检查，确认措施到位无误后，方可开始工作。

16 《安规》中对清扫机器做了哪些规定？

答：禁止在运行中清扫、擦拭和润滑机器的旋转和移动的部分，严禁将手伸入栅栏内。清拭运转中机器的固定部分时，严禁戴手套或将抹布缠在手上使用，只有在转动部分对工作人员没有危险时，方可允许用长嘴油壶或油枪往油盅和轴承里加油。

17 生产现场禁止在哪些地方行走和坐立？

答：生产现场禁止在栏杆上、管道上、靠背轮上、安全罩上或运行中设备的轴承上行走和坐、立，如必须在管道上坐、立才能工作时，必须做好安全措施。

18 对高温管道、容器的保温有何要求？

答：所有高温的管道、容器等设备上都应有保温，保温层应保证完整。当环境温度在25℃时，保温层表面的温度不宜超过50℃。

19 应尽可能避免靠近和长时间停留的地方有哪些?

答：应避免靠近和长时间地停留在可能受到烫伤的地方，如：汽、水、燃油管道的法兰盘、阀门附近；煤粉系统和锅炉烟道的人孔及检查孔和防爆门、安全门附近；除氧器、热交换器、汽包的水位计以及捞渣机等处。如因工作需要，必须长时间停留时，应做好安全措施。

设备异常运行可能危及人身安全时，应停止设备运行。在停止运行前除必要的运行、维护人员外，其他人员不准接近该设备或在该设备附近逗留。

20 遇有电气设备着火时，应采取哪些措施?

答：遇有电气设备着火时，应立即将有关设备的电源切断，然后进行救火。对可能带电的电气设备以及发电机、电动机等，应使用干式灭火器、二氧化碳灭火器或六氟丙烷灭火器灭火，对油断路器、变压器（已隔绝电源）可使用干式灭火器、六氟丙烷灭火器等灭火，不能扑灭时再用泡沫式灭火器灭火，不得已时可用干砂灭火；地面上的绝缘油着火，应用干砂灭火。扑救可能产生有毒气体的火灾（如电缆着火等）时，扑救人员应使用正压式空气呼吸器。

21 电气工器具的管理规定有哪些?

答：电气工器具应由专人保管，每 6 个月测量一次绝缘，绝缘不合格或电线破损的不应使用。手持式电动工具的负荷线必须采用橡皮护套铜芯软电缆，并不应有接头。

22 使用行灯应注意哪些事项?

答：使用行灯应注意如下事项：

（1）行灯电压不应超过 36V，在周围均是金属导体的场所和容器内工作时，不应超过 24V，在潮湿的金属容器内、有爆炸危险的场所（如煤粉仓、沟道内）、脱硫烟道系统等处工作时，不应超过 12V。行灯变压器的外壳应可靠地接地，不准使用自耦变压器。

（2）行灯电源应由携带式或固定式的降压变压器供给，变压器不应放在金属容器或特别潮湿场所的内部。

（3）携带式行灯变压器的高压侧应带插头，低压侧带插座，并采用两种不能互相插入的插头。

（4）行灯变压器的外壳必须有良好的接地线，高压侧应使用三相插头。

23《安规》中对在金属容器内工作时有什么规定?

答：在金属容器内和狭窄场所工作时，必须使用 24V 以下的电气工具，或选用Ⅱ类手持式电动工具，必须设专人不间断地监护，监护人可以随时切断电动工具的电源。电源连接器和控制箱等应放在容器外面、宽敞、干燥场所。

24 对在容器内进行工作的人员有何要求?

答：凡在容器、槽箱内进行工作的人员，应根据具体工作性质，事先学习必须注意的事项（如使用电气工具应注意事项，气体中毒、窒息急救法等），工作人员不得少于 2 人。其中1人在外面监护。在可能发生有害气体的情况下，工作人员不得少于3人，其中2人在外面监护。监护人应站在能看到或听到容器内工作人员的地方，以便随时进行监护。监护人不准同时担任其他工作。发生问题应防止不当施救。在容器、槽箱内工作，如需站在梯子上工作时，工作人员应使用安全带，安全带的一端拴在外面牢固的地方。在容器内衬胶、涂漆、刷环氧玻璃钢时，应打开人孔门及管道阀门，并进行强力通风。工作场所应备有泡沫灭火器和干砂等消防工具，严禁明火。对这项工作有过敏性的人员不准参加。

25 对进行焊接工作的人员有何要求？

答：对进行焊接工作人员的要求是：从事焊接工作人员必须具有相应资质。焊接锅炉承压部件、管道及承压容器等设备的焊工，必须按照标准DL 612《电力工业锅炉压力容器监察规程》中焊工考试部分的要求，经考试合格，并持有合格证，方允许工作。焊工应戴防尘（电焊尘）口罩，穿帆布工作服、工作鞋，戴工作帽、手套，上衣不应扎在裤子里。口袋应有遮盖，脚面应有鞋罩，以免焊接时被烧伤。

26 《安规》中对大锤和手锤的使用有何规定？

答：大锤和手锤的锤头应完整，其表面应光滑微凸，不应有歪斜、缺口、凹入及裂纹等缺陷。大锤及手锤的柄应用整根的硬木制成，且头部用楔栓固定。楔栓宜采用金属楔，楔子长度不应大于安装孔的三分之二。锤把上不应有油污。严禁戴手套或用单手抡大锤，使用大锤时，周围不准有人靠近。

27 燃油区的规定要求有哪些？

答：燃油区周围必须设置围墙，其高度不低于2m，并挂有“严禁烟火”等明显的警告标示牌，动火要办动火工作票。锅炉房内的燃油母管检修时，应按寿命管理要求加强检查。运行中巡回检查路线应包括各单元燃油母管管段和支线。必须制定燃油区出入管理制度。非值班人员进入燃油区应进行登记，交出火种，关闭手机、对讲机等通信设施，不准穿钉有铁掌的鞋子，并在入口处释放静电。燃油区的一切设施（如自动开关、刀开关、照明灯、电动机、电话、门窗、电脑、手电筒、电铃、自启动仪表触点等）均应为防爆型。

28 锅炉检修后，热紧螺丝有什么规定？

答：检修后的锅炉，允许在升压过程中热紧法兰、人孔、手孔等处的螺丝。但热紧时，锅炉汽压不准超过下列数值：

额定汽压不大于5.884MPa的：0.294MPa；

额定汽压大于5.884MPa的：0.49MPa。

热紧螺丝只允许由专业人员进行，并必须使用标准扳手，不应将扳手的手把接长。

29 进入密闭空间作业有何要求？

答：进入容器、烟风道、回转式空气预热器、煤粉仓等密闭空间内工作时，工作人员至少2人且外面必须有1名工作人员监护，所有工作人员必须进行登记，工作结束必须清点人员及工具，确保不遗留在工作室内。在关闭人孔门或砌堵人孔以前，检修工作负责人应再进行一次同样的检查，确认没有人、工具或杂物遗留后立即关闭。

30 在煤粉仓进行作业时，对工作人员有何规定?

答：进入煤粉仓的工作人员应戴防护面罩、防护眼镜、手套，服装应合身，袖口、裤脚应用带子扎紧或穿专用防尘服。进入仓内必须使用安全带，安全带的绳子应缚在仓外固定物上，并至少有 2 人在外严密监护。监护人在监护中要抓紧工作人员安全带的绳子，并能看见工作人员的动作，喊话时应能听见，如发生意外，应立即把工作人员救上来。工作人员进出煤粉仓时，应使用梯子上下。

31 液氨法脱硝系统，在液氨卸料时应注意什么?

答：液氨卸料时，运输汽车应熄火，接好接地线，装卸过程中，禁止启动车辆。卸车时应保留罐内有 0.05MPa 以上余压，但最高不得超过当时环境温度下介质的饱和压力。卸料时，应排尽管内残余气体，严禁用空气压料和用有可能引起罐体内温度迅速升高的方法进行卸料。液氨罐车可用不高于 45℃温水加热升温或用不大于设计压力的干燥的惰性气体压送。卸料速度不应太快，且要有静电导除设施。卸料完毕后，关闭紧急切断阀，并将气液相阀门加上盲板。

32 在检修热交换器前应做好哪些工作?

答：只有经过相关主管领导批准和得到值长（或单元长）的许可后，才能进行热交换器的检修工作。

在检修以前，为了避免蒸汽或热水进入热交换器内，应将热交换器和连接的管道、设备、疏水管和旁路管等可靠地隔断，所有被隔断的阀门应上锁，并挂上“禁止操作，有人工作”警告牌。检修工作负责人和运行人员应共同检查上述措施符合要求后，方可开始工作。

检修前必须把热交换器内的蒸汽和水放掉，打开疏水门和放空气门，确认无误后方可工作。在松开法兰螺丝时应当特别小心，避免正对法兰站立，以防有残存的水汽冲出伤人。

33 检修汽轮机前应做哪些工作?

答：汽轮机在开始检修之前，应用阀门与蒸汽母管、供热管道、抽汽系统等隔断，阀门应上锁并挂上“禁止操作，有人工作”警告牌。还应将电动阀门的电源切断，并挂“禁止合闸，有人工作”警告牌。疏水系统应可靠地隔绝。对气控阀门也应隔绝其控制装置的气源，并在进气气源门上挂“禁止操作，有人工作”警告牌。检修工作负责人应检查汽轮机前蒸汽管确无压力后，方可允许工作人员进行工作。

34 在汽轮机运行中，哪些工作必须经过有关主管领导批准并得到值长同意才能进行?

答：在汽轮机运行中，以下工作必须经过有关主管领导批准并得到值长同意才能进行：

(1) 在汽轮机的调速系统或油系统上进行调整工作（如调整油压、校正调速系统连杆长度等）。该工作应尽可能在空负荷状态下进行。

(2) 在内部有压力的状况下紧阀门的盘根，或在水、油或蒸汽管道上装卡子以消除轻微的泄漏。

(3) 进行凝汽器的清洗工作。打开凝汽器端盖前应由工作负责人检查循环水进出水门已关闭，同时胶球清洗系统已隔绝，挂上“禁止操作，有人工作”警告牌，并放尽凝汽器内存水。如为电动阀门，还应将电动机的电源切断，并挂上“禁止合闸，有人工作”警告牌。

（4）在特殊紧急情况下，对运行中的汽轮机承压部件、有压力的管道上进行焊接、捻缝、紧螺丝等工作。工作中必须采取安全可靠的措施，并经厂主管生产的领导批准，正确使用防烫伤护具，由专业人员操作，方可进行处理。

35 揭开汽轮机汽缸大盖时必须遵守哪些事项？

答：揭开汽轮机汽缸大盖时必须遵守下列事项：

（1）必须在一个负责人的指挥下进行吊大盖的工作。

（2）使用专用的揭盖起重工具，起吊前应进行检查。具体要求是：起吊重物前应由工作负责人检查悬吊情况及所吊物件的捆绑情况，认为可靠后方准试行起吊。起吊重物稍一离地（或支持物），就应再检查悬吊及捆绑情况，认为可靠后方准继续起吊。在起吊过程中如发现绳扣不良或重物有倾倒危险，应立即停止起吊。

（3）检查大盖的起吊是否均衡时，以及在整个起吊时间内，严禁工作人员将头部或手伸入汽缸法兰接合面之间。

36 进入制氢站人员有什么防火防爆要求？

答：禁止与工作无关的人员进入制氢室和氢罐区。因工作需要进入制氢站的人员应实行登记准入制度，所有进入制氢站的人员应关闭移动通信工具、严禁携带火种、禁止穿戴铁钉的鞋。进入制氢站前应先消除静电。

37 在氢区范围内动火有什么规定？

答：禁止在氢区范围内进行明火作业或做能产生火花的工作。如必须在氢区进行焊接或点火的工作，应事先经过氢气含量测定证实工作区域内空气中含氢量小于3%，因氢气的爆炸范围为4%～75%并经主管生产的领导批准办理动火工作票后方可工作，工作中至少每4h测定空气中的含氢量并符合标准。

38 发电机氢冷系统中的氢气纯度、湿度及含氧量有哪些要求？

答：发电机氢冷系统中的氢气纯度、湿度及含氧量，在运行中必须实现在线检测并进行定期校正化验。氢气纯度、湿度及含氧量必须符合规定标准，其中氢气纯度不应低于96.0%，含氧量不应超过1.2%，露点温度（湿度）在发电机内最低温度为5℃时不高于－5℃，在发电机内最低温度不小于10℃时，不高于0℃，应均不低于－25℃。如果达不到标准，应立即进行处理，直到合格为止。

39 什么叫高处作业？

答：凡在离坠落基准面2m及以上的地点进行的工作，都应视作高处作业。

40 对从事高处作业的人员有何要求？

答：从事高处作业人员必须身体健康。患有精神病、癫痫病及经医师鉴定患有高血压、心脏病等不宜从事高处作业病症的人员，不准参加高处作业。凡发现工作人员有饮酒、精神不振时，禁止登高作业。

41 什么情况下应使用安全带？

答：在坝顶、陡坡、屋顶、悬崖、杆塔、吊桥以及其他危险边缘进行工作，临空一面应装设安全网或防护栏杆，否则，工作人员须使用安全带。在没有脚手架或者在没有栏杆的脚手架上工作，高度超过 1.5m 时，必须使用安全带，或采取其他可靠的安全措施。

42 安全带在使用前应做哪些检查和试验？

答：安全带在使用前应进行检查，并应定期（每隔 6 个月）按批次进行静荷重试验；试验荷重为 225kg，试验时间为 5min，试验后检查是否有变形、破裂等情况，并做好记录。不合格的安全带应及时处理。悬挂安全带冲击试验时，用 80kg 质量做自由落体试验，若不破断，该批安全带可继续使用。对抽试过的样带，必须更换安全绳后才能继续使用。使用频繁的绳，应经常做外观检查，发现异常时应立即更换新绳，带子试用期为 3～5 年，发现异常应提前报废。

43 安全带的使用和保管有哪些规定？

答：安全带使用和保管的规定是：

(1) 安全带应高挂低用，注意防止摆动碰撞。使用 3m 以上长绳应加缓冲器，自锁钩用吊绳例外。

(2) 缓冲器、速差式装置和自锁钩可以串联使用。

(3) 不准将绳打结使用。也不准将钩直接挂在安全绳上使用，应挂在连接环上用。

(4) 安全带上的各种部件不得任意拆掉。更换新绳要注意加绳套。

(5) 安全带使用两年后，按批量购入情况，抽验一次。围杆带做静负荷试验，以 2206N (225kgf) 拉力拉 5min，无破断可继续使用。悬挂安全带冲击试验时，以 80kg 质量做自由落体试验，若不破断，该批安全带可继续使用。对抽试过的样带，必须更换安全绳后才能继续使用。

(6) 使用频繁的绳，要经常做外观检查，发现异常时，应立即更换新绳。带子使用期为 3～5 年，发现异常应提前报废。

44 在什么情况下应停止露天高处作业？

答：在 6 级及以上的大风以及暴雨、打雷、大雾等恶劣天气，应停止露天高处作业。

45 在《安规》中对梯子做了哪些规定？

答：梯子的支柱应能承受工作人员携带工具攀登时的总质量。梯子的横木应嵌在支柱上，不准使用钉子钉成的梯子，梯阶的距离不应大于 40cm。

46 使用梯子有哪些规定？

答：在梯子上工作时，梯子与地面的斜角度为 60°左右。工作人员必须登在距梯顶不少于 1m 的梯磴上工作。

如梯子长度不够而需将两个梯子连接使用时，应用金属卡子接紧，或用铁丝绑接牢固。

在工作前应把梯子安置稳固，不可使其动摇或倾斜过度。在水泥或光滑坚硬的地面上使用梯子时，其下端应安置橡胶套或橡胶布，同时应用绳索将梯子下端与固定物缚住。

在木板或泥地上使用梯子时，其下端须装有带尖头的金属物，同时用绳索将梯子下端与固定物缚住。

靠在管子上使用的梯子，其上端应有挂钩或用绳索缚住。

若已采用上述方法仍不能使梯子稳固时，可派人扶着，但必须做好防止落物打伤下面人员的安全措施。

人字梯应具有坚固的铰链和限制开度的拉链。

严禁将梯子架设在不稳固的支持物上使用。

在通道上使用梯子时，应设监护人或设置临时围栏；放在门前使用时，必须采取防止门突然开启的措施。

人在梯子上时，禁止移动梯子。

在转动部分附近使用梯子时，为了避免机械转动部分突然卷住工作人员的衣服，应在梯子与机械转动部分之间临时设置薄板或金属网防护。

在梯子上工作时应使用工具袋，物件应用绳子传递，不准从梯上或梯下互相抛递。

禁止在悬吊式的脚手架上搭放梯子进行工作。

47 什么是“两票三制”？

答：两票即“工作票”“操作票”。

三制即“交接班制度”“巡回检查制度”“设备定期试验切换制度”。

48 为什么要严格执行工作票制度？

答：在生产现场进行检修或安装工作时，为了能保证有安全的工作条件和设备的安全运行，防止发生事故，发电厂各部门以及有关的施工基建单位，必须严格执行工作票制度。

49 哪些人应负检修工作的安全责任？

答：应负检修工作的安全责任的人有：

(1) 工作票签发人。

(2) 工作票许可人。

(3) 工作负责人。

50 工作票签发人的安全职责是什么？

答：工作票签发人的安全职责是：

(1) 工作是否必要和可能。

(2) 工作票上所填写的安全措施是否正确和完善。

(3) 经常到现场检查工作是否安全地进行。

51 工作负责人的安全职责是什么？

答：工作负责人的安全职责是：

(1) 正确地和安全地组织工作。

（2）对工作人员给予必要的指导。
（3）随时检查工作人员在工作过程中是否遵守安全工作规程和安全措施。

52 工作许可人的安全职责是什么？

答：工作许可人的安全职责是：
（1）检修设备与运行设备确已隔断。
（2）安全措施确已完善和正确地执行。
（3）对工作负责人正确说明哪些设备有压力、高温和有爆炸危险等。

53 值班负责人（运行班长、单元长）的安全职责是什么？

答：值班负责人（运行班长、单元长）的安全职责是：
（1）对工作票的许可至终结程序执行负责。
（2）对工作票所列安全措施的完备、正确执行负责。
（3）对工作结束后的安全措施拆除与保留情况的准确填写和执行情况负责。

54 工作班成员的安全职责是什么？

答：工作班成员的安全职责是：
（1）工作前认真学习安全工作规程、运行和检修工艺规程中与本作业项目有关规定、要求。
（2）参加危险点分析，提出控制措施，并严格落实。
（3）遵守安全规程和规章制度，规范作业行为，确保自身、他人和设备安全。

55 值长的安全职责是什么？

答：值长的安全职责是：
（1）负责审查检修工作的必要性，审查工作票所列安全措施是否正确完备、是否符合现场实际安全条件。
（2）对批准检修工期，审批后的工作票票面、安全措施负责。
（3）不应批准没有危险点控制措施的工作票。

56 接收工作票有什么规定？

答：接收工作票的规定为：
（1）计划工作需要办理第一种工作票的，应在工作开始前，提前一日将工作票送达值长处，临时工作或消缺工作可在工作开始前，直接送值长处。值班人员接到工作票后，单元长（或值班负责人）应及时审查工作票全部内容，必要时填好补充安全措施，确认无问题后，填写收到工作票时间，并在接票人处签名。
（2）审查发现问题，应向工作负责人询问清楚，如安全措施有错误或重要遗漏，应将该票退回，工作票签发人应重新签发工作票。
（3）值长或单元长签收工作票后，应在工作票登记簿上进行登记。

57 什么情况下可不填写工作票？

答：在危及人身和设备安全的紧急情况下，经值长许可后，可以没有工作票即进行处置，但必须由值长或单元长将采取的安全措施和没有工作票而必须进行工作的原因记在运行日志内。

58 布置和执行工作票安全措施有什么规定?

答：布置和执行工作票安全措施的规定为：

(1) 根据工作票计划开工时间、安全措施内容、机组启停计划和值长或单元长意见，由值长或单元长安排运行人员执行工作票所列安全措施。

(2) 安全措施中如需由（电气）运行人员执行断开电源措施时，（热机）运行人员应填写停、送电联系单，（电气）运行人员应根据联系单内容布置和执行断开电源措施。措施执行完毕，填好措施完成时间、执行人签名后，通知热机运行人员，并在联系单上记录受话的热机运行人员姓名。停电联系单保存在电气运行人员处备查，热机运行人员接到通知后，应做好记录。对于集控运行的单元机组，运行人员填写电气倒闸操作票并经审查后即可执行。严禁口头联系或约时停、送电。

(3) 现场措施执行完毕后，登记在工作票记录本中，并联系工作负责人办理开工手续。

59 工作票中“运行人员补充安全措施”一栏，应主要填写什么内容?

答：工作票中“运行人员补充安全措施”一栏，应主要填写以下内容：

(1) 由于运行方式或设备缺陷需要扩大隔断范围的措施。

(2) 运行人员需要采取的保障检修现场人身安全和运行设备安全的措施。

(3) 补充工作票签发人（或工作负责人）提出的安全措施。

(4) 提示检修人员的安全注意事项。

(5) 如无补充措施，应在该栏中填写“无补充”，不得空白。

60 工作票许可开工有什么规定?

答：工作票许可开工的规定为：

(1) 检修工作开始前，工作许可人会同工作负责人共同到现场对照工作票逐项检查，确认所列安全措施完善和正确执行。工作许可人向工作负责人详细说明哪些设备带电、有压力、高温、爆炸和触电危险等，双方共同签字完成工作票许可手续。

(2) 开工后，严禁运行或检修人员单方面变动安全措施。

61 工作票开工后，对工作监护有何规定?

答：工作票开工后，工作负责人应在工作现场认真履行自己的安全职责，认真监护工作全过程。工作负责人因故暂时离开工作地点时，应指定能胜任的人员临时代替并将工作票交其执有，交代注意事项并告知全体工作班人员，原工作负责人返回工作地点时应履行同样交接手续；离开工作地点超过2h者，必须办理工作负责人变更手续。

62 工作间断时，有什么规定?

答：工作间断时，工作班人员应从现场撤出，所有安全措施保持不动，工作票仍由工作负责人执存。间断后继续工作前，工作负责人应重新认真检查安全措施应符合工作票的要求，方可工作，当无工作负责人带领时，工作人员不得进入工作地点。

63 工作票延期有什么规定？

答：工作票延期的规定为：工作票的有效期，以值长批准的工作期限为准。

（1）工作若不能按批准工期完成时，工作负责人必须提前 2h 向工作许可人申明理由，办理申请延期手续。

（2）延期手续只能办理一次，如需再延期，应重新签发新的工作票。

64 工作结束前遇到哪些情况，应重新签发工作票，并重新进行许可工作的审查程序？

答：工作结束前如遇下列情况，应重新签发工作票，并重新进行许可工作的审查程序：

（1）部分检修的设备将加入运行时。

（2）值班人员发现检修人员严重违反《安规》或工作票内所填写的安全措施，制止检修人员工作并将工作票收回时。

（3）必须改变检修与运行设备的隔断方式或改变工作条件时。

65 检修设备试运有哪些规定？

答：检修设备试运的规定为：

（1）检修后的设备应进行试运。

（2）检修设备试运工作应由工作负责人提出申请，经工作许可人同意并收回工作票，全体工作班成员撤离工作地点，由运行人员进行试运的相关工作。严禁不收回工作票，以口头方式联系试运设备。

（3）试运结束后仍然需要工作时，工作许可人和工作负责人应按“安全措施”执行栏重新履行工作许可手续后，方可恢复工作。

（4）如果试运后工作需要改变原工作票安全措施范围时，应重新签发工作票。

66 工作票终结有哪些规定？

答：工作票终结的规定为：

（1）工作结束后，工作负责人应全面检查并组织清扫整理工作现场，确认无问题后，带领工作人员撤离现场。

（2）工作许可人和工作负责人共同到现场验收，检查设备状况，有无遗留物件，是否清洁等，然后在工作票上填写工作结束时间，双方签名，工作方告终结 。

（3）运行值班人员拆除临时围栏，取下标示牌，恢复安全措施，汇报值长或单元长。

（4）对未恢复的安全措施，汇报值长或单元长，并做好记录，在工作票右上角加盖“已执行”章，工作票方告终结。

（5）设备、系统变更后，工作负责人应将检修情况、设备变动情况以及运行人员应注意的事项向运行人员进行交代，并在检修交代记录簿或设备变动记录簿上登记清楚后方可离去。

（6）工作负责人应向工作票签发人汇报工作任务完成情况及存在问题，并交回所持的一份工作票。

67 工作票管理有何规定？

答：工作票实施分级管理、逐级负责的管理原则。运行、检修主管部门应是确保工作票正确实施的最终责任部门。安全监督部门是工作票的监督考核部门，对执行全过程进行监督，并对责任部门进行考核。发电企业领导应定期组织综合分析执行工作票过程中存在的问题，提出改进措施。已执行的工作票应由各单位指定部门按编号顺序收存，至少保存3个月。

68 触电有哪几种情况？其伤害程度与哪些因素有关？

答：触电有三种情况，即单相触电，两相触电，跨步电压、接触电压和雷击触电。

触电的伤害程度与电流大小、电压高低、电流频率、人体电阻、电流通过人体的途径、触电时间的长短和人的精神状态等六种因素有关。

69 什么是安全色？

答：安全色是表达安全信息的颜色，表示禁止、警告、指令、提示等意义。正确使用安全色，可以使人员能够对威胁安全和健康的物体和环境作出尽快地反应；迅速发现或分辨安全标志，及时得到提醒，以防止事故、危害发生。

70 国家标准规定的安全色有哪几种颜色？各种颜色的含义是什么？

答：国家标准规定用红、黄、蓝、绿四种颜色作为全国通用的安全色。

红色表示禁止、停止、消防和危险的意思。

黄色表示注意、警告的意思。

蓝色表示指令、必须遵守的规定。

绿色表示通行、安全和提供信息的意思。

71 在电力系统中采用安全色有什么重要意义？

答：在电力系统中相当重视色彩对安全生产的影响，因色彩标志比文字标志明显，不易出错。在工作现场，安全色更是得到广泛应用。例如：各种控制屏特别是主控制屏，用颜色信号灯区别设备的各种运行状态，值班人员根据不同色彩信号灯可以准确地判断各种不同运行状态。

电力工业有关法规规定，电气母线的涂色A相涂黄色，B相涂绿色，C相涂红色。在设备运行状态，绿色信号灯表示设备在运行的预备状态，红色信号灯表示设备正投入运行状态，提醒工作人员集中精力，注意安全运行等。

72 什么是电力安全生产标准化？

答：电力安全生产标准化是通过建立安全生产责任制，制定安全管理制度和操作规程，排查治理隐患和监控重大危险源，建立风险分析和预控机制，规范生产行为，使各生产环节符合有关安全生产法律法规和标准规范要求，人、设备、环境、管理处于良好状态，并持续改进，不断加强企业安全生产规范化建设。

73 电力安全生产标准化分为哪几级？

答：电力安全生产标准化分为一级、二级和三级（简称标准化一级、二级、三级）。它们依据评审得分确定，其中，标准化一级得分大于 90 分，标准化二级得分大于 80 分，标准化三级得分大于 70 分。取得标准化三级以上即为安全生产标准化达标。

74 电力安全生产标准化的《标准》涉及哪些方面的内容？

答：安全生产标准化的《标准》涉及十三方面的内容：安全生产目标、组织机构和职责、安全生产投入、法律法规与安全管理制度、教育培训、生产设备设施、作业安全、隐患排查和治理、重大危险源监控、职业健康、应急救援、信息报送和事故调查处理以及绩效评定和持续改进。

75 电力安全生产标准化的《标准》制定基本原则是什么？

答：安全生产标准化的《标准》制定基本原则是：全面管理原则；持续改进原则；风险管理；本质安全；与企业现行管理有效衔接原则。

76 电力安全生产标准化的特点是什么？

答：安全生产标准化的特点是：评分标准量化、查评依据细化、查评方法具体化——并为标准化开发了应用软件。

77 电力企业安全生产标准化工作分为哪几个阶段？

答：企业安全生产标准化工作分为标准化建设和现场评审两个阶段。

78 电力企业安全生产标准化工作中，电力监管机构应进行哪些监管？

答：企业安全生产标准化工作中，电力监管机构应对评审定级进行监管。主要有：督促安全生产标准化建设、指导标准化达标评级、现场评审质量的监督检查、评审机构的监督管理、未达标企业的专项跟踪和考核、搭建经验交流平台。

79 企业安全生产标准化中，应有哪些保障体系？

答：贯彻“管生产必须管安全”的原则，企业应建立由生产领导负责和有关单位主要负责人组成的安全生产保障体系及职责，体系包括：决策指挥保证系统、执行运作保证系统、规章制度保证系统、设备管理保证系统、安全技术保证系统和教育培训保证系统等。

80 月度安全生产分析会议应包含什么内容？

答：每月组织召开的安全生产分析会议应包含：会议记录（包括时间、地点、参会人员、签到表、内容等）、会议内容（包括问题分析、针对问题的布置、落实、完成情况追溯）和会议记录的公布情况。

81《中华人民共和国安全生产法》（简称《安全生产法》）首次何时制定、颁布、实施？

答：《安全生产法》从提出立法建议到颁布实施，经历了 22 年的历程。原国家劳动总局在 1981 年就提出制定《劳动保护法》，此后原劳动部又将法名改为《职业安全卫生法》继续组织起草工作。1998 年国家经贸委接管原劳动部负责的安全生产综合管理职能后，经过调研又将法名改为《职业安全法》并于 1999 年正式将该法草案报国务院审议。2001 年初，国家安全生产监督管理局设立，国家局即组织集中力量起草《安全生产法》。2001 年 11 月 21 日国务院第 48 次常务会议审议通过《安全生产法》（草案），并将其提请九届全国人大常委会审议。经过全国人大常委会第 25 次会议初审和第 27 次会议再审，全国人大宪法和法律委员会、全国人大常委会法制工作委员会对草案进行必要修改后，第 3 次提交九届全国人大常委会第 28 次会议 2002 年 6 月 29 日审议通过，江泽民主席签发中华人民共和国第 70 号主席令予以公布，《安全生产法》于 2002 年 11 月 1 日正式实施。

82 现行《安全生产法》是哪年通过？哪年开始执行的？

答：现行《安全生产法》是 2021 年 6 月 10 日，全国人大常委会表决通过，决定 2021 年 9 月 1 日起执行。

83 《安全生产法》所确定的 7 项基本制度是什么？

答：《安全生产法》所确定的 7 项基本制度分别是：安全生产工作监督管理制度；生产经营单位安全生产保障制度；生产经营单位全员安全责任制度；从业人员安全生产权利与义务制度；为安全生产提供服务的中介机构的工作制度；安全生产责任追究制度；生产安全事故应急救援和调查处理制度。

84 简要说明《安全生产法》的立法目的。

答：《安全生产法》的立法目的就是为了加强安全生产工作，防止和减少生产安全事故，保障人民群众生命和财产安全，促进经济发展持续健康发展。

85 为什么说加强安全生产工作是防止和减少生产安全事故的重要保障条件？

答：生产安全事故的原因是多方面的，但归纳起来其直接原因无非是物（包括环境）的不安全状态和人的不安全行为；间接的原因则是管理上的漏洞。除了极少数自然事故外，大量事故案例证明，引发事故的原因都可追溯到管理上的问题，因为物的不安全状态和人的不安全行为都是可以通过严格的监督管理来加以改进的。这就是《安全生产法》第一章第一条明确指出的，要“加强安全生产工作”，并把它作为立法目的的初衷。加强安全生产工作对于搞好安全生产的重要性，由此可见一斑。这和“防止和减少生产安全事故，保障人民群众生命和财产安全，促进经济社会持续健康发展”的立法目的是一致的。

86 简要说明《安全生产法》的适用范围。

答：法律的适用范围即法律的效力范围，就是法律在哪些范围内有效。准确地理解和掌握法律的适用范围，对于正确执法有着十分重要的意义。

《安全生产法》的适用范围是由该法第一章总则第二条规定的，即在中华人民共和国领域内从事生产经营活动的单位的安全生产，适用本法；有关法律、行政法规对消防安全和道路交通安全、铁路交通安全、水上交通安全、民用航空安全以及核与辐射安全、特种设备安全另有规定的，适用其规定。

87 《安全生产法》第一章 总则中对生产经营单位的从业人员在安全生产方面的权利和义务有哪些规定？

答：劳动者在生产经营活动中是最积极、最活跃的因素，也是生产安全事故的最直接、最严重的受伤害者。因此，《安全生产法》在第一章总则第六条中规定：生产经营单位的从业人员有依法获得安全生产保障的权利，并应当依法履行安全生产方面的义务。同时，在第七条中还规定：工会依法对安全生产工作进行监督。依法组织职工参加本单位安全生产工作的民主管理和民主监督，维护职工在安全生产方面的合法权益。生产经营单位制定或者修改有关安全生产的规章制度，应当听取工会的意见。

生产经营单位中从业人员的具体的权利和义务，在《安全生产法》第三章从业人员的权利义务中有十分明确、具体的规定。

88 《安全生产法》建立了对我国安全生产负有责任的哪五个机制？

答：《安全生产法》建立了对我国安全生产负有责任的五个机制是：生产经营单位负责、职工参与、政府监管、行业自律和社会监督。

89 标准分为强制性标准和推荐性标准，它们是如何划分的？

答：标准按强制程度分为强制性标准和推荐性标准。凡保障人体健康、人身、财产安全的标准和法律、行政法规定强制执行的标准均属强制性标准，如药品标准、食品卫生标准等。其他的标准为推荐性标准。

90 我国的安全生产工作方针是什么？

答：我国的安全生产工作方针是“安全第一，预防为主、综合治理”。通过《安全生产法》确立的这个“安全第一、预防为主、综合治理”的安全生产工作方针，是我国广大劳动者，包括众多从事安全生产监督管理的工作者在长期生产和工作实践中总结、提炼出来的。“安全第一、预防为主、综合治理”既是国家对安全生产工作的总要求，也是安全生产工作应遵循的最高准则。

91 安全生产的社会监督有哪四种方式？

答：我国的安全生产管理体制是综合监管与行业监管相结合、国家监察与地方监管相结合、政府监督与其他监督相结合的格局。其中，安全生产的其他监督，虽然不具有国家监察的强制法律效力，但它是国家安全生产监督管理的有效补充。新的经济体制的建立，其他监督的内涵也在扩大。《安全生产法》为了增强社会性监督的法律效力，以法定的形式明确了我国安全生产社会监督的四种方式。

（1）工会民主监督：工会有权对建设项目的安全实施与主体工程同时设计、同时施工、同时投入生产和使用进行监督，提出意见；工会对生产经营单位违反安全生产法律、法规，侵犯从业人员合法权益的行为，有权要求纠正；发现生产经营单位违章指挥、强令冒险作业或者发现事故隐患时，有权提出解决的建议，生产经营单位应当及时研究答复；发现危及从业人员生命安全的情况时，有权向生产经营单位建议组织从业人员撤离危险场所，生产经营单位必须立即作出处理。

工会有权依法参加事故调查，向有关部门提出处理意见，并要求追究有关人员的责任。

（2）社会舆论监督：即新闻、出版、广播、电影、电视等单位有进行安全生产公益宣传教育的义务，有对违反安全生产法律、法规的行为进行舆论监督的权利。

（3）公众举报监督：即任何单位或者个人对事故隐患或者安全生产违法行为，均有权向负有安全生产监督管理职责的部门报告或者举报。

（4）社区报告监督：即居民委员会、村民委员会发现其所在区域内的生产经营单位存在事故隐患或者安全生产违法行为时，应当向当地人民政府或者有关部门报告。

这样，生产经营单位在受到国家监察部门安全生产监督管理的同时，还受到各种社会监督，通过这种多渠道、多方法、立体交叉的监督网络，可以有效地防止伤亡事故，保障安全生产的顺利进行。

92 存在重大危险源的电力企业按照《安全生产法》应执行哪四项安全管理规定?

答：《安全生产法》第三十八条对重大危险源的安全管理做了以下四项安全管理规定，存在有重大危险源的电力企业应严格执行这些规定：

（1）生产经营单位对重大危险源应当登记建档。

（2）生产经营单位应当对重大危险源进行定期检测、评估、监控，并制定应急预案。

（3）生产经营单位应当告知从业人员和相关人员在紧急情况下应当采取的应急措施。

（4）生产经营单位应当按照国家有关规定，将本单位重大危险源及有关安全措施、应急措施报有关地方人民政府的应急管理部门和有关部门备案。

93 什么是特种作业?《安全生产法》对特种作业人员的安全资质和教育培训有何要求?

答：特种作业是指在劳动过程中容易发生人员伤亡事故，对操作者本人、他人及周围设施的安全可能造成重大危害的作业。

直接从事特种作业的人员称为特种作业人员。

国家安全监管总局2015年5月29日发布的《特种作业人员安全技术培训考核管理规定》（第80号令）对特种作业人员的安全技术培训、考核、发证作了具体规定。

特种作业的范围：

（1）电工作业。

（2）焊接与热切割作业。

（3）制冷与空调作业。

（4）煤矿安全作业。

（5）高处作业。

（6）金属非金属矿山安全作业。

（7）石油天然气安全作业。

（8）冶金（有色）生产安全作业。

（9）危险化学品安全作业。

（10）烟花爆竹安全作业。

（11）工地升降货梯升降作业。

（12）安全监管总局认定的其他作业。

特种作业危险性较大，一旦发生事故，对整个企业生产的影响较大，而且会带来严重的生命、财产损失。因此，《安全生产法》第二十八条规定：生产经营单位的特种作业人员必须按照国家有关规定经专门的安全作业培训，取得相应资格，方可上岗作业。

特种作业人员在上岗作业前，必须进行专门的安全技术和操作技能的培训教育。这种培训教育要实行理论教学与操作技能训练相结合的原则，重点应放在提高其安全操作技能和预防事故的实际能力上。

94 什么是生产经营单位的安全生产责任制？

答：安全生产责任制是根据我国的安全生产方针“安全第一，预防为主，综合治理”和安全生产法规建立的各级领导、职能部门、工程技术人员、岗位操作人员在劳动生产过程中对安全生产层层负责的制度。它是生产经营单位岗位责任制的一个组成部分，是企业最基本的一项安全制度，也是企业安全生产、劳动保护管理制度的核心。

安全生产责任制的实质是“安全生产，人人有责”。安全生产责任制的核心是切实加强安全生产的领导，建立起以政府、部门、企业主要领导为第一责任人的责任制。安全生产责任制要贯彻“预防为主”的原则。安全生产责任制要求企业各级生产领导在安全生产方面要“对上级负责，对职工负责，对自己负责”。

95 什么是建设项目的“三同时”？《安全生产法》对建设项目的“三同时”制度有何规定？

答：《安全生产法》第二十九条规定：生产经营单位新建、改建、扩建工程项目的安全设施，必须与主体工程同时设计、同时施工、同时投入生产和使用。安全设施投资应当纳入建设项目概算。这条规定明确了建设工程项目设计、施工和投产时所必须遵循的基本原则，也就是通常所说的“三同时”。

第三十条规定：矿山、金属冶炼建设项目和用于生产、储存、装卸危险物品的建设项目，应当按照国家有关规定由具有相应资质的安全评价机构进行安全评价。

第三十一条规定：建设项目安全设施的设计人、设计单位应当对安全设施设计负责。矿山、金属冶炼建设项目和用于生产、储存、装卸危险物品的建设项目的安全设施设计应当按照国家有关规定报经有关部门审查，审查部门及其负责审查的人员对审查结果负责。

第三十二条规定：矿山、金属冶炼建设项目和用于生产、储存、装卸危险物品的建设项目的施工单位必须按照批准的安全设施设计施工，并对安全设施的工程质量负责。矿山、金属冶炼建设项目和用于生产、储存、装卸危险物品的建设项目竣工投入生产或者使用前，应当由建设单位负责组织对安全设施进行验收；验收合格后，方可投入生产和使用。负有安全生产监督管理职责的部门应当加强对建设单位验收活动和验收结果的监督核查。

96 什么是安全生产？

答：安全生产是指在生产经营活动中，为了避免造成人员伤害和财产损失的事故而采取相应的事故预防和控制措施，使生产过程在符合规定的条件下进行，以保证从业人员的人身安全与健康，设备和设施免受损坏，环境免遭破坏，保证生产经营活动得以顺利进行的相关活动。概括地说，安全生产是指采取一系列措施使生产过程在符合规定的物质条件和工作秩序下进行，有效消除或控制危险和有害因素，无人身伤亡和财产损失等生产事故发生，从而保障人员安全与健康、设备和设施免受损坏、环境免遭破坏，使生产经营活动得以顺利进行的一种状态。

97 《安全生产法》对生产经营单位从业人员的安全资质有何规定？

答：《安全生产法》第四十二条规定：生产经营单位应当教育和督促从业人员严格执行本单位的安全生产规章制度和安全操作规程；并向从业人员如实告知作业场所和工作岗位存在的危险因素、防范措施以及事故应急措施。

生产经营单位应当关注从业人员的生理、心理状况和行为习惯，加强对从业人员的心理疏导、精神慰藉，严格落实岗位安全生产责任制，防范从业人员行为异常导致事故发生。

98 生产经营单位的主要负责人对本单位安全生产工作负有哪些职责？

答：生产经营单位的主要负责人对本单位安全生产工作负有下列职责：

（1）建立、健全并落实本单位全员安全生产责任制，加强安全生产标准化建设。

（2）组织制定本单位安全生产规章制度和操作规程。

（3）组织制定并实施本单位安全生产教育和培训计划。

（4）保证本单位安全生产投入的有效实施。

（5）组织建设并落实安全风险分级管控和隐患排查治理双重预防工作机制，督促、检查本单位的安全生产工作，及时消除生产安全事故隐患。

（6）组织制定并实施本单位的生产安全事故应急救援预案。

（7）及时、如实报告生产安全事故。

99 采用新工艺、新技术、新材料或者使用新设备的安全教育培训内容是什么？

答：随着科学技术的不断发展和进步，各种各样的新工艺、新技术、新材料、新设备不断涌现，对员工需要进行新的安全技术和新的操作方法的教育与培训，以适应新岗位作业的安全要求。《安全生产法》第二十七条规定：生产经营单位采用新工艺、新技术、新材料或者使用新设备，必须了解、掌握其安全技术特性，采取有效的安全防护措施，并对从业人员进行专门的安全生产教育和培训。

安全教育培训的主要内容包括以下几点：

（1）新工艺、新技术、新设备、新产品的安全技能及安全技术。

（2）新工艺的操作技能和新材料的特性。

（3）安全防护装置的使用和预防事故的措施。

100 《安全生产法》对生产经营单位设置安全生产管理机构及配备安全管理人员有何规定？

答：矿山、金属冶炼、建筑施工、道路运输单位和危险物品的生产、经营、储存单位，应当设置安全生产管理机构或者配备专职安全生产管理人员。除以上规定以外的其他生产经营单位，从业人员超过一百人的，应当设置安全生产管理机构或者配备专职安全生产管理人员；从业人员在一百人以下的，应当配备专职或兼职的安全生产管理人员。《安全生产法》

并对生产经营单位安全生产管理人员提出了明确要求：

生产经营单位安全生产管理人员应当根据本单位的生产经营特点，对安全生产状况进行经常性检查。对检查中发现的安全问题，应当立即处理；不能处理的，应当报告本单位有关负责人，有关责任人应当及时处理。检查及处理情况应当记录在案。

生产经营单位的安全生产管理人员在检查中发现重大事故隐患，应向本单位有关负责人报告，有关负责人不及时处理的，安全生产管理人员可以向主管的负有安全生产监督管理职责的部门报告，接到报告的部门应当依法及时处理。

101 什么是特种设备？

答：特种设备是指对人身和财产安全有较大危险性的锅炉、压力容器（含气瓶）、压力管道、电梯、起重机械、客运索道、大型游乐设施、场（厂）内专用机动车辆，以及法律、行政法规规定适用特种设备安全法的其他特种设备。

国家对特种设备实行目录管理。特种设备目录由国务院负责特种设备安全监督管理的部门制定，报国务院批准后执行。

102 什么是危险物品？危险物品有哪些种类？《安全生产法》对生产、经营、运输、储存、使用危险物品或者处置废弃危险物品应遵守哪些规定？

答：危险物品是指易燃易爆物品、危险化学品、放射性物品等能够危及人身安全和财产安全的物品。

危险物品分为以下九大类：爆炸品；压缩气体和液化气体；易燃液体；易燃固体、自燃物品和遇湿易燃物品；氧化剂和有机过氧化剂；毒害品和感染性物品；放射性物品；腐蚀性物品；杂类。

GB 13690—2009《化学品分类和危险性公示 通则》将常用的危险化学品按其主要危险特性分为爆炸品、压缩气体和液化气体、易燃液体，易燃固体、自燃物品和遇湿易燃物品、氧化剂和有机过氧化物、有毒品、放射性物品、腐蚀品八类。

《安全生产法》第三十七条规定：生产、经营、运输、储存、使用危险物品或者处置废弃危险物品的，由有关主管部门依照有关法律、法规的规定和国家标准或者行业标准审批并实施监督管理；生产、经营、运输、储存、使用危险物品或者处置废弃危险物品，必须执行有关法律、法规和国家标准或者行业标准，建立专门的安全管理制度，采取可靠的安全措施，接受有关主管部门依法实施的监督管理。

103 什么是重大危险源？重大危险源可分为哪几类？《安全生产法》关于重大危险源的管理如何规定？

答：重大危险源是指长期地或者临时地生产、搬运、使用或者储存危险物品，且危险物品的数量等于或者超过临界量的单元（包括场所和设施）。

重大危险源可分为7大类：

（1）易燃、易爆、有毒物质的贮罐区（贮罐）；

（2）易燃、易爆、有毒物质的库区（库）；

（3）具有火灾、爆炸、中毒危险的生产场所；

（4）企业危险建（构）筑物；

（5）压力管道；

（6）锅炉；

（7）压力容器。

《安全生产法》第三十八条规定：生产经营单位对重大危险源应当登记建档，进行定期检测、评估、监控，并制定应急预案，告知从业人员和相关人员在紧急情况下应当采取的应急措施。

生产经营单位应当按照国家有关规定将本单位重大危险源及有关安全措施、应急措施报有关地方人民政府应急管理的部门和有关部门备案。有关地方人民政府应急管理部门和有关部门应当通过相关信息系统实现信息共享。

104 安全生产事故一般分为哪几个等级？

答：根据生产安全事故造成的人员伤亡或者直接经济损失，事故一般分为以下四个等级：

（1）特别重大事故：造成30人（含）以上死亡，或者100人（含）以上重伤，或者1亿元以上直接经济损失的事故。

（2）重大事故：造成10人（含）以上30人以下死亡，或者50人（含）以上100人以下重伤，或者5000万元以上1亿元以下直接经济损失的事故。

（3）较大事故：造成3人（含）以上10人以下死亡，或者10人（含）以上50人以下重伤，或者1000万元以上5000万元以下直接经济损失的事故。

（4）一般事故：造成3人以下死亡，或者10人以下重伤，或者1000万元以下直接经济损失的事故。

105 《安全生产法》对生产经营单位建立安全风险分级管控有何规定？

答：生产经营单位应当建立安全风险分级管控制度，按安全风险分级采取相应的管控措施。生产经营单位应当建立健全生产安全事故隐患排查治理制度，采取技术、管理措施，及时发现并消除事故隐患。事故隐患排查治理情况应当如实记录，并通过职工代表大会或者职工大会、信息公开栏等方式向从业人员通报。其中重大事故隐患排查治理情况应当及时向负有安全生产监督管理职责的部门报告。

县级以上地方各级人民政府负有安全生产监督管理职责的部门应当将重大事故隐患纳入相关信息系统，建立健全重大事故隐患治理督办制度，督促生产经营单位消除重大事故隐患。

106 什么是劳动防护用品？其按照防护部位分为哪几类？《安全生产法》对生产经营单位使用劳动防护用品有何规定？

答：劳动防护用品是指保护劳动者在生产过程中的人身安全与健康所必备的一种防御性装备，对于减少职业危害起着相当重要的作用。劳动防护用品又称劳动保护用品，一般指个人防护用品，国际上统称个人防护装备。

劳动防护用品的作用是使用一定的屏蔽体或系带、浮体，采取阻隔、封闭、吸收、分散、悬浮等手段，保护人体的局部或全身免受外来的侵害。为此，劳动防护用品必须严格保证质量，安全可靠，穿戴应舒适方便，不影响工效，还应经济耐用，适应经济发展需要。

劳动防护用品按照防护部位分为九大类：头部护具类、呼吸护具类、眼防护具、听力护具、防护鞋、防护手套、防护服、防坠落护具和护肤用品。

《安全生产法》第四十三条规定：生产经营单位必须为从业人员提供符合国家标准或者行业标准的劳动防护用品，并监督、教育从业人员按照使用规则佩戴、使用。

107　什么是安全生产费用？其使用范围是什么？

答：安全生产费用是指企业按照规定标准提取，在成本中列支，专门用于完善和改进企业安全生产条件的资金。

安全生产费用的使用范围为：

（1）完善、改造和维护安全防护设备、设施。

（2）配备必要的应急救援器材、设备和现场作业人员安全防护物品。

（3）安全生产检查与评价支出。

（4）重大危险源、重大事故隐患的评估、整改、监控费用。

（5）安全技能培训及进行应急救援演练支出。

（6）其他与安全生产直接相关的支出。

108　什么是劳动合同？订立劳动合同应遵循什么原则？哪些合同是无效的？

答：劳动合同是劳动者与用人单位确立劳动关系、明确双方权利和义务的协议。建立劳动关系应当订立劳动合同。

订立和变更劳动合同，应当遵循平等自愿、协商一致的原则，不得违反法律、行政法规的规定。

以下劳动合同是无效的：违反法律、行政法规的劳动合同；采取欺诈、威胁等手段订立的劳动合同。

109　劳动合同中应包括哪些条款？

答：劳动合同应当以书面形式订立，并具备以下条款：

（1）劳动合同期限；

（2）工作内容；

（3）劳动保护和劳动条件；

（4）劳动报酬；

（5）劳动纪律；

（6）劳动合同终止的条件；

（7）违反劳动合同的责任。

劳动合同除以上规定的必备条件外，当事人可以协商约定其他内容。

110　在什么情况下用人单位可以解除劳动合同？

答：劳动者有下列情形之一的，用人单位可以解除劳动合同：

（1）在试用期间被证明不符合录用条件的。

（2）严重违反劳动纪律或者用人单位规章制度的。

（3）严重失职，营私舞弊，对用人单位利益造成重大损害的。

（4）被依法追究刑事责任的。

有下列情形之一的，用人单位可以解除劳动合同，但是应当提前三十日以书面形式通知劳动者本人：

（1）劳动者患病或者非因工负伤，医疗期满后，不能从事原工作也不能从事由用人单位另行安排的工作的。

（2）劳动者不能胜任工作，经过培训或者调整工作岗位，仍不能胜任工作的。

（3）劳动者订立时所依据的客观情况发生重大变化，致使原劳动合同无法履行，经当事人协商不能就变更劳动合同达成协议的。

111 劳动合同的期限分哪几类？劳动合同是否具有法律效力？

答：劳动合同的期限分为固定期限、无固定期限和以完成一定工作任务为期限三类。

从业人员在同一用人单位连续工作满十年以上，当事人双方同意续延劳动合同的，如果从业人员提出订立无固定期限的劳动合同，应当订立无固定期限的劳动合同。

劳动合同可以约定试用期。试用期最长不得超过六个月。

劳动合同依法订立立即具有法律约束力，当事人必须履行劳动合同规定的义务。

112 生产经营单位的从业人员安全生产有何权利和义务？

答：生产经营单位的从业人员安全生产的权利有：

（1）生产经营单位与从业人员订立的劳动合同，应当载明有关保障从业人员劳动安全、防止职业危害的事项，以及依法为从业人员办理工伤保险的事项。生产经营单位不得以任何形式与从业人员订立协议，免除或者减轻其对从业人员因生产安全事故伤亡依法应承担的责任。

（2）生产经营单位的从业人员有权了解其作业场所和工作岗位存在的危险因素、防范措施及事故应急措施，有权对本单位的安全生产工作提出建议（知情权和建议权）。

（3）从业人员有权对本单位安全生产工作中存在的问题提出批评、检举、控告；有权拒绝违章指挥和强令冒险作业（批评检举权和拒绝作业权）。

生产经营单位不得因从业人员对本单位安全生产工作提出批评、检举、控告或者拒绝违章指挥、强令冒险作业而降低其工资、福利等待遇或者解除与其订立的劳动合同。

（4）从业人员发现直接危及人身安全的紧急情况时，有权停止作业或者在采取可能的应急措施后撤离作业场所（紧急撤离权）。

生产经营单位不得因从业人员在上述紧急情况下停止作业或者采取紧急撤离措施而降低其工资、福利等待遇或者解除与其订立的劳动合同。

（5）生产经营单位发生生产安全事故后，应当及时采取措施救治有关人员。因生产安全事故受到损害的从业人员，除依法享有工伤保险外，依照有关民事法律尚有获得赔偿的权利的，有权提出赔偿要求（有工伤保险，就有民事赔偿）。

生产经营单位的从业人员安全生产的义务有：

（1）从业人员在作业过程中，应当严格落实岗位安全责任，遵守本单位的安全生产规章制度和操作规程，服从管理，正确佩戴和使用劳动防护用品。

（2）从业人员应当接受安全生产教育和培训，掌握本职工作所需要的安全生产知识，提高安全生产技能，增强事故预防和应急处理能力。

（3）从业人员发现事故隐患或者其他不安全因素，应当立即向现场安全生产管理人员或者本单位负责人报告；接到报告的人员应当及时予以处理。

113 应急管理部门和其他负有安全生产监督管理职责的部门依法开展安全生产行政执法工作，对生产经营单位执行有关安全生产的法律、法规和国家标准或者行业标准的情况进行监督检查时，应行使哪些职权？

答：应急管理部门和其他负有安全生产监督管理职责的部门依法对生产经营单位执行有关安全生产的法律、法规和国家标准或者行业标准的情况进行监督检查时，应行使以下职权：

（1）进入生产经营单位进行检查，调阅有关资料，向有关单位和人员了解情况（现场检查权）。

（2）对检查中发现的安全生产违法行为，当场予以纠正或者要求限期改正；对依法应当给予行政处罚的行为，依照本法和其他有关法律、行政法规的规定做出行政处罚决定（现场处置权）。

（3）对检查中发现的事故隐患（一般事故隐患、重大事故隐患），应当责令立即排除；重大事故隐患排除前或者排除过程中无法保证安全的，应当责令从危险区域内撤出作业人员，责令暂时停产停业或者停止使用相关设施、设备；重大事故隐患排除后，经审查同意，方可恢复生产经营和使用。

（4）对有根据认为不符合保障安全生产的国家标准或者行业标准的设施、设备、器材以及违法生产、储存、使用、经营、运输的危险物品予以查封或者扣押，对违法生产、储存、使用、经营危险物品的作业场所予以查封，并依法作出处理决定。

监督检查不得影响被检查单位的正常生产经营活动。

114 《安全生产法》对行政执法监督各个环节都做了哪些规定？

答：负有安全生产监督管理职责的部门依照有关法律、法规的规定，对涉及安全生产事项需要审查批准（包括批准、核准、许可、注册、认证、颁发证照等）或者验收的，必须严格依照有关法律、法规和国家标准或者行业标准规定的安全生产条件和程序进行审查；不符合有关法律、法规和国家标准或者行业标准规定的安全生产条件的，不得批准或者验收通过。对未依法取得批准或者验收合格的单位擅自从事有关活动的，负责行政审批的部门发现或者接到举报后应当立即予以取缔，并依法予以处理。对已经依法取得批准的单位，负责行政审批的部门发现其不再具备安全生产条件的，应当撤销原批准。

115 安全生产监督检查人员应当做到哪些检查职责？

答：安全生产监督检查人员应当做到：

（1）安全生产监督检查人员应当忠于职守，坚持原则，秉公执法。安全生产监督检查人员执行监督检查任务时，必须出示有效的行政执法证件；对涉及被检查单位的技术秘密和业务秘密，应当为其保密。

（2）安全监督检查人员应当将检查的时间、地点、内容、发现的问题及其处理情况，作出书面记录，并由检查人员和被检查单位的负责人签字；被检查单位的负责人拒绝签字的，检查人员应当将情况记录在案，并向负有安全生产监督管理职责的部门报告。

116 生产经营单位发生生产安全事故后，应如何处理？

答：生产经营单位发生生产安全事故后，事故现场有关人员应当立即报告本单位负责人。单位负责人接到事故报告后，应当迅速采取有效措施，组织抢救，防止事故扩大，减少人员伤亡和财产损失，并按照国家有关规定立即如实报告当地负有安全生产监督管理职责的部门，不得隐瞒不报、谎报或者迟报，不得故意破坏事故现场、毁灭有关证据。

生产经营单位发生重大生产安全事故时，单位主要负责人应当立即组织抢救，并不得在事故调查处理期间擅离职守。任何单位和个人都应当支持、配合事故抢救，并提供一切便利条件。

117 事故调查处理应当遵照哪些原则？

答：事故调查处理应当按照科学严谨、依法依规、实事求是、注重实效的原则，及时、准确地查清事故原因，查明事故性质和责任，评估应急处置工作，总结事故教训，提出整改措施，并对事故责任者提出处理建议。事故调查报告应当依法及时向社会公布。事故调查和处理的具体办法由国务院制定。

事故发生单位应当及时全面落实整改措施，负有安全生产监督管理职责的部门应当加强监督检查。负有事故调查处理的国务院有关部门和地方人民政府应当在批复事故调查报告后一年内，组织有关部门对事故整改和防范措施落实情况进行评估，并及时向社会公开评估结果；对不履行职责导致没有落实事故整改措施的有关单位和人员，应当按照有关规定追究责任。

118 《安全生产法》规定的行政处罚分别由哪些部门决定？

答：《安全生产法》规定的行政处罚，由应急管理部门和其他负有安全生产监督管理职责的部门按照职责分工决定，其中，根据本法第九十三条、第一百零八条、第一百一十二条的规定应当给予民航、铁路、电力行业的生产经营单位及其主要负责人行政处罚的，也可以由主管的负有安全生产监督管理职责的部门进行处罚。予以关闭的行政处罚由负有安全生产监督管理职责的部门报请县级以上人民政府按照国务院规定的权限决定；给予拘留的行政处罚由公安机关依照治安管理处罚法的规定决定。

119 什么是应急能力？

答：应急能力是指政府、企事业及社会各类组织应急管理体系中所有要素和应急行为主体有机组合的总体能力。

120 应急体系中“一案三制”指的是什么？

答：应急体系中的“一案三制”是指应急预案和应急体制、应急机制、应急法制。

121 什么是应急体系？

答：应急体系是指电力行业各单位充分整合和利用现有资源，在建立和完善本单位“一案三制”的基础上，全面加强应急重要环节的建设，包括：监测预警、应急指挥、应急队伍、物资保障、培训演练、科技支撑、恢复重建等。

122 什么是电力企业应急能力建设评估？

答：电力企业应急能力建设评估是指以电力企业为评估主体，以应急能力建设和提升为目标，对突发事件综合应对能力进行评估，查找企业应急能力存在的问题和不足，指导电力企业建设完善应急体系的过程。

123 电力企业应急能力建设评估工作遵循什么原则？

答：电力企业应急能力建设评估工作遵循行业指导、企业自主、分类量化、持续改进的原则。对涉及国家机密的，应当严格按照国家保密规定进行管理。

124 电力企业应急能力建设评估应当从哪几个方面开展？

答：电力企业应急能力建设评估应当以应急预案和应急体制、机制、法制为核心，围绕预防与应急准备、监测与预警、应急处置与救援、事后恢复与重建四个方面开展。

125 预防与应急准备、监测与预警、应急处置与救援、事后恢复与重建这四个方面各包括什么？

答：预防与应急准备方面包括：法规制度、规划实施、组织体系、预案体系、培训演练、应急队伍、指挥中心等。

监测与预警方面包括：事件监测、预警管理等。

应急处置与救援方面包括：先期处置、应急指挥、现场救援、信息报送和发布、舆情应对等。

事后恢复与重建方面包括：后期处置、处置评估、恢复重建等。

126 应急能力建设评估以什么评估方法进行？

答：应急能力建设评估应当以静态评估和动态评估相结合的方法进行。其中，静态评估应当对电力企业应急管理相关制度文件、物资装备等体系建设方面相关资料进行评估，主要方式包括检查资料、现场勘查等。动态评估应当重点考察电力企业应急管理第一责任人及相关人员对本岗位职责、应急基本常识、国家相关法律法规等的掌握程度，主要方式包括访谈、考问、考试、演练等。

127 应急能力建设评估工作方案的内容应包括什么？

答：评估工作方案的内容至少应当包括评估内容、评估组专家信息、评估期间日程安排、电力企业参与评估及配合人员安排等。

128 应急能力建设评估的周期是如何规定的？

答：根据《发电企业应急能力建设评估规范》的规定，发电企业应急能力建设评估周期至少每两年开展一次，评估所查评资料至少包括一个整年度。

129 应急能力建设评估结果可分为什么?

答：应急能力建设评估结果应当根据评估得分率确定，分为合格与不合格。评估得分率在80%以上的为合格，得分率在80%以下的为不合格。

130 应急能力建设评估工作结束后，企业还应如何处理?

答：应急能力建设评估工作结束后，企业应当及时组织编制应急能力建设评估报告。评估结果为合格的，电力企业应当在30日内将评估报告直接报送国家能源局派出机构和地方电力管理部门；评估结果为不合格的，企业应当根据专家组意见进行整改并重新组织评估，合格后再将评估报告和整改计划一并报送国家能源局派出机构和地方电力管理部门。

131 电力应急预案管理工作应遵循的原则是什么?

答：电力应急预案管理工作应当遵循的原则是：分类管理、分级负责、条块结合、网厂协调。对涉及国家机密的应急预案，应当严格按照国家保密规定进行管理。

132 电力应急预案体系一般由哪些构成?

答：电力应急预案体系一般由综合应急预案、专项应急预案和现场处置方案构成。

133 电力企业如何编制企业综合应急预案?

答：电力企业应当根据本单位的组织结构、管理模式、生产规模和风险种类等特点，组织编制企业综合应急预案，作为应对各类突发事件的综合性文件，从总体上阐述处理事故的应急方针、政策，应急组织结构及相关应急职责，应急行动、措施和保障等基本要求和程序。

134 电力企业如何编制相应的专项应急预案?

答：电力企业应当针对本单位可能发生的自然灾害类、事故灾难类、公共卫生事件类和社会安全事件类等各类突发事件，以及不同类别的事故或风险，组织编制相应的专项应急预案，明确具体应急处置程序、应急救援和保障措施。

135 电力企业如何编制相应的现场处置方案?

答：电力企业应当根据生产经营现场的实际情况，针对特定的场所、设备设施和岗位，组织编制相应的现场处置方案，为应对现场典型突发事件制定具体处置流程和措施。

136 电力应急预案评审应包括哪些内容?

答：电力应急预案评审应当注重预案的实用性、基本要素的完整性、预防措施的针对性、组织体系的科学性、响应程序的操作性、应急保障措施的可行性、应急预案的衔接性等内容。

137 电力企业应急预案评审包括哪两种评审?

答：电力企业应急预案评审包括形式评审和要素评审。

形式评审是依据有关行业规范，对应急预案的层次结构、内容格式、语言文字、附件项目以及编制程序等内容进行审查，重点审查应急预案的规范性和编制程序。

要素评审是依据有关行业规范，从合法性、完整性、针对性、实用性、科学性、操作性和衔接性等方面对应急预案进行评审。

138 应急预案评审的结果是什么？

答：应急预案评审结果采用符合、基本符合、不符合三种意见评定。评定为基本符合和不符合的项目，评审专家应给出具体修改意见或建议。评审专家组所有成员应按照“谁评审、谁签字、谁负责”的原则，对每个预案的评审意见分别进行签字确认。

139 应急预案评审的会议记录应包括哪些内容？

答：电力企业应急预案评审应当形成评审会议记录，至少应包括以下内容：

（1）应急预案名称。

（2）评审地点、时间、参会人员信息。

（3）专家组书面评审意见（附评审表）。

（4）参会人员（签名）。

140 应急预案备案应提交什么材料？

答：电力企业向电力监管机构报备应急预案时，应当提交的材料为：应急预案备案申请表；应急预案评审意见；应急预案文本目录和应急预案电子文档。

141 应急预案培训的内容是什么？

答：电力企业应当每年至少组织一次预案培训。培训的主要内容是：本单位的应急预案体系构成、应急组织机构及职责、应急资源保障情况以及针对不同类型突发事件的预防和处置措施等。

142 应急预案演练有哪些规定？

答：电力企业应当结合本单位安全生产和应急管理工作实际情况定期组织预案演练，以不断检验和完善应急预案，提高应急管理和应急技能水平；应当制定年度应急预案演练计划，增强演练的计划性。根据本单位的事故预防重点，每年应当至少组织一次专项应预案演练，每半年应当至少组织一次现场处置方案演练。企业在开展应急演练前，制定演练方案，明确演练目的、演练范围、演练步骤和保障措施等。企业在开展演练后，应当对应急预案演练进行评估，并针对演练过程中发现的问题对相关应急预案提出修订意见。评估和修订意见应当有书面记录。

143 应急预案几年修订一次？

答：电力企业制定的应急预案应当每三年至少修订一次，预案修订结果应当详细记录。

144 什么情况下，企业应当及时对应急预案进行修订？

答：有下列情形之一的情况下，企业应当及时对应急预案进行相应修订：

（1）企业生产规模发生较大变化或进行重大技术改造的。

（2）企业隶属关系发生变化的。

（3）周围环境发生变化、形成重大危险源的。

（4）应急指挥体系、主要负责人、相关部门人员或职责已经调整的。

（5）依据的法律、法规和标准发生变化的。

（6）应急预案演练、实施或应急预案评估报告提出整改要求的。

（7）电力监管机构或有关部门提出要求的。

145 “双预控”是指什么？

答：“双预控”是指：安全风险分级管控和隐患排查治理双重预防工作机制。

146 “双预控”机制的创建要求是什么？

答：“双预控”机制的创建要求是全面推行安全风险分级管控及隐患排查治理，形成稳定有效的双重预防体系工作运行机制。实现双重预防体系工作全员有效参与，企业全员安全生产责任制有效落实，企业全员安全意识和安全技能有效的提升，实现把风险控制在隐患形成之前，把隐患消灭在事故发生之前，从而全面遏制生产安全事故的发生。

147 什么是风险？风险的大小取决于什么？

答：风险是指：不确定性的影响。

风险大小取决于危险源对目标的影响程度。

148 什么是危险源？什么是危险因素？什么是有害因素？

答：危险源是指可能造成人员伤亡、疾病、财产损失、工作环境破坏的根源或状态。危险源又叫危险有害因素。

危险因素是指能对人造成伤亡或对物造成突发性损害的因素，如突发的事故事件等。

有害因素是指能影响人身体健康、导致疾病或对物造成慢性损害的因素，如毒物对身体的慢性危害、噪声、粉尘等。

149 简述风险与危险源二者的关系？

答：风险与危险源之间既有联系又有本质区别。

（1）危险源是风险的载体，风险是危险源的属性。即风险必然是涉及哪类或哪个危险源的风险，没有危险源，风险无从谈起。

（2）任何危险源都会伴随着风险。只是危险源不同，其伴随的风险大小也不同。

150 什么是风险辨识？

答：风险辨识是指发现、确认和描述生产、工作过程中风险的存在、空间分布并确定其特性的过程。

151 常用的风险分析法有哪些？

答：常用的风险分析法有：安全检查表分析法（SCL）、工作危害分析法（JHA）、工作安全分析法（JSA）、危险与可操作性分析法（HAZOP）等。

152 危险和有害因素分为哪四种？

答：人的因素、物的因素、环境因素、管理因素。

153 风险清单应包括哪些内容？

答：风险清单应包括风险点名称、类型、区域位置、可能发生的事故类型及后果等内容的基本信息。

154 风险点划分原则是什么？

答：风险点划分应遵循大小适中、便于分类、功能独立、易于管理、范围清晰的原则。

155 制定风险评价准则应考虑的因素有哪些？

答：制定风险评价准则应考虑的因素有：

（1）法律、法规、标准、规范。

（2）本单位的安全管理标准。

（3）本单位的安全生产方针和目标。

156 根据风险分析评价结果风险分几级？分别用什么颜色标示？

答：根据分析评价结果划分风险等级，从高到低依次为重大风险、较大风险、一般风险和低风险。

风险等级分别用红、橙、黄、蓝四种颜色标示。

157 什么是风险评估？

答：风险评估是指对风险的总体认识，包括风险辨识、风险分析、风险分级、风险评价和管控措施有效性判定的全过程。

158 风险信息应包括哪些内容？

答：风险信息应包括危险源名称、类型、存在位置、当前状态、伴随风险大小、等级、所需管控措施和责任单位、责任人等一系列信息的综合。

159 风险分级管控的基本程序是什么？

答：风险分级管控的基本程序是：排查风险点；危险源辨识；风险评价和定级；策划风险控制措施；效果验证与更新等。

160 风险管控的基础是什么？

答：风险管控的基础是排查风险点。

161 风险分级管控的核心是什么？

答：风险分级管控的核心是：对风险点内的不同危险源或有害因素（与风险点相关联的人、物、环境及管理因素）进行识别、评价，并根据评价结果、风险评定标准认定风险等级，采取不同控制措施。

162 风险控制措施包括哪几项?

答：风险控制措施至少包括工程技术措施、管理措施、教育培训措施、个人防护措施、应急管理措施等。

163 风险分级管控的基本原则是什么?

答：基本原则是：风险越大，管控级别越高；上级负责管控的风险，下级必须负责管控，并逐级落实具体措施。

164 企业设置的重大安全风险告知牌，应包括哪些内容?

答：重大安全风险告知牌应包括风险点名称及等级、危险源名称及等级、事故类别或后果、管控措施、管控层级、责任单位、责任人及应急电话等内容。

165 风险分级管控体系建设培训应包括哪些内容?

答：风险分级管控体系建设培训应包括的内容为：各层级人员体系建设职责、体系建设实施方案、运行制度、相关概念、风险排查辨识方法等。

166 风险分级管控的工作目标是什么?

答：风险分级管控的工作目标是确保风险管控措施持续有效。

167 风险分级管控制度应明确哪几项内容?

答：风险分级管控制度应明确的内容是：风险点确定、危险源辨识、风险分级标准、管控层级确定、管控措施编制、安全风险告知等。

168 企业开展风险分级管控与隐患排查治理双重预防体系工作原则是什么?

答：双重预防体系工作原则是：全员参与、全过程控制、全方位覆盖。

169 简述“PDCA”动态循环模式。

答：企业应采用“策划、实施、检查、改进”的“PCDA”动态循环模式，通过自我检查、自我纠正和自我完善，持续改进风险分级管控与隐患排查治理双重预防体系，实现双预防体系变换管理。

170 什么是隐患?

答：隐患是指生产经营单位违反安全生产法律、法规、规章、标准、规程和安全生产管理制度的规定，或因其他因素在生产经营活动中存在可能导致事故发生的物的危险状态、人的不安全行为和管理上的缺陷。

171 什么是一般事故隐患？什么是重大事故隐患?

答：一般事故隐患是指危害和整改难度较小，发现后能够立即整改排除的隐患。

重大事故隐患是指危害和整改难度较大，应当全部或局部停产停工，并经过一定时间整改治理后方能排除的隐患，或者因外部因素影响致使生产经营单位自身难以排除的隐患。

172 风险与隐患之间的关系是什么？

答：风险与隐患之间的关系是递进关系：风险在前，隐患在后。安全生产领域形成共识，把风险挺在隐患前、把隐患挺在事故前。

173 隐患排查主要有哪几种形式？

答：隐患排查主要的形式有日常隐患排查、综合性隐患排查、专项隐患排查、事故类隐患排查、专家隐患排查、安全标准化自评、安全督查及各种隐患排查活动等。

174 对于风险的隐患应该从哪几方面进行分析？

答：发现的隐患由所在单位从人、机、料、法、环等方面深入进行原因分析，将隐性的影响安全生产的管理缺陷、技术缺陷、设备缺陷等因素查找出来，采取防控、治理和应急处置措施，确保安全生产。

175 隐患排查治理、验收执行什么原则？

答：隐患治理验收执行“谁主管谁负责”的原则。由各责任单位负责验收隐患整改的实施情况，评估其有效性，确认其符合相关法律、法规、标准规定的要求。

176 简述隐患排查治理一般工作程序。

答：隐患排查治理的一般工作程序是：

（1）制定隐患排查计划。

（2）隐患排查组织实施。

（3）隐患治理。

（4）治理验收，实现闭环管理。

177 岗位员工要做到“五清楚”，具体是什么？

答：清楚岗位安全职责、清楚本岗位的危险因素和风险、清楚本岗位的预防措施和管理措施、清楚本岗位的安全隐患、清楚本岗位的应急处置措施。

178 生产现场类隐患主要包括哪几个方面？

答：生产现场类隐患主要包括以下几个方面：设备设施、场所环境、操作行为、消防及应急设施、供配电设施、职业卫生防护设施、辅助动力系统及现场其他方面。

179 按照生产安全隐患排查治理体系通则要求，隐患可分为哪两类？

答：按照生产安全隐患排查治理体系通则要求，隐患可分为生产现场类和基础管理类。

180 危险源行为是指什么？

答：危险源行为是指决策人员、管理人员以及从业人员的决策行为、管理行为以及作业行为。

181 隐患排查的流程包括哪些？

答：隐患排查的流程包括：通报隐患信息、下发隐患整改通知、实施隐患治理、治理情况反馈、隐患整改验收。

182 基础管理类隐患排查主要包括哪些方面内容？

答：基础管理类隐患排查主要包括：企业的资质证照、安全生产管理机构和人员、安全生产责任制、教育培训、安全生产档案管理、安全生产投入、应急管理、职业卫生基础管理、相关方管理和基础管理的其他方面。

第二节　职业病防护及紧急救护

1 制定《中华人民共和国职业病防治法》的目的是什么？

答：制定《中华人民共和国职业病防治法》（以下简称职业病防治法）的目的：是为了预防、控制和消除职业病危害，防治职业病，保护劳动者健康及其相关权益，促进经济社会发展。

2 《职业病防治法》是由我国什么机关，在什么时候审议通过的？何时实施的？

答：《职业病防治法》是由我国国家最高权力机关，在2001年10月27日，九届全国人大常委会第24次会议上审议通过，于2002年5月1日起实施。后又经历四次修订。

3 什么是职业病？

答：职业病是指企业、事业单位和个体经济组织等用人单位的劳动者在职业活动中，因接触粉尘、放射性物质和其他有毒、有害因素而引起的疾病。

4 职业病防治工作的方针是什么？

答：《职业病防治法》明确了我国职业病防治工作坚持预防为主、防治结合的方针，建立用人单位负责、行政机关监管、行业自律、职工参与和社会监督的机制，实行分类管理、综合治理。

5 工作场所应从哪几方面做到符合《职业病防治法》的要求？

答：按照《职业病防治法》第十五条规定，产生职业病危害的用人单位的设立除应当符合法律、行政法规规定的设立条件外，企业的工作场所还应当从以下六个方面满足职业卫生要求：

（1）职业病危害因素的强度或者浓度符合国家职业卫生标准。

（2）有与职业病危害防护相适应的实施。

（3）生产布局合理，符合有害无害作业分开的原则。

（4）有配套的更衣间、洗浴间、孕妇休息间等卫生设施。

（5）设备、工具、用具等设施符合保护劳动者生理、心理健康的要求。

（6）法律、行政法规和国务院卫生行政部门关于保护劳动者健康的其他要求。

6 用人单位应当采取的职业病防治管理措施有哪些？

答：用人单位应当采取的职业病防治管理措施有：

（1）设置或者指定职业卫生管理机构或者组织，配备专职或者兼职的职业卫生管理人员，负责本单位的职业病防治工作。

（2）制定职业病防治计划和实施方案。

（3）建立、健全职业卫生管理制度和操作规程。

（4）建立、健全职业卫生档案和劳动者健康监护档案。

（5）建立、健全工作场所职业病危害因素监测及评价制度。

（6）建立、健全职业病危害事故应急救援预案。

7 劳动者享有的职业卫生保护权利有哪些？

答：劳动者享有的职业卫生保护权利有：

（1）获得职业卫生教育、培训。

（2）获得职业健康检查、职业病诊疗、康复等职业病防治服务。

（3）了解工作场所产生或者可能产生的职业病危害因素、危害后果和应当采取的职业病防护措施。

（4）要求用人单位提供符合防治职业病要求的职业病防护设施和个人使用的职业病防护用品，改善工作条件。

（5）对违反职业病防治法律、法规以及危及生命健康的行为提出批评、检举和控告。

（6）拒绝违章指挥和强令进行没有职业病防护措施的作业。

（7）参与用人单位职业卫生工作的民主管理，对职业病防治工作提出意见和建议。

8 职业病病人依法享受国家规定的职业病待遇有哪些？

答：依法享受国家规定的职业病待遇有：应当按照国家有关规定，安排职业病病人进行治疗、康复和定期检查；对不适宜继续从事原工作的职业病病人，应当调离原岗位，并妥善安置；对从事接触职业病危害的作业的劳动者，应当给予适当岗位津贴。职业病病人的诊疗、康复费用，伤残以及丧失劳动能力的职业病病人的社会保障，按照国家有关工伤保险的规定执行。此外，职业病病人除依法享有工伤保险外，依照有关民事法律，尚有获得赔偿的权利的，有权向用人单位提出赔偿要求。

9 《职业病防治法》明确了对我国职业病防治负有责任的哪三个责任对象？

答：《职业病防治法》第六章“法律责任”，明确了对我国职业病防治工作负有责任的三个方面是：用人单位（包括建设单位、供应商）；中介方，即从事职业卫生技术服务机构和职业健康检查、职业病诊断的医疗卫生机构；政府方，即卫生行政部门及其职业卫生监督执法人员等。

10 国家职业卫生标准分为哪九类？

答：按照《国家职业卫生标准管理办法》，国家职业卫生标准包括九大类：职业卫生专业基础标准；工作场所作业条件卫生标准；工业毒物、生产性粉尘、物理因素职业接触限值；职业病诊断标准；职业照射放射防护标准；职业防护用品卫生标准；职业危害防护导则；劳动生理卫生、工效学标准；职业性危害因素检测、检验方法。

11 我国职业病分为哪十类？

答：2013 年 12 月 23 日，国家卫生计生委、人力资源和社会保障部、国家安全监管总局、全国总工会四部门联合印发《职业病分类和目录》。将规定的法定职业病由原来的 115 种增加到 132 种，共分为以下 10 大类：

（1）职业性尘肺病及其他呼吸系统疾病：有 19 种。

（2）职业性放射性疾病：有 11 种。

（3）职业性化学中毒：有 60 种。

（4）物理因素所致职业病：有 7 种。

（5）职业性传染病：有 5 种。

（6）职业性皮肤病：有 9 种。

（7）职业性眼病：有 3 种。

（8）职业性耳鼻喉口腔疾病：有 4 种。

（9）职业性肿瘤：有 11 种。

（10）其他病职业病：有 3 种。

12 什么是职业禁忌？什么是职业病危害？

答：《职业病防治法》规定：职业禁忌，是指劳动者从事特定职业或者接触特定职业病危害因素时，比一般职业人群更易于遭受职业病危害和罹患职业病或者可能导致原有自身疾病病情加重，或者在从事作业过程中诱发可能导致对他人生命健康构成危险的疾病的个人特殊生理或者病理状态。

《职业病防治法》鉴定职业病危害的含义：是指对从事职业活动的劳动者可能导致职业病的各种危害。职业病危害因素包括：职业活动中存在的各种有害的化学、物理、生物等因素以及在作业过程中产生的其他职业有害因素。

13 国家法规公布的职业病危害因素分哪十大类？

答：《职业病危害因素分类目录》中规定的职业病危害因素有：

（1）粉尘类：①矽尘；②煤尘；③石墨尘；④碳黑尘；⑤石棉尘；⑥滑石尘；⑦水泥尘；⑧云母尘；⑨陶瓷尘；⑩铝尘（铝、铝合金、氧化铝粉尘）；⑪电焊烟尘；⑫铸造粉尘；⑬其他粉尘。

（2）放射性物质类（电离辐射）。

（3）化学物质类：如铝、汞、锰、磷、氯气、氨、氮氧化物、一氧化碳、二氧化硫、苯、甲苯、二甲苯、汽油、酚、三硝基甲苯、甲醛等共 56 类。

（4）物理因素：①高温；②高气压；③低气压；④局部振动。

（5）生物因素：如炭疽杆菌、森林脑炎病毒和布氏杆菌三类。

（6）导致职业性皮肤病的危害因素：分导致接触性皮炎、光敏性皮炎、电光性皮炎、黑变病、痤疮、溃疡、化学性皮肤灼伤和导致其他职业性皮肤病的危害因素共八类。

（7）导致职业性眼病的危害因素：分导致化学性眼部灼伤、电光性眼炎、职业性白内障三类。

（8）导致职业性耳鼻喉口腔疾病的危害因素：分导致噪声聋、铬鼻病、牙酸蚀症三类。

（9）职业性肿瘤的职业病危害因素：分石棉所致肺癌、间皮瘤；苯所致白血病；联苯胺所致膀胱癌；氯甲醚所致肺癌；砷所致肺癌、皮肤癌；氯乙烯所致肝血管瘤；焦炉烟气致肺癌；铬酸盐致肺癌八类。

（10）其他职业病危害因素：氧化锌致金属烟热；二异氰酸甲苯酯致职业性哮喘；嗜热性放线菌致职业性变态反应性肺泡炎；棉尘致棉尘病；不良作业条件（压迫及摩擦）致煤矿井下工人滑囊炎。

14 职业病有何特点？

答：职业病的特点是：

（1）接触职业病危害人数多，患病数量大；

（2）职业病危害分布行业广，中小企业危害严重；

（3）职业病危害流动性大、危害转移严重；

（4）职业病具有隐匿性、迟发性特点，危害往往被忽视；

（5）职业病危害造成的经济损失巨大，影响长远。

15 劳动者在职业安全卫生方面有哪九大权利和哪四项义务？

答：所谓权利就是指公民按照宪法和法律的规定，可做或不做某种行为，也可要求国家和其他公民做或者不做某种行为；义务是指国家要求公民必须履行的法律责任；劳动者依据《安全生产法》和《职业病防治法》享有职业安全卫生九大权利，同时也依法要履行职业安全卫生的四项义务。

九大权利是：

（1）知情权：有权了解其作业场所和工作岗位存在的危险因素、危害后果、防范措施和事故应急措施；有权了解作业场所职业有害因素的监测结果；有权了解自己职业健康检查的结果。

（2）参与和建议权：有权参与职业安全卫生民主管理，对本单位的安全生产和职业病防治工作提出建议或批评。

（3）检举控告权：有权对本单位安全生产和职业病防治工作中的违章、违法行为进行检举和控告。

（4）拒绝权：有权拒绝违章指挥和强令冒险作业。

（5）避险权：发现直接危及人身安全的紧急情况时，有权停止作业或者在采取可能的应急措施后撤离作业场所。

（6）索赔权：因安全生产事故和职业病受到损害的劳动者，除依法享有工伤社会保险外，依照有关民事法律，尚有获得赔偿权利的，有权向本单位提出赔偿要求。

（7）获得职业安全卫生教育和培训的权利。

（8）获得符合国家标准或行业标准的职业安全卫生防护设施和个人劳动保护用品的权利。

（9）获得职业健康检查，职业病诊疗、康复等职业病防治服务的权利。电力劳动者离开单位时，有权索取本人职业健康监护档案复印件。

四项义务是：

（1）遵守职业安全卫生法律法规和安全生产规章制度：电力劳动者在作业过程中，应当严格遵守国家有关职业安全卫生方面的法律、法规、行规和国家标准、行业标准、企业标准以及本单位的安全生产规章制度和操作规程，服从管理。

（2）接受安全生产教育培训，学习和掌握相关的职业安全卫生知识。安全生产与职业病防治的重要目的是保护作业现场的劳动者生命安全与健康，同时，职业安全卫生的目标落实最终要依靠现场的劳动者。因此，劳动者的职业安全卫生文化素质是企业安全生产及其保障程度的最基础元素。提高劳动者的安全卫生文化素质是预防生产安全事故和职业病事故的最根本的措施。电力劳动者应当自觉地接受职业安全卫生教育培训，加强自我保护意识，提高安全生产技能和自我保护能力。

（3）正确使用和维护职业安全卫生防护设施和劳动保护用品：在暂时不能从源头消除职业危害时，职业安全卫生防护设施和个人劳动保护用品是防止危害的最后一道防线。应珍惜自己的生命和健康，关爱他人生命健康，不仅要依法按规定正确使用这些设施和用品，而且还要妥善保管和维护好防护设施与用品。

（4）及时报告事故隐患或其他不安全因素：电力劳动者处在生产经营第一线，要学会正确分析、判断和发现各种事故隐患和不安全因素，并应依法立即向现场安全生产管理人员或本单位负责人报告，把事故消灭在萌芽状态。

16 按照《安全生产法》《职业病防治法》规定，生产经营单位在什么情况下不得解除与劳动者签订的劳动合同？

答：按照《安全生产法》第五十二条、第五十三条和《职业病防治法》第三十三条、第三十五条、第三十九条、第五十五条规定，生产经营单位在下列情况下不得解除与劳动者签订的劳动合同：

（1）生产经营单位不得因从业人员对本单位安全生产工作提出批评、检举、控告或者拒绝违章指挥，强令冒险作业而降低其工资、福利等待遇或者解除与其订立的劳动合同。

（2）生产经营单位不得因从业人员在发现直接危及人身安全的紧急情况下停止作业或者采取紧急撤离措施而降低其工资、福利等待遇或者解除与其订立的劳动合同。

（3）当用人单位违反向劳动者履行如实的告知义务时，劳动者有权拒绝从事存在职业病危害的作业，用人单位不得因此解除与劳动者所订立的劳动合同。

（4）对未进行离岗前职业健康检查的劳动者，用人单位不得解除或者终止与其订立的劳动合同。

（5）在疑似职业病病人诊断或者医学观察期间，用人单位不得解除或者终止与其订立的劳动合同。

（6）用人单位因劳动者依法行使正当权利而降低其工资、福利等待遇或者解除、终止与其订立的劳动合同的，其行为无效。

17 企业不得安排哪四类人员从事接触职业危害的作业?

答：按照《职业病防治法》第三十五条、第三十八条规定，企业对以下四类人员不得安排接触职业病危害等作业：

（1）不得安排未成年人从事接触职业病危害的作业。

（2）不得安排孕期、哺乳期的女职工从事对本人和胎儿、婴儿有危害的作业。

（3）不得安排未经上岗前职业健康检查的劳动者从事接触职业病危害的作业。

（4）不得安排有职业禁忌的劳动者从事其所禁忌的作业。

18 按照《职业病防治法》及其配套法规规定，企业在职业病的诊治方面有何职责?

答：按照《职业病防治法》第四十四条、第四十七条、第五十三条、第五十六条、第五十八条、第五十九条、第六十条规定和《职业病诊断与鉴定管理办法》（中华人民共和国卫生部第 91 号令，2013 年 2 月 19 日）的规定，企业在职业病的诊治方面有以下职责：

（1）企业应当安排劳动者在企业所在地、劳动者本人户籍所在地或者经常居住地依法承担职业病诊断的医疗卫生机构进行职业病诊断。

（2）企业应当如实提供职业病诊断、鉴定所需的劳动者职业史和职业病危害接触史、工作场所职业病危害因素检测结果等资料；安全生产监督管理部门应当监督检查和督促用人单位提供上述资料；劳动者和有关机构也应当提供与职业病诊断、鉴定有关的资料。

（3）劳动者在职业病诊断、医学观察期间的费用，由企业承担。

（4）发现职业病病人或者疑似职业病病人时，职业病诊断机构应及时向所在地卫生行政部门和安全生产监督管理部门报告，并及时将诊断结果告知劳动者。确诊为职业病的，可以根据需要，向相关监管部门、用人单位提出专业建议。

（5）对确诊为职业病的患者，企业应当按照职业病诊断证明书上注明的复查时间安排复查和按照国家有关规定安排进行治疗、康复和定期检查。

（6）企业对不适宜继续从事原工作的职业病病人，应当调离原岗位，并妥善安排。

（7）职业病病人除依法享有工伤保险外，依照有关民事法律，尚有获得赔偿的权利的，有权向企业提出赔偿要求。

（8）劳动者被诊断患有职业病，但用人单位没有依法参加工伤保险的，其医疗和生活保障由该用人单位承担。

（9）在企业发生分立、合并、解散、破产等情况时，企业应当对从事接触职业病危害的作业的劳动者进行健康检查，并按照国家有关规定妥善安置职业病病人。

19 现场紧急救护目的和原则分别是什么?

答：现场紧急救护目的是：最大限度的降低死亡率和伤残率，提高伤者愈后的生存质量。

紧急救护原则是：快抢、快救、快送，即“三快”。

20 紧急救护的程序是什么?

答：紧急救护的程序是：拨打 120 电话→迅速将伤者移至就近安全的地方→快速对伤者进行分类→先抢救危重者→优先护送危重者。

21 拨打急救电话应该讲清的事项有哪些?

答：简要准确地讲清需要急救的确切地点、联系方法（如电话）、具体行走路线、伤害事故性质、病人症状和程度、现场情况等。

22 外伤急救的步骤是什么?

答：外伤急救的步骤是：止血、包扎、固定、送医院。

23 紧急止血法有哪几种?

答：紧急止血法有：指压法、压迫包扎法、加垫屈肢法、填塞法和止血带法五种。

24 包扎的目的是什么?

答：包扎的目的是：保护伤口、减少污染、固定敷料和帮助止血。常用的材料是绷带和三角巾；抢救中也可将衣裤、巾单等裁开作包扎用。无论何种包扎法，均要求包好后固定不移和松紧适度。

25 什么情况下，需对伤员进行固定?

答：骨关节损伤时均必须固定制动，以减轻疼痛、避免骨折片损伤血管和神经等，并能帮助防止休克。较重的软组织损伤，也宜将局部固定。固定前，应尽可能牵引伤肢和矫正畸形；然后将伤肢放到适当位置，固定于夹板或其他支架（可就地取材如用木板、竹竿、树枝等）。固定范围一般应包括骨折处远和近的两个关节，既要牢靠不移，又不可过紧。急救中如缺乏固定材料，可行自体固定法。如将受伤上肢缚在胸廓上，或将下肢固定于健肢。

26 搬运伤员的方法有哪些? 注意事项是什么?

答：搬运伤员的方法有：背、夹、拖、抬、架。

注意事项为：对骨折特别是脊柱损伤的伤员，搬运时必须保持伤处稳定，切勿弯曲或扭动。对昏迷伤员，搬运时必须保持呼吸道通畅。

27 什么是窒息性气体? 其可分为哪两大类?

答：窒息性气体是指那些以气态吸入而直接引起窒息作用的气体。

根据毒物作用机理不同，窒息性气体可分为两大类，一类为单纯性窒息性气体（氮气、甲烷、二氧化碳等），因其在空气中含量高，使氧的相对含量降低，使肺内氧分压降低，致使机体缺氧。另一类为化学性窒息性气体（一氧化碳、氰化物、硫化氢等），主要对血液或组织产生特殊的化学作用，血液运输氧的能力发生障碍和组织利用氧的能力发生障碍，造成全身组织缺氧，引起严重中毒表现。

28 中毒的症状表现是什么?

答：中毒的表现通常有：头重感、头痛、眩晕、颈部搏动感、乏力、恶心、呕吐、心悸，面色潮红，恶心、气促、头晕、乏力等症状。

29 中毒窒息如何急救?

答：一旦发现有人有中毒症状时，应立即停止工作，转移到通风的地方进行休息，使其脱离有毒环境。中毒后切不可在毫无防护措施下进入现场抢救。可以先初步判断中毒原因，再根据中毒气体的特性采取合适的抢救方法，同时应报警。如果患者已经昏迷，停止呼吸则应该立即采取人工呼吸。

30 中暑有什么现象？

答：中暑起病急骤，大多数患者有头晕、眼花、头痛、恶心、胸闷、烦躁等先兆症状。当自己感觉有此类症状时应立即停止工作，转移到通风阴凉的地方歇息，并报告相关人员，同时可服用藿香正气水。

31 中暑后如何救护？

答：应立即将病人抬到阴凉通风处安静休息，清醒者可补充大量含盐的清凉饮料，或静脉滴注生理盐水。如病人中暑倒地，应立即按压“人中穴”。体温升高者予以物理降温，凉水擦浴，头部、腋窝、腹部股沟放置冰袋等，同时按摩四肢皮肤，使血管扩张，加速血液循环，促进病人恢复。与此同时，应迅速拨打急救电话报警求救。一旦出现心力衰竭、呼吸困难、皮下出血、皮肤发黄、昏迷等严重症状，应及时就近送医院抢救。

32 高处坠落如何处理？

答：高处坠落的处理为：

（1）坠落在地的伤员，应初步检查伤情，不乱搬摇动，应立即呼叫救护车。

（2）采取救护措施，初步止血、包扎、固定。

（3）昏迷伤员要保持呼吸道畅通。

（4）怀疑脊柱骨折，按脊柱骨折的搬运原则。切忌一人抱胸，一人抱腿搬运；伤员上下担架应由3～4人分别抱住头、胸、臀、腿，保持动作一致平稳，避免脊柱弯曲扭动加重伤情。

33 发现有人触电后应如何进行抢救？

答：迅速正确地进行现场急救是抢救触电人的关键。触电急救的关键是：

（1）脱离电源。当发现有人触电时首先要尽快断开电源或用绝缘体将触电人脱离带电体，但救护人千万不可直接用手去拉触电人，以免救护人自己发生触电事故。

（2）对症抢救。触电人脱离电源后，救护人应对症抢救，并应立即通知医生前来抢救。

对症抢救有下列四种情况：

（1）触电人神志清醒，但感到心慌，四肢发麻，全身无力；或曾一度昏迷但未失去知觉。在这种情况下不做人工呼吸，应将触电人抬到空气新鲜、通风良好的地方舒适地躺下，休息几小时，让他慢慢恢复正常。但要注意保温并作认真观察。

（2）触电人呼吸停止时，采用口对口呼吸、摇臂压胸人工呼吸抢救。

（3）触电人心跳停止时，采用胸外心脏按压人工呼吸法抢救。

（4）触电人呼吸心跳都停止时，采用口对口呼吸与胸外心脏挤压法配合抢救。

34 现场创伤急救的基本要求是什么？

答：现场创伤急救的基本要求是：先抢救、后固定、再搬运。抢救前，先判断伤员全身情况和受伤程度，如有无出血、骨折和休克等。急救动作要快，操作要正确。任何延误和误操作均可能加重伤情，并可导致死亡。

35 伤员心跳、呼吸骤停时，一般有哪些特征？

答：(1) 神志、意识突然丧失，伤员昏倒于现场。

(2) 面色苍白或转为紫绀。

(3) 瞳孔散大。

(4) 部分伤员有短暂的肌肉抽搐性僵直及眼睛上翻，随即全身肌肉松散。

心跳、呼吸停止与否，应做综合性判断。但因时间紧迫，可先行判断其有无意识后，再做进一步检查。

36 现场心肺复苏的具体步骤有哪些？

答：(1) 迅速确定伤员是否存在意识（判断神志）。

(2) 高声呼叫其他人前来帮助抢救（呼救）。

(3) 迅速使伤员处于仰卧位（放置体位）。

(4) 畅通呼吸道（开放气道）。

(5) 确定呼吸是否存在。

(6) 人工呼吸（口对口或口对鼻呼吸）。

(7) 判定心跳是否停止（触摸颈动脉）。

(8) 胸外心脏按压，建立循环。

(9) 有条件时可先予以直流电除颤，并予以药物处理。

(10) 转送医院，继续复苏。

37 出血有哪几种？有什么特点？

答：出血分外出血和内出血两种。

外出血为外伤时血液流出体外。内出血为血管破裂后，血液流入胸膜腔、腹膜或组织间隙内，体外看不到出血。其中，动脉出血，颜色鲜红，呈喷射状，有搏动，出血速度快，危及生命；静脉出血，颜色暗红，不间断、均匀或缓慢外流，速度不及动脉出血的速度快，危险性也比动脉出血小；毛细血管出血，是指很微小的血管出血，颜色鲜红，从伤口向外渗出，不易找到出血点，危险性小。

38 现场止血有哪些办法？

答：现场止血的办法有：加压止血法、指压止血法、止血带止血法。

39 对触电人员应如何急救？

答：发现有人触电时应采取以下急救措施：

(1) 立即切断电源。可以采用关闭电源开关，用干燥木棍挑开电线或拉下电闸。救护人员注意穿上胶底鞋或站在干燥木板上，想方设法使伤员脱离电源。

(2) 救护人员在救护伤者的时候一定要注意自身安全，不准直接用手拖拉触电者，防止自身触电；不准用其他金属或潮湿的物体作为救护工具，应使用绝缘工具，并防止在场其他人员再次触电；使用绝缘工具应以单手操作为宜。在伤员未脱离电源前，不准触碰触电者身体。

（3）脱离电源后立即检查伤员，发现心跳呼吸停止，应立即进行心肺复苏。

（4）对已恢复心跳的伤员，千万不要随意搬动，以防心室颤动再次发生而导致心脏停搏。应该等医生到达或等伤员完全清醒后再搬动。

40 触电者死亡有哪些特征？

答：触电者死亡有以下五个特征：心跳、呼吸停止；瞳孔放大；尸斑；尸僵；血管硬化。

41 何谓心肺复苏法？

答：心肺复苏法是指伤者发生心搏、呼吸停止后，所采用恢复呼吸循环功能的连贯、系统的紧急救护方法。

42 心肺复苏有哪几个步骤？

答：在大多数情况下，现场心肺复苏的顺序应为：开放气道、人工呼吸、心（肺）脏按压。即在开放气道下人工呼吸，吹入新鲜氧气，再进行心脏按压，将带新鲜氧气的血液运送到全身各部。

43 什么叫开放气道？为什么要开放气道？

答：采用各种紧急、有效的手法或方式，可将舌根上提或清除异物，解除呼吸道梗阻，使呼吸道通畅即为开放气道。

心肺复苏成功的最重要最关键的就是立即开放气道，因为如果呼吸道阻塞着，即使进行人工呼吸，空气也进入不了肺，人工呼吸是徒劳的，所以在进行心肺复苏前，必须首先开放气道。

44 气道阻塞有哪些常见原因？

答：当人的意识丧失时，肌肉的张力完全消失，由于舌肌缺乏张力而松弛，舌根向后下坠，堵塞气道，即堵住从口鼻到肺的空气通道。

此外，如口腔、支气管及肺部分泌物或污水、血块、呕吐物及假齿等异物聚集在口咽部及呼吸道，由于昏迷病人无法通过吞咽或咳嗽来排除这些异物，造成气道阻塞。

45 怎样打开气道？

答：打开气道目前公认又比较简单、易学、安全有效的方法是仰头抬颌法。此法可以提供最大限度的气道开放。抢救者位于患者的肩部，一手放在患者前额上，手掌用力向后压，另一只手将颌部向上抬起，从而将头后仰，开放气道。但在抬颌时手指不要压迫病人颈前部、颌下软组织，以防压迫气道。同时不要使颈部过度伸展。有假牙托者应取出。

46 什么叫口对口人工呼吸和胸外按压？

答：口对口人工呼吸是指抢救者将新鲜的空气吹进患者的口或鼻对肺部进行充气以供给

氧气，促使患者被动呼吸。

胸外按压是用人工操作方法代替心脏的自然收缩，有节奏地对心脏进行按压，以达到维持循环、支持生命的目的。

47 如何进行口对口人工呼吸？

答：口对口人工呼吸的方法：

（1）伤者平卧，开放气道。

（2）一只手捏紧伤者鼻孔，另一只手扶住伤者的下颌，使嘴张开。

（3）救护人做深吸气后屏住，用自己的嘴唇包绕封住伤者的嘴，作大口吹气（要求快而深），并观察伤者胸部膨胀情况。

（4）一次吹气完毕，应即与伤者口部脱离，放开鼻孔，让伤者自动向外呼气。

按以上步骤连续不断地进行人工呼吸。每分钟大约吹气 12～16 次，每次吹气量为 800～1200mL。

48 如何正确进行胸外按压？

答：胸外按压的方法为：

（1）使伤者仰卧、保持呼吸道通畅，背部着地处应平整稳固，以保证按压效果。

（2）抢救者以食指及中指沿伤者肋弓处下缘上行，找胸骨和肋骨接合处之切迹，切迹上两横指处即为按压的正确部位。

（3）一手掌根着胸骨按压点，另一只手相叠，手指可以伸直或相嵌交错，但手指必须翘起，离开胸壁。

（4）救护人应处较高位置，上身前倾，双肩位于按压点的正上方，两臂伸直，从而使胸外按压的每次压力均直接压向胸骨。

（5）对于一般正常人，胸骨向下压陷 3.8～5cm，上抬应充分，使胸部恢复其正常位置，让血液回流入心脏。

（6）按压频率为每分钟 80～100 次，因为较快的按压速度可以增加脑和心脏的血流。

（7）放松时间应与按压时间相等，各占 50％。

49 胸外按压应注意什么？

答：胸外按压应注意：

（1）按压部位必须正确。

（2）按压时要用手掌根部，手指要抬起，以免按压胸廓而导致肋骨骨折。

50 心肺复苏有效的指标是什么？

答：心肺复苏有效的指标是：

（1）瞳孔：由大变小。

（2）面色及口唇：由紫绀转为红润。

（3）颈动脉搏动：每一次按压可以摸到一次搏动。

（4）神志：可见伤者有眼球活动，睫毛反射与对光反射出现，甚至手脚开始抽动，肌张力增加。

（5）血压：血压在60/40mm汞柱左右。

51 心脏骤停常见哪些原因？

答：心脏骤停常见的原因：

（1）心源性（原发性）。先天性心脏病和各种后天性心脏病。

（2）非心源性（继发性）。电击伤（电休克）、雷击；溺水；各种严重创伤、大量出血；药物过敏中毒；窒息；严重电解质紊乱、酸碱平衡失调；手术及麻醉意外等。

52 一般烧烫伤害怎样紧急救护？

答：一般烧烫伤害的紧急救护是：发生烫伤、烧伤时应沉着冷静，若周围无其他人员时，应立即进行自救。首先把烧着或被沸液浸渍的衣服迅速脱下，若一时难以脱下时，应就地到水龙头下或水池边，用水浇或跳入水中，周围无水源时，应用手边的材料灭火，防止火势蔓延扩散。自救时切忌乱跑，也不要用手打火焰，以免引起面部、呼吸道和双手烧伤。

53 如何救护化学体表烧伤人员？

答：化学体表烧伤人员的救护是：被强酸、强碱烧伤时要立即脱下衣服，并用大量自来水或清水冲洗烧伤部位。反复冲洗直至干净，一般需冲洗15～30min，也可用温水冲洗。切忌在不冲洗的情况下就用酸性（或碱性）液进行中和，以免大量生热加重烧伤程度。

54 如何急救眼睛化学性烧伤人员？

答：眼睛化学性烧伤人员的急救：眼睛中溅入酸液或碱液，由于两种物质都有较强的腐蚀性，对眼角膜和结膜会造成不同程度的化学烧伤，发生应急炎症。这时千万不要用手揉眼睛，应立即用大量清水冲洗。冲洗时，可直接用水冲，也可将眼部浸入水中，双眼睁开或用手分开上、下眼皮，摆动头部或转动眼球3～5min。水要勤换，以彻底清洗残余的化学物质。

第三节　运行管理制度

1 电力工业技术管理的任务是什么？

答：（1）保证全面完成电力生产和基建计划。

（2）保证电力系统安全经济运行和人身安全。

（3）保证所供电（热）能符合质量标准，频率、电压（汽、水的温度、压力）的偏差在规定范围以内。

（4）合理使用燃料和水资源，降低生产成本和提高生产率。

（5）满足国家对环境保护的要求。

2 发电厂运行管理的任务和目标是什么？

答：运行管理的任务是：电力生产的安全和效益，主要是通过发供电运行实现的，运行工作是电力生产的第一线。电力企业都应坚持检修为运行服务，各项工作为生产服务的观点。可见，运行管理是发电企业管理的重要组成部分。发电厂运行管理工作就是通过发电厂对运行生产的计划、组织、指挥、控制和协调，保证发电生产的安全、经济、可靠、环保，实现电厂整体利益最大化。

目标是：认真贯彻“安全第一、预防为主”的方针，严格执行各项规章制度，调动和发挥电厂运行人员的积极性，合理利用资源，努力降低消耗，保证电能、热能质量，最大限度地满足社会用电、用热的需求。

3 运行管理的要求是什么？

答：运行管理的要求是：

（1）有一个政令畅通，密切配合，求实高效的运行生产指挥和管理系统。

（2）有一套健全、行之有效、符合现场实际的运行规章制度和完善的基础工作。

（3）有一支政治觉悟和文化、技术素质高，热爱运行工作，相对稳定的运行队伍。

（4）有一个文明、良好的运行工作秩序和环境。

（5）运行各项安全、经济指标达到或接近国内同类型设备的先进水平；力争达到国际同类型设备的先进水平。

4 什么是单元机组集控运行管理制度？主要有哪些？

答：为了保证单元机组集控运行的安全、经济运行，很好地完成企业的生产任务，电厂对单元机组集控运行制定了相关的运行管理制度，以使电厂运行生产有章可循。

主要包括：安全生产制度；岗位责任制；调度管理制度；交换班制度；巡回检查制度；设备定期试验、维护、切换制度；工作票管理制度；操作票制度；运行分析制度；经济分析制度；缺陷管理制度；现场培训制度；文明生产制度等。

5 为提高集控运行人员的技术和管理水平，应进行哪些学习培训？

答：（1）专业业务知识的培训学习。

（2）学习电力工业技术管理法规、电业安全工作规程和电力行业标准的有关部分。

（3）值班和维修人员应经常性地进行反事故演习和消防、防汛等应急演练。

（4）集控运行人员，应通过学习培训，逐步掌握集中控制的全部设备的运行操作及事故处理。

6 为什么要加强运行规范化、标准化管理？

答：运行工作是电厂的生产第一线。加强运行规范化及标准化管理工作，是保证发电厂安全经济运行、完成生产任务的关键环节，也是发电厂规范化管理的中心环节。

7 发电厂运行规范化管理的目标是什么？

答：（1）建立起政治上和业务上强有力的熟悉技术，并能真正发挥作用的各级运行技术骨干。

（2）建立起合理的、有效的、文明的生产秩序和工作秩序。

（3）建立起行之有效的规章制度。

（4）造就一支具有高度责任感、忠于职守、规纪严明、训练有素、技术过硬的运行队伍。

8 运行单位应具备哪些文件和资料？

答：（1）部门各岗位的岗位职责和条例。

（2）设备技术登记簿。

（3）设备运行规程和检修规程。

（4）制造厂的设备特性、试验记录和使用说明书等。

（5）机组施工设计图及安装记录、备品图册等。

（6）电气一次接线和二次接线竣工图。

（7）与实际情况相符的各种系统图和运行操作票等。

（8）运行、检修记录等。

9 什么是调度管理制度？

答：（1）值长在调度关系上受当值上级值班调度员的领导，同时是全厂当值运行操作、事故处理的总指挥，全厂各运行岗位在值长的领导下，实行统一调度。

（2）值长在接到上级调度员命令时，应全文复诵，确认后立即执行。在接受命令或者在执行调度命令过程中，发现调度命令不正确，应立即向发布命令的调度员汇报，由发令的调度员决定命令的执行与否，如发令的调度员坚持，值长原则上必须执行；但如执行该命令将危及人身及设备或电网安全时，值长应拒绝执行，同时将理由汇报调度员及本厂直接领导。

（3）无理由不执行或延迟执行上级调度员的调度命令，值长应对此负责；不允许执行或允许不执行调度命令的各级领导，也应对此负责。

（4）值长接到厂领导的命令应立即执行，但涉及调度员权限时，须经调度员同意方可执行，紧急情况和事故处理除外，但事后应迅速向调度员汇报。各级领导发布的一切有关调度业务的命令，必须经过值长。

（5）值长发布操作命令时应严肃认真，并对命令的正确性、必要性负责；值长向单元长（班长）发布命令，由单元长（班长）传达给各岗位值班人员执行，必要时值长可直接向各岗位值班人员发布指令。值班人员执行命令后，应将执行情况汇报值长。

（6）值长发令后，受令人应全文复诵，核实无误后迅速执行，执行完毕应立即向值长汇报。受令人认为值长调度命令不正确，应立即向值长报告，由值长决定命令的执行与否，如值长坚持，受令人原则上必须执行；但如执行该命令将危及人身及设备或电网安全时，应拒绝执行，同时将理由汇报值长和本部门领导或厂领导。

（7）值长在与上级调度进行操作联系和业务汇报时，应报出厂名和姓名，并使用统一的调度术语，各专业值班人员与值长进行电话联系时，必须首先互通姓名。

（8）当上级调度管辖设备发生异常或事故时，值长应立即汇报值班调度员；当电厂管辖设备发生重大事故时，也应及时汇报上级调度员。

（9）凡属值长管辖的设备，未经值长同意，不得改变其运行状态，但对人生和设备安全有威胁时除外。处理后应立即汇报值长。

（10）各运行单元长（班长）要在接班后 15min 内向值长汇报接班情况，并听取有关工作安排。汇报的内容包括机组有无功负荷、母线电压，系统及设备的运行方式，设备检修及设备存在的缺陷情况，煤种、煤质及燃料储备情况。

（11）值长在接班后 30min 内向上级调度员汇报本厂运行情况，并听取有关工作安排。汇报的内容包括负荷情况、检修情况、电压水平、设备运行异常情况及预定工作等。

（12）当设备发生异常或事故时，单元长（班长）或者值班员应立即向值长汇报。

（13）值长值班地点设在集控室，值长或单元长不得同时离开集控室。如值长离开集控室，由单元长代理其工作。

（14）各单元长（班长）工作期间不得随意离开工作岗位，如有特殊情况需离开时，应请示值长同意，并指定临时负责人。

（15）新建或改建工程，在投入运行前应向上级调度部门提出投运申请书，申请书的内容应包括主要设备规范、电气接线、负荷情况、试运计划、运行规程、主要运行人员名单和计划投入运行的日期等。

新建或改建工程，只有在接到调度通知并得到值长同意后，方可投入运行。

10 什么是岗位责任制？

答：各电厂根据运行工作各岗位特点及现场设备状况及工作量大小划分为若干个运行岗位。根据不同的工作岗位性质制定相应的岗位制度，使每个岗位人员必须认真执行本岗位的职责，做好本职工作。

11 各级运行人员的值班纪律是什么？

答：（1）按照调度规程，服从调度指挥。

（2）严格执行“二票三制”、安全规程、现场规程和各项规章制度。

（3）坚守岗位，专心地进行监盘和调节，及时分析运行参数的变化。

（4）各种记录抄表一律使用钢笔，字迹清楚正确，端正详细。

（5）发生异常情况，及时做好记录，并如实反映情况。

（6）保持现场整洁，文明生产，规范操作。

12 运行工作计划应包括的主要内容是什么？

答：运行工作计划应包括的主要内容为：运行调度方式及变更；主要技术经济指标及调整；运行反事故措施及季节性反措工作；省煤节电及节水降耗措施；运行现场培训工作；其他运行生产及管理工作等。

13 什么是交接班制度？

答：运行人员按电厂批准的运行倒班表的规定进行值班，其交接班制度内容包括：

（1）交接班程序。

（2）交接班的主要项目内容。

（3）值长（班长）召开班前会。

（4）交班后召开生产总结会。

14 交接班的内容包括有哪些?

答：运行人员必须提前 20min 到现场，对所属设备按巡回检查路线、项目进行全面认真的检查；查阅运行日志、仪表指示，了解运行方式；查看报告记录及设备存在的缺陷；检查运行设备情况、检修设备安全措施；现场工器具齐全。在接班前应认真听取工作布置，在明白上班操作内容及本班的任务后，方可交接班。

15 运行人员的“三熟三能”是指什么?

答：“三熟”是：(1) 熟悉设备、系统和基本原理。
(2) 熟悉操作和事故处理。
(3) 熟悉本岗位的规程制度。
“三能”是：(1) 能正确地进行操作和分析运行状态。
(2) 能及时发现和排除故障。
(3) 能掌握一般的维修技能。

16 交接班中的“三交”是指什么?

答：交接班中的“三交”是指：口头交接、书面交接和现场交接。

17 交接班中的“五不交”内容是什么?

答：(1) 主要操作未告一段落或异常事故处理未完结不交。
(2) 设备保养及定期切换工作未按要求做好不交。
(3) 记录不齐全，仪表及工器具等损失未查明原因不交。
(4) 环境及设备卫生不符合要求不交。
(5) 接班人员情况不正常不交。

18 交接班中“三不接”的内容是什么?

答：(1) 主要设备及重大操作未告一段落不接班。
(2) 事故或异常处理没有结果不接班。
(3) 交接班记录不清楚、不完整不接班。

19 什么是巡回检查制度?

答：巡回检查制度是保证设备安全运行的重要措施之一。运行人员在值班时间必须按规定对自己管辖的设备进行巡回检查工作。检查工作要认真、细致，不漏项，不允许延长检查的时间间隔，更不允许不进行设备巡回检查。

20 为什么各岗位要定期巡视设备?

答：因为设备在运行过程中，随时都有可能发生异常变化，而只有定期认真地巡视才能及时发现异常，防止扩大和发生事故。运行人员必须按时间、按路线、按项目进行认真地巡视检查。在运行方式变更、气候条件变化、负荷升降、事故操作后或设备发生异常变化时（如有特殊的音响、气味、烟雾、光亮等），更应该增加巡视检查次数。只有加强巡回检查责任制，才能及时发现设备隐患，保证安全生产。

21 周期性巡回检查的“五定”内容是什么？

答：(1) 定路线：确定一条最佳的巡回检查路线，既能满足全部巡视项目，又比较合理。

(2) 定设备：在巡视路线上标明要巡视的设备。

(3) 定位置：在巡视的设备周围标明值班员应站立的最佳位置。

(4) 定项目：在每个检查位置，标明应检查的部位和项目。

(5) 定标准：检查的部位及项目的标准和异常的判断。

22 岗位运行日志应记录哪些主要内容？

答：岗位运行日志应记录的主要内容为：运行方式及变更；调度命令和上级指示；运行操作和设备启停、试验、切换；设备异常、事故现象与处理经过（包括灯光音响、信号、主要参数变化、保护和自动装置的动作和投退等情况）；设备检修、维护工作（包括工作票的开工、间断与终结）；与有关岗位联系的事项以及其他运行记事等。

23 什么是运行分析制度？

答：运行人员必须按规定格式认真、正确、实事求是地填写现场设备的各种运行记录，并根据各种仪表的指示、设备参数变化、巡回检查结果、设备异常、缺陷、定期试验结果以及操作异常等情况进行分析，了解各种设备的健康水平及机组的经济指标。对运行出现不正常情况进行分析，查明原因并采取相应的有效措施。

24 运行分析包括哪几种？

答：运行分析包括岗位分析、专业分析、专题分析和事故及异常分析等。

25 运行分析的重点内容是什么？

答：运行分析的重点内容是：设备的主要运行参数和运行方式的安全性、可靠性、经济性、合理性；运行的技术经济指标；重大和频发的设备缺陷；运行生产中的异常情况及技术监控情况；“两票三制”、值班纪律及文明生产的执行情况；运行操作、调整及运行规程执行情况；设备检修质量、试验状况及设备的健康水平；热工、继电保护及自动装置的动作情况和仪表的指示情况等。

26 岗位分析的内容是什么？

答：岗位分析的内容是运行人员（包括值长）在值班期间，对仪表指示、设备参数的变化、设备的异常和缺陷、操作异常等情况的分析。分析记录后由专业技术人员负责审核。

27 专业分析的内容是什么？

答：专业技术员将运行记录整理汇总后，进行定期的系统分析，如分析某种运行方式的安全性、经济性，分析影响机组出力、安全、经济的各种因素及分析设备老化的趋势等。根据分析情况制定相应的措施。

28 **专题分析的内容是什么？**

答：根据总结经验的要求，进行某些专题分析。如机组启停过程的分析、大修前进行设备运行情况分析、大修后或设备改进后运行效果的分析、经济技术指标完成情况分析以及其他专业性试验分析等。

29 **何谓事故和异常运行分析？**

答：机组发生事故和异常情况后，应对事故的处理及有关操作认真进行分析评价，总结经验教训，制定防范措施，不断提高运行人员的分析判断和技能操作水平。

30 **什么是设备缺陷？**

答：设备缺陷是指运行及备用中设备、系统、生产设施随时发生的影响人身安全、设备安全、经济运行、发电厂效益、文明生产及污染环境等的状况和异常现象。

31 **什么是一类设备缺陷？**

答：凡影响主机运行，直接威胁人身和设备安全，必须停运主设备、主系统的重大缺陷，称为一类缺陷。

32 **什么是二类设备缺陷？什么是三类设备缺陷？**

答：虽影响设备出力和经济性，但不影响主机继续运行，由于受客观条件限制，在运行中暂时无法解决，需要制定技术方案，结合机组检修或临时停运才能消除的缺陷，称为二类设备缺陷。

三类设备缺陷是指在不停止主设备运行、不影响机组或全厂出力的情况下，通过设备切换、系统隔绝即可消除的缺陷。

33 **什么是四类设备缺陷？**

答：四类设备缺陷是指主辅设备及系统以外，对机组的安全稳定运行不会构成直接影响的建、构筑物及附属设施等区域存在的缺陷。

34 **什么是设备异常？**

答：设备异常是指设备运行参数或试验数据虽未超出规程规定，但已发生较明显的劣化趋势或设备状态出现异常，需要加强监视运行的隐性缺陷。

35 **缺陷管理的主要任务是什么？**

答：缺陷管理的主要任务是：监视、分析设备劣化趋势，及时发现设备异常，降低缺陷发生率。按照有关规程、标准要求，对设备进行检修、维护和保养；对不具备条件消除的缺陷，制定监视和防控措施，做好事故预想，防止缺陷蔓延或扩大；发生危及设备和人身安全缺陷时，应立即停止设备运行。

36 **生产现场“八漏”是指什么？**

答：“八漏”是指设备和管道由于密封和磨损问题，造成介质外漏，通常为漏汽（气）、漏水、漏油、漏粉、漏煤、漏灰、漏风、漏烟等的跑冒滴漏现象。

37 什么是设备定期试验、切换制度？

答：为了确保设备处于完好状态，运行人员必须按所规定的时间对运行设备的安全保护装置、警报、信号以及处于备用状态下的转动设备进行试验和切换工作。

38 为什么要定期切换备用设备？

答：因为定期切换备用设备是使设备经常处于良好状态下运行或备用必不可少的重要条件之一。运转设备若停运时间过长，会发生电动机受潮、绝缘不良、润滑油变质、机械卡涩、阀门锈死等现象，而定期切换备用设备正是为了避免以上情况的发生，对备用设备存在的问题及时消除、维护、保养，保证设备的运转性能。

39 什么是工作票制度？

答：在生产现场进行设备检修时，为了保证人身和设备的安全，防止人身和设备事故的发生，必须按《电业安全工作规程》中的有关规定严格执行工作票制度。工作票是在电力生产现场、设备、系统上进行检修作业的书面依据和安全许可证，是检修、运行人员双方共同持有、共同强制遵守的书面安全约定。

在电力生产现场、设备、系统上从事检修、维护、安装、改造、调试、试验等工作，必须执行危险点分析预控制度、工作票制度、工作许可制度、工作监护制度以及工作间断、转移和终结制度。

40 什么是操作票联系制度？

答：当运行人员接到操作任务时，应将操作任务、目的及注意事项搞清楚，并认真填写操作票，指定操作人员和监护人，操作时，应按操作票中的步骤逐条进行并与有关人员保持联系。操作票是在生产设备及系统上进行操作的书面依据和安全许可证。

在电力生产设备及系统上进行操作，必须执行危险点分析预控制度、操作票制度和操作监护制度。

41 操作票制度中，操作人的安全责任是什么？监护人的安全责任是什么？

在操作票制度中，操作人的安全责任是：正确地填写操作票，操作中负责复诵票，操作过程中对操作行为的正确性负责。

监护人的安全责任是：审核操作票，对操作程序和操作票的正确性负责。操作中负责唱票，操作过程中对操作行为的正确性负责。

42 操作票制度中值班负责人应负什么安全责任？

答：操作票制度中值班负责人应负的安全责任是：再次审核操作票，对其正确性及必要性和运行方式是否合理负责；对操作人、监护人能否胜任操作任务负责，监督操作人、监护人认真执行操作票制度。

43 填写操作票的基本要求是什么？

答：操作票填写的基本要求是：

（1）操作票由操作人根据操作任务、设备系统的运行方式和运行状态填写。

（2）操作人填写操作票时，应按顺序编号使用。

（3）填写操作任务时，应使用设备双重编号名称，还应填上设备系统运行状态转换情况。

（4）填写操作票时，字迹必须工整、清楚，关键字（如拉、合、投、退、停、送、拆、装及双重编号名称等）不得涂改。

44 如何进行倒闸操作？

答：（1）倒闸操作必须由两人执行，其中一人对设备熟悉者担任监护人，另一人操作。特别重要和复杂的倒闸操作，由熟练的运行人员操作，运行值班负责人监护。操作人和监护人必须通过培训、考试合格，并经公司批准的人员担任。

（2）一组操作人员一次只能持有一个操作任务的操作票。

（3）操作中必须按操作票所列项目顺序依次进行操作，禁止跳项、倒项、填项和漏项及做与操作任务无关的工作。

（4）进行每项操作时，监护人和操作人应首先共同核对设备名称、编号和运行状态。经核对无误后，操作人站好位置，准备操作。

（5）进行每项操作时，先由监护人按操作项目内容高声唱票，操作人接令后应再次核对设备名称、编号无误后，手指被操作设备高声复诵，监护人确认复诵无误后并最后核对设备名称、编号和位置正确，发出执行命令，操作人确认无误后方可操作。

（6）每一项操作后，操作人必须在监护下认真检查操作质量。例如，刀闸的三相是否合好；刀闸拉开的角度够不够；开关指示器是否正常；闭锁销子是否插牢等。经检查无误后，该加锁的立即加锁，同时监护人应立即在该操作项目右侧打“√”。

（7）对第一项、最后一项和重要操作项目，应在右侧“操作时间”栏内填写实际操作时间。中间的一般操作项目可以不填写操作时间。

（8）在操作过程中，监护人或操作人对操作产生疑问或发现异常时，应立即停止操作，不准擅自更改操作票，不准随意解除闭锁装置，必须立即向班长报告，待将疑问或者异常查清并消除后方可进行后续操作。

（9）全部操作项目进行完毕后，监护人和操作人要对此项操作前的刀闸位置进行一次复查。

（10）全部操作项目进行完毕后，监护人应立即向发令人汇报操作开始和终了时间，并在操作票上填上汇报时间，加盖“已执行”章。

45 什么是文明生产管理制度？

答：运行人员必须根据企业划分的文明生产卫生专责区和岗位专责区的有关规定，经常安排布置检查，保持区域设备和工作场所的清洁卫生，做到文明生产。

46 文明生产管理的目的是什么？

答：文明生产管理的目的是：提高员工文明生产意识，规范作业行为，创建和谐工作环境，树立良好企业形象。

47 文明生产管理包括哪些内容？

答：文明生产管理包括的内容为：生产、检修现场管理标准；办公地点、值班区域、仓库管理标准；员工行为标准以及整个厂区的卫生标准等。

48 为什么要定期抄表？

答：定期抄表便于运行分析，及时发现异常，保证安全生产；定期抄表也是进行各项运行指标的统计、计算、分析所不可缺少的，同时运行日报表也作为运行的技术资料上报、存档。所以，在日常运行工作中，抄表一定要按时、准确、认真、细心地进行。

49 电力系统的主要技术经济指标是什么？

答：电力系统的主要技术经济指标是：

（1）发电量、供电量、售电量和供热量。

（2）电力系统供电（热）成本。

（3）发电厂供电（热）成本。

（4）火电厂的供电（热）标准煤耗。

（5）水电厂的供电水耗。

（6）厂用电耗。

（7）网损率（电网损失电量占发电厂送至网络电量的百分数）。

（8）主要设备的可调小时。

（9）主要设备的最大出力和最小出力等。